Couvertures supérieure et inférieure en couleur

HISTOIRE NATURELLE
PHANÉROGAMIE
DE PARIS

LINNÉ FRANÇOIS.

TOME QUATRIÈME.

LINNÉ FRANÇOIS,

OU

TABLEAU DU RÈGNE VÉGÉTAL

D'APRÈS LES PRINCIPES ET LE TEXTE DE CET ILLUSTRE NATURALISTE,

CONTENANT les Classes, Ordres, Genres et Espèces; les caractères naturels et essentiels des Genres; les phrases caractéristiques des Espèces; la citation des meilleures Figures; le climat et le lieu natal des Plantes; l'époque de leur floraison; leurs propriétés et leurs usages dans les Arts, dans l'Économie rurale et la Médecine:

AUQUEL ON A JOINT L'ÉLOGE HISTORIQUE DE LINNÉ PAR VICQ-D'AZYR.

TOME IV.

A MONTPELLIER,

Chez AUGUSTE SEGUIN, Libraire.

1809.

RÈGNE VÉGÉTAL.

CLASSE XX.

GYNANDRIE.

I. DIANDRIE.

Table Synoptique ou *Caractères Artificiels Génériques.*

1094. ORCHIS, *ORCHIS.*	*Nectaire* prolongé en corne.
1095. SATYRION, *SATYRIUM.*	*Nectaire* en bourse.
1096. OPHRYS, *OPHRYS.*	*Nectaire* le plus souvent en carène.
1097. HELLÉBORINE, *SERAPIAS.*	*Nectaire* ovale, bossué en dessous.
1098. LIMODORE, *LIMODORUM.*	*Nectaire* supporté par un pédicule.
1100. SABOT, *CYPRIPEDIUM.*	*Nectaire* boursouflé, ventru.
1101. VANILLE, *EPIDENDRUM.*	*Nectaire* en toupie.
1099. ARÉTHUSE, *ARETHUSA.*	*Nectaire* réuni avec la corolle en masque.
1102. GUNNÈRE, *GUNNERA.*	Deux *Pistils.* *Chaton* à écailles uniflores. *Calice* et *Corolle* nuls. Une *Semence.*

II. TRIANDRIE.

1103. BERMUDIANE, *SISYRINCHIUM.*	Un *Pistil.* *Cal.* nul. *Cor.* à six pétales planes. Trois *Stigmates.* *Caps.* inférieure, à trois loges.
1104. FERRARE, *FERRARIA.*	Un *Pistil.* *Cal.* nul. *Cor.* à six pétales frisés. *Stigmate* en capuchon. *Caps.* inférieure, à trois loges.

1105. SALACE, *SALACIA*. Un *Pistil*. *Cal*. à cinq segmens profonds. *Cor*. à cinq pétales. *Anthères* insérées sur l'ovaire.

1106. STILAGO, *STILAGO*. Un *Pistil*. *Cal*. d'un seul feuillet. *Cor*. nulle. *Baie* arrondie.

III. TÉTRANDRIE.

1107. BANDURE, *NEPENTHES*. Un *Pistil*. *Cal*. à quatre segmens profonds. *Cor*. nulle. *Caps*. à quatre loges.

† *Cleome fruticosa*.

IV. PENTANDRIE.

1109. GLUTE, *GLUTA*. Un *Pistil*. *Cal*. d'un seul feuillet. *Cor*. à cinq pétales adhérens par leur base à la colonne de l'ovaire.

1108. AYÉNIE, *AYENIA*. Un *Pistil*. *Cal*. à cinq feuillets. *Cor*. à cinq pétales. *Caps*. à cinq coques.

1110. GRENADILLE, *PASSIFLORA*. Trois *Pistils*. *Cal*. à cinq segmens profonds. *Cor*. à cinq pétales. *Baie* supportée par un pédicule.

† *Aristolochia pentandra*.

† *Helicteres pentandra*.

V. HEXANDRIE.

1111. ARISTOLOCHE, *ARISTOLOCHIA*. Six *Pistils*. *Cal*. nul. *Cor*. à un seul pétale. *Caps*. à six loges.

1112. PISTIE, *PISTIA*. Un *Pistil*. *Cal*. nul. *Cor*. à un seul pétale. *Caps*. à une loge.

† *Cleomes species nonnullæ*.

VI. DÉCANDRIE.

1113. KLEINHOVE, *KLEINHOVIA*. Un *Pistil*. *Cal*. à cinq feuillets. *Cor*. à cinq pétales. *Nectaire* supportant les étamines. *Caps*. à cinq coques.

1114. HELICTÈRE, *HELICTERES*. Un *Pistil*. *Cal.* d'un seul feuillet. *Cor.* à cinq pétales. Cinq *Capsules* à une loge, à plusieurs semences.

VII. DODÉCANDRIE.

1115. HYPOCYSTE, *CYTINUS*. Un *Pistil*. *Cal.* à quatre segmens peu profonds. *Cor.* nulle. *Baie* à huit loges.

† *Cratava gynandra*, *Tapia*.

† *Helicteres apetala*.

VIII. POLYANDRIE.

1116. XYLOPE, *XYLOPIA*. Un *Pistil*. *Cal.* d'un seul feuillet. *Cor.* à six pétales. *Drupe* sèche.

1117. GRÈWE, *GREWIA*. Un *Pistil*. *Cal.* à cinq feuillets. *Cor.* à cinq pétales. *Baie* à quatre loges.

1122. POTHOS, *POTHOS*. *Spathe*. *Cal.* nul. *Cor.* à quatre pétales. *Baie* à une semence.

1120. DRACONTE, *DRACONTIUM*. *Spathe*. *Cal.* nul. *Cor.* à cinq pétales. *Baie* à plusieurs semences.

1121. CALLE, *CALLA*. *Spathe*. *Calice* et *Corolle* nuls. *Étamines* mêlées avec les pistils.

1119. GOUET, *ARUM*. *Spathe*. *Calice* et *Corolle* nuls. *Étamines* insérées sur le pistil.

1118. AMBROSINE, *AMBROSINIA*. *Spathe* d'un seul feuillet, divisé par une cloison. *Calice* et *Corolle* nuls. *Étamines* insérées sur le côté intérieur de la cloison. *Pistils* sur le côté extérieur.

1123. ZOSTÈRE, *ZOSTERA*. Une *Feuille*. *Calice* et *Corolle* nuls. *Semences* alternes, nues.

† *Helicteres Carthaginensis*.

GYNANDRIE.

CARACTÈRES des Plantes de cette Classe.

La GYNANDRIE se distingue des autres Classes, par la situation des étamines sur le style, ou sur le réceptacle alongé en forme de style, supportant le pistil avec les étamines, et devenant lui-même une partie du pistil.

OBS. *Le premier ordre de cette Classe, qui s'appelle* Diandrie, *est naturel; les genres qui le composent ne différant presque entr'eux que par la seule considération du Nectaire : caractère que nous avons préféré de beaucoup à la racine, dans la formation des genres, quoique les Botanistes ne l'aient point employé avant nous.*

La structure de la fructification dans ce genre est tout-à-fait singulière.

L'Ovaire *est toujours inférieur et tordu. La* Corolle *est composée de cinq* Pétales *dont deux intérieurs réunis le plus souvent en casque. La* Lèvre inférieure *qui forme le Nectaire, occupe la place du pistil et d'un sixième pétale. Le* Style *est adhérent à la marge intérieure du nectaire, de telle sorte qu'il est difficile de pouvoir le distinguer d'avec son stigmate. Les* Filamens, *toujours au nombre de deux, très-courts, supportent deux* Anthères *rétrécies à la base, nues ou sans tuniques, faciles à diviser comme la pulpe d'un citron : elles sont couvertes par autant de cellules ouvertes par en bas, attachées sur la marge intérieure du nectaire. Le* Fruit *est une* Capsule *à une seule loge, formée par trois battans, s'ouvrant sur les côtés par des angles carénés. Les* Semences *nombreuses, en forme de sciure de bois, sont attachées à un réceptacle linéaire, dans chaque battant. Les Médecins s'accordent à attribuer à ces plantes une* Vertu aphrodisiaque.

Que le Lecteur en examinant et conférant nos Caractères, cherche toujours dans cette classe le Pistil avant les Étamines, s'il veut avoir une idée nette de la situation de celles-ci. Pour ne point intervertir l'ordre une fois adopté, nous avons décrit les étamines avant les pistils.

Nous aurions pu, si nous n'y avions été obligés, placer dans d'autres Classes les genres *Calla, Arum, Dracontium, Pothos, Zostera :* mais comme nous pensons qu'un Botaniste ne sauroit assigner que très-difficilement à chaque pistil un nombre fixe d'étamines, nous avons préféré les insérer dans cette classe, afin d'éviter à l'observateur les dégoûts d'un examen minutieux.

Les fleurs de cette classe sont la plupart singulières et monstrueuses, ce qui vient de la situation respective des parties de la fructification, tout-à-fait différente de celle qu'on observe dans les autres végétaux.

GYNANDRIE.

I. DIANDRIE.

1094. **ORCHIS**, *ORCHIS*. * *Tournef. Inst.* 431, tab. 247 et 248. *Lam. Tab. Encyclop.* pl. 726. LIMODORUM. *Tournef. Inst.* 437, tab. 250.

CAL. *Spathes* vagues. *Spadice* simple.

—— *Périanthe* nul.

COR. cinq *Pétales* : *trois* extérieurs : *deux* intérieurs réunis supérieurement en casque.

Nectaire d'un seul feuillet, attaché au réceptacle par le côté inférieur entre les divisions des pétales, à deux lèvres : *Lèvre supérieure* droite, très-courte : *Lèvre inférieure* grande, étalée, large. *Tube* terminé postérieurement par une corne tournée en dehors.

ÉTAM. Deux *Filamens*, très-grêles, très-courts, insérés sur le pistil. *Anthères* en ovale renversé, droites, couvertes par la duplicature à deux loges de la lèvre supérieure du nectaire.

PIST. *Ovaire* oblong, tordu, inférieur. *Style* très-court, adhérent à la lèvre supérieure du nectaire. *Stigmate* comprimé, obtus.

PÉR. *Capsule* oblongue, à une loge, à trois carènes, à trois battans qui s'ouvre en trois parties et sur trois côtés sous les carènes, réunis à la base et au sommet.

SEM. Nombreuses, très-petites.

Nectaire en forme de corne.

* I. ORCHIS *à casque de la corolle en éperon.*

1. ORCHIS à deux cornes, *O. bicornis*, L. à bulbes très-entières ou sans divisions; à casque de la corolle à deux éperons; à lèvre divisée profondément en cinq parties.

Buxb. Cent. 3, pag. 6, tab. 8.

Au cap de Bonne-Espérance.

2. ORCHIS à deux fleurs, *O. biflora*, L. à bulbes très-entières ou sans divisions; à casque de la corolle à un seul éperon; à ailes très-ouvertes; à lèvre lancéolée, aiguë.

Au cap de Bonne-Espérance.

3. ORCHIS cornu, *O. cornuta*, L. à bulbes très-entières ou sans divisions; à casque de la corolle à un seul éperon; à ailes très-ouvertes; à lèvre très-petite, comme ovale.

Au cap de Bonne-Espérance.

* II. *ORCHIS à bulbes très-entières ou sans divisions.*

4. ORCHIS saint, *O. sancta*, L. à bulbes très-entières ou sans divisions? à lèvre du nectaire lancéolée, à cinq dents; à corne recourbée; à pétales réunis.

Dans la Palestine. ♃

5. ORCHIS de Susane, *O. Susanæ*, L. à bulbes très-entières ou sans divisions; à ailes du nectaire très-amples, ciliées. •

Herm. Parad. pag. et tab. 209.

A Amboine. ♃

6. ORCHIS cilié, *O. ciliaris*, L. à bulbes très-entières ou sans divisions; à lèvre du nectaire lancéolée, ciliée; à corne très-longue.

En Virginie, au Canada. ♃

7. ORCHIS de la Jamaïque, *O. Habenaria*, L. à bulbes très-entières ou sans divisions? à lèvre du nectaire divisée profondément en trois parties dont les latérales sont sétacées; à corne filiforme, deux fois plus longue que les pétales.

A la Jamaïque. ♃

8. ORCHIS à deux feuilles, *O. bifolia*, L. à bulbes très-entières ou sans divisions; à lèvre du nectaire lancéolée, très-entière; à corne très-longue; à pétales très-ouverts.

Orchis alba, bifolia, minor, calcari oblongo; Orchis à fleur blanche, à deux feuilles, plus petit, à éperon oblong. *Bauh. Pin.* 83, n.° 3. *Dod. Pempt.* 237, fig. 2. *Lob. Ic.* 1, p. 178, f. 1. *Camer. Epit.* 625. *Bauh. Hist.* 2, p. 771, f. 1. *Vaill. Bot.* 151, eps. 19, tab. 30, f. 7. *Segu. Ver.* 1, tab. 15, fig. 10. *Flor. Dan.* tab. 235. *Icon. Pl. Medic.* tab. 275.

Cette espèce présente deux variétés.

1.° *Orchis trifolia, major*; Orchis à trois feuilles, plus grand. *Bauh. Pin.* 83, n.° 4. *Fusch. Hist.* 710. *Lugd. Hist.* 1556, f. 1. *Orchis trifolia, minor*; Orchis à trois feuilles, plus petit. *Bauh. Pin.* 83, n.° 5. *Lob. Ic.* 1, pag. 179, fig. 1.

2.° *Orchis bifolia altera*; autre Orchis à deux feuilles. *Bauh. Pin.* 82, n.° 2. *Lob. Ic.* 1, p. 178, f. 2. *Lugd. Hist.* 1560, f. 2. *Orchis bifolia latissima*; Orchis à deux feuilles très-larges. *Bauh. Pin.* 82, n.° 1.

Les fleurs répandent au loin une odeur très-agréable.

1. *Satyrium*; Orchis à deux feuilles, Double-feuille. 2. Racine ou Bulbe. 4. Mucilagineux. 5. Stérilité causée par la froideur, consomption, dyssenterie.

En Europe, dans les pâturages secs. ♃ Vernale.

9. ORCHIS tortueux, *O. flexuosa*, L. à bulbes très-entières ou sans divisions; à lèvre du nectaire en recouvrement; à deux pétales cachés, filiformes; à hampe tortueuse.

Au cap de Bonne-Espérance.

10. ORCHIS à capuchon, *O. cucullata*, L. à bulbes très-entières ou sans divisions ; à lèvre du nectaire divisée peu profondément en trois parties ; à pétales rapprochés ; à tige nue.

Gmel. Sibir. 1, pag. 16, tab. 3, fig. 2.

En Sibérie. ♃

11. ORCHIS globuleux, *O. globosa*, L. à bulbes très-entières ou sans divisions ; à lèvre du nectaire renversée, à trois divisions peu profondes dont l'intermédiaire est échancrée ; à corne courte ; à pétales amincis en alêne au sommet.

Orchis flore globoso ; Orchis à fleur globuleuse. *Bauh. Pin.* 81, n.° 9. *Lugd. Hist.* 1556, fig. 1. *Bauh. Hist.* 2, pag. 765, fig. 3. *Hall. Hist.* n.° 1272, tab. 27. *Jacq. Aust.* tab. 265.

Sur les Alpes du Dauphiné. ♃ Vernale. *S.-Alp.*

12. ORCHIS pyramidal, *O. pyramidalis*, L. à bulbes très-entières ou sans divisions ; à lèvre du nectaire à deux cornes, à trois divisions peu profondes, égales, très-entières ; à corne très-alongée ; à pétales ovales, lancéolés : les latéraux renversés.

Cynosorchis militaris montana, spicâ rubente, conglomeratâ ; Cynosochis militaire des montagnes, à fleurs en épi, rougeâtres, conglomérées. *Bauh. Pin.* 81, n.° 4. *Bauh. Hist.* 2, pag. 762, fig. 1. *Bellev.* tab. 254. *Seg. Ver.* 2, tab. 15, fig. 1? *Hall. Hist.* n.° 1286, tab. 35.

Cette espèce présente deux variétés.

1.° *Cynosorchis latifolia, hiante cucullo, altera ;* autre Cynosochis à larges feuilles, à capuchon béant. *Bauh. Pin.* 81, n.° 2. *Dod. Pempt.* 234, fig. 1. *Lob. Ic.* 1, pag. 173, f. 2. *Lugd. Hist.* 1556, fig. 3.

2.° *Cynosorchis latifolia, spicâ compactâ ;* Cynosochis à larges feuilles, à fleurs en épi compact. *Bauh. Pin.* 81, n.° 3. *Dod. Pempt.* 235, fig. 1. *Lob. Ic.* 1, pag. 174, f. 1. *Lugd. Hist.* 1557, fig. 1.

A Montpellier, Lyon, Paris, etc. ♃ Vernale.

13. ORCHIS punais, *O. coriophora*, L. à bulbes très-entières ou sans divisions ; à lèvre du nectaire à trois divisions peu profondes, renversées, crénelées ; à corne courte ; à pétales rapprochés.

Orchis odore hirci, minor ; Orchis à odeur de bouc, plus petit. *Bauh. Pin.* 82, n.° 3. *Lob. Ic.* 1, pag. 177, fig. 2. *Lugd. Hist.* 1557, f. 2. *Vaill. Paris.* 149, esp. 14, tab. 31, f. 30, 31 et 32. *Hall. Hist.* n.° 1284, tab. 34. *Flor. Dan.* t. 224. *Jacq. Aust.* tab. 122.

Cette espèce présente une variété.

Orchis odore hirci, minor, spicâ purpurascente ; Orchis à

odeur de bouc, plus petit ; à fleurs en épi, pourpres. *Bauh. Pin.* 82, n.° 4. *Clus. Hist.* 1, pag. 269, fig. 1.

A Montpellier, Lyon, Paris, etc. ♃ Vernale.

14. ORCHIS cubital, *O. cubitalis*, L. à bulbes très-entières ou sans divisions ; à lèvre du nectaire à trois divisions peu profondes, filiformes ; l'intermédiaire ovale ; à corne plus courte que les ovaires.

A Zeylan. ♃

15. ORCHIS Morio, *O. Morio*, L. à bulbes très-entières ou sans divisions ; à lèvre du nectaire à quatre divisions peu profondes, crénelées ; à corne obtuse, ascendante ; à pétales obtus, rapprochés.

Orchis Morio fœmina ; Orchis Morio femelle. *Bauh. Pin.* 82, n.° 4. *Fusch. Hist.* 559. *Matth.* 635, f. 3. *Dod. Pempt.* 236, fig. 2. *Lob. Ic.* 1, pag. 176, fig. 2. *Lugd. Hist.* 1552, f. 4. *Bauh. Hist.* 2, pag. 760, fig. 3. *Bellev.* tab. 258, fig. A. *Seg. Ver.* 2, tab. 15, fig. 7. *Vaill. Bot.* 149, esp. 15, tab. 31, fig. 13 et 14. *Hall. Hist.* n.° 1282, tab. 33. *Flor. Dan.* tab. 253.

1. *Salep* ; Orchis Morio, Orchis singe, Testicules de chien. 2. Racine ou Bulbe. 3. Odeur de bouc ; saveur fade. 5. Comme dans l'Orchis à deux feuilles. 6. On prétend que c'est de cet Orchis que les Orientaux tirent le *Salep*, *Salop*, ou *Salap*, qu'ils nous envoient. On a imité le *Salep* en Europe, avec les bulbes des Orchis non palmées.

Nutritive pour la Chèvre.

En Europe, dans les prés. ♃ Vernale.

16. ORCHIS mâle, *O. mascula*, L. à bulbes très-entières ou sans divisions ; à lèvre du nectaire à quatre lobes, crénelée ; à corne obtuse ; à pétales extérieurs renversés.

Orchis foliis sessilibus non maculatis ; Orchis à feuilles assises non tachetées. *Bauh. Pin.* 82, n.° 3.

Orchis Morio mas, foliis maculatis ; Orchis Morio mâle, à feuilles tachetées. *Bauh. Pin.* 81, n.° 1. *Fusch. Hist.* 555. *Matth.* 635, fig. 1. *Dod. Pempt.* 236, fig. 1. *Lob. Ic.* 1, pag. 176, fig. 1. *Lugd. Hist.* 1552, fig. 3. *Bauh. Hist.* 2, pag. 763, fig. 1. *Vaill. Bot.* 151, tab. 31, fig. 11 et 12.

A Lyon, Grenoble, Paris. ♃ Vernale.

17. ORCHIS ponctué, *O. ustulata*, L. à bulbes très-entières ou sans divisions ; à lèvre du nectaire à quatre divisions peu profondes, chargée de points rudes ; à corne obtuse ; à pétales distincts.

Cynosorchis militaris pratensis, humilior ; Cynosorchis militaire des prés, moins élevé. *Bauh. Pin.* 81, n.° 6. *Clus. Hist.* 1, pag. 268, f. 1. *Bauh. Hist.* 2, p. 765, f. 2. *Bellev.* tab. 255. *Vaill. Bot.* 149, esp. 12, t. 31, f. 35 et 36. *Seg. Ver.* 2, t. 15, fig. 4. *Hall. Hist.* n.° 1273, tab. 28. *Flor. Dan.* tab. 103.

A Montpellier, Lyon, Paris, etc. ♃ Vernale.

18. ORCHIS militaire, *O. militaris*, L. à bulbes très-entières ou sans divisions; à lèvre du nectaire à quatre divisions peu profondes, chargée de points rudes; à corne obtuse; à pétales réunis.

Cynosorchis latifolia hiante cucullo, major; Cynosorchis à larges feuilles, à capuchon béant, plus grand. *Bauh. Pin.* 80, n.° 1. *Fusch. Hist.* 554. *Matth.* 636, fig. 3. *Lugd. Hist.* 1550, fig. 1. *Bauh. Hist.* 2, p. 757, et non 555 par erreur de chiffres,, fig. 1. *Hall. Helv.* n.° 1277, tab. 28. *Icon. Pl. Med.* tab. 408.

Cette espèce présente quatre variétés.

1.° *Orchis magna latis foliis, galeâ fuscâ vel nigricante;* grand Orchis à larges feuilles, à casque brun ou noirâtre. *Bauh. Hist.* 2, pag. 759, fig. 2. *Hall. Hist.* n.° 1276, tab. 31. *Jacq. Aust.* tab. 176.

2.° *Cynosorchis latifolia, hiante cucullo, minor;* Cynosorchis à larges feuilles, à capuchon béant, plus petit. *Bauh. Pin.* 81, n.° 4. *Dod. Pempt.* 234, fig. 2. *Lob. Ic.* 1, p. 175, fig. 2. *Vaill. Bot.* 148, esp. 10, tab. 31, f. 22, 23 et 24. —

3.° *Cynosorchis militaris, major;* Cynosorchis militaire, plus grand. *Bauh. Pin.* 81, n.° 1. *Lob. Ic.* 1, pag. 184, fig. 1. *Clus. Hist.* 1, pag. 267, fig. 1. *Lugd. Hist.* 1559, fig. 3. *Vaill. Bot.* 148, esp. 9, tab. 31, fig. 21, 27 et 28. *Seg. Ver.* 2, pag. 122, esp. 2, tab. 15, fig. 2.

4.° *Orchis flore simiam referens;* Orchis dont la fleur ressemble à un singe. *Bauh. Pin.* 82, n.° 8. *Colum. Ecphras.* 1, pag. 319 et 320, fig. 2.

En Europe dans les prés, les bois. ♃ Vernale.

19. ORCHIS papilionacé, *O. papilionacea*, L. à bulbes très-entières ou sans divisions; à lèvre du nectaire très-entière, crénelée, échancrée, très-large; à corne en alêne; à pétales rapprochés.

Orchis papilionem expansum herbacei coloris referens; Orchis de couleur herbacée, imitant un papillon dont les ailes sont étendues. *Bauh. Pin.* 83, n.° 14. *Dod. Pempt.* 235, fig. 2. *Lob. Ic.* 1, pag. 182, fig. 2. *Lugd. Hist.* 1559, f. 1. *Bauh. Hist.* 2, pag. 761, fig. 1.

A Lyon. ♃ Vernale.

20. ORCHIS de Burmann, *O. Burmanniana*, L. à bulbes très-entières ou sans divisions; à lèvre du nectaire à plusieurs divi-

sions profondes, linéaires; à feuille en cœur, embrassante; à hampe portant une seule fleur.

Au cap de Bonne-Espérance. ♃

21. ORCHIS pâle, *O. pallens*, L. à bulbes très-entières ou sans divisions; à lèvre du nectaire à trois divisions peu profondes, très-entières; à corne obtuse, médiocre; à pétales très-ouverts.

Hall. Hist. n.° 1281, tab. 30. *Jacq. Aust.* tab. 45.

Sur les Alpes du Dauphiné. ♃ Vernale. *S.-Alp.*

* III. *ORCHIS à bulbes palmées.*

22. ORCHIS à larges feuilles, *O. latifolia*, L. à bulbes comme palmées, droites; à corne du nectaire conique; à lèvres à trois lobes dont les latéraux sont renversés; à bractées plus longues que la fleur.

Orchis palmata pratensis, latifolia, longis calcaribus; Orchis à bulbes palmées des prés, à larges feuilles, à longs éperons. *Bauh. Pin.* 85, n.° 1. *Lob. Ic.* 1, p. 188, f. 1.

Cette espèce présente trois variétés.

1.° *Orchis palmata palustris, latifolia;* Orchis à bulbes palmées des marais, à larges feuilles. *Bauh. Pin.* 86, n.° 12. *Lob. Ic.* 1, pag. 190, fig. 1. *Lugd. Hist.* 1562, fig. 3.

2.° *Orchis palmata montana, altera;* autre Orchis à bulbes palmées, des montagnes. *Bauh. Pin.* 86, n.° 19. *Lob. Ic.* 1, pag. 191, fig. 1. *Lugd. Hist.* 1563, fig. 2.

3.° *Orchis palmata palustris, maculata;* Orchis à bulbes palmées des marais, à feuilles tachetées. *Bauh. Pin.* 86, n.° 15. *Lob. Ic.* 1, pag. 194, f. 2. *Lugd. Hist.* 1564, f. 3.

Reichard rapporte à cette espèce le synonyme de *G. Bauhin*, *Orchis palmata pratensis, maculata;* Orchis à bulbes palmées des prés, à feuilles tachetées; *Pin.* 85, n.° 3, qui appartient à l'Orchis tacheté, *O. maculata*, L. espèce 25.

Nutritive pour le Bœuf.

A Lyon, Grenoble, Paris, etc. ♃ Vernale.

23. ORCHIS incarnat, *O. incarnata*, L. à bulbes palmées; à corne du nectaire conique; à lèvre divisée en trois lobes irréguliers, à dents de scie; à pétales extérieurs renversés.

Bellev. tab. 257, fig. A. *Seg. Ver.* 3, pag. 349, tab. 8, fig. 5.

A Montpellier, Paris. ♃ Vernale.

24. ORCHIS sambucin, *O. sambucina*, L. à bulbes comme palmées, droites; à corne du nectaire conique; à lèvre ovale, divisée peu profondément en trois lobes; à bractées de la longueur des fleurs.

Orchis palmata, Sambuci odore; Orchis à bulbes palmées, à odeur de Sureau. *Bauh. Pin.* 86, n.° 9. *Clus. Hist.* 1, p. 269, fig. 2. *Jacq. Aust.* tab. 108.

En Auvergne. ♃

25. **ORCHIS** tacheté, *O. maculata*, L. à bulbes palmées dont les divisions sont divergentes; à corne du nectaire plus courte que les ovaires; à lèvre aplatie; à pétales extérieurs très-ouverts.

Orchis palmata pratensis, maculata; Orchis à bulbes palmées des prés, à feuilles tachetées. *Bauh. Pin.* 85, n.° 3. *Lob. Ic.* 1, pag. 188, fig. 2. *Lugd. Hist.* 1569, fig. 1. *Hall. Hist.* n.° 1278, tab. 32.

Orchis palmata montana, maculata; Orchis à bulbes palmées des montagnes, à feuilles tachetées. *Bauh. Pin.* 86, n.° 20. *Lob. Ic.* 1, pag. 189, f. 1. *Lugd. Hist.* 1562, f. 1.

Nutritive pour le Mouton.

A Montpellier, Lyon, Paris, etc. ♃ Vernale.

26. **ORCHIS** très-odorant, *O. odoratissima*, L. à bulbes palmées; à corne du nectaire recourbée, plus courte que l'ovaire; à lèvre divisée en trois lobes; à feuilles linéaires.

Orchis palmata angustifolia, minor, odoratissima; Orchis à bulbes palmées, à feuilles étroites, plus petit, à fleur très-odorante. *Bauh. Pin.* 86, n.° 7. *Prodr.* 30, n.° 7, f. 2. *Hall. Hist.* n.° 1274, tab. 29.

Les fleurs répandent une odeur très-suave.

A Montpellier, Grenoble, Paris. ♃ Vernale.

27. **ORCHIS** conopse, *O. conopsea*, L. à bulbes palmées: à corne du nectaire sétacée, plus longue que l'ovaire; à lèvre divisée peu profondément en trois parties; à pétales extérieurs très-ouverts.

Orchis palmata minor, calcaribus oblongis; Orchis à bulbes palmées plus petit, à éperons oblongs. *Bauh. Pin.* 85, n.° 5. *Lob. Ic.* 1, pag. 189, fig. 2. *Lugd. Hist.* 1562, fig. 2. *Vaill. Bot.* 153, esp. 24, tab. 30, f. 8 et 8 *a*. *Hall. Hist.* n.° 1287, tab. 29. *Flor. Dan.* tab. 224.

Cette espèce présente deux variétés.

1.° *Orchis palmata angustifolia, minor;* Orchis à bulbes palmées, à feuilles étroites, plus petit. *Bauh. Pin.* 85, n.° 6. *Fusch. Hist.* 712. *Matth.* 637, f. 3. *Lugd. Hist.* 1568, f. 2?

2.° *Orchis palmata pratensis, maxima;* Orchis à bulbes palmées des prés, très-grand. *Bauh. Pin.* 85, n. 4. *Lob. Ic.* 1, pag. 192, fig. 1. *Lugd. Hist.* 1563, fig. 4.

Nutritive pour le Bœuf, la Chèvre.

A Montpellier, Grenoble, Paris. ♃ Vernale.

28. ORCHIS jaune, *O. Flava*, L. à bulbes palmées; à corne du nectaire filiforme, de la longueur de l'ovaire; à lèvre à trois divisions peu profondes, très-entières.

En Virginie. ♃

* IV. *ORCHIS à bulbes réunies en faisceau.*

29. ORCHIS brunâtre, *O. fuscescens*, L. à bulbes réunies en faisceau; à corne du nectaire de la longueur de l'ovaire; à lèvre ovale, dentée à la base.

Gmel. Sibir. 1, pag. 20, tab. 4, fig. 2.

En Sibérie. ♃

30. ORCHIS de Zeylan, *S. strateumatica*, L. à bulbes réunies en faisceau; à lèvre du nectaire divisée en deux lobes très-entiers; à corne de la longueur de l'ovaire.

A Zeylan. ♃

31. ORCHIS Hyperboré, *O. Hyperborea*, L. à bulbes réunies en faisceau; à corne du nectaire de la longueur de l'ovaire; à lèvre linéaire, très-entière, tronquée.

Flor. Dan. tab. 333.

En Islande.

32. ORCHIS avorté, *O. abortiva*, L. à bulbes réunies en faisceau, filiformes; à lèvre du nectaire ovale, très-entière; à tige sans feuilles.

Orchis abortiva violacea; Orchis à fleur violette avortée. *Bauh. Pin.* 86, n.° 2. *Jacq. Aust.* tab. 193.

A Montpellier, Lyon, Paris. ♃ Vernale.

* V. *Orchis à bulbes non connues.*

33. ORCHIS psycode, *psycodes*, L. à corne du nectaire sétacée, de la longueur de l'ovaire; à lèvre divisée profondément en trois parties ciliées.

Au Canada.

34. ORCHIS remarquable, *O. spectabilis*, L. à corne du nectaire de la longueur de l'ovaire; à lèvre ovale, échancrée; à tige nue; à feuilles ovales.

En Virginie. ♃

1095. SATYRION, *SATYIUM.* * *Lam. Tab. Encyclop.* pl. 726.

CAL. *Spathes* vagues. *Spadice* simple.

—— *Périanthe* nul.

COR. Cinq *Pétales*, ovales, oblongs : *trois* extérieurs : *deux* intérieurs réunis supérieurement en casque.

Nectaire d'un seul *feuillet*, attaché au réceptacle par le côté inférieur entre les divisions des pétales; *lèvre supérieure*, droite, très-courte; *lèvre inférieure* plane, pendante, terminée postérieurement à la base par une bourse en forme de scrotum.

ÉTAM. Deux *Filamens*, très-grêles, très-courts, couchés sur le pistil. *Anthères* en ovale renversé, couvertes par la duplicature à deux loges de la lèvre supérieure du nectaire.

PIST. *Ovaire* oblong, tordu, inférieur. *Style* adhérent à la lèvre supérieure du nectaire. *Stigmate* obtus, comprimé.

PÉR. *Capsule* oblongue à une loge, à trois carènes, à trois battans, s'ouvrant sur les angles qui sont carénés et réunis à la base et au sommet.

SEM. Nombreuses, très-petites, en forme de sciure de bois.

Nectaire en bourse.

1. SATYRION à odeur de bouc, *S. hircinum*, L. à bulbes très-entières ou sans divisions; à feuilles lancéolées; à lèvre du nectaire divisée peu profondément en trois parties dont l'intermédiaire est très-alongée, obliquement mordue.

Orchis barbata odore hirci, breviore latioreque folio; Orchis barbu à odeur de bouc, à feuille plus large et plus courte. *Bauh. Pin.* 82, n.° 1. *Dod. Pempt.* 237, fig. 1. *Lob. Ic.* 1, pag. 177, fig. 1. *Bauh. Hist.* 2, pag. 756, fig. 1. *Moris. Hist.* sect. 12, tab. 12, f. 9. *Hall. Hist.* n°. 1268, tab. 25.

A Montpellier, Lyon, Paris, etc. ♃ Vernale.

2. SATYRION vert, *S. viride*, L. à bulbes palmées; à feuilles oblongues, obtuses; à lèvre du nectaire, linéaire, à trois divisions peu profondes dont l'intermédiaire est irrégulière.

Orchis palmata flore viridi; Orchis à bulbes palmées à fleur verte. *Bauh. Pin.* 86, n.° 17. *Bellev.* tab. 256 et 257, f. B. *Seg. Ver.* 2, pag. 133, esp. 26, tab. 15, fig. 18; et tab. 16, fig. 18. *Hall. Hist.* 1269, tab. 26. *Bul. Paris.* tab. 538. *Flor. Dan.* tab. 77.

Cette espèce présente une variété.

Orchis palmata batrachites; Orchis à bulbes palmées batrachite. *Bauh. Pin.* 86, n.° 10. *Lob. Ic.* 1, pag. 193, fig. 1.

Nutritive pour la Chèvre.

A Lyon, Grenoble, Paris, etc. ♃ Vernale.

3. SATYRION noir, *S. nigrum*, L. à bulbes palmées; à feuilles linéaires; à lèvre du nectaire renversée, sans divisions.

Orchis palmata angustifolia, Alpina, nigro flore; Orchis à bulbes palmées, à feuilles étroites, des Alpes, à fleur noire. *Bauh. Pin.* 86, n.° 21. *Matth.* 638, fig. 2. *Lugd. Hist.* 1569, fig. 2. *Bellev.* tab. 259. *Seg. Ver.* 2, pag. 133, esp. 25, tab. 15, fig. 17. *Hall. Hist.* n.° 1271, tab. 27.

Bul. Paris. tab. 539. *Jacq. Aust.* tab. 368. *Icon. Pl. Media.* tab. 407.

Cette espèce varie à fleurs roses.

Sur les Alpes du Dauphiné, de Provence, à Montpellier. ♃ Vernale. *Alp. et S.-Alp.*

4. SATYRION blanchâtre. *S. Albidum*, L. à bulbes réunies en faisceau ; à feuilles lancéolées ; à lèvre du nectaire à trois divisions peu profondes, aigués : l'intermédiaire obtuse.

Bellev. tab. 258, fig. B. *Hall. Hist.* n.° 1270, tab. 26. *Flor. Dan.* tab. 115.

Sur les Alpes du Dauphiné, de Provence. ♃ Vernale. *S.-Alp.*

5. SATYRION Épipoge, *S. Epipogium*, L. à bulbes comprimées, dentées ; à tige enveloppée par une gaine ; à lèvre du nectaire renversée, très-entière ou sans divisions.

Jac. Aust. tab. 84.

En Dauphiné. ♃

6. SATYRION plantain, *S. plantagineum*, L. à bulbes comme fibreuses ; à feuilles de la tige ovales, pétiolées, engainantes ; à lèvre du nectaire entière.

Sloan. Jam. tab. 147, fig. 2.

Dans l'Amérique Méridionale.

7. SATYRION rampant, *S. repens*, L. à bulbes fibreuses ; à feuilles radicales ovales ; à fleurs tournées d'un seul côté.

Pseudo-Orchis ; Faux-Orchis. *Bauh. Pin.* 84, n.° 8. *Camer. Hort.* 111, ic. 35. *Bellev.* tab. 260. *Loës. Pruss.* 210, n.° 68. *Hall. Hist.* n.° 1295, tab. 22. *Jacq. Aust.* tab. 369.

En Dauphiné. ♃

8. SATYRION du Cap, *S. Capense*, L. à bulbes...... à lèvre du nectaire de la longueur des pétales, plus large, obtuse, échancrée, garnie de chaque côté d'une dent.

Au cap de Bonne-Espérance.

1096. OPHRYS, *OPHRYS.* * OPHRYS. *Tournef. Inst.* 437, tab. 250. *Lam. Tab. Encyclop.* pl. 727.

CAL. *Spathes* vagues. *Spadice* simple.

— *Périanthe* nul.

COR. Cinq *Pétales*, oblongs, réunis supérieurement, égaux dont *deux* extérieurs.

Nectaire plus long que les pétales, pendant, terminé postérieurement comme en carène.

ÉTAM. Deux *Filamens*, très-courts, insérés sur le pistil. *Anthères* droites, couvertes par le bord intérieur du nectaire.

PIST. *Ovaire* oblong, tordu, inférieur. *Style* adhérent au bord intérieur du nectaire. *Stigmate* irrégulier.

PÉR. *Capsule* comme ovale, à trois côtés, obtuse, striée, à une loge, à trois battans, s'ouvrant sur les angles qui sont carénés.

SEM. nombreuses, en forme de sciure de bois. *Réceptacle* linéaire, adhérent à chaque battant de la capsule.

OBS. O. Corallorhiza, L. *a quatre étamines, deux dans chaque loge.*

Nectaire caréné en dessous. *Corolle* sans éperon, à pétale extérieur concave postérieurement.

* I. OPHRYS *à bulbes rameuses.*

1. OPHRYS Nid-d'oiseau, *O. Nidus-avis*, L. à bulbes en gros faisceau formé par un amas de fibres charnues, aiossées; à tige sans feuilles, mais ornée d'écailles vaginales; à lèvre du nectaire divisée peu profondément en deux parties.

Orchis abortiva, fusca; Orchis à fleur fauve avortée. *Bauh. Pin.* 86, n.° 1. *Dod. Pempt.* 553, fig. 2. *Lob. Ic.* 1, p. 195, fig. 1.e, répétée tom. 2, pag. 271, fig. 1. *Lugd. Hist.* 1073, fig. 1. *Bauh. Hist.* 2, pag. 782, fig. 3. *Bul. Paris.* tab. 540. *Flor. Dan.* tab. 181. *Hall. Hist.* n.° 1290, tab. 37.

A Montpellier, Lyon, Paris, etc. ♃ Vernale.

2. OPHRYS à racine de corail, *O. Corallorhiza*, L. à bulbe formée par des rameaux branchus, recourbés, charnus; à tige sans feuilles, mais ornée d'écailles vaginales; à lèvre du nectaire divisée peu profondément en trois parties.

Orobanche radice coralloïde; Orobanche à racine de corail. *Bauh. Pin.* 88, n.° 9. *Clus. Hist.* 1, pag. 120, fig. 2. *Bauh. Hist.* 2, pag. 783, fig. 1. *Pluk.* tab. 211, fig. 1 et 2. *Hall. Hist.* n.° 1301, tab. 44. *Flor. Dan.* tab. 451.

A Montpellier, Grenoble. ♃

3. OPHRYS en spirale, *O. spiralis*, L. à bulbes formées par deux ou trois cylindres réunis, charnus; à feuilles de la tige courtes et étroites; à fleurs tournées d'un seul côté, développées en épi spiral; à lèvre du nectaire d'une seule pièce ou sans divisions, crénelée.

Triorchis alba, odorata, minor; Triorchis à fleur blanche, odorante, plus petit. *Bauh. Pin.* 84, n.° 7. *Dod. Pempt.* 239, fig. 2. *Lob. Ic.* 1, pag. 186, fig. 1. *Lugd. Hist.* 1555, fig. 3. *Seg. Ver.* 3, tab. 8, fig. 9, *Hall. Hist.* n.° 1294, tab. 38. *Flor. Dan.* tab. 387.

Cette espèce présente deux variétés.

1.° *Triorchis vel tetrorchis alba, odorata, major;* Triorchis ou Tetrorchis à fleur blanche odorante, plus grande. *Bauh.*

Pin. 84, n.° 6. *Dod. Pempt.* 239, fig. 1. *Lob. Ic.* 1, p. 186, fig. 2. *Lugd. Hist.* 1560, fig. 3.

2.° Orchis des marais, à fleur blanche odorante, décrite et gravée dans *Micheli Gen.* 30, esp. 1, tab. 26.

A Montpellier, Lyon, Paris, etc. ♃ Estivale.

4. OPHRYS penché, *O. cernua*, L. à bulbes formées par un amas de fibres; à tige ornée de feuilles; à fleurs penchées; à lèvre du nectaire oblongue, entière, aiguë.

En Virginie, au Canada.

5. OPHRYS Double-feuille, *O. ovata*, L. à bulbes formées par un amas de fibres; à tige à deux feuilles, ovales; à lèvre du nectaire divisée peu profondément en deux parties.

Ophrys bifolia; Ophrys à deux feuilles. *Bauh. Pin.* 87, n.° 1. *Fusch. Hist.* 566. *Matth.* 846, fig. 2. *Dod. Pempt.* 242, fig. 1. *Lob. Ic.* 1, p. 302, fig. 2, répétée tom. 2, p. 262, fig. 1. *Lugd. Hist.* 1261, fig. 1. *Camer. Epit.* 943. *Bauh. Hist.* 3, P. 2, pag. 533, fig. 2. *Bul. Paris.* tab. 541. *Flor. Dan.* tab. 137. *Hall. Hist.* n.° 1291, tab. 37.

Cette espèce présente une variété.

Ophrys trifolia; Ophrys à trois feuilles. *Bauh. Pin.* 87, n.° 2.

Nutritive pour le Bœuf, la Chèvre.

En Europe dans les prés humides. ♃ Vernale.

6. OPHRYS en cœur, *O. cordata*, L. à bulbe formée par un amas de fibres; à tige ornée de deux feuilles en cœur; à lèvre du nectaire divisée peu profondément en deux parties, garnie à sa base de deux dents.

Ophrys minima; Ophrys très-petit. *Bauh. Pin.* 87, n.° 4. *Bauh. Hist.* 3, P. 2, pag. 534, fig. 2. *Hall. Hist.* n.° 1292, tab. 22, fig. 4.

A Lyon, Grenoble. ♃ Vernale.

* II. *OPHRYS à bulbes arrondies.*

7. OPHRYS à feuilles de lis, *O. lilifolia*, L. à bulbes arrondies; à hampe nue; à feuilles lancéolées; à lèvre du nectaire entière; à pétales extérieurs linéaires.

Pluk. tab. 434. fig. 9.

En Suède, en Virginie. ♃

8. OPHRYS de Loësel, *O. Loeselii*, L. à bulbe arrondie; à hampe nue, à trois côtés; à lèvre du nectaire ovale.

Bellev. tab. 261. *Loës. Pruss.* 180, n.° 58.

A Paris, en Suède, en Lithuanie, dans les marais. ♃ Vernale.

9. OPHRYS

9. OPHRYS des marais, *O. paludosa*, L. à bulbe arrondie; à hampe presque nue, à cinq côtés; à feuilles rudes vers le sommet; à lèvre du nectaire entière.

Pluk. tab. 247, fig. 2.

En Dauphiné, à Paris. ♃ Vernale.

10. OPHRYS à une feuille, *O. monophyllos*, L. à bulbe arrondie; à hampe nue; à une feuille ovale; à lèvre du nectaire entière.

Bellev. tab. 262. *Loës. Pruss.* 180, n.° 57. *Hall. Hist.* n.° 1293, tab. 36.

En Suisse, en Lithuanie, dans les prairies marécageuses. ♃

11. OPHRYS à une seule bulbe, *O. Monorchis*, L. à bulbe arrondie; à hampe nue; à lèvre du nectaire divisée peu profondément en trois parties, qui par leur écartement forment une croix.

Orchis odorata moschata seu Monorchis; Orchis à odeur de musc ou Monorchis. *Bauh. Pin* 84, n. 1. *Bellev.* tab. 263. *Seg. Ver.* 2, pag. 131, esp. 22, tab. 16, fig. 18 *Michel. Gen.* 30, esp. 1, tab. 26. *Loës. Pruss.* 184, n.° 61. *Hall. Hist.* n.° 1262, tab. 22. *Bul. Paris.* tab. 542. *Flor. Dan.* tab. 102.

Cette espèce présente trois variétés.

1.° *Orchis lutea, hirsuto folio*; Orchis à fleur jaune, à feuille hérissée. *Bauh. Pin.* 84, n.° 2. *Lob. Ic.* 1, pag. 186, fig. 3. *Lugd. Hist.* 1560, fig. 4.

2.° *Triorchis lutea, folio glabro*; Triorchis à fleur jaune, à feuille lisse. *Bauh. Pin.* 84, n.° 3. *Lob. Ic.* 1, pag. 187, fig. 2. *Lugd. Hist.* 1561, fig. 1.

3.° *Triorchis lutea altera*; autre Triorchis à fleur jaune. *Bauh. Pin.* 84, n.° 4. *Lob. Ic.* 1, pag. 187, fig. 1. *Lugd. Hist.* 1561, fig. 2.

A Lyon, Grenoble, Paris. ♃ Vernale.

12. OPHRYS des Alpes, *O. Alpina*, L. à bulbes ovales; à hampe nue; à feuilles en alêne; à lèvre du nectaire très-entière, obtuse, offrant une dent de chaque côté.

Chamæ-Orchis Alpina, folio gramineo; Faux-Orchis des Alpes, à feuille graminée. *Bauh. Pin.* 81, n.° 10. *Hall. Hist.* n.° 1263, tab. 22, fig. 1. *Flor. Dan.* tab. 452.

Sur les Alpes du Dauphiné. ♃

13. OPHRYS du Kamtschatka, *O. Kamtschatka*, L. à bulbes..... à hampe filiforme, ornée d'écailles vaginales; à fleurs en grappe lâche; à lèvre du nectaire linéaire, divisée peu profondément en deux parties.

Amœn. Acad. 2, pag. 361, tab. 4, fig. 24.
Au Kamtchatka.

24. OPHRYS homme, *O. antropophora*, L. à bulbes arrondies; à hampe ornée de feuilles; à lèvre du nectaire divisée profondément en trois parties linéaires dont l'intermédiaire alongée, est sous-divisée elle-même peu profondément en deux parties.

Orchis flore nudi hominis effigiem representans, fœmina; Orchis femelle, à fleur représentant un homme nu. *Bauh. Pin.* 82, n.º 7. *Column. Ecphras.* 1, pag. 318 et 320, f. 1. *Vaill. Bot.* 147, esp. 6, tab. 31, fig. 19 et 20. *Hall. Hist.* n.º 1264, tab. 23. *Flor. Dan.* tab. 103.

A Montpellier, Lyon, Grenoble, Paris, etc. ♃ Vernale.

25. OPHRYS insecte, *O. insectifera*, L. à bulbes arrondies; à hampe ornée de feuilles; à lèvre du nectaire comme divisée en cinq lobes.

Cette espèce présente plusieurs variétés.

1.º *Orchis muscæ corpus referens, minor, vel galeâ et alis herbidis*; Orchis à fleur imitant le corps d'une mouche, plus petite, ou à casque et ailes couleur d'herbe. *Bauh. Pin.* 83, n.º 11. *Lob. Ic.* 1, pag. 181, fig. 1. *Lugd. Hist.* 1558, fig. 1. *Vaill. Bot.* 147, esp. 5, tab. 31, fig. 17 et 18. *Hall. Hist.* n.º 1265, tab. 24. *Bul. Paris.* tab. 544.

2.º *Orchis muscam referens, major*; Orchis à fleur représentant une mouche, plus grand. *Bauh. Pin.* 83, n.º 10. *Lob. Ic.* 1, pag. 182, fig. 1. *Lugd. Hist.* 1558, fig. 3.

3.º *Orchis muscam referens lutea*; Orchis à fleur jaune imitant une mouche. *Bauh. Pin.* 83, n.º 12. *Lob. Ic.* 1, p. 181, fig. 2?

4.º *Orchis araneam referens*; Orchis à fleur imitant une araignée. *Bauh. Pin.* 84, n.º 17. *Lob. Ic.* 1, pag. 185, f. 1.

5.º *Orchis fucum referens, colore rubiginoso*; Orchis à fleur imitant un bourdon, de couleur de rouille. *Bauh. Pin.* 83, n.º 9. *Lob. Ic.* 1, pag. 179, fig. 2. *Vaill. Bot.* 146, esp. 1, tab. 31, fig. 15 et 16.

6.º *Orchis fucum referens, major, foliolis superioribus candidis et purpurascentibus*; Orchis à fleur imitant une guêpe, plus grand, à pétales supérieurs blanchâtres et pourpres. *Bauh Pin.* 83, n.º 7. *Dod. Pempt.* 238, fig. 1. *Lob. Ic.* 1, pag. 180, fig. 1. *Lugd. Hist.* 1558, fig. 2. *Vaill. Bot.* 146, esp. 3, tab. 30, fig. 9.

7.º *Orchis fucum referens, flore subvirente*; Orchis à fleur imitant un bourdon, à fleur verdâtre. *Bauh. Pin.* 83, n.º 8.

Dod. Pempt. 238, fig. 2. *Lob. Ic.* 1, pag. 180, fig. 2. *Lugd. Hist.* 1557, fig. 3.

En Europe, dans les prés, les pâturages, les bois. ♃ Vernale.

16. **OPHRYS** noirâtre, *O. atrata*; L. à bulbes . . . . . à casque des fleurs supportant les étamines, divisé en deux cornes.

Au cap de Bonne-Espérance. ♃

17. **OPHRYS** catholique; *O. catholica*, L. à bulbes formées par un amas de fibres; à hampe ornée de feuilles; à fleurs à trois pétales; à casque ventru, grand; à lèvre formant par son écartement une croix.

Buxb. Cent. 3, pag. 13, tab. 21.

Au cap de Bonne-Espérance.

18. **OPHRYS** courbé; *O. circumflexa*, L. à bulbes très-entières ou sans divisions; à fleurs à trois pétales; à ailes échancrées; à lèvre divisée peu profondément en trois parties, dont les latérales sont courbées.

Buxb. Cent. 3, pag. 8, tab. 13.

Au cap de Bonne-Espérance.

19. **OPRHYS** d'Afrique, *O. Caffra*, L. à bulbes . . . . ; à lèvre du nectaire en forme de rein, très-large, échancrée.

Au cap de Bonne-Espérance.

1097. **HELLÉBORINE**, *SERAPIAS*. * *Lam. Tab. Encyclop.* pl. 728. HELLEBORINE. *Tournef. Inst.* 436, tab. 249.

CAL. *Spathes* vagues. *Spadice* simple.

—— *Périanthe* nul.

COR. Cinq *Pétales*, ovales, oblongs, droits, ouverts, réunis supérieurement.

Nectaire de la longueur des pétales, excavé à la base, mellifère, ovale, bossué inférieurement, aigu, à trois divisions peu profondes: l'intermédiaire en cœur, obtuse, présentant à la base une cicatrice à deux divisions peu profondes, à trois dents.

ÉTAM. Deux *Filamens*, très-courts, insérés sur le pistil. *Anthères* droites, placées sous la lèvre supérieure du nectaire.

PIST. *Ovaire* oblong, tordu, inférieur. *Style* adhérent à la lèvre supérieure du nectaire. *Stigmate* irrégulier.

PÉR. *Capsule* en ovale renversé, à trois côtés obtus, à trois carènes adhérentes entr'elles, à une loge, à trois battans, s'ouvrant au-dessous des carènes.

SEM. Nombreuses, en forme de sciure de bois. *Réceptacle* linéaire, adhérent à chaque battant de la capsule.

Nectaire ovale, bossué, à lèvre ovale.

1. **HELLÉBORINE** à larges feuilles, *S. latifolia*, L. à bulbes formées par un amas de fibres; à feuilles ovales, embrassant la tige; à fleurs pendantes.

Helleborine latifolia, montana; Helléborine à larges feuilles, des montagnes. *Bauh. Pin.* 186, n.° 1. *Dod. Pempt.* 384, f. 1. *Lob. Ic.* 1, pag. 312, fig. 1. *Clus. Hist.* 1, pag. 273, f. 1. *Lugd. Hist.* 1312, fig. 2. *Bauh. Hist.* 3, P. 2, pag. 516, fig. 1. *Hall. Hist.* n.° 1297, tab. 40.

En Provence, à Lyon, à Paris, etc. ♃ Vernale.

2. **HELLÉBORINE** à longues feuilles, *S. longifolia*, L. à bulbes formées par un amas de fibres; à feuilles en lame d'épée, assises ou sans pétioles; à fleurs pendantes.

Helleborine angustifolia palustris sive pratensis; Helléborine à feuilles étroites des marais ou des prés. *Bauh. Pin.* 187, n.° 3. *Bellev.* tab. 264. *Hall. Hist.* n.° 1296, tab. 39. *Flor. Dan.* tab. 267. *Crantz. Aust. Fasc.* 6, tab. 462, fig. 5.

A Montpellier, Lyon, Paris, etc. ♃ Vernale.

3. **HELLÉBORINE** à grande fleur, *S. grandiflora*, L. à bulbes formées par un amas de fibres; à feuilles en lame d'épée; à fleurs droites; à lèvre du nectaire aiguë.

Helleborine flore albo, Damasonium montanum, latifolium; Helléborine à fleur blanche, Damasonium des montagnes, à larges feuilles. *Bauh. Pin.* 187, n.° 5. *Bauh. Hist.* 3, P. 2, pag. 516, fig. 2. *Hall. Hist.* n.° 1298, tab. 41. *Flor. Dan.* tab. 506. *Crantz. Aust. Fasc.* 6, pag. 460, tab. 1, fig. 4.

A Lyon, Grenoble. ♃ Vernale.

4. **HELLÉBORINE** rouge, *S. rubra*, L. à bulbes formées par un amas de fibres; à feuilles en lame d'épée; à fleurs droites; à lèvre du nectaire aiguë.

Helleborine montana angustifolia, purpurascens; Helléborine des montagnes, à feuilles étroites, à fleur pourpre. *Bauh. Pin.* 187, n.° 7. *Clus. Hist.* 1, pag. 273, fig. 2. *Lugd. Hist.* 1058, fig. 2? *Bauh. Hist.* 3, P. 2, pag. 517, fig. 1. *Hall. Hist.* n.° 1299, tab. 42. *Flor. Dan.* tab. 345.

Reichard a fait deux espèces des Helléborine à grande fleur et Helléborine rouge, que *Linné* ne regardoit que comme des variétés de l'Helléborine à longues feuilles.

A Lyon, Grenoble, Paris, etc. ♃ Vernale.

5. **HELLÉBORINE** Langue, *S. Lingua*, L. à bulbes arrondies; à lèvre du nectaire à trois divisions peu profondes, aiguës, lisses, plus longues que les pétales.

Orchis montana Italica, flore ferrugineo, linguâ oblongâ;

Orchis des montagnes d'Italie, à fleur ferrugineuse, imitant une langue alongée. *Bauh. Pin.* 84, n.° 18. *Matth.* 636, fig. 1. *Lugd. Hist.* 1551, fig. 3.

Cette espèce présente une variété.

Orchis montana Italica, lingud oblongd altera; autre Orchis des montagnes d'Italie, à fleur imitant une langue alongée. *Bauh. Pin.* 84, n.° 19. *Column. Ecphras.* 2, pag. 321 et 322, fig. 1.

A Montpellier, en Provence. ♃

6. **HELLÉBORINE** porte-cœur, *S. cordigera*, L. à bulbes arrondies; à lèvre du nectaire à trois divisions peu profondes, aiguë, très-grande, barbue à la base.

En Espagne, à Naples, en Orient.

7. **HELLÉBORINE** du Cap, *S. Capensis*, L. à feuilles rapprochées parallèlement, en lame d'épée; à tige dénuée de feuilles dans sa partie supérieure; à gaines en spathe.

Au cap de Bonne-Espérance. ♃

1098. **LIMODORE**, *LIMODORUM.* †

CAL. *Spathes* vagues. *Spadice* simple.

—— *Périanthe* nul.

COR. Cinq *Pétales*, ovales, oblongs, presque égaux, ouverts, dont les supérieurs sont réunis.

Nectaire d'un seul feuillet, concave, porté sur un pédicule, placé dans le pétale inférieur, de la longueur des pétales.

ÉTAM. Deux *Filamens*, formés par un corps oblong, ascendans, de la longueur de la corolle. Deux *Anthères*, ovales, tournées en devant.

PIST. *Ovaire* en colonne, de la longueur de la corolle, inférieur. *Style* filiforme, agglutiné sur le corps du filament. *Stigmate* en entonnoir.

PÉR. *Capsule* en colonne, à une loge, à trois battans, s'ouvrant sur les angles.

SEM. Nombreuses, en forme de sciure de bois.

Nectaire d'un seul feuillet, concave, porté sur un pédicule, caché dans le pétale inférieur.

1. **LIMODORE** tubéreux, *L. tuberosun*, L. à fleurs assises, en grappes, alternes.

Mart. Cent. tab. 50.

Dans l'Amérique Septentrionale. ♃

2. LIMODORE élevé, *L. altum*. L. à fleurs pédunculées, éparses.
Plum. Spec. 9, tab. 189.
Dans l'Amérique Méridionale. ♃

1099. ARÉTHUSE, *ARETHUSA.* † *Lam. Tab. Encycl.* pl. 729.

CAL. *Spathe* feuillé.
— *Périanthe* nul.

COR. Cinq *Pétales*, irréguliers, oblongs, presque égaux, dont deux extérieurs, tous réunis en casque.

Nectaire d'un seul feuillet, tubulé à la base, placé dans le fond de la corolle, divisé en deux *Lèvres* : l'*inférieure* renversée, large, ridée, pendante, de la longueur des pétales : la *supérieure* linéaire, très-délicate, adhérente au style, divisée au sommet en plusieurs lobes.

ÉTAM. Deux *Filamens*, très-courts, insérés sur le sommet du pistil. *Anthères* comprimées, couvertes par la duplicature de la lèvre [illegible]érieure du nectaire.

PIST. *Ovaire* oblong, inférieur. *Style* oblong, recourbé, enveloppé par la lèvre intérieure du nectaire. *Stigmate* en entonnoir.

PÉR. *Capsule* oblongue, ovale, à une loge, à trois battans, s'ouvrant sur les angles.

SEM. Nombreuses, roides, linéaires.

OBS. *La lèvre inférieure du* Nectaire *est agglutinée sur le style.*

Nectaire tubulé, caché dans le fond de la corolle dont la lèvre inférieure est adhérente au style.

1. ARÉTHUSE bulbeuse, *A. bulbosa*, L. à racine globuleuse; à hampe ornée d'écailles vaginales; à spathe à deux feuillets.
Pluk. tab. 348, fig. 7.
En Virginie, au Canada, dans les lieux aquatiques. ♃

2. ARÉTHUSE ophioglosse, *A. ophioglossoïdes*, L. à racine fibreuse; à hampe ornée d'une seule feuille ovale; à spathe feuillé, lancéolé.
Pluk. tab. 93, fig. 2.
En Virginie, au Canada, dans les lieux aquatiques. ♃

3. ARÉTHUSE étalée, *A. divaricata*, L. à racine comme palmée; à hampe ornée d'une seule feuille lancéolée; à spathe feuillé, lancéolé; à pétales extérieurs ascendans.
Catesb. Carol. 1, pag. et tab. 58.
Dans l'Amérique Septentrionale, dans les marais. ♃

4. ARÉTHUSE du Cap, *A. Capensis*, L. à racine charnue; à hampe ornée de feuilles; à pétales extérieurs plus longs, terminés par une queue.
Au cap de Bonne-Espérance. ♃

3100. SABOT, *CYPRIPEDIUM.* * *Lam. Tab. Encycl.* pl. 729. CALCEOLUS. *Tournef. Inst.* 436, tab. 249.

CAL. *Spathes* vagues. *Spadice* simple.

— *Périanthe* nul.

COR. Quatre ou cinq *Pétales*, lancéolés, linéaires, très-longs, ouverts, droits.

Nectaire dans le pétale inférieur, en sabot, boursouflé, obtus, creux, plus court et plus large que les pétales; à *Lèvre* supérieure ovale, plane, recourbée, petite.

ÉTAM. Deux *Filamens*, très-courts, insérés sur le pistil. *Anthères* droites, couvertes par la lèvre supérieure du nectaire.

PIST. *Ovaire* long, tordu, inférieur. *Style* très-court, adhérent à la lèvre supérieure du nectaire. *Stigmate* irrégulier.

PÉR. *Capsule* en ovale renversé, à trois côtés obtus, à trois sutures, sous lesquelles elle s'ouvre par les angles, à une loge, à trois battans.

SEM. Nombreuses, très-petites. *Réceptacle* linéaire, adhérent dans sa longueur sur chaque battant de la capsule.

Nectaire ventru, enflé, cave.

1. SABOT notre-Dame, *C. Calceolus*, L. à racines formées par un amas de fibres; à feuilles ovales, lancéolées, garnissant la tige.

Helleborine flore rotundo, sive Calceolus; Helléborine à fleur arrondie, ou Sabot. *Bauh. Pin.* 187, n.° 9. *Dod. Pempt.* 180, fig. 1. *Lob. Ic.* 1, pag. 312, fig. 2. *Clus. Hist.* 1, pag. 272, fig. 1. *Lugd. Hist.* 1146, fig. 1. *Bauh. Hist.* 3, P. 2, pag. 518, fig. 1. *Theat. Flor.* tab. 66, fig. 5. *Barrel.* tab. 260.

Cette espèce présente trois variétés.

1.° Helléborine de Virginie ou Sabot à fleur jaune plus grande. *Moris. Hist.* sect. 12, tab. 11, fig. 15.

2.° Helléborine à fleur plus grande, pourpre. *Moris. Hist.* sect. 12, tab. 11, fig. 17.

3.° Sabot à fleur plus petite. *Amm. Ruth.* n.° 177, tab. 22.

On le trouve à deux fleurs.

Nutritive pour la Chèvre.

Sur les Alpes du Dauphiné.

2. SABOT bulbeux, *C. bulbosum*, L. à bulbe arrondie; à feuille arrondie, partant de la racine.

Flor. Lapp. n.° 319, tab. 12, fig. 5.

Sur les Alpes du Dauphiné, de Provence, au Puy-de-Dôme en Auvergne. ♃ Vernale. *S.-Alp.*

1101. VANILLE, *EPIDENDRUM*. * *Lam. Tab. Encyclop.* pl. 730. VANILLA. *Plum. Gen.* 25, tab. 28.

CAL. *Spathes* vagues. *Spadice* simple.

—— *Périanthe* nul.

COR. Cinq *Pétales*, très-longs, très-ouverts.

Nectaire tubulé à la base, en toupie, placé extérieurement parmi les pétales, à orifice oblique, divisé peu profondément en deux *Lèvres* : la *supérieure* très-courte, à trois divisions peu profondes : l'*inférieure* prolongée en pointe.

ÉTAM. Deux *Filamens*, très-courts, insérés sur le pistil. *Anthères* couvertes par la lèvre supérieure du nectaire.

PIST. *Ovaire* grêle, long, tordu, inférieur. *Style* très-court, adhérent à la lèvre supérieure du nectaire. *Stigmate* irrégulier.

PÉR. *Silique* très-longue, arrondie, charnue.

SEM. Nombreuses, très-petites.

Nectaire en toupie, oblique, renversé.

* I. *VANILLES à tiges grimpantes.*

1. VANILLE odorante, *E. Vanilla*, L. à tiges grimpantes, à feuilles de la tige ovales, oblongues, nerveuses, assises ou sans pétioles; à vrilles roulées en spirale.

Lobus aromaticus subfuscus Terebinthi corniculis similis; Lobe aromatique brunâtre, ressemblant aux cornes du Térébinthe. *Bauh. Pin.* 404, n.° 17. *Pluk.* tab. 320, fig. 4. *Icon. Pl. Medic.* tab. 288.

1. *Vanilla*, Vanille. 2. Siliques. 3. Odeur et saveur aromatiques, très-suaves. 5. Mélancolie, froideur, fièvres nerveuses. 6. Très-usitée comme ingrédient du chocolat.

Dans les deux Indes, où elle est parasite sur les arbres.

2. VANILLE fleur de l'air, *E. flos aeris*, L. à tige grimpante, arrondie, un peu ramifiée; à feuilles lancéolées, sans nervures; à pétales linéaires, obtus.

Kœmpf. Amœn. 868 et 869, fig. 1.

A Java. Parasite.

* II. *VANILLES à tiges droites, feuillées.*

3. VANILLE à feuilles menues, *E. tenuifolium*, L. à feuilles de la tige en alêne, creusées en gouttière.

Rheed. Mal. 12, pag. 11, tab. 5.

Dans l'Inde Orientale.

4. VANILLE en spatule, *E. spatulatum*, L. à feuilles de la tige oblongues, alternes, obtuses, sans nervures; à lèvre du nectaire à deux divisions peu profondes, étalées.

Rheed. Mal. 12, pag. 7, tab. 3. *Rumph. Amb.* 6, pag. 94?, tab. 44, fig. 1.

Dans l'Inde Orientale.

5. VANILLE obscure, *E. furvum*, L. à feuilles de la tige lancéolées, en recouvrement; à fleurs en grappes axillaires.

Rumph. Amb. 6, pag. 104, tab. 46, fig. 1.

Dans l'Inde Orientale.

6. VANILLE écarlate, *E. coccineum*, L. à feuilles de la tige en lame d'épée, obtuses; à péduncules axillaires, entassés, portant une seule fleur.

Jacq. Amer. 29, tab. 135.

Dans l'Amérique Méridionale.

7. VANILLE à fleurs tournées d'un seul côté, *E. secundum*, L. à feuilles de la tige oblongues; à fleurs en épis, tournées d'un seul côté; à tube du nectaire de la longueur de la corolle.

Jacq. Amer. 224, tab. 137.

Dans l'Amérique Méridionale.

8. VANILLE linéaire, *E. lineare*, L. à feuilles de la tige linéaires, obtuses, échancrées; à tige simple.

Jacq. Amer. 29, tab. 131, fig. 1.

Dans l'Amérique Méridionale.

9. VANILLE ponctuée, *E. punctatum*, L. à feuilles lancéolées, nerveuses; à tige ornée d'écailles vaginales en recouvrement; à hampe en panicule, ponctuée; à corolles ponctuées.

Plum. Spec. 9, tab. 187.

Dans l'Amérique Méridionale.

10. VANILLE à queue, *E. caudatum*, L. à feuilles lancéolées, nerveuses; à hampe en panicule; à pétales tachetés, terminés par une queue, dont deux très-longs.

Plum. Spec. 9, tab. 177.

Dans l'Amérique Méridionale.

11. VANILLE ovale, *E. ovatum*, L. à feuilles ovales, aiguës, nerveuses, embrassant la tige; à hampe en panicule.

Rheed. Mal. 12, pag. 15, tab. 7. *Rumph. Amb.* 6, pag. 111, tab. 51, fig. 2.

Dans l'Inde Orientale.

12. VANILLE ciliée, *E. ciliare*, L. à feuilles oblongues, sans nervures; à lèvre du nectaire, à trois divisions profondes, ciliées: l'intermédiaire linéaire; à tige ornée de deux feuilles.

Jacq. Amer. 224, tab. 179, fig. 89.

Dans l'Amérique Méridionale.

13. VANILLE nocturne, *E. nocturnum*, L. à feuilles oblongues, sans nervures; à lèvre du nectaire à trois divisions profondes, très-entières: l'intermédiaire linéaire; à tige ornée de plusieurs feuilles.

Jacq. Amer. 225, tab. 139.

Dans l'Amérique Méridionale.

14. VANILLE en capuchon, *E. cucullatum*, L. à feuilles en alêne; à hampe portant une seule fleur; à lèvre du nectaire ovale, ciliée, aiguë; à pétales alongés.

Plum. Spec. 9, tab. 179, fig. 1.

Dans l'Amérique Méridionale.

* III. *VANILLES à hampes nues; à feuilles radicales.*

15. VANILLE noueuse, *E. nodosum*, L. à une seule feuille presque radicale; à spadice renfermant le plus souvent quatre fleurs.

Pluk. tab. 117, fig. 6. *Herm. Parad.* pag. et tab. 207.

Dans l'Amérique Méridionale. Parasite.

16. VANILLE carénée, *E. carinatum*, L. à feuilles oblongues, obtuses, comprimées, articulées.

Dans l'isle de Luçon. Parasite.

17. VANILLE à feuilles d'aloès, *E. aloïfolium*, L. à feuilles radicales, oblongues, obtuses, plus larges vers le sommet.

Rheed. Malab. 12, pag. 17, tab. 8.

Au Malabar, sur les arbres. Parasite.

18. VANILLE mouchetée, *E. guttatum*, L. à feuilles radicales lancéolées, creusées en gouttière; à pétales en forme de coin, émoussés.

Sloan. Jam. tab. 148, fig. 2.

A la Jamaïque. Parasite.

19. VANILLE à feuilles de jonc, *E. juncifolium*, L. à feuilles en alêne, sillonnées; à hampe et pétales ponctués; à lèvre du nectaire sans tache, dilatée.

Plum. Spec. 9, tab. 184, fig. 2.

Dans l'Amérique Méridionale.

20. VANILLE écrite, *E. scriptum*, L. à feuilles ovales, oblongues, à trois nervures; à fleurs en grappes, tachetées.

Rumph. Amb. 6, pag. 95, tab. 42.

Dans l'Inde Orientale.

21. VANILLE émoussée, *E. retusum*, L. à feuilles radicales linéaires, émoussées au sommet sur deux côtés; à fleurs en grappes tachetées.

Rheed. Malab. 12, pag. 1, tab. 1.

Dans l'Inde Orientale.

22. VANILLE aimable, *E. amabile*, L. à feuilles radicales larges, lancéolées, sans nervures; à pétales latéraux, arrondis.

Rumph. Amb. 6, pag. 99, tab. 43.

Dans l'Inde Orientale.

23. VANILLE en coquille, *E. cochleatum*, L. à feuilles oblongues, deux à deux, lisses, striées, adhérentes à la bulbe; à hampe portant plusieurs fleurs; à nectaire en cœur.

Sloan. Jam. tab. 121, fig. 2.

Dans l'Amérique Méridionale.

24. VANILLE tubéreuse, *E. tuberosum*, L. à feuilles larges, lancéolées, nerveuses, membraneuses, adhérentes à la bulbe; à hampe ornée d'écailles vaginales; à nectaire divisé peu profondément en deux parties.

Rumph. Amb. 6, pag. 112, tab. 52, fig. 1.

Dans l'Inde Orientale.

25. VANILLE naine, *E. pusillum*, L. à feuilles en lame d'épée, un peu charnues; à hampe portant quelques fleurs.

A Surinam.

26. VANILLE en lame d'épée, *E. ensifolium*, L. à tige arrondie, lisse; à feuilles en lame d'épée, striées; à pétales lancéolés, lisses; à lèvre du nectaire recourbée, plus large.

A la Chine.

27. VANILLE en collier, *E. moniliforme*, L. à tige arrondie, articulée, striée, en forme de collier, nue, très-simple; à feuilles linéaires, aiguës.

Kœmph. Amœn. pag. et tab. 864.

Au Japon. Parasite sur les arbres et sur les rochers.

28. VANILLE ophioglosse, *E. ophioglossoïdes*, L. à tige ornée d'une seule feuille; à fleurs en grappes, tournées d'un seul côté.

Jacq. Amer. 225, tab. 133, fig. 2.

Dans l'Amérique Méridionale.

29. VANILLE à feuilles de fragon, *E. ruscifolium*, L. à tige ornée d'une seule feuille; à fleurs agrégées dans le sinus de la feuille.

Jacq. Amer. 226, tab. 133, fig. 3.

Dans l'Amérique Méridionale.

30. VANILLE à feuilles graminées, *E. graminifolium*, L. à tige ornée d'une seule feuille; à fleurs deux à deux dans le sinus de la feuille.

Plum. Spec. 9, tab. 176, fig. 1.

Dans l'Amérique Méridionale.

1102. **GUNNÈRE,** *GUNNERA. Lam. Tab. Encyclop.* pl. 801.

CAL. *Chaton* en anneau, à *écailles* d'un seul feuillet, renfermant une fleur, sétacées, de la longueur de la fleur, persistantes.

— *Périanthe* nul, (à moins qu'on ne regarde comme calice la croûte de la semence).

COR. Nulle.

ÉTAM. Deux *Filamens*, très-courts, opposés, insérés sur les côtés de l'ovaire au-delà de ses dents. *Anthères* oblongues.

PIST. *Ovaire* ovale, à deux dents au sommet. Deux *Styles*, courts, en alêne, parmi les dents de l'ovaire. *Stigmate* simple.

PÉR. Nul.

SEM. Une seule, ovale, enveloppée par l'écorce de la croûte du périanthe.

Chaton composé d'écailles renfermant une seule fleur. *Calice* et *Corolle* nuls. *Ovaire* à deux dents au sommet. Deux *Styles*. Une seule *Semence*.

1. GUNNÈRE du Cap, *G. Perpensa*, L. à feuilles radicales en cœur, obtuses, lisses, veinées, un peu sinuées, dentées, crénelées.

Pluk. tab. 18, fig. 2.

Au cap de Bonne-Espérance. ♃

II. TRIANDRIE.

1103. **BERMUDIANE,** *SISYRINCHIUM.* * *Lam. Tab. Encyclop.* pl. 569. BERMUDIANA. *Tournef. Inst.* 387, tab. 208. *Dill. Elth.* tab. 41, fig. 48 et 49.

CAL. *Spathe* universel à deux tranchans, à deux feuillets, à *valvules* comprimées, carénées, pointues.

COR. Six *Pétales*, oblongs, en ovale renversé, pointus, droits, ouverts, aplatis.

ÉTAM. Trois *Filamens*, très-courts, s'élevant de la tunique du style. *Anthères* divisées inférieurement en deux parties peu profondes, insérées sur le style à la base du stigmate.

PIST. *Ovaire* en ovale renversé, inférieur. *Style* en alêne, droit, plus court que la corolle. *Stigmate* renversé, à trois divisions peu profondes.

PÉR. *Capsule* en ovale renversé, à trois côtés, à trois loges, à trois battans.

SEM. Plusieurs, arrondies.

Un seul *Pistil*. *Spathe* à deux feuillets. *Corolle* à six pétales applatis. *Capsule* inférieure, à trois loges.

1. BERMUDIANE sans nervures, *S. Bermudiana*, L. à feuilles en lame d'épée sans nervures.

Pluk. tab. 61, fig. 1. *Dill. Elth.* tab. 41, fig. 49. *Cavan.* diss. 6, n.° 508, tab. 192, fig. 1.

Cette espèce présente une variété, à feuilles en lame d'épée, embrassant la tige; à péduncules plus courts, décrite dans *Miller Dict.* n.° 1, et dans *Dill. Elth.* tab. 41, fig. 48.

En Virginie, aux Bermudes. ♃

2. BERMUDIANE à feuilles de palmier, *S. palmifolium*, L. à feuilles en lame d'épée, nerveuses.

Cavan. diss. 6, n.° 512, tab. 191, fig. 1.

Au Brésil.

1104. FERRARE, *FERRARIA.* † *Lam. Tab. Encyclop.* pl. 569.

CAL. Deux *Spathes*, alternes, carénés, enveloppés, renferment chacun une fleur.

COR. Six *Pétales*, oblongs, pointus, roulés, ondulés, frisés, les alternes plus petits.

ÉTAM. Trois *Filamens*, insérés sur le style. *Anthères* arrondies, didymes, hérissées.

PIST. *Ovaire* inférieur, arrondi, à trois côtés, obtus. *Style* simple, droit. Trois *Stigmates*, divisés peu profondément en deux parties, en cornet, frangés et frisés.

PÉR. *Capsule* oblongue, à trois côtés, épaissie au sommet, à trois loges, à trois battans.

SEM. Nombreuses, arrondies.

Un seul *Pistil.* Deux *Spathes* renfermant chacune une seule fleur. *Corolle* à six pétales, ondulés, frisés. *Stigmate* en capuchon. *Capsule* inférieure, à trois loges.

1. FERRARE ondulée, *F. undulata*, L. à feuilles nerveuses, en lame d'épée, engainant la tige; à pétales frangés.

Moris. Hist. sect. 4, tab. 4, fig. 7. *Barrel.* tab. 1216. *Jacq. Hort.* tab. 63. *Cavanil. Dis.* 6, n.° 505, tab. 190, fig. 1.

Au cap de Bonne-Espérance. ♃

1105. SALACE, *SALACIA.* †

CAL. *Périanthe* d'un seul feuillet, très-court, ouvert, à cinq *segmens* profonds, aigus, persistans.

COR. Cinq *Pétales*, arrondis, assis.

ÉTAM. *Filamens* nuls. Trois *Anthères*, didymes, écartées à la base, insérées au sommet de l'ovaire.

PIST. *Ovaire* arrondi, plus grand que le calice. *Style* très-court, parmi les anthères. *Stigmate* simple.

PÉR.....

SEM.....

OBS. Ce genre se rapproche du Stilago *par le caractère, mais il en diffère par le port.*

Un seul *Pistil.* *Calice* à cinq segmens profonds. *Corolle* à cinq pétales. *Anthères* assises sur le sommet de l'ovaire.

1. SALACE de la Chine, *S. Chinensis*, L. à feuilles alternes, pétiolées, éloignées, ovales, très-entières, un peu aiguës, lisses.
   A la Chine. ♄

1106. STILAGO, *STILAGO.*

CAL. *Périanthe* d'un seul feuillet, hémisphérique, comme entier, à trois lobes.

COR. Nulle.

ÉTAM. Trois *Filamens*, insérés sur l'ovaire, étalés, plus longs que le calice.

PIST. *Ovaire* supérieur, arrondi. *Style* cylindrique, persistant, plus court que les étamines. *Stigmate* garni de verrues.

PÉR. Baie, arrondie.

SEM.....

Un seul *Pistil.* *Calice* d'un seul feuillet, comme à trois lobes. *Corolle* nulle. *Baie* arrondie.

1. STILAGO Bunius, *S. Bunius*, L. à feuilles alternes, pétiolées, simples, ovales, oblongues, très-entières, lisses.
   Rumph. Amb. 3, pag. 204, tab. 151.
   Dans l'Inde Orientale. ♄

III. TÉTRANDRIE.

1107. BANDURE, *NEPENTHES.* †

CAL. *Périanthe* à quatre *segmens* profonds, arrondis, persistans.

COR. Nulle.

ÉTAM. *Filamens* à peine visibles. Quatre *Anthères*, adhérentes au sommet du style.

PIST. *Ovaire* très-grêle. *Style* en alène, de la longueur du calice. *Stigmate* un peu obtus.

PÉR. *Capsule* oblongue, en colonne, tronquée, à quatre angles irréguliers, à quatre loges, s'ouvrant dans sa longueur.

SEM. Nombreuses, roides, linéaires, pointues, plus courtes que la capsule.

Un seul *Pistil.* *Calice* à quatre segmens profonds. *Corolle* nulle. *Capsule* à quatre loges.

1. BANDURE distillante, *N. distillatoria*, L. à feuilles alternes, lancéolées, terminées par une vrille filiforme.

Pluk. tab. 237, fig. 3. *Burm. Zeyl.* 42, tab. 17.

A Zeylan.

IV. PENTANDRIE.

1108. AYÉNIE, *AYENIA.* * *Lam. Tab. Encyclop.* pl. 732.

CAL. *Périanthe* à cinq *feuillets*, ouverts, ovales, aigus, se flétrissant.

COR. Cinq *Pétales*, réunis au sommet par le nectaire, en étoile aplatie. *Onglets* capillaires, très-longs, voûtés extérieurement en arc. *Pétales* en cœur renversé, terminés au sommet par un aiguillon en massue tourné en haut.

Nectaire assis sur une *Colonne* cylindrique, droite, de la longueur du calice, en cloche. *Limbe* à cinq lobes, déprimé, à bordure.

ÉTAM. Cinq *Filamens*, très-courts, insérés sur le bord du nectaire. *Anthères* arrondies, entièrement couvertes par le limbe du nectaire.

PIST. *Ovaire* arrondi, placé au fond du nectaire. *Style* cylindrique; *Stigmate* obtus, à cinq côtés.

PÉR. *Capsule* à cinq côtés, arrondie, tuberculeuse-hérissée, à cinq loges, divisible en cinq parties.

SEM. Solitaires, un peu alongées, couvertes par une loge de la capsule.

Linné *observe que la première espèce lui a fourni le caractère du genre, et qu'il n'a point vu les autres.*

Un seul *Pistil.* *Calice* à cinq feuillets. *Pétales* réunis au sommet en étoile. *Onglets* très-longs. Cinq *Anthères* cachées par l'étoile que forment les pétales. *Capsule* à cinq loges.

1. AYÉNIE naine, *A. pusilla*, L. à feuilles en cœur, lisses.

Sloan. Jam. tab. 132, fig. 2.

A la Jamaïque, à Cumana, au Pérou. ☉

2. AYÉNIE cotonneuse, *A. tomentosa*, L. à feuilles ovales, arrondies, cotonneuses.

A Cumana.

3. AYÉNIE grande, *A. magna*, L. à feuilles en cœur, duvetées; à ovaire des fleurs assis; à nectaire concave.

A Cumana. ♃

1109. GLUTE, *GLUTA.* *

CAL. *Périanthe* d'un seul feuillet, à membrane très-légère, en cloche, obtus, plus court que l'ovaire, caduc-tardif.

COR. Cinq *Pétales*, lancéolés, plus longs que le calice, ouverts supérieurement, adhérens inférieurement jusques dans leur milieu à la colonne de l'ovaire.

ÉTAM. Cinq *Filamens*, sétacés, d'une longueur médiocre, insérés sur le sommet de la colonne. *Anthères* versatiles, arrondies.

PIST. *Ovaire* en ovale renversé, inséré sur une *Colonne* oblongue. *Style* filiforme, d'une longueur médiocre. *Stigmate* simple.

PÉR.....

SEM.....

OBS. *En séparant les pétales de la colonne de l'ovaire, la situation des étamines est semblable à celle qu'elles affectent dans la* Passiflora.

Un seul *Pistil*. *Calice* en cloche, caduc-tardif. *Corolle* à cinq pétales adhérens par leur base à la colonne de l'ovaire. *Filamens* insérés sur le sommet de la colonne de l'ovaire. *Ovaire* assis sur la colonne.

1. **GLUTE** Benghas, *G. Benghas*, L. à feuilles alternes, assises, lancéolées, veinées, nues.

A Java. ♄

2110. **GRENADILLE**, *PASSIFLORA*. *Lam. Tab. Encyclop.* pl. 732. GRANADILLA. *Tournef. Inst.* 240, tab. 123 et 124. *Dill. Elth.* tab. 137 et 138. MURUCUJA. *Tournef. Inst.* 241, tab. 125.

CAL. *Périanthe* plane, coloré, à cinq segmens peu profonds, semblable aux pétales.

COR. Cinq *Pétales*, à moitié lancéolés, planes, obtus, ayant la grandeur et la figure du calice.

Nectaire formé par une triple couronne dont l'extérieure est plus longue, entourant le style parmi les pétales, plus resserrée dans sa partie supérieure.

ÉTAM. Cinq *Filamens*, en alêne, insérés à la base de la colonne de l'ovaire, étalés. *Anthères* couchées, oblongues, obtuses.

PIST. Colonne comme cylindrique, droite, au sommet de laquelle est inséré un *Ovaire* arrondi. Trois *Styles*, épaissis au sommet, étalés. *Stigmates* en tête.

PÉR. *Baie* charnue, comme ovale, à une loge, portée sur un pédicule.

SEM. Plusieurs, ovales, à arille.

— *Réceptacle* des semences triple, agglutiné dans sa longueur sur l'écorce du péricarpe.

OBS. Granadillæ, *Tournefort*: *Nectaire formé par des fibres disposées en rond.*

Murucuiæ

Murucuiæ, *Tournefort : Nectaire formé par une membrane co-nique, tronquée.*

P. suberosa, L. : *dépourvue de pétales.*

Trois *Pistils. Calice* à cinq feuillets. *Nectaire :* couronne formée par des filets. *Baie* portée sur un pédicule.

* I. *GRENADILLES à feuilles très-entières ou sans divisions.*

1. GRENADILLE à feuilles à dents de scie, *P. serratifolia*, L. à feuilles très-entières ou sans divisions, ovales, à dents de scie.
Jacq. Hort. tab. 10. *Amœn. Acad.* 1, pag. 217, tab. 10, fig. 1.
A Surinam.

2. GRENADILLE pâle, *P. pallida*, L. à feuilles très-entières ou sans divisions, ovales; à pétioles chargés de deux glandes.
Moris. Hist. sect. 1, tab. 2, fig. 4. *Amœn. Acad.* 1, p. 218, tab. 10, fig. 2.
Au Brésil.

3. GRENADILLE cuprée, *P. cuprea*, L. à feuilles très-entières ou sans divisions, ovales; à pétioles égaux.
Dill. Elth. tab. 138, fig. 165. *Amœn. Acad.* 1, pag. 219, tab. 10, fig. 3.
A Bahama, dans l'isle de la Providence.

4. GRENADILLE, à feuilles de tilleul, *P. tiliæfolia*, L. à feuilles très-entières ou sans divisions, en cœur; à pétioles égaux.
Feuill. Per. 2, pag. 720, tab. 2. *Amœn. Acad.* 1, pag. 219, tab. 10, fig. 4.
Au Pérou.

5. GRENADILLE pomiforme, *P. maliformis*, L. à feuilles très-entières ou sans divisions, en cœur, oblongues; à pétioles chargés de deux glandes; à collerettes très-entières.
Amœn. Acad. 1, pag. 220, tab. 10, fig. 5.
Dans l'Isle de la Tortue.

6. GRENADILLE quadrangulaire, *P. quadrangularis*, L. à feuilles très-entières ou sans divisions, comme en cœur; à pétioles chargés de six glandes; à tige membraneuse, à quatre côtés.
Jacq. Amer. 231, tab. 143.
A la Jamaïque.

7. GRENADILLE à feuilles de laurier, *P. laurifolia*, L. à feuilles très-entières ou sans divisions, ovales; à pétioles chargés de deux glandes; à collerettes dentées.

Pluk. tab. 211, fig. 3. *Amœn. Acad.* 1, pag. 220, tab. 10, fig. 6.

A Surinam. ♃

8. GRENADILLE à plusieurs fleurs, *P. multiflora*, L. à feuilles très-entières ou sans divisions, oblongues; à fleurs entassées.

Amœn. Acad. 1, pag. 221, tab. 10, fig. 7.

Dans l'isle de Saint-Domingue.

* II. *GRENADILLES à feuilles à deux lobes.*

9. GRENADILLE perfoliée, *P. perfoliata*, L. à feuilles à deux lobes, oblongues, embrassant la tige tranversalement, pétiolées, ponctuées en dessous.

Sloan. Jam. tab. 142, fig. 3 et 4. *Amœn. Acad.* 1, pag. 222, tab. 10, fig. 8.

A la Jamaïque.

10. GRENADILLE rouge, *P. rubra*, L. à feuilles à deux lobes, en cœur, aiguës, cotonneuses en dessous.

Amœn. Acad. 1, pag. 222, tab. 10, fig. 9.

A la Jamaïque, à la Martinique, à Cayenne.

11. GRENADILLE normale, *P. normalis*, L. à feuilles à deux lobes échancrés à la base, linéaires, obtus, écartés à angle droit, dont un est terminé par une pointe irrégulière.

Dans l'Amérique Méridionale.

12. GRENADILLE Murucuia, *P. Murucuia*, L. à feuilles à deux lobes, obtuses, sans divisions à la base; à nectaires d'un seul feuillet.

Amœn. Acad. 1, pag. 223, tab. 10, fig. 10.

Dans l'isle de Saint-Domingue.

13. GRENADILLE chauve-souris, *P. vespertilio*, L. à feuilles à deux lobes, arrondies à la base et glanduleuses; à lobes aigus, écartés, ponctués en dessous.

Dill. Elth. tab. 137, fig. 164. *Amœn. Acad.* 1, pag. 223, tab. 10, fig. 11.

Dans l'Amérique Méridionale. ♄

14. GRENADILLE capsulaire, *P. capsularis*, L. à feuilles à deux lobes, en cœur, oblongues, pétiolées.

Plum. Spec. 6, tab. 138, fig. 2.

* III. *GRENADILLES à feuilles à trois lobes.*

15. GRENADILLE à feuilles rondes, *P. rotundifolia*, L. à feuilles comme à trois lobes, obtuses, arrondies, ponctuées en dessous.

Jacq. Obs. 2, tab. 46, fig. 1.
Dans l'Amérique Méridionale.

16. GRENADILLE ponctuée, *P. punctata*, L. à feuilles comme à trois lobes, oblongues, ponctuées en dessous : le lobe intermédiaire plus petit.
Amœn. Acad. 1, pag. 224, tab. 10, fig. 12.
Au Pérou. ♃

17. GRENADILLE jaune, *P. lutea*, L. à feuilles à trois lobes, en cœur, égales, obtuses, lisses, très-entières.
Moris. Hist. sect. 1, tab. 2, fig. 3. *Amœn. Acad.* 1, pag. 224, tab. 10, fig. 13.
En Virginie, à la Jamaïque.

18. GRENADILLE très-petite, *P. minima*, L. à feuilles à trois lobes, très-entières; à lobes presque lancéolés : l'intermédiaire plus long.
Pluk. tab. 210, fig. 3. *Amœn. Acad.* 1, pag. 229, tab. 10, fig. 18.
A Curaçao.

19. GRENADILLE spongieuse, *P. suberosa*, L. à feuilles à trois lobes, comme en bouclier; à écorce spongieuse comme du liége.
Pluk. tab. 210, fig. 4. *Amœn. Acad.* 1, pag. 226, tab. 10, fig. 14.
Cette espèce présente une variété, à feuilles étroites, divisées profondément en trois parties; à fruit en forme d'olive; décrite et gravée dans *Plumier Amer.* 70, tab. 85.
Aux Antilles. ♄

20. GRENADILLE soyeuse, *P. holocericea*, L. à feuilles à trois lobes, cotonneuses, garnies des deux côtés à leur base d'une dent renversée.
Amœn. Acad. 1, pag. 226, tab. 10, fig. 15.
A Véra-Crux. ♄

21. GRENADILLE hérissée, *P. hirsuta*, L. à feuilles à trois lobes, velues; à fleurs opposées.
Pluk. tab. 212, fig. 1. *Herm. Parad.* pag. et tab. 176. *Amœn. Acad.* 1, pag. 227, tab. 10, fig. 16.
A Curaçao, dans l'isle Saint-Domingue.

22. GRENADILLE fétide, *P. fœtida*, L. à feuilles à trois lobes, en cœur, velues; à collerettes à plusieurs divisions peu profondes, capillaires.

Plum. tab. 104, fig. 1. *Herm. Parad.* pag. et tab. 173. *Amœn. Acad.* 1, pag. 228, tab. 10, fig. 17.

A la Martinique, à Curaçao. ⊙

23. GRENADILLE incarnate, *P. incarnata*, L. à feuilles à trois lobes, à dents de scie.

Clematitis trifolia, flore roseo, clavato ; Clématite à trois feuilles, à fleur rose, en massue. *Bauh. Pin.* 301, [illegible] 11. *Moris. Hist.* sect. 1, tab. 1, fig. 9. *Barrel.* tab. [illegible] *Amœn. Acad.* 1, pag. 230, tab. 10, fig. 19.

* IV. GRENADILLES *à feuilles à plusieurs divisions peu profondes.*

24. GRENADILLE bleue, *P. cærulea*, L. à feuilles palmées, à cinq lobes très-entiers.

Amœn. Acad. 1, pag. 231, tab. 10, fig. 20.

Au Brésil, dans l'isle de Majorque. Cultivée dans les jardins. ♃ Estivale.

25. GRENADILLE à dents de scie, *P. serrata*, L. à feuilles palmées : à lobes à dents de scie.

Amœn. Acad. 1, pag. 231, tab. 10, fig. 21.

A la Martinique.

26. GRENADILLE à pied roide, *P. pedata*, L. à feuilles à pied roide, à dents de scie.

Amœn. Acad. 1, pag. 233, tab. 10, fig. 22.

Dans l'isle de Saint-Domingue.

V. HEXANDRIE.

1111. ARISTOLOCHE, *ARISTOLOCHIA.* * *Tournef. Inst.* 162, tab. 71. *Lam. Tab. Encyclop.* pl. 733.

CAL. Nul.

COR. Monopétale, tubulée, irrégulière. *Base* ventrue, comme arrondie. *Tube* oblong, à six côtés, comme cylindrique. *Limbe* dilaté, prolongé inférieurement en languette alongée.

ÉTAM. *Filamens* nuls. Six *Anthères*, agglutinées sous les stigmates, à quatre loges.

PIST. *Ovaire* oblong, inférieur, anguleux. *Style* à peine visible. *Stigmate* comme arrondi, concave, divisé profondément en six parties.

PÉR. *Capsule* grande, à six angles, à six loges.

SEM. Plusieurs, déprimées, couchées.

OBS. *La figure du Fruit varie ; il est arrondi dans quelques espèces, long dans quelques autres.*

Six *Pistils*. *Calice* nul. *Corolle* monopétale, entière, en languette. *Capsule* inférieure à six loges.

1. ARISTOLOCHE à deux lobes, *A. biloba*, L. à feuilles à deux lobes; à tige roulée en spirale.
   Plum. Spec. 5. *Amér.* 91, tab. 106.
   Dans l'isle de Saint-Domingue.

2. ARISTOLOCHE à trois lobes, *A. triloba*, L. à feuilles à trois lobes; à tige roulée en spirale; à fleurs très-grandes.
   Jacq. Obs. 1, pag. 8, tab. 3.
   1. *Aristolochiæ trilobæ species*; Aristoloche à feuilles de lierre. 2. Jeunes pousses. 3. Odeur agréable, forte, analogue à celle du Prunier à grappes, *Prunus padus*, L.; saveur aromatique, légèrement amère. 5. Morsure des vipères.
   Dans l'Amérique Méridionale. ♃

3. ARISTOLOCHE pentandre, *A. pentandra*, L. à feuilles en cœur, à fer de hallebarde, comme à trois lobes; à tige roulée en spirale; à bractée en cœur, embrassante; à fleurs à cinq étamines.
   Jacq. Amer. 232, tab. 147.
   Dans l'Amérique Méridionale. ♃

4. ARISTOLOCHE en bouclier, *A. peltata*, L. à feuilles en forme de rein, comme en bouclier; à tige roulée en spirale.
   Jacq. Obs. 1, pag. 4, tab. 4.
   Dans l'Amérique Méridionale. ♃

5. ARISTOLOCHE très-grande, *A. maxima*, L. à feuilles oblongues, aiguës; à tige roulée en spirale; à péduncules portant plusieurs fleurs.
   Jacq. Amer. 233, tab. 146.
   Dans la Nouvelle-Espagne. ♄

6. ARISTOLOCHE à deux lèvres, *A. bilabiata*, L. à feuilles ovales, oblongues, à trois nervures; à tige roulée en spirale; à corolles à deux lèvres.
   Plum. Spec. 5, tab. 32, fig. 1.
   Dans l'Amérique Méridionale.

7. ARISTOLOCHE droite, *A. erecta*, L. à feuilles lancéolées, assises, un peu hérissées; à tige droite; à péduncules solitaires, portant une seule fleur très-longue.
   A Véra-Crux.

8. ARISTOLOCHE en arbre, *A. arborescens*, L. à feuilles en cœur, lancéolées; à tige droite, ligneuse.
   Plnk. tab. 78, fig. 1?
   Dans l'Amérique Méridionale. ♄

9. ARISTOLOCHE à queue, *A. caudata*, L. à feuilles en cœur, aiguës, trois fois à trois nervures; à tige roulée en spirale.

Jacq. Amer. 233, tab. 145.

Dans l'Amérique Méridionale. ♄

10. ARISTOLOCHE très-odorante, *A. odoratissima*, L. à feuilles en cœur; à tige ligneuse, roulée en spirale; à péduncules solitaires; à lèvre plus grande que la corolle.

Sloan. Jam. tab. 104, fig. 1.

Dans l'Amérique Méridionale. ♄

11. ARISTOLOCHE anguicide, *A. anguicida*, L. à feuilles en cœur, aiguës; à tige ligneuse, roulée en spirale; à péduncules solitaires; à stipules en cœur.

Moris. Hist. sect. 12, tab. 17, fig. 7. *Jacq. Amer.* 232, tab. 144.

Dans l'Inde Orientale.

12. ARISTOLOCHE des Maures, *A. Maurorum*, L. à feuilles en fer de hallebarde, très-entières; à tige simple, foible; à fleurs solitaires, recourbées.

Aristolochia Maurorum; Aristoloche des Maures. *Bauh. Pin.* 307, n.° 9. *Lugd. Hist. Append.* 29, fig. 1. *Bauh. Hist.* 3, P. 2, pag. 563, fig. 2. *Moris. Hist.* sect. 12, tab. 17, fig. 11.

En Orient. ♃

13. ARISTOLOCHE des Indes, *A. Indica*, L. à feuilles en cœur, un peu aiguës; à tige roulée en spirale; à péduncules portant plusieurs fleurs.

Rheed. Mal. 8, pag. 48, tab. 25.

Dans l'Inde Orientale. ♃

14. ARISTOLOCHE de Béotie, *A. Bœtica*, L. à feuilles en cœur, aiguës; à tige roulée en spirale; à péduncules le plus souvent au nombre de trois, plus longs que les pétioles.

Aristolochia Clematitis serpens; Aristoloche Clématite rampante. *Bauh. Pin.* 307, n.° 6. *Dod Pempt.* 324, fig. 3. *Lob. Ic.* 1, pag. 608, fig. 1. *Clus. Hist.* 2, pag. 71, f. 2. *Lugd. Hist.* 980, fig. 1. *Bauh. Hist.* 3, P. 2, pag. 561, f. 1. *Moris. Hist.* sect. 12, tab. 17, f. 6.

En Espagne, à Naples, où elle grimpe sur les arbres.

15. ARISTOLOCHE toujours verte, *A. sempervirens*, L. à feuilles en cœur, oblongues, aiguës, ondulées; à tige foible; à fleurs solitaires.

Pistolochia Cretica; Pistoloche de Crète. *Bauh. Pin.* 307, n.° 8. *Clus. Hist.* 2, pag. 260, f. 1. *Bauh. Hist.* 3, P. 2, pag. 563, f. 1. *Moris. Hist.* sect. 12, tab. 17, f. 16.

A Naples, dans l'isle de Crète. ♄

16. ARISTOLOCHE Serpentaire, *A. Serpentaria*, L. à feuilles en cœur, oblongues, planes ; à tiges foibles, tortueuses, arrondies ; à fleurs solitaires.

Moris. Hist. sect. 12, tab. 17, fig. 14.

1. *Serpentaria Virginiana ;* Serpentaire de Virginie. 2. Racine. 3. Odeur aromatique, pénétrante, tirant sur celle de la Lavande ; saveur aromatique, amère, âcre. 4. Peu d'huile essentielle ; extrait aqueux balsamique, camphré ; extrait spiritueux plus âcre. 5. Fièvres exanthématiques, (sur-tout en Angleterre) rémittentes avec abattement de forces, varioles confluentes, morsures venimeuses. 6. La *Serpentaire de Virginie* fut introduite dans la matière médicale, d'abord par les Anglois, ensuite par les François, vers la fin du dix-septième siècle. Les Allemands la reçurent plus tard.

En Virginie. ♃

17. ARISTOLOCHE Pistoloche, *A. Pistolochia*, L. à feuilles en cœur, crénelées, pétiolées, offrant en dessous un réseau ; à fleurs solitaires, droites.

Aristolochia Pistolochia dicta ; Aristoloche nommée Pistoloche. *Bauh. Pin.* 307, n.° 7. *Dod. Pempt.* 325, fig. 1. *Lob. Ic.* 1, pag. 607, f. 1. *Clus. Hist.* 2, pag. 72, fig. 1. *Lugd. Hist.* 980, f. 2 et 3. *Camer. Epit.* 422. *Bauh. Hist.* 3, P. 2, pag. 561, fig. 2.

A Montpellier, en Provence. ♃ Vernale.

18. ARISTOLOCHE ronde, *A. rotunda*, L. à feuilles en cœur, presque assises, obtuses ; à tige foible ; à fleurs solitaires.

Aristolochia rotunda, flore ex purpurâ nigro ; Aristoloche à racine ronde, à fleur pourpre-noirâtre. *Bauh. Pin.* 307, n.° 1. *Matth.* 482, f. 1. *Dod. Pempt.* 324, f. 2. *Lob. Ic.* 1, pag. 606, f. 2. *Clus. Hist.* 2, p. 70, f. 1. *Lugd. Hist.* 977, fig. 1 ; et 978, f. 1. *Bauh. Hist.* 3, P. 2, pag. 559, f. 1 et 2. *Moris. Hist.* sect. 12, tab. 18, f. 2.

Cette espèce présente une variété.

Aristolochia rotunda, flore ex albo purpurascente ; Aristoloche à racine ronde, à fleur d'un blanc pourpre. *Bauh. Pin.* 307, n.° 2.

1. *Aristolochia rotunda ;* Aristoloche ronde. 2. Racine. 3. Odeur forte ; saveur vive, amère, aromatique, qui laisse une longue impression sur la langue. 4. Extrait aqueux, salé, amer, qui a l'odeur du Rob de Sureau ; extrait spiritueux, sentant l'Aloès, un peu austère et très-amer. 5. Bouffis-

sure, fièvres intermittentes, asthme humide, anorexie dépendante d'une atonie avec glaires, paralysie, goutte sereine, ulcères sordides, putrides. On doit être surpris qu'une plante aussi énergique soit presque abandonnée en médecine. On peut la remplacer par l'Aristoloche Clématite.

A Montpellier, en Provence. ♃ Vernale.

19. ARISTOLOCHE longue, *A. longa*, L. à feuilles en cœur, pétiolées, très-entières, un peu obtuses ; à tige foible ; à fleurs solitaires.

Aristolochia longa, vera ; Aristoloche à racine longue, vraie. *Bauh. Pin.* 307, n.° 3. *Matth.* 482, f. 2. *Dod. Pempt.* 324, f. 1. *Lob. Ic.* 1, pag. 606, f. 1. *Clus. Hist.* 2, pag. 70, fig. 2. *Lugd. Hist.* 979, fig. 1 et 2. *Camer. Epit.* 420. *Bauh. Hist.* 3, P. 2, pag. 560, f. 1. *Moris. Hist.* sect. 12, tab. 16, fig. 3. *Icon. Pl. Medic.* tab. 201.

Cette espèce présente une variété.

Aristolochia, longa, Hispanica ; Aristoloche à racine longue, d'Espagne. *Bauh. Pin.* 307, n.° 4.

Cette plante possède les mêmes vertus que l'Aristoloche ronde.

A Montpellier, en Provence. ♃ Vernale.

20. ARISTOLOCHE hérissée, *A. hirta*, L. à feuilles en cœur, un peu obtuses, hérissées ; à fleurs solitaires, pendantes, recourbées, comme tronquées.

Tournef. Voy. au Lev. 1, pag. et tab. 147.

A Chio. ♃

21. ARISTOLOCHE Clématite, *A. Clematitis*, L. à feuilles en cœur ; à tige droite ; à fleurs entassées aux aisselles des feuilles.

Aristolochia Clematitis recta ; Aristoloche Clématite droite. *Bauh. Pin.* 307, n.° 5. *Fusch. Hist.* 90. *Matth.* 483, f. 1. *Dod. Pempt.* 326, f. 1. *Lob. Ic.* 1, pag. 607, f. 2. *Clus. Hist.* 2, pag. 71, f. 1. *Lugd. Hist.* 977, f. 2 ; et 979, f. 3. *Camer. Epit.* 421. *Bauh. Hist.* 3, P. 2, pag. 560, fig. 2. *Moris. Hist.* sect. 12, tab. 17, f. 5. *Bul. Paris.* tab. 546. *Icon. Pl. Medic.* tab. 98.

1. *Aristolochia vulgaris ;* Aristoloche Clématite. 6. Elle peut remplacer avantageusement l'*Aristoloche ronde*. Les Allemands en préparent un vin par infusion, avec lequel ils pansent toutes sortes de plaies.

En Europe, dans les vignes. ♃ Estivale.

1112. PISTIE, *PISTIA*. † *Lam. Tab. Encyclop.* pl. 733. KODDA-PAIL. *Plum. Gen.* 30, tab. 39.

CAL. Nul.

COR. Monopétale, tubulée, inégale, étranglée au milieu. *Limbe* en forme d'oreille, droit, pointu, courbé intérieurement des deux côtés par un pli.

ÉTAM. *Filament* inséré sur la paroi de la corolle, opposé à la partie inférieure du pli, droit, ceint à sa base par un disque membraneux, en languette d'un côté, au sommet duquel sont assises six ou huit *Anthères*, arrondies, étalées.

PIST. *Ovaire* oblong, adhérent au fond de la corolle. *Style* épais, droit. *Stigmate* obtus, comme en bouclier.

PÉR. *Capsule* ovale, comprimée, à une loge.

SEM. Plusieurs, oblongues, attachées au dos de la capsule.

Un seul *Pistil*. *Calice* nul. *Corolle* monopétale, entière, en languette. Six ou huit *Anthères* insérées sur un seul filament. *Capsule* à une seule loge.

1. PISTIE Stratiotes, *P. Stratiotes*, L. à feuilles en cœur renversé.

Lenticula palustris Ægyptiaca, sive Stratiotes aquatica foliis Sedo majore latioribus; Lentille des marais d'Égypte, ou Stratiote aquatique, à feuilles plus larges que celles de l'Orpin plus grand. *Bauh. Pin.* 362, n.° 6. *Alp. Ægypt.* 51, tab. 36, et 53, tab. 37. *Vesl. Ægypt.* 2, pag. 196, tab. 57. *Jacq. Amer.* 234, tab. 148.

En Asie, en Afrique, en Amérique.

VI. DÉCANDRIE.

1113. KLEINHOVE, *KLEINHOVIA*. † *Lam. Tab. Encyclop.* pl. 734.

CAL. *Périanthe* à cinq *feuillets*, oblongs, presque égaux, dont l'inférieur est un peu plus court, caduc-tardifs.

COR. Cinq *Pétales*, lancéolés, assis, un peu plus longs que le calice : le supérieur plus court, plus large, en voûte.

Nectaire central, assis sur une colonne de la longueur du calice, ascendant au sommet, en cloche, très-petit, à moitié divisé en cinq parties recourbées.

ÉTAM. Dix *Filamens*, dans le nectaire, en alêne, de la longueur du nectaire, dont les alternes sont plus courts. *Anthères* arrondies.

PIST. *Ovaire* ovale, dans la cavité du nectaire. *Style* filiforme, de la longueur des étamines. *Stigmate* simple.

PÉR. *Capsule* à cinq lobes, à cinq angles, à cinq loges, enflée.

SEM. Solitaires, arrondies.

Un seul *Pistil*. *Calice* à cinq feuillets. *Corolle* à cinq pétales. *Nectaire* en cloche, pédunculé, supportant les étamines. *Capsule* enflée, à cinq coques.

1. KLEINHOVE des Indes, *K. hospita*, L. à feuilles alternes, pétiolées, en cœur, aiguës, à peine dentelées, nues.

Rumph. Amb. 3, pag. 177, tab. 113.

Dans l'Inde Orientale. ♄

1114. HÉLICTÈRE, *HELICTERES. Lam. Tab. Encycl.* pl. 736. ISORA. *Plum. Gen.* 24, tab. 37.

CAL. *Périanthe* d'un seul feuillet, tubulé, demi-ovale, ouvert obliquement, à cinq segmens inégaux, coriaces.

COR. Cinq *Pétales*, oblongs, égaux en largeur, attachés au réceptacle, plus longs que le calice : *Onglets* longs, garnis des deux côtés à la base d'une dentelure.

Nectaire : cinq folioles, en forme de pétales, lancéolés, très-petits, couvrant l'ovaire.

ÉTAM. Cinq ou dix *Filamens* ou même plus, très-courts. *Anthères* oblongues, latérales.

PIST. *Réceptacle* filiforme, très-long, recourbé, portant au sommet un *Ovaire* ovale. *Style* en alêne, plus long que l'ovaire. *Stigmate* comme divisé peu profondément en cinq parties.

PÉR. Cinq *Capsules*, souvent contournées en spirale, à une loge.

SEM. Plusieurs, anguleuses.

OBS. Jacquin *et quelques autres Botanistes ont observé dans diverses espèces, des Fleurs dodécandres, polyandres, et des capsules droites.*

Ce genre présente une espèce apétale.

Cinq *Pistils. Calice* d'un seul feuillet, oblique. *Corolle* à cinq pétales. *Nectaire* à cinq feuillets. Cinq *Capsules* contournées en spirale.

1. HÉLICTÈRE des Indes, *H. barvensis*, L. à fleurs décandres ou à dix étamines ; à feuilles en cœur, à dents de scie ; à fruit contourné, à sommet droit.

Pluk. tab. 245, f. 2. *Jacq. Amer.* 236, tab. 149.

Dans l'Inde Orientale. ♄

2. HÉLICTÈRE isore, *H. isora*, L. à fleurs décandres ou à dix étamines ; à feuilles en cœur, à dents de scie ; à fruit entièrement contourné.

Jacq. Amer. 235, tab. 179, fig. 99. *Hort.* tab. 143.

Cette espèce présente une variété gravée dans *Plukenet*, tab. 245, fig. 3.

Au Malabar, à la Jamaïque. ♄

3. HÉLICTÈRE à feuilles étroites, *H. angustifolia*, L. à feuilles lancéolées, très-entières ; à fruit ovale, droit.

A la Chine. ♄

4. **HÉLICTÈRE** pentandre, *H. pentandra*, L. à fleurs pentandres ou à cinq étamines; à feuilles ovales; à bractées colorées.

A Surinam. ♄

5. **HÉLICTÈRE** de Carthagène, *H. Carthaginensis*, L. à fleurs polyandres ou à étamines nombreuses; à feuilles en cœur, à dents de soie; à fruit oblong, droit.

Jacq. Amer. 237, tab. 150.

A Carthagène. ♄

6. **HÉLICTÈRE** sans pétales, *H. apetala*, L. à fleurs dodécandres ou à douze étamines, sans pétales; à feuilles à cinq lobes; à siliques étalées.

Jacq. Amer. 238, tab. 181, fig. 98.

Dans l'Amérique Méridionale. ♄

VII. DODÉCANDRIE.

1115. **HYPOCISTE**, *CYTINUS*. † *Lam. Tab. Encyclop.* pl. 737. HYPOCISTIS. *Tournef.* tab. 477.

CAL. *Périanthe* d'un seul feuillet, tubulé, en cloche, persistant. *Tube* cylindrique. *Limbe* étalé, un peu obtus, coloré, à quatre segmens profonds.

COR. Nulle.

ÉTAM. Seize. *Filamens* nuls. *Anthères* oblongues, adhérentes au sommet d style au-dessous du stigmate, oblongues, à deux valves.

PIST. *Ovaire* inférieur, arrondi. *Style* cylindrique, presque aussi long que le calice. *Stigmate* bossué, obtus, divisé peu profondément en huit parties.

PÉR. *Baie* couronnée, arrondie, coriace, à huit loges.

SEM. Nombreuses, très-petites, arrondies.

Un seul *Pistil*. *Calice* supérieur, à quatre segmens peu profonds. *Corolle* nulle. Seize *Anthères* assises. *Baie* à huit loges, renfermant plusieurs semences.

1. **HYPOCISTE** commun, *C. Hypocistis*, L. à feuilles assises, en recouvrement; à fleurs à quatre divisions peu profondes.

Hypocistis sub Cisto; Hypociste naissant sur le Ciste. *Bauh. Pin.* 465. *Matth.* 158, f. 4, sur la racine de la troisième figure. *Dod. Pempt.* 191, f. 3. *Lob. Ic.* 2, pag. 111, fig. 2. *Lugd. Hist.* 223, fig. 4; et 225, fig. 2. *Camer. Epit.* 96 et 97. *Bauh. Hist.* 2, pag. 10, fig. 2.

1. *Hypocistis*; Hypociste. 2. Suc épaissi des baies. 3. Saveur austère, acide. 5. Fleurs blanches, diarrhée rebelle.

A Montpellier, en Provence, où elle est parasite sur le Ciste. ⊙ Vernale.

VIII. POLYANDRIE.

2116. XYLOPE, *XYLOPIA*. † *Lam. Tab. Encyclop.* pl. 495.

CAL. *Périanthe* d'un seul feuillet, en cloche, un peu obtus, comme divisé en quatre segmens peu profonds.

COR. Six *Pétales*, assis, linéaires, lancéolés, coriaces, dont trois extérieurs plus épais.

ÉTAM. *Filamens* nuls. *Anthères* nombreuses, un peu alongées, insérées sur l'ovaire.

PIST. *Ovaire* assis, ovale, couvert par les anthères. *Style* conique, en alêne, de la longueur de la corolle. *Stigmate* simple.

PÉR. *Drupe* sèche, arrondie, à une loge, en bec.

SEM. *Noyau* arrondi.

Un seul *Pistil*. *Calice* d'un seul feuillet. *Corolle* à six pétales. Six *Étamines* extérieures plus épaisses. *Drupe* sèche.

1. XYLOPE tuberculeuse, *X. muricata*. L. à péduncules portant plusieurs fleurs; à fruits tuberculeux-hérissés.

Brown. Jam. 250, tab. 5, fig. 2.

Dans l'Amérique Méridionale. ♄

2. XYLOPE lisse, *X. glabra*, L. à péduncules portant une ou deux fleurs; à fruits lisses.

Pluk. tab. 238, fig. 4.

Dans l'Amérique Méridionale. ♄

2117. GRÈWE, *GREWIA*. * *Lam. Tab. Encyclop.* pl. 467.

CAL. *Périanthe* à cinq *feuillets*, lancéolés, droits, coriaces, colorés intérieurement, ouverts, caducs-tardifs.

COR. Cinq *Pétales*, semblables aux feuillets du calice, souvent plus petits, échancrés à la base.

Nectaire formé par une écaille insérée à la base de chaque pétale, un peu épaisse, recourbée, inclinée vers le bord, entourant le style.

ÉTAM. *Filamens* très-nombreux, de la longueur des pétales, sétacés, insérés à la base de l'ovaire. *Anthères* arrondies.

PIST. *Ovaire* porté sur un pédicule, arrondi. *Réceptacle* en colonne, droit, ceint par un bord à cinq côtés. *Style* filiforme, de la longueur des étamines. *Stigmate* obtus, divisé peu profondément en quatre parties.

PÉR. *Baie* à quatre lobes, à quatre loges.

SEM. Solitaires, arrondies, à deux loges.

Un seul *Pistil*. *Calice* à cinq feuillets. *Corolle* à cinq pétales garnis à leur base d'une écaille nectarifère. *Baie* à quatre loges.

1. GRÈWE Occidentale, *G. Occidentalis*, L. à feuilles comme ovales; à fleurs solitaires.

Pluk. tab. 237, fig. 1.

En Éthiopie. ♄

2. GRÈWE Orientale, *G. Orientalis*, L. à feuilles presque lancéolées; à fleurs solitaires.

Rheed. Mal. 5, pag. 91, tab. 46.

Dans l'Inde Orientale. ♄

3. GRÈWE Asiatique, *G. Asiatica*, L. à feuilles en cœur.

A Surate. ♄

4. GRÈWE Microcos, *G. Microcos*, L. à feuilles ovales, oblongues; à fleurs en panicule.

Burm. Zeyl. 159, tab. 74.

Dans l'Inde Orientale. ♄

1118. AMBROSINE, *AMBROSINIA*. *Lam. Tab. Encyclop.* pl. 737.

CAL. *Spathe* d'un seul feuillet, en cornet, roulé à la base, réuni au sommet.

COR. Nulle.

ÉTAM. *Filament* : cloison membraneuse divisant le *Spathe* en deux loges qui se communiquent supérieurement. Plusieurs *Anthères* adhérentes à la ligne du filament intérieur de la loge, disposées sur un rang distinct.

Deux *Nectaires*, arrondis, concaves, à la base des anthères.

PIST. Dans la loge extérieure du spathe. *Ovaire* arrondi. *Style* comme cylindrique, plus court que le spathe. *Stigmate* obtus.

PÉR. *Capsule?* arrondie, à une loge.

SEM. Plusieurs, ovales, nidulées.

Spathe d'un seul feuillet divisé en deux loges par le filament des étamines. *Anthères* dans la loge antérieure. *Pistil* dans la loge extérieure.

1. AMBROSINE de Barbarie, *A. Bassii*, L. à feuilles ovales, oblongues, luisantes; à spadice simple, cylindrique.

Boccon. Sic. 50, tab. 26, fig. 1.a 1.b *Moris. Hist.* sect. 13, tab. 6, fig. 19.

En Barbarie. ♃

1119. GOUET, *ARUM*. * *Tournef. Inst.* 158, tab. 69. *Lam. Tab. Encyclop.* pl. 740. DRACUNCULUS. *Tournef. Inst.* 160. tab. 70.

CAL. Spathe d'un seul feuillet, très-grand, oblong, roulé en cornet à la base, réuni au sommet, ventru, comprimé, coloré intérieurement.

Spadice en massue, très-simple, un peu plus court que le spathe, coloré, enveloppé inférieurement par les ovaires, se flétrissant au-dessus des ovaires.

COR. Nulle.

ÉTAM. *Filamens* nuls, (à moins qu'on ne regarde comme tels les nectaires épaissis à la base terminés par des *Vrilles* filiformes, disposés sur deux rangs, sortant du milieu du spadice). Plusieurs *Anthères*, assises, à quatre côtés, entremêlées parmi les vrilles, en ovale renversé, adhérentes au spadice.

PIST. Plusieurs *Ovaires*, enveloppant la base du spadice, placés au-dessous des étamines, en ovale renversé. *Styles* nuls. *Stigmates* barbus.

PÉR. Plusieurs *Baies*, arrondies, à une loge.

SEM. Plusieurs, arrondies.

OBS. La structure de cette fleur est admirable et ne peut être comparée à celle d'aucune fleur. Elle a donné lieu à des disputes entre des Botanistes célèbres, tels sont *Tournefort*, *Malpighi*, *Dillen*, *Rivin*, *etc.*

Le Réceptacle alongé en massue nue, présente les ovaires à sa base; les Etamines sont attachées au réceptacle parmi les ovaires, (chose miraculeuse!) et ont moins besoin du secours des filamens : dès-lors la fleur est renversée ou à sens contraire. Que sont ces vrilles placées sous les filamens?

Arum, *Tournefort : a été séparé par ses feuilles en fer de flèche et entières, des* Dracunculus.

Dracunculus, *Tournefort : a été séparé des* Arum, *par ses feuilles divisées peu profondément en plusieurs parties.*

Arisarum, *Tournefort : Spathe recourbé au sommet; Spadice recourbé. Anthères attachées aux filamens. Malgré ce caractère qui l'éloigne des* Arum, *il ne forme point un genre séparé.*

Spathe d'un seul feuillet, en capuchon. *Spadice* ou réceptacle des fleurs, très-alongé, nu, entouré de fleurs femelles ou à pistils vers sa base, de fleurs mâles ou à étamines autour de sa partie moyenne.

* I. *GOUETS sans tiges; à feuilles composées.*

1. GOUET Serpentaire, *A. Dracunculus*, L. sans tige; à feuilles palmées; à folioles lancéolées, très-entières, aussi longues que le spathe qui est plus long que le réceptable.

Dracunculus polyphyllus ; Serpentaire à plusieurs feuilles. *Bauh. Pin.* 195, n.° 2. *Fusch. Hist.* 235. *Matth.* 448, fig. 2. *Dod. Pempt.* 329, fig. 1. *Lob. Ic.* 1, pag. 600, fig. 1. *Lugd. Hist.* 1602, fig. 1 et 2. *Camer. Epit.* 360 et 361. *Bauh. Hist.* 2, pag. 789, fig. 1. *Moris. Hist.* sect. 13, tab. 5, fig. 46.

A Montpellier, à Naples. ♃

2. GOUET Draconte, *A. Dracontium ;* L. sans tige ; à feuilles palmées ; à folioles lancéolées, très-entières, plus longues que le spathe qui est plus court que le réceptacle.

Blackw. tab. 269.

Cette espèce présente une variété gravée dans *Plukenet* tab. 271, fig. 2.

Dans l'Amérique Méridionale.

3. GOUET à cinq feuilles, *A. pentaphyllum*, L. sans tige ; à feuilles cinq à cinq.

Moris. Hist. sect. 13, tab. 5, fig. 27, (mauvaise).

Dans l'Inde Orientale.

4. GOUET à trois feuilles, *A. triphyllum*, L. sans tige ; à feuilles trois à trois ; à fleurs monoïques.

Dracunculus sive Serpentaria triphylla Brasiliana ; Dracuncule ou Serpentaire à trois feuilles du Brésil. *Bauh. Pin.* 195, n.° 3. *Dodart Mém.* 583, tab. 14.

Cette espèce présente deux variétés : l'une à pistil vert, gravée dans *Morison Hist.* sect. 13, tab. 5, fig. 43 ; l'autre à pistil d'un noir rougeâtre, gravée dans *Plukenet*, t. 376, fig. 3.

En Virginie, au Brésil. ♃

* II. *GOUETS sans tiges ; à feuilles simples.*

5. GOUET Colocase, *A. Colocasia*, L. sans tige, à feuilles simples, ovales, en bouclier, échancrées à la base, découpées sur les bords en sinus peu marqués.

Arum maximum Ægyptiacum, quod vulgò Colocasia ; Gouet très-grand d'Égypte, vulgairement nommé Colocase. *Bauh. Pin.* 195, n.° 6. *Matth.* 339, fig. 1. *Dod. Pempt.* 328, fig. 2, *Lob. Ic.* 1, pag. 597, fig. 1. *Lugd. Hist.* 1598, f. 1. *Camer. Epit.* 209, *Bauh. Hist.* 2, pag. 790, fig. 1.

En Syrie, en Egypte, à Naples, dans l'isle de Crète. ♃

6. GOUET comestible, *A. esculentum*, L. sans tige ; à feuilles en bouclier, ovales, très-entières, échancrées à la base.

Brassica Brasiliana, foliis Nymphææ ; Chou du Brésil, à feuilles de Nénuphar. *Bauh. Pin.* 111, n° 5. *Rumph. Amb.* 5, pag. 318, tab. 110, fig. 1. *Sloan. Jam.* tab. 106, fig. 1.

Dans l'Amérique Méridionale. ♃

7. **GOUET** à racine épaisse, *A. macrorhizum*, L. sans tige; à feuilles en bouclier, en cœur, divisées profondément à la base en deux sinus.

Herm. Parad. pag. et tab. 73.

A Zeylan.

8. **GOUET** étranger, *A. peregrinum*, L. sans tige; à feuilles en cœur, obtuses et terminées en pointe; à angles arrondis.

Dans l'Amérique Méridionale. ♃

9. **GOUET** étalé, *A. divaricatum*, L. sans tige; à feuilles en cœur, en fer de hallebarde, étalées.

Rheed. Malab. 11, pag. 39, tab. 20.

Dans l'Inde Orientale. ♃

10. **GOUET** à trois lobes, *A. trilobatum*, L. sans tige; à feuilles en fer de flèche, à trois lobes; à fleur assise ou sans péduncule.

Herm. Parad. pag. et tab. 78.

A Zeylan. ♃

11. **GOUET** à feuilles en fer de flèche, *A. sagittifolium*, L. sans tige; à feuilles en fer de flèche, triangulaires; à angles étalés, aigus.

Pluk. tab. 149, fig. 2. *Sloan. Jam.* tab. 106, fig. 2.

Au Brésil, à la Jamaïque, aux Barbades. ♃

12. **GOUET** Pied-de-Veau, *A. maculatum*, L. sans tige; à feuilles très-entières, en fer de hallebarde.

Arum vulgare non maculatum; Gouet vulgaire à feuilles non tachetées. *Bauh. Pin.* 195, n.° 3. *Fusch. Hist.* 69, *Trag.* 774. *Bauh. Hist.* 2, pag. 783, et 784, fig. 1. *Icon. Pl. Medic.* tab. 75.

Arum maculatum venis albis; Gouet à feuilles tachetées de veines blanches. *Bauh. Pin.* 195, n.° 1.

Cette espèce présente une variété.

Arum maculatum, maculis candidis vel nigris; Gouet à feuilles tachetées de blanc ou de noir. *Bauh. Pin.* 195, n.° 2. *Matth.* 448, fig. 1. *Dod. Pempt.* 328, fig. 1. *Lob. Ic.* 1, pag. 597, fig. 2. *Ludg. Hist.* 1597.

1. *Arum, Arum maculatum*; Pied-de-Veau. 2. Racine, qu'on doit cueillir au printemps avant l'apparition de la fleur; plante entière; fécule de la racine. 3. Toute la plante est d'une saveur âcre et brûle la langue. 4. *Racine sèche*: extrait spiritueux doux-nauseux; extrait aqueux, doux et gluant;

gluant; huile amère, âcre. 5. Chlorose, cachexie, asthme pituiteux, langueurs d'estomac avec atonie, glaires, maux de tête périodiques, dépendans du même vice de l'estomac; fièvres intermittentes, malignes; petite vérole. 6. On peut extraire de la racine un amidon analogue à la gelée animale, et très-nutritif.

En Europe, dans les haies, sur les bords des chemins. ♃ Vernale.

13. GOUET de Virginie, *A. Virginicum*, L. sans tige; à feuilles en fer de hallebarde, en cœur, aiguës; à angles obtus.

En Virginie, dans les lieux humides. ♃

14. GOUET à trompe, *A. proboscideum*, L. sans tige; à feuilles en fer de hallebarde; à spathe replié, rabattu, se terminant en trompe filiforme, en alêne.

Barrel. tab. 1130.

Sur les Apennins, à Naples.

15. GOUET Arisare, *A. Arisarum*, L. sans tige; à feuilles en cœur, oblongues; le spathe et le chaton courbés.

Arisarum latifolium majus; Pied-de-Veau à larges feuilles, plus grand. *Bauh. Pin.* 195, n.° 1.

Arisarum latifolium alterum; autre Pied-de-Veau à larges feuilles. *Bauh. Pin.* 196, n.° 2. *Matth.* 450, fig. 1. *Dod. Pempt.* 332, fig. 1. *Lob. Ic.* 1, pag. 598, fig. 1 et 2. *Clus. Hist.* 2, pag. 73, fig. 1. *Lugd. Hist.* 1599, fig. 1. *Bauh. Hist.* 2, pag. 786, fig. 2. *Barrel.* tab. 573 et 1130.

A Montpellier, en Provence. ♃

16. GOUET ovale, *A. ovatum*, L. sans tige; à feuilles ovales, oblongues; à spathe rude.

Rheed. Malab. 11, p. 45, t. 23. *Rumph. Amb.* 5, p. 212, tab. 108.

Dans l'Inde Orientale.

17. GOUET à feuilles menues, *A. tenuifolium*, L. sans tige; à feuilles lancéolées; à spadice sétacé, incliné.

Arisarum angustifolium; Pied-de-Veau à feuilles étroites. *Bauh. Pin.* 196, n.° 4. *Dod. Pempt.* 332, fig. 2. *Lob. Ic.* 1, pag. 599, fig. 1 et 2. *Clus. Hist.* 2, pag. 74, fig. 1. *Lugd. Hist.* 1599, fig. 2. *Camer. Epit.* 370. *Bauh. Hist.* 2, p. 787, fig. 1. *Moris. Hist.* sect. 13, tab. 6, fig. 21. *Barrel.* t. 264.

A Montpellier? à Naples, en Orient. ♃

* III. *Gouets à tiges.*

18. GOUET en arbre, *A. arborescens*, L. à tige droite; à feuilles en fer de flèche.

Plum. Amer. 44, tab. 51.
Dans l'Amérique Méridionale. ♄

19. GOUET séguin, *A. seguinum*, L. à tige presque droite; à feuilles lancéolées, ovales.
Jacq. Amer. 239, tab. 151.
Dans l'Amérique Méridionale. ♄

20. GOUET lierre, *A. hederaceum*, L. à tige poussant des radicules; à feuilles en cœur, oblongues, aiguës; à pétioles arrondis.
Jacq. Amer. 240, tab. 152.
Dans l'Amérique Méridionale. ♃

21. GOUET en languette, *A. lingulatum*, L. à tige rampante; à feuilles en cœur, lancéolées; à pétioles garnis d'une bordure membraneuse.
Sloan. Jam. tab. 27, fig. 2.
Dans l'Amérique Méridionale. ♃

22. GOUET à oreillettes, *A. auritum*, L. à tige poussant des radicules; à feuilles trois à trois : les latérales à une seule oreillette.
Plum. Amer. 41, tab. 58 et 51.
Dans l'Amérique Méridionale. ♃

1120. DRACONTE, *DRACONTIUM.* * *Lam. Tab. Encyclop.* pl. 738.

CAL. *Spathe* en timbale, coriace, à une valve, très-grand.
—— *Spadice* très-simple, comme cylindrique, très-court, couvert de tous côtés par des fructifications réunies en tête, dont chacune présente un :
—— *Périanthe propre* nul, (à moins qu'on ne regarde comme tel la corolle).
COR. *Propre* cinq *Pétales*, concaves, ovales, obtus, presque égaux, colorés.
ÉTAM. Sept *Filamens* à chacune, linéaires, déprimés, droits, égaux, plus longs que la corolle. *Anthères* quadrangulaires, didymes, oblongues, obtuses, droites.
PIST. *Ovaire* comme ovale. *Style* arrondi, droit, de la longueur des étamines. *Stigmate* à trois côtés irréguliers.
PÉR. Chaque ovaire se change en une baie arrondie.
SEM. Plusieurs.

Spathe en forme de nacelle. *Spadice* ou support des fleurs couvert de fleurs sans *Calice*, à cinq *Pétales*. *Baie* renfermant plusieurs semences.

1. DRACONTE à plusieurs feuilles, *D. polyphyllum*, L. à hampe

très-courte; à pétioles déchirés, posés sur la racine; à folioles divisées profondément en trois parties pinnatifides.

Pluk. tab. 149, fig. 1. *Herm. Parad.* pag. et tab. 93. *Barrel.* tab. 147 et 148.

A Surinam.

2. DRACONTE épineux, *D. spinosum*, L. à feuilles en fer de flèche; à péduncules et pétioles armés de piquans.

A Zeylan.

3. DRACONTE fétide, *D. fœtidum*, L. à feuilles arrondies, concaves.

Catesb. Carol. 2, pag. et tab. 71.

En Virginie, à la Caroline, dans les lieux aquatiques. ♃

4. DRACONTE du Kamtschatka, *D. Kamtschatkacense*, L. à feuilles lancéolées.

En Sibérie.

5. DRACONTE troué, *D. pertusum*, L. à feuilles trouées; à tige grimpante.

Plum. Amer. 40, tab. 56 et 57.

Dans l'Amérique Méridionale. ♄

1121. CALLE, *CALLA.* * *Lam. Tab. Encyclop.* pl. 739.

CAL. *Spathe* d'un seul feuillet, ovale, en cœur, pointu, coloré supérieurement, très-grand, ouvert, persistant.

— *Spadice* en forme de doigt, très-simple, droit, couvert par les fructifications.

COR. Nulle.

ÉTAM. *Filamens* assez nombreux, entremêlés parmi les ovaires, de la longueur des pistils, persistans, comprimés, tronqués. *Anthères* simples, tronquées, assises.

PIST. Chaque *Ovaire* arrondi, obtus. *Style* simple, très-court. *Stigmate* aigu.

PÉR. Chaque ovaire se change en une baie à quatre côtés, arrondie, pulpeuse, à une loge.

SEM. Plusieurs (de six à douze), oblongues, comme cylindriques, obtuses aux deux extrémités.

OBS. De ce que chaque baie contient plusieurs semences, il s'ensuit que chaque pistil appartient à des fleurons particuliers, et qu'il ne forme point partie d'une même fleur. Puisque le périanthe et la corolle, lorsqu'ils manquent, ne distinguent point les étamines, il est difficile d'assigner à chaque fleuron le nombre exact qui lui est propre. En comparant par analogie les Calles *avec les* Palmiers, *je croirois volontiers qu'il doit y avoir naturellement six étamines dans chaque fleuron.*

Dans le C. palustris, L. *le spadice est entièrement couvert par les pistils et les étamines entremêlés.*

Dans le C. Æthiopica, L. *le spadice est couvert.*

Spathe aplati. *Spadice* couvert de fleurs sans *Calice* et *Corolle*. *Baie* renfermant plusieurs semences.

1. CALLE d'Éthiopie, *C. Æthiopica*, L. à feuilles en fer de flèche, en cœur; à spathe en capuchon; à spadice couvert supérieurement de fleurs mâles.

Commel. Hort. 1, pag. 95, tab. 50.

En Éthiopie. Cultivée dans les jardins. ♃

2. CALLE des marais, *C. palustris*, L. à feuilles en cœur, à spathe aplati; à spadice entièrement couvert de fleurs hermaphrodites.

Dracunculus palustris sive radice arundinaceâ, *Plinii*; Serpentaire des marais ou à racine de Roseau, de Pline. *Bauh. Pin.* 195. n.° 4. *Fusch. Hist.* 844. *Matth.* 446, fig. 1. *Dod. Pempt.* 331, fig. 1. *Lob. Ic.* 1, pag. 600, fig. 2. *Lugd. Hist.* 1603, fig. 2. *Camer. Epit.* 362. *Bauh. Hist.* 2, pag. 789, fig. 2. *Flor. Dan.* tab. 422.

Nutritive pour le Coq et le Dindon.

En Alsace, en Lithuanie.

3. CALLE d'Orient, *C. Orientalis*, L. à feuilles ovales.

A Alep. ♃

1122. POTHOS, *POTHOS*. † *Lam. Tab. Encyclop.* pl. 738.

CAL. *Spathe* arrondi, d'un seul feuillet béant d'un côté.

— *Spadice* court, très-simple, épaissi, couvert entièrement par les fructifications assises.

— *Périanthe* nul, (à moins qu'on ne prenne pour calice la corolle).

COR. Quatre *Pétales*, en forme de coin, oblongs, droits.

ÉTAM. Quatre *Filamens*, élargis, droits, plus étroits que les pétales, et les égalant en longueur. *Anthères* très-petites, deux à deux.

PIST. *Ovaire* parallélipipède, tronqué. *Style* nul. *Stigmate* simple.

PÉR. *Baies* agrégées, arrondies, à deux loges.

SEM. Une seule, arrondie.

Spathe arrondi. *Spadice* simple, couvert de fleurs, sans *Calice*, à quatre *Pétales*, à quatre *Étamines*. *Baie* renfermant deux semences.

1. POTHOS grimpant, *P. scandens*, L. à pétioles de la largeur des feuilles; à tige poussant des radicules.

Rheed. Malab. 7, tab. 40. *Rumph. Amb.* 5, p. 490, tab. 184, fig. 1, 2 et 3.

Dans l'Inde Orientale. ♄

2. POTHOS sans tige, *P. acaulis*, L. à feuilles lancéolées, très-entières, sans nervures.

Jacq. Amer. 240, tab. 153.

Dans l'Amérique Méridionale.

3. POTHOS lancéolé, *P. lanceolata*, L. à feuilles lancéolées, très-entières, à trois nervures; à hampe à trois faces au sommet.

Plum. Amer. 47, tab. 62.

Dans l'Amérique Méridionale. ♃

4. POTHOS crénelé, *P. crenata*, L. à feuilles lancéolées, crénelées.

Plum. Spec. 4, tab. 39.

Dans l'isle Saint-Thomas. ♃

5. POTHOS en cœur, *P. cordata*, L. à feuilles en cœur.

Plum. Spec. 4, tab. 38.

Dans l'Amérique Méridionale. ♃

6. POTHOS pinné, *P. pinnata*, L. à feuilles pinnatifides.

Rumph. Amb. 5, pag. 489, tab. 183, fig. 2.

Dans l'Inde Orientale. ♄

7. POTHOS palmé, *P. palmata*, L. à feuilles palmées.

Plum. Amer. 49, tab. 64 et 65.

Dans l'Amérique Méridionale. ♃

1123. ZOSTÈRE, *ZOSTERA.* * *Lam. Tab. Encyclop.* pl. 737.

CAL. Base de la *feuille* ou gaine réunie dans sa longueur, échancrée supérieurement des deux côtés, renfermant un spadice.

— *Spadice* linéaire, aplati, garni supérieurement d'un côté par les étamines, et inférieurement de l'autre par les pistils.

— *Périanthe* nul.

COR. Nulle.

ÉTAM. Plusieurs *Filamens*, alternes, très-courts, insérés sur le spadice au-dessus des ovaires. *Anthères* ovales, oblongues, courbées en dehors, obtuses, en alène, tournées en arrière, courbées.

PIST. *Ovaires* peu nombreux, ovales, comprimés, à deux tranchans, portés sur un pédicule très-court, attachés au sommet, courbés en dehors, alternes. *Styles* nuls. *Stigmates* capillaires, simples.

PÉR. Membraneux, ne changeant point, s'ouvrant dans sa longueur par un angle latéral.

SEM. Une seule, ovale.

Spadice linéaire, couvert d'un seul côté de fleurs sans *Calice* et *Corolle*, à *Étamines* alternes. *Semences* solitaires, alternes.

1. ZOSTÈRE marine, *Z. marina*, L. à fruits assis.

Alga angustifolia Vitriariorum; Algue à feuilles étroites des Vitriers. *Bauh. Pin.* 364, n.° 5. *Matth.* 796, fig. 1. *Dod. Pempt.* 478, fig. 1. *Lob. Ic.* 2, pag. 248, fig. 2. *Lugd. Hist.* 1373, fig. 1 et 2. *Bauh. Hist.* 3, P. 2, pag. 794, fig. 1. *Flor. Dan.* tab. 15.

Reichard rapporte à l'espèce suivante ce synonyme de *G. Bauhin* que *Linné* avoit cité avec un point de doute pour cette espèce; mais c'est une erreur.

A Montpellier, en Provence, sur les bords de la Méditerranée. ♃

2. ZOSTÈRE de l'Océan, *Z. Oceanica*, L. à fruits en forme d'olive, portés sur un pédicule.

Pila marina; Pile marine. *Bauh. Pin.* 368, n.° 14.

Dans l'Océan.

CLASSE XXI.

MONOÉCIE.

I. MONANDRIE.

Table Synoptique ou *Caractères Artificiels Génériques.*

1127. CHARAGNE, *CHARA.* Mâle. *Calice* et *Corolle* nuls. Femelle. *Cal.* à quatre feuillets. *Cor.* nulle. *Stigmate* divisé peu profondément en trois parties. Une *Semence.*

1124. ZANNICHELLIE, *ZANNICHELLIA.* M. *Calice* et *Corolle* nuls. F. *Cal.* d'un seul feuillet. *Cor.* nulle. Quatre *Pistils.* Quatre *Semences.*

1125. CÉRATOCARPE, *CERATOCARPUS.* M. *Cal.* à deux segmens profonds. *Cor.* nulle. F. *Cal.* à deux feuillets. *Cor.* nulle. Deux *Styles.* Une *Semence* inférieure.

1128. ÉLATÈRE, *ELATERIUM.* M. *Cal.* nul. *Cor.* en soucoupe. F. *Cal.* nul. *Cor.* en soucoupe. *Caps.* inférieure, remplie de pulpe, à une loge, à plusieurs semences.

1126. CYNOMORE, *CYNOMORIUM.* M. *Cal.* à chaton. *Cor.* nulle. F. *Cal.* à chaton. *Cor.* nulle. Un *Style.* Une *Semence*, arrondie.

† *Callitriche verna.*

II. DIANDRIE.

1129. ANGURIE, *ANGURIA.* M. *Cal.* à cinq segmens peu profonds. *Cor.* à cinq pétales. F. *Cal.* à cinq segmens peu profonds. *Cor.* à cinq pétales. *Pomme* à deux loges, à plusieurs semences.

1130. LEMNE, *LEMNA*. Mâle. *Cal.* d'un seul feuillet. *Cor.* nulle.
Femelle. *Cal.* d'un seul feuillet. *Cor.* nulle. Un *Style*. *Caps.* à une loge.

† *Gunnera*.

† *Omphalea diandra*.

III. TRIANDRIE.

1133. MAYS, *ZEA*. M. *Bâle calicinale* à deux fleurs. *Cor.* *Bâle* à deux valves.
F. *Bâle calicinale* à une fleur. *Cor.* *Bâle* à deux valves. Un *Style*. Une *Semence* nue, arrondie.

1134. TRIPSAQUE, *TRIPSACUM*. M. *Bâle calicinale* à quatre fleurs. *Cor.* *Bâle* à deux valves.
F. *Bâle calicinale* divisée profondément en deux ou quatre parties. *Cor.* *Bâle* à deux valves. Deux *Styles*. Une *Semence* renfermée dans la bâle du calice, à sinuosités perforées.

1135. LARMILLE, *COIX*. M. *Bâle calicinale* à deux fleurs. *Cor.* *Bâle* à deux valves.
F. *Bâle calicinale* à deux fleurs. *Cor.* *Bâle* à deux valves. *Style* divisé peu profondément en deux parties. Une *Semence* couverte par une noix.

1136. OLYRE, *OLYRA*. M. *Bâle calicinale* à une fleur. *Cor.* *Bâle* à deux valves.
F. *Bâle calicinale* à une fleur. *Cor.* *Bâle* à deux valves. *Style* divisé peu profondément en deux parties. Une *Sem.* nue.

1137. CAREX, *CAREX*. M. *Cal.* à chaton, à une fleur. *Cor.* nulle.
F. *Cal.* à chaton, à une fleur. *Cor.* nulle. Un *Style*. Une *Semence* enveloppée.

1132. RUBANIER, *SPARGANIUM*. Mâle. *Cal.* à trois feuillets. *Corolle* nulle.
Femelle. *Cal.* à trois feuillets. *Corolle* nulle. Deux *Stigmates*. *Drupe* à deux semences.

1131. MASSETTE, *TYPHA*. M. *Cal.* à trois feuillets. *Corolle* nulle.
F. *Cal.* capillaire. *Cor.* nulle. Un *Style*. Une *Semence* à aigrette.

1138. AXYRIS, *AXYRIS*. M. *Cal.* à trois segmens profonds. *Corolle* nulle.
F. *Cal.* à deux feuillets. *Cor.* nulle. Deux *Styles*. Une *Semence* arrondie.

1142. PHYLLANTHE, *PHYLLANTHUS*. M. *Cal.* à six segmens profonds. *Cor.* nulle.
F. *Cal.* à six segmens profonds. *Cor.* nulle. Trois *Styles*. *Caps.* à trois coques.

1140. TRAGIE, *TRAGIA*. M. *Cal.* à trois segmens profonds. *Cor.* nulle.
F. *Cal.* à cinq segmens profonds. *Cor.* nulle. *Style* divisé peu profondément en trois parties. *Caps.* à trois coques.

1141. HERNANDE, *HERNANDIA*. M. *Cal.* à quatre feuillets. *Cor.* à six pétales.
F. *Cal.* tronqué. *Cor.* à six pétales. *Drupe* marquée de huit sillons.

1139. OMPHALE, *OMPHALEA*. M. *Cal.* à quatre feuillets. *Corolle* nulle. *Anthères* insérées sur le réceptacle.
F. *Cal.* à quatre segmens profonds. *Cor.* nulle. *Stigmate* divisé peu profondément en trois parties. *Caps.* à trois loges, à une semence.

† *Amaranthi varii.*

IV. TÉTRANDRIE.

1149. ORTIE, *URTICA*. Mâle. *Cal.* à quatre feuillets. *Cor.* nulle. *Nectaire* en gobelet.
Femelle. *Cal.* à deux valves. *Cor.* nulle. *Stigmate* velu. Une *Semence* ovale.

1150. MURIER, *MORUS*. M. *Cal.* à quatre segmens profonds. *Cor.* nulle.
F. *Cal.* à quatre feuillets. *Cor.* nulle. Deux *Styles*. Une *Semence* nidulée dans une baie.

1148. BUIS, *BUXUS*. M. *Cal.* à trois feuillets. *Cor.* à deux pétales.
F. *Cal.* à quatre feuillets. *Cor.* à trois pétales. Trois *Stigmates*. *Caps.* à trois loges.

1147. BOULEAU, *BETULA*. M. *Cal. Chaton* à trois fleurs. *Cor.* à quatre divisions profondes.
F. *Cal. Chaton* à deux fleurs. *Cor.* nulle. Deux *Styles*. Une *Semence* ovale.

1143. CENTELLE, *CENTELLA*. M. *Cal. Collerette* à quatre feuillets, à plusieurs fleurs. *Cor.* à quatre pétales.
F. *Cal. Collerette* à deux feuillets. Deux *Styles*. *Fruit* inférieur, à deux loges.

1144. SERPICULE, *SERPICULA*. M. *Cal.* à quatre dents. *Cor.* à quatre pétales.
F. *Cal.* à quatre segmens peu profonds. *Cor.* nulle. *Noix* marquée de huit sillons.

1145. LITTORELLE, *LITTORELLA*. M. *Cal.* à quatre feuillets. *Cor.* à quatre divisions peu profondes. *Étamines* très-longues.
F. *Cal.* nul. *Cor.* à quatre divisions peu profondes. *Style* très-long. *Noix* à une loge.

2146. CICCA, *CICCA*. Mâle. *Cal.* à quatre feuillets. *Cor.* nulle.
Femelle. *Cal.* à quatre feuillets. *Cor.* nulle. *Style* divisé peu profondément en quatre parties. *Caps.* à quatre loges.

V. PENTANDRIE.

2151. NÉPHÈLE, *NEPHELIUM*. M. *Cal.* à cinq dents. *Cor.* nulle. *Anthères* divisées peu profondément en deux parties.
F. *Cal.* à quatre dents. *Cor.* nulle. Deux *Styles* parmi les ovaires.

2152. GLOUTERON, *XANTHIUM*. M. *Cal.* commun à plusieurs feuillets. *Cor.* à cinq divisions peu profondes. *Filamens* réunis.
F. *Cal.* et *Cor.* nuls. Deux *Styles*. *Drupe* à deux loges.

2153. AMBROSIE, *AMBROSIA*. M. *Cal.* commun d'un seul feuillet. *Cor.* à cinq divisions peu profondes.
F. *Cal.* d'un seul feuillet, à une fleur. *Cor.* nulle. Un *Style*. *Noix* à cinq dents.

2154. PARTHÈNE, *PARTHENIUM*. M. *Cal.* commun à cinq feuillets *Cor.* du disque, supérieure.
F. *Cal.* commun à cinq feuillets. *Cor.* du rayon en languette. Un *Style*. Une *Semence*.

2156. CLIBADE, *CLIBADIUM*. M. *Cal.* commun à écailles placées en recouvrement les unes sur les autres. *Fleurons* du disque à cinq divisions peu profondes.
F. *Cal.* commun à écailles placées en recouvrement les unes sur les autres. *Fleurons* du rayon à trois divisions peu profondes. *Drupe* à ombilic.

1155. IVA, *IVA.* Mâle. *Cal.* commun à cinq feuillets. *Fleurons* du disque à cinq divisions peu profondes.
Fem. *Cal.* commun à cinq feuillets. Sans *Fleurons* au rayon. Deux *Styles*. Une *Semence*.

1157. AMARANTHE, *AMARANTHUS.* M. *Cal.* propre à cinq feuillets. *Cor.* nulle. Trois ou cinq *Étamines*.
F. *Cal.* propre à cinq feuillets. *Cor.* nulle. Trois *Styles*. *Caps.* s'ouvrant horizontalement.

1158. LÉÉE, *LEEA.* M. *Cal.* à cinq segmens peu profonds. *Cor.* à cinq divisions peu profondes.
F. *Cal.* à cinq segmens peu profonds. *Cor.* à cinq divisions peu profondes. Un *Style*. *Fruit* à six loges. *Sem.* solitaires.

† *Diosma.*

† *Rhamnus iguaneus.*

VI. HEXANDRIE.

1159. ZIZANIE, *ZIZANIA.* M. *Cal.* nul. *Cor.* *Bâle* à deux valves.
F. *Cal.* nul. *Cor.* *Bâle* à deux valves. Deux *Styles*. Une *Sem.*

1160. PHARELLE, *PHARUS.* M. *Cal.* *Bâle* à une fleur. *Cor.* *Bâle* à deux valves.
F. *Cal.* *Bâle* à une fleur. *Cor.* *Bâle* à deux valves. Un *Style*. Une *Semence*.

† *Rumex spinosus*, *Alpinus.*

VII. HEPTANRDIE.

1161. GUETTARDE, *GUETTARDA.* M. *Cal.* cylindrique. *Cor.* à sept divisions peu profondes.
F. *Cal.* cylindrique. *Cor.* à sept divisions peu profondes. Un *Style*. *Drupe* sèche.

VIII. POLYANDRIE. (Plus de sept Étamines)

1165. BÉGONE, *BEGONIA*. Mâle. *Cal.* nul. *Cor.* à quatre pétal.
Femelle. *Cal.* nul. *Cor.* à quatre pétales. Trois *Styles*, divisés peu profondément en deux parties. *Caps.* inferieure, à trois loges, à plusieurs semences.

1164. SAGITTAIRE, *SAGITTARIA*. M. *Cal.* à trois feuillets. *Cor.* à trois pétales. Environ vingt-quatre *Étamines*.
F. *Cal.* à trois feuillets. *Cor.* à trois pétales. Cent *Pistils*. *Semences* nombreuses.

1163. MYRIOPHYLLE, *MYRIOPHYLLUM*. M. *Cal.* à quatre feuillets. *Corolle* nulle. Huit *Étamines*.
F. *Cal.* à quatre feuillets. *Corolle* nulle. Quatre *Pistils*. Quatre *Semences*.

1162. CÉRATOPHYLLE, *CERATOPHYLLUM*. M. *Cal.* le plus souvent à sept segmens profonds. *Cor.* nulle. Environ dix-huit *Étamines*.
F. *Cal.* le plus souvent à sept segmens profonds. *Cor.* nulle. Un *Pistil*. Une *Semence*.

1166. THÉLIGONE, *THELIGONUM*. M. *Cal.* à deux segmens peu profonds. *Cor.* nulle. Environ douze *Étamines*.
F. *Cal.* à deux segmens peu profonds. *Cor.* nulle. Un *Pistil*. Une *Semence* à écorce qui peut se détacher.

1167. POTERIE, *POTERIUM*. M. *Cal.* à trois feuillets. *Cor.* à quatre divisions profondes. Environ trente-deux *Étam.*
F. *Cal.* à trois feuillets. *Cor.* à cinq divisions profondes. Deux *Pistils*. Deux *Semences* enveloppées.

1170. HÊTRE, *FAGUS.* Mâle. *Cal.* à cinq segmens peu profonds. *Cor.* nulle. Environ douze *Étamines.*

Fem. *Cal.* à quatre segmens peu profonds. *Cor.* nulle. Trois *Styles. Caps.* à deux semences.

1168. CHÊNE, *QUERCUS.* M. *Cal.* à cinq segmens peu profonds. *Cor.* nulle. Environ dix *Étamines.*

F. *Cal.* entier. *Cor.* nulle. Cinq *Styles. Noix* sèche comme du cuir.

1169. NOYER, *JUGLANS.* M. *Cal. Châtons*, à écailles placées en recouvrement les unes sur les autres. *Cor.* à six divisions profondes. Environ dix-huit *Étamines.*

F. *Cal.* à quatre segmens peu profonds. *Cor.* à quatre pétales. Deux *Styles. Noix* enveloppée d'un brou sec.

1172. NOISETIER, *CORYLUS.* M. *Cal. Chatons* à écailles placées en recouvrement les unes sur les autres. *Cor.* nulle. Huit *Étamines.*

F. *Cal.* à deux feuillets. *Cor.* nulle. Deux *Styles. Noix* nue ou sans brou.

1173. PLATANE, *PLATANUS.* M. *Cal. Chatons* arrondi. *Cor.* à peine sensible. *Anthères* entourant les filamens.

F. *Cal. Chaton* arrondi. *Cor.* à cinq pétales. Un *Style.* Une *Semence* à aigrette.

1174. LIQUIDAMBAR, *LIQUIDAMBAR.* M. *Cal.* à quatre feuillets. *Cor.* nulle. Plusieurs *Étamines.*

F. *Cal.* à quatre feuillets. *Cor.* nulle. Deux *Styles. Caps.* à plusieurs semences.

IX. MONADELPHIE.

1189. SABLIER, *HURA*. Mâle. *Cal.* à deux feuillets. *Cor.* nulle. Vingt *Anthères* assises.
Fem. *Cal.* cylindrique. *Cor.* nulle. Un *Pistil*. *Caps.* à dix coques.

1175. PIN, *PINUS*. M. *Cal.* à quatre feuillets. *Cor.* nulle. Plusieurs *Étamines*.
F. *Cal.* en cône. *Cor.* nulle. Deux *Pistils*. *Noix* ailée.

1177. CYPRÈS, *CUPRESSUS*. M. *Cal.* à chaton. *Cor.* nulle. Quatre *Anthères* assises.
F. *Cal.* en cône. *Cor.* nulle. Deux *Stigmates*. *Noix* anguleuse.

1176. THUYA, *THUYA*. M. *Cal.* à chaton. *Cor.* nulle. Quatre *Anthères*.
F. *Cal.* en cône. *Cor.* nulle. Deux *Pistils*. *Noix* ailée.

1180. RICINELLE, *ACALYPHA*. M. *Cal.* à quatre feuillets. *Cor.* nulle. Environ douze *Étam.*
F. *Cal.* à trois feuillets. *Cor.* nulle. Trois *Styles*. *Caps.* à trois coques.

1179. DALÉCHAMPE, *DACHAMPIA*. M. *Cal.* à six feuillets. *Cor.* nulle. *Nectaire* lamelleux. *Étamines* nombreuses.
F. *Cal.* à dix feuillets. *Cor.* nulle. Un *Style*. *Caps.* à trois coques.

1178. PLUKENÈTE, *PLUKENETIA*. M. *Cal.* nul. *Cor.* à quatre pétales. Huit *Étamines*.
F. *Cal.* nul. *Cor.* à quatre pétales. Un *Style*. *Caps.* à quatre coques.

1182. CUPANE, *CUPANIA*. M. *Cal.* à trois feuillets. *Cor.* à cinq pétales. Cinq *Étamines*.
F. *Cal.* à trois feuillets. *Cor.* à trois pétales. *Style* divisé peu profondément en trois parties. *Caps.* à six semences, à arille.

1181. CROTON, *CROTON*. Mâle. *Cal.* à cinq feuillets. *Cor.* à cinq pétales. Quinze *Étamines*.

Femelle. *Cal.* à cinq feuillets. *Cor.* nulle. Trois *Styles*. *Caps.* à trois coques.

1184. RICIN, *RICINUS*. M. *Cal.* à cinq segmens profonds. *Cor.* nulle. *Étamines* nombreuses.

F. *Cal.* à trois segmens profonds. *Cor.* nulle. Trois *Styles*. *Caps.* à trois coques.

1183. JATROPHA, *JATROPHA*. M. *Cal.* nul. *Cor.* à cinq divisions peu profondes. Dix *Étamines*.

F. *Cal.* nul. *Cor.* à cinq pétales. Trois *Styles*. *Caps.* à trois coques.

1185. STERCULIE, *STERCULIA*. M. *Cal.* à cinq segmens profonds. *Cor.* nulle. Environ quinze *Étamines*.

F. *Cal.* à cinq segmens profonds. *Cor.* nulle. Un *Pistil*. Cinq *Capsules*.

1186. MANCENILLIER, *HIPPOMANE*. M. *Cal.* à deux segmens peu profonds. *Cor.* nulle. *Anthères* divisées peu profondément en deux parties.

F. *Cal.* à trois segmens peu profonds. *Cor.* nulle. *Stigmate* divisé profondément en trois parties. *Drupe* à une semence, ou *Caps.* à trois coques.

1187. STILLINGE, *STILLINGIA*. M. *Cal.* à plusieurs fleurs. *Cor.* à un seul pétale. Deux *Étamines*.

F. *Cal.* à une fleur. *Cor.* supérieure. *Style* divisé peu profondément en trois parties. *Caps.* à trois coques, entourée à sa base par le calice.

1188. GNET, *GNETUM*. Mâle. *Cal. Chatons* à écailles en bouclier. *Cor.* nulle. Deux *Anthères*.
Fem. *Cal. Chatons* à écailles rudes. *Style* divisé peu profondément en trois parties. *Drupe* à une semence.

X. SYNGÉNÉSIE.

1190. ANGUINE, *TRICHOSANTHES*. M. *Cal.* à cinq dents. *Cor.* à cinq divisions peu profondes, ciliées. Trois *Filamens*.
F. *Cal.* à cinq dents. *Cor.* à cinq divisions peu profondes. *Style* divisé peu profondément en trois parties. *Pomme* oblongue.

1191. MOMORDIQUE, *MOMORDICA*. M. *Cal.* à cinq segmens peu profonds. *Cor.* à cinq divisions peu profondes. Trois *Filamens*.
F. *Cal.* à cinq segmens peu profonds. *Cor.* à cinq divisions peu profondes. *Pomme* élastique.

1193. CONCOMBRE, *CUCUMIS*. M. *Cal.* à cinq dents. *Cor.* à cinq divisions peu profondes. Trois *Filamens*.
F. *Cal.* à cinq dents. *Cor.* à cinq divisions peu profondes. *Style* divisé peu profondément en trois parties. *Pomme* à semences aiguës.

1192. COURGE, *CUCURBITA*. M. *Cal.* à cinq dents. *Cor.* à cinq divisions peu profondes. Trois *Filamens*.
F. *Cal.* à cinq dents. *Cor.* à cinq divisions peu profondes. *Style* divisé peu profondément en trois parties. *Pomme* à semences à bordure.

1195. SICYOS, *SICYOS.*	Mâle. *Cal.* à cinq dents. *Cor.* à cinq divisions peu profondes. Trois *Filamens.*
	Fem. *Cal.* à cinq dents. *Cor.* à cinq divisions peu profondes. *Style* divisé peu profondément en trois parties. *Drupe* à une semence.
1194. BRYONE, *BRYONIA.*	M. *Cal.* à cinq dents. *Cor.* à cinq divisions profondes. Trois *Filamens.*
	F. *Cal.* à cinq dents. *Cor.* à cinq divisions profondes. *Style* divisé peu profondément en trois parties. *Baie* arrondie.

XI. GYNANDRIE.

1196. ANDRACHNÉE, *ANDRACHNE.*	M. *Cal.* à cinq feuillets. *Cor.* à cinq pétales. Cinq *Étamines.*
	F. *Cal.* à cinq feuillets. *Cor.* nulle. Trois *Styles.* *Caps.* à trois loges, à deux semences.
1197. AGYNÉIE, *AGYNEIA.*	M. *Cal.* à six feuillets. *Cor.* nulle. Trois *Anthères.*
	F. *Cal.* à six feuillets. *Cor.* nulle. *Style* et *Stigmate* nuls. *Ovaire* perforé.

MONOÉCIE.

Caractères des Plantes de cette Classe.

Cette classe renferme les Fleurs seulement *Androgynes*, sans hermaphrodites, c'est-à-dire mâles et femelles distinctes, mais produites par la même racine.

La fleur *Mâle* a des étamines sans pistil.

La fleur *Femelle* a un pistil sans étamines.

La plante *Androgyne* produit des fleurs mâles et femelles sur le même individu.

Si le calice commun renferme des fleurons de sexe différent, la plante n'est pas monoïque; ainsi les différens genres des *Ombellifères* et des *Composées* sont exclus de cette Classe.

Les différentes Méthodes des Auteurs systématiques, ont présenté un autre but ou usage, et ont principalement foulé aux pieds les diverses espèces des parties de la fructification.

Le Système sexuel présente séparément chaque fleur d'après son sexe, afin de faire connoitre tous les modes de génération dans les plantes; chose souvent utile pour leur culture. C'est pourquoi si les genres des Classes distinctes par le sexe dans ce système, avoient été réunis avec les Classes précédentes, le système eût échoué, son usage eût été nul, et son auteur seroit tombé de Scylla dans Charybde, parce qu'il auroit réuni les *Conifères* et les *Tricoques* avec les *Monadelphes*, les *Cucurbitacées* avec les *Syngénèses*; et il auroit été arrêté tout court aux genres *Gleditschia*, *Mimosa*, *Nyssa*, etc., à raison du nombre différent des étamines dans les fleurs de sexe distinct.

Il faut rapporter à cette Classe, le *Callitriche printanier*, la *Patience épineuse*, le *Gouet à trois feuilles*, la *Glycine monoïque*, la *Mercurielle ambiguë*, et autres plantes.

MONOÉCIE.

I. MONANDRIE.

1124. ZANNICHELLIE, *ZANNICHELLIA.* * *Mich. Gen.* 70, tab. 34. *Lam. Tab. Encyclop.* pl. 741.

* *FLEURS MALES.*

CAL. Nul.

COR. Nulle.

ÉTAM. Un seul *Filament*, simple, long, droit. *Anthère* ovale, droite.

* *FLEURS FEMELLES placées près des Fleurs mâles.*

CAL. *Périanthe* d'un seul feuillet, ventru, à deux dents, à peine visible.

COR. Nulle.

PIST. Environ quatre *Ovaires*, en cornet, réunis. *Styles* en nombre égal à celui des ovaires, simples, un peu étalés. *Stigmates* ovales, planes, étalés en dehors.

PÉR. Nul.

SEM. En nombre égal à celui des ovaires, oblongues, pointues aux deux extrémités, bossuées d'un côté, couvertes par une écorce, courbées, renversées.

FLEURS MALES : *Calice* et *Corolle* nuls.

FLEURS FEMELLES : *Calice* d'un seul feuillet. *Corolle* nulle. *Ovaires* et *Semences* environ au nombre de quatre.

1. ZANNICHELLIE des marais, *Z. palustris*, L. à feuilles assises, simples, capillaires, très-entières : les inférieures alternes : les supérieures opposées.

Potamogeton capillaceum, capitulis ad alas trifidis ; Potamogeton à feuilles capillaires, à têtes divisées peu profondément en trois parties aux aisselles des feuilles. *Bauh. Pin.* 193, n.° 10. *Pluk.* tab. 102, fig. 7. *Vaill. Mém. de l'Acad.* 1719, pag. 12, tab. 1, fig. 1. *Michel. Gen.* 71, esp. 1 et 2, tab. 34, fig. 1 et 2. *Flor. Dan.* tab. 67.

A Montpellier, Lyon, Paris. ⊙ Vernale.

1125. CÉRATOCARPE. *CERATOCARPUS.* * *Lam. Tab. Encyclop.* pl. 741.

* *FLEURS MALES.*

CAL. D'un seul feuillet, à deux *segmens* profonds, droits, obtus, égaux.

COR. Nulle, (à moins qu'on ne prenne pour corolle le calice.)

ÉTAM. Un seul *Filament*, plus long que la corolle. *Anthère* ovale, didyme.

* *FLEURS FEMELLES sur la même plante.*

CAL. A deux *feuillets*, adhérens dans toute leur longueur sur l'ovaire.

COR. Nulle.

PIST. *Ovaire* ovale, comprimé. Deux *Styles*, capillaires. *Stigmates* simples : l'un droit, l'autre horizontal.

PÉR. *Capsule* à deux battans, rétrécie à la base, comprimée, adhérente à la semence, formée par les feuillets du calice adhérens entr'eux, et longitudinalement à l'ovaire, à deux cornes.

SEM. Oblongue, comprimée, couverte par la capsule, garnie des deux côtés d'une suture longitudinale, à deux cornes droites, en alène.

OBS. *Le caractère générique du* Ceratocarpus *a été décrit d'après des individus vivans, examinés avec soin dans leur pays natal, par le célèbre* Gueldenstaedt, *dans les Nov. Act. Petropol.* Vol. XVI, pag. 553, tab. 17, fig. 7, ad 12.

* *FLEURS MALES solitaires, éparses.*

CAL. *Périanthe* d'un seul feuillet, en cœur, tubulé. *Limbe* terminé postérieurement en pointe, antérieurement en croissant, très-entier.

COR. Nulle.

ÉTAM. Un seul *Filament*, capillaire, surpassant à peine en longueur le tube du périanthe, inséré sur le réceptacle, et agglutiné sur le fond du calice. *Anthère* didyme, droite, saillante au-delà du limbe du calice.

* *FLEURS FEMELLES sur la même plante avec les fleurs mâles.*

CAL. *Périanthe* d'un seul feuillet, en cœur, comprimé, caréné des deux côtés par une nervure saillante, comme divisé en deux *segmens*, en alène, divergens. *Gorge* très-étroite entre les sinus des segmens, représentant une fente.

COR. Nulle.

PIST. *Ovaire* oblong, supérieur. Deux *Styles* et deux *Stigmates*, capillaires, étalés, passant par la gorge du calice.

PÉR. Le *Calice* plus grand, dont la figure ne change point, renferme la semence et la couvre entièrement.

SEM. Oblongue, comprimée, rétrécie à la base, adhérente au fonds du calice, libre dans la partie par laquelle elle n'adhère point au calice, enveloppée par un *Arille* un peu lâche, à la chûte duquel les deux extrémités recourbées en dehors et rapprochées se séparent, l'une desquelles est pointue et entière, l'autre obtuse et s'ouvrant en deux lèvres.

FLEURS MALES : *Calice* à deux segmens profonds. *Corolle* nulle. Un seul *Filament* long.

FLEURS FEMELLES : *Calice* à deux feuillets, adhérent à l'ovaire. *Corolle* nulle. Deux *Styles*. Une seule *Semence* comprimée, à deux cornes.

1. CÉRATOCARPE des sables, *C. arenarius*, L. à feuilles alternes, linéaires, aiguës, hérissées, à fleurs axillaires.

En Tartarie, dans les sables. ☉

1126. CYNOMORE. *CYNOMORIUM.* *Amœn. Acad.* tom. 4, pag. 351, tab. 2. *Lam. Tab. Encyclop.* pl. 742. CYNOMORION, *Michel. Gen.* 17, tab. 12.

* *FLEURS MALES en chaton alongé, mêlées avec les fleurs femelles.*

CAL. *Chaton* droit, en massue, entièrement couvert de fleurons.

— *Périanthe propre* à quatre *feuillets*, dont trois en massue, le quatrième inférieur plus grand, très-obtus, creusé en gouttière.

COR. Nulle.

ÉTAM. Un *Filament*, ferme, droit, plus long que l'écaille du calice. *Anthère* didyme.

* *FLEURS FEMELLES mêlées avec les fleurs mâles, sur la même plante, et à peine éloignées d'elles.*

CAL. *Chaton* commun avec les mâles.

— *Périanthe-propre* supérieur, à quatre *feuillets*, en massue, tuberculés, égaux, persistans.

COR. Nulle.

PIST. *Ovaire* ovale, inférieur. Un seul *Style*, droit, ferme, étalé, de la longueur de l'écaille du calice. *Stigmate* obtus.

PÉR. Nul.

SEM. Une seule, arrondie.

OBS. *Linné a observé des Fleurs hermaphrodites monandres, mêlées avec les autres fleurs. Toute la plante ne forme qu'un chaton.*

FLEURS MALES : ramassées en *Chaton*, en recouvrement. *Corolle* nulle.

FLEURS FEMELLES : ramassées sur le même *Chaton* avec les mâles. *Corolle* nulle. Un seul *Style*. Une seule *Semence* arrondie.

1. CYNOMORE écarlate, *C. coccineum*, L. à tige droite, couverte d'écailles ovales, aiguës, placées en recouvrement.

Michel. Gen. 17, esp. 1, tab. 12. *Till. Pis.* 64, tab. 25. *Amœn. Acad.* 4, pag. 351, tab. 2.

1. *Fungus Melitensis*; Champignon de Malte. 2. Plante entière, principalement sa racine. 3. Styptique, salé : son suc est rouge. 5. Hémorrhoïdes, dyssenterie, scorbut, ulcères malins. Cette plante est presque inconnue dans nos pharmacies, inusitée en France. A Malte, c'est un remède familier dont on fait grand usage.

A Malte, en Sicile, à Naples, en Barbarie. Parasite sur les racines du Lentisque, du Myrte.

1127. CHARAGNE, *CHARA.* * *Lam. Tab. Encyclop.* pl. 742.

* *FLEURS MALES à la base de l'ovaire, au-delà du calice.*

CAL. Nul.

COR. Nulle.

ÉTAM. Sans *Filament. Anthère* arrondie, placée devant l'ovaire, au-delà du calice.

* *FLEURS FEMELLES.*

CAL. *Périanthe* à quatre *feuillets*, en alêne, droits, persistans, dont deux extérieurs opposés, plus longs.

COR. Nulle.

PIST. *Ovaire* en toupie. *Style* nul. *Stigmate* oblong, divisé peu profondément en cinq parties, caduc-tardif.

PÉR. *Croute* ovale, à une loge, adhérente.

SEM. Une seule, ovale, à stries en spirale.

OBS. Le C. vulgaris *a les baies oblongues, à plusieurs semences.*

FLEURS MALES : *Calice* et *Corolle* nuls. Une seule *Anthère* placée sous l'ovaire.

FLEURS FEMELLES : *Calice* à quatre feuillets. *Corolle* nulle. *Stigmate* divisé peu profondément en cinq parties. Une seule *Semence*.

1. CHARAGNE duvetée, *C. tomentosa*, L. à tige armée de piquans ovales.

Moris. Hist. sect. 15, tab. 4, fig. 9. *Pluk.* tab. 29, fig. 4.

A Lyon, Paris. ⊙ Estivale.

2. CHARAGNE vulgaire, *C. vulgaris*, L. à tiges lisses; à feuilles dentées intérieurement.

Equisetum fœtidum sub aquâ repens; Prêle fétide rampant sous l'eau. *Bauh. Pin.* 16, n.° 13. *Prodr.* 25, n.° 5, fig. 1. *Bauh. Hist.* 3, P. 2, pag. 731, fig. 2. *Vaill. Mém. de l'Acad.* 1719, p. 17, tab. 3, fig. 1. *Flor. Dan.* tab. 156.

En Europe, dans les fossés aquatiques. ⊙ Estivale.

3. CHARAGNE hérissée, *C. hispida*, L. à tige armée de piquans capillaires, entassés.

Pluk. tab. 193, fig. 6. *Flor. Dan.* tab. 154. *Vaill. Mém. de l'Acad.* 1719, pag. 23, tab. 3, fig. 3.

A Lyon, Paris. ⊙ Estivale.

4. CHARAGNE flexible, *C. flexilis*, L. à articulations des tiges sans piquans, diaphanes, plus larges vers le sommet.

A Lyon, Paris. ⊙ Estivale.

1128. ÉLATÈRE, *ELATERIUM*. *Lam. Tab. Encycop.* pl. 743.

* *FLEURS MALES.*

CAL. Nul.

COR. Monopétale, en soucoupe. *Tube* cylindrique. *Limbe* à cinq *divisions* peu profondes, lancéolées, creusées en gouttière sur le dos, garnies d'une dentelure.

ÉTAM. Un seul *Filament*, en colonne. *Anthère* linéaire, plissée en cinq parties.

* *FLEURS FEMELLES.*

CAL. Comme dans les fleurs mâles.

COR. Comme dans les fleurs mâles.

PIST. *Ovaire* inférieur, hérissonné. *Style* en colonne, s'épaisissant. *Stigmate* en tête.

PÉR. *Capsule* inférieure, hérissonnée, coriace, remplie de pulpe, uniforme, à une loge, à deux battans qui s'ouvrent élastiquement.

SEM. Plusieurs.

FLEURS MALES : *Calice* nul. *Corolle* en soucoupe.

FLEURS FEMELLES : *Calice* nul. *Corolle* en soucoupe. *Capsule* inférieure, à une seule loge, à deux battans.

1. ÉLATÈRE de Carthagène, *E. Carthaginense*, L. à feuilles en cœur, anguleuses.

Jacq. Amer. 241, tab. 154.

Dans l'Amérique Méridionale.

2. ÉLATÈRE à trois feuilles, *E. trifoliatum*, L. à feuilles trois à trois, découpées.

En Virginie.

II. DIANDRIE.

1129. ANGURIE, *ANGURIA*. *Lam. Tab. Encyclop.* pl. 747.

* *FLEURS MALES.*

CAL. D'un seul feuillet, ventru à la base, à cinq *segmens* peu profonds, lancéolés, courts.

COR. Cinq *Pétales*, ouverts, adhérens au limbe du calice.

ÉTAM. Deux *Filamens*, opposés, insérés sur le calice. *Anthère* rampante par sa partie supérieure et inférieure.

* *FLEURS FEMELLES sur la même plante.*

CAL. Comme dans les fleurs mâles.

COR. Comme dans les fleurs mâles.

ÉTAM. *Filamens* comme dans les fleurs mâles. *Anthères* nulles.

PIST. *Ovaire* inférieur, oblong. *Style* à moitié divisé en deux parties. *Stigmates* aigus, divisés peu profondément en deux parties.

PÉR. *Pomme* oblongue, à quatre angles, à deux loges.

SEM. Plusieurs, ovales, comprimées, nidulées.

FLEURS MALES : *Calice* à cinq segmens peu profonds. *Corolle* à cinq pétales.

FLEURS FEMELLES : *Calice* à cinq segmens peu profonds. *Corolle* à cinq pétales. *Pomme* inférieure, à deux loges renfermant chacune plusieurs semences.

1. ANGURIE à trois lobes, *A. triloba*, L. à feuilles à trois lobes.
Jacq. Amer. 243, tab. 156.
Dans l'Amérique Méridionale.

2. ANGURIE à pied roide, *A. pedata*, L. à feuilles à pied roide.
Jacq. Amer. 242, tab. 155.
Dans l'Amérique Méridionale.

3. ANGURIE à trois feuilles, *A. trifoliata*, L. à feuilles trois à trois, très-entières.
Plum. Amer. 85, tab. 99.
A Saint-Domingue.

1130. LEMNE, *LEMNA.* * *Lam. Tab. Encyclop.* pl. 747. LENTICULA. *Michel. Gen.* 15, tab. 11. LENTICULARIA. *Michel. Gen.* 15, tab. 11. HYDROPHACE. *Buxb. Cent.* 11, pag. 35, tab. 37, fig. 2.

* *FLEURS MALES.*

CAL. D'un seul feuillet, arrondi, s'ouvrant sur le côté, dilaté obliquement en dehors, obtus, ouvert, déprimé, grand, entier.

COR. Nulle.

ÉTAM. Deux *Filamens*, en alêne, recourbés, de la longueur du calice. *Anthères* didymes, arrondies.

PIST. *Ovaire* ovale. *Style* court, persistant. *Stigmate* irrégulier.

PÉR. Avortant.

* *FLEURS FEMELLES sur la même plante avec les fleurs mâles.*

CAL. Comme dans les fleurs mâles.

COR. Nulle.

PIST. *Ovaire* comme ovale. *Style* court, persistant. *Stigmate* simple.

PÉR. *Capsule* arrondie et terminée en pointe, à une loge.

SEM. Quelques-unes, oblongues, aiguës aux deux extrémités, presque aussi longues que la capsule, striées d'un côté.

FLEURS MALES : *Calice* d'un seul feuillet. *Corolle* nulle.

FLEURS FEMELLES : *Calice* d'un seul feuillet. *Corolle* nulle. Un seul *Style*. *Capsule* à une seule loge.

1. LEMNE à trois sillons, *L. trisulca*, L. à feuilles pétiolées, lancéolées.

Lenticula aquatica trisulca ; Lentille d'eau à trois sillons. *Bauh. Pin.* 362, n.° 3. *Lob. Ic.* 2, p. 36, fig. 1. *Michel. Gen.* 16, esp. 5, tab. 11, fig. 5. *Bauh. Hist.* 3, P. 2, pag. 786, fig. 1.

A Montpellier, Lyon, Paris, etc. ☉ Vernale.

2. LEMNE mineure, *L. minor*, L. à feuilles assises ou sans pétioles, un peu aplaties sur les deux surfaces ; à racines solitaires.

Lenticula palustris vulgaris ; Lentille des marais vulgaire. *Bauh. Pin.* 362, n.° 1. *Matth.* 783, fig. 1. *Dod. Pempt.* 587, f. 1. *Lob. Ic.* 2, pag. 249, fig. 1. *Lugd. Hist.* 1014, fig. 2. *Vaill. Bot.* 114, esp. 1, tab. 20, fig. 3. *Michel. Gen.* 16, esp. 3, tab. 11, fig. 3.

En Europe, dans les eaux stagnantes. ☉ Vernale.

3. LEMNE bossuée, *L. gibba*, L. à feuilles assises ou sans pétioles, hémisphériques en dessous ; à racines solitaires.

Michel. Gen. 15, esp. 1, tab. 11, fig. 2.

A Lyon, Paris. ☉ Vernale.

4. LEMNE à plusieurs racines, *L. polyrrhiza*, L. à feuilles assises ou sans pétioles ; à racines nombreuses, ramassées ou entassées par paquets.

Vaill. Bot. 114, esp. 2, tab. 20, fig. 2. *Michel. Gen.* 16, esp. 1, tab. 11, fig. 1.

A Lyon, Paris. ☉ Vernale.

5. LEMNE sans racine, *L. arrhiza*, L. à feuilles deux à deux, sans racines.

Michel. Gen. 16, esp. 4, tab. 11, fig. 4.

A Paris. ☉ Vernale.

III. TRIANDRIE.

1131. MASSETTE, *TYPHA.* * *Tournef. Inst.* 530, tab. 302 *Lam. Tab. Encyclop.* pl. 748.

* *FLEURS MALES nombreuses, disposées en chaton, terminant le chaume.*

CAL. *Chaton commun* cylindrique, très-serré, formé par des :

— *Périanthes* propres, à trois *feuillets*, sétacés.

COR. Nulle.

ÉTAM. Trois *Filamens*, capillaires, de la longueur du calice. *Anthères* oblongues, pendantes.

* *FLEURS FEMELLES nombreuses, disposées en chaton, très-serrées, entourant le même chaume.*

CAL. Amas de poils à aigrettes.

COR. Nulle.

PIST. *Ovaire* assis sur une soie, ovale. *Style* en alêne. *Stigmate* capillaire, persistant.

PÉR. Nul. *Fruits* nombreux formant un cylindre.

SEM. Une seule, ovale, garnie d'un style, assise sur une soie.

— *Aigrette* capillaire, comme attachée à la soie qui porte la semence, de la longueur du pistil.

FLEURS MALES : ramassées en *Chaton* cylindrique, compact. *Calice* à trois feuillets irréguliers. *Corolle* nulle.

FLEURS FEMELLES : ramassées en *Chaton* cylindrique, au-dessous des fleurs mâles. *Calice* formé par un amas de poils. *Corolle* nulle. Une seule *Semence* nidulée dans les poils.

1. **MASSETTE** à larges feuilles, *T. latifolia*, L. à feuilles comme en lame d'épée, droites, très-longues; à tige terminée par un épi, sans séparation sensible entre le chaton de la fleur mâle de celui de la fleur femelle.

Typha palustris major; Massette des marais plus grande. *Bauh. Pin.* 20, n.° 1. *Fusch. Hist.* 823. *Matth.* 626, fig. 2. *Dod. Pempt.* 604, fig. 1. *Lob. Ic.* 1, pag. 81, fig. 1. *Clus. Hist.* 2, pag. 215, fig. 1. *Lugd. Hist.* 994, fig. 1. *Camer. Epit.* 607. *Bauh. Hist.* 2, pag. 539, et non pas 527 par erreur de chiffres, fig. 1, 2 et 3. *Moris. Hist.* sect. 8, tab. 13, fig. 1. *Bul. Paris.* tab. 549. *Flor. Dan.* tab. 645.

A Montpellier, Lyon, Paris. ♃ Vernale.

2. **MASSETTE** à feuilles étroites, *T. angustifolia*, L. à feuilles demi-cylindriques; à tige terminée en épi remarquable par l'intervalle qui sépare le chaton de la fleur mâle de celui de la fleur femelle.

Typha palustris clavâ gracili; Massette des marais à châton grêle. *Bauh. Pin.* 20, n.° 2.

* Cette espèce présente une variété.

Typha palustris minor ; Massette des marais plus petite. *Bauh. Pin.* 20, n.° 3. *Lob. Ic.* 1, pag. 81, fig. 2. *Lugd. Hist* 995, fig. 1. *Bauh. Hist.* 2, pag. 540, fig. 1.

A Montpellier, Lyon, Paris. ♃ Vernale.

1132. RUBANIER, *SPARGANIUM.* * *Tournef. Inst.* 530, tab. 302. *Lam. Tab. Encyclop.* pl. 748.

* *FLEURS MALES nombreuses, réunies en tête.*

CAL. *Chaton commun* arrondi, en recouvrement très-serré de tous côtés, formé par des :

— *Périanthes* propres à trois *feuillets*, linéaires, caducs-tardifs.

COR. Nulle.

ÉTAM. Trois *Filamens*, capillaires, de la longueur du calice. *Anthères* oblongues.

* *FLEURS FEMELLES.*

CAL. Comme dans les fleurs mâles. *Réceptacle commun* arrondi.

COR. Nulle.

PIST. *Ovaire* ovale, terminé par un *Style* court, en alêne. Deux *Stigmates*, aigus, persistans.

PÉR. *Drupe* sèche, en toupie et terminée en pointe, anguleuse inférieurement.

SEM. Deux *Noix*, osseuses, oblongues, ovales, anguleuses.

OBS. *Tournefort a observé que la semence étoit à une loge dans quelques espèces, et à deux dans quelques autres.*

FLEURS MALES : ramassées en *Châton* arrondi. *Calice* à trois feuillets. *Corolle* nulle.

FLEURS FEMELLES : ramassées en *Châton* arrondi. *Calice* à trois feuillets. *Corolle* nulle. *Stigmate* divisé peu profondément en deux parties. *Drupe* sèche, renfermant une seule semence.

1. RUBANIER redressé, *S. erectum*, L. à feuilles redressées, à trois faces.

Sparganium ramosum ; Rubanier rameux. *Bauh. Pin.* 15, n.° 1. *Matth.* 702, fig. 1. *Dod. Pempt.* 601, fig. 2. *Lob. Ic.* 1, pag. 80, fig. 1, *Lugd. Hist.* 1017, fig. 1. *Camer. Epit.* 732. *Bauh. Hist.* 2, pag. 541, fig. 1. *Moris. Hist.* sect. 8, tab. 13, fig. 1.

Cette espèce présente une variété.

Sparganium non ramosum ; Rubanier non rameux. *Bauh. Pin.* 15, n.° 2. *Dod. Pempt.* 601, fig. 3. *Lob. Ic.* 1, pag. 80, fig. 2. *Lugd. Hist.* 1019, fig. 1. *Bauh. Hist.* 2, pag. 541, fig. 2. *Flor. Dan.* tab. 260.

Nutritive pour le Cheval, le Cochon.

En Europe sur les bords des rivières et des ruisseaux. ♃ Estivale.

2. RUBANIER flottant, *S. natans*, L. à feuilles flottantes, aplaties, convexes.

Nutritive pour le Bœuf.

A Lyon, Paris, etc. ♃ Estivale.

1133. MAYS, *ZEA*. * *Lam. Tab. Encyclop.* pl. 749. MAYS. *Tournef. Inst.* 531, tab. 303, 304 et 305.

* *FLEURS MALES disposées en epis distincts, lâches.*

CAL. Bâle à deux fleurs, à deux valves, ovales, oblongues, sans arête.

COR. Bâle à deux valves, oblongues, sans arête, de la longueur du calice. Deux *Nectaires*, comprimés, très-courts.

ÉTAM. Trois *Filamens*, capillaires. *Anthères* quadrangulaires, à quatre loges, s'ouvrant au sommet.

* *FLEURS FEMELLES disposées en épi très-serré au-dessous des fleurs mâles, sur la même plante, et couvertes par les feuilles.*

CAL. Bâle propre à deux valves, à *écailles* arrondies, épaisses, très-courtes, dont l'*extérieure* est plus épaisse.

COR. Bâle à deux valves, membraneuses, larges, très-courtes, persistantes.

PIST. *Ovaire* très-petit. *Style* filiforme, très-long, pendant. *Stigmate* simple, duveté vers le sommet.

PÉR. Nul. *Réceptacle commun* très-grand, long, excavé, dans lesquels sont nidulés jusqu'à leur milieu les fruits enveloppés par un calice et une corolle propre.

SEM. Solitaires (pour chaque fleur) arrondies, anguleuses à la base, comprimées.

FLEURS MALES : sur des épis distincts. *Calice* bâle émoussée, renfermant deux fleurs. *Corolle* bâle émoussée.

FLEURS FEMELLES : *Calice* bâle à deux valves. *Corolle* bâle émoussée, à deux valves. Un seul *Style*, filiforme, pendant. *Semences* solitaires, nidulées dans un réceptacle oblong, d'abord succulent.

1. MAYS Blé de Turquie, *Z. Mays*, L. à feuilles simples, entières, terminées en pointe, embrassant la tige par le bas en manière de gaîne.

Frumentum Indicum, Mays dictum ; Froment des Indes nommé Mays. *Bauh. Pin.* 25, n.° 3. *Fusch. Hist.* 825. *Matth.* 319, fig. 1 et 2. *Dod. Pempt.* 509, fig. 2. *Lob. Ic.* 1, pag. 39, fig. 2. *Lugd. Hist.* 382, fig. 1, et 2. *Camer. Epit.* 186. *Bauh. Hist.* 2, pag. 453, fig. 1; et 454, fig. 1. *Moris. Hist.* sect. 8, tab. 13, fig. 1. *Bul. Paris.* tab. 551.

Le *Mays* offre plusieurs variétés à grains blancs, à grains jaunes, plus ou moins gros, plus ou moins anguleux. Les grains encore verts peuvent s'assaisonner comme les petits pois. Ils sont très-tendres et même doux. La farine de *Mays*, cuite avec du lait, a acquis quelque célébrité pour la nourriture des phthisiques et des personnes qui maigrissent par anorexie. Le pain fait avec la farine du *Mays*, mêlé avec un tiers de celle du froment, est assez bon, mais lourd et compact. Les graines offrent une grande ressource pour la nourriture de la volaille.

En Amérique. Cultivé en Europe, où il réussit parfaitement. ⊙

1134. TRIPSAQUE, *TRIPSACUM.* * Lam. Tab. Encyclop. pl. 750.

* *FLEURS MALES.*

CAL. *Bâle* renfermant deux fleurs des deux côtés, ou quatre fleurs à deux valves, en nacelle, parallèles.

COR. *Bâle* à deux valves, membraneuse, plus petite que le calice.

ÉTAM. Trois *Filamens*, capillaires. *Anthères* oblongues.

* *FLEURS FEMELLES sur la même plante.*

CAL. *Bâle* divisée peu profondément à la base en deux ou quatre segmens.

COR. *Bâle* à deux valves, membraneuse.

PIST. *Ovaire* oblong. Deux *Styles*, capillaires. *Stigmates* oblongs, velus.

PÉR. Nul. Les bâles qui ne changent point, et qui sont comme perforées dans leurs sinus, enveloppent la semence.

SEM. Une seule, un peu alongée.

OBS. Le T. hermaphroditum, L. a la valve du calice divisée profondément en quatre segmens.

FLEURS MALES : *Calice* bâle à deux valves, renfermant quatre fleurs. *Corolle* à deux valves membraneuses.

FLEURS FEMELLES : *Calice* bâle divisée profondément à la base en deux ou quatre segmens. *Corolle* bâle à deux valves membraneuses. Deux *Styles*. Une seule *Semence*.

1. TRIPSAQUE dactyloïdes, *T. dactyloïdes*, L. à fleurs en épi, androgynes.

Moris. Hist. sect. 8, tab. 3, fig. 11. *Pluk.* tab. 190, fig. 2.

Dans l'Amérique Méridiodale. Cultivée dans les jardins. ⊙

2. TRIPSAQUE hermaphrodite, *T. hermaphroditum*, L. à fleurs en épi hermaphrodites.

Linn. fil. dec. 17, fig. 9.

A la Jamaïque. ☉

1135. LARMILLE, *COIX.* * *Lam. Tab. Encyclop.* pl. 750. LACRYMA JOB. *Tournef. Inst.* 531, tab. 306.

* *FLEURS MALES rassemblées en épi lâche.*

CAL. *Bâle* à deux fleurs, à deux valves, oblongues, ovales, obtuses, sans arête : l'*extérieure* plus épaisse.

COR. *Bâle* à deux valves, ovales, lancéolées, de la longueur du calice, très-grêles, sans arête.

ÉTAM. Trois *Filamens*, capillaires. *Anthères* oblongues, à quatre côtés.

* *FLEURS FEMELLES peu nombreuses, à la base de l'épi mâle, sur la même plante.*

CAL. *Bâle* à deux fleurs, à deux valves, arrondies, épaisses, luisantes, dures : l'*extérieure* plus grande.

COR. *Bâle* à deux valves : l'*extérieure* ovale, plus grande : l'*intérieure* plus étroite, plus petite : *toutes deux* sans arête.

PIST. *Ovaire* ovale, très-petit. *Style* court, divisé profondément en deux parties. Deux *Stigmates*, en cornet, plus longs que la fleur, entièrement duvetés.

PÉR. Nulle. La *Bâle* extérieure du calice adhère étroitement à la semence, grossit, devient luisante, tombe, et ne s'ouvre point.

SEM. Solitaire, arrondie, couverte par le calice qui se durcit et s'ossifie.

FLEURS MALES : rassemblées en épi, éloignées. *Calice* bâle émoussée, renfermant deux fleurs. *Corolle* bâle émoussée.

FLEURS FEMELLES : *Calice* bâle renfermant deux fleurs. *Corolle* bâle émoussée. *Style* divisé peu profondément en deux parties. *Semence* recouverte par le calice qui se durcit et s'ossifie.

1. LARMILLE de Job, *C. lachryma*, L. à feuilles simples, entières, pointues, embrassant la tige par le bas.

Lithospermum arundinaceum, Gremil arundinacé. *Bauh. Pin.* 258, n.° 1. *Dod. Pempt.* 506, fig. 2. *Lob. Ic.* 1, pag. 44, fig. 2. *Clus. Hist.* 2, pag. 216, fig. 2. *Lugd. Hist.* 1178, fig. 1. *Bauh. Hist.* 2, pag. 449, fig. 2 et 3.

Le semences qui sont dures, luisantes, comme pierreuses, analogues à celles du Grémil, renferment une farine qui est nutritive. L'enveloppe des semences qu'on peut regarder comme absorbante, fait effervescence avec les acides.

Aux Indes Orientales. Cultivée dans les jardins. ♃

1136. OLYRE, *OLYRA.* † *Lam. Tab. Encyclop.* pl. 751.

* *FLEURS MALES au-dessous des fleurs femelles.*

CAL. *Bâle* à une fleur, à deux valves, lancéolées, dont une est terminée par une arête.

COR. *Bâle* à deux valves, de la longueur du calice.

ÉTAM. Trois *Filamens*, capillaires, très-courts. *Anthères* oblongues.

* *FLEURS FEMELLES solitaires, situées à l'extrémité du même panicule.*

CAL. *Bâle* à une fleur, égale, grande, étalée, à deux valves ovales, concaves, pointues, dont une est terminée par une arête.

COR. *Bâle* à deux valves, très-courte, cartilagineuse, sans arête.

PIST. *Ovaire* ovale. *Style* court, divisé peu profondément en deux parties. Deux *Stigmates*.

PÉR. Nul. La *Bâle* de la corolle, enveloppe la semence, et tombe.

SEM. ovale, obtuse, cartilagineuse.

FLEURS MALES : *Calice* à arête, renfermant une seule fleur. *Corolle* bâle sans arête.

FLEURS FEMELLES : *Calice* bâle ovale, ouverte, renfermant une seule fleur. *Style* divisé peu profondément en deux parties. Une *Semence* cartilagineuse.

1. OLYRE à larges feuilles, *O. latifolia*, à feuilles assises, ovales, très-larges, aiguës ; à fleurs en panicule simple.

Sloan. Jam. tab. 64, fig. 2.

A la Jamaïque.

1137. CAREX, *CAREX.* * *Michel. Gen.* 66. tab. 33. *Lam. Tab. Encyclop.* pl. 752. CYPEROÏDES. *Tournef. Inst.* 529, tab. 300. *Michel. Gen.* 55, tab. 32.

* *FLEURS MALES réunies en épi.*

CAL. *Châton* oblong, en recouvrement, formé par des *écailles* à une fleur, lancéolées, aiguës, concaves, persistantes.

COR. Nulle.

ÉTAM. Trois *Filamens*, sétacés, droits, plus longs que le calice. *Anthères* droites, longues, linéaires.

* *FLEURS FEMELLES sur la même plante, ou quelquefois sur une plante distincte.*

CAL. *Châton* comme dans les fleurs mâles.

COR. Nulle.

Nectaire

Nectaire enflé, ovale, oblong, à deux dents au sommet, rétréci supérieurement, s'ouvrant à son orifice, persistant.

PIST. *Ovaire* à trois faces, placé dans le nectaire. *Style* très-court. Deux ou trois *Stigmates*, en alêne, recourbés, longs, pointus, duvetés.

PÉR. Nul. Le *Nectaire* qui devient plus grand, renferme la semence.

SEM. Une seule, ovale, aiguë, à trois faces ou angles dont un est ordinairement plus petit.

OBS. Scirpoïdes, *Monti* : Carex, *Ruppius*, *Dillen*, *Michelli* : *Fleurs mâles et femelles sur le même épi.*

Cyperoïdes, *Monti*, *Ruppius*, *Dillen*, *Michelli* : *Fleurs mâles et femelles sur un épi distinct.*

FLEURS MALES : ramassées en *Chaton* formé par des écailles placées en recouvrement les unes sur les autres. *Calice* d'un seul feuillet. *Corolle* nulle.

FLEURS FEMELLES : ramassées en *Chaton* formé par des écailles placées en recouvrement les unes sur les autres. *Calice* d'un seul feuillet, renfermant un *Nectaire* enflé, à deux dents. *Corolle* nulle. Trois *Stigmates*. Une *Semence* à trois faces, enveloppée par le nectaire.

* I. *CAREX à un seul épi simple.*

1. CAREX dioïque, *C. dioïca*, L. à épi simple, dioïque.

Moris. Hist. sect. 8, tab. 12, fig. 22 (la fleur mâle); et fig. 36 (la fleur femelle). *Michel. Gen.* 56, tab. 32, fig. 1 et 9 (la fleur mâle); et fig. 2 (la fleur femelle). *Flor. Dan.* tab. 369. *Schkuhr Hist. des Carex*, pag. 1, n.° 1, tab. A. Q. W. n.° 1 et 2.

A Lyon, Grenoble, en Auvergne. ♃

2. CAREX en tête, *C. capitata*, L. à épi simple, ovale, androgyne, garni de fleurs mâles dans sa partie supérieure; à capsules étalées, en recouvrement.

Michel. Gen. 56, esp. 2, tab. 32, fig. 2. *Flor. Dan.* tab. 372. *Schkuhr Hist. des Carex*, pag. 6, n.° 2, tab. Y, n.° 80.

En Danemarck, en Lapponie. ♃

3. CAREX pucier, *C. pulicaris*, L. à épi simple, androgyne, mâle au sommet; à capsules étalées, recourbées en dehors.

Moris. Hist. sect 8, tab. 12, fig. 21. *Pluk.* tab. 34, fig. 10. *Michel. Gen.* 66, tab. 33, fig. 1. *Scheuchz. Gram.* 497, tab. 11, fig. 9 et 10. *Leers Herb.* n.° 705, tab. 14, fig. 1. *Schkuhr Hist. des Carex*, pag. 7, n.° 3, tab. A. n.° 3.

A Lyon, Grenoble, Paris. ♃ Vernale.

4. CAREX roide, *C. squarrosa*, L. à épi simple, androgyne, comme cylindrique, mâle vers le bas; à capsules horizontales, en recouvrement.

Au Canada.

5. CAREX cypéroïde, *C. cyperoïdes*, L. à ombelles comme en tête; à fleurs très-simples, en alène; à collerette de quatre feuillets alongés.

Michel. Gen. 70, tab. 33, fig. 19. *Buxb. Cent.* 4, pag. 34, tab. 61, fig. 1. *Schkuhr Hist. des Carex*, pag. 46, n.° 28, tab. A. n.° 5.

En Bohême, en Sibérie. ♃

* II. CAREX *à épis androgynes.*

6. CAREX Baldien, *C. Baldensis*, L. à épis trois à trois, entassés, assis, ovales, à trois faces, androgynes; à collerette de deux feuillets.

Gramen junceum montanum, capite squamoso; Gramen joncier des montagnes, à tête écailleuse. *Bauh. Pin.* 6, n.° 12. *Prodr.* 13, n.° 36, fig. 1.

Sur le Mont-Baldo. ♃

7. CAREX des sables, *C. arenaria*, L. à épi composé; à épillets androgynes: les inférieurs plus éloignés, accompagnés d'une bractée plus longue; à chaume à trois faces.

Pluk. tab. 34, fig. 8. *Michel. Gen.* 67, n.° 1 et 2, tab. 33, fig. 3 et 4. *Loës. Pruss.* 116, n.° 31. *Leers Herb.* n.° 706, tab. 14, fig. 2. *Schkuhr Hist. des Carex*, pag. 17, n.° 8, tab. B. Dd. n.° 6.

A Montpellier, Lyon, Paris. ♃ Vernale.

8. CAREX des marais, *C. uliginosa*, L. à épi composé; à épillets androgynes: les inférieurs plus éloignés, accompagnés d'une bractée plus longue; à chaume arrondi.

A Lyon. ♃

9. CAREX des lièvres, *C. leporina*, L. à épi composé; à épillets ovales, assis ou sans péduncules, rapprochés, androgynes, nus ou sans bractées.

Gramen cyperioïdes palustre, majus, spicâ diversâ; Gramen cypéroïde des marais, plus grand, à épis divers. *Bauh. Pin.* 6, n.° 10. *Lob. Ic.* 1, pag. 19, fig. 2. *Bauh. Hist.* 2, pag. 497, fig. 2. *Moris. Hist.* sect. 8, tab. 12, fig. 29. *Seg. Ver.* 1, pag. 124, tab. 1, fig. 3. *Scheuchz. Gram.* 456, tab. 10, fig. 15. *Bul. Paris.* tab. 552. *Flor. Dan.* tab. 294. *Leers Herb.* n.° 707, tab. 14, fig. 6.

En Europe dans les prés marécageux. ♃ Estivale.

10. **CAREX** des renards, *C. vulpina*, L. à épi surcomposé, inférieurement lâche; à épillets androgynes, ovales, entassés, dont la partie supérieure ou le sommet est à fleurs mâles.

Gramen cyperoïdes palustre majus, spicâ compactâ; Gramen cypéroïde des marais, plus grand, à épi compact. *Bauh. Pin.* 6, n.° 8. *Lob. Ic.* 1, pag. 19, fig. 1. *Moris. Hist.* sect. 8, tab. 12, fig. 24. *Michel Gen.* 69, esp. 2 et 3, tab. 33, fig. 13 et 14 *Barrel.* tab. 19. *Flor. Dan.* tab. 308. *Leers Herb.* n.° 708, tab. 14, fig. 5. *Schkuhr Hist. des Carex*, pag. 22, n.° 10; tab. C, n.° 10.

Nutritive pour le Cheval, la Chèvre.

En Europe dans les marais. ♃ Vernale.

11. **CAREX** amourette, *C. brizoïdes*, L. à épi composé sur deux rangs, nu; à épillets androgynes, oblongs, contigus; à chaume nu.

Michel. Gen. 70, esp. 4, tab. 33, fig. 17. *Schkuhr Hist. des Carex*, pag. 52, n.° 32, tab. C. U, n.° 12.

En Auvergne.

12. **CAREX** hérissé, *C. muricata*, L. à épillets comme ovales, assis ou sans péduncules, écartés, androgynes; à capsules pointues, divergentes, épineuses.

Gramen nemorosum, spicis parvis, asperis; Gramen des bois, à épis petits, rudes. *Bauh. Pin.* 7, n.° 4. *Bauh. Hist.* 2, pag. 509, et 510, f. 1. *Moris. Hist.* sect. 8, tab. 12, f. 26. *Barrel.* tab. 20, fig. 2. *Michel. Gen.* 69, esp. 6, tab. 33, fig. 12. *Scheuchz. Gram.* pag. 488, tab. 11, f. 5. *Leers Herb.* n.° 709, tab. 14, f. 8. *Flor. Dan.* tab. 284. *Schkuhr Hist. des Carex*, pag. 25, n.° 13, tab. E. Dd. n.° 22.

Nutritive pour le Cheval, la Chèvre.

A Montpellier, Lyon, Paris. ♃ Vernale.

13. **CAREX** loliacé, *C. loliacea*, L. à épillets comme ovales, assis ou sans péduncules, écartés, androgynes; à capsules ovales, arrondies, sans piquans, étalées.

Michel. Gen. 69, esp. 4, tab. 33, fig. 10. *Schkuhr Hist. des Carex*, pag. 27, n.° 14, tab. Ee, n.° 91?

A Grenoble, Paris. ♃ Vernale.

14. **CAREX** écarté, *C. remota*, L. à épillets ovales, presque assis ou à péduncules très-courts, écartés, androgynes; à bractées de la longueur du chaume.

Moris. Hist. sect. 8, tab. 12, fig. 17. *Pluk.* tab. 34, fig. 3. *Mich. Gen.* 70, esp. 3, tab. 33, f. 16. *Flor. Dan.* tab. 370. *Leers Herb.* n.° 710, tab. 15, fig. 1.

A Lyon, en Auvergne, à Paris. ♃ Vernale.

F 2

15. CAREX alongé, *C. elongata*, L. à épillets oblongs, assis ou sans péduncules, écartés, androgynes; à capsules ovales, pointues.

Gramen cyperoïdes angustifolium, spicis longis, erectis; Gramen cypéroïde à feuilles étroites, à épis longs, redressés. *Bauh. Pin.* 6, n.° 4. *Lob. Ic.* 1, pag. 11, fig. 2? *Moris. Hist.* sect. 8, tab. 12, f. 8. *Scheuchz. Gram.* 487, tab. 11, fig. 4? *Leers Herb.* n.° 711, tab. 14, fig. 7. *Schkuhr Hist. des Carex*, pag. 60, n.° 39; tab. E, n.° 25.

Ce synonyme de *G. Bauhin* est rapporté deux fois : 1.° au Carex alongé; 2.° au Carex vesiculaire, espèce 38.

A Lyon, en Auvergne. ♃ Vernale.

16. CAREX blanchâtre, *C. canescens*, L. à épillets arrondis, écartés, assis ou sans péduncules, obtus, androgynes; à capsules ovales, un peu obtuses.

Bellev. tab. 267. *Loës. Pruss.* 117, n.° 32. *Flor. Dan.* tab. 285. *Leers Herb.* n.° 712, tab. 14, fig. 3.

A Lyon, en Auvergne, à Paris. ♃ Vernale.

17. CAREX paniculé, *C. paniculata*, L. à épi rameux, en panicule; à épillets androgynes.

Cyperus longus inodorus, sylvaticus vel montanus; Souchet long inodore, des forêts ou des montagnes. *Bauh. Pin.* 14, n.° 5. *Moris. Hist.* sect. 8, tab. 12, fig. 23? *Mich. Gen.* 68, esp. 2, tab. 33, f. 7. *Scheuchz. Gram.* 499, tab. 8. *Leers Herb.* n.° 713, tab. 14, fig. 4. *Schkuhr Hist. des Carex*, pag. 40, n.° 24, tab. D, n.° 20.

A Lyon, Grenoble, Paris. ♃ Vernale.

18. CAREX des Indes, *C. Indica*, L. à épis androgynes, cylindriques, en panicule, pinnés; quelques fleurons inférieurs femelles.

Dans l'Inde Orientale.

* III. *CAREX à épis de sexe différent.*

19. CAREX jaune, *C. flava*, L. à épis arrondis, entassés, presque assis ou à péduncules très-courts : l'épi mâle linéaire; à capsules aiguës, recourbées.

Gramen palustre, aculeatum, Germanicum vel minus; Gramen des marais, pointu, d'Allemagne ou plus petit. *Bauh. Pin.* 7, n.° 4. *Lob. Ic.* 1, pag. 15, fig. 1. *Lugd. Hist.* 1003, fig. 1. *Bauh. Hist.* 2, pag. 497; et 498, f. 1. *Moris. Hist.* sect. 8, tab. 12, fig. 19. *Leers Herb.* n.° 714, tab. 15, f. 6. *Schkuhr Hist. des Carex*, pag. 93, n.° 60; tab. F, H, n.° 26 et 36.

A Montpellier, Lyon, Paris, etc. ♃ Vernale.

20. CAREX à pied roide, *C. pedata*, L. à épis femelles rares, assis ou sans péduncules, oblongs : l'inférieur axillaire; à feuilles comme filiformes.

Gramen caryophyllatum nemorosum, spicâ multiplici; Gramen caryophyllé des bois, à plusieurs épis. *Bauh. Pin.* 4, n.° 3. *Michel. Gen.* 65, esp. 78, tab. 32, fig. 14. *Schkuhr Hist. des Carex*, pag. 95, n.° 62; tab. H, n.° 37.

A Lyon, Grenoble, en Auvergne. ♃ Vernale.

21. CAREX digité, *C. digitata*, L. à épis linéaires, redressés : l'épi mâle plus court et placé plus bas; à capsules écartées.

Gramen caryophyllatum montanum, spicâ variâ; Gramen caryophyllé des montagnes, à épi différent. *Bauh. Pin.* 4, n.° 4. *Prodr.* 9, n.° 23, f. 2. *Moris. Hist.* sect. 8, tab. 12, fig. 15. *Michel. Gen.* 65, esp. 77, tab. 32, f. 9. *Scheuchz. Gram.* 448, tab. 10, fig. 14. *Loës. Pruss.* 112, n.° 27. *Leers Herb.* n.° 715, tab. 16, fig. 4. *Schkuhr Hist. des Carex*, pag. 97, n.° 63; tab. H, n.° 38.

Nutritive pour le Mouton.

A Lyon, Grenoble, Paris. ♃ Vernale.

22. CAREX des montagnes, *C. montana*, L. à épis femelles assis ou sans péduncules, comme isolés, ovales, rapprochés de l'épi mâle; à chaume nu; à capsules un peu velues.

Michel. Gen. 64, esp. 69, t. 33, f. 3. *Scheuchz. Gram.* 419, tab. 10, f. 8 et 9. *Leers Herb.* n.° 716, tab. 16, f. 6. *Schkuhr Hist. des Carex*, pag. 90, n.° 58; tab. F, n.° 29.

A Lyon, en Auvergne, à Paris. ♃ Estivale.

23. CAREX cotonneux, *C. tomentosa*, L. à épis femelles portés sur des péduncules très-courts; à capsules arrondies, cotonneuses.

Gramen spicatum, angustifolium, montanum; Gramen en épi, à feuilles étroites, des montagnes. *Bauh. Pin.* 4, n.° 1. *Leers Herb.* n.° 717, tab. 15, fig. 7. *Schkuhr Hist. des Carex*, pag. 89, n.° 57; tab. F, n.° 28.

En Suisse, en Autriche, en Carniole. ♃

24. CAREX globulaire, *C. globularis*, L. à épi mâle alongé; à épi femelle oblong, assis ou sans péduncule, rapproché d'une bractée ou feuille florale plus courte.

Schkuhr Hist. des Carex, p. 110, n.° 71; tab. G g, n.° 93.

Nutritive pour la Chèvre, l'Oie.

A Lyon.

25. CAREX filiforme, *C. filiformis*, L. à épi mâle alongé; à épi femelle assis ou sans péduncule, oblong, dont l'inférieur est plus court que la bractée qui lui est propre.

F 3

Moris. Hist. sect. 8, tab. 12, fig. 16. *Scheuchz. Gram.* 425, tab. 10, fig. 11. *Leers Herb.* n.° 718, tab. 16, fig. 6.

Ce synonyme de *Scheuchzer* est rapporté par *Haller* au *Carex cæspitosa*, L.

Nutritive pour le Bœuf, le Mouton.

A Lyon, en Auvergne, à Paris. ♃ Vernale.

26. CAREX porte-pilule, *C. pilulifera*, L. à épis terminans, arrondis, entassés; à épi mâle, alongé.

Pluk. tab. 91, fig. 8.

A Lyon, en Auvergne, à Paris. ♃ Vernale.

27. CAREX des rochers, *C. saxatilis*, L. à épis trois à trois, ovales, assis ou sans péduncules, alternes; l'épi mâle alongé.

Michel. Gen. 63, esp. 66, tab. 32, fig. 4? *Flor. Dan.* tab. 159. *Schkuhr Hist. des Carex*, pag. 68, n.° 45; tab. J, T t, n.° 40.

A Lyon, à Grenoble, en Auvergne. ♃ Vernale.

* IV. *CAREX à épis de sexe différent : les femelles à péduncules.*

28. CAREX noirâtre, *C. atrata*, L. à épis androgynes terminans, péduncolés, élevés lorsqu'ils sont en fleurs : pendans lorsqu'ils portent des fruits.

Flor. Dan. tab. 158. *Schkuchr Hist. des Carex*, pag. 65, n.° 44; tab. 10, fig. 77.

A Grenoble, en Auvergne. ♃

29. CAREX fangeux, *C. limosa*, L. à épis ovales, pendans : le mâle plus long, plus droit; à racine pendante.

Scheuchz. Gram. 442, tab. 10, fig. 13. *Leers Herb.* n.° 719, tab. 15, fig. 3. *Flor. Dan.* tab. 646. *Schkuhr Hist. des Carex*, pag. 139, n.° 89; tab. 10, n.° 78.

Le synonyme de *G. Bauhin*, *Gramen cyperioïdes spicâ pendulâ, breviore*; Gramen cyperoïde à épi pendant, plus court, *Pin.* 6, n.° 5, rapporté par *Linné* au Carex Faux-Souchet, *C. Pseudo-Cyperus*, est cité deux fois par *Reichard* : 1.° pour le Carex fangeux; 2.° pour le Carex Faux-Souchet.

A Montpellier, à Grenoble. ♃

30. CAREX capillaire, *C. capillaris*, L. à épis pendans : l'épi mâle droit : l'épi femelle oblong, sur deux rangs; à capsules ovales, nues, aiguës.

Seg. Ver. 3, pag. 83, tab. 3, fig. 1. *Flor. Dan.* 168. *Leers Herb.* n.° 720, tab. 15, fig. 2. *Schkuhr Hist. des Carex*, pag. 126, n.° 82; tab. O, n.° 56.

Nutritive pour le Bœuf, le Mouton.

A Lyon, Grenoble, Paris. ♃ Vernale.

31. CAREX pâle, *C. pallescens*, L. à épis pendans : l'épi mâle droit : les épis femelles ovales, en recouvrement ; à capsules entassées, obtuses.

Pluk. tab. 34, fig. 5. *Michel. Gen.* 61, esp. 48, tab. 32, f. 13. *Leers Herb.* n.° 721, tab. 15, fig. 4. *Schkuhr Hist. des Carex*, pag. 142, n.° 92 ; tab. K k, n.° 99.

A Lyon, Paris. ♃ Vernale.

32. CAREX panic, *C. panicea*, L. à épis pédunculés, droits, éloignés entr'eux : les épis femelles linéaires ; à capsules enflées, comme émoussées.

Pluk. tab. 91, fig. 7. *Michel. Gen.* 61, esp. 49, tab. 32, f. 11. *Flor. Dan.* tab. 261. *Leers Herb.* n.° 722, tab. 15, fig. 5. *Flor. Dan.* tab. 261. *Schkuhr Hist. des Carex*, pag. 144, n.° 93 ; tab. L l, n.° 100.

Nutritive pour le Cheval, le Bœuf, le Mouton.

A Lyon, en Auvergne, à Paris. ♃ Vernale.

33. CAREX à follicules, *C. folliculata*, L. à épis terminans, pédunculés : le mâle et la femelle à capsules en alêne, de la longueur de l'épi.

Pluk. tab. 419, fig. 1. *Schkuhr Hist. des Carex*, pag. 113, n.° 73, tab. N, n.° 52.

Au Canada.

34. CAREX Faux-Souchet, *C. Pseudo-Cyperus*, L. à épis pendans ; à pédoncules deux à deux.

Gramen cyperoïdes spicâ pendulâ, breviore ; Gramen cypéroïde à épi pendant, plus court. *Bauh. Pin.* 6, n.° 5. *Dod. Pempt.* 339, fig. 1. *Lob. Ic.* 1, pag. 76, fig. 2. *Bauh. Hist.* 2, pag. 496, fig. 3. *Moris. Hist.* sect. 8, tab. 12, f. 5. *Sckkuhr Hist. des Carex*, pag. 148, n.° 95 ; tab. M m, n.° 102.

Nutritive pour le Bœuf, le Mouton, la Chèvre.

En Europe, sur les bords des fossés aquatiques et des étangs. ♃ Vernale.

35. CAREX en gazon, *C. cæspitosa*, L. à épis redressés, cylindriques, trois à trois, presque assis ou à pédoncules très-courts, rapprochés : l'épi mâle terminant ; à tige à trois faces.

Schkuhr Hist. des Carex pag. 73, n.° 48 ; tab. A a, B b, n.° 85, *a*, *e*.

A Grenoble, Paris. ♃ Vernale.

36. CAREX écarté, *C. distans*, L. à épis très-écartés entr'eux, comme assis dans une bractée vaginale ou en gaîne ; à capsules anguleuses, pointues.

Moris. Hist. sect. 8, tab. 12, fig. 18? *Schkuhr. Hist. des Carex*, pag. 136, n.° 87; tab. Y y, n.° 68.

A Lyon, Grenoble, Paris. ♃ Vernale.

* V. *CAREX à épis de sexe différent : plusieurs épis mâles.*

37. CAREX aigu, *C. acuta*, L. à plusieurs épis mâles : les femelles comme assis ou à péduncules très-courts ; à capsules un peu obtuses.

Cette espèce présente deux variétés :

1.° Le Carex aigu, noir, *C. acuta, nigra.*

Leers Herb. n.° 723, tab. 16, fig. 1. † *Bul. Paris.* tab. 553.

2.° Le Carex aigu, roux, *C. acuta, rufa.*

Gramen cyperoïdes latifolium, spicâ rufâ sive caule triangulo; Gramen cypéroïde à larges feuilles, à épi roux ou à tige triangulaire. *Bauh. Pin.* 6, n.° 1. *Lob. Ic.* 1, pag. 11, f. 1. *Lugd. Hist.* 433, fig. 3; et 1004, fig. 3. *Michel. Gen.* 62, esp. 52, tab. 32, fig. 12. *Leers Herb.* n.° 723, tab. 16, fig. 1. *Schkuhr. Hist. des Carex*, pag. 77, n.° 50; tab. E e, F f, n.° 92, *a*, *b*.

En Europe, dans les marais. ♃ Vernale.

38. CAREX vésiculaire, *C. vesicaria*, L. à plusieurs épis mâles : les épis femelles péduncules ; à capsules enflées, aiguës.

Leers Herb. n.° 724, tab. 16, fig. 2. *Flor. Dan.* tab. 647. *Schkuhr. Hist. des Carex*, pag. 162, n.° 103, tab. S s, n.° 106.

Linné a fait un double emploi du synonyme de *G. Bauhin*, *Gramen cyperoïdes angustifolium, spicis longis, erectis;* Gramen cypéroïde à feuilles étroites, à épis longs, droits, *Pin.* 6, n.° 4, qu'il rapporte 1.° au Carex alongé ; 2.° au Carex vésiculaire. Cette erreur a été copiée par *Reichard.*

A Montpellier, Lyon, Paris. ♃ Estivale.

39. CAREX hérissé, *C. hirta*, L. à épis éloignés entr'eux ; à plusieurs épis mâles : les épis femelles à péduncules très-courts, droits ; à capsules hérissées.

Moris. Hist. sect. 8, tab. 12, fig. 10. *Pluk.* tab. 34, fig. 6. *Leers Herb.* n.° 725, tab. 16, fig. 3. *Schkuhr. Hist. des Carex*, pag. 165, n.° 105; tab. U u, n.° 108.

A Lyon, Grenoble, Paris. ♃ Vernale.

* VI. *CAREX à épis mâles distincts des fleurs femelles.*

40. CAREX à semence pierreuse, *C. lithosperma*, L. à épis mâles en panicules ; à fleurs femelles solitaires ; à semences arrondies, luisantes.

Moris. Hist. sect. 8, tab. 11, fig. 16. *Sloan. Jam.* tab. 77, fig. 1.

Cette plante est désignée dans le *Species* sous le nom de Choin à semences pierreuses, *Schænus lithospermus*, L. à chaume à trois faces, feuillé; à panicule velu; à semences arrondies, luisantes; à feuilles garnies de piquans sur trois côtés.

Dans l'Inde Orientale. ♃

1138. AXYRIS, *AXYRIS*. * *Lam. Tab. Encyclop.* pl. 753.

* *FLEURS MALES réunies en chaton.*

CAL. *Périanthe* ouvert, obtus, à trois segmens profonds.

COR. Nulle.

ÉTAM. Trois *Filamens*, linéaires, étalés. *Anthères* arrondies.

* *FLEURS FEMELLES éparses.*

CAL. *Périanthe* concave, obtus, réuni, persistant, à sept *feuillets* dont les deux extérieurs sont plus courts.

COR. Nulle.

PIST. *Ovaire* arrondi. Deux *Styles*, capillaires. *Stigmates* pointus.

PÉR. Nul. Le *Calice* enveloppe étroitement la semence par ses trois feuillets les plus grands.

SEM. Une seule, oblongue, comprimée, obtuse, échancrée au sommet.

OBS. Il paroît d'après les observations du célèbre Gueldenstædt que l'Axyris ceratoïdes, L. *qu'il a appelé* Kraschenninnikovia, *doit former un nouveau genre. Cette espèce tient le milieu entre* l'Atriplex, l'Urtica *et le* Ceratocarpus. *Nous pensons que le lecteur verra avec plaisir le caractère de ce nouveau genre, décrit* ex vivo *par cet auteur dans les* Nov. Comment. Petropol. *vol.* 16e, *pag.* 548, *tab.* 17.

* *FLEURS MALES comme en chaton.*

CAL. *Périanthe* persistant, à quatre *feuillets*, égaux, obtus, concaves, réunis en boule.

COR. Nulle.

ÉTAM. Quatre *Filamens*, capillaires, insérés sur le réceptacle, opposés aux feuillets du calice, et les égalant en longueur. *Anthères* arrondies, didymes.

* *FLEURS FEMELLES sur la même plante avec les fleurs mâles.*

CAL. *Périanthe* d'un seul feuillet, en godet, comprimé, caréné des deux côtés par un sillon, comme divisé en deux *segmens*, en corne, droits, parallèles, tubulés-concaves. *Gorge* entre les sinus des segmens, très-étroite, perforée.

COR. Nulle.

PIST. *Ovaire* ovale, supérieur. *Style* simple, passant par la gorge du périanthe. Deux *Stigmates*, capillaires, renversés.

PÉR. Nul. Le *Calice* dilaté, amplifié, renferme la semence, et la couvre entièrement.

SEM. Une seule, ovale, comprimée, enveloppée par un arille un peu lâche, à la chûte duquel les deux extrémités recourbées en dehors et rapprochées se séparent; l'une desquelles est pointue et entière : l'autre obtuse et s'ouvrant en deux lèvres.

Le genre Kraschenіnnikovia *appartient à la monoécie tétrandrie, et doit être placé après l'*Urtica.

FLEURS MALES : *Calice* à trois segmens profonds. *Corolle* nulle.

FLEURS FEMELLES : *Calice* à cinq feuillets. *Corolle* nulle. Deux *Styles*. Une seule *Semence*.

1. AXYRIS cératoïde, *A. ceratoïdes*, L. à feuilles lancéolées, cotonneuses; à fleurs femelles laineuses.

Gmel. Sibir. 3, pag. 17, tab. 2, fig. 1.

En Tartarie. ♄

2. AXYRIS amaranthe, *A. amaranthoïdes*, L. à feuilles ovales; à tige droite; à épis simples.

Gmel. Sibir. 3, pag. 21, tab. 2, fig. 2; et tab. 3.

En Daurie. ☉

3. AXYRIS hybride, *A. hybrida*, L. à feuilles ovales; à tige droite; à épis conglomérés.

Gmel. Sibir. 3, pag. 23, tab. 4, fig. 1.

En Sibérie. ☉

4. AXYRIS couchée, *A. prostrata*, L. à feuilles en ovale renversé; à tige un peu divisée; à fleurs en tête.

Gmel. Sibir. 3, pag. 24, tab. 4, fig. 2.

En Sibérie. ☉

2139. OMPHALE, *OMPHALEA.* † *Lam. Tab. Encyclop.* pl. 753.

* *FLEURS MALES.*

CAL. *Périanthe* à quatre *feuillets*, ovales, concaves.

COR. Nulle.

ÉTAM. *Réceptacle* ovale. Deux ou trois *Anthères* nidulées sur les côtés du réceptacle.

* *FLEURS FEMELLES sur la même plante.*

CAL. *Périanthe* à quatre *segmens* profonds, ovales, en cœur, obtus, dont les deux extérieurs sont opposés.

COR. Nulle.

PIST. *Ovaire* arrondi, très-court. *Style* cylindrique, plus long que le calice. *Stigmate* plus large, obtus, le plus souvent divisé peu profondément en trois parties.

PÉR. *Capsule* charnue, ovale, à trois loges.

SEM. Solitaires, oblongues.

FLEURS MALES : *Calice* à quatre feuillets. *Corolle* nulle. *Réceptacle* ovale sur les côtés duquel les anthères sont nidulées.

FLEURS FEMELLES : *Calice* et *Corolle* comme dans les fleurs mâles. *Stigmate* divisé peu profondément en trois parties. *Capsule* charnue, à trois loges renfermant chacune une seule *Semence*.

1. OMPHALE diandre, *O. diandra*, L. à feuilles ovales.
A la Jamaïque. ♄

2. OMPHALE triandre, *O. triandra*, L. à feuilles oblongues.
Brown. Jam. 335, tab. 22, fig. 4.
A la Jamaïque. ♄

1140. TRAGIE, *TRAGIA.* * *Plum. Gen.* 14, tab. 12. *Lam. Tab. Encyclop.* pl. 754.

* *FLEURS MALES.*

CAL. *Périanthe* à trois *segmens* profonds, ovales, aigus, planes, ouverts.

COR. Nulle.

ÉTAM. Trois *Filamens*, de la longueur du calice. *Anthères* arrondies.

OBS. Plumier *prétend que le Calice est un pétale en entonnoir.*

* *FLEURS FEMELLES sur la même plante avec les fleurs mâles.*

CAL. A cinq *segmens* profonds, ovales, concaves, aigus, persistans.

COR. Nulle.

PIST. *Ovaire* arrondi, à trois sillons. Un seul *Style*, droit, plus long que le calice. *Stigmate* étalé, divisé peu profondément en trois parties.

PÉR. *Capsule* à trois coques, arrondie, hérissée, à trois loges, marquées chacune extérieurement à la base par deux points.

SEM. Solitaires, arrondies.

FLEURS MALES : *Calice* à trois segmens profonds. *Corolle* nulle.

FLEURS FEMELLES : *Calice* à cinq segmens profonds. *Corolle* nulle. *Style* divisé peu profondément en trois parties.

Capsule à trois coques, à trois loges renfermant chacune des *Semences* solitaires.

1. TRAGIE entortillée, *T. volubilis*, L. à feuilles en cœur, oblongues; à tige entortillée.
   Sloan. Jam. tab. 82, fig. 1.
   Dans l'Inde Orientale. ♄

2. TRAGIE à collerette, *T. involucrata*, L. à collerette des fleurs femelles de cinq feuillets pinnatifides.
   Burm. Zeyl. 202, tab. 92.
   Dans l'Inde Orientale. ♄

3. TRAGIE Mercurielle, *T. Mercurialis*, L. à feuilles ovales.
   Pluk. tab. 205, fig. 4.
   Dans l'Inde Orientale.

4. TRAGIE brûlante, *T. urens*, L. à feuilles lancéolées, obtuses, presque dentées.
   Pluk. tab. 107, fig. 5.
   En Virginie. ☉

5. TRAGIE Chamelée, *T. Chamælea*, L. à feuilles lancéolées, obtuses, très-entières.
   Burm. Zeyl. 59, tab. 52.
   Dans l'Inde Orientale.

1141. HERNANDE, *HERNANDIA*. † *Plum. Gen.* 6, tab. 40. *Lam. Tab. Encyclop.* pl. 755.

* *FLEURS MALES.*

CAL. *Collerette* partielle à trois fleurs, de quatre *feuillets*, ovales, obtus, très-étalés.

— *Périanthe* nul.

COR. Six *Pétales*, comme ovales, ouverts, dont trois intérieurs plus étroits.

Nectaire: six glandes, arrondies, en tête.

ÉTAM. Trois *Filamens*, courts, insérés sur le réceptacle. *Anthères* droites, oblongues, grandes.

* *FLEURS FEMELLES.*

CAL. *Collerette* commune avec les fleurs mâles.

— *Périanthe* inférieur, d'un seul feuillet, en cloche, entier, persistant.

COR. Huit *Pétales*, dont quatre intérieurs plus étroits, tous insérés sur l'ovaire.

Nectaire: quatre glandes, en ovale renversé.

PIST. *Ovaire* arrondi. *Style* filiforme. *Stigmate* oblique, grand, comme en entonnoir.

PÉR. *Périanthe* très-grand, enflé, arrondi. *Orifice* entier, dans lequel est contenue une *Drupe* sèche, ovale, à huit sillons, à une loge.

SEM. *Noix* globuleuse, légèrement déprimée.

OBS. *Dans le* Sytema Vegetabilium, *pag.* 707, *le caractère de ce genre, qui s'éloigne de celui que nous venons de décrire, est désigné succinctement ainsi qu'il suit :*

MALE. *Calice* à trois segmens. *Corolle* à trois pétales.

FEM. *Calice* tronqué, très-entier. *Corolle* à six pétales. *Drupe* creuse, à orifice ouvert, à noyau mobile.

FLEURS MALES : *Calice* à quatre feuillets. *Corolle* à six pétales dont trois intérieurs plus étroits.

FLEURS FEMELLES : *Calice* tronqué, très-entier. *Corolle* à six pétales. *Drupe* ovale, à huit sillons, renfermant une *Noix* mobile.

1. HERNANDE sonore, *H. sonora*, L. à feuilles en bouclier.
Pluk. tab. 208, fig. 1.
Dans l'Inde Orientale. ♄

2. HERNANDE porte-œuf, *H. ovigera*, L. à feuilles ovales à la base, pétiolées.
Rumph. Amb. 3, pag. 193, tab. 123.
Dans l'Inde Orientale. ♄

1142. PHYLLANTHE, *PHYLLANTHUS.* * Lam. Tab. Encyclop. pl. 756.

* *FLEURS MALES sur la même plante avec les fleurs femelles.*

CAL. *Périanthe* d'un seul feuillet, en cloche, coloré, à six *segmens* profonds, ovales, ouverts, obtus, persistans.

COR. Nulle, (à moins qu'on ne prenne le calice pour corolle).

ÉTAM. Trois *Filamens*, plus courts que le calice, rapprochés à la base, écartés au sommet. *Anthères* didymes.

* *FLEURS FEMELLES disposées comme les fleurs mâles.*

CAL. *Périanthe* comme dans les fleurs mâles.

COR. Nulle.

Nectaire : bord à douze angles, entourant l'ovaire.

PIST. *Ovaire* arrondi, à trois côtés obtus. Trois *Styles*, étalés, divisés profondément en deux parties. *Stigmates* obtus.

PÉR. *Capsule* arrondie, à trois sillons, à trois loges composées chacune de deux battans.

SEM. Solitaires, arrondies.

FLEURS MALES : *Calice* en cloche, à six segmens profonds. *Corolle* nulle.

FLEURS FEMELLES : *Calice* à six segmens profonds. *Corolle* nulle. Trois *Styles*, divisés peu profondément en deux parties. *Capsule* à trois loges renfermant chacune des *Semences* solitaires.

1. PHYLLANTHE à grande feuille, *P. grandifolia*, L. à tige en arbre ; à feuilles ovales, obtuses, très-entières.

Dans l'Amérique Méridionale. ♄

2. PHYLLANTHE Niruri, *P. Niruri*, L. à feuilles pinnées ; à fleurs pendantes aux aisselles des feuilles ; à tige droite, herbacée.

Pluk. tab. 69, fig. 3 ; et tab. 183, fig. 4 et 5. *Burm. Zeyl.* 230, tab. 93, fig. 2.

Dans l'Inde Orientale.

3. PHYLLANTHE urinaire, *P. urinaria*, L. à feuilles pinnées ; à fleurs pendantes aux aisselles des feuilles ; à tige herbacée, couchée.

Pluk. tab. 183, fig. 6.

Dans l'Inde Orientale. ☉

4. PHYLLANTHE en forme de baie, *P. bacciformis*, L. à feuilles pinnées ; à six folioles ; à fleur femelle terminale.

Au Malabar.

5. PHYLLANTHE de Madère, *P. Maderaspatensis*, L. à feuilles pinnées ; à folioles alternes, en forme de coin, pointues.

Dans l'Inde Orientale.

6. PHYLLANTHE Emblica, *P. Emblica*, L. à feuilles pinnées ; à fleurs pendantes aux aisselles des feuilles ; à tige en arbre ; à fruit en baie.

Myrobalani Emblicæ ; Myrobalans Embilics. *Bauh. Pin.* 445, n.° 5. *Lob. Ic.* 2, pag. 183, fig. 2. *Lugd. Hist.* 1688, fig. 4. *Icon. Pl. Medic.* tab. 347.

1. *Myrobalanus Emblica* ; Mirobalans, Mirobolans. 2. Fruits. 3. Saveur un peu amère, acerbe, légèrement âcre. 5. Dyssenterie, scorbut ? 6. On s'en sert dans l'Inde Orientale pour tanner et disposer les étoffes à retenir les couleurs. On trouve dans le commerce cinq espèces de *Mirobolans*, qu'on distingue en *Embilics* et en *Bellirics*.

Dans l'Inde Orientale.

IV. TÉTRANDRIE.

1143. CENTELLE, *CENTELLA.* †

* *FLEURS MALES.*

CAL. *Collerette* de quatre *feuillets*, ovales, planes, aigus, renfermant cinq fleurons assis.

— *Périanthe propre*, nul : mais une collerette pour chaque fleuron.

COR. Quatre *Pétales*, ovales, concaves.

ÉTAM. Quatre *Filamens*, de la longueur de la corolle. *Anthères* didymes.

* *FLEURS FEMELLES sur la même plante ou sur une plante distincte.*

CAL. *Collerette* renfermant une seule fleur assise, de deux *feuillets* planes, ovales, aigus.

— *Périanthe* nul.

COR. Quatre *Pétales*, comme ovales, assis.

PIST. *Ovaire* inférieur (au-dessus de la collerette), comprimé. Deux *Styles*, recourbés. *Stigmates* simples.

PÉR.....

SEM.....

FLEURS MALES : *Collerette* de quatre feuillets, renfermant cinq fleurs. *Corolle* à quatre pétales.

FLEURS FEMELLES : *Collerette* de deux feuillets, renfermant une seule fleur. *Corolle* à quatre pétales. *Ovaire* inférieur. Deux *Styles*. *Péricarpe* à deux loges.

1. CENTELLE velue, *C. villosa*, L. à feuilles en cœur.
Au cap de Bonne-Espérance.

2. CENTELLE lisse, *C. glabrata*, L. à feuilles lancéolées.
Au cap de Bonne-Espérance.

1144. SERPICULE, *SERPICULA*. * *Lam. Tab. Encyclop.* pl. 758.

* *FLEURS MALES solitaires, pédunculées.*

CAL. *Périanthe* très-petit, à quatre dents, droit, aigu, persistant.

COR. Quatre *Pétales*, oblongs, obtus, assis.

ÉTAM. Quatre *Filamens*, très-courts. *Anthères* oblongues, de la longueur des pétales.

* *FLEURS FEMELLES sur la même plante.*

CAL. *Périanthe* supérieur, très-petit, à quatre segmens profonds, persistant.

COR.....

PIST. *Ovaire* inférieur, ovale, sillonné. *Style*..... *Stigmate*.....

PÉR. *Noix* cylindrique, marquée par huit nodosités cartilagineuses, à une loge, caduque-tardive.

SEM. Une seule, oblongue.

FLEURS MALES : *Calice* à quatre dents. *Corolle* à quatre pétales.

FLEURS FEMELLES : *Calice* à quatre segmens profonds. *Noix* marquée par huit nodosités cartilagineuses.

1. SERPICULE rampante, *S. repens*, L. à feuilles linéaires.

Au cap de Bonne-Espérance.

1145. LITTORELLE, *LITTORELLA*. *Lam. Tab. Encyclop.* pl. 758.

* *FLEURS MALES.*

CAL. *Périanthe* droit, à quatre feuillets.

COR. Monopétale. *Tube* de la longueur du calice. *Limbe* droit, persistant, à quatre divisions profondes.

ÉTAM. Quatre *Filamens*, filiformes, très-longs, insérés sur le réceptacle. *Anthères* en cœur.

* *FLEURS FEMELLES sur la même plante.*

CAL. Nul.

COR. Monopétale, conique, persistante, à *orifice* à trois divisions peu profondes, irrégulières.

PIST. *Ovaire* oblong. *Style* filiforme, très-long. *Stigmate* aigu.

PÉR. Nul. La *Corolle* enveloppe la semence.

SEM. *Noix* à une loge.

OBS. Ce genre a la Fleur *du* Plantago, *et le* Fruit *d'une autre plante.*

La Corolle *de la fleur femelle est à quatre divisions peu profondes selon le* Systema Vegetabilium, *pag.* 708.

FLEURS MALES : *Calice* à quatre feuillets. *Corolle* à quatre divisions profondes. *Étamines* longues.

FLEURS FEMELLES : *Calice* nul. *Corolle* à trois divisions peu profondes, irrégulières. *Style* très-long. *Noix* à une seule loge.

1. LITTORELLE des lacs, *L. lacustris*, L. à feuilles en rosette, petites, étroites, épaisses; à fleurs en faisceau.

Moris. Hist. sect. 8, tab. 9, fig. 30. *Pluk.* tab. 35, fig. 2. *Bul. Paris.* tab. 555. *Flor. Dan.* tab. 170.

A Lyon, à Paris. ♃ Estivale.

1146. CICCA, *CICCA*. *Lam. Tab. Encyclop.* pl. 757.

* *FLEURS MALES éparses.*

CAL. *Périanthe* à quatre *feuillets*, arrondis, concaves.

COR. Nulle.

ÉTAM.

ÉTAM. Quatre *Filamens*, sétacés. *Anthères* comme arrondies, de la longueur du calice.

* *FLEURS FEMELLES éparses sur la même plante.*

CAL. Comme dans les fleurs mâles.

COR. Nulle.

PIST. *Ovaire* arrondi. Quatre *Styles*, en alêne, de la longueur de l'ovaire, divisés peu profondément en deux parties. *Stigmates* aigus, persistans.

PÉR. *Capsule* comme arrondie, à quatre coques, s'ouvrant élastiquement.

SEM. Solitaires.

OBS. *Ce genre a de l'affinité avec le* Phyllanthus.

FLEURS MALES : *Calice* à quatre feuillets. *Corolle* nulle.

FLEURS FEMELLES : *Calice* à quatre feuillets. *Corolle* nulle. Quatre *Styles*. *Capsule* à quatre coques.

1. CICCA distique, *C. disticha*, L. à feuilles alternes, pétiolées, distiches ou en éventail, ovales, aiguës, lisses.

Dans l'Inde Orientale. ♄

1147. BOULEAU, *BETULA*. * *Tournef. Inst.* 588, tab. 360. *Lam. Tab. Encyclop.* pl. 760. ALNUS. *Tournef. Inst.* 587, tab. 359.

* *FLEURS MALES disposées en chaton comme cylindrique.*

CAL. *Chaton* commun, en recouvrement de tous côtés, lâche, comme cylindrique, formé par des *écailles* à trois fleurs, présentant chacune deux *écailles* très-petites, placées sur le côté.

COR. *Composée*, à trois fleurons, égaux, attachés sur le disque de chaque écaille du calice.

—— *Propre* monopétale, ouverte, très-petite, à quatre divisions profondes, obtuses.

ÉTAM. *Filamens* (de la Corollule) au nombre de quatre, très-petits. *Anthères* didymes.

* *FLEURS FEMELLES en chaton, sur la même plante.*

CAL. *Chaton commun* en recouvrement, à trois *écailles*, opposées de tous côtés, attachées à la rafle, à deux fleurs, en cœur et terminées en pointe, concaves, courtes.

COR. Aucune de visible.

PIST. *Ovaire propre*, ovale, très-petit. Deux *Styles*, sétacés, de la longueur de l'écaille du calice. *Stigmates* simples.

PÉR. Nul. *Chaton* renfermant la semence sous chaque écaille de deux fleurons.

SEM. Solitaires, ovales.

Betula, *Tournefort : Fruit rassemblé en Chaton cylindrique.*

Alnus, *Tournefort : Fruits rassemblés en Cône arrondi.*

FLEURS MALES : disposées en *Chaton* formé par des écailles placées en recouvrement les unes sur les autres, divisées en trois segmens peu profonds, et couvrant chacune trois fleurs. *Corolle* à quatre divisions peu profondes, renfermant quatre étamines.

FLEURS FEMELLES : réunies en *Cône* formé par des écailles d'un seul feuillet, placées en recouvrement les unes sur les autres, et divisées en trois segmens peu profonds, couvrant chacune deux fleurs. Une *Semence* ailée.

1. BOULEAU blanc, *B. alba*, L. à feuilles ovales, aiguës, à dents de scie.

Betula ; Bouleau. *Bauh. Pin.* 427. *Matth.* 132, fig. 2. *Dod. Pempt.* 839, fig. 2. *Lob. Ic.* 2, pag. 190, fig. 2. *Lugd. Hist.* 92, fig. 1. *Camer. Epit.* 69. *Bauh. Hist.* 1, P. 2, pag. 149, fig. 1. *Bul. Paris.* tab. 556.

1. *Betula alba ;* Bouleau ordinaire, Arbre de la sagesse. 2. Écorce, liqueur qui découle du tronc lorsqu'on le perce dans le temps de la sève. 3. *Feuilles :* odorantes, saveur amère ; *liqueur :* légèrement acide, douce, agréable. 5. Calcul, obésité ou embonpoint excessif, maladie de la peau, gâle répercutée, érysipèle. 6. Le *Bouleau* sert à faire des balais, des chaises, des roues, des cercles de tonneau et d'excellent charbon. On retire une espèce de cire des chatons. Les feuilles teignent les laines en jaune. L'écorce sert à tanner les peaux ; macérée avec l'alun, elle teint les fils d'un brun rougeâtre. On retire de la fumée de l'écorce un beau noir de fumée qui sert aux imprimeurs.

Nutritive pour le Cheval, le Bœuf, le Mouton, la Chèvre.

A Lyon, Grenoble, Paris. ♄ Vernale.

2. BOULEAU noir, *B. nigra*, L. à feuilles rhomboïdales, ovales, aiguës, doublement dentées.

En Virginie, au Canada. ♄

3. BOULEAU du Canada, *B. lenta*, L. à feuilles en cœur, oblongues, aiguës, à dents de scie.

En Virginie, au Canada. ♄

4. BOULEAU nain, *B. nana*, L. à feuiles arrondies, crénelées.

Flor. Lapp. n.° 342, tab. 6, fig. 4. *Amœn. Acad.* 1, p. 4, tab. 1. *Flor. Dan.* tab. 91.

Les feuilles teignent en jaune.

Nutritive pour le Cheval, le Bœuf, le Mouton, la Chèvre.
En Lapponie. ♄

5. BOULEAU très-petit, *B. pumila*, L. à feuilles en ovale renversé, crénelées.
Jacq. Hort. tab. 122.
Dans l'Amérique Septentrionale. ♄

6. BOULEAU Aulne, *B. Alnus*, L. à péduncules ramifiés.
Cette espèce se divise :
1.° En Aulne gluant, *B. Alnus glutinosa.*
Alnus rotundifolia glutinosa, viridis; Aulne à feuilles rondes gluantes, vertes. *Bauh. Pin.* 428, n.° 1. *Matth.* 132, fig. 1. *Dod. Pempt.* 839, fig. 1. *Clus. Hist.* 1, pag. 12, fig. 1. *Lugd. Hist.* 97, fig. 1. *Bauh. Hist.* 1, P. 2, pag. 151, f. 1. *Loës. Pruss.* 10, n.° 1.
2.° En Aulne blanchâtre, *B. Alnus incana.*
Aunus folio incano; Aulne à feuille blanchâtre. *Bauh. Pin.* 428, n.° 3. *Matth.* 133, fig. 1. *Lob. Ic.* 2, pag. 191, f. 1. *Clus. Hist.* 1, pag. 12, fig. 2. *Bauh. Hist.* 1, P. 2, pag. 154, fig. 1.
Les feuilles et l'écorce de l'*Aulne* sont employées par les Corroyeurs pour préparer les cuirs; l'écorce teint les laines en brun et en noir.
Nutritive pour le Cheval, le Bœuf, le Mouton, la Chèvre.
En Europe, sur les bords des rivières. ♄ Vernale.

1148. BUIS, *BUXUS.* * *Tournef. Inst.* 578, tab. 345. *Lam. Tab. Encyclop.* pl. 761.

* *FLEURS MALES produites par les bourgeons de la plante.*

CAL. *Périanthe* à trois *feuillets*, arrondis, obtus, concaves, ouverts.
COR. Deux *Pétales*, arrondis, concaves, semblables aux feuillets du calice, mais plus grands.
ÉTAM. Quatre *Filamens*, en alêne, droits, étalés, en quelque sorte plus grands que le calice. *Anthères* droites, didymes.
PIST. Rudiment d'un *Ovaire*, sans *Style* ni *Stigmate.*

* *FLEURS FEMELLES sur la même plante avec les fleurs mâles.*

CAL. *Périanthe* à quatre *feuillets*, arrondis, obtus, concaves, ouverts.
COR. Trois *Pétales*, arrondis, concaves, semblables aux feuillets du calice, mais plus grands.
PIST. *Ovaire* arrondi, à trois côtés obtus, terminé par trois *Styles*, très-courts, persistans. *Stigmates* obtus.

PÉR. *Capsule* arrondie, à trois becs, à trois loges, s'ouvrant élastiquement sur trois côtés.

SEM. Doubles, oblongues, arrondies d'un côté, aplaties de l'autre.

FLEURS MALES : *Calice* à trois feuillets. *Corolle* à deux pétales. *Rudiment* d'ovaire, sans style ni stigmate.

FLEURS FEMELLES : *Calice* à quatre feuillets. *Corolle* à trois pétales. Trois *Styles*. *Capsule* à trois becs, à trois loges renfermant chacune deux semences.

1. BUIS toujours vert, *B. sempervirens*, L. à feuilles assises, simples, opposées, fermes, très-entières, ovales, luisantes.

Cette espèce se divise :

1.° En Buis en arbre, *B. arborescens*.

Buxus arborescens; Buis en arbre. *Bauh. Pin.* 471, n.° 1. *Fusch. Hist.* 642. *Matth.* 169, fig. 1. *Dod. Pempt.* 782, fig. 1. *Lob. Ic.* 2, pag. 128, fig. 2. *Lugd. Hist.* 165, fig. 1. *Camer. Epit.* 101. *Bauh. Hist.* 1, P. 1, pag. 496, fig. 1. *Bul. Paris.* tab. 557. *Icon. Pl. Medic.* tab. 181.

2.° En Buis sous-arbrisseau, *B. suffruticosa*.

Buxus foliis rotundioribus; Buis à feuilles plus arrondies. *Bauh. Pin.* 471, n.° 2.

1. *Buxus*; Buis ou Bouis. 2. Feuilles, sciure du bois, principalement celle de la racine. 3. Odeur peu agréable, nauséabonde; saveur amère, désagréable. 5. Rhumatisme chronique, dartres, gâle, vérole, fièvres intermittentes, obstructions. 6. La racine du *Buis* sert à tous les ouvrages de tour; c'est le seul bois de l'Europe qui ne se soutienne pas sur l'eau. Le *Buis* est pour le pauvre peuple le succédané du Gaïac.

En Europe, dans les montagnes, les bois. ♄ Vernale.

1149. ORTIE, *URTICA*. * *Tournef. Inst.* 534, tab. 308. *Lam. Tab. Encyclop.* pl. 761.

* *FLEURS MALES.*

CAL. *Périanthe* à quatre *feuillets*, arrondis, concaves, obtus.

COR. Nulle.

Nectaire au centre de la fleur, en gobelet, entier, rétréci à la base, très-petit.

ÉTAM. Quatre *Filamens*, en alêne, de la longueur du calice, étalés, chacun entre chaque *feuillet* du calice. *Anthères* à deux loges.

* *FLEURS FEMELLES, sur la même plante, ou sur une plante distincte.*

CAL. *Périanthe* à deux valves, ovale, concave, droit, persistant.

COR. Nulle.

PIST. *Ovaire* ovale. *Style* nul. *Stigmate* velu.

PÉR. Nul. Le *Calice* dont les bords sont rapprochés, renferme la semence.

SEM. Une seule, ovale, obtuse, comprimée, luisante.

FLEURS MALES : *Calice* à quatre feuillets, sans *Corolle*. Un *Nectaire* central, en gobelet.

FLEURS FEMELLES : *Calice* à deux feuillets, sans *Corolle*, renfermant une *Semence* brillante.

* I. *ORTIES à feuilles opposées.*

1. ORTIE porte-pilule, *U. pilulifera*, L. à feuilles opposées, ovales, à dents de scie; à chatons portant fruits, arrondis.

Urtica urens pilulas ferens; Ortie brûlante portant des pilules *Bauh. Pin.* 232, n.° 4. *Fusch. Hist.* 106. *Matth.* 789, f. 1. *Dod. Pempt.* 151, fig. 1. *Lob. Ic.* 1, pag. 522, fig. 1. *Lugd. Hist.* 1243, et non pas 1245 par erreur de chiffres, fig. 1. *Camer. Epit.* 861. *Bauh. Hist.* 3, P. 2, pag. 445, fig. 1. *Dodart Mém.* tab. 38, fig. 1. *Bul. Paris.* tab. 558. *Icon. Pl. Medic.* tab. 107.

A Montpellier, Grenoble, Paris. ⊙ Vernale.

2. ORTIE des isles Baléares, *U. Balearica*, L. à feuilles opposées, à dents de scie; à chatons portant fruits, arrondis.

A Naples. ⊙

3. ORTIE de Dodart, *U. Dodartii*, L. à feuilles opposées, ovales, à peine dentées; à chatons portant fruits, arrondis.

Dod. Mém. 633, tab. 38, fig. 2.

On ignore son climat natal. Cultivée dans les jardins. ⊙

4. ORTIE naine, *U. pumila*, L. à feuilles opposées, ovales; à fleurs en grappes très-courtes, divisées profondément en deux parties.

Au Canada, dans les lieux aquatiques.

5. ORTIE à grandes feuilles, *U. grandifolia*, L. à feuilles opposées, ovales; à stipules en cœur, très-entières; à fleurs en grappes en panicule, de la longueur des feuilles.

Sloan. Jam. tab. 83, fig. 2.

A la Jamaïque.

6. ORTIE brûlante, *U. urens*, L. à feuilles opposées, ovales, lancéolées, à dents de scie.

Urtica urens minor; Ortie brûlante plus petite. *Bauh. Pin.* 232, n.° 3. *Fusch. Hist.* 108. *Matth.* 790, f. 1. *Dod. Pempt.* 152, fig. 1. *Lob. Ic.* 1, pag. 522, fig. 2. *Lugd. Hist.* 1244, fig. 1. *Camer. Epit.* 863. *Bauh. Hist.* 3, P. 2, pag. 446, f. 2. *Bul. Paris.* tab. 559. *Flor. Dan.* tab. 739.

On a employé avec un grand succès dans l'hôpital militaire de Grenoble, cette plante pilée et appliquée en cataplasme, pour arrêter les progrès de la gangrène.

En Europe, sur les bords des haies, des chemins. ⊙ Vernale.

7. ORTIE dioïque, *U. dioïca*, L. à feuilles opposées, en cœur; à grappes deux à deux.

Urtica urens maxima; Ortie brûlante très-grande. *Bauh. Pin.* 232, n.° 1. *Fusch. Hist.* 107. *Matth.* 789, fig. 2. *Dod. Pempt.* 151, fig. 2. *Lob. Ic.* 1, pag. 521, f. 2. *Lugd. Hist.* 1243, et non pas 1245 par erreur de chiffres, fig. 2. *Camer. Epit.* 862. *Bauh. Hist.* 3, P. 2, pag. 445, fig. 2. *Bul. Paris.* tab. 560. *Icon. Pl. Medic.* tab. 465. *Flor. Dan.* tab. 746.

1. *Urtica major*; grande Ortie. 2. Herbe, Semences. 3. *Herbe*, presque insipide et sans odeur. 5. Hémorragies, crachemens et pissemens de sang, pertes rouges, phthisie commençante, toux. 6. On peut retirer de l'écorce de l'*Ortie* une filasse analogue à celle du *Lin*; les semences fournissent beaucoup d'huile par expression. On peut manger les jeunes pousses d'Ortie comme les Épinards; c'est la première nourriture des Dindonneaux; avant d'avoir grainé, elles fournissent un excellent pâturage pour les bestiaux. Lorsqu'on irrite les étamines, leurs anthères lancent en forme de fusée leur poussière séminale. La *Racine* teint en jaune.

L'urtication réussit dans les anciens rhumatismes, dans la paralysie, et toutes les fois qu'il faut ranimer la vie dans un membre débilité.

En Europe, dans les jardins, les bords des champs. ♃ Est.

8. ORTIE chanvre, *U. cannabina*, L. à feuilles opposées, découpées, à trois divisions profondes.

Ammann Ruth. n.° 249, tab. 25.

En Sibérie. ♃

9. ORTIE de Zeylan, *U. alienata*, L. à feuilles opposées, ovales, très-entières, marquées par des lignes.

Cette plante est désignée dans le *Species* sous le nom de Pariétaire de Zeylan, *P. Zeylanica*, L. à feuilles opposées, ovales, oblongues.

A Zeylan. ♄

10. ORTIE cylindrique, *U. cylindrica*, L. à feuilles opposées, oblongues; à chatons cylindriques, solitaires, très-entiers, assis.

Sloan. Jam. tab. 82, fig. 2.

A la Jamaïque, en Virginie, au Canada, dans les lieux aquatiques. ♃

11. ORTIE pariétaire, *U. parietaria*, L. à feuilles opposées, lancéolées, très-entières, plus étroites d'un côté.
Sloan. Jam. tab. 93, fig. 1.
A la Jamaïque.

12. ORTIE ciliée, *U. ciliaris*, L. à feuilles opposées, ovales, ciliées; à fleurs en grappes étalées.
Plum. Spec. 10, tab. 120, fig. 2.
Dans l'Amérique Méridionale.

* II. ORTIES *à feuilles alternes.*

13. ORTIE échauffée, *U. æstuans*, L. à feuilles alternes, en cœur; à fleurs en grappes dichotomes; à fruits arrondis, en corymbes.
Rumph. Amb. 5, pag. 214, tab. 79, fig. 1?
A Surinam. ⊙

14. ORTIE en tête, *U. capitata*, L. à feuilles alternes, en cœur; à fleurs rassemblées en têtes en épis.
Au Canada.

15. ORTIE étalée, *U. divaricata*, L. à feuilles alternes, ovales; à fleurs en grappes composées, étalées.
Pluk. tab. 237, fig. 2.
En Virginie, au Canada. ♃

16. ORTIE du Canada, *U. Canadensis*, L. à feuilles alternes, en cœur, ovales; à chatons ramifiés, distiques ou en éventail, droits.
Moris. Hist. sect. 11, tab. 25, fig. 2.
Au Canada, en Sibérie. ♃

17. ORTIE interrompue, *U. interrupta*, L. à feuilles alternes, ovales, en cœur, à dents de scie, un peu plus courtes que les pétioles; à fleurs en épis solitaires, interrompus.
Pluk. tab. 201, fig. 5. *Burm. Zeyl.* 231, tab. 110, fig. 1; et 232, tab. 110, fig. 2.
Dans l'Inde Orientale.

18. ORTIE très-blanche, *U. nivea*, L. à feuilles alternes, un peu arrondies, aiguës, garnies sur leur surface inférieure d'un duvet argenté.
Rumph. Amb. 5, pag. 214, tab. 79, fig. 1. *Jacq. Hort.* t. 166.
A la Chine, sur les murailles. ♃

19. ORTIE porte-baie, *U. baccifera*, L. à feuilles alternes, en cœur, dentées, piquantes; à tige ligneuse; à calices des fruits en baies.

Plum. Spec. 11, tab. 260.
Dans l'Amérique Méridionale. ♄

1150. MURIER, *MORUS.* * *Tournef. Inst.* 589, tab. 362. *Lam. Tab. Encyclop.* pl. 762. PAPYRIUS. *Lam. Tab. Encyclop.* pl. 762.

* *FLEURS MALES réunies en chaton.*

CAL. *Périanthe* à quatre *segmens* profonds, ovales, concaves.

COR. Nulle.

ÉTAM. Quatre *Filamens*, en alêne, droits, plus longs que le calice, insérés chacun entre chaque feuillet du calice. *Anthères* simples.

* *FLEURS FEMELLES entassées sur la même plante ou sur une plante différente avec les fleurs mâles.*

CAL. *Périanthe* à quatre *feuillets*, arrondis, obtus, persistans, dont deux extérieurs couchés, opposés.

COR. Nulle.

PIST. *Ovaire* en cœur. Deux *Styles*, en alêne, longs, rudes, renversés. *Stigmates* simples.

PÉR. Nul. Le *Calice* très-grand, charnu, succulent, se change en baie.

SEM. Une seule, ovale, aiguë.

OBS. Ce genre présente des Fleurs mâles *et* femelles *dioïques.*

FLEURS MALES : *Calice* à quatre segmens profonds, sans *Corolle*

FLEURS FEMELLES : *Calice* à quatre feuillets, sans *Corolle*, devenant succulent et renfermant une seule semence. Deux *Styles*.

1. MURIER blanc, *M. alba*, L. à feuilles obliquement taillées en cœur, lisses.

Morus fructu albo; Murier à fruit blanc. *Bauh. Pin.* 459, n.° 2. *Matth.* 230, fig. 2. *Dod. Pempt.* 810, fig. 2. *Lob. Ic.* 2, pag. 196, fig. 2. *Lugd. Hist.* 326, fig. 2. *Camer. Epit.* 179.

Le *Mûrier* présente plusieurs variétés à feuilles plus ou moins découpées, plus ou moins lisses; à fruits blancs, rouges et noirs. Le bois qui est jaune, dur, fournit un principe colorant jaune; on s'en sert pour faire des sceaux, des futailles, des jantes de roue; on prépare avec l'écorce des cordes et des toiles. On a commencé à cultiver les Mûriers en France sous *Charles IX*; mais ce fut sous *Henri IV* que le gouvernement encouragea leur culture. On voit encore près de Béziers les Mûriers plantés par *Olivier de Serres*, sous *Henri IV*; ils ont de quinze à dix-huit pieds de circonférence. Personne n'ignore que les feuilles de Mûrier blanc fournissent la nourriture aux vers à soie. L'écorce des racines qui est âcre et amère, est employée dans les empâtemens des viscères; elle purge certains sujets.

En Chine, en Perse. Cultivé en Europe. ♄ Vernale.

2. **MURIER** noir, *M. nigra*, L. à feuilles en cœur, rudes.

Morus fructu nigro; Mûrier à fruit noir. *Bauh. Pin.* 459, n.° 1. *Fusch. Hist.* 522. *Matth.* 230, fig. 1. *Dod. Pempt.* 810, fig. 1. *Lob. Ic.* 2, pag. 196, fig. 1. *Lugd. Hist.* 326, fig. 1. *Bauh. Hist.* 1, P. 1, pag. 118, fig. 1. *Icon. Pl. Med.* tab. 173.

1. *Morus*, Mûrier noir. 2. Fruit, son suc épaissi en rob, son syrop. Écorce de la racine. 3. *Fruits*, mucilagineux, doux, sucrés, rafraichissans; *racine*, styptique. 5. Fièvres inflammatoires, bilieuses, putrides, scorbut, goutte. 6. Les fruits appelés *Mûres*, sont un aliment médicamenteux, agréable et utile.

En Italie, sur les bords de la mer, en Perse. Cultivé en Europe. ♄ Vernale.

3. **MURIER** à papier, *M. papyrifera*, L. à feuilles palmées; à fruits hérissés.

Kæmpf. Amœn. 471 et 472?

Cette espèce a été séparée des Mûriers pour constituer un genre nouveau sous le nom de *Broussonnetia*.

Au Japon. Cultivé dans les jardins. ♄

4. **MURIER** rouge, *M. rubra*, L. à feuilles en cœur, velues en dessous; à chatons cylindriques.

Pluk. tab. 246, fig. 4.

En Virginie. ♄

5. **MURIER** des Indes, *M. Indica*, L. à feuilles ovales, oblongues, égales sur les deux surfaces; inégalement dentées.

Rheed. Malab. 1, pag. 87, tab. 49. *Rumph. Amb.* 7, pag. 8, tab. 5.

Dans l'Inde Orientale. ♄

6. **MURIER** de Tartarie, *M. Tatarica*, L. à feuilles ovales, oblongues, égales sur les deux surfaces, également dentées.

Sur les bords du Volga et du Tanaïs. ♄

7. **MURIER** des Teinturiers, *M. tinctoria*, L. à feuilles oblongues, plus larges à la base; à épines axillaires, solitaires.

Pluk. tab. 239, fig. 3?

A la Jamaïque, au Brésil. ♄

V. PENTANDRIE.

1151. NÉPHÈLE, *NEPHELIUM*. *Lam. Tab. Encycl.* pl. 764.

* *FLEURS MALES en grappe à épi.*

CAL. *Périanthe* d'un seul feuillet, en cloche, à cinq dents.

COR. Nulle.

ÉTAM. Cinq *Filamens*, en alêne, plus longs que le calice. *Anthères* obtuses, divisées profondément à la base en deux parties.

* *FLEURS FEMELLES sur la même grappe.*

CAL. *Périanthe* d'un seul feuillet, en cloche, se flétrissant, à quatre dents, dont deux opposées plus écartées.

COR. Nulle.

PIST. Deux *Ovaires*, arrondis, tuberculeux-hérissés, plus grands que le calice. Deux *Styles*, filiformes, recourbés, naissant parmi les ovaires. *Stigmates* un peu épais, obtus.

PÉR. Deux *Drupes*, sèches, ovales, à une semence, couvertes par des soies en alêne.

SEM. Solitaires, arrondies.

FLEURS MALES : *Calice* à cinq dents, sans *Corolle*.

FLEURS FEMELLES : *Calice* à quatre segmens peu profonds, sans *Corolle*. Deux *Ovaires*, garnis chacun de deux *Styles*. Deux *Drupes* sèches, tuberculeuses-hérissées, renfermant chacune une seule semence.

1. NÉPHÈLE à crochets, *N. lappaceum*, L. à feuilles alternes, pinnées, sans folioles impaires; à folioles en ovale renversé : les extérieures plus grandes.

Dans l'Inde Orientale. ♄

1152. GLOUTERON, *XANTHIUM*. * *Tournef. Inst.* 438, tab. 252. *Lam. Tab. Encyclop.* pl. 765.

* *FLEURS MALES composées.*

CAL. *Périanthe commun* renfermant plusieurs fleurons, de plusieurs feuillets, à *écailles* minces, en recouvrement, égales, de la longueur des fleurons.

COR. *Composée* : uniforme, tubulée, égale, disposée en rond.

—— *Propre* monopétale, tubulée, en entonnoir, droite, à cinq divisions peu profondes.

ÉTAM. *Filamens* (de la Corollule), au nombre de cinq, formant par leur réunion une gaîne cylindrique, tubulée. *Anthères* droites, parallèles, distinctes.

RÉC. *Commun* à peine visible, garni de paillettes qui séparent les fleurons.

* *FLEURS FEMELLES doubles, au-dessous des fleurs mâles sur la même plante.*

CAL. *Collerette* renfermant deux fleurs, à deux *feuillets*, opposés, libres, (à trois lobes aigus, l'intermédiaire plus développé), entourée d'aiguillons en crochets, adhérens à l'ovaire et le couvrant de toute part.

COR. Nulle.

PIST. *Ovaire* ovale, hérissé. Deux *Styles*, égaux, capillaires. *Stigmates* simples.

PÉR. *Drupe* sèche, ovale, oblongue, couverte entièrement de pointes en crochet, divisée peu profondément au sommet en deux parties.

SEM. *Noix* à deux loges.

OBS. *On comprend difficilement la forme du fruit du* Xanthium, *si on ne connoît auparavant celui de* l'Ambrosia.

FLEURS MALES : *Calice commun* formé par des feuillets en recouvrement. *Corolle* monopétale, en entonnoir, à cinq divisions peu profondes. *Réceptacle* garni de paillettes.

FLEURS FEMELLES : *Calice* collerette de deux feuillets, renfermant deux fleurs. *Corolle* nulle. *Drupe* sèche, tuberculeuse-hérissée, divisée peu profondément en deux parties, renfermant un *Noyau* à deux loges.

1. GLOUTERON aux écrouelles, *X. Strumarium*, L. à tige sans piquans; à feuilles en cœur, à trois nervures.

Lappa minor, *Xanthium Dioscoridis*; Bardane plus petite, Glouteron de Dioscoride. *Bauh. Pin.* 198, n.° 6. *Fusch. Hist.* 579. *Matth.* 834, fig. 1. *Dod. Pempt.* 39, fig. 1. *Lob. Ic.* 1, pag. 588, fig. 2. *Lugd. Hist.* 1056, fig. 1. *Camer. Epit.* 926. *Bauh. Hist.* 3, P. 2, pag. 572, fig. 1. *Icon. Pl. Medic.* tab. 269.

1. *Xanthium Strumarium*; petit Glouteron, petite Bardane, Grapelles. 2. Feuilles, Semences, Racine, Suc. 3. *Feuilles* : amères. 5. Affections dartreuses, gâle, maladies vénériennes (décoction des feuilles et de la racine). 6. L'herbe teint en jaune. Nutritive pour le Cheval, la Chèvre.

En Europe sur les bords des chemins, dans les champs. ⊙ Estivale.

2. GLOUTERON d'Orient, *X. Orientale*, L. à tige sans piquans; à feuilles en forme de coin, ovales, comme à trois lobes.

Moris. Hist. sect. 15, tab. 2, fig. 2.

A la Chine, au Japon, à Zeylan, en Sibérie. ⊙

3. GLOUTERON épineux, *X. spinosum*, L. à tiges armées de piquans réunis trois à trois; à feuilles à trois lobes.

Moris. Hist. sect. 15, tab. 2, fig. 3. *Pluk.* tab. 239, fig. 1. *Herm. Parad.* pag. et tab. 246. *Magn. Hort.* 208, tab. 20. *Volkc. Norimb.* 404, tab. 25.

A Montpellier, en Provence. ⊙ Automnale.

k 153. AMBROSIE, *AMBROSIA. Tournef. Inst.* 439, tab. 252. *Lam. Tab. Encyclop.* pl. 765.

* *FLEURS MALES composées.*

CAL. *Périanthe commun* d'un seul feuillet, aplati, de la longueur des fleurons.

COR. *Composée* : uniforme, tubulée, égale, réunie en sphère.

— *Propre*, monopétale, tubulée, en entonnoir, droite, à cinq divisions peu profondes.

ÉTAM. *Filamens* (de la Corollule) au nombre de cinq, très-petits. *Anthères* droites, parallèles, pointues.

PIST. *Style* filiforme, de la longueur des étamines. *Stigmate* arrondi, membraneux.

RÉC. *Commun* à peine visible, nu.

* *FLEURS FEMELLES doubles, au-dessous des fleurs mâles sur la même plante.*

CAL. *Périanthe* à une seule fleur, d'un seul feuillet, pointu, entier, persistant, entouré par cinq dents.

COR. Nulle.

PIST. *Ovaire* ovale, au fond du calice. *Style* filiforme, de la longueur du calice. Deux *Stigmates*, sétacés, longs, étalés.

PÉR. *Noix* comme ovale, à une loge, ne s'ouvrant point, couronnée par les cinq dents pointues du calice.

SEM. Une seule, arrondie.

FLEURS MALES : *Calice commun* d'un seul feuillet. *Corolle* monopétale, en entonnoir, à cinq divisions peu profondes. *Réceptacle* nu.

FLEURS FEMELLES : *Calice* d'un seul feuillet, entier, garni au milieu de cinq dents, renfermant une seule fleur. *Corolle* nulle. *Noix* formée par le calice qui se durcit, renfermant une seule semence.

1. AMBROSIE à trois divisions, *A. trifida*, L. à feuilles à trois lobes, à dents de scie.

Moris. Hist. sect. 6, tab. 1, fig. 4.

En Virginie, au Canada. ♂

2. AMBROSIE élevée, *A. elatior*, L. à feuilles doublement pinnatifides; à fleurs en grappes en panicules, terminales, lisses.

En Virginie, au Canada. ⊙

3. AMBROSIE à feuilles d'armoise, *A. artemisiæfolia*, L. à feuilles deux fois pinnatifides : les premières des rameaux très-entières ou sans divisions.

En Virginie, en Pensylvanie. ⊙

4. AMBROSIE maritime, *A. maritima*, L. à feuilles divisées peu profondément en plusieurs parties ; à fleurs en épis solitaires, velus ; presque assis.

Ambrosia maritima ; Ambrosie maritime. *Bauh. Pin.* 138, n.º 1. *Dod. Pempt.* 35, fig. 1. *Lob. Ic.* 1, pag. 766, f. 2. *Lugd. Hist.* 951, fig. 1 ; et 1148, fig. 3. *Bauh. Hist.* 3, P. 1, pag. 190, fig. 1. *Barrel.* tab. 1144.

En Etrurie, en Cappadoce, sur les bords de la mer. ⊙

1154. PARTHÈNE, *PARTHENIUM.* * *Dill. Elth.* tab. 225 ; fig. 292. *Lam. Tab. Encyclop.* pl. 766.

CAL. *Périanthe commun* très-simple, ouvert, à cinq *feuillets* ; arrondis, planes, égaux.

COR. *Composée* convexe : plusieurs *Corollules hermaphrodites* au disque : cinq *femelles* au rayon, surpassant à peine les hermaphrodites.

— *Propre* des *Hermaphrodites* : monopétale, tubulée, droite, à *orifice* à cinq *divisions* peu profondes, de la longueur du calice.

— des *Femelles* : tubulée, en languette, oblique, obtuse, arrondie, de la longueur de celle des hermaphrodites.

ÉTAM. des *Hermaphrodites* : cinq *Filamens*, capillaires, de la longueur de la corollule. Cinq *Anthères*, un peu épaisses, à peine réunies.

PIST. des *Hermaphrodites* : *Ovaire* sous le réceptacle propre, à peine visible. *Style* capillaire, en quelque sorte plus court que les étamines. *Stigmate* nul.

— des *Femelles* : *Ovaire* inférieur, en toupie, en cœur, comprimé, grand. *Style* filiforme, de la longueur de la corollule. Deux *Stigmates* filiformes, de la longueur du style, un peu étalés.

PÉR. Nul. Le *Calice* qui ne change point, renferme les semences.

SEM. des *Hermaphrodites* : stériles.

— des *Femelles* : solitaires, en toupie, en cœur, comprimées, nues.

RÉC. Comme nul, aplati, garni de *Paillettes* qui séparent les fleurons, de manière que chaque femelle a derrière elle deux hermaphrodites.

FLEURS MALES : *Calice commun* de cinq feuillets. *Corollules* du disque, monopétales.

FLEURS FEMELLES : *Corollules* du rayon au nombre de cinq. Une *Semence* nue.

1. PARTHÈNE Hystérophore, *P. Hysterophorus*, L. à feuilles composées ; à folioles à plusieurs divisons peu profondes.

Pluk. tab. 45, fig. 3 (mauvaise), et tab. 332, fig. 2.

A la Jamaïque. ☉

2. PARTHÈNE à feuilles entières, *P. integrifolium*, L. à feuilles ovales, crénelées.

Pluk. tab. 53, fig. 5 ; et 219, fig. 1. *Dill. Elth.* tab. 225, fig. 292.

En Virginie. ♃ ☉

1155. IVA, *IVA. Lam. Tab. Encyclop.* pl. 766.

CAL. *Commun* arrondi, le plus souvent à cinq *feuillets*, comme ovales, obtus, presque égaux, persistans, contenant plusieurs fleurons.

COR. *Composée* convexe : plusieurs *Corollules mâles* au disque : cinq *femelles* au rayon.

— *Propre* des *Mâles* : monopétale, en entonnoir, à cinq dents, de la longueur du calice.

— *Propre* des *Femelles* : nulle.

ÉTAM. des *Mâles* : cinq *Filamens*, sétacés, de la longueur de la corollule. *Anthères* droites, rapprochées.

PIST. des *Femelles* : *Ovaire* oblong, de la longueur du calice. Deux *Styles*, capillaires, longs. *Stigmates* aigus.

PÉR. Nul. Le *Calice* qui ne change point, renferme les semences.

SEM. Solitaires, nues, de la longueur du calice, épaissies au sommet, obtuses.

RÉC. distingué par des paillettes linéaires, intérieures.

FLEURS MALES : *Calice commun* de trois à cinq feuillets. *Corollules* du disque monopétales, à cinq divisions peu profondes. *Réceptacle* garni de paillettes linéaires.

FLEURS FEMELLES : *Corollules* du rayon au nombre de cinq. Deux *Styles* capillaires, longs. *Semences* nues, obtuses.

1. IVA annuelle, *I. annua*, L. à feuilles lancéolées, ovales ; à tige herbacée.

Dans l'Amérique Méridionale. ☉

2. IVA ligneuse, *I. frutescens*, L. à feuilles lancéolées ; à tige ligneuse.

Pluk. tab. 27, fig. 1.

En Virginie, au Pérou. ♄

1156. CLIBADE, *CLIBADIUM.*

CAL. *Commun* composé d'*écailles* ovales, aiguës, placées en recouvrement les unes sur les autres.

COR. *Composée : Corollules* tubulées, en entonnoir. *Limbe* à cinq divisions peu profondes.

— *Composée : Corollules* du disque, en petit nombre, hermaphrodites, portées sur un pédicelle.

— *Composée : Corollules* du rayon trois ou quatre, assises, femelles.

ÉTAM. des *Hermaphrodites* : cinq *Filamens*, capillaires, très-courts. *Anthères* oblongues, rapprochées.

PIST. des *Hermaphrodites : Ovaire* très-petit, supérieur. *Style* filiforme. *Stigmate* simple.

— des *Femelles : Ovaire* arrondi, inférieur. *Style* filiforme. *Stigmate* divisé peu profondément en deux parties.

PÉR. *Commun* nul. Le *Calice* ventru, coloré, renferme les semences.

— *Propre* des *Hermaphrodites* : nul.

— *Propre* des *Femelles : Drupe*, arrondie, succulente, à ombilic.

SEM. Une seule, en cœur, comprimée.

FLEURS MALES : *Calice commun* composé d'écailles placées en recouvrement les unes sur les autres. *Corollules* du disque à cinq divisions peu profondes.

FLEURS FEMELLES : *Calice commun* composé d'écailles placées en recouvrement les unes sur les autres. *Corollules* du rayon au nombre de trois ou quatre. *Drupe* à ombilic, renfermant une seule semence.

1. CLIBADE de Surinam, *C. Surinamense*, L. à feuilles opposées, pétiolées, ovales, à crénelures, aiguës, rudes.

A Surinam.

1157. AMARANTHE, *AMARANTHUS.* * *Tournef. Inst.* 234, tab. 118. *Lam. Tab. Encyclop.* pl. 767.

* *FLEURS MALES sur la même plante avec les fleurs femelles.*

CAL. *Périanthe* à trois ou cinq *feuillets*, droits, colorés, lancéolés, aigus, persistans.

COR. Nulle (à moins qu'on ne prenne le calice pour corolle).

ÉTAM. Trois ou cinq *Filamens*, capillaires, droits, étalés, de la longueur du calice. *Anthères* oblongues, versatiles.

* *FLEURS FEMELLES sur la même grappe avec les fleurs mâles.*

CAL. *Périanthe* comme dans les fleurs mâles.

COR. Nulle.

PIST. *Ovaire* ovale. Trois *Styles*, courts, en alêne. *Stigmates* simples, persistans.

PÉR. *Capsule* ovale, un peu comprimée ainsi que le calice sur lequel elle est insérée, et qu'elle égale en grandeur, colorée, à une loge, à trois becs, s'ouvrant horizontalement.

SEM. Une seule, arrondie, comprimée, grande.

FLEURS MALES : *Calice* de trois ou cinq feuillets. *Corolle* nulle. Trois ou cinq *Étamines*.

FLEURS FEMELLES : *Calice* de trois ou cinq feuillets. *Corolle* nulle. Trois *Styles*. *Capsule* à une loge, s'ouvrant horizontalement ou en boite à savonnette, renfermant une seule semence.

* I. *AMARANTHES à fleurs triandres ou à trois étamines.*

1. AMARANTHE blanche, *A. albus*, L. à fleurs à trois étamines, ramassées en têtes, assises aux aisselles des feuilles, et divisées profondément en deux parties; à bractées en alêne; à feuilles ovales, échancrées, roides, marquées par des lignes.

Kniph. Cent. 11, n.° 2.

En Pensylvanie, en Italie, à Naples. ⊙

2. AMARANTHE de Virginie, *A. græcicans*, L. à fleurs à trois étamines, ramassées en têtes, assises aux aisselles des feuilles; à feuilles lancéolées, peu sinuées, obtuses.

En Virginie. ⊙

3. AMARANTHE mélancolique, *A. melancolicus*, L. à fleurs à trois étamines, ramassées en têtes aux aisselles des feuilles, arrondies; à feuilles lancéolées, aiguës.

Dans l'Inde Orientale. ⊙

4. AMARANTHE à trois couleurs, *A. tricolor*, L. à fleurs à trois étamines, ramassées en têtes aux aisselles des feuilles, arrondies; à feuilles ovales, lancéolées, colorées.

Amaranthus folio variegato; Amaranthe à feuille de plusieurs couleurs. *Bauh. Pin.* 121, n.° 5. *Dod. Pempt.* 617, fig. 4. *Lob. Ic.* 1, pag. 252, fig. 2. *Lugd. Hist.* 540, fig. 1. *Bauh. Hist.* 2, pag. 970, fig. 1. *Barrel.* tab. 647. *Theat. Flor.* tab. 63, fig. 1.

Dans l'Inde Orientale. Cultivée dans les jardins. ⊙

5. AMARANTHE polygame, *A. polygamus*, L. à fleurs à deux étamines, hermaphrodites et femelles ramassées en têtes alongées en épis, ovales; à feuilles lancéolées.

Dans l'Inde Orientale. ⊙

6. **AMARANTHE** du Gange, *A. Gangeticus*, L. à fleurs à trois étamines, ramassées en têtes ovales, comme alongées en épis; à feuilles lancéolées, ovales, échancrées.

Dans l'Inde Orientale.

7. **AMARANTHE** du Mangostan, *A. Mangostanus*, L. à fleurs à trois étamines, ramassées en têtes arrondies, comme alongées en épis; à feuilles rhomboïdales.

Dans l'Inde Orientale.

8. **AMARANTHE** triste, *A. tristis*, L. à fleurs à trois étamines, ramassées en têtes arrondies, comme alongées en épis: à feuilles ovales, en cœur, échancrées, plus courtes que les pétioles.

Rumph. Amb. 5, pag. 231, tab. 82, fig. 2.

A la Chine. ⊙

9. **AMARANTHE** livide, *A. lividus*, L. à fleurs à trois étamines, ramassées en têtes arrondies, comme alongées en épis; à feuilles arrondies, ovales, émoussees au sommet.

En Virginie. ⊙

10. **AMARANTHE** oléracée, *A. oleraceus*, L. à fleurs à trois et à cinq étamines, ramassées en têtes; à feuilles ovales, très-obtuses, échancrées, ridées.

Blitum album, majus; Blite blanc, plus grand. *Bauh. Pin.* 118, n.° 1. *Matth.* 357, fig. 3. *Dod. Pempt.* 617, fig. 1. *Lob. Ic.* 1, pag. 249, fig. 1. *Ludg. Hist.* 538, fig. 1.

En Dauphiné. ⊙

11. **AMARANTHE** Blite, *A. Blitum*, L. à fleurs à trois étamines, ramassées en têtes latérales, à trois divisions peu profondes; à feuilles ovales, émoussées; à tige diffuse.

Blitum rubrum, minus; Blite rouge, plus petit. *Bauh. Pin.* 118, n.° 5. *Lob. Ic.* 1, pag. 250, fig. 1. *Bauh. Hist.* 2, pag. 967, fig. 1.

A Montpellier, Lyon, Paris. ⊙ Estivale.

12. **AMARANTHE** verte, *A. viridis*, L. à fleurs à trois étamines, ramassées en têtes: les fleurs mâles à trois divisions peu profondes; à feuilles ovales, échancrées; à tige droite.

Blitum album, minus; Blite blanc, plus petit. *Bauh. Pin.* 118, n.° 2. *Fusch. Hist.* 174. *Dod. Pempt.* 617, fig. 2. *Sloan. Jam.* tab. 92, fig. 1.

A Lyon, Grenoble, Paris. ⊙ Estivale.

13. **AMARANTHE** penchée, *A. deflexus*, L. à fleurs à trois étamines; à épis penchés pendant la maturité du fruit, charnus; à tige diffuse.

On ignore son climat natal. ⊙

14. AMARANTHE renouée, *A. polygonoïdes*, L. à fleurs à trois étamines, ramassées en têtes, assises aux aisselles des feuilles : les femelles en entonnoir, obtuses ; à feuilles échancrées.

Sloan. Jam. tab. 92, fig. 2.

A la Jamaïque, à Zeylan.

* II. *AMARANTHES à fleurs pentandrès ou à cinq étamines.*

15. AMARANTHE hybride, *A. hybridus*, L. à fleurs à cinq étamines, en grappes décomposées, entassées, nues ; à épis conjugués.

Barrel. tab. 648.

En Virginie. ⊙

16. AMARANTHE paniculée, *A. paniculatus*, L. à fleurs à cinq étamines, en grappes surdécomposées : les partielles étalées.

Dans l'Amérique Méridionale.

17. AMARANTHE sanguine, *A. sanguineus*, L. à fleurs à cinq étamines, en grappes composées, droites : les latérales très-étalées ; à feuilles ovales, oblongues.

Mill. Ic. tab. 22.

A Bahama. ⊙

18. AMARANTHE en zigzag, *A. retroflexus* L. à fleurs à cinq étamines, en grappes latérales et terminales ; à tige tortueuse, velue ; à rameaux s'étendant çà et là en zigzag.

A Paris, en Pensylvanie. ⊙ Estivale.

19. AMARANTHE jaune, *A. flavus*, L. à fleurs à cinq étamines, en grappes composées : les inférieures et les supérieures penchées ; à feuilles en ovale renversé, pointues.

Dans l'Inde Orientale. ⊙

20. AMARANTHE hypocondriaque, *A. hypocondriacus*, L. à fleurs à cinq étamines, en grappes composées, entassées, droites ; à feuilles ovales, pointues.

A Lyon, en Virginie. ⊙ Estivale.

21. AMARANTHE rougeâtre, *A. cruentus*, L. à fleurs à cinq étamines, en grappes décomposées, éloignées, étalées, penchées ; à feuilles lancéolées, ovales.

Mart. Cent. 6, tab. 6.

A la Chine.

22. AMARANTHE à queue, *A. caudatus*, L. à fleurs à cinq étamines, en grappes décomposées, cylindriques, pendantes, très-longues.

Amaranthus maximus ; Amaranthe très-grande. *Bauh. Pin.* 120, n.° 1. *Matth.* 357 ; fig. 1. *Dod. Pempt.* 185, f. 2 ; et 618, fig. 2. *Lob. Ic.* 1, pag. 251, fig. 2. *Clus. Hist.* 2, pag. 81, fig. 1. *Lugd. Hist.* 539, fig. 1. *Camer. Epit.* 234. *Bauh. Hist.* 2, pag. 968, fig. 1. *Barrel.* tab. 663 et 664.

A Lyon, en Perse. ☉ Estivale.

23. AMARANTHE épineuse, *A. spinosus*, L. à fleurs à cinq étamines, en grappes cylindriques, droites ; les aisselles des feuilles épineuses.

Herm. Lugd. pag. 31, tab. 33.

Dans l'Inde Orientale. ☉

1158. LÉÉE, *LEEA.*

* *FLEURS MALES.*

CAL. *Périanthe* d'un seul feuillet, en cloche, à cinq segmens peu profonds.

COR. Monopétale. *Tube* de la longueur du calice. *Limbe* égal, à cinq *divisions* peu profondes, sétacées.

Nectaire adhérent à la base intérieure de la corolle, moitié plus court que la corolle, cylindrique, à cinq divisions peu profondes divisées elles-mêmes peu profondément en deux parties.

ÉTAM. Cinq *Filamens*, plus courts que le nectaire. *Anthères* oblongues, versatiles.

PIST. *Ovaire* nul. *Style* simple. *Stigmate* irrégulier.

* *FLEURS FEMELLES le plus souvent sur la même plante.*

CAL. Comme dans les fleurs mâles.

COR. Comme dans les fleurs mâles.

Nectaire comme dans les fleurs mâles, mais double : l'intérieur plus petit.

PIST. *Ovaire* supérieur, ovale. *Style* simple. *Stigmate* déchiré.

PÉR. . . . . . arrondi, à six loges.

SEM. Solitaires.

FLEURS MALES : *Calice* à cinq segmens peu profonds. *Corolle* à cinq divisions peu profondes. *Nectaire* cylindrique, adhérent à la base intérieure de la corolle.

FLEURS FEMELLES : *Calice* à cinq segmens peu profonds. *Corolle* à cinq divisions peu profondes. *Nectaire* double : l'intérieur plus petit. *Péricarpe* à six loges renfermant chacune des semences solitaires.

1. LÉÉE des Indes, *L. æquata*, L. à tige arrondie, duvetée.

Dans l'Inde Orientale. ♄

2. LÉÉE frangée, *L. fimbriata*, L. à tige anguleuse, frangée.
Au cap de Bonne-Espérance. ♃

VI. HEXANDRIE.

1159. ZIZANE, *ZIZANIA*. *Jam. Tab. Encyclop.* pl. 768.

* *FLEURS MALES au-dessous des fleurs femelles.*

CAL. Nul.

COR. *Bâle* à deux valves, lancéolées, sans arêtes, égales, embrassantes.

ÉTAM. Six *Filamens*, très-petits. *Anthères* oblongues, simples, de la longueur de la corolle.

* *FLEURS FEMELLES dans la partie supérieure du panicule.*

CAL. Nul.

COR. *Bâle* à deux valves réunies, béantes seulement au-dessus de l'ovaire : *Valve extérieure* plus grande, creuse, longue, droite, embrassant des deux côtés l'intérieure, terminée par une longue arête : *Valve intérieure*, plus petite, lancéolée, aplatie.

PIST. *Ovaire* oblong. Deux *Styles*, très-petits. *Stigmates* plumeux, saillans.

PÉR. Nul. La *Bâle* de la corolle, fermée, plissée, persistante, enveloppe la semence.

SEM. Une seule, oblongue, égale, luisante, nue.

FLEURS MALES : *Calice* nul. *Corolle* bâle à deux valves, émoussée, entremêlée avec les femelles.

FLEURS FEMELLES : *Calice* nul. *Corolle* bâle à deux valves, en capuchon, à arête. *Style* divisé profondément en deux parties. Une *Semence* enveloppée par la corolle qui est plissée.

1. ZIZANE aquatique, *Z. aquatica*, L. à panicule étalé.
Sloan. Jam. tab. 67.
A la Jamaïque, en Virginie, dans les lieux inondés.

2. ZIZANE des marais, *Z. palustris*, L. à panicule rameux et garni dans sa partie inférieure de fleurs mâles, alongé en épi et garni de fleurs femelles dans sa partie supérieure.
Dans l'Amérique Septentrionale, dans les lieux aquatiques. ☉

3. ZIZANE terrestre, *Z. terrestris*, L. à panicule un peu ramifié.
Rheed. Mal. 12, pag. 113, tab. 60.
Au Malabar, dans les lieux secs.

1160. **PHARELLE**, *PHARUS*. † *Lam. Tab. Encyclop.* pl. 769.

* *FLEURS MALES pédunculées.*

CAL. *Bâle* à deux valves, aiguës, très-petites, à une fleur.

COR. *Bâle* à deux valves, plus longues, aiguës, dont une plus étroite.

ÉTAM. Six *Filamens*, courts. *Anthères* oblongues.

* *FLEURS FEMELLES assises sur le même panicule.*

CAL. *Bâle* à deux valves, à une fleur, de la longueur de la corolle.

COR. *Bâle* à deux valves : l'extérieure ovale, oblongue, plus roide; l'intérieure linéaire.

PIST. *Ovaire* linéaire. *Style* simple. Trois *Stigmates*, aigus.

PÉR. Nul. La *Bâle* de la corolle enveloppe la semence.

SEM. Oblongue.

FLEURS MALES : *Calice* bâle à deux valves, renfermant une seule fleur. *Corolle* bâle à deux valves.

FLEURS FEMELLES : *Calice* bâle à deux valves, renfermant une seule fleur. *Corolle* bâle à deux valves, longue, enveloppant une seule semence.

1. PHARELLE à larges feuilles, *P. latifolius*, L. à feuilles très-grandes, en ovale renversé, aiguës, renversées ; à pétioles deux fois plus longs que la feuille; à fleurs en panicule droit.

Sloan. Jam. tab. 73, fig. 2.

A la Jamaïque.

VII. HEPTANDRIE.

1161. **GUETTARDE**, *GUETTARDA*. † ISERTIA. *Lam. Tab. Encyclop.* pl. 259.

* *FLEURS MALES.*

CAL. *Périanthe* d'un seul feuillet, comme cylindrique, très-court, très-entier, à bord extérieur plus saillant, caduc-tardif.

COR. Monopétale, en entonnoir. *Tube* cylindrique, long. *Limbe* à sept divisions peu profondes, arrondies, plus courtes que le tube.

ÉTAM. Sept *Filamens*, dans la gorge de la corolle. *Anthères* linéaires.

PIST. *Style* filiforme.

* *FLEURS FEMELLES sur la même plante.*

CAL. Comme dans les fleurs mâles.

COR. Comme dans les fleurs mâles.

PIST. *Ovaire* arrondi. *Style* filiforme, plus long que les étamines. *Stigmate* comme ovale.

PÉR. *Drupe* sèche, arrondie, déprimée.
SEM. Une seule.

FLEURS MALES : *Calice* comme cylindrique. *Corolle* en entonnoir, à sept divisions peu profondes.

FLEURS FEMELLES : *Calice* comme cylindrique. *Corolle* à sept divisions peu profondes. Un seul *Pistil*. *Drupe* sèche.

1. GUETTARDE spécieuse, *G. speciosa*, L. à feuilles très-larges, ovales, arrondies au sommet et terminées en pointe, nues, très-entières, à veines alternes, pétiolées.

Pluk. tab. 397, fig. 4.

A Java, à la Jamaïque. ♄

VIII. POLYANDRIE.

1162. CÉRATOPHYLLE, *CERATOPHYLLUM*. *Lam. Tab. Encyclop.* pl. 775. HYDROCERATOPHYLLON. *Vaill. Mém. de l'Acad.* 1719, pag. 16, tab. 2, fig. 1 et 2.

* *FLEURS MALES.*

CAL. *Périanthe* à plusieurs *segmens* profonds, en alène, égaux.
COR. Nulle.
ÉTAM. En nombre double de celui des segmens du calice, (de seize à vingt) à peine visibles. *Anthères* oblongues, droites, plus longues que le calice.

FLEURS FEMELLES sur la même plante avec les fleurs mâles.

CAL. *Périanthe* à plusieurs *segmens* profonds, en alène, égaux.
COR. Nulle.
PIST. *Ovaire* ovale, comprimé. *Style* nul. *Stigmate* obtus, oblique.
PÉR. Nul.
SEM. *Noix* ovale, à une loge, pointue.

FLEURS MALES : *Calice* à plusieurs segmens profonds sans *Corolle*. De seize à vingt *Étamines*.

FLEURS FEMELLES : *Calice* à plusieurs segmens profonds sans *Corolle*. Un seul *Pistil* sans style. Une *Semence* nue.

1. CÉRATOPHYLLE rude, *C. demersum*, L. à tige ramifiée; à feuilles rudes, en anneaux, dichotomes, divisées en quatre folioles sétacées; à fruits armés de trois épines.

Vaill. Mém. de l'Acad. 1719, pag. 16, tab. 2, fig. 1. *Loës. Pruss.* 67, n.° 12.

A Montpellier, Lyon, Paris. ♃ Vernale.

2. CÉRATOPHYLLE doux, *C. submersum*, L. à feuilles molles, en anneaux, dichotomes, divisées en huit folioles sétacées; à fruits sans épines.

Vaill. Mém. de l'Acad. 1719, pag. 16, tab. 2, fig. 2.
A Lyon, Paris. ♃ Vernale.

1163. MYRIOPHYLLE, *MYRIOPHYLLUM.* * *Lam. Tab. Encyclop.* pl. 775. MYRIOPHYLLON. *Vaill. Mém. de l'Acad.* 1719, pag. 23, tab. 2, fig. 3.

* *FLEURS MALES.*

CAL. *Périanthe* à quatre *feuillets*, oblongs, droits, dont l'*extérieur* est plus grand, et l'*intérieur* plus petit.

COR. Nulle.

ÉTAM. Huit *Filamens*, capillaires, plus longs que le calice, flasques. *Anthères* oblongues.

* *FLEURS FEMELLES au-dessous des fleurs mâles.*

CAL. *Périanthe* comme dans les fleurs mâles.

COR. Nulle.

PIST. Quatre *Ovaires*, oblongs. *Styles* nuls. *Stigmates* duvetés.

PÉR. Nul.

SEM. Quatre oblongues, nues.

OBS. M. verticillatum, L., *a souvent des fleurs hermaphrodites.*

FLEURS MALES : *Calice* à quatre feuillets sans *Corolle.* Huit *Étamines.*

FLEURS FEMELLES : *Calice* à quatre feuillets sans *Corolle.* Quatre *Pistils* sans style. Quatre *Semences* nues.

1. MYRIOPHYLLE en épi, *M. spicatum*, L. à fleurs mâles en épis interrompus, tout-à-fait nus ou sans feuilles florales.

Millefolium aquaticum, pennatum, spicatum ; Millefeuille aquatique, à feuilles en barbe de plume, à fleurs en épis. *Bauh. Pin.* 141, n.° 8. *Prodr.* 73, n.° 4, f. 1. *Bauh. Hist.* 3, P. 2, pag. 783, fig. 1. *Bul. Paris.* tab. 561. *Flor. Dan.* tab. 681.

A Montpellier, Lyon, Paris. ♃ Vernale.

2. MYRIOPHYLLE en anneau, *M. verticillatum*, L. toutes les fleurs hermaphrodites, en anneaux.

Millefolium aquaticum, flosculis ad foliorum nodos ; Millefeuille aquatique, à fleurs situées aux nœuds des feuilles. *Bauh. Pin.* 141, n.° 3. *Clus. Hist.* 2, pag. 252, fig. 1. *Bauh. Hist.* 3, P. 2, pag. 783, fig. 2.

A Montpellier, Lyon, Paris. Vernale.

1164. SAGITTAIRE, *SAGITTARIA.* * *Lam. Tab. Encyclop.* pl. 776.

* *FLEURS MALES.*

CAL. *Périanthe* à trois *feuillets*, ovales, concaves, persistans.

COR. Trois *Pétales*, arrondis, obtus, planes, ouverts, trois fois plus grands que le calice.

ÉTAM. Plusieurs *Filamens*, (souvent vingt-quatre) en alêne, réunis en tête. *Anthères* droites, de la longueur du calice.

* *FLEURS FEMELLES en petit nombre, au-dessous des fleurs mâles.*

CAL. *Périanthe* comme dans les fleurs mâles.

COR. Trois *Pétales*, comme dans les fleurs mâles.

PIST. *Ovaires* nombreux, comprimés, réunis en têtes, bossués extérieurement, terminés par des *Styles* très-courts. *Stigmates* aigus, persistans.

PÉR. Nul. *Réceptacle* arrondi, réunissant les semences en boule.

SEM. Nombreuses, oblongues, comprimées, ceintes dans leur longueur par une marge membraneuse, large, bossuée d'un côté, pointue aux deux extrémités.

FLEURS MALES : *Calice* à trois feuillets. *Corolle* à trois pétales. Environ vingt-quatre *Étamines*.

FLEURS FEMELLES : *Calice* à trois feuillets. *Corolle* à trois pétales. Environ cent *Pistils*. *Semences* nombreuses, nues.

1. SAGITTAIRE aquatique, *S. sagitifolia*, L. à feuilles en fer de flèche, aiguës.

Sagitta aquatica minor, latifolia ; Sagittaire aquatique plus petite, à larges feuilles. *Bauh. Pin.* 194, n.° 2. *Matth.* 797, fig. 2. *Dod. Pempt.* 588, f. 2. *Lob. Ic.* 1, pag. 302, fig. 1. *Lugd. Hist.* 1016, fig. 3. *Bauh. Hist.* 3, P. 2, pag. 789, fig. 1.

Cette espèce présente trois variétés.

1.° *Sagitta aquatica minor, angustifolia ;* Sagittaire aquatique plus petite, à feuilles étroites. *Bauh. Pin.* 194, n.° 3. *Lugd. Hist.* 1016, fig. 1. *Bauh. Hist.* 3, P. 2, pag. 790, fig. 2.

2.° *Sagitta aquatica, major ;* Sagittaire aquatique, plus grande. *Bauh. Pin.* 194, n.° 1. *Matth.* 797, fig. 1. *Dod. Pempt.* 588, f. 1. *Lob. Ic.* 1, p. 301, f. 2. *Lugd. Hist.* 1016, fig. 2. *Bauh. Hist.* 3, P. 2, pag. 790, f. 1.

3.° *Gramen bulbosum aquaticum ;* Gramen bulbeux aquatique. *Bauh. Prodr.* 4, n.° 7, fig. 1. *Loës. Pruss.* 234, n.° 74.

A Montpellier, Lyon, Paris. ♃ Estivale.

2. SAGITTAIRE à feuilles obtuses, *S. obtusifolia*, L. à feuilles en fer de flèche, obtuses ; à tige ramifiée.

Pluk. tab. 290, fig. 7.

En Asie.

3. **SAGITTAIRE** à feuilles lancéolées, *S. lancifolia*, L. à feuilles ovales, lancéolées.

Pluk. Spec. 7, tab. 116, fig. 1.

Dans l'Amérique Méridionale.

4. **SAGITTAIRE** à trois feuilles, *S. trifolia*, L. à feuilles trois à trois.

A la Chine.

1165. **BÉGONE**, *BEGONIA*. *Tournef. Inst.* 660, tab. 442. *Lam. Tab. Encyclop.* pl. 778.

* *FLEURS MALES.*

CAL. Nul.

COR. Ouverte, régulière, à quatre *Pétales*, dont *deux* opposés, en cœur renversé : *deux*, en cœur.

ÉTAM. *Filamens* nombreux, plus courts que la corolle, capillaires. *Anthères* arrondies.

PIST. Promptement-caduc.

* *FLEURS FEMELLES.*

CAL. Nul, remplacé par l'*Ovaire*.

COR. Comme dans les fleurs mâles.

PIST. *Ovaire* inférieur à trois angles membraneux, à trois pointes, droit. Trois *Styles*, de la longueur des étamines, divisés peu profondément en deux parties. *Stigmate* arrondi.

PÉR. A trois angles, à trois loges, à trois *ailes* longitudinales.

SEM. Nombreuses, petites.

FLEURS MALES : *Calice* nul. *Corolle* à quatre pétales dont deux opposés, en cœur renversé : les deux autres en cœur. *Étamines* nombreuses.

FLEURS FEMELLES : *Calice* nul. *Corolle* à quatre pétales dont deux opposés, en cœur renversé : les deux autres en cœur. Trois *Styles* divisés peu profondément en deux parties. *Capsule* inférieure, triangulaire, inégale, à trois loges renfermant chacune plusieurs semences.

1. **BÉGONE** oblique, *B. obliqua*, L. à feuilles radicales pétiolées, taillées obliquement en cœur, un peu sinuées, à réseaux.

Plum. Spec. 21, tab. 45, fig. 1. *Sloan. Jam.* tab. 127, fig. 1 et 2.

Cette espèce présente quatre variétés, décrites et gravées dans *Plumier*.

1.° Bégone à fleur rose; à feuilles à oreillettes; plus petite et lisse.

2.° Bégone à fleur rose ; à feuilles à oreillettes ; plus petite et hérissée.

3.° Bégone à fleur rose ; à feuilles arrondies.

4.° Bégone à fleur rose ; à feuilles plus aiguës ; à oreillettes et à crénelures très-larges.

Ces variétés forment peut-être plusieurs espèces qui ne sont pas encore bien caractérisées ni distinctes.

Dans l'Inde Orientale. ♃

1166. THÉLIGONE, *THELIGONUM.* * *Lam. Tab. Encyclop.* pl. 777. CYNOCRAMBE. *Tournef.* tab. 485.

* *FLEURS MALES.*

CAL. *Périanthe* d'un seul feuillet, en toupie, à moitié divisé en deux segmens roulés.

COR. Nulle.

ÉTAM. Plusieurs *Filamens*, (douze et plus) droits, de la longueur de la corolle. *Anthères* simples.

* *FLEURS FEMELLES sur la même plante.*

CAL. *Périanthe* d'un seul feuillet, très-petit, droit, à deux segmens peu profonds, persistant sur les côtés de l'ovaire.

COR. Nulle.

PIST. *Ovaire* arrondi. *Style* filiforme, long. *Stigmate* simple.

PÉR. *Capsule* coriace, arrondie, à une loge.

SEM. Une seule, arrondie, à appendice calleux.

FLEURS MALES : *Calice* à deux segmens peu profonds. *Corolle* nulle. Environ douze *Étamines*.

FLEURS FEMELLES : *Calice* à deux segmens peu profonds. *Corolle* nulle. Un seul *Pistil*. *Capsule* coriace, à une loge, renfermant une seule semence.

1. THÉLIGONE Choux de Chien, *T. Cynocrambe*, L. à feuilles ovales, un peu obtuses, lisses, nerveuses.

Cynocrambe Dioscoridis ; Cynocrambe de Dioscoride. *Bauh. Pin.* 122, n.° 5. *Prodr.* 59, fig. 1. *Column. Phyt.* 120, tab. 36. *Bauh. Hist.* 3, P. 2, pag. 365, fig. 3. *Moris. Hist.* sect. 5, tab. 34, fig. 7. *Barrel.* tab. 335.

A Montpellier, en Italie. ⊙

1167. POTÉRIE, *POTERIUM.* * *Lam. Tab. Encyclop.* pl. 777. PIMPINELLA. *Tournef. Inst.* 156, tab. 68.

* *FLEURS MALES disposées en épi.*

CAL. *Périanthe* à trois *feuillets*, ovales, colorés, promptement caducs.

COR. Quatre *Pétales* ovales, concaves, ouverts, réunis à la base, persistans.

ÉTAM. Plusieurs *Filamens*, (de trente à quarante) capillaires, très-longs, flasques. *Anthères* arrondies, didymes.

* *FLEURS FEMELLES sur le même épi avec les fleurs mâles.*

CAL. *Périanthe* comme dans les fleurs mâles.

COR. Monopétale, en roue. *Tube* court, arrondi, réuni à son orifice. *Limbe* à cinq *divisions* profondes, ovales, planes, renversées, persistantes.

PIST. Deux *Ovaires*, ovales, oblongs, dans le tube de la corolle. Deux *Styles*, capillaires, colorés, flasques, de la longueur de la corolle. *Stigmates* colorés, en forme de pinceau.

PÉR. *Baie* formée par le tube de la corolle qui se durcit, s'épaissit et se ferme.

SEM. Deux.

OBS. P. spinosum, L. *Baie charnue, arrondie; Semences oblongues, arrondies.*

P. sanguisorba, L. *Baie sèche anguleuse; Semences à quatre côtés, pointues aux deux extrémités; deux Pistils grêles, insérés sur les fleurs mâles.*

FLEURS MALES : *Calice* à trois feuillets. *Corolle* à quatre divisions profondes. De trente à cinquante *Étamines*.

FLEURS FEMELLES : *Calice* à trois feuillets. *Corolle* à quatre divisions profondes. Deux *Pistils*. *Baie* formée par le tube de la corolle qui se durcit.

1. POTÉRIE Pimprenelle, *P. Sanguisorba*, L. sans épines; à tiges un peu anguleuses; à filamens très-longs.

Pimpinella Sanguisorba minor, hirsuta; Pimprenelle Sanguisorbe plus petite, hérissée. *Bauh. Pin.* 160, n.° 7. *Dod. Pempt.* 105, fig. 1. *Lob. Ic.* 1, pag. 718, fig. 2. *Lugd. Hist.* 1087, fig. 2. *Camer. Epit.* 777. *Bauh. Hist.* 3, P. 2, p. 115 et 116, fig. 1. *Bul. Paris.* tab. 563.

Cette espèce présente deux variétés.

1.° *Pimpinella Sanguisorba minor, lævis;* Pimprenelle Sanguisorbe plus petite, lisse. *Bauh. Pin.* 160, n.° 8.

2.° *Pimpinella Sanguisorba inodora;* Pimprenelle Sanguisorbe inodore. *Bauh. Pin.* 160, n.° 9.

A Montpellier, en Provence, à Lyon, Paris. ♃ Vernale.

2. POTÉRIE hybride, *P. hybridum*, L. sans épines; à tiges arrondies, sans angles, sèches; à filamens à peine plus longs que la corolle.

Moris. Hist. sect. 8, tab. 18, fig. 9. *Boccon. Sic.* 57, tab. 29, fig. 1. A. *Barrel.* tab. 632.

A Montpellier? ♃

3. POTÉRIE épineuse, *P. spinosum*, L. à épines ramifiées.

Poterio affinis, foliis Pimpinellæ, spinosa; Congénère de la Potérie, à feuilles de Pimprenelle, épineuse. *Bauh. Pin.* 388, n.° 2. *Lob. Ic.* 2, pag. 26, fig. 2. *Clus. Hist.* 1, p. 108, fig. 2. *Lugd. Hist.* 1488, fig. 2. *Moris. Hist.* sect. 8, t. 18, fig. 5. *Barrel.* tab. 631.

Dans l'isle de Crète, au Mont-Liban. ♃

1168. CHÊNE, *QUERCUS.* * *Tournef. Inst.* 582, tab. 349. *Lam. Tab. Encyclop.* pl. 779. ILEX. *Tournef. Inst.* 583, tab. 350. SUBER. *Tournef. Inst.* 584.

* *FLEURS MALES disposées en chaton lâche.*

CAL. *Périanthe* d'un seul feuillet, à quatre ou cinq *segmens* peu profonds, aigus, le plus souvent divisés peu profondément en deux parties.

COR. Nulle.

ÉTAM. Plusieurs *Filamens*, (cinq, huit, dix) très-courts. *Anthères* grandes, didymes.

* *FLEURS FEMELLES dans le bourgeon, sur le même arbre avec les fleurs mâles.*

CAL. *Périanthe* d'un seul feuillet, coriace, hémisphérique, rude, très-entier, à peine visible dans la fleur.

COR. Nulle.

PIST. *Ovaire* ovale, très-petit. *Style* simple, divisé peu profondément en deux ou cinq parties, plus long que le calice. *Stigmates* simples, persistans.

PÉR. Nul.

SEM. *Noix* ovale, arrondie, lisse, recouverte par une croûte coriace d'une seule pièce, raboteuse à la base, fixée dans le calice court, en cupule, qui s'est accru avec le fruit.

OBS. Quercus, *Tournefort : Feuilles sinuées.*

Ilex, *Tournefort : Feuilles dentées à dents de scie.*

Suber, *Tournefort : Ecorce fongueuse, lisse.*

FLEURS MALES : *Calice* à plusieurs segmens peu profonds, de cinq à neuf. *Corolle* nulle. *Étamines* de cinq à dix.

FLEURS FEMELLES : *Calice* d'un seul feuillet, très-entier, rude. *Corolle* nulle. *Style* divisé peu profondément en deux ou cinq parties. *Noix* ovale, connue sous le nom de *Gland*, divisée en deux lobes.

1. CHÊNE Phellos, *Q. Phellos*, L. à feuilles lancéolées, très-entières, lisses.

Catesb. Carol. 1, pag. et tab. 16.

Cette espèce présente deux variétés.

1.° Chêne à feuilles oblongues, non sinuées. *Catesb. Carol.* 1, pag. et tab. 17.

2.° Chêne nain, à feuilles de Saule, plus courtes. *Catesb. Carol.* 1, pag. et tab. 22.

Dans l'Amérique Septentrionale. ♄

2. CHÊNE des Moluques, *Q. Molucca*, L. à feuilles lancéolées, ovales, lisses.

Rumph. Amb. 3, pag. 85, tab. 56.

Aux isles Moluques. ♄

3. CHÊNE vert, *Q. Ilex*, L. à feuilles ovales, oblongues, entières, à dents de scie, blanchâtres en dessous; à écorce entière.

Ilex oblongo serrato folio; Chêne vert à feuille oblongue, dentelée. *Bauh. Pin.* 424, n.° 1. *Matth.* 180, fig. 2. *Lugd. Hist.* 20, fig. 1. *Bauh. Hist.* 1, P. 2, pag. 95, fig. 1.

Cette espèce présente deux variétés.

1.° *Ilex folio angusto non serrato;* Chêne vert à feuille étroite non dentelée. *Bauh. Pin.* 424, n.° 2. *Lugd. Hist.* 25, fig. 2.

2.° Le Chêne vert du bois de Grammont, *Quercus Gramuntia*, à feuilles oblongues ovales, sinuées, épineuses, sans pétioles, cotonneuses en dessous; à glands pédunculés, dont *Linné* avoit fait sa quatrième espèce, et que *Reichard* a ramenée comme variété du Chêne vert ordinaire.

Le bois du *Chêne vert* qui est lourd, très-fort, très-dur et qui pourrit difficilement, est employé pour les essieux des poulies, et autres pièces qui doivent éprouver beaucoup de frottement.

A Montpellier, en Provence. ♄ Vernale.

4. CHÊNE Liége, *Q. Suber*, L. à feuilles ovales, sans divisions, à dents de scie, cotonneuses en dessous: à écorce fongueuse, crevassée, ramifiée.

Suber latifolium perpetuò virens; Liége à larges feuilles toujours vertes. *Bauh. Pin.* 424, n.° 2. *Dod. Pempt.* 830, f. 1. *Lob. Ic.* 2, pag. 159, fig. 2. *Clus. Hist.* 1, pag. 22, fig. 1. *Bauh. Hist.* 1, P. 2, pag. 103, fig. 1.

Ce Chêne est distingué des autres espèces de ce genre par son écorce qui porte le même nom que l'arbre; elle est épaisse, légère, fongueuse. Les *Liéges* dépouillés de leur écorce, en reproduisent une nouvelle tous les sept ou huit ans. L'écorce est astringente.

En Provence, aux Pyrénées. ♄

5. CHÊNE à cochenille, *Q. coccifera*, L. à feuilles ovales, sans divisions, dentées, épineuses, lisses sur les deux surfaces.

Ilex aculeata, coccigIandifera ; Chêne vert épineux, produisant la cochenille. *Bauh. Pin.* 425, n.° 4. *Matth.* 737, fig. 1. *Dod. Pempt.* 827, fig. 1. *Lob. Ic.* 2, pag. 153, fig. 1. *Clus. Hist.* 1, pag. 24, fig. 1. *Lugd. Hist.* 28, fig. 1. *Camer. Epit.* 774 et 773. *Garid. Aix.* 245, tab. 53.

Le Chêne à Cochenille produit une petite gâle rouge, causée par la piqûre d'un Cynips. On en prépare le syrop de *Kermès*. Les Teinturiers en animant cette Cochenille avec la dissolution d'étain, en obtiennent une belle couleur écarlate.

A Montpellier, en Provence, en Espagne, en Italie, en Sicile. ♄ Vernale.

6. CHÊNE Prinus, *Q. Prinus*, L. à feuilles en ovale renversé, aiguës des deux côtés, sinuées, à dents de scie; à dentelures arrondies, uniformes.

Catesb. Carol. pag. et tab. 18.

Dans l'Amérique Septentrionale. ♄

7. CHÊNE noir, *Q. nigra*, L. à feuilles en forme de coin, à trois lobes irréguliers.

Dans l'Amérique Septentrionale. ♄

8. CHÊNE rouge, *Q. rubra*, L. à feuilles découpées en sinuosités, obtuses, sétacées, pointues.

Pluk. tab. 54, fig. 4. *Catesb. Carol.* pag. et tab. 23.

Cette espèce présente une variété décrite dans l'*Hortus Cliffortianus*, à sinuosités des feuilles obtuses; à angles aigus, terminés par une soie ; à trois dentelures peu sensibles : l'intermédiaire à marge très-entière.

Pluk. tab. 54, fig. 5. *Catesb. Carol.* 1, pag. et tab. 21, fig. 1.

En Virginie, à la Caroline. ♄

9. CHÊNE blanc, *Q. alba*, L. à feuilles obliquement pinnatifides; à sinus et angles obtus.

Catesb. Carol. 1, pag. et tab. 21, fig. 2.

En Virginie. ♄

10. CHÊNE Hêtre, *Q. Æsculus*, L. à feuilles pinnatifides ; à pinnules lancéolées, éloignées, aiguës, anguleuses postérieurement.

Quercus parva sive Phagus Græcorum, et Æsculus Plinii ; Chêne petit ou Hêtre des Grecs, et Escule de Pline. *Bauh. Pin.* 420, n.° 5. *Lugd. Hist.* 5, fig. 1 et 2.

En Provence. ♄

11. CHÊNE commun, *Q. Robur*, L. à feuilles caduques-tardives, oblongues, plus larges vers le sommet.

Quercus latifolia mas, quæ brevi pediculo est; Chêne mâle à larges feuilles, à fruit porté sur un péduncule court. *Bauh. Pin.* 419, n.° 1. *Lugd. Hist.* 2, fig. 1. *Bauh. Hist.* 1, P. 2, pag. 70, fig. 1. *Bul. Paris.* tab. 564.

Cette espèce présente une variété.

Quercus cum longo pediculo; Chêne à fruit porté sur un péduncule long. *Bauh. Pin.* 420, n.° 4. *Fusch. Hist.* 229. *Matth.* 179, fig. 3. *Dod. Pempt.* 823, fig. 1. *Lob. Ic.* 2, pag. 154, fig. 2. *Lugd. Hist.* 4, fig. 1. *Bauh. Hist.* 1, P. 2, pag. 70, fig. 2. *Loës. Prus.* pag. 211, n.° 69.

Outre cette variété on distingue le *Chêne à grappe* et le *Chêne à feuilles marbrées.*

Le bois de Chêne commun est un des plus utiles pour le chauffage, et un des meilleurs pour la marine; tous les ouvriers Menuisiers, Ébénistes, Charrons, etc. l'emploient pour leurs différens ouvrages. L'écorce et la sciure du bois fournissent le meilleur tan pour préparer les cuirs. On trouve sur les feuilles des tumeurs nommées *Gâles*, causées par des insectes (Cynips). On les emploie pour l'encre et les teintures en noir. La poudre des *Glands* a réussi sur la fin des dyssenteries fomentées par l'atonie des intestins.

En Europe. ♄ Vernale.

12. CHÊNE hérissé, *Q. Ægylops*, L. à feuilles ovales, oblongues, lisses, dentées; à dents de scie.

Quercus calyce echinato, glande majore; Chêne à calice hérissonné, à gland plus grand. *Bauh. Pin.* 420, n.° 6. *Dod. Pempt.* 831, fig. 1. *Lob. Ic.* 2, P. 1, pag. 156, fig. 1. *Lugd. Hist.* 6, fig. 1; et 7, fig. 1, le fruit? *Bauh. Hist.* 1, P. 2, pag. 77, fig. 2, le fruit seulement?

En Espagne. ♄

13. CHÊNE lanugineux, *Q. Cerris*, L. à feuilles oblongues, lyrées, pinnatifides: à pinnules traversalement aiguës, cotonneuses en dessous.

Quercus calyce hispido, glande minore; Chêne à calice hérissé, à gland plus petit. *Bauh. Pin.* 420, n.° 7. *Dod. Pempt.* 831, f. 2. *Lob. Ic.* 2, pag. 156, f. 2. *Clus. Hist.* 1, p. 20, fig. 1. *Lugd. Hist.* 7, fig. 2.

A Lyon, Paris. ♄ Vernale.

1169. NOYER, *JUGLANS.* * *Lam. Tab. Encyclop.* pl. 781. NUX. *Tournef. Inst.* 581, tab. 346.

* *FLEURS MALES réunies en chaton oblong.*

CAL. *Chaton commun* comme cylindrique, formé par des *écailles* placées en recouvrement les unes sur les autres, éparses de tou côtés, renfermant chacune une seule fleur, et attachées dans le centre extérieur de chaque corolle, tournées en dehors.

COR. Elliptique, égale, aplatie, à six *divisions* profondes, droites, concaves, portées sur un pédicule, insérées au centre intérieur de la corolle, et sur la rafle.

ÉTAM. Plusieurs *Filamens*, (dix-huit) très-courts. *Anthères* droites, pointues, de la longueur du calice.

* *FLEURS FEMELLES sans chaton, réunies une ou trois ensemble, assises sur le même arbre.*

CAL. *Périanthe* droit, très-court, à quatre *segmens* peu profonds, couronnant l'ovaire, disparoissant.

COR. Aiguë, droite, un peu plus grande que le calice, à quatre divisions profondes.

PIST. *Ovaire* ovale, grand, inférieur. Deux *Styles*, très-courts. *Stigmates* très-grands, en massue, renversés, déchirés dans leur partie supérieure.

PÉR. *Drupe* sèche, ovale, grande, à une loge.

SEM. *Noix* très-grande, arrondie, à sillons en réseau, à moitié divisée en quatre loges. *Noyau* à quatre lobes, diversement sillonné.

FLEURS MALES : D'un seul feuillet en forme d'écaille. *Corolle* à six divisions profondes. De douze à vingt-quatre *Filamens*.

FLEURS FEMELLES : *Calice* supérieur, à quatre segmens peu profonds. *Corolle* à quatre divisions profondes. Deux *Styles*. *Drupe* renfermant une *Noix* ligneuse, sillonnée.

1. NOYER royal, *J. regia*, L. à feuilles pinnées; à folioles ovales, lisses, légèrement dentées, presque égales.

Nux Juglans, seu regia vulgaris; Noyer commun, ou Noyer royal vulgaire. *Bauh. Pin.* 417, n.° 1. *Fusch. Hist.* 379. *Matth.* 223, fig. 1. *Dod. Pempt.* 816, fig. 1. *Lob. Ic.* 2, pag. 108, fig. 1. *Lugd. Hist.* 321, fig. 1. *Camer. Epit.* 172, *Bul. Paris.* tab. 565.

Cette espèce présente plusieurs variétés.

1.° *Nux Juglans fructu maximo;* Noyer à fruit très-grand. *Bauh. Pin.* 417, n.° 2.

2.° *Nux Juglans fructu tenero et fragili putamine;* Noyer à fruit tendre et à écorce fragile. *Bauh. Pin.* 417, n.° 3.

3.° *Nux Juglans fructu serotino;* Noyer à fruit tardif. *Bauh. Pin.* 417, n.° 5.

1. *Juglans;* Noyer ordinaire. 2. Écorce verte des fruits, ou *Brou*, amande, chatons, feuilles. 3. Suc de la racine, *Brou*, odeur

odeur forte, désagréable; saveur amère, acerbe, âcre; *brou* vomitif, et son suc astringent; *amande nouvelle* : douce, agréable; *sèche* : huileuse et souvent rance; *chatons* : odeur douce; *feuilles* : odeur forte, saveur astringente; *suc* de la racine fraîche, violent purgatif. 4. Fécule blanche, huile douce. Tout le monde connoît les usages auxquels on l'emploie. 5. Ulcères, (décoction des feuilles) rhumatismes chroniques. Les Praticiens n'ont point assez tenté les différentes parties de cet arbre précieux; la saveur du brou, l'odeur des feuilles et des chatons, annoncent de grandes vertus. 6. Le bois du *Noyer* est très-employé dans tous les ouvrages de menuiserie; il est excellent pour graver sur bois. Les Peintres préfèrent l'huile de noix qui ne se fige à aucun degré de froid. Les Noix fraiches, à peine mûres, appelées *Cerneaux*, sont agréables mangées au sel, mais indigestes; les Noix vieilles ont souvent causé des coliques très-vives par leur huile rance. On prépare avec le Brou des Noix un ratafia très-stomachique, connu sous le nom de *Brou-de-Noix*.

En Perse. Cultivé avec succès dans toute l'Europe tempérée. ♄ Vernale.

2. NOYER blanc, *J. alba*, L. à feuilles pinnées; à sept folioles lancéolées, à dents de scie : l'impaire sans pétiole.

Pluk. tab. 309, fig. 2.

En Virginie ♄

3. NOYER noir, *J. nigra*, L. à feuilles pinnées; à quinze folioles, lancéolées, à dents de scie : les extérieures plus petites; à bourgeons situés au-dessus des aisselles des feuilles.

Catesb. Carol. 1, pag. et tab. 67.

En Virginie, au Mariland. ♄

4. NOYER cendré, *J. cinerea*, L. à feuilles pinnées; à onze folioles lancéolées; à base intérieure des feuilles plus courte que l'extérieure.

Dans l'Amérique Septentrionale. ♄

5. NOYER à baies, *J. baccata*, L. à feuilles pinnées; à folioles trois à trois.

Sloan. Jam. tab. 157, fig. 1.

A la Jamaïque. ♄

2170. HÊTRE, *FAGUS.* * *Tournef. Inst.* 584, tab. 351. *Lam. Tab. Encyclop.* pl. 782. CASTANEA. *Tournef. Inst.* 584, tab. 352.

* *FLEURS MALES attachées à un réceptacle commun en chaton.*

CAL. *Périanthe* d'un seul feuillet, en cloche, à cinq segmens peu profonds.

COR. Nulle.

ÉTAM. Plusieurs *Filamens*, (douze environ) de la longueur du calice, sétacés. *Anthères* oblongues.

* *FLEURS FEMELLES dans le bourgeon sur le même arbre.*

CAL. *Périanthe* d'un seul feuillet, droit, aigu, à quatre dents.

COR. Nulle.

PIST. *Ovaire* couvert par le calice. Trois *Styles*, en alène. *Stigmates* simples, renversés.

PÉR. *Capsule* arrondie, formée par le calice de la fleur, très-grande, recouverte de piquans moux, à une loge, à quatre battans.

SEM. Deux *Noix*, ovales, à trois côtés, à trois battans, aiguës.

OBS. Fagi, *Tournefort : Fleurs mâles réunies en boule.*

Castaneæ, *Tournefort : Fleurs mâles disposées en cylindre.*

FLEURS MALES : *Calice* en cloche, à cinq segmens peu profonds, sans *Corolle*. Douze *Étamines*.

FLEURS FEMELLES : *Calice* à quatre dents, sans *Corolle*. Trois *Styles*. *Capsule* formée par le calice de la fleur, recouverte de piquans mous, à une loge, à quatre battans, renfermant deux semences qu'on nomme *Châtaignes* ou *Faines*.

1. HÊTRE Châtaignier, *F. Castanea*, L. à feuilles lancéolées, à dents de scie aiguës, nues sur leur surface inférieure.

Castanea sylvestris, quæ peculiariter Castanea ; Châtaignier sauvage, vulgairement nommé Châtaignier. *Bauh. Pin.* 419, n.° 2. *Fusch. Hist.* 377. *Matth.* 183, fig. 1. *Dod. Pempt.* 814, fig. 1. *Lob. Ic.* 2, pag. 160, fig. 2. *Lugd. Hist.* 31, fig. 1. *Bauh. Hist.* 1, P. 2, pag. 121, fig. 1.

Cette espèce présente une variété.

Castanea sativa ; Châtaignier cultivé. *Bauh. Pin.* 418, n.° 1.

1. *Castanea ;* Châtaignier ordinaire, Châtaigne. 2. Fruit, Châtaigne. 3. Adoucissante, venteuse, pectorale, très-nourrissante et saine. 4. Mucilage et fécule, nourrissans. 5. Diarrhées. 6. Le bois du *Châtaignier* est excellent pour les ouvrages de charpente qui ne sont point exposés à l'eau ; les branches fournissent d'excellens échalas ; cet arbre est un de ceux qui vieillissent le plus. Son fruit qui contient une grande quantité de farine, sert de nourriture aux habitans des montagnes. On prépare un pain assez léger avec la farine de *Châtaigne*. On retire de cet arbre une belle gomme ;

les tumeurs qui se développent sur les vieux troncs, donnent une teinture noire. Le *Châtaignier* cultivé appelé *Marronier*, est une variété perfectionnée par la greffe sur sauvageon. Son fruit qu'on vend à Paris sous le nom de *Marrons de Lyon*, est apporté du Dauphiné ou du Vivarès.

En Europe, dans les forêts. Cultivé dans les champs et dans les bois. ♄ Vernale.

2. **HÊTRE** nain, *F. pumila*, L. à feuilles lancéolées, ovales, à dents de scie aiguës, cotonneuses en dessous; à chatons filiformes, noueux.

Pluk. tab. 156, fig. 2.

Dans l'Amérique Septentrionale. ♄

3. **HÊTRE** des forêts, *F. sylvatica*, L. à feuilles ovales, à dents de scie irrégulières.

Fagus; Hêtre. *Bauh. Pin.* 419. *Matth.* 180, fig. 1. *Dod. Pempt.* 832, fig. 1. *Lob. Ic.* 2. pag. 160. fig. 1. *Lugd. Hist.* 34, fig. 1 et 2. *Bauh. Hist.* 1, P. 2, pag. 117 et 118, fig. 1.

Le *Hêtre* est recommandable par ses fruits, appelés *Faînes*, qui fournissent par expression une huile fort douce, qui ne se gèle point au froid. Les Faînes sont presque aussi agréables à manger que les Noisettes; elles servent à engraisser les Cochons qui les mangent avec avidité. L'usage du bois de Hêtre est très-étendu; les Tourneurs en font plusieurs petits ouvrages, on s'en sert pour ceux de gainerie. C'est avec ce bois qu'on fait les copeaux pour éclaircir les vins; on le préfère pour le chauffage. On a employé avec succès l'écorce intérieure du *Hêtre* contre les fièvres intermittentes.

La forme arrondie du chaton dans cette espèce, n'a pas paru suffisante à *Linné* pour le séparer du Châtaignier.

Nutritive pour le Mouton, la Chèvre.

A la grande Chartreuse, au Mont-Pilat près de Lyon. ♄ Vernale.

1171. CHARME, *CARPINUS.* * *Tournef. Inst.* 582, tab. 348. *Lam. Tab. Encyclop.* pl. 780. OSTRYA. *Mich. Gen.* 223, tab. 104.

* *FLEURS MALES réunies en chaton comme cylindrique.*

CAL. *Chaton commun* formé par des *écailles*, placées de tout côté en recouvrement les unes sur les autres, lâches ou peu serrées, ovales, concaves, aiguës, ciliées, renfermant chacune une seule fleur.

COR. Nulle.

ÉTAM. Le plus souvent dix *Filamens*, très-petits. *Anthères* didymes, comprimées, velues au sommet, à deux valves.

* *FLEURS FEMELLES réunies en chaton alongé sur le même arbre.*

CAL. *Chaton commun* formé par des *écailles* lancéolées, velues, renversées au sommet, placées en recouvrement les unes sur les autres, lâches ou peu serrées, renfermant chacune une seule fleur.

COR. En forme de calice, d'une seule pièce, à six *divisions* peu profondes, dont deux plus grandes.

PIST. Deux *Ovaires*, très-courts, surmontés chacun de deux *Styles*; capillaires, colorés, longs. *Stigmates* simples.

PÉR. Nul. Le *Chaton* qui devient très-grand, renferme la semence à la base de chaque écaille.

SEM. *Noix* ovale, anguleuse.

OBS. Carpinus, *Tournefort: renferme la semence dans la base de chaque écaille du calice.*

Ostrya, *Tournefort: renferme la semence enflée dans l'écaille du calice.*

FLEURS MALES: *Calice* commun à *Chaton* formé par des écailles ciliées, sans *Corolle*, renfermant dix *Étamines*.

FLEURS FEMELLES: *Calice* commun à *Chaton*, formé par des écailles ciliées, sans *Corolle*, renfermant deux *Ovaires* qui portent chacun deux *Styles*. *Noix* ovale, anguleuse.

1. CHARME vulgaire, *C. Betulus*, L. à écailles des fruits applatis.

Ostrya Ulmo similis, fructu in ombilicis foliaceis; Ostrya ressemblant à l'Orme, à fruit renfermé dans des ombilics foliacés. *Bauh. Pin.* 427, n.° 1. *Matth.* 135, fig. 2. *Dod. Pempt.* 841, fig. 1. *Lob. Ic.* 2, pag. 190, fig. 1. *Clus. Hist.* 1, p. 55, fig. 2. *Lugd. Hist.* 81, fig. 1. *Camer. Epit.* 71. *Bauh. Hist.* 1, P. 2, pag. 146, fig. 1. *Bul. Paris.* tab. 567.

Le *Charme* sert à faire dans les jardins des palissades ou cours de verdure, qu'on appelle *Allées de charmille.* Le bois de *Charme* qui est très-dur, est recherché par les ouvriers qui s'en servent pour monter leurs outils, pour faire des maillets, des masses et des moyeux de roue. C'est un des meilleurs bois pour le chauffage. On trouve sur les vieux Charmes une gomme assez semblable à la gomme lacque; l'écorce intérieure teint en jaune.

En Europe, au Canada, dans les forêts. ♄ Vernale.

2. CHARME Ostrya, *C. Ostrya*, L. à écailles des chatons enflées.

Ostrya Ulmo similis, fructu racemoso, Lupulo simili; Ostrya ressemblant à l'Orme, à fruit en grappe semblable au Houblon. *Bauh. Pin.* 427, n.° 2. *Mich. Gen.* 223, esp. 1 et 2, tab. 104, fig. 1 et 2.

Cette espèce présente une variété gravée dans *Plukenet*, t. 156, fig. 1.

En Dauphiné, en Italie, en Virginie. ♄

1172. NOISETIER, *CORYLUS.* * *Tournef. Inst.* 581, tab. 347. *Lam. Tab. Encyclop.* pl. 780.

* *FLEURS MALES réunies en chaton alongé.*

CAL. *Chaton commun* comme cylindrique, formé par des *écailles* placées de tout côté en recouvrement les unes sur les autres, couvrant chacune une seule fleur, rétrécies à la base, élargies au sommet, plus obtuses, courbées, à trois divisions peu profondes, dont l'*intermédiaire* d'une longueur égale avec les autres, mais deux fois plus large, les couvre.

COR. Nulle.

ÉTAM. Huit *Filamens*, très-courts, insérés sur le côté intérieur de l'écaille du calice. *Anthères* ovales, oblongues, plus courtes que le calice, droites.

* *FLEURS FEMELLES éloignées des fleurs mâles sur le même arbre, assises, renfermées dans le bourgeon.*

CAL. *Périanthe* à deux feuillets, coriace, déchiré sur les bords, droit, de la longueur du fruit, à peine visible pendant la floraison à raison de sa petitesse.

COR. Nulle.

PIST. *Ovaire* arrondi, très-petit. Deux *Styles*, sétacés, beaucoup plus longs que le calice, colorés. *Stigmates* simples.

PÉR. Nul.

SEM. *Noix* ovale, reposant sur le fond du calice, un peu comprimée et pointue au sommet.

OBS. Ce genre a beaucoup d'affinité avec le Carpinus.

FLEURS MALES : *Calice* commun. *Chaton* formé par des écailles divisées peu profondément en trois parties, sans *Corolle*, renfermant huit étamines.

FLEURS FEMELLES : *Calice* à deux feuillets, lacéré sur les bords, sans *Corolle*, renfermant deux *Styles*. *Noix* ovale, appelée *Noisette*, *Aveline*, reposant sur le fond du calice.

1. NOISETIER, vulgaire. *C. Avellana*, L. à stipules ovales, obtuses.

Corylus sylvestris; Noisetier sauvage. *Bauh. Pin.* 418, n.° 5. *Fusch. Hist.* 398. *Lugd. Hist.* 101, fig. 1.

Cette espèce présente quatre variétés.

1.° *Corylus sativa, fructu albo minore, sive vulgaris*; Noisetier cultivé, à fruit blanc plus petit, ou Noisetier vulgaire. *Bauh. Pin.* 417, n.° 1. *Fusch. Hist.* 899. *Matth.* 229, fig. 1. *Dod. Pempt.* 816, fig. 2. *Lob. Ic.* 2, pag. 192, fig. 1. *Clus Hist.* 1, pag. 11, fig. 1. *Lugd. Hist.* 319, fig. 1. *Bauh. Hist.* 1, P. 1, pag. 266, et non pas 252 par erreur de chiffres, fig. 1.

2.° *Corylus sativa, fructu rotundo, maximo;* Noisetier cultivé, à fruit rond, très-grand. *Bauh. Pin.* 418, n.° 2.

3.° *Corylus sativa, fructu oblongo, rubente;* Noisetier cultivé, à fruit oblong, rougeâtre. *Bauh. Pin.* 418, n.° 3.

4.° *Corylus nucibus in racemum congestis;* Noisetier à noix disposées en grappe. *Bauh. Pin.* 418, n.° 4.

Les *Noisettes* fraîches sont agréables à manger, mais de difficile digestion pour les personnes délicates; on peut en préparer du pain et une espèce de chocolat. Elle fournissent par expression un huile douce, dans la proportion de la moitié de leur poids, qui est employée par les Peintres et les Parfumeurs; le bois fournit un charbon léger, recherché par les Dessinateurs. Les Vanniers emploient les branches pour former le corps de leurs corbeilles; on en fait des cercles pour les petits barils.

En Europe, dans les haies, les bois. ♄ Hivernale.

2. NOISETIER Colurne, *C. Colurna*, L. à stipules linéaires, aiguës.

Avellana peregrina, humilis; Noisetier étranger, nain. *Bauh. Pin.* 418, n.° 6. *Clus. Hist.* 1, pag. 11, fig. 3. *Bauh. Hist.* 1, P. 1, pag. 270, fig. 1.

A Constantinople. ♄

1173. PLATANE, *PLATANUS.* * *Tournef. Inst.* 590, tab. 363. *Lam. Tab. Encyclop.* pl. 783.

* *FLEURS MALES composées, réunies en chaton arrondi.*

CAL. En forme de tuyau, découpé en franges ou lanières très-petites, peu nombreuses.

COR. A peine visible.

ÉTAM. *Filamens* oblongs, épaissis au sommet, colorés. *Anthères* à quatre côtés, naissant autour de la partie inférieure du filament.

* *FLEURS FEMELLES réunies en boule, nombreuses, sur le même arbre.*

CAL. Plusieurs écailles, très-petites.

COR. Plusieurs *Pétales*, concaves, oblongs, en massue.

PIST. Plusieurs *Ovaires*, en alêne, terminés par des *Styles* en alêne. *Stigmate* recourbé.

PÉR. Nul. Plusieurs *Fruits* réunis en boule.

SEM. Arrondie, assise sur le style sétacé, et terminé par le style en alêne. *Aigrette* capillaire adhérente à la base de la semence.

OBS. Que les Botanistes examinent très-attentivement les parties de la fleur ?

FLEURS MALES : en chaton arrondi. *Corolle* à peine visible. *Anthères* développées autour des filamens.

FLEURS FEMELLES en chaton arrondi. *Corolle* polypétale. *Styles* dont le stigmate est recourbé. *Semence* arrondie, terminée par le style en alêne, aigrettée vers la base, ou fixée sur des poils qui composent une espèce de houppe.

1. PLATANE d'Orient, *P. Orientalis*, L. à feuilles palmées.

Platanus, Platane. *Bauh. Pin.* 431, n.° 1. *Matth.* 127, fig. 2. *Dod. Pempt.* 842, fig. 1. *Lob. Ic.* 2, pag. 198, fig. 2. *Clus. Hist.* 1, pag. 9, fig. 1. *Lugd. Hist.* 93, fig. 1. *Camer. Epit.* 63. *Bauh. Hist.* 1, P. 2, pag. 170, fig. 1.

En Asie. Cultivé en Europe. Il exige un terrain moins humide que l'espèce suivante. ♄ Vernale.

2. PLATANE d'Occident, *P. Occidentalis*, L. à feuilles lobées.

Catesb. Carol. 1, pag. et tab. 156.

Dans l'Amérique Septentrionale. ♄

1174. LIQUIDAMBAR, *LIQUIDAMBAR.* † *Lam. Tab. Encyclop.* pl. 783.

* *FLEURS MALES nombreuses, disposées en chaton conique, long, peu serré.*

CAL. *Collerette commune* de quatre *feuillets*, ovales, concaves, promptement-caducs, dont les alternes sont plus courts.

COR. Nulle.

ÉTAM. *Filamens* nombreux, très-courts, formant un corps convexe d'un côté, aplati de l'autre. *Anthères* droites, didymes, à quatre sillons, à deux loges.

* *FLEURS FEMELLES à la base de l'épi mâle, réunies en boule.*

CAL. *Collerette* comme dans les fleurs mâles, mais double.

— *Périanthes propres* en cloche, anguleux, assez nombreux, réunis, garnis de verrues.

COR. Nulle.

PIST. *Ovaire* oblong, adhérent au périanthe. Deux *Styles*, en alêne. *Stigmates* adhérens d'un côté, de la longueur du style, recourbés, duvetés.

PÉR. *Capsules* ovales, à une loge, à deux valves au sommet, aiguës, ligneuses, réunies en boule.

SEM. Plusieurs, oblongues, luisantes.

FLEURS MALES : *Calice commun* à quatre feuillets. *Corolle* nulle. *Étamines* nombreuses.

FLEURS FEMELLES : *Calice commun* à quatre feuillets. *Corolle* nulle. Deux *Styles*. *Capsules* réunies en globe, à deux battans, renfermant plusieurs semences.

1. LIQUIDAMBAR Styrax, *L. styraciflua*, L. à feuilles palmées, anguleuses ; à lobes très-entiers ou sans divisions, aigus.

Liquidambar ; Liquidambar. *Bauh. Pin.* 502, n.° 9. *Pluk.* tab. 42, fig. 6.

1. *Sytrax liquida ;* Styrax et non Storax. 2. Résine ou Baume. 3. Odeur forte de Storax solide ou calamite, presque désagréable ; saveur un peu âcre et aromatique. 6. Un des principaux ingrédiens de l'*onguent* et de l'*emplâtre* de *Styrax*. Les Arabes aiment son odeur et le recherchent comme parfum.

En Virginie, au Mexique.

2. LIQUIDAMBAR étranger, *L. peregrinum*, L. à feuilles oblongues, alternativement sinuées.

Pluk. tab. 100, fig. 6 et 7.

Dans l'Amérique Septentrionale. ♄

IX. MONADELPHIE.

1175. PIN, *PINUS*. * *Tournef. Inst.* 585, tab. 355 et 356. *Lam. Tab. Encyclop.* pl. 786. ABIES. *Tournef. Inst.* 585, tab. 353 et 354. *Lam. Tab. Encyclop.* pl. 785. LARIX. *Tournef. Inst.* 586, tab. 357.

* *FEURS MALES disposées en grappes.*

CAL. Formé simplement par les *écailles* du bourgeon qui restent béantes.

COR. Nulle.

ÉTAM. Plusieurs *Filamens*, réunis inférieurement en *colonne* droite, divisée au sommet. *Anthères* droites, nues.

* *FLEURS FEMELLES sur le même arbre.*

CAL. *Cône commun* comme ovale, formé par des *écailles* couvrant deux fleurs, oblongues, placées en recouvrement, persistantes, roides.

COR. Nulle.

PIST. *Ovaire* très-petit. *Style* en alène. *Stigmate* simple.

PÉR. Nul. Le *Cône* formé par le calice dont les écailles sont fermées dans le principe, et qui se rapprochent seulement ensuite, renferme les semences.

SEM. *Noix* augmentée d'une aile membraneuse, plus grande que la semence, plus petite que l'écaille du chaton, oblongue, droite d'un côté, bossuée de l'autre.

OBS. *Le* Calice *de la fleur mâle* est à quatre feuillets.

FLEURS MALES : *Calice* de quatre feuillets, renfermant plusieurs *Étamines* réunies par leurs filamens, à *Anthères* nues. *Corolle* nulle.

FLEURS FEMELLES : *Calice* en cône formé par des écailles qui couvrent chacune deux fleurs. *Corolle* nulle. Un *Pistil. Noix* noyée dans une membrane qui forme deux ailes.

* *PINS à plusieurs feuilles, partant d'une base en gaîne.*

1. PIN sauvage, *P. sylvestris*, L. à feuilles naissant deux à deux : les primordiales solitaires, lisses.

Pinus sylvestris; Pin sauvage. *Bauh. Pin.* 491, n.° 2. *Matth.* 97, fig. 1. *Lugd. Hist.* 44, fig. 2.

Cette espèce présente trois variétés.

1.° *Pinus maritima altera*; autre Pin maritime. *Bauh. Pin.* 492, n.° 6. *Lob. Ic.* 2, pag. 229, fig. 1.

2.° *Pinaster latifolius, julis virescentibus*; Pin à larges feuilles, à chatons verdâtres. *Bauh. Pin.* 492, n.° 9. *Clus. Hist.* 1, pag. 31, fig. 1.

3.° *Pinnaster tenuifolius, julo purpurascente*; Pin à feuilles menues, à chaton pourpre. *Bauh. Pin.* 492, n.° 10. *Clus. Hist.* 1, pag. 31, fig. 2.

1. *Pinus*; Pin sauvage, Pin de Genève ou d'Écosse, Pin suffis ou Torche-Pin. 2. Jeunes pousses, Térébenthine commune ou Térébenthine de Strasbourg; huile volatile. 4. Celles des baumes en général. 5. Scorbut, rhumatisme chronique, goutte, dartres, fluxions catarrales, anciens rhumes, gâle, contusions, plaies. 6. En Suède, on pulvérise l'écorce intérieure du *Pin*, et on la mêle avec la farine de Seigle pour en faire du pain. On retire des noix de Pin un esprit ardent. Le Pin fournit toutes les espèces de poix, qui ne diffèrent entr'elles que par leur sophistication ou la manière de les extraire et de les préparer. On en distingue plusieurs espèces : la *Poix sèche* ou *Brai sec*; la *Poix résine* ou *Résine de Pin*; la *Poix grasse*; la *Poix liquide*, *Brai liquide* ou *Goudron*.

Les poussières séminales des anthères, qui sont jaunes, emportées par les vents, imitent des pluies de souffre.

Le *Pin* le plus résineux est la variété appelée *Mugo*, dont *Scopoli* a fait une espèce, à feuilles deux à deux; à cônes pyramidaux; à écailles oblongues, obtuses; à troncs et rameaux tortueux. Cet arbre est si résineux que les fissures des branches et des sommités fournissent perpétuellement une résine très-odorante, qui recueillie, imite les Baumes du Pérou. On peut la prescrire mêlée avec du sucre dans toutes les maladies contre lesquelles on emploie les baumes étrangers, comme gonorrhées anciennes, ulcérations internes, externes, etc.

En Europe, dans les forêts. ♄ Vernale.

2. PIN cultivé, *P. pinea*, L. à feuilles naissant deux à deux; les primordiales solitaires, ciliées; à cônes pyramidaux; à écailles lisses, brillantes.

Pinus sativa, Pin cultivé. *Bauh. Pin.* 491, n.° 1. *Matth.* 97, fig. 2. *Dod. Pempt.* 859, fig. 2. *Lob. Ic* 2, pag. 226, fig. 1. *Lugd. Hist.* 44, fig. 1. *Bauh. Hist.* 1, P. 2, pag. 248, fig. 1.

1. *Pinus, Pinus sativa;* Pin cultivé. 2. Noix. 3. Saveur acidule, douce, analogue à celle des amandes. 4. Huile par expression, dans la proportion d'un tiers de son poids. 6. On mange les amandes nommées *Pignons*, fraiches, crues ou confites au sucre comme des Pistaches; elles sont nutritives, adoucissantes; elles se rancissent promptement, alors elles deviennent rousses, âcres; c'est ce qui les a fait négliger pour l'usage pharmacéutique.

A Montpellier, en Provence. ♄

3. PIN de Virginie, *P. Tæda*, L. à feuilles naissant trois à trois, très-longues, grèles; à cônes très-grands; à écailles lâches.

En Virginie, au Canada. ♄

4. PIN Cimbre, *P. Cembra*, L. à feuilles naissant cinq à cinq, à trois côtes, à cônes ovales, droits; à écailles ovales, concaves.

Pinus sylvestris montana, tertia; Pin sauvage des montagnes, troisième. *Bauh. Pin.* 491, n.° 4. *Matth.* 98, fig. 3. *Dod. Pempt.* 860, fig. 2. *Lob. Ic.* 2, pag. 227, fig. 2. *Lugd. Hist.* 47, fig. 2.

Ce Pin fournit une térébentine très-agréable; on en retire une huile essentielle, appelée *Baume des Carpates*, qui est vulnéraire, détersive. Ces pignons ou amandes sont nutritifs, et fournissent par expression une huile dans la proportion de cinq onces par livre.

Sur les Alpes du Dauphiné. ♄

5. PIN strobe, *P. strobus*, L. à feuilles naissant cinq à cinq, rudes sur les bords; à cônes oblongs, pendans; à écailles ovales, aplaties, lâches; à écorce lisse.

En Virginie, au Canada. ♄

6. PIN Cèdre, *P. Cedrus*, L. à feuilles aiguës, naissant par faisceaux; à cônes ovales, obtus, droits; à écailles fermées, arrondies.

Cedrus conifera, foliis Laricis; Cèdre conifère, à feuilles de Mélèze. *Bauh. Pin.* 490, n.° 1. *Matth.* 122, fig. 1. *Dod. Pempt.* 867, fig. 1. *Lob. Ic.* 2, pag. 225, fig. 1 et 2. *Lugd. Hist.* 36, fig. 1 et 2. *Bauh. Hist.* 1, P. 2, pag. 277, fig. 1.

Le *Cèdre* du Liban devient un arbre d'une grosseur prodigieuse; les deux pieds qui se voient au jardin des Plantes à Paris ont éte plantés par le célèbre *Bernard de Jussieu*. Les Anciens employoient le bois de *Cèdre* dans les plus augustes bâtimens; il est sur-tout devenu célèbre par l'usage que les architectes de *Salomon* en firent pour la construction du magnifique Temple de Jérusalem. La résine du *Cèdre* répand une odeur très-agréable.

En Syrie, sur le Mont-Liban. ♄

7. PIN Mélèze, *P. Larix*, L. à feuilles obtuses, caduques-tardives, naissant par faisceaux; à cônes ovales, courts; à écailles ovales, un peu rudes, déchirées sur les bords.

Larix, Mélèze. *Bauh. Pin.* 493. *Fusch. Hist.* 496. *Matth.* 101, fig. 1. *Dod. Pempt.* 858, fig. 1; et 869, fig. 1. *Lob. Ic.* 2, pag. 230, fig. 1 et 2. *Lugd. Hist.* 55, fig. 1. *Camer. Epit.* 45 et 46. *Bauh. Hist.* 1, P. 2, pag. 265, fig. 1. *Barrel.* tab. 500. *Icon. Pl. Medic.* tab. 89.

1. *Pinus, Terebenthina Veneta*; Mélèze, Térébenthine de Venise. 2. Fleurs, Fruits, Térébenthine préférable à toutes les autres, *Manne*, connue sous le nom de *Manna laricea*, Manne de Briançon qui possède, mais à un degré inférieur, les propriétés de la manne de Calabre. 6. On fait peu d'usage de la manne; la Térébenthine entre dans plusieurs compositions de vernis; elle s'emploie extérieurement en emplâtre; on en tire un esprit et une huile. Le bois du *Mélèze*, qui est incorruptible dans l'eau, est employé pour la construction des navires et des aqueducs. Cette qualité précieuse l'a fait rechercher de préférence par les Peintres les plus célèbres qui travaillent sur bois.

Sur les Alpes du Dauphiné. ♄ Vernale.

* II *PINS à feuilles solitaires ou séparées à leur base.*

8. PIN vulgaire, *P. picea*, L. à feuilles solitaires, échancrées.

Abies conis sursùm spectantibus seu mas; Sapin à cônes tournés en haut ou Sapin mâle. *Bauh. Pin.* 505, n.° 1. *Dod. Pempt.* 866, fig. 2.

Sur les Alpes du Dauphiné, de Provence. ♄ Vernale.

9. PIN Baumier, *P. Balsamea*, L. à feuilles solitaires, comme échancrées, ponctuées dessous par deux lignes.

Pluk. tab. 121, fig. 1.

En Virginie, au Canada. ♄

10. PIN du Canada, *P. Canadensis*, L. à feuilles solitaires, linéaires, un peu obtuses, comme membraneuses.

Mill. Dict. tab. 1.

Dans l'Amérique Septentrionale. ♄

11. PIN Sapin, *P. Abies*, L. à feuilles solitaires, en alêne, pointues.

Cette espèce présente deux variétés.

1.° *Picea major, prima, sive Abies rubra*; Pin plus grand, premier, ou Sapin rouge. *Bauh. Pin.* 493, n.° 1.

2.° *Abies alba sive fæmina*; Sapin blanc ou femelle. *Bauh. Pin.* 505, n.° 2. *Matth.* 102, fig. 2. *Dod. Pempt.* 863, fig. 1. *Lob. Ic.* 2, pag. 251, fig. 2. *Lugd. Hist.* 54, fig. 1.

Picea minor; Pin plus petit. *Bauh. Pin.* 493, n.° 2.

1. *Abies*; Sapin. 2. Bourgeons, Résine. 5. Scorbut, ulcérations internes et externes. 6. Les *Sapins* fournissent les plus grandes poutres, les plus belles mâtures (sur-tout ceux du Nord), et la plus grande partie des planches d'un usage ordinaire. Ceux de nos pays sont beaucoup moins élevés. Le Sapin est très-résineux, chaque pied peut fournir quarante livres de résine; lorsqu'on la fait cuire, on en obtient la poix de Bourgogne si nécessaire pour calfeutrer les navires. On en retire par la distillation une huile essentielle, semblable à l'huile de térébenthine, qui réunie avec le mastic, fournit un bon vernis. Si on fait brûler la résine du Sapin, on obtient, en en recueillant la fumée, un noir utile pour encre d'imprimerie.

Nutritive pour la Chèvre.

Sur les Alpes du Dauphiné, de Provence, au-Mont-Pilat, etc. ♄ Vernale.

12. PIN d'Orient, *P. Orientalis*, L. à feuilles solitaires, à quatre faces.

En Orient.

1176. THUYA, *THUYA.* * *Tournef. Inst.* 586, tab. 358. *Lam. Tab. Encyclop.* pl. 787.

* *FLEURS MALES.*

CAL. *Châton* ovale, formé par la rafle commune sur laquelle sont attachées des fleurs opposées sur trois rangs. *Chaque fleur* a pour base une *écaille* comme ovale, concave, obtuse.

COR. Nulle.

ÉTAM. Quatre *Filamens*, (à chaque fleuron), à peine visibles. Quatre *Anthères*, adhérentes à la base des écailles du calice.

* *FLEURS FEMELLES sur le même arbre.*

CAL. *Cône* commun comme ovale, composé de *fleurons* opposés, formé par des *écailles* à deux fleurs, ovales, convexes, réunies dans leur longueur.

COR. Nulle.

PIST. *Ovaire* très-petit. *Style* en alêne. *Stigmate* simple.

PÉR. *Cône* ovale, oblong, obtus, s'ouvrant dans sa longueur, à écailles oblongues, presque égales, convexes extérieurement, obtuses.

SEM. oblongues, échancrées, ceintes dans leur longueur par une aile membraneuse. *

OBS. Ce genre a beaucoup d'affinité avec le Cyprès.

FLEURS MALES : *Calice* en chaton formé par des écailles qui couvrent chacune quatre *Etamines* réunies par leurs filamens. *Corolle* nulle.

FLEURS FEMELLES : *Calice* en cône formé par des écailles qui couvrent chacune un *Pistil*. *Corolle* nulle. *Noix* environnée d'une aile membraneuse.

1. **THUYA** d'Occident, *T. Occidentalis*, L. à cônes lisses ; à écailles obtuses.

Thuya Theophrasti ; Thuya de Theophraste. *Bauh. Pin.* 488. *Dod. Pempt.* 858, fig. 1. *Lob. Ic.* 2, pag. 224, fig. 1. *Clus. Hist.* 1, pag. 36, fig. 1. *Lugd. Hist.* 60, fig. 1. *Bauh. Hist.* 1, P. 2, pag. 286, fig. 1.

La décoction des branches du *Thuya* est très-analogue par ses effets à celle de la Sabine.

Au Canada, en Sibérie, en Lithuanie, dans les forêts. ♄ Hivernale.

2. **THUYA** d'Orient, *T. Orientalis*, L. à cônes rudes ; à écailles aiguës, crochues.

A la Chine. ♄

3. **THUYA** sans feuilles, *T. aphylla*, L. à cônes à quatre battans ; à feuilles opposées, appliquées contre la tige, engainantes, pointues ; à rameaux en recouvrement.

Au cap de Bonne-Espérance.

1177. **CYPRÈS**, *CUPRESSUS*. * *Tournef. Inst.* 587, tab. 358. *Lam. Tab. Encyclop.* pl. 787.

* *FLEURS MALES réunies en chaton ovale.*

CAL. *Chaton commun* ovale, composé de fleurs éparses, formé de vingt *écailles* ou environ, couvrant chacune une seule fleur, arrondies, pointues antérieurement, en bouclier, opposées.

COR. Nulle.

ÉTAM. *Filamens* nuls, remplacés par une écaille du calice, sur la base de laquelle sont insérées quatre *Anthères*.

* FLEURS FEMELLES *réunies en cône arrondi, sur le même arbre.*

CAL. *Cône commun* arrondi, composé de huit à dix fleurons, formé par des *écailles* couvrant chacune une seule fleur, opposées, ovales, réunies en dessus, s'ouvrant.

COR. Nulle.

PIST. *Ovaire* à peine visible. *Points* nombreux entre chaque écaille du calice, tronqués, concaves au sommet. *Styles ?*

PÉR. Nul. *Cône* comme arrondi, formé, s'ouvrant par des écailles arrondies, anguleuses, en bouclier, sous lesquelles se trouve une :

SEM. *Noix* anguleuse, pointue, petite.

FLEURS MALES, *Calice* en chaton formé par des écailles couvrant chacune quatre *Anthères* assises ou sans filamens. *Corollule* nulle.

FLEURS FEMELLES, *Calice* en cône formé par des écailles couvrant chacune une seule fleur. *Corolle* nulle. Le *Cône* mûr offre des gerçures dans lesquelles on trouve des *Noix* ou semences anguleuses.

1. CYPRÈS toujours vert, *C. sempervirens*, L. à feuilles en recouvrement; à rameaux à quatre angles.

Cupressus, Cyprès. *Bauh. Pin.* 488, n.° 1. *Matth.* 116, f. 1. *Dod. Pempt.* 856, fig. 2. *Lob. Ic.* 2, pag. 222, fig. 1. *Lugd. Hist.* 68, fig. 1. *Camer. Epit.* 52. *Bauh. Hist.* 1, P. 2, pag. 280, fig. 1. *Icon. Pl. Medic.* tab. 293.

Cette espèce présente une variété, appelée Cyprès mâle, qui ne diffère qu'en ce qu'elle étend ses branches çà et là, au lieu que le Cyprès femelle les rassemble à son sommet.

Dans les pays chauds on voit suinter de l'écorce des jeunes Cyprès, une substance blanche, analogue à la gomme adragant; les abeilles la recueillent pour former leur propolis. On n'emploie en médecine que les fruits du Cyprès.

Dans le Levant. Cultivée dans les jardins. ♄

2. CYPRÈS distique, *C. disticha*, L. à feuilles distiques ou en éventail, très-étalés.

Pluk. tab. 85, fig. 6.

En Virginie, à la Caroline. ♄

3. CYPRÈS thuya, *C. thuyoïdes*: L. à feuilles en recouvrement; à rameaux à deux tranchans.

Pluk. tab. 345, fig. 1.

Au Canada, dans les lieux humides. ♄

4. CYPRÈS Genevrier, *C. juniperoïdes*, L. à feuilles opposées, disposées en sautoir, en alêne, étalées.

Au cap de Bonne-Espérance. ♄

1178. PLUKENÈTE, *PLUKENETIA. Plum. Gen.* 47, tab. 13. *Lam. Tab. Encyclop.* pl. 788.

* *FLEURS MALES.*

CAL. Nul (à moins qu'on ne prenne la corolle pour calice.)

COR. Quatre *Pétales*, ovales, ouverts.

ÉTAM. Huit *Filamens*, très-courts, réunis. *Anthères* droites, simples.

Nectaire : quatre glandes, situées à la base des étamines, garnies d'une barbe plus longue que les étamines.

* *FLEURS FEMELLES sur la même plante avec les fleurs mâles.*

CAL. Nul.

COR. Comme dans les fleurs mâles.

PIST. *Ovaire* quadrangulaire. *Style* filiforme, très-long, incliné. *Stigmate* en bouclier, divisé peu profondément en quatre parties obtuses, planes, marquées chacune d'un point dans leur milieu.

PÉR. *Capsule* déprimée, quadrangulaire, carénée sur les angles, à quatre loges : chaque loge à deux battans.

SEM. Solitaires, arrondies, comprimées, un peu aiguës.

FLEURS MALES : *Calice* nul. *Corolle* à quatre pétales. Huit *Étamines*. Quatre *Nectaires* barbus.

FLEURS FEMELLES : *Calice* nul. *Corolle* à quatre pétales. *Style* très-long, terminé par un stigmate en bouclier, divisé en quatre lobes. *Capsule* à quatre loges.

1. PLUKENÈTE entortillée, *P. volubilis*, L. à tige grimpante ; à feuilles à dents de scie ; à fruit tétragone.

Rumph. Amb. 1, pag. 194, tab. 79, fig. 2.

Dans l'Inde Orientale.

1179. DALÉCHAMPE, *DALECHAMPIA. Plum. Gen.* 17, tab. 38. *Lam. Tab. Encyclop.* pl. 788.

CAL. *Collerette commune* double.

—— *Collerette extérieure* plus petite, à quatre *feuillets*, lancéolés, très-ouverts.

—— *Collerette intérieure* très-grande, à deux *feuillets*, en cœur, réunis, à trois segmens peu profonds.

* *FLEURONS MALES à ombelle pédunculée simple, à dix fleurs, plus courte que la collerette intérieure.*

CAL. *Collerette* droite, émoussée, de deux *feuillets*, comme à trois lobes.

Écailles nombreuses, en ovale renversé, appliquées en recouvrement sur le côté extérieur de la collerette, et l'égalant en longueur.

— *Périanthe propre*, porté sur un pédicule, à cinq *feuillets*, ovales, aigus, caducs-tardifs.

COR. Nulle.

ÉTAM. Plusieurs *Filamens*, réunis en colonne plus longue que le calice. *Anthères* arrondies.

* *FLEURONS FEMELLES au nombre de trois dans la même collerette commune, rapprochés sur le côté inférieur.*

CAL. *Collerette* de trois *feuillets*, échancrés, petits.

— *Périanthe propre* inférieur, à onze *feuillets*, linéaires, dentés, aigus, réunis, persistans.

COR. Nulle.

PIST. *Ovaire* arrondi, plus court que le périanthe. *Style* filiforme, ascendant, de la longueur des fleurons mâles. *Stigmate* comme en tête, perforé.

PÉR. *Capsule* arrondie, à trois coques, à trois loges, à deux battans.

SEM. Solitaires, comme arrondies.

COLLERETTE COMMUNE double : l'*extérieure* de quatre feuillets : l'*intérieure* de deux feuillets.

FLEURS MALES : *Ombelle* de dix fleurs, à *Involucelle* formé de deux feuillets garnis sur le côté extérieur de paillettes nombreuses. *Périanthe propre* de cinq feuillets. *Corolle* nulle. Plusieurs *Filamens* réunis.

FLEURS FEMELLES : trois *Fleurons* dans la même *Collerette* commune. *Involucelle* de trois feuillets. *Périanthe propre* de onze feuillets. *Corolle* nulle. Un seul *Style* filiforme. *Capsule* à trois coques.

1. DALÉCHAMPE grimpante, *D. scandens*, L. à feuilles alternes, pétiolées, en cœur, à trois divisions peu profondes, ridées, à dents de scie, duvetées.

Jac. Amer. 252, tab. 160.

Dans l'Amérique Méridionale.

1180. RICINELLE,

1180. **RICINELLE**, *ACALYPHA*. * *Lam. Tab. Encyclop.* pl. 789.

* *FLEURS MALES entassées au-dessus des fleurs femelles.*

CAL. *Périanthe* à trois ou quatre *feuillets*, arrondis, concaves, égaux.

COR. Nulle.

ÉTAM. *Filamens* de huit à seize, courts, entassés, réunis à la base. *Anthères* arrondies.

* *FLEURS FEMELLES en petit nombre, placées au-dessous des fleurs mâles, renfermées dans une collerette à plusieurs rayons très-grands.*

CAL. *Périanthe* à trois *feuillets*, comme ovales, concaves, réunis, petits, persistans.

COR. Nulle.

PIST. *Ovaire* arrondi. Trois *Styles*, ramifiés, (le plus souvent divisés profondément en trois parties), longs. *Stigmates* simples.

PÉR. *Capsule* arrondie, à trois sillons, à trois loges, à battans s'ouvrant sur deux côtés.

SEM. Solitaires, arrondies, très-grandes.

FLEURS MALES : *Calice* à trois ou quatre feuillets. *Corolle* nulle. De huit à treize *Étamines* réunies par leurs filamens.

FLEURS FEMELLES : *Calice* à trois feuillets. *Corolle* nulle. Trois *Styles*. *Capsule* à trois coques, à trois loges renfermant chacune une seule semence.

1. **RICINELLE** de Virginie, *A Virginica*, L. à feuillets des collerettes des fleurs femelles en cœur, découpés ; à feuilles ovales, lancéolées, plus longues que les pétioles.

Pluk. tab. 99, fig. 4.

A Zeylan, en Virginie. ⊙

2. **RICINELLE** à verge, *A. virgata*, L. à épis femelles ; à feuillets de la collerette en cœur, à dents de scie ; les épis mâles distincts, sans feuilles ; à feuilles lancéolées, ovales.

Brown. Jam. 346, tab. 36, fig. 1.

A la Jamaïque.

3. **RICINELLE** des Indes ; *A. Indica*, L. à feuillets des collerettes des fleurs femelles en cœur, un peu crénelés ; à feuilles ovales, plus courtes que les pétioles.

Aux Indes Orientales. ⊙

4. **RICINELLE** Australe, *A. Australis*, L. à feuillets des collerettes des fleurs femelles très-entières ; à feuilles lancéolées, obtuses.

Dans l'Amérique Méridionale.

2181. CROTON, *CROTON*. * *Lam. Tab. Encyclop.* pl. 790. RICINOÏDES. *Tournef. Inst.* 655, tab. 423.

* FLEURS MALES *plus petites que les fleurs femelles.*

CAL. *Périanthe* cylindrique, à cinq dents.

COR. Cinq *Pétales* dans la plupart des espèces, à peine plus grands que le calice, oblongs, obtus.

Nectaire : cinq glandes, petites, attachées au réceptacle.

ÉTAM. Cinq ou dix *Filamens*, en alène, réunis à la base, de la longueur de la fleur. *Anthères* arrondies, didymes.

* FLEURS FEMELLES *éloignées des fleurs mâles sur la même plante.*

CAL. *Périanthe* à plusieurs *feuillets*, ovales, oblongs, droits.

COR. Comme dans les fleurs mâles, (à peine visible dans quelques espèces.)

PIST. *Ovaire* arrondi. Trois *Styles*, renversés, étalés, de la longueur de la fleur, à moitié divisés en deux parties. *Stigmates* renversés, divisés peu profondément en deux parties.

PÉR. *Capsule* arrondie, à trois lobes sur les côtés, à trois loges dont chacune est à deux battans, de la grandeur du calice.

SEM. solitaires, ovales, grandes.

OBS. *Quelques espèces ont des* Pétales, *d'autres sont* Apétales.

C. Tinctorum, L. : *Calice à cinq feuillets ; cinq Pétales lancéolés ; huit Étamines monadelphes.*

C. lucidum, L. : *Calice des Mâles à dix feuillets, sans corolle ; douze Étamines ; Calice des Femelles à cinq feuillets ; Ovaire hérissé ; trois Styles divisés profondément en six parties.*

FLEURS MALES : *Calice* cylindrique, à cinq dents. *Corolle* à cinq pétales. Dix ou quinze *Étamines* réunies par leurs filamens.

FLEURS FEMELLES : *Calice* à plusieurs feuillets. *Corolle* à cinq pétales. Trois *Styles* divisés peu profondément en deux parties. *Capsule* à trois loges renfermant chacune une semence.

1. CROTON bigarré, *C. variegatum*, L. à feuilles lancéolées, très-entières, lisses, peintes, pétiolées.

Rheed. Mal. 6, pag. 109, tab. 61. *Rumph. Amb.* 4, pag. 68, tab. 27.

Cette espèce présente deux variétés.

A Amboine.

2. CROTON Cascarille, *C. Cascarilla*, L. à feuilles lancéolées, aiguës, très-entières, pétiolées, cotonneuses en dessous ; à tige en arbre.

Sloan. Jam. tab. 86, fig. 1.

1. *Cascarilla*; Cascarille, Chacrille, écorce de Cascarille ou de Chacrille. 2. Ecorce. 3. Odeur aromatique agréable; saveur aromatique amère. 4. Un peu d'huile essentielle; extrait aqueux foible; extrait spiritueux peu sapide. 5. Fièvres avec redoublement, tierces; diarrhée fébrile, dyssenterie.

Au Pérou, au Paraguay, à la Floride.

3. CROTON Benjoin, *C. Benzoë*, L. à feuilles linéaires, un peu sinuées, nues, marquées de veines rouges.

Pluk. tab. 207, fig. 1.

1. *Benzoë amygdaloïdes*, *Assa dulcis*; Benjoin amandé. 2. Résine. 3. Odeur agréable et pénétrante; elle le devient encore plus si on le brûle; saveur résineuse, un peu âcre. 4. Sel essentiel huileux, connu sous le nom de *Fleurs de Benjoin*. 5. Hystéricie, toux humorale, rougeurs du visage, (son huile).

A Sumatra, à Java, à Siam.

4. CROTON à feuilles de châtaignier, *C. castaneifolium*, L. à feuilles lancéolées, obtuses, à dents de scie, pétiolées, lisses.

Dans l'Amérique Septentrionale.

5. CROTON des marais, *C. palustre*, L. à feuilles ovales, lancéolées, plissées, à dents de scie, rudes.

Pluk. tab. 259, fig. 6.

A Véra-Crux, dans les Marais.

6. CROTON lisse, *C. glabellum*, L. à feuilles ovales, un peu obtuses, très-entières, lisses; à fruits pédunculés.

Sloan. Jam. tab. 174, fig. 1.

A la Jamaïque.

7. CROTON des Teinturiers, *C. Tinctorum*, L. à feuilles rhomboïdales, un peu sinuées; à capsules pédunculées; à tige herbacée.

Heliotropium tricoccum; Héliotrope à trois coques. *Bauh. Pin.* 253, n.° 4. *Matth.* 893, fig. 4. *Dod. Pempt.* 71, fig. 1. *Lob. Ic.* 1, pag. 261, fig. 2. *Clus. Hist.* 2, pag. 47, fig. 2. *Lugd. Hist.* 1352, fig. 2. *Camer. Epit.* 1001. *Bauh. Hist.* 3, P. 2, pag. 606, fig. 2. *Moris. Hist.* sect. 11, tab. 13, fig. 5.

1. *Lacmus* (*succus*), *Tournesol* (*succus*); Tournesol, bleu de Hollande. 2. Suc. 6. Laboratoires de chimie, teinture. Les habitans d'un village auprès de Montpellier, nommé le *Grand'Calargues*, font la récolte de cette plante qui croît abondamment dans tous les champs. Ils trempent dans le suc des semences, des chiffons appelés *Drapeaux*, les expo-

sent à la vapeur de l'urine putréfiée, qui leur communique une couleur violette, et les vendent aux Hollandois qui en extraient la couleur, la réduisent en masse, et la revendent en cet état, sous le nom de *Bleu de Hollande*, dans toute l'Europe.

A Montpellier, à Astas, en Provence. ⊙ Automnale.

8. CROTON glanduleux, *C. glandulosum*, L. à feuilles oblongues, à dents de scie, garnies à leur base de deux glandes; à fruits assis.

A la Jamaïque.

9. CROTON argenté, *C. argenteum*, L. à feuilles en cœur, ovales, cotonneuses en dessous, entières, à dents de scie.

Dans l'Amérique Méridionale. ⊙

10. CROTON sebifère, *C. sebiferum*, L. à feuilles rhomboïdales, ovales, aiguës, très-entières, lisses.

Pluk. tab. 390, fig. 2.

A la Chine, dans les lieux humides. ♄

11. CROTON Pignon-d'Inde, *C. Triglium*, L. à feuilles ovales, lisses, aiguës, à dents de scie; à tige en arbre.

Pinus Indica, nucleo purgante; Pignon-d'Inde dont l'amande purge. *Bauh. Pin.* 492, n.° 11. *Burm. Zeyl.* 200, tab. 90.

1. *Triglii, Tilii grana, Pavanæ lignum;* Pignons-d'Inde, bois des Moluques, grains de Tilli. 2. Fruits, Bois. 3. Odeur nauseuse; saveur âcre, mordante, caustique. 5. Maladies pituiteuses chroniques, leucophlegmatie, hydropisie, tænia. 6. Les fruits, sur-tout récens, enivrent les poissons, les volatiles, même les quadrupèdes; à une dose un peu plus forte ils les tuent.

A Zeylan. ♄

12. CROTON luisant, *C. lucidum*, L. à feuilles oblongues, un peu dentées, lisses, opposées; à fleurs en grappes à épis, terminant les rameaux.

A la Jamaïque. ♄

13. CROTON Gomme-Lacque, *C. lacciferum*, L. à feuilles ovales, cotonneuses, un peu dentées, pétiolées; à calices cotonneux.

Burm. Zeyl. 201, tab. 91.

1. *Lacca (gummi);* Gomme-Lacque. 4. Extraits aqueux et spiritueux, en quantité inégale. 6. La *Gomme-Lacque* donne à la cire à cacheter, la bonne odeur qu'on lui connoît, et fournit les plus beaux vernis.

Dans l'Inde Orientale.

14. CROTON balsamifère, *C. balsamiferum*, L. à feuilles ovales, lancéolées, rudes, très-entières, cotonneuses en dessous,

Jacq. Amer. 255, tab. 162, fig. 3.

A la Martinique, à Curaçao, à la Jamaïque.

15. CROTON aromatique, *C. aromaticum*, L. à feuilles en cœur, rudes, un peu dentées, pétiolées; à tige en arbre.

A Zeylan.

16. CROTON nain, *C. humile*, L. à feuilles en cœur, très-entières, un peu ciliées, rudes, cotonneuses en dessous; à tige ligneuse.

A la Jamaïque. ♄

17. CROTON à semences de ricin, *C. Ricinocarpos*, L. à feuilles comme en cœur, crénelées; à pédoncules opposés aux feuilles; à fleurs en grappes; à tige herbacée.

A Surinam. ⊙

18. CROTON des Moluques, *C. Moluccanum*. L. à feuilles en cœur, anguleuses, rudes, cotonneuses en dessous.

Le synonyme de *Plukenet*, tab. 220, fig. 5, cité pour cette espèce, est rapporté par *Reichard* à la *Clutia elateria*, L.

A Zeylan, aux Moluques.

19. CROTON jaunâtre, *C. flavens*, L. à feuilles en cœur, oblongues, très-entières, cotonneuses sur les deux surfaces; à rameaux encore plus cotonneux.

A la Jamaïque.

20. CROTON en fer de hallebarde, *C. hastatum*, L. à feuilles à trois lobes, en fer de hallebarde, lancéolées, dentées.

Pluk. tab. 120, fig. 2, et 220, fig. 2.

Dans l'Inde Orientale.

21. CROTON lobé, *C. lobatum*, L. à feuilles à dents de scie mousses: les inférieures à cinq lobes: les supérieures à trois lobes.

Mart. Cent. tab. 46.

A Véra-Crux. ⊙

22. CROTON épineux, *C. spinosum*, L. à feuilles palmées, à cinq et à trois lobes, à dents de scie, épineuses; à fleurs presque assises ou à pédoncules très-courts, rapprochées de la tige.

Pluk. tab. 108, fig. 3.

Dans l'Inde Orientale.

23. CROTON brûlant, *C. urens*, L. à feuilles trois à trois, à dents de scie, lancéolées.

Pluk. tab. 120, fig. 6.

Dans l'Inde Orientale.

1182. CUPANE. *CUPANIA. Plum. Gen.* 45, tab. 19.

* *FLEURS MALES.*

CAL. *Périanthe* plane, persistant, à trois *feuillets*, ovales, aigus.

COR. Cinq *Pétales* arrondis, plus petits que le calice, ouverts.

ÉTAM. Cinq *Filamens*, réunis, en alêne, de la longueur de la corolle. *Anthères* arrondies.

* *FLEURS FEMELLES.*

CAL. Comme dans les fleurs mâles.

COR. Trois *Pétales*.

PIST. *Ovaire* ovale. *Style* très-petit, divisé peu profondément en trois parties. *Stigmate* obtus.

PÉR. *Capsule* coriace, en toupie, ovale, à trois loges, à trois battans.

SEM. Six, arrondies. *Arille* en cloche, crénelé, enveloppant la semence comme un calice.

FLEURS MALES : *Calice* à trois feuillets. *Corolle* à cinq pétales. Cinq *Étamines* réunies par leurs filamens.

FLEURS FEMELLES : *Calice* à trois feuillets. *Corolle* à trois pétales. *Style* divisé peu profondément en trois parties. *Capsule* à trois loges renfermant chacune deux semences.

1. CUPANE d'Amérique, *C. Americana*, L. à feuilles alternes, en ovale renversé, oblongues, obtuses, dentées à dents de scie.

Plum. Ic. 110.

Dans l'Amérique Méridionale. ♄

1183. JATROPHA, *JATROPHA.* * *Lam. Tab. Encyclop.* pl. 791. MANIHOT. *Tournef. Inst.* 658, tab. 438. *Dill. Elth.* tab. 173, fig. 213.

* *FLEURS MALES.*

CAL. *Périanthe* à peine visible.

COR. Monopétale, en entonnoir. *Tube* très-court. *Limbe* à cinq *divisions* profondes, arrondies, étalées, convexes en dessus, concaves en dessous.

ÉTAM. Dix *Filamens*, en alêne, rapprochés dans le milieu, dont cinq alternes plus courts, droits, moins longs que la corolle. *Anthères* arrondies, versatiles.

PIST. *Rudiment* grêle, caché au fond de la fleur.

* *FLEURS FEMELLES sur la même ombelle avec les fleurs mâles.*

CAL. Nul.

COR. Cinq *Pétales*, rosacés.

PIST. *Ovaire* arrondi, à trois sillons. Trois *Styles*, divisés peu profondément en deux parties. *Stigmates* simples.

PÉR. *Capsule* arrondie, à trois coques, à trois loges dont chacune est à deux battans.

SEM. Solitaires, arrondies.

FLEURS MALES : *Calice* nul. *Corolle* monopétale, en entonnoir. Dix *Étamines* dont cinq alternes plus courtes.

FLEURS FEMELLES : *Calice* nul. *Corolle* à cinq pétales très-ouverts. Trois *Styles* divisés peu profondément en deux parties. *Capsule* à trois loges renfermant chacune une seule semence.

* I. *JATROPHAS à calice accessoire.*

1. JATROPHA à feuilles de coton, *J. gossypifolia*, L. à feuilles divisées profondément en cinq lobes ovales, entiers, parsemés de soies glanduleuses, ramifiées.

Pluk. tab. 56, fig. 2 ; et 220, fig. 4. *Sloan. Jam.* tab. 84.

Dans l'Amérique Méridionale. ♄

2. JATROPHA des Moluques, *J. Moluccana*, L. à feuilles ovales, très-entières, à peine dentées.

Aux isles Moluques, à Zeylan. ♄

3. JATROPHA Curcas, *J. Curcas*, L. à feuilles en cœur, anguleuses.

Ricinus Americanus major, semine nigro ; Ricin d'Amérique plus grand, à semence noire. *Bauh. Pin.* 432, n.° 3. *Icon. Pl. Medic.* tab. 404.

2. *Ricinus major, Faba purgatrix ;* Pignon de Barbarie, grand Haricot du Péron. 6. Inusité.

Dans l'Amérique Méridionale. ♄

4. JATROPHA à plusieurs divisions, *J. multifida*, L. à feuilles lisses, divisées profondément en plusieurs parties ; à stipules sétacées, à plusieurs divisions peu profondes.

Avellana purgatrix ; Noisetier purgatif. *Bauh. Pin.* 418, n.° 7. *Dill. Elth.* tab. 173, fig. 213.

* II. *JATROPHAS sans calice accessoire.*

5. JATROPHA Manihot, *J. Manihot*, L. à feuilles palmées ; à lobes lancéolés, très-entiers, lisses.

Manihot inodorum, sive Yucca foliis Cannabinis ; Manihot inodore, ou Yuque à feuilles de Chanvre. *Bauh. Pin.* 90, n.° 4. *Lugd. Hist.* 1908, fig. 1. *Pluk.* tab. 205, fig. 1. *Sloan. Jam.* tab. 85.

6. JATROPHA Janipha, *J. Janipha*, L. à feuilles palmées; à lobes très-entiers: l'intermédiaire lobé des deux côtés.

Jacq. Amer. 256, tab. 162, fig. 1.

Dans l'Amérique Méridionale. ♄

7. JATROPHA brûlante, *J. urens*, L. à feuilles palmées, dentées, piquantes.

Pluk. tab. 220, fig. 3.

Au Brésil. ♄

8. JATROPHA herbacée, *J. herbacea*, L. à tige armée de piquans; à feuilles à trois lobes; à tige herbacée.

A Véra-Crux. ♃

1184. RICIN, *RICINUS.* * *Tournef. Inst.* 532, tab. 307. *Lam. Tab. Encyclop.* pl. 792.

* *FLEURS MALES.*

CAL. *Périanthe* d'un seul feuillet, à cinq *segmens* profonds, ovales, concaves.

COR. Nulle.

ÉTAM. *Filamens* très-nombreux, filiformes, réunis inférieurement en différens corps ramifiés. *Anthères* didymes, arrondies.

* *FLEURS FEMELLES sur la même plante avec les fleurs mâles.*

CAL. *Périanthe* d'un seul feuillet, caduc-tardif, à trois *segmens* profonds, ovales, concaves.

COR. Nulle.

PIST. *Ovaire* ovale, couvert de petits corps en alêne. Trois *Styles*, divisés profondément en deux parties, droits, étalés, hérissés. *Stigmates* simples.

PÉR. *Capsule* arrondie, à trois sillons, garnie de tous côtés de piquans, à trois loges, à trois battans.

SEM. Solitaires, comme ovales.

FLEURS MALES : *Calice* à cinq segmens profonds. *Corolle* nulle. *Étamines* nombreuses, réunies par les filamens.

FLEURS FEMELLES : *Calice* à trois segmens profonds. *Corolle* nulle. Trois *Styles* divisés peu profondément en deux parties. *Capsule* à trois loges renfermant chacune une seule semence.

1. RICIN commun, *R. communis*, L. à feuilles en bouclier, comme palmées; à lobes à dents de scie.

Ricinus vulgaris; Ricin vulgaire. *Bauh. Pin.* 432, n.° 1. *Fusch. Hist.* 340. *Matth.* 862, fig. 1. *Dod. Pempt.* 367, fig. 1. *Lob. Ic.* 1, pag. 688, fig. 1. *Lugd. Hist.* 1630, fig. 1. *Camer. Epit.* 959. *Bauh. Hist.* 3, P. 2, pag. 643, fig. 1. *Icon. Pl. Medic.* tab. 131.

1. *Ricinus vulgaris*, *Catapucia major*, *Palma-Christi*, *Oleum palmæ*; Ricin, Palme-de-Christ, Karapat. 2. Semences avec ou sans écorce; huile par expression, par décoction: huile de *Palma-Christi*, de Ricin, de Castor. 3. Odeur nulle; saveur douceâtre, âcre, brûlante, qui s'attache au gosier. 4. Huile grasse par expression et par décoction. 5. Colique appelée *Miséréré*, colique des peintres, coliques néphrétiques; fièvres bilieuses, gonorrhée, douleurs hémorrhoïdales.

Dans les deux Indes, en Afrique. Cultivé dans les jardins. Annuel en Europe, bisannuel en Amérique.

2. RICIN Tanarius, *R. Tanarius*, L. à feuilles en bouclier, un peu sinuées.

Rumph. Amb. 3, pag. 190, tab. 121.

Dans l'Inde Orientale.

3. RICIN Mappa, *R. Mappa*, L. à feuilles en bouclier, très-entières ou sans divisions.

Rhumph. Amb. 3, pag. 172, tab. 108.

Aux isles Moluques.

1185. STERCULIE, *STERCULIA.* † *Lam. Tab. Encycl.* pl. 736.

* *FLEURS MALES.*

CAL. *Périanthe* d'un seul feuillet, très-grand, coriace, plane, à cinq *segmens* profonds, lancéolés.

COR. Nulle.

ÉTAM. Quinze *Filamens* environ, très-courts, réunis inférieurement en colonne, moitié plus courts que le calice. *Anthères* ovales.

* *FLEURS FEMELLES sur la même plante.*

CAL. Comme dans les fleurs mâles.

COR. Nulle.

PIST. *Ovaire* arrondi, hérissé, ceint par une petite couronne formée par les rudimens des étamines, assise sur la *colonne*, plus courte que le calice. *Style* filiforme, de la longueur de l'ovaire.

PÉR. Arrondi, déprimé, en timbale, le plus souvent à cinq loges qui se séparent.

SEM. Plusieurs *Noyaux* ovales, assis sur les marges des loges.

FLEURS MALES : *Calice* à cinq segmens profonds. *Corolle* nulle. Quinze *Étamines* réunies par les filamens.

FLEURS FEMELLES : *Calice* à cinq segmens profonds. *Corolle* nulle. *Ovaire* reposant sur une colonne. *Capsule* à cinq loges renfermant chacune plusieurs semences.

1. STERCULIE Balanghas, *S. Balanghas*, L. à feuilles ovales, très-entières, alternes, pétiolées; à fleurs en panicule.

Rheed. Mal. 1, pag. 89, tab. 49. *Rumph. Amb.* 3, pag. 169, tab. 107.

Dans l'Inde Orientale. ♄

2. STERCULIE fétide, *S. fœtida*, L. à feuilles digitées.

Pluk. tab. 208, fig. 3.

Dans l'Inde Orientale. ♄

1186. MANCENILLIER, *HIPPOMANE.* † *Lam. Tab. Encyclop.* pl. 793. MANCANILLA. *Plum. Gen.* 49, tab. 30.

* *FLEURS MALES disposées en chaton terminal.*

CAL. *Périanthe* d'un seul feuillet, en toupie, obtus, très-petit, à deux segmens peu profonds.

COR. Nulle.

ÉTAM. Un seul *Filament*, de la longueur du calice. Deux *Anthères*, divisées profondément en deux parties.

* *FLEURS FEMELLES terminales, sur la même plante.*

CAL. A trois segmens peu profonds, petit, caduc-tardif.

COR. Nulle.

PIST. *Ovaire* ovale, grand. *Style* nul. *Stigmate* divisé profondément en trois parties, aiguës, renversées.

PÉR. *Drupe* arrondie, très-grande, à une loge, terminée par les stigmates persistans, ou *Capsule* à trois coques.

SEM. *Noix* ligneuse ou lisse, irrégulière, creusée par des fossettes et des apophyses.

OBS. *L'*H. Mancinella, L. *a le Fruit conforme à la description du genre; les autres espèces ont le fruit à trois coques.*

FLEURS MALES : *Calice* en chaton, d'un seul feuillet, à deux segmens peu profonds. *Corolle* nulle.

FLEURS FEMELLES : *Calice* à trois segmens peu profonds. *Corolle* nulle. *Stigmate* divisé profondément en trois parties. *Drupe* ou *Capsule* à trois coques.

1. MANCENILLIER commun, *H. Mancinella*, L. à feuilles ovales, à dents de scie, offrant à leur base deux glandes.

Pluk. tab. 142, fig. 4. *Sloan. Jam.* tab. 159. *Jacq. Amer.* 250, tab. 159.

Aux isles Caribes, dans les lieux inondés. ♄

2. MANCENILLIER à deux glandes, *H. biglandulosa*, L. à feuilles ovales, oblongues, offrant à leur base deux glandes.

Pluk. tab. 229, fig. 8. *Jacq. Amer.* 249, tab. 158.

Dans l'Amérique Méridionale. ♄

3. MANCENILLIER épineux, *H. spinosa*, L. à feuilles comme ovales, à dents épineuses.

Pluk. tab. 196.

Dans l'Amérique Méridionale.

1187. STILLINGE, *STILLINGIA.*

* *FLEURS MALES disposées en épi en chaton.*

CAL. *Périanthe* renfermant plusieurs fleurs (sept), coriace, hémisphérique, en godet, très-entier.

COR. Monopétale, fistuleuse, en entonnoir, s'agrandissant insensiblement, beaucoup plus étroite que le calice, à *orifice* entier, déchiré, cilié.

ÉTAM. Deux *Filamens*, filiformes, deux fois plus longs que la corolle, écartés au sommet, réunis très-légèrement à la base. *Anthères* en forme de rein, didymes.

* *FLEURS FEMELLES en petit nombre, à la base du même épi.*

CAL. *Périanthe* renfermant une fleur, du reste semblable au calice des *fleurs males*.

COR. Supérieure.

PIST. *Ovaire* arrondi, placé entre le calice et la corolle. *Style* filiforme. Trois *Stigmates*, distincts, recourbés.

PÉR. *Capsule* à trois coques, comme en toupie, comme à trois côtés, à trois loges, entourée à la base par le calice agrandi.

SEM. Solitaires, oblongues, comme à trois côtés, coupées intérieurement par un hile transversal.

FLEURS MALES : *Calice* hémisphérique, renfermant plusieurs fleurs. *Corolle* tubulée, rongée.

FLEURS FEMELLES : *Calice* inférieur, renfermant une seule fleur. *Corolle* supérieure. *Style* divisé peu profondément en trois parties. *Capsule* à trois coques.

1. STILLINGE des forêts, *S. sylvatica*, L. à feuilles alternes, pétiolées, éloignées, elliptiques, un peu dentées, luisantes, étalées.

A la Caroline. ♄

1188. GNET, *GNETUM.*

Chaton formé par des *Anneaux* éloignés, calleux, épaissis, appuyés en dessous par un *petit calice partiel.*

— *Petit Calice partiel*, en bouclier, arrondi, plane, très-entier, contenant des *Fleurons* assis, dont les *Mâles* sont placés dans la partie supérieure, et les *Femelles* dans la partie inférieure du même anneau.

* *FLEURS MALES.*

CAL. *Écaille* ovale, petite, colorée.

COR. Nulle.

ÉTAM. Un seul *Filament*, filiforme, plus long que l'écaille. *Anthères* deux à deux, réunies.

* *FLEURS FEMELLES.*

CAL. *Écaille* déchirée, rude.

COR. Nulle.

PIST. *Ovaire* ovale, nidulé dans le réceptacle de l'anneau, de la longueur des étamines. *Style* conique, court. *Stigmate* aigu, divisé peu profondément en trois parties.

PÉR. *Drupe* ovale, à une loge.

SEM. *Noix* oblongue, striée.

FLEURS MALES : *Calice* en chaton formé par des écailles, couvrant chacune un filament qui supporte deux anthères. *Corolle* nulle.

FLEURS FEMELLES : *Calice* formé par une écaille rude, couvrant un *Style* terminé par un stigmate divisé peu profondément en trois parties. *Corolle* nulle. *Drupe* renfermant une *Noix* ou semence.

1. GNET Gnémon, *G. Gnemon*, L. à feuilles opposées, pétiolées, lancéolées, ovales, très-entières, lisses.

Rumph. Amb. 1, pag. 181, tab. 71.

Dans l'Inde Orientale. ♄

1189. SABLIER, *HURA.* * *Lam. Tab. Encyclop.* pl. 793.

* *FLEURS MALES.*

CAL. *Chaton* formé par l'écartement des rameaux, oblong, courbé en dehors, couvert de fleurons assis, ouverts, à écailles oblongues.

— *Périanthe* entre chaque écaille du calice, cylindrique, à deux *feuillets* tronqués, très-courts.

COR. Nulle.

ÉTAM. *Filament* cylindrique, un peu plus long que le calice, en bouclier au sommet, roide, présentant au-dessous du sommet un anneau formé par deux ou trois tubercules. Deux *Anthères*, cachées dans chaque tubercule, ovales, divisées peu profondément en deux parties.

* *FLEURS FEMELLES sur la même plante.*

CAL. *Périanthe* d'un seul feuillet, cylindrique, sillonné, tronqué, très-entier, ceignant étroitement l'ovaire.

COR. Nulle.

PIST. *Ovaire* arrondi, dans le calice. *Style* cylindrique, long. *Stigmate* grand, en entonnoir, plane, convexe, coloré, obtus, égal, divisé peu profondément en douze parties.

PÉR. Ligneux, arrondi ou globuleux déprimé, bossué, à douze sillons, à douze loges qui s'écartent, en croissant, terminées en pointe élastique.

SEM. Solitaires, comprimées, comme arrondies, grandes.

FLEURS MALES : *Calice* en chaton formé par des écailles couvrant chacune un *Perianthe* tronqué. *Corolle* nulle. *Filamens* des étamines réunis en cylindre, terminés en bouclier, munis au-dessous du sommet de deux ou trois tubercules en anneaux portant chacun deux anthères.

FLEURS FEMELLES : *Calice* cylindrique. *Corolle* nulle. *Style* cylindrique, terminé par un *Stigmate* en entonnoir, divisé peu profondément en douze parties. *Capsule* à douze loges renfermant chacune une semence.

1. SABLIER détonnant, *H. crepitans*, L. à feuilles en cœur, crénelées.

Commel. Hort. 2, pag. 131, tab. 66.

Au Mexique, à la Guyane, à la Jamaïque. ♄

X. SYNGÉNÉSIE.

1190. ANGUINE, *TRICHOSANTHES.* * *Lam. Tab. Encyclop.* pl. 794. ANGUINA. *Mich. Gen.* 12, tab. 9.

* *FLEURS MALES.*

CAL. *Périanthe* d'un seul feuillet, en massue, très-long, lisse, à *orifice* à cinq dents, renversé, petit.

COR. Adhérente au calice, plane, ouverte, à cinq *divisions* profondes, ovales, lancéolées, ciliées, garnies de *crins* très-longs, ramifiés.

ÉTAM. Trois *Filamens*, très-courts, insérés sur le sommet du calice. *Anthères* formant un corps comme cylindrique, droit, couvert de tous côtés par une ligne chargée de poussière, rampante en dessus et en dessous.

PIST. Trois *Styles*, très-petits, adhérens au tube du calice.

* *FLEURS FEMELLES sur la même plante avec les fleurs mâles.*

CAL. *Périanthe* supérieur, caduc-tardif, du reste comme dans les fleurs mâles.

COR. Comme dans les fleurs mâles.

PIST. *Ovaire* oblong, grêle, inférieur. *Style* filiforme, de la longueur du calice. Trois *Stigmates*, oblongs, en alêne, étalés.

PÉR. *Pomme* oblongue, à trois loges éloignées.

SEM. Plusieurs, comprimées, obtuses, enveloppées par une tunique.

FLEURS MALES : *Calice* à cinq dents. *Corolle* à cinq divisions profondes, ciliées. Trois *Filamens*.

FLEURS FEMELLES : *Calice* à cinq dents. *Corolle* à cinq divisions profondes, ciliées. *Style* divisé peu profondément en trois parties. *Pomme* oblongue.

1. ANGUINE de la Chine, *T. Anguina*, L. à pommes arrondies, oblongues, recourbées.

Till. Pis. 49, tab. 22. *Sabbat. Hort. Rom.* 1, tab. 71.

A la Chine. ⊙

2. ANGUINE à feuilles à nervures, *T. nervifolia*, L. à pommes ovales, aiguës; à feuilles en cœur, oblongues, à trois nervures, dentées.

Rheed. Mal. 8. pag. 33, tab. 17.

Dans l'Inde Orientale.

3. ANGUINE concombre, *T. cucumerina*, L. à pommes ovales, aiguës; à feuilles en cœur, anguleuses.

Rheed. Mal. 8, pag. 39, tab. 15.

Dans l'Inde Orientale.

4. ANGUINE amère, *T. amara*, L. à pommes en toupies, ovales.

Plum. Amer. 86, tab. 101.

A Saint-Domingue. ⊙

1191. MOMORDIQUE, *MOMORDICA.* * *Tournef. Inst.* 103, tab. 29 et 30. *Lam. Tab. Encyclop.* pl. 794.

* *FLEURS MALES.*

CAL. *Périanthe* d'un seul feuillet, concave, à cinq *segmens* peu profonds, lancéolés, ouverts.

COR. Adhérente au calice, à cinq *divisions* profondes, plus ouvertes, grandes, veinées, ridées.

ÉTAM. Trois *Filamens*, en alêne, courts. *Anthères* divisées peu profondément en deux filamens, formant de chaque côté une oreillette : une seule anthère simple sur le troisième filament, à oreillette d'un seul côté, formée par un corps comprimé et par une ligne chargée de poussière, recourbée une seule fois.

* *FLEURS FEMELLES sur la même plante avec les fleurs mâles.*

CAL. *Périanthe* supérieur, caduc-tardif, du reste comme dans les fleurs mâles.

COR. Comme dans les fleurs males.

PIST. *Ovaire* inférieur, grand. Un seul *Style*, arrondi, en colonne, divisé peu profondément en trois parties. Trois *Stigmates*, bossués, oblongs, tournés en dehors.

PÉR. *Pomme* sèche, oblongue, s'ouvrant élastiquement, à trois loges membraneuses, molles, écartées.

SEM. Plusieurs, comprimées.

FLEURS MALES : *Calice* à cinq segmens peu profonds. *Corolle* à cinq divisions profondes. Trois *Filamens.*

FLEURS FEMELLES : *Calice* à cinq segmens peu profonds. *Corolle* à cinq divisions profondes. *Style* divisé peu profondément en trois parties. *Pomme* s'ouvrant par ressorts, les battans étant élastiques.

1. MOMORDIQUE Balsamine, *M. Balsamina*, L. à pommes angulcuses, tuberculées; à feuilles lisses, palmées, sortant à angles droits de la tige.

Balsamina rotundifolia, repens sive mas; Balsamine à feuilles rondes, rampante ou Balsamine mâle. *Bauh. Pin.* 306, n.° 1. *Fusch. Hist.* 189. *Matth.* 884, f. 1. *Dod. Pempt.* 670, fig. 2. *Lob. Ic.* 1, pag. 648, f. 1. *Lugd. Hist.* 630, fig. 1. *Camer. Epit.* 989. *Bauh. Hist.* 2, pag. 252, fig. 1.

Dans l'Inde Orientale. Cultivée dans les jardins. ☉

2. MOMORDIQUE charantia, *M. charantia*, L. à pommes anguleuses, tuberculées; à feuilles velues, palmées dans leur longueur.

Commel. Hort. 1, pag. 103, tab. 54.

Dans l'Inde Orientale.

3. MOMORDIQUE à opercule, *M. operculata*, L. à pommes anguleuses, tuberculées, garnies au sommet d'un opercule caduc-tardif; à feuilles lobées.

Commel. Rar. pag. et tab. 22.

Dans l'Amérique Méridionale.

4. MOMORDIQUE à chaînettes, *M. Luffa*, L. à pommes oblongues; à sillons en chaînettes; à feuilles découpées.

Vesl. Ægyp. 199 et 200. *Moris. Hist.* sect. 1, tab. 7, f. 1 et 2.

A Zeylan. ⊙

5. MOMORDIQUE cylindrique, *M. cylindrica*, L. à pommes cylindriques, très-longues; à feuilles anguleuses, aiguës.

A Zeylan, à la Chine. ⊙

6. MOMORDIQUE à trois feuilles, *M. trifoliata*, L. à pommes ovales, tuberculeuses-hérissées; à feuilles trois à trois, dentées.

Rumph. Amb. 5, pag. 414, tab. 152, fig. 2.

Dans l'Inde Orientale.

7. MOMORDIQUE à pied roide, *M. pedata*, L. à pommes striées; à feuilles à pied roide, à dents de scie.

Feuill. Per. 2, pag. 754, tab. 41.

Au Pérou.

8. MOMORDIQUE sauvage, *M. Elaterium*. L. à pommes ovales; hérissées; à tige sans vrilles; à feuilles en cœur, entières, plissées, dentées.

Cucumis sylvestris, asininus dictus; Concombre sauvage, nommé Concombre d'âne. *Bauh. Pin.* 314. *Fusch. Hist.* 705. *Matth.* 849, f. 1. *Dod. Pempt.* 382, fig. 1re répétée pag. 663, fig. 3. *Lob. Ic.* 1, pag. 646, f. 1. *Lugd. Hist.* 1672, fig. 1. *Bauh. Hist.* 2, pag. 249, f. 1. *Icon. Pl. Medic.* tab. 444.

1. *Elaterium, Cucumis asininus;* Concombre sauvage, Concombre d'âne. 2. Racine, Pomme, Suc. 3. *Racine* : amère, nauseuse; *pomme* : amère, fétide; *suc* : âcre, résineux. Le suc épaissi se nomme *Elaterium*. On en distingue deux sortes : le vert qui est tiré de la pulpe du fruit légèrement exprimé; et le blanc qui se fait sans expression de la liqueur blanche et séreuse qui découle elle-même du fruit coupé par morceaux : le vert est moins purgatif que le blanc. 4. Gommeux, résineux, l'un et l'autre principes, actifs. 5. Hydropisie, gonorrhées invétérées, fleurs blanches, dartres, tænia. 6. A Montpellier on emploie les tiges qui sont épaisses et remplies de suc, pour frotter les carreaux des appartemens que l'on veut passer en couleur.

A Montpellier, à Assas, en Provence, à Lyon dans les endroits pierreux, les décombres. ⊙ Estivale.

2192. COURGE, *CUCURBITA*. * *Tournef. Inst.* 107, tab. 36. *Lam. Tab. Encyclop.* pl. 795. PEPO. *Tournef. Inst.* 105, tab. 33. MELOPEPO. *Tournef. Inst.* 106, tab. 34.

* FLEURS MALES.

CAL. *Périanthe* d'un seul feuillet, en cloche, terminé sur les bords par cinq dents en alêne.

COR.

COR. Divisée sur cinq côtés, adhérente au calice, en cloche, à divisions veinées.

Nectaire : glande concave, triangulaire, au centre de la fleur.

ÉTAM. Trois *Filamens*, réunis supérieurement, distincts à la base, adhérens au calice. *Anthères* linéaires, rampantes par leurs parties supérieure et inférieure.

* *FLEURS FEMELLES.*

CAL. *Périanthe* supérieur, caduc-tardif, du reste comme dans les fleurs mâles.

COR. Comme dans les fleurs mâles.

Nectaire : glande concave, étalée.

ÉTAM. Marge enveloppante, terminée par trois pointes très-courtes.

PIST. *Ovaire* grand, inférieur. *Style* conique, divisé peu profondément au sommet en trois parties. Un seul *Stigmate*, à marge épaisse, convexe, à trois divisions peu profondes.

PÉR. *Pomme* à trois loges, membraneuses, molles, distinctes.

SEM. Plusieurs, comprimées, enflées sur les bords, obtuses, disposées sur deux rangs.

OBS. Cucurbita, *Tournefort : Semences échancrées au sommet.*

Pepo, *Tournefort : Semences ceintes par un bord entier, enflés*

FLEURS MALES : *Calice* à cinq dents. *Corolle* à cinq divisions peu profondes. Trois *Filamens*.

FLEURS FEMELLES : *Calice* à cinq dents. *Corolle* à cinq divisions peu profondes. *Pistil* divisé peu profondément en trois parties. *Pomme* renfermant plusieurs semences, à marge renflée.

1. COURGE Calebasse, *C. Lagenaria*, L. à feuilles cotonneuses dont les angles sont peu marqués, offrant deux glandes en dessous à leur base ; à pomme ligneuse.

Cucurbita oblonga, flore albo, folio molli ; Courge à fruit alongé, à fleur blanche, à feuille molle. *Bauh. Pin.* 313, n.° 5. *Fusch. Hist.* 370. *Matth.* 392, f. 3. *Dod. Pempt.* 668, f. 2. *Lob. Ic.* 1, pag. 644, fig. 2. *Lugd. Hist.* 615, fig. 1. *Bauh. Hist.* 2, pag. 214, fig. 1 et suiv. *Moris. Hist.* sect. 1, tab. 5, fig. 3.

On vide ce fruit lorsqu'il est sec, pour faire des bouteilles de Pélerin : les graines peuvent servir pour faire des émulsions.

Dans l'Amérique Méridionale. Cultivée dans les jardins. ⊙

2. COURGE œuf, *C. ovifera*, L. à feuilles lobées ; à pomme en ovale renversé ; à vrilles formant sept digitations.

A Astracan.

3. COURGE Citrouille, *C. Pepo*, L. à feuilles lobées; à pomme lisse.

Cucurbita major, rotunda, flore luteo, folio aspero; Courge plus grande, à fruit rond, à fleur jaune, à feuille rude. *Bauh. Pin.* 312, n.° 2. *Matth.* 393, f. 3. *Lugd. Hist.* 616, fig. 1.

Cette espèce présente une variété relativement à la forme du fruit.

Pepo oblongus; Citrouille à fruit alongé. *Bauh. Pin.* 311, n.° 1. *Dod. Pempt.* 665, fig. 2. *Lob. Ic.* 1, pag. 641, fig. 1.

Cette espèce offre aussi plusieurs variétés, pour la grosseur du fruit, pour la forme et la couleur de la chair, qui est jaune, verte, blanche ou rougeâtre. La pulpe cuite avec du lait ou au beurre, est un aliment très-agréable qui convient à ceux qui sont constipés ou échauffés. On ordonne la décoction de la pulpe édulcorée avec du miel, pour calmer les démangeaisons des dartreux.

Les semences de la Calebasse ou Gourde, de la Citrouille, de la Courge et du Melon, sont les *quatre semences froides majeures*, qu'on distingue en *grandes* et en *petites*. Ces semences qui sont l'ingrédient commun des émulsions calmantes, adoucissantes, rafraîchissantes, laxatives, sont très-usitées à ce titre.

On ignore son climat natal. Cultivée dans les jardins. ☉

4. COURGE à verrues, *C. verrucosa*, L. à feuilles lobées; à pomme chargée de nœuds ou de verrues.

Bauh. Hist. 2, pag. 222, fig. 1.

On ignore son climat natal. Cultivée dans les jardins. ☉

5. COURGE Bonnet d'Électeur, *C. Melopepo*, L. à feuilles lobées; à tige droite; à pomme chargée de nodosités aplaties et enfoncées.

Melopepo clypeiformis; Courge à fruit en forme de bouclier. *Bauh. Pin.* 312, n.° 1. *Dod. Pempt.* 666, f. 3. *Lob. Ic.* 1, pag. 642, fig. 2. *Ludg. Hist.* 618, fig. 1. *Camer. Epit.* 296. *Bauh. Hist.* 2, pag. 224, fig. 2.

On ignore son climat natal. Cultivée dans les jardins. ☉

6. COURGE Pastèque, *C. Citrullus*, L. à feuilles découpées profondément en plusieurs parties.

Anguria Citrullus dicta; Angurie nommée Citrouille. *Bauh. Pin.* 312, n.° 1. *Fusch. Hist.* 700. *Matth.* 397, f. 1. *Dod. Pempt.* 664, f. 1. *Lob. Ic.* 1, p. 640, f. 2. *Lugd. Hist.* 625, f. 1. *Camer. Epit.* 297. *Bauh. Hist.* 2, pag. 235 et 236, fig. 1. *Pluk.* tab. 164, f. 1. *Icon. Pl. Medic.* tab. 253.

Dans la Calabre. Cultivée dans les jardins, sur-tout dans les Départemens Méridionaux. ☉

1193. CONCOMBRE, *CUCUMIS*. * *Tournef. Inst.* 104, tab. 31 et 32. *Lam. Tab. Encyclop.* pl. 795. MELO. *Tournef. Inst.* 104, tab. 32. COLOCYNTHIS. *Tournef. Inst.* 107. ANGURIA. *Tournef. Inst.* 106, tab. 35.

* *FLEURS MALES.*

CAL. *Périanthe* d'un seul feuillet, en cloche, terminé sur les bords par cinq dents en alêne.

COR. En cloche, adhérente au calice, à cinq *divisions* profondes, ovales, veinées, ridées.

ÉTAM. Trois *Filamens*, très-courts, insérés sur le calice, réunis, dont deux divisés peu profondément au sommet en deux parties. *Anthères* formées par des lignes, rampantes par leurs parties supérieure et inférieure, adhérentes extérieurement.

Réceptacle à trois côtés, tronqué, situé au centre de la fleur.

* *FLEURS FEMELLES sur la même plante avec les fleurs mâles.*

CAL. *Périanthe* supérieur, caduc-tardif, du reste comme dans les fleurs mâles.

COR. Comme dans les fleurs mâles.

ÉTAM. Nulles. Trois *Filamens*, pointus, très-petits, sans anthères.

PIST. *Ovaire* inférieur, grand. *Style* comme cylindrique, très-court. Trois *Stigmates*, épais, bossués, divisés peu profondément en deux parties, tournés en dehors.

PÉR. *Pomme* à trois loges membraneuses, molles, séparées.

SEM. Nombreuses, ovales, aiguës, comprimées, disposées sur deux rangs.

FLEURS MALES : *Calice* à cinq dents. *Corolle* à cinq divisions profondes. Trois *Filamens*.

FLEURS FEMELLES : *Calice* à cinq dents. *Corolle* à cinq divisions profondes. *Pistil* divisé peu profondément en trois parties. *Pomme* renfermant plusieurs semences aiguës.

1. CONCOMBRE Coloquinte, *C. Colocynthis*, L. à feuilles divisées peu profondément en plusieurs parties; à pomme ronde, lisse.

Colocynthis fructu rotundo, major; Coloquinte à fruit rond, plus grande. *Bauh. Pin.* 313, n.° 1. *Matth.* 877, fig. 1. *Dod. Pempt.* 382, fig. 2, répétée pag. 665, fig. 1. *Lob. Ic.* 1, pag. 645, fig. 1. *Lugd. Hist.* 1676, fig. 1. *Bauh. Hist.* 2, pag. 332, fig. 1. *Icon. Pl. Medic.* tab. 478.

1. *Colocynthis;* Coloquinte. 2. Pulpe, Semences. 3. Très-amères, nauseuses, sans odeur. 4. Extrait aqueux, gluant,

extrait spiritueux, l'un et l'autre très-actifs. 5. Diarrhées, mélancolie, chlorose, gonorrhées.

En Syrie. Cultivé dans les jardins. ⊙

2. CONCOMBRE des Prophètes, *C. Prophetarum*, L. à feuilles en cœur à la base, à cinq lobes dentelés, obtus; à pomme ronde, hérissonnée, traversée dans sa longueur, par douze stries alternativement jaunes et vertes.

Jacq. Hort. tab. 9.

En Arabie.

3. CONCOMBRE Angurie, *C. Anguria*, L. à feuilles palmées, sinuées; à pomme ronde, hérissonnée.

Pluk. tab. 170, fig. 3. *Herm. Parad.* pag. et tab. 134. *Icon. Pl. Medic.* tab. 277.

A la Jamaïque. ⊙

4. CONCOMBRE à angles aigus, *C. acutangulus*, L. à feuilles arrondies, anguleuses; à pomme marquée par dix angles aigus.

Pluk. tab. 172, fig. 1?

En Tartarie, à la Chine. ⊙

5. CONCOMBRE Melon, *C. Melo*, L. à angles des feuilles arrondis; à pomme chargée de petites proéminences.

Melo vulgaris; Melon vulgaire. *Bauh. Pin.* 310, n.° 1. *Fuschi Hist.* 701. *Matth.* 396, fig. 1. *Dod. Pempt.* 663, f. 1. *Lob. Ic.* 1, pag. 639, f. 2. *Lugd. Hist.* 623, fig. 1 et 2. *Bauh. Hist.* 2, pag. 242, f. 1. *Icon. Pl. Medic.* tab. 360.

Dans le pays des Calmouks. Cultivé dans les jardins. ⊙

6. CONCOMBRE Dudaim, *C. Dudaim*, L. à angles des feuilles arrondis; à pomme sphérique; à ombilic mousse.

Dill. Elth. tab. 77, fig. 218.

En Orient. ⊙

7. CONCOMBRE Chaté, *C. Chate*, L. à tige hérissée; à angles des feuilles entiers, dentés; à pomme en fuseau, hérissée, amincie aux deux extrémités.

Cucumis Ægyptius, rotundifolius; Concombre d'Égypte, à feuilles rondes. *Bauh. Pin.* 310, n.° 5. *Alp. Ægypt.* tom. 2, pag. 54, tab. 40.

8. CONCOMBRE ordinaire, *C. sativus*, L. à angles des feuilles droits; à pomme oblongue, rude.

Cucumis sativus, vulgaris; Concombre cultivé, vulgaire. *Bauh. Pin.* 310, n.° 1. *Fusch. Hist.* 697. *Matth.* 395, f. 1. *Dod. Pempt.* 662, f. 1. *Lob. Ic.* 1, pag. 638, f. 2. *Lugd. Hist.* 620, f. 1. *Camer. Epit.* 294. *Bauh. Hist.* 2, pag. 245, et 246, fig. 1. *Icon. Pl. Medic.* tab. 247.

Dans le Nord, où on consomme une étonnante quantité de Concombres, on les confit au sel. Ces Concombres salés sont de facile digestion. En Pologne, on les mange non-seulement crus, mais cuits au jus, ou simplement coupés par tranches et assaisonnés avec huile, vinaigre, poivre et sel; mais de cette manière ils sont venteux et indigestes. En Lithuanie, on les cultive en pleine terre.

On ignore son climat natal. Cultivé dans les jardins. ⊙

9. CONCOMBRE serpent, *C. anguinus*, L. à feuilles lobées; à pomme cylindrique, très-longue, lisse, repliée sur elle-même.

Rumph. Amb. 5, pag. 407, tab. 148.

Dans l'Inde Orientale.

10. CONCOMBRE recourbé, *C. flexuosus*, L. à feuilles anguleuses, comme lobées; à pomme cylindrique, sillonnée et recourbée.

Cucumis flexuosus; Concombre recourbé. *Bauh. Pin.* 310, n.° 3. *Matth.* 395, f. 2. *Dod. Pempt.* 662, f. 2. *Lob. Ic.* 1, pag. 639, f. 1. *Bauh. Hist.* 2, pag. 247 et 248, f. 1.

Dans l'Inde Orientale. Cultivé dans les jardins. ⊙

11. CONCOMBRE de Madère, *C. Maderaspatanus*, L. à feuilles en cœur, entières, dentelées; à pomme arrondie, lisse.

Pluk. tab. 170, fig. 2.

Dans l'Inde Orientale. ⊙

1194. BRYONE, *BRYONIA.* * *Tournef. Inst.* 102, tab. 28. *Lam. Tab. Encyclop.* pl. 796.

** FLEURS MALES.*

CAL. *Périanthe* d'un seul feuillet, en cloche, à cinq dents en alêne.

COR. En cloche, adhérente au calice, à cinq *divisions* profondes, ovales.

ÉTAM. Trois *Filamens*, très-courts. Cinq *Anthères* dont deux réunies sur chaque filament : une seule sur le troisième.

** FLEURS FEMELLES sur la même plante avec les fleurs mâles.*

CAL. *Périanthe* supérieur, caduc-tardif, du reste comme dans les fleurs mâles.

COR. Comme dans les fleurs mâles.

PIST. *Ovaire* inférieur. *Style* de la longueur de la corolle, divisé peu profondément en trois parties. *Stigmates* échancrés, étalés.

PÉR. *Baie* comme arrondie, lisse.

SEM. Quelques-unes comme ovales, adhérentes à l'écorce.

OBS. B. Dioïca, *Jacquin : diffère par ses fleurs monoïques.*

FLEURS MALES : *Calice* à cinq dents. *Corolle* à cinq divisions profondes. Trois *Filamens.*

FLEURS FEMELLES : *Calice* à cinq dents. *Corolle* à cinq divisions profondes. *Style* divisé peu profondément en trois parties. *Baie* arrondie, renfermant plusieurs semences.

1. BRYONE blanche, *B. alba*, L. à feuilles palmées, calleuses et rudes sur les deux surfaces.

Bryonia alba, baccis nigris ; Bryone à fleur blanche, à baies noires. *Bauh. Pin.* 297, n.° 2.

Cette espèce présente une variété.

Bryonia aspera sive alba, baccis rubris ; Bryone rude ou Byone à fleur blanche, à baies rouges. *Bauh. Pin.* 297, n.° 1. *Fusch. Hist.* 94. *Matth.* 882, fig. 1. *Dod. Pempt.* 400, f. 1. *Lob. Ic.* 1, pag. 624, f. 2. *Lugd. Hist.* 1410, fig. 1. *Camer. Epit.* 987. *Bauh. Hist.* 2, pag. 143, fig. 2. *Bul. Paris.* tab. 569. *Icon. Pl. Medic.* tab. 417.

1. *Bryonia ;* Bryone, Vigne blanche, Couleuvrée ou Coulevrée, Navet du Diable. 2. Racine, Baies, semences. 3. Suc de la *racine :* âcre, désagréable, un peu amer, d'une odeur fétide ; suc de la *baie :* nauseux. 4. Extrait aqueux ; extrait résineux plus actif. 5. Hydropisie sans obstruction ; dyssenterie, ulcères invetérés, dartres, paralysie, diarrhée par relâchement des fibres. 6. La fécule de *Bryone* bien lavée, donne un bon amidon.

Nutritive pour la Chèvre.

En Europe, dans les haies. ♃ Estivale.

2. BRYONE palmée, *B. palmata*, L. a feuilles palmées, lisses, divisées profondément en cinq lobes lancéolés, un peu sinués, à dents de scie.

A Zeylan. ♃

3. BRYONE à grande fleur, *B. grandis*, L. à feuilles en cœur, anguleuses, offrant en dessous des glandes.

Burm. Zeyl. 49, tab. 19, fig. 2.

Dans l'Inde Orientale.

4. BRYONE à feuilles en cœur, *B. cordifolia*, L. à feuilles en cœur, oblongues, à cinq lobes, dentées, rudes ; à pétioles offrant deux dents.

A Zeylan.

5. BRYONE laciniée, *B. laciniosa*, L. à feuilles palmées ; à lobes lancéolés, à dents de scie ; à pétioles tuberculeux-hérissés.

Pluk. tab. 151, fig. 5.

A Zeylan.

6. BRYONE d'Afrique, *B. Africana*, L. à feuilles palmées, lisses sur les deux surfaces, divisées profondément en cinq lobes pinnatifides.

Herm. Parad. 107 et 108?

En Ethiopie. ♃

7. BRYONE de Crète, *B. Cretica*, L. à feuilles palmées, calleuses et ponctuées en dessus.

Bryonia Cretica maculata; Bryone de Crète tachetée. *Bauh. Pin.* 297, n.° 3.

Dans l'isle de Crète.

2195. SICYOS, *SICYOS*. * SICYOÏDES. *Tournef. Inst.* 103, tab. 28. *Lam. Tab. Encycl.* pl. 796. BRYONIOÏDES. *Dill. Elth.* tab. 51, f. 59.

* *FLEURS MALES.*

CAL. *Périanthe* d'un seul feuillet, en cloche, à cinq dents en alène.

COR. En cloche, adhérente au calice, à cinq *divisions* profondes, ovales.

ÉTAM. Trois *Filamens*, réunis. Trois *Anthères*, distinctes.

* *FLEURS FEMELLES sur la même plante avec les fleurs mâles.*

CAL. *Périanthe* supérieur, caduc-tardif comme dans les fleurs mâles.

COR. Comme dans les fleurs mâles.

PIST. *Ovaire* ovale, inférieur. *Style* comme cylindrique. *Stigmate* un peu épais, divisé peu profondément en trois parties.

PÉR. *Baie* (ou *Drupe*) ovale, entourée d'épines, à une loge.

SEM. Une seule comme ovale.

* FLEURS MALES : *Calice* à cinq dents. *Corolle* à cinq divisions profondes. Trois *Filamens*.

FLEURS FEMELLES : *Calice* à cinq dents. *Corolle* à cinq divisions profondes. *Style* divisé peu profondément en trois parties. *Drupe* renfermant une seule semence.

1. SICYOS anguleuse, *S. angulata*, L. à feuilles anguleuses.

Pluk. tab. 26, fig. 4. *Dill. Elth.* tab. 51, fig. 59.

Cette espèce présente une variété à fruit hérissonné, décrite et gravée dans *Hermann Parad.* pag. et tab. 133.

Au Canada, au Mexique. Cultivée dans les jardins. ⊙

2. SICYOS laciniée, *S. laciniata*, L. à feuilles laciniées.

Plum. Spec. 3, tab. 243.

Dans l'Amérique Méridionale.

3. SICYOS de Garcin, *S. Garcini*, L. à feuilles divisées profondément en cinq parties, rongées, dentées: à fruits ciliés.

Burm. Ind. 311, tab. 57, fig. 3.

A Zeylan.

XI. GYNANDRIE.

1196. ANDRACHNÉE, *ANDRACHNE.* * *Lam. Tab. Encyclop.* pl. 797. THELEPHIOÏDES, *Tournef. Corol.* 50, tab. 485. *Dill. Elth.* 282, tab. 364.

* *FLEURS MALES.*

CAL. *Périanthe* à cinq *feuillets*, égaux, se flétrissant.

COR. Cinq *Pétales*, échancrés, grêles, plus courts que le calice.

Nectaire : cinq feuillets, herbacés, à moitié divisés en deux parties, plus courts que les pétales, placés chacun entre chaque pétale.

ÉTAM. Cinq *Filamens*, petits, insérés sur chaque rudiment du style. *Anthères* simples.

* *FLEURS FEMELLES sur la même plante avec les fleurs mâles.*

CAL. *Périanthe* à cinq *feuillets*, égaux, persistans.

COR. Nulle.

Nectaire : comme dans les fleurs mâles.

PIST. *Ovaire* arrondi. Trois *Styles*, filiformes, à moitié divisés en deux parties. *Stigmates* arrondis.

PÉR. *Capsule* arrondie, à trois lobes, à trois loges composées chacune de deux battans, de la grandeur du calice.

SEM. Deux, arrondies d'un côté, anguleuses de l'autre, obtuses, à trois côtés.

OBS. Ce genre a de l'affinité avec le Clutia.

FLEURS MALES : *Calice* à cinq feuillets. *Corolle* à cinq pétales. Cinq *Étamines* insérées sur le rudiment du style.

FLEURS FEMELLES : *Calice* à cinq feuillets. *Corolle* nulle. Trois *Styles*. *Capsule* à trois loges renfermant chacune deux semences.

1. ANDRACHNÉE télèphe, *A. telephioïdes*, L. à tige couchée, herbacée.

Dill. Elth. tab. 282, fig. 364.

En Italie, en Grèce. ⊙

2. ANDRACHNÉE ligneuse, *A. fruticosa*, L. à tige droite, en arbre.

Cette plante est désignée dans le *Mantissa* sous le nom de

Clutie androgyne, *Clutia androgyna*, L. à feuilles elliptiques; à fleurs des rameaux androgynes.

Dans l'Inde Orientale. ♄

1197. AGYNÉIE, *AGYNEJA.* †

* *FLEURS MALES inférieures.*

CAL. *Périanthe* à six *feuillets*, oblongs, obtus, égaux, persistans.

COR. Nulle.

ÉTAM. *Filamens* remplacés par une colonne plus courte que le calice. Trois ou quatre *Anthères*, oblongues, adhérentes à la colonne au-dessous de son sommet.

* *FLEURS FEMELLES supérieures, sur la même plante.*

CAL. Comme dans les fleurs mâles.

COR. Nulle.

PIST. *Ovaire* de la grandeur du calice, comme ovale, obtus, perforé au sommet par un trou à six crénelures. *Style* nul. *Stigmate* nul.

PÉR. *Capsule* à trois coques ?

SEM. . . . .

OBS. Ce genre se distingue essentiellement par l'absence du Style *et du* Stigmate.

FLEURS MALES : *Calice* à six feuillets. *Corolle* nulle. Trois *Anthères* adhérentes au rudiment du style.

FLEURS FEMELLES : *Calice* à six feuillets. *Corolle* nulle. *Ovaire* perforé au sommet, sans style ni stigmate.

1. AGYNÉIE sans duvet, *A. impubes*, L. à feuilles lisses sur les deux surfaces.

A la Chine. ♄

2. AGYNÉIE duvetée, *A. pubera*, L. à feuilles cotonneuses en dessous.

A la Chine. ♄

CLASSE XXII.

DIOÉCIE.

I. MONANDRIE.

Table Synoptique ou *Caractères Artificiels Génériques.*

1198. NAIADE, *NAJAS.* Mâle. *Cal.* à deux segmens peu profonds. *Cor.* à quatre divisions. *Etamines* sans filamens.
Femelle. *Cal.* et *Cor.* nuls. Trois *Pistils. Caps.* à une loge.

† *Salix purpurea.*

II. DIANDRIE.

1199. VALLISNERIE, *VALLISNERIA.* M. *Spathe* à plusieurs fleurs. *Cor.* à trois divisions profondes.
F. *Spathe* à une fleur. *Cal.* à trois segmens profonds. *Cor.* à trois pétales. Un *Pistil. Caps.* à une loge.

1200. COULEKIN, *CECROPIA.* M. *Spathe. Chaton* à écailles, servant de réceptacle commun. *Cor.* nulle.
F. *Spathe. Chaton* à écailles, servant de réceptacle commun. *Cor.* nulle. Un *Pistil. Baie* à une semence.

1201. SAULE, *SALIX.* M. *Cal. Chaton* à écailles. *Cor.* nulle. Deux *Étamines*, rarement cinq.
F. *Cal. Chaton* à écailles. *Cor.* nulle. Deux *Stigmates. Caps.* à deux battans. *Semences* à aigrette.

III. TRIANDRIE.

1202. CAMARIGNE, *EMPETRUM.* Mâle. *Cal.* à trois segmens profonds. *Cor.* à trois pétales.
Femelle. *Cal.* à trois segmens profonds. *Cor.* à trois pétales. Neuf *Stigmates*. *Baie* à neuf semences.

1203. ROUVET, *OSYRIS.* M. *Cal.* à trois segmens peu profonds. *Cor.* nulle.
F. *Cal.* à trois segmens peu profonds. *Cor.* nulle. Un *Style*. *Baie* à une semence.

1206. CATURE, *CATURUS.* M. *Cal.* nul. *Cor.* à trois divisions peu profondes.
F. *Cal.* à trois segmens profonds. *Cor.* nulle. Trois *Styles*. *Caps.* à trois coques.

1205. AGALLOCHE, *EXCOECARIA.* M. *Cal. Chaton* à écailles. *Cor.* nulle.
F. *Cal. Chaton* à écailles. *Cor.* nulle. Trois *Styles*. *Caps.* à trois coques.

1204. RESTIO, *RESTIO.* M. *Cal. Chaton* à écailles. *Cor.* à six pétales.
F. *Cal. Chaton* à écailles. *Cor.* à six pétales. Trois *Styles*. *Caps.* à trois loges, plissée, a plusieurs semences.

† *Valeriana dioïca.*

† *Carex dioïca.*

† *Salix triandra.*

IV. TÉTRANDRIE.

1210. ARGOUSIER, *HIPPOPHAE.* M. *Cal.* à deux segmens profonds. *Cor.* nulle.
F. *Cal.* à deux segmens peu profonds. *Cor.* nulle. Un *Pistil*. *Baie* à une semence, à arille tronqué.

1207. TROPHIS, *TROPHIS*. Mâle. *Cal.* nul. *Cor.* à quatre pétales.
Femelle. *Cal.* d'un seul feuillet. *Cor.* nulle. *Style* divisé peu profondément en deux parties. *Baie* à une semence.

1209. GUI, *VISCUM*. M. *Cal.* à quatre segmens profonds. *Cor.* nulle.
F. *Cal.* à quatre feuillets. *Cor.* nulle. *Stigmate* obtus. *Baie* inférieure, à une semence.

1208. BATIS, *BATIS*. M. *Cal.* à *chaton*. *Cor.* nulle.
F. *Cal.* à *collerette* de deux feuillets. *Cor.* nulle. *Stigmate* divisé peu profondément en deux parties. *Baie* à deux semences.

1211. GALÉ, *MYRICA*. M. *Cal. Chaton* à écailles. *Cor.* nulle.
F. *Cal. Chaton* à écailles. *Cor.* nulle. Deux *Styles*. *Baie* à une semence.

† *Urticæ variæ.*
† *Morus nigra.*
† *Rhamni species aliquot.*

V. PENTANDRIE.

1217. IRÉSINE, *IRESINE*. M. *Cal.* à deux feuillets. *Cor.* à cinq pétales. *Nectaire* à cinq feuillets.
F. *Cal.* à deux feuillets. *Cor.* à cinq pétales. Deux *Styles*. *Caps.* à plusieurs semences.

1220. CHANVRE, *CANNABIS*. M. *Cal.* à cinq segmens profonds. *Cor.* nulle.
F. *Cal.* d'un seul feuillet. *Cor.* nulle. Deux *Styles*. *Noix* à deux battans.

1221. HOUBLON, *HUMULUS.*	Mâle. *Cal.* à cinq feuillets. *Cor.* nulle. Femelle. *Cal.* d'un seul feuillet. *Cor.* nulle. Deux *Styles.* *Semence* recouverte par le calice.
1212. PISTACHIER, *PISTACIA.*	M. *Cal.* à cinq segmens peu profonds. *Cor.* nulle. F. *Cal.* à trois segmens peu profonds. *Cor.* nulle. Trois *Styles.* *Drupe* sèche.
1222. ZANONIE, *ZANONIA.*	M. *Cal.* à trois feuillets. *Cor.* à cinq divisions profondes. F. *Cal.* à trois feuillets. *Cor.* à cinq divisions profondes. Trois *Styles.* *Baie* inférieure, à trois loges.
1218. ÉPINARD, *SPINACIA.*	M. *Cal.* à cinq segmens profonds. *Cor.* nulle. F. *Cal.* à quatre segmens peu profonds. *Cor.* nulle. Quatre *Styles.* Une *Semence* coiffée par le calice.
1219. ACNIDE, *ACNIDA.*	M. *Cal.* à cinq feuillets. *Cor.* nulle. F. *Cal.* à deux feuillets. *Cor.* nulle. Cinq *Styles.* Une *Semence* renfermée dans le calice boursouflé.
1216. ANTISDÈME, *ANTISDEMA.*	M. *Cal.* à cinq feuillets. *Cor.* nulle. F. *Cal.* à cinq feuillets. *Cor.* nulle. Cinq *Stigmates.* *Baie* à une semence.
1214. ASTRONIE, *ASTRONIUM.*	M. *Cal.* à cinq feuillets. *Cor.* à cinq pétales. *Nectaire* à cinq glandes. F. *Cal.* à cinq feuillets. *Cor.* à cinq pétales. Trois *Styles.* Une *Semence.*

1215. CANARIUM, *CANARIUM*. Mâle. *Cal.* à deux feuillets. *Cor.* à trois pétales.

Femelle. *Cal.* à deux feuillets. *Cor.* à trois pétales. *Stigmate* assis. *Drupe* à trois angles.

1219. XANTHOXYLE, *XANTHOXYLON*. M. *Cal.* à cinq segmens profonds. *Cor.* nulle.

F. *Cal.* à cinq segmens profonds. *Cor.* nulle. Cinq *Pistils*. *Caps.* à une semence.

1223. FEUILLÉE, *FEVILLEA*. M. *Cal.* à cinq segmens profonds. *Cor.* à cinq divisions peu profondes. *Nectaire* à cinq filamens.

F. *Cal.* à cinq segmens peu profonds. *Cor.* à cinq divisions peu profondes. Cinq *Styles*. *Baie* inférieure, à trois loges.

† *Phylica dioïca*. † *Rhamnus Alaternus*. † *Salix pentandra*.
† *Rhus Vernix*, *radicans*, *Toxicodendron*.

VI. HEXANDRIE.

1225. SMILAX, *SMILAX*. M. *Cal.* à six feuillets. *Corolle* nulle.

F. *Cal.* à six feuillets. *Cor.* nulle. Trois *Styles*. *Baie* supérieure, à trois loges.

1224. TAME, *TAMUS*. M. *Cal.* à six feuillets. *Corolle* nulle.

F. *Cal.* à six feuillets. *Cor.* nulle. *Style* divisé peu profondément en trois parties. *Baie* inférieure, à trois loges.

1227. IGNAME, *DIOSCOREA*. M. *Cal.* à six feuillets. *Corolle* nulle.

F. *Cal.* à six feuillets. *Cor.* nulle. Trois *Styles*. *Caps.* supérieure, à trois loges.

1226. RAJANIE, *RAJANIA*. Mâle. *Cal.* à six feuillets. *Corolle* nulle.

Femelle. *Cal.* à six feuillets. *Cor.* nulle. Trois *Styles*. *Semence* inférieure, à aile en oreillette.

† *Rumex Acetosa*, *acetosella*, *aculeata*.

† *Loranthus Europæus*.

VII. OCTANRDIE.

1228. PEUPLIER, *POPULUS*. M. *Cal.* *Chaton* à écailles déchirées. *Cor.* nulle. *Nectaire* ovale. De huit à seize *Étamines*.

F. *Cal.* *Chaton* à écailles déchirées. *Cor.* nulle. *Stigmate* divisé peu profondément en quatre parties. *Caps.* à deux battans. *Semences* à aigrette.

1229. RHODIOLE, *RHODIOLA*. M. *Cal.* à quatre segmens profonds. *Cor.* à quatre pétales.

F. *Cal.* à quatre segmens profonds. *Cor.* à quatre pétales. Quatre *Pistils*. Quatre *Caps.* à plusieurs semences.

† *Laurus nobilis*.

† *Acer rubrum*.

VIII. ENNÉANDRIE.

1230. MERCURIALE, *MERCURIALIS*. M. *Cal.* à trois feuillets. *Corolle* nulle. De neuf à douze *Étam.*

F. *Cal.* à trois feuillets. *Cor.* nulle. Deux *Styles*. *Caps.* à deux coques.

1231. MORÈNE, *HYDROCHARIS*. M. *Cal.* à trois feuillets. *Cor.* à trois pétales.

F. *Cal.* à trois feuillets. *Cor.* à trois pétales. Six *Styles*. *Caps.* inférieure, à six loges.

† *Laurus*, *an omnis* ?

IX. DÉCANDRIE.

1232. CARICA, *CARICA*. Mâle. *Cal.* à peine visible. *Cor.* à cinq divisions peu profondes.
Femelle. *Cal.* à cinq dents. *Cor.* à cinq pétales. Huit *Stigmates*. *Baie* à plusieurs semenues.

1233. KIGGELAIRE, *KIGGELARIA*. M. *Cal.* à cinq segmens profonds. *Cor.* à cinq pétales. *Nectaire* à cinq glandes.
F. *Cal.* à cinq segmens profonds. *Cor.* à cinq pétales. Cinq *Styles*. *Caps.* à cinq battans.

1235. REDOUL, *CORIARIA*. M. *Cal.* à cinq feuillets. *Cor.* à cinq pétales.
F. *Cal.* à cinq feuillets. *Cor.* à cinq pétales. Cinq *Styles*. *Baie* à cinq semences, formée par cinq pétales charnus.

1234. MOLLÉ, *SCHINUS*. M. *Cal.* à cinq segmens peu profonds. *Cor.* à cinq pétales.
F. *Cal.* à cinq segmens peu profonds. *Cor.* à cinq pétales. *Baie* à trois coques.

† *Lychnis dioïca*. † *Cucubalus Otites*. † *Guilandina dioïca*. † *Phytolacca dioica*. † *Gypsophila paniculata*.

X. DODÉCANDRIE.

1236. EUCLÉE, *EUCLEA*. M. *Cal.* à cinq dents. *Cor.* à cinq pétales. Quinze *Étamines*.
F. *Cal.* à cinq dents. *Cor.* à cinq pétales. Deux *Styles*.

1238. MÉNISPERME, *MENISPERMUM*. M. *Cal.* à deux feuillets. *Cor.* à douze pétales.
F. *Cal.* à six feuillets. *Cor.* à six pétales. *Baie* à trois coques.

1237. CANNABINE, *DATISCA*. Mâle. *Cal.* à cinq feuillets. *Cor.* nulle. Quinze *Anthères* assises.
Femelle. *Cal.* supérieur, à deux dents. *Cor.* nulle. *Caps.* à une loge, à plusieurs semences.

XI. ICOSANDRIE.

† *Spiræa Aruncus.* † *Myrtus dioïca.* † *Rubus Chamæmorus.*

XII. POLYANDRIE.

1239. CLIFFORTE, *CLIFFORTIA*. M. *Cal.* à trois feuillets. *Cor.* nulle.
F. *Cal.* à trois feuillets. *Cor.* nulle. Deux *Styles*. *Caps.* inférieure, à deux coques.

† *Clematis dioïca, Virginiana.* † *Thalictrum dioïcum.*
† *Laurus nobilis.*

XIII. MONADELPHIE.

1240. GENEVRIER, *JUNIPERUS*. M. *Cal.* *Chaton* à écailles. *Cor.* nulle. Trois *Étamines*.
F. *Cal.* à trois segmens profonds. *Cor.* à trois pétales. Trois *Styles*. *Baie* inférieure, formée par les trois segmens succulens du calice.

1241. IF, *TAXUS*. M. *Cal.* à quatre feuillets. *Cor.* nulle.
F. *Cal.* à quatre feuillets. *Cor.* nulle. Un *Stigmate*. *Baie* à une semence, comme cernée vers le haut.

1242. ÉPHÈDRE, *EPHEDRA*. M. *Cal.* *Chaton* à écailles divisées peu profondément en deux parties. *Cor.* nulle. Sept *Étamines*.
F. *Cal.* cinq *Périanthes* placés les uns sur les autres en recouvrement. *Cor.* nulle. Deux *Pistils*. *Baie* à deux semences, enveloppée par le calice.

1243. CISSAMPELOS, *CISSAMPELOS*. Mâle. *Cal.* nul. *Cor.* à quatre pétales. Quatre *Étamines*.

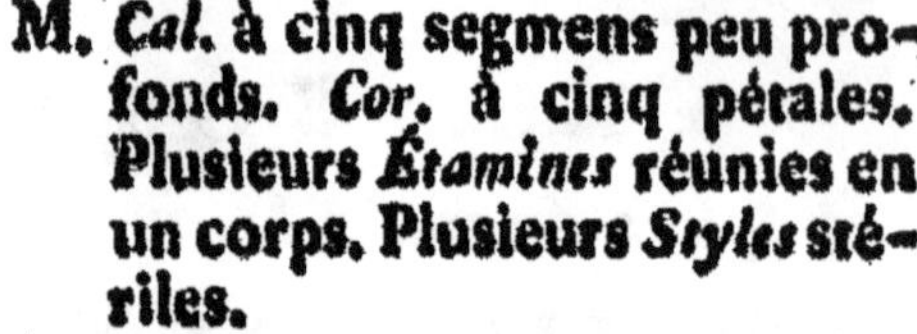

Femelle. *Cal.* et *Cor.* nuls. Trois *Stigmates*. *Baie* à une semence.

1244. NAPÉE, *NAPÆA*. M. *Cal.* à cinq segmens peu profonds. *Cor.* à cinq pétales. Plusieurs *Étamines* réunies en un corps. Plusieurs *Styles* stériles.

F. *Cal.* à cinq segmens peu profonds. *Cor.* à cinq pétales. Plusieurs *Étamines* stériles, réunies en un corps. Plusieurs *Styles*. Dix *Arilles* disposés en rond.

1245. ADÈLE, *ADELIA*. M. *Cal.* à trois segmens profonds. *Cor.* nulle. Vingt *Étamines*.

F. *Cal.* à cinq segmens profonds. *Cor.* nulle. Trois *Styles*. *Caps.* à trois coques.

XIV. SYNGÉNÉSIE.

1246. FRAGON, *RUSCUS*. M. *Cal.* à six feuillets. *Cor.* nulle. Cinq *Étamines*.

F. *Cal.* à six feuillets. *Cor.* nulle. Un *Pistil*. *Baie* à trois loges, à deux semences.

† *Gnaphalium dioïcum*.

† *Bryonia dioïca*.

XV. GYNANDRIE.

1247. CLUTIE, *CLUTIA*. M. *Cal.* à cinq feuillets. *Cor.* à cinq pétales. Cinq *Étamines*.

F. *Cal.* à cinq feuillets. *Cor.* à cinq pétales. Trois *Styles*. *Caps.* à trois coques.

† *Arum triphyllum*.

DIOÉCIE.

Les caractères des plantes de cette Classe consistent dans la séparation des fleurs mâles et femelles sur deux individus distincts.

Toutes les plantes de cette Classe sont *mâles* ou *femelles*.

Dans toutes les espèces de cette Classe il y a un mâle et une femelle, mais jamais un hermaphrodite ou un androgyne.

La différence du sexe est individuelle comme dans les animaux.

Les mâles dans cette Classe proviennent de semences.

Les femelles seules et séparées du mâle, ne peuvent propager leur espèce, comme le prouve l'exemple des plantes exotiques cultivées dans les jardins.

Si dans une même espèce, il existe une plante mâle ou femelle, et dans une autre une hermaphrodite, elle appartient à la Polygamie.

Il existe dans plusieurs genres quelques espèces mâles et femelles, qui ne sauroient appartenir à cette Classe, parce que toutes les espèces de ces genres ne sont point de sexe différent. Tels sont : *Morus*, *Urtica*, *Rumex*, *Silene*, *Phylica*, *Salix*, *Acer*, *Spiræa*, *Rubus*, *Guilandina*, *Gypsophila*, *Napæa*, *Clematis*, *Thalictrum*, *Gnaphalium*, *Carex*, *Valeriana*, *Rhamnus*, *Lychnis*.

Il est singulier qu'on n'ait jusqu'à ce moment découvert aucune plante de sexe différent dans les *Borraginées*, *Didynames*, *Tétradynames* ; la structure des fleurs en démontre la raison.

DIOÉCIE.

I. MONANDRIE.

1198. NAÏADE, *NAJAS.* † *Lam. Tab. Encyclop.* pl. 799. FLUVIATILIS. *Michel. Gen.* 11, tab. 8.

* *FLEURS MALES.*

CAL. *Périanthe* d'un seul feuillet, tronqué à la base, cylindrique, aminci au sommet, à *orifice* à deux *segmens*, opposés, renversés.

COR. Monopétale, égale. *Tube* de la longueur du calice. *Limbe* à cinq *divisions* profondes, oblongues, roulées.

ÉTAM. *Filament* nul. *Anthère* oblongue, droite.

* *FLEURS FEMELLES.*

CAL. Nul.

COR. Nulle.

PIST. *Ovaire* ovale, terminé par un *Style* aminci. *Stigmates* simples, persistans.

PÉR. *Capsule* ovale, à une loge.

SEM. Ovale, oblongue.

FLEURS MALES : *Calice* cylindrique, à deux segmens peu profonds. *Corolle* à quatre divisions profondes. Une seule *Anthère* sans filament.

FLEURS FEMELLES : *Calice* et *Corolle* nuls. Un seul *Pistil*. *Capsule* ovale, à une seule loge.

1. NAÏADE marine, *N. marina*, L. à feuilles très-finement dentelées, flottantes.

Bauh. Hist. 3, P. 2, pag. 779, fig. 1. *Pluk.* tab. 216, fig. 4. *Vaill. Allem. de l'Acad.* 1719, pag. 17, tab. 1, f. 2. *Mich. Gen.* 11, esp. 1 et 2, tab. 8, fig. 1 et 2.

A Montpellier, Lyon, Paris. ♃ Estivale.

II. DIANDRIE.

1199. VALLISNÉRIE, *VALLISNERIA.* † *Michel. Gen.* 12, tab. 10. *Lam. Tab. Encyclop.* pl. 799. VALLISNEROÏDES. *Mich. Gen.* 13, tab. 10.

* *FLEURS MALES.*

CAL. *Spathe commun* à deux *divisions* profondes, oblongues, renversées, divisées peu profondément en deux parties.

— *Spadice commun* comprimé, couvert de tous côtés de fleurs disposées en épi.

COR. Monopétale, à trois divisions profondes. *Tube* nul, à divisions comme ovales, très-étalées et renversées.

ÉTAM. Deux *Filamens*, droits, de la longueur de la corolle. *Anthères* simples.

* *FLEURS FEMELLES.*

CAL. *Spathe* à une fleur, comme cylindrique, long, à *orifice* droit, à deux divisions peu profondes.

— *Périanthe* ouvert, supérieur, à trois *segmens* profonds, ovales.

COR. Trois *Pétales*, linéaires, très-étroits, tronqués, en quelque sorte plus courts que le calice.

Nectaire : pointe étalée, placée sur chaque stigmate.

PIST. *Ovaire* cylindrique, inférieur, long. *Style* à peine visible. *Stigmate* divisé profondément en trois parties, ovales, convexes, plus longues que le calice, étalées, duvetées supérieurement, à moitié divisées en deux parties.

PÉR. *Capsule* comme cylindrique, longue, à une loge, à un seul battant.

SEM. Nombreuses, ovales, attachées sur le côté de la capsule.

OBS. La Fleur mâle (*Vallisneroïdes Micheli*) *dont la hampe est très-courte, ouvre sous l'eau son épi floral : bientôt les fleurons se séparent de la plante, nagent, s'ouvrent, se dispersent, et fleurissent à la surface de l'eau, éloignés de la plante.*

La Fleur femelle (*Vallisneria Micheli*) *dont la hampe est courte et contournée en spirale, cache ses fructifications sous les eaux : mais sa spirale se dilatant, la fleur gagne la surface des eaux.*

FLEURS MALES : *Spathe* divisé profondément en deux parties. *Spadice* tout couvert de fleurs. *Corolle* à trois divisions profondes.

FLEURS FEMELLES : *Spathe* divisé peu profondément en deux parties, renfermant une seule fleur. *Calice* à trois segmens profonds, supérieur. *Corolle* à trois pétales. Trois *Styles*. *Capsule* à une seule loge, renfermant plusieurs semences.

1. VALLISNÉRIE en spirale, *V. spiralis*, L. à feuilles oblongues, dentelées au sommet, et souvent entières, lisses, luisantes, flottantes.

Michel. Gen. 12, esp. 1, tab. 10, fig. 1, le mâle ; et tab. 10, fig. 2, la femelle.

Nous engageons nos lecteurs à lire la dissertation du docteur *Laudun* sur la *Vallisneria*, imprimée à la suite de celle qu'il a donnée sur l'*Aldrovanda vesicularis*, L.

A Montpellier, en Provence, à Lyon, Paris. ♂ Estivale.

1200. COULEKIN, *CECROPIA.* † *Lam. Tab. Encyclop.* pl. 800.

* *FLEURS MALES.*

CAL. *Spathe* ovale, s'ouvrant avec effort, promptement-caduc, contenant plusieurs *Chatons*, en faisceaux arrondis, formés par des écailles placées en recouvrement les unes sur les autres, (servant de réceptacle), nombreuses, en toupie, comprimées, à quatre côtés, obtuses, percées de deux trous.

COR. Nulle, (à moins qu'on ne prenne pour corolle les écailles.)

ÉTAM. Deux *Filamens*, capillaires, très-courts, s'élevant des trous des écailles. *Anthères* oblongues, à quatre côtés.

* *FLEURS FEMELLES.*

CAL. *Spathe* . . . .

—— Quatre *Chatons*, arrondis, formés par les ovaires placés en recouvrement les uns sur les autres.

COR. Nulle.

PIST. Plusieurs *Ovaires*, en recouvrement, comprimés, à quatre côtés, obtus. *Styles* solitaires, très-courts. *Stigmates* comme en tête, déchirés.

PÉR. *Baie* semblable aux ovaires, à une loge, à une semence.

SEM. Oblongue, comprimée.

FLEURS MALES : *Spathe* promptement-caduc. *Chatons* composés d'écailles en toupie, à quatre côtés, placées en recouvrement les unes sur les autres. *Corolle* nulle.

FLEURS FEMELLES : *Spathe* . . . . . . *Chatons* arrondis, formés par les ovaires, placés en recouvrement les uns sur les autres. Un seul *Style* terminé par un *Stigmate* déchiré. *Baie* renfermant une seule semence.

1. COULEKIN en bouclier, *C. peltata*, L. à tige sans rameaux, rude, fistuleuse, feuillée au sommet.

Pluk. tab. 243, fig. 5. *Sloan. Jam.* tab. 88, fig. 2; et tab. 89. *A la Jamaïque.*

1201. SAULE, *SALIX.* * *Tournef. Inst.* 590, tab. 364. *Lam. Tab. Encyclop.* pl. 802.

* *FLEURS MALES.*

CAL. *Chaton commun* oblong, (formé par une collerette produite par le bourgeon), composé d'*écailles* placées de tous côtés en recouvrement les unes sur les autres, couvrant chacune une seule fleur, oblongues, planes, étalées.

COR. Nulle.

Nectaire : Glande comme cylindrique, très-petite, tronquée, mellifère, située au centre de la fleur.

ÉTAM. Deux *Filamens*, droits, filiformes, plus longs que le calice. *Anthères* didymes, à quatre loges.

** FLEURS FEMELLES.*

CAL. *Chaton* comme dans les fleurs mâles.
Écailles comme dans les fleurs mâles.

COR. Nulle.

PIST. *Ovaire* ovale, aminci en *Style* à peine visible, un peu plus long que les écailles du calice. Deux *Stigmates*, droits, divisés peu profondément en deux parties.

PÉR. *Capsule* ovale, en alêne, à une loge, à deux battans roulés.

SEM. Nombreuses, ovales, très-petites, couronnées par une aigrette simple, hérissée.

OBS. Ce genre présente des espèces dont les fleurs mâles ont trois ou cinq étamines d'une longueur inégale.

S. hermaphroditica, L. *est la seule espèce à fleurs hermaphrodites diandres que nous connoissions.*

S. purpurea, L. *a les fleurs à une seule étamine.*

Le changement des individus de ce genre, qu'on dit être une année mâles et l'autre année femelles, n'est qu'une fable inventée à plaisir.

FLEURS MALES : *Chatons* arrondis, ovales, oblongs, cylindriques suivant les espèces, formés par des écailles couvrant chacune une, deux, trois ou cinq étamines, suivant les espèces. *Corolle* nulle. *Glande nectarifère* placée entre les étamines et l'axe du chaton.

FLEURS FEMELLES : *Chatons* comme dans les fleurs mâles, formés par des écailles couvrant chacune un *Style* divisé peu profondément en deux parties. *Corolle* nulle. *Capsule* à une seule loge, à deux battans, renfermant plusieurs semences aigrettées.

* I. *SAULES à feuilles lisses, à dents de scie.*

1. SAULE hermaphrodite, *S. hermaphroditica*, L. à feuilles lisses, à dents de scie; à fleurs hermaphrodites, diandres ou à deux étamines.

A Upsal. ♄

2. SAULE triandre, *S. triandra*, L. à feuilles lisses, à dents de scie; à fleurs triandres ou à trois étamines.

Hoffm. Hist. Salic. Fasc. 2, esp. 7, t. 9 et 10, f. 1, 2, 3 et 4.
A Lyon, Grenoble, Paris. ♄ Vernale.

3. SAULE pentandre, *S. pentandra*, L. à feuilles lisses, à dents de scie; à fleurs pentandres ou à cinq étamines.

Salix vulgaris rubens ; Saule vulgaire rougeâtre. *Bauh. Pin.* 473, n.° 3? *Fusch. Hist.* 336. *Flor. Lappon.* n.° 370, tab. 8, fig. 2.

Les branches de ce Saule qui sont très-flexibles, servent à faire des liens ; les feuilles teignent en jaune. On peut filer le duvet des chatons.

Nutritive pour le Mouton, la Chèvre.

En Provence, à Grenoble, Paris. ♄ Vernale.

4. SAULE à feuilles de phylique, *S. phylicifolia*, L. à feuilles lisses, à dents de scie ; à crénelures ondulées.

Flor. Lappon. n.° 350 et 351, tab. 8, fig. C. et D.

A Paris. ♄ Vernale.

5. SAULE Osier, *S. vitellina*, L. à feuilles lisses, à dents de scie, cartilagineuses, ovales, aiguës ; à pétioles parsemés de points calleux.

Salix sativa lutea, folio crenato ; Saule cultivé jaune, à feuille crénelée. *Bauh. Pin.* 473, n.° 4. *Fusch. Hist.* 335. *Bauh. Hist.* 1, P. 2, pag. 214, fig. 3. *Hoffm. Hist. Salic. Fasc.* 3, pag. 57, esp. 8, tab. 11 et 12, fig. 1, 2 et 3.

On coupe chaque année les pousses de ce Saule pour en relier les cercles des tonneaux. Les Vanniers en font un grand emploi pour leurs différens ouvrages.

A Montpellier, Lyon, Paris, etc. Cultivé sur le bord des vignes. ♄ Vernale.

6. SAULE amandier, *S. amygdalina*, L. à feuilles lisses, à dents de scie, lancéolées, pétiolées ; à stipules dentées, trapéziformes.

(Le synonyme de *G. Bauhin*, *Salix folio amygdalino, utrinque virente, aurito ;* Saule à feuilles d'Amandier, vertes sur les deux surfaces, à oreillettes, *Pin.* 473, n.° 5, est rapporté par *Linné* d'après *Rai* à cette espèce ; et par *Haller*, au Saule fragile, *S. fragilis*, L.) *Lugd. Hist.* 276, f. 3. *Bauh. Hist.* 1, P. 2, pag. 214 et 215, fig. 1.

Nutritive pour le Cheval, la Chèvre.

A Montpellier, Lyon, Paris, etc. ♄ Vernale.

7. SAULE en fer de hallebarde, *S. hastata*, L. à feuilles lisses, à dents de scie, presque ovales, aiguës, assises ou sans pétioles ; à stipules comme en cœur.

Bauh. Hist. 1, P. 2, pag. 216, fig. 1. *Flor. Lappon.* n.° 354, tab. 8, fig. G. *Vill. Hist. des Pl.* tom. 3, pag. 774, esp. 18, tab. 50, fig. 18.

A Grenoble, Paris. ♄ Vernale.

8. SAULE d'Égypte, *S. Ægyptiaca*, L. à feuilles à peine dentelées, lancéolées, ovales, nues, veinées ; à pétioles simples, sans stipules.

Salix Syriaca, folio oleagino, argenteo; Saule de Syrie, à feuille d'olivier, argentée. *Bauh. Pin.* 474, n.° 1. *Alp. Ægypt.* 2, pag. 35, tab. 18.

En Egypte. ♄

9. SAULE cassant, *S. fragilis*, L. à feuilles lisses, à dents de scie, ovales, lancéolées; à pétioles dentés, glanduleux.

Salix fragilis; Saule cassant. *Bauh. Pin.* 474, n.° 9. *Flor. Lappon.* n.° 349, tab. 8, fig. B.

Les rameaux de cet arbre sont très-cassans : l'écorce sert pour tanner les cuirs; elle est regardée avec raison comme fébrifuge. Les racines fournissent une teinture rouge.

Nutritive pour le Bœuf.

A Lyon, Grenoble, Paris, etc. ♄ Vernale.

10. SAULE pleureur, *S. Babylonica*, L. à feuilles lisses, à dents de scie, linéaires, lancéolées; à branches rabattues, flexibles, pendantes.

Salix Arabica, foliis Atriplicis; Saule d'Arabie, à feuilles d'Arroche. *Bauh. Pin.* 475, n.° 2. *Lugd. Hist. Append.* 30, fig. 2.

En Asie. Cultivé dans les jardins. ♄

11. SAULE pourpre, *S. purpurea*, L. à feuilles lisses, à dents de scie, lancéolées : les inférieures opposées.

Salix vulgaris nigricans, folio non serrato; Saule vulgaire noirâtre, à feuille non dentelée. *Bauh. Pin.* 473, n.° 2. *Lugd. Hist.* 277, fig. 1. *Bauh. Hist.* 1, pag. 215, fig. 2. *Hoffm. Hist. Sal. Fasc.* 1, pag. 18, esp. 1, tab. 1, fig. 1 et 2; et tab. 5, fig. 1.

Les fleurs n'ont qu'une seule étamine. Les branches qui sont très-flexibles fournissent de bons liens, et peuvent être employées pour former des corbeilles.

A Lyon, Grenoble, Paris. ♄ Vernale.

12. SAULE Hélice, *S. Helix*, L. à feuilles lisses, à dents de scie, lancéolées, linéaires : les supérieures opposées, obliques.

Bauh. Hist. 1, P. 2, pag. 213, fig. 1.

Les fleurs n'ont qu'une seule étamine. *Haller* et *du Roi* pensent que cette espèce n'est pas distincte du Saule pourpre.

A Montpellier, Lyon, Paris. ♄ Vernale.

13. SAULE myrsinite, *S. myrsinites*, L. à feuilles lisses, à dents de scie, ovales, veinées.

Flor. Lappon. n.° 353, tab. 8, fig. F; et tab. 7, fig. 6. *Vill. Hist. des Pl.* tom. 3, p. 769, esp. 12, tab. 50, f. 12, A. B.

En Provence, à Grenoble, en Auvergne. ♄

14. SAULE arbuste, *S. arbuscula*, L. à feuilles lisses, à peine dentelées, presque diaphanes, d'un vert de mer, glauques en dessous; à tige à peine ligneuse.

Flor. Lappon. n.° 352, tab. 8, fig. E; et n.° 360, tab. 8, f. M. • *Jacq. Aust.* tab. 408.

En Provence. ♄

15. SAULE herbacé, *S. herbacea*, L. à feuilles lisses, à dents de scie, arrondies.

Salix saxatilis minima; Saule des rochers très-petit. *Bauh. Pin.* 474, n.° 6. *Flor. Lappon.* n.° 355, tab. 8, f. H; et tab. 7, fig. 3 et 4. *Flor. Dan.* tab. 117.

C'est le plus petit des arbres; il est rampant.

Sur les Alpes du Dauphiné. ♃ Vernale.

16. SAULE émoussé, *S. retusa*, L. à feuilles lisses, à peine dentées, en ovale renversé, très-obtuses.

Salix Alpina angustifolia repens, non incana; Saule des Alpes à feuilles étroites, non blanchâtres, rampant. *Bauh. Pin.* 474, n.° 4. *Camer. Epit.* 108. *Boccon. Mus.* 2, p. 18, tab. 1.

Sur les Alpes du Dauphiné, sur le Cantal, au Mont-d'Or, en Auvergne. ♄ Estivale.

* II. *SAULES à feuilles lisses, très-entières.*

17. SAULE à réseau, *S. reticulata*, L. à feuilles lisses, très-entières, ovales, obtuses, à veines formant un réseau.

Bauh. Hist. 1, P. 1, pag. 217, fig. 2. *Flor. Lappon.* n.° 359, tab. 8, fig. L; et tab. 7, fig. 1 et 2. *Flor. Dan.* tab. 212.

Sur les Alpes du Dauphiné, de Provence, au Mont-d'Or, en Auvergne. ♄ Estivale.

18. SAULE myrtille, *S. myrtilloïdes*, L. à feuilles lisses, entières, ovales, aiguës.

Bauh. Hist. 1, P. 2, pag. 217, fig. 1. *Flor. Lappon.* n.° 357, tab. 8, f. I, K. *Vill. Hist. des Pl.* tom. 3, p. 770, esp. 13, tab. 50, fig. 13.

En Provence. ♄

19. SAULE glauque, *S. glauca*, L. à feuilles très-entières, ovales, oblongues, un peu cotonneuses en dessous.

Salix Alpina Pyrænaïca; Saule des Alpes des Pyrénées. *Bauh. Pin.* 474, n.° 3. *Flor. Lappon.* n.° 363, tab. 7, fig. 5; et tab. 8, fig. P.

Sur les Alpes de Lapponie, aux Pyrénées. ♄

* III. *SAULES à feuilles très-entières ou sans dentelures, velues.*

20. SAULE à oreillettes, *S. aurita*, L. à feuilles très-entières, velues en dessus et en dessous, en ovale renversé; à oreillettes ou appendices à la base des feuilles.

Flor. Lappon. n.° 369, tab. 8, fig. Y. *Hoffm. Hist. Salic. Fasc.* 1, pag. 30, esp. 4, tab. 4, fig. 1 et 2; et tab. 5, fig. 3. *Vill. Hist. des Pl.* tom. 3, pag. 776, esp. 20, tab. 50, n.° 20.

En Auvergne, à Paris. ♄ Vernale.

21. SAULE laineux, *S. lanata*, L. à feuilles très-entières, arrondies, cotonneuses en dessus et en dessous.

Salix humilis latifolia, erecta; Saule nain à larges feuilles, droit. *Bauh. Pin.* 474, n.° 1. *Flor. Lappon.* n.° 368, t. 8, fig. X; et tab. 7, fig. 7.

Sur les Alpes du Dauphiné, en Auvergne, à Paris. ♄ Vernale.

22. SAULE des Lappons, *S. Lapponum*, L. à feuilles très-entières, hérissées, lancéolées.

Flor. Lappon. n.° 366, tab. 8, fig. T. *Vill. Hist. des Pl.* tom. 3, pag. 780, esp. 25, tab. 51, fig. 25 et 782, esp. 27, tab. 51, n.° 27?

Sur les Alpes du Dauphiné. ♄

23. SAULE des sables, *S. arenaria*, L. à feuilles très-entières, ovales, aiguës, un peu velues en dessus, cotonneuses en dessous.

Salix pumila, foliis utrinque candicantibus et lanuginosis; Saule nain à feuilles blanchâtres et laineuses sur les deux surfaces. *Bauh. Pin.* 474, n.° 4. *Flor. Lappon.* n.° 362, tab. 8, fig. O et Q. *Flor. Dan.* tab. 197. *Vill. Hist. des. Pl.* tom. 3, pag. 78, esp. 26, tab. 51, n.° 26. A. B.

En Provence, en Auvergne, à Paris. ♄ Vernale.

24. SAULE nicheur, *S. incubacea*, L. à feuilles très-entières, lancéolées, un peu velues en dessus, soyeuses et brillantes en dessous.

A Paris, en Auvergne. ♄ Vernale.

25. SAULE rampant, *S. repens*, L. à feuilles très-entières, lancéolées, presque lisses en dessus et en dessous; à tige rampante.

Salix Alpina pumila, rotundifolia, repens, infernè subcinerea; Saule des Alpes nain, à feuilles rondes, un peu cendrées en dessous, rampant. *Bauh. Pin.* 474, n.° 3. *Dod. Pempt.* 843, fig. 23. *Clus. Hist.* 1, pag. 85, fig. 1. *Bauh. Hist.* 1, P. 2, pag. 216, fig. 2. *Vill. Hist. des Pl.* tom. 3, pag. 767, esp. 10, tab. 50, fig. 10.

En Auvergne, en Dauphiné, à Paris. ♄ Vernale.

26. SAULE brunâtre, *S. fusca*, L. à feuilles très-entières, ovales, velues et brillantes en dessous.

Flor. Lappon. n.° 364, tab. 8, fig. R.

Les saules des sables, nicheur, rampant et brunâtre, ont entr'eux une grande affinité.

En Auvergne. ♄

27. SAULE à feuilles de romarin, *S. rosmarinifolia*, L. à feuilles très-entières, lancéolées, linéaires, resserrées.

Salix humilis, angustifolia, Saule nain à feuilles étroites. *Bauh. Pin.* 474, n.° 7. *Lob. Ic.* 2, pag. 137, fig. 2. *Lugd. Hist.* 278, fig. 2.

A Montpellier, en Auvergne, en Dauphiné. ♄ Vernale.

* IV. *SAULES à feuilles un peu dentelées, cotonneuses.*

28. SAULE Marceau, *S. Caprea*, L. à feuilles ovales, ridées, cotonneuses en dessous, ondulées, dentelées vers le sommet.

Salix latifolia, rotunda; Saule à feuilles larges, rondes. *Bauh. Pin.* 474, n.° 1. *Lugd. Hist.* 276, fig. 1 et 2. *Bauh. Hist.* 1, P. 2, pag. 215, fig. 3. *Flor. Lappon.* n.° 365, tab. 8, fig. S. *Bul. Paris.* tab. 571. *Flor. Dan.* tab. 245. *Hoffm. Hist. Salic. Fasc.* 1, pag. 25, esp. 3, tab. 3, fig. 1 et 2; et tab. 5, fig. 4.

Nutritive pour le Cheval, le Bœuf, le Mouton, la Chèvre.

A Montpellier, Lyon, Paris. ♄ Vernale.

29. SAULE à longues feuilles, *S. viminalis*, L. à feuilles à peine dentelées, lancéolées, linéaires, très-longues, aiguës, soyeuses en dessous; à rameaux flexibles.

Salix folio longissimo, angustissimo, utrinque albido; Saule à feuilles très-longues, très-étroites, blanchâtres sur les deux surfaces. *Bauh. Pin.* 474, n.° 6. *Lugd. Hist.* 278, fig. 1. *Bauh. Hist.* 1, P. 2, pag. 212, fig. 2. *Hoffm. Hist. Salic. Fasc.* 1, p. 22, esp. 2, tab. 2, f. 1 et 2, tab. 5, f. 2.

Nutritive pour le Cheval, le Bœuf, le Mouton, la Chèvre.

A Montpellier, Lyon, Paris. ♄ Vernale.

30. SAULE cendré, *S. cinerea*, L. à feuilles un peu dentelées, oblongues, ovales, à peine cotonneuses en dessous; à stipules en cœur, dentelées.

Nutritive pour le Cheval, la Chèvre.

En Dauphiné ♄

31. SAULE blanc, *S. alba*, à feuilles lancéolées, aiguës, à dents de scie, un peu cotonneuses sur les deux surfaces : les dentelures inférieures anguleuses.

Salix vulgaris alba, arborescens; Saule vulgaire blanc, en arbre. *Bauh. Pin.* 473, n.° 1. *Dod. Pempt.* 843, fig. 1. *Lob. Ic.* 2, pag. 136, fig. 2. *Lugd. Hist.* 275, fig. 1. *Camer. Epit.* 107. *Icon. Pl. Medic.* tab. 492. *Hoff. Hist. Salic. Fasc.* 2, pag. 41, esp. 6, tab. 7 et 8, fig. 1 et 2.

1. *Salix;* Saule blanc mâle ou femelle. 2. Feuilles, leur extrait, écorce des branches moyennes, chatons. *Ecorce :* astringente et fébrifuge; amère, antiseptique (la viande se conserve long-temps dans la décoction sans se corrompre); *chatons :* odorans, refraichissans; *feuilles :* rafraichissantes. 5. Fièvres intermittentes, anorexie, diarrhée causée par atonie, rachitis. 6. On emploie l'écorce pour tanner les cuirs; le duvet des chatons, pour filer, faire des coussinets, du papier; les grosses branches, pour faire des échalats, des cercles; les petites branches, pour des corbeilles et des liens; le charbon du bois qui est très-léger, pour faire des crayons et de la poudre à canon.

Nutritive pour le Cheval, le Bœuf, le Mouton, la Chèvre.

En Europe, dans les terrains humides, sur les bords des rivières. On appelle *Saussaie un lieu planté de saules; quelques disent Saulaie, ce qui seroit plus conforme à l'analogie.* ♄ Vernale.

III. TRIANDRIE.

1202. CAMARIGNE, *EMPETRUM.* * *Tournef. Inst.* 579, tab. 421. *Lam. Tab. Encyclop.* pl. 803.

* *FLEURS MALES.*

COR. *Périanthe* à trois *segmens* profonds, ovales, persistans.

COR. Trois *Pétales*, ovales, oblongs, rétrécis à la base, plus grands que le calice, se flétrissant.

ÉTAM. Trois *Filamens*, capillaires, très-longs, pendans. *Anthères* droites, courtes, divisées profondément en deux parties.

* *FLEURS FEMELLES.*

CAL. *Périanthe* comme dans les fleurs mâles.

PIST. *Ovaire* déprimé. *Style* à peine visible. Neuf *Stigmates*, renversés, étalés.

PÉR. *Baie* arrondie, déprimée, à une loge, plus grande que le calice.

SEM. Neuf, à articulations disposées en rond, bossuées d'un côté, anguleuses de l'autre.

FLEURS MALES : *Calice* à trois segmens profonds. *Corolle* à trois pétales. Trois *Étamines* très-longues.

FLEURS FEMELLES : *Calice* à trois segmens profonds. *Corolle* à trois pétales. Neuf *Styles*. *Baie* renfermant neuf semences.

1. CAMARIGNE blanche, *E. album*, L. à tige droite; à feuilles un peu rudes en dessus, creusées en dessous.

Erica erecta, baccis candidis; Bruyère à tige droite, à baies blanches. *Bauh. Pin.* 486, n.° 1. *Lob. Ic.* 2, pag. 213, f. 2. *Clus. Hist.* 1, pag. 45, fig. 1. *Lugd. Hist.* 190, fig. 1. *Bauh. Hist.* 1, P. 1, pag. 528, fig. 1.

En Portugal.

2. CAMARIGNE noire, *E. nigrum*, L. à tige couchée; à feuilles ovales, lancéolées, obtuses, assises aux aisselles des feuilles.

Erica baccifera, procumbens, nigra; Bruyère à baies noires, à tige couchée. *Bauh. Pin.* 486, n.° 2. *Matth.* 142, fig. 2. *Clus. Hist.* 1, pag. 45, fig. 2. *Lugd. Hist.* 188, fig. 1. *Bauh. Hist.* 1, P. 2, pag. 526, fig. 1.

Les baies teignent en pourpre-noirâtre.

Sur les Alpes du Dauphiné, au Mont-d'Or en Auvergne. ♄ Vernale. *S.-Alp.*

1203. ROUVET, *OSYRIS.* * CASIA. *Tournef. Inst.* 664, tab. 488. *Lam. Tab. Encyclop.* pl. 802.

* *FLEURS MALES.*

CAL. *Périanthe* d'un seul feuillet, en toupie, à trois *segmens* peu profonds, égaux, ovales, aigus.

COR. Nulle.

ÉTAM. Trois *Filamens*, très-courts. *Anthères* arrondies, petites.

* *FLEURS FEMELLES.*

CAL. Supérieur, persistant, très-petit, du reste comme dans les fleurs mâles.

COR. Nulle.

PIST. *Ovaire* en toupie, inférieur. *Style* de la longueur des étamines. *Stigmate* étalé, divisé peu profondément en trois parties.

PÉR. *Baie* arrondie, à une loge, à ombilic.

SEM. *Petit noyau* arrondi, remplissant le péricarpe.

FLEURS MALES : *Calice* à trois segmens peu profonds. *Corolle* nulle.

FLEURS FEMELLES : *Calice* à trois segmens peu profonds. *Corolle* nulle. Un *Style* terminé par un *Stigmate* arrondi. *Baie* à une seule loge.

1. ROUVET blanc, *O. Alba*, L. à tige striée, très-rameuse; à feuilles assises ou sans pétioles, étroites; à fleurs pédunculées, ramassées aux extrémités des rameaux.

Osyris frutescens, baccifera; Rouvet ligneux, à fruit en baie. *Bauh. Pin.* 212, n.° 2. *Lob. Ic.* 1, pag. 433, fig. 1. *Clus. Hist.* 1, pag. 91, fig. 1. *Lugd. Hist.* 1385, fig. 2. *Camer. Epit.* 26. *Alp. Exot.* 41 et 40. *Bellev.* tab. 268.

A Montpellier, en Provence, en Dauphiné. ♄ Vernale.

1204. **RESTIO**, *RESTIO*. *Lam. Tab. Encyclop.* pl. 804.

** FLEURS MALES.*

CAL. *Épi* ovale, garni de tous côtés d'écailles placées en recouvrement les unes sur les autres, membraneuses, ovales, couvrant chacune une seule fleur.

COR. Propre, à six *Pétales*, ovales, oblongs, presque égaux, plus courts que les écailles du calice, membraneux, persistans.

ÉTAM. Trois *Filamens*, capillaires. *Anthères* oblongues, droites.

** FLEURS FEMELLES.*

CAL. et COR. Comme dans les fleurs mâles.

PIST. *Ovaire* inférieur, arrondi, à six sillons. Trois *Styles*, en alêne, droits, persistans. *Stigmates* filiformes, se flétrissant.

PÉR. *Capsule* arrondie, à six plis rapprochés par paires, à bec formé par les styles convergens, à trois loges.

SEM. Quelques-unes, oblongues, cylindriques, obtuses.

OBS. Rottboëll *regarde comme calice les trois pétales extérieurs, parce que non-seulement ils diffèrent des intérieurs par la forme, mais encore par leur tissu.* Voyez *Descript. et icones. pl. rar.* lib. 1, pag. 2 et suiv.

FLEURS MALES en *chaton* formé par des écailles qui couvrent une fleur composée de six pétales.

FLEURS FEMELLES : *Calice* et *Corolle* comme dans les fleurs mâles. Trois *Styles*. *Capsule* à six plis, à trois loges renfermant chacune plusieurs semences.

1. **RESTIO** paniculé, *R. paniculatus*, L. à tige feuillée ; à fleurs en épis en panicule.

   Au cap de Bonne-Espérance.

2. **RESTIO** dichotome, *R. dichotomus*, L. à chaumes dichotomes ou à bras ouverts ; à fleurs en épis solitaires.

   Au cap de Bonne-Espérance. ♄

3. **RESTIO** osier, *R. vimineus*, L. à chaumes simples ; à fleurs à épis en corymbes.

   Au cap de Bonne-Espérance.

4. **RESTIO** à trois fleurs, *R. triflorus*, L. à chaumes simples ; à fleurs en épis alternes, assis, simples.

   Au cap de Bonne-Espérance.

5. **RESTIO** simple, *R. simplex*, L. à chaumes simples ; à fleurs en épi terminal.

En

6. RESTIO Élégie, R. *Elegia*, L. à chaumes simples; à fleurs en épi gloméré; à spathes partiels à gaînes simples.
Au cap de Bonne-Espérance. ♃

1205. AGALLOCHE, *EXCOECARIA*. *Lam. Tab. Encyclop.* pl. 806.

* *FLEURS MALES.*

CAL. *Chaton* cylindrique, couvert de fleurons.

COR. Nulle.

ÉTAM. Trois *Filamens*, filiformes. *Anthères* arrondies.

* *FLEURS FEMELLES.*

CAL. *Chaton* comme dans les fleurs mâles.

COR. Nulle.

PIST. *Ovaire* arrondi, comme à trois côtés. Trois *Styles*. *Stigmates* simples.

PÉR. *Baie* (*Capsule*) à trois coques, lisse, à loges sillonnées.

SEM. solitaires, lisses.

FLEURS MALES : *Chaton* cylindrique. *Calice* et *Corolle* nuls.

FLEURS FEMELLES : *Chaton* cylindrique. *Calice* et *Corolle* nuls. Trois *Styles*. *Capsule* à trois coques.

1. AGALLOCHE d'Amboine, E. *Agallocha*, L. à feuilles obtuses, épaisses, lisses, luisantes, dentelées.
Rumph. Amb. 2, pag. 237, tab. 79 et 80.
A Amboine. ♄

1206. CATURE, *CATURUS*. *Lam. Tab. Encyclop.* pl. 805.

* *FLEURS MALES.*

CAL. Nul.

COR. Monopétale, tubulée, à moitié divisée en trois *parties* ovales, concaves, aiguës, persistantes.

ÉTAM. Trois *Filamens*, capillaires, plus longs que la corolle. *Anthères* arrondies.

* *FLEURS FEMELLES.*

CAL. *Périanthe* à trois *segmens* profonds, ovales, planes, persistans.

COR. Nulle.

PIST. *Ovaire* velu. Trois *Styles*, longs, colorés, pinnés, à plusieurs divisions peu profondes. *Stigmates* aigus.

PÉR. *Capsule* arrondie, à trois coques, à trois loges.

SEM. solitaires, rondes.

FLEURS MALES : *Calice* nul. *Corolle* à trois divisions peu profondes.

FLEURS

FLEURS FEMELLES : *Calice* à trois segmens profonds. *Corolle* nulle. Trois *Styles*. *Capsule* à trois coques.

1. CATURE à fleurs en épi, *C. spiciflorus*, L. à fleurs en épis aux aisselles des feuilles, pendans.

Burm. Ind. 303, tab. 61, fig. 1

Dans l'Inde Orientale. ♄

2. CATURE à fleurs en rameau, *C. ramiflorus*, L. à fleurs latérales, assises.

Jacq. Amer. 246, tab. 157.

A la Martinique. ♄

IV. TÉTRANDRIE.

1207. TROPHIS, *TROPHIS.* † *Lam. Tab. Encyclop.* pl. 806.

** FLEURS MALES.*

CAL. Nul.

COR. Quatre *Pétales*, obtus, ouverts.

ÉTAM. Quatre *Filamens*, capillaires, plus longs que la corolle.

** FLEURS FEMELLES sur une plante distincte.*

CAL. d'un seul feuillet, très-petit, entourant étroitement l'ovaire.

COR. Nulle.

PIST. *Ovaire* ovale. *Style* filiforme, divisé profondément en deux parties. *Stigmates* adhérens.

PÉR. *Baie* comme striée, ridée, à une loge.

SEM. Une seule, comme arrondie.

FLEURS MALES : *Calice* nul. *Corolle* à quatre pétales.

FLEURS FEMELLES : *Calice* d'un seul feuillet, très-petit. *Corolle* nulle. *Style* divisé profondément en deux parties. *Baie* renfermant une seule semence.

1. TROPHIS d'Amérique, *T. Americana*, L. à feuilles ovales, aiguës, très-entières, alternes ; à fleurs en épis latéraux, solitaires.

Brown. Jam. 357, tab. 37, fig. 1.

Dans l'Amérique Méridionale. ♄

1208. BATIS, *BATIS.* † *Lam. Tab. Encyclop.* pl. 806.

** FLEURS MALES.*

CAL. *Chaton* en pyramide, composé *d'écailles* couvrant chacune une seule fleur, placées en recouvrement les unes sur les autres sur quatre côtés.

COR. Nulle.

ÉTAM. Quatre *Filamens*, droits, plus longs que les écailles du chaton. *Anthères* oblongues, didymes, versatiles.

* *FLEURS FEMELLES sur une plante distincte.*

CAL. *Chaton* commun charnu, quadrangulaire, renfermant quelques fleurons rassemblés en corps ovale, enveloppé par une collerette à deux feuillets.

COR. Nulle.

PIST. *Ovaire* quadrangulaire, adhérent au chaton. *Style* nul. *Stigmate* à deux lobes, obtus, velu.

PÉR. *Baies* adhérentes entr'elles, à une loge.

SEM. Quatre, triangulaires, pointues.

FLEURS MALES : *Chaton* composé d'écailles placées en recouvrement sur quatre côtés. *Corolle* nulle.

FLEURS FEMELLES : *Chaton* ovale, à collerette formée de deux feuillets. *Corolle* nulle. *Stigmate* sans style, à deux lobes. *Baies* réunies renfermant chacune quatre semences.

1. BATIS maritime, *B. maritima*, L. à tige droite, ramifiée; à feuilles succulentes, presque cylindriques.

Jacq. Amer. 260, tab. 40, fig. 4.

A la Jamaïque.

1209. GUI, *VISCUM.* * *Tournef. Inst.* 609, tab. 380. *Lam. Tab. Encyclop.* pl. 807.

* *FLEURS MALES.*

CAL. *Périanthe* à quatre *feuillets*, ovales, égaux.

COR. Nulle.

ÉTAM. Quatre. *Filamens* nuls. *Anthères* oblongues, pointues, adhérentes chacune à chaque feuillet du calice.

* *FLEURS FEMELLES le plus souvent opposées aux fleurs mâles.*

CAL. *Périanthe* à quatre feuillets, ovales, petits, insérés sur l'ovaire.

COR. Nulle.

PIST. *Ovaire* oblong, inférieur, à trois côtés, couronné par une marge à quatre divisions peu profondes, irrégulières. *Style* nul. *Stigmate* obtus, à peine échancré.

PÉR. *Baie* arrondie, à une loge, lisse.

SEM. Une seule, en cœur, comprimée, obtuse, charnue.

FLEURS MALES : *Calice* à quatre segmens profonds. *Corolle* nulle. *Anthères* sans filamens, adhérentes aux segmens du calice.

FLEURS FEMELLES : *Calice* supérieur, à quatre feuillets. *Corolle* nulle. *Pistil* sans style. *Baie* renfermant une seule semence en cœur.

1. GUI de chêne, *V. album*, L. à feuilles lancéolées, obtuses; à tige dichotome ou à bras ouverts; à fleurs assises aux aisselles des feuilles.

Viscum baccis albis; Gui à baies blanches. *Bauh. Pin.* 423, n. 1. *Fusch. Hist.* 329. *Matth.* 589, fig. 1. *Dod. Pempt.* 826, fig. 1. *Lob. Ic.* 1, pag. 636, fig. 2. *Lugd. Hist.* 17, fig. 1. *Camer. Epit.* 555 et 556.

1. *Viscum quercinum*; Gui de chêne, *mâle, femelle*. 2. Plante entière, écorce. 3. Mucilagineuse; odeur désagréable, saveur amère. 4. Extrait aqueux, salé, amer; extrait résineux, austère, nauseux. 5. Goutte, danse de saint-vite, paralysie, affections convulsives, colique des enfans, épilepsie? 6. On prépare avec les baies une excellente glu. Les grives qui mangent les baies du Gui, et les ressèment en les rendant avec leur fiente, ont donné lieu au proverbe, *Turdus sibimet malum cacat*. La vénération superstitieuse des anciens Druides a donné une grande célébrité au Gui de chêne qui étoit une plante sacrée parmi eux; ils la cueilloient solennellement à des époques marquées avec une faucille d'or.

A Montpellier, Lyon, Paris. ♄ Vernale.

2. GUI rouge, *V. rubrum*, L. à feuilles lancéolées, obtuses; à fleurs en épis latéraux.

Catesb. Carol. 2, pag. et tab. 81.

A la Caroline. Parasite. ♄

3. GUI pourpre, *V. purpureum*, L. à feuilles en ovale renversé; à fleurs en grappes latérales.

Catesb. Carol. 2, pag. et tab. 95.

A la Caroline. Parasite. ♄

4. GUI raquette, *V. opuntioïdes*, L. à tige prolifère, très-ramifiée, sans feuilles, comprimée.

Sloan. Jam. tab. 201, fig. 1.

A la Jamaïque. Parasite. ♄

5. GUI en anneaux, *V. verticillatum*, L. à tige en anneaux; à feuilles ovales, à trois nervures, obtuses.

Lob. Ic. 2, pag. 240, f. 1? *Lugd. Hist.* 1830, f. 1? *J. Bauh. Hist.* 1, P. 2, pag. 95, fig. 1? *Sloan. Jam.* 201, fig. 2.

A la Jamaïque. Parasite. ♄

6. GUI terrestre, *V. terrestre*, L. à tige herbacée, tétragone, en croix, à feuilles lancéolées.

A Philadelphie, dans les prés humides.

1210. ARGOUSIER, *HIPPOPHAE*. * *Lam. Tab. Encyclop.* pl. 808.

** Fleurs Males.*

Cal. *Périanthe* d'un seul feuillet, à deux valves, entier à la base, à deux *segmens* profonds, arrondis, obtus, concaves, droits, réunis au sommet, s'ouvrant sur les côtés.

Cor. Nulle.

Étam. Quatre *Filamens*, très-courts. *Anthères* oblongues, anguleuses, presque aussi longues que le calice.

** Fleurs Femelles.*

Cal. *Périanthe* d'un seul feuillet, ovale, oblong, tubulé, en massue, à *orifice* à deux segmens peu profonds, caduc-tardif.

Cor. Nulle.

Pist. *Ovaire* arrondi, petit. *Style* simple, très-court. *Stigmate* un peu épais, oblong, droit, deux fois plus long que le calice.

Pér. *Baie* arrondie, à une loge.

Sem. Une seule, arrondie.

Fleurs males : *Calice* à deux segmens profonds. *Corolle* nulle.

Fleurs femelles : *Calice* à deux segmens peu profonds. *Corolle* nulle. Un seul *Style* très-court. *Baie* renfermant une seule semence.

1. ARGOUSIER rhamnoïde, *H. rhamnoïdes*, L. à feuilles lancéolées.

Rhamnus Salicis folio angusto, fructu flavescente; Nerprun à feuille de Saule, étroite, à fruit jaunâtre. *Bauh. Pin.* 477, n.° 4. *Matth.* 143, fig. 2 le mâle; et fig. 3 la femelle. *Dod Pempt.* 755, fig. 1. *Lob. Ic.* 2, pag. 180, fig. 1. *Clus. Hist.* 1, pag. 110, fig. 1. *Lugd. Hist.* 140, fig. 2 et 3. *Camer. Epit.* 81. *Bauh. Hist.* 1, P. 2, pag. 33, fig. 1. *Flor. Dan.* tab. 265.

Les longues épines dont cet arbrisseau est armé, le rendent propre à faire de bonnes haies.

Nutritive pour le Cheval, le Mouton, la Chèvre.

A Lyon, Grenoble. ♄ Vernale.

2. ARGOUSIER du Canada, *H. Canadensis*, L. à feuilles ovales.

Au Canada. ♄

1211. GALÉ, *MYRICA*.* *Lam. Tab. Encyclop.* pl. 809.

* *FLEURS MALES.*

CAL. *Chaton* ovale, oblong, formé par des *écailles* placées en recouvrement de tous côtés, lâches, en croissant, concaves, couvrant chacune une seule fleur, et terminées en pointe obtuse.

—— *Périanthe propre* nul.

COR. Nulle.

ÉTAM. Quatre *Filamens*, (rarement six), filiformes, courts, droits. *Anthères* grandes, didymes, à lobes à deux divisions peu profondes.

* *FLEURS FEMELLES.*

CAL. Comme dans les fleurs mâles.

COR. Nulle.

PIST. *Ovaire* comme ovale. Deux *Styles*, filiformes, plus longs que le calice. *Stigmates* simples.

PÉR. *Baie* à une loge.

SEM. Une seule.

OBS. Ce genre a beaucoup d'affinité avec le Pistacia.

M. Gale, L. *a quatre Étamines; une Baie sèche ou à écorce coriace, comprimée au sommet, à trois lobes.*

M. cerifera, J. B. *a le plus souvent six étamines; une Baie succulente, arrondie.*

FLEURS MALES : *Chaton* formé par des écailles en croissant. *Corolle* nulle.

FLEURS FEMELLES : *Chaton* formé par des écailles en croissant. *Corolle* nulle. Deux *Styles*. *Baie* renfermant une seule semence.

1. GALÉ aquatique, *M. Gale*, L. à feuilles lancéolées, à dentelures peu nombreuses; à tige sous-ligneuse.

Rhus Myrtifolia Belgica; Sumac à feuilles de Myrte de la Belgique. *Bauh. Pin.* 414, n.° 4. *Dod. Pempt.* 780, fig. 2. *Lob. Ic.* 2, pag. 110, fig. 1 et 2. *Lugd. Hist.* 110, fig. 2. *Bauh. Hist.* 1, P. 2, pag. 225, fig. 1. *Flor. Dan.* tab. 327. *Icon. Pl. Medic.* tab. 217.

1. *Myrthus Brabantica;* Myrte bâtard, Piment royal, Galé. 2. Feuilles. 3. Odeur forte, aromatique, étourdissante, nidoreuse. 5. Gâle, poux, (extérieurement). Cette plante qui paroît recéler de grandes vertus, mérite d'être suivie par les Praticiens. 6. L'herbe colore en jaune.

Nutritive pour le Cheval, la Chèvre.

A Lyon, Paris. ♄ Vernale.

2. GALÉ Cirier, *M. cirifera*, L. à feuilles lancéolées, à dentelures rares; à tige en arbre.

Pluk. tab. 48, fig. 9. *Catesb. Carol.* 1, pag. et tab 69.

Cette espèce présente une variété moins élevée, à feuilles plus larges et plus dentées, décrite et gravée dans *Catesby Carol.* 1, pag. et tab. 13.

A la Caroline, en Virginie, en Pensylvanie. ♄

3. GALÉ d'Éthiopie, *M. Æthiopica*, L. à feuilles lancéolées: les inférieures très-entières.

Pluk. tab. 48, fig. 8.

Au cap de Bonne-Espérance. ♄

4. GALÉ à feuilles de chêne, *G. quercifolia*, L. à feuilles oblongues, opposées, sinuées.

Commel. Hort. 2, pag. 161, tab. 81.

En Ethiopie. ♄

5. GALÉ à feuilles en cœur, *M. cordifolia*, L. à feuilles presque en cœur, à dents de scie, assises.

Pluk. tab. 319, fig. 7.

En Ethiopie. ♄

6. GALÉ à trois feuilles, *M. trifolia*, L. à feuilles trois à trois, dentées.

Au cap de Bonne-Espérance. ♄

V. PENTANDRIE.

1212. PISTACHIER, *PISTACIA.* * TEREBINTHUS. *Tournef. Inst.* 579, tab. 345. LENTISCUS. *Tournef. Inst.* 580. PISTACHIA. *Lam. Tab. Encyclop.* pl. 811.

* *FLEURS MALES.*

CAL. *Chaton* formé par des écailles petites, lâches, éparses, couvrant chacune une seule fleur.

— *Périanthe propre*, très-petit, à cinq segmens peu profonds.

COR. Nulle.

ÉTAM. Cinq *Filamens*, très-petits. *Anthères* ovales, à quatre côtés, droites, étalées, grandes.

* *FLEURS FEMELLES.*

CAL. *Chaton* nul.

— *Périanthe* très-petit, à trois segmens peu profonds.

COR. Nulle.

PIST. *Ovaire* ovale, plus grand que le calice. Trois *Styles*, renversés. *Stigmates* un peu épais, hérissés.

PÉR. *Drupe* sèche, ovale.

SEM. *Noix*, ovale, lisse.

OBS. Terebinthus, *Tournefort : Feuilles pinnées, terminées par une foliole impaire.*

Lentiscus, *Tournefort : Feuilles pinnées, sans foliole impaire.*

FLEURS MALES : *Chaton. Calice* à cinq segmens peu profonds. *Corolle* nulle.

FLEURS FEMELLES : distinctes. *Calice* à trois segmens peu profonds. *Corolle* nulle. Trois *Styles. Drupe* renfermant une seule semence nommée *Pistache.*

1. PISTACHIER à trois feuilles, *P. trifoliata*, L. à feuilles simples ou trois à trois.

Boccon. Mus. 2, pag. 139, tab. 93.

En Sicile.

2. PISTACHIER de Narbonne, *P. Narbonensis*, L. à feuilles pinnées et trois à trois; à folioles arrondies.

Terebinthus peregrina, fructu majore Pistaciis simili, eduli; Térébinthe étranger, à fruit plus grand semblable aux Pistaches, comestible. *Bauh. Pin.* 400, n.° 2. *Lob. Ic.* 2, pag. 97, fig. fig. 2. *Bauh. Hist.* 1, P. 1, pag. 278, fig. 1.

A Montpellier. ♄ Vernale.

3. PISTACHIER vrai, *P. vera*, L. à feuilles pinnées, terminées par une foliole impaire; à folioles comme ovales, recourbées.

Pistacia peregrina fructu racemoso vel Terebinthus Indica Theophrasti; Pistachier étranger à fruit en grappe ou Térébinthe des Indes de Théophraste. *Bauh. Pin.* 401, n.° 1. *Matth.* 222, fig. 1. *Dod. Pempt.* 817, fig. 1. *Lugd. Hist.* 361, f. 1. *Camer. Epit.* 170. *Bauh. Hist.* 1, P. 1, pag. 275, f. 1.

1. *Pistacia;* Pistachier, Pistaches. 2. Amandes nommées *Pistaches.* 3. Saveur agréable. 4. Mucilage, fécule, huile fixe, résine appelée *Térébenthine de Chio.* 5. Ulcères internes et externes, gonorrhées, phthisie avec atonie. 6. Les Pistaches dont le goût est très-agréable, sont d'un grand usage dans les Pharmacies et chez les Confiseurs.

En Perse, en Syrie, en Arabie. L'empereur Vitellius *le transplanta en Italie.* ♄ Vernale.

4. PISTACHIER Térébinthe, *P. Terebinthus*, L. à feuilles pinnées et terminées par une foliole impaire; à folioles ovales, lancéolées.

Terebinthus vulgaris; Térébinthe vulgaire. *Bauh. Pin.* 400, fig. 1. *Matth.* 108, fig. 1. *Dod. Pempt.* 870, fig. 1 et 2. *Lob. Ic.* 2, pag. 97, fig. 1. *Clus. Hist.* 1, pag. 15, fig. 1, *Lugd. Hist.* 61, fig. 2. *Camer. Epit.* 51. *Bauh. Hist.* 1, P. 1, pag. 279, fig. 2.

1. *Terebinthina Cypria ;* Térébenthine de Chypre. 2. Térébenthine. 4. Les mêmes que la Térébenthine de Venise, mais plus agréable. Tout le reste comme dans le Pin sauvage, *Pinus sylvestris*, L.

A Montpellier, en Provence, à Lyon, en Dauphiné. ♄ Vern.

6. PISTACHIER Lentisque, *P. Lentiscus*, L. à feuilles pinnées sans foliole impaire ; à folioles lancéolées.

Lentiscus vulgaris ; Lentisque vulgaire. *Bauh. Pin.* 399, n.° 1. *Matth.* 105, fig. 1. *Dod. Pempt.* 871, fig. 1. *Lob. Ic.* 2, pag. 96, fig. 2. *Clus. Hist.* 1, pag. 14, fig. 1. *Lugd. Hist.* 63, fig. 1. *Camer. Epit.* 50. *Bauh. Hist.* 1, P. 1, pag. 285, fig. 1.

1. *Lentiscus, Mastich ;* Lentisque, Mastic. 2. Bois, résine. 3. Aromatique. 4. Très-peu d'huile volatile, résine. 5. Toux, catarre, scorbut, goutte, rhumatisme extérieurement. 6. Le bois réduit en poudre, sert à nettoyer et affermir les dents. Les femmes Turques mâchent du Mastic pour entretenir les dents propres et donner à la bouche une odeur suave.

A Montpelier, en Provence. ♄ Vernale.

1213. XANTOXYLE, *ZANTHOXYLUM.* † *Lam. Tab. Encyclop.* pl. 811.

* *FLEURS MALES.*

CAL. *Périanthe* à cinq *segmens* profonds, ovales, droits, colorés.

COR. Nulle.

ÉTAM. Le plus souvent cinq *Filamens*, en alène, droits, plus longs que le calice. *Anthères* didymes, arrondies, sillonnées.

* *FLEURS FEMELLES.*

CAL. Comme dans les fleurs mâles.

COR. Nulle.

PIST. *Ovaire* arrondi, terminé par un *Style* en alêne, plus long que le calice. *Stigmate* obtus.

PÉR. *Capsule* oblongue, à une loge, à deux battans.

SEM. Une seule, arrondie, lisse.

FLEURS MALES : *Calice* à cinq segmens profonds. *Corolle* nulle.

FLEURS FEMELLES : *Calice* à cinq segmens profonds. *Corolle* nulle. Cinq *Pistils*. Cinq *Capsules* renfermant chacune une seule semence.

1. XANTHOXYLE massue d'Hercule, *X. Clava Herculis*, L. à feuilles pinnées.

Pluk. tab. 328, fig. 6.

A la Jamaïque, à la Caroline, en Virginie. ♄

2. XANTHOXYLE à trois feuilles, *X. trifoliatum*, L. à feuilles trois à trois.

En Chine. ♄

1214. ASTRONIE, *ASTRONIUM.*

* *FLEURS MALES.*

CAL. *Périanthe* coloré, petit, à cinq *feuillets*, ovales, concaves, obtus, ouverts.

COR. Cinq *Pétales*, ovales, très-obtus, planes, très-ouverts.

Nectaire : cinq glandes, arrondies, très-petites, sur le disque de la fleur.

ÉTAM. Cinq *Filamens*, en alène, étalés, de la longueur de la corolle. *Anthères* oblongues, versatiles.

* *FLEURS FEMELLES.*

CAL. *Périanthe* coloré, à cinq *feuillets*, oblongs, concaves, obtus, réunis.

COR. Cinq *Pétales*, comme ovales, obtus, concaves, droits, plus petits que le calice, persistans.

PIST. *Ovaire* ovale, obtus. Trois *Styles*, courts, renversés. *Stigmates* comme en tête.

PÉR. Nul. Le *Calice* agrandi, coloré, dont les feuillets s'ouvrent en étoile pendante, renferme la semence, et ensuite la laisse échapper.

SEM. Une seule, ovale, de la longueur du calice, laiteuse.

FLEURS MALES : *Calice* à cinq feuillets. *Corolle* à cinq pétales.

FLEURS FEMELLES : *Calice* à cinq feuillets. *Corolle* à cinq pétales. Trois *Styles*. Une seule *Semence*.

1. ASTRONIE à odeur forte, *A. graveolens*, L. à feuilles pinnées.

Jacq. Amer. 261, tab. 181, fig. 96.

Dans l'Amérique Méridionale. ♄

1215. CANARIUM, *CANARIUM. Lam. Tab. Encyclop.* pl. 812.

* *FLEURS MALES.*

CAL. *Périanthe* à deux *feuillets*, ovales, concaves, persistans.

COR. Trois *Pétales*, oblongs, en forme de calice.

ÉTAM. Cinq *Filamens*, très-courts. *Anthères* oblongues, de la longueur des pétales.

* *FLEURS FEMELLES.*

CAL. Comme dans les fleurs mâles, à *feuillets* renversés.

COR. Comme dans les fleurs mâles.

PIST. *Ovaire* ovale. *Style* à peine visible. *Stigmate* en tête, à trois côtés.

PÉR. *Drupe* sèche, ovale, pointue, ceinte à la base par une membrane crénelée.

SEM. *Noix* ovale, à trois cotés, aiguë.

FLEURS MALES : *Calice* à deux feuillets. *Corolle* à trois pétales.

FLEURS FEMELLES : *Calice* à deux feuillets. *Corolle* à trois pétales. *Stigmate* sans style. *Drupe* renfermant une *Noix* à trois côtés.

1. CANARIUM commun, *C. commune*, L. à feuilles pinnées et terminées par une foliole impaire ; à folioles au nombre de neuf, pétiolées, ovales ; oblongues.

Rumph. Amb. 2, pag. 145, tab. 47.

Dans l'Inde Orientale. ♄

1216. ANTIDESME, *ANTIDESMA.* † *Lam. Tab. Encyclop.* pl. 812.

* *FLEURS MALES.*

CAL. *Périanthe* à cinq *feuillets* oblongs, concaves.

COR. Nulle.

ÉTAM. Cinq *Filamens*, capillaires, plus longs que le calice, égaux. *Anthères* arrondies, à moitié divisées en deux parties.

* *FLEURS FEMELLES sur un individu distinct.*

CAL. Comme dans les fleurs mâles, persistant.

COR. Nulle.

PIST. *Ovaire* ovale. *Style* nul. Cinq *Stigmates*, obtus.

PÉR. *Baie* cylindrique, à une loge, couronnée par les stigmates.

SEM. Une seule.

FLEURS MALES : *Calice* à cinq feuillets. *Corolle* nulle. *Anthères* divisées peu profondément en deux parties.

FLEURS FEMELLES : *Calice* à cinq feuillets. *Corolle* nulle. Cinq *Stigmates*. *Baie* cylindrique renfermant une seule semence.

1. ANTIDESME alexitère, *A. alexiteria*, L. à feuilles ovales ; à fleurs en épis terminant les rameaux.

Pluk. tab. 339, fig. 1.

Dans l'Inde Orientale.

1217. IRÉSINE, *IRESINE.* † *Lam. Tab. Encyclop.* pl. 813.

* *FLEURS MALES.*

CAL. *Périanthe* très-petit, aigu, luisant, à deux feuillets.

COR. Cinq *Pétales*, assis, lancéolés, droits.

Nectaire : cinq *Écailles*, placées entre les étamines.

ÉTAM. Cinq *Filamens*, droits. *Anthères* arrondies.

* FLEURS FEMELLES.

CAL. Comme dans les fleurs mâles.

COR. Comme dans les fleurs mâles.

PIST. *Ovaire* ovale. *Style* nul. Deux *Stigmates*, arrondis.

PÉR. *Capsule* oblongue, ovale.

SEM. Quelques-unes, cotonneuses.

FLEURS MALES : *Calice* à deux feuillets. *Corolle* à cinq pétales. *Nectaire* formé par cinq écailles placées entre les étamines.

FLEURS FEMELLES : *Calice* à deux feuillets. *Corolle* à cinq pétales. Deux *Stigmates* sans style. *Capsule* renfermant quelques semences cotonneuses.

1. IRÉSINE célosie, *I. celosioïdes*, L. à tige droite, herbacée; noueuse; à fleurs en panicule long, droit.

Pluk. tab. 261, fig. 1. *Sloan. Jam.* tab. 90.

En Virginie, à la Jamaïque.

1218. ÉPINARD, *SPINACIA.* * *Tournef. Inst.* 533, tab. 308. *Lam. Tab. Encyclop.* pl. 814.

* FLEURS MALES.

CAL. *Périanthe* à cinq *segmens* profonds, concaves, oblongs, obtus.

COR. Nulle.

ÉTAM. Cinq *Filamens*, capillaires, plus longs que le calice. *Anthères* oblongues, didymes.

* FLEURS FEMELLES.

CAL. *Périanthe* d'un seul feuillet, aigu, persistant, à quatre *segmens* peu profonds, dont deux opposés, très-petits.

COR. Nulle.

PIST. *Ovaire* arrondi, comprimé. Quatre *Styles*, capillaires. *Stigmates* simples.

PÉR. Nul. Le *Calice* qui se durcit, renferme la semence.

SEM. Une seule, arrondie, couverte.

OBS. Le Fruit *est tantôt rond, tantôt à deux cornes, tantôt à quatre cornes.*

FLEURS MALES : *Calice* à cinq segmens profonds. *Corolle* nulle.

FLEURS FEMELLES : *Calice* à quatre segmens peu profonds. *Corolle* nulle. Quatre *Styles*. Une *Semence* nidulée dans le calice qui se durcit.

1. ÉPINARD cultivé, *S. oleracea*, L. à fruits assis ou sans pédoncules.

Lapathum hortense seu Spinacia semine spinoso; Oseille des jardins ou Épinard à semence épineuse. *Bauh. Pin.* 114, n.° 2. *Fusch. Hist.* 669. *Matth.* 361, fig. 2. *Dod. Pempt.* 619, fig. 1. *Lob. Ic.* 1, pag. 257, fig. 1. *Lugd. Hist.* 544, fig. 1. *Bauh. Hist.* 2, pag. 963 et 964, fig. 1.

Cette espèce présente une variété.

Lapathum hortense sive Spinacia semine non spinoso; Oseille des jardins ou Épinard à semence non épineuse. *Bauh. Pin.* 115, n.° 3. *Bauh. Hist.* 2, pag. 965, fig. 1.

L'*Épinard* est une plante oléracée, qui fournit un aliment facile à digérer pour le plus grand nombre des sujets; des convalescens très-foibles ont été bien nourris sans indigestion, avec des épinards cuits au jus. Dans le Nord, on desséche les Épinards et on les garde pour l'hiver. On donne en lavement dans le cas de constipation, l'eau dans laquelle on a fait cuire les Épinards. La pulpe d'Épinard appliquée sur les phlegmons, diminue la douleur et accélère la suppuration.

On ignore son climat natal. Cultivé dans les jardins potagers. ☉ Vefnale.

2. ÉPINARD sauvage, *S. fera*, L. à fruits pédunculés.

Gmel. Sibir. 3, pag. 86, tab. 16.

En Sibérie.

1219. ACNIDE, *ACNIDA*. †

* *FLEURS MALES.*

CAL. *Périanthe* à cinq *feuillets*, ovales, concaves, aigus, membraneux sur les bords.

COR. Nulle.

ÉTAM. Cinq *Filamens*, capillaires, très-courts. *Anthères* versatiles, à deux loges, fourchues aux deux extrémités.

* *FLEURS FEMELLES sur une plante distincte.*

CAL. *Collerette* de plusieurs feuillets, linéaires, caducs-tardifs.

—— *Périanthe* à deux *feuillets*, linéaires, très-petits, persistans.

COR. Nulle.

PIST. *Ovaire* ovale. Cinq *Styles*, longs, renversés, duvetés. *Stigmates* simples.

PÉR. *Fruit* ovale, comprimé, à plusieurs angles, silloné, couvert par le calice qui devient succulent.

SEM. Solitaire, ronde, comprimée.

FLEURS MALES : *Calice* à cinq feuillets. *Corolle* nulle.

FLEURS FEMELLES : *Calice* à deux feuillets. *Corolle* nulle. Cinq *Styles*. Une *Semence* nidulée dans le calice qui est succulent.

1. ACNIDE chanvre, *A. cannabina*, L. à feuilles comme pinnées à cinq ou sept folioles, étroites, aiguës ; à fleurs en épis axillaires.

Cannabis Virginiana ; Chanvre de Virginie. *Bauh. Pin.* 320, n.° 2.

En Virginie, dans les marais.

1220. CHANVRE, *CANNABIS.* * *Tournef. Inst.* 535, tab. 309. *Lam. Tab. Encyclop.* pl. 814.

* *FLEURS MALES.*

CAL. *Périanthe* à cinq *segmens* profonds, oblongs, aigus, obtus ; concaves.

COR. Nulle.

ETAM. Cinq *Filamens*, capillaires, très-courts. *Anthères* oblongues, à quatre côtés.

* *FLEURS FEMELLES.*

CAL. *Périanthe* d'un seul feuillet, oblong, pointu, s'ouvrant latéralement d'un côté, persistant.

COR. Nulle.

PIST. *Ovaire* très-petit. Deux *Styles*, en alêne, longs. *Stigmates* aigus.

PÉR. Très-petit. Le *Calice* dont les segmens sont étroitement fermés, renferme la semence.

SEM. Noix arrondie, déprimée, à deux battans.

FLEURS MALES : *Calice* à cinq segmens profonds. *Corolle* nulle.

FLEURS FEMELLES : *Calice* d'un seul feuillet, entier, s'ouvrant d'un côté. *Corolle* nulle. Deux *Styles*. *Noix* à deux battans, nidulée dans le calice.

1. CHANVRE cultivé, *C. sativa*, L. à feuilles digitées.

Cannabis sativa ; Chanvre cultivé. *Bauh. Pin.* 320, n.° 1 (la fleur femelle). *Dod. Pempt.* 535, fig. 2. *Lob. Ic.* 1, p. 526, fig. 1. *Lugd. Hist.* 497, fig. 1. *Bul. Paris.* tab. 574.

Cannabis erratica ; Chanvre erratique. *Bauh. Pin.* 320, n.° 3 (la fleur mâle). *Fusch. Hist.* 393. *Matth.* 664, f. 1. *Dod. Pempt.* 535, fig. 1. *Lob. Ic.* 1, pag. 526, fig. 2. *Lugd. Hist.* 497, fig. 2. *Bauh. Hist.* 3, P. 2, pag. 448, fig. 1. *Bul. Parit.* tab. 573.

2. *Cannabis sativa*; Chanvre. 2. Feuilles, Semences. 3. *Feuilles*: odeur forte, pénétrante, nauséabonde, désagréable; saveur amère, âcre; *semences*: presque insipides. 4. Huile fixe, fécule nourricière. 5. Affections cutanées, gâle, dartres, rhumatisme chronique, tumeurs froides. 6. De temps immémorial les Polonois savent préparer des gruaux avec la farine du *Chanvre*, et ils en mangent impunément une grande quantité. Les semences contiennent abondamment un principe farineux, impregné d'une assez grande quantité d'huile grasse, bonne à brûler. Dans les Indes Orientales, on fait avec les feuilles de Chanvre pilées et bouillies dans de l'eau, une liqueur qui enivre. L'écorce du Chanvre qui a subi le *rouissage*, est employée pour la filature et la fabrique des toiles, pour les cordes, etc. Les tiges sèches dépouillées de l'écorce, coupées et soufrées à l'extrémité, servent à faire des allumettes; elles fournissent en les brûlant un bon charbon pour la poudre à canon.

En Perse. Cultivé en Europe dans les champs. ⊙ Estivale.

1221. HOUBLON, *HUMULUS.* * *Lam. Tab. Encyclop.* pl. 815. Lupulus. *Tournef. Inst.* 535, tab. 309.

** Fleurs Males.*

Cal. *Périanthe* à cinq *feuillets*, oblongs, concaves, obtus.

Cor. Nulle.

Étam. Cinq *Filamens*, capillaires, très-courts. *Anthères* oblongues.

** Fleurs Femelles.*

Cal. *Collerette universelle*, à quatre segmens peu profonds, aigus.

— *Collerette partielle* ovale, de quatre feuillets, renfermant huit fleurs dont chacune a un *Périanthe* d'un seul feuillet, ovale, très-grand, aplati extérieurement d'un côté, réuni à la base.

Cor. Nulle.

Pist. *Ovaire* très-petit. Deux *Styles*, en alêne, renversés, étalés. *Stigmates* aigus.

Pér. Nul. Le *Calice* renferme la semence à sa base.

Sem. Arrondie, couverte d'une tunique.

Fleurs males: *Calice* à cinq feuillets. *Corolle* nulle.

Fleurs femelles: *Calice* d'un seul feuillet, entier, s'ouvrant obliquement. *Corolle* nulle. Deux *Styles*. Une *Semence* dans chaque calice.

1. HOUBLON commun, *H. Lupulus*, L. à feuilles opposées, pétiolées, à dents de scie, rudes, en cœur; à fleurs en grappe lâche.

Lupulus mas; Houblon mâle. *Bauh. Pin.* 298, n.° 1 (la fleur femelle). *Fusch. Hist.* 164. *Matth.* 839, fig. 2. *Dod. Pempt.* 409, fig. 1. *Lob. Ic.* 1, pag. 629, fig. 1. *Clus. Hist.* 1, pag. 126, fig. 2. *Lugd. Hist.* 1414, fig. 1. *Bauh. Hist.* 2, pag. 151, fig. 1, et 152, fig. 1.

Lupulus fœmina; Houblon femelle. *Bauh. Pin.* 298, n.° 2 (la fleur mâle). *Bauh. Hist.* 2, pag. 151, fig. 1.

1. *Lupulus*, *Vitis Septentrionalium*; Houblon. 2. Sommités ou cônes des fleurs femelles. 3. Odeur forte, narcotique; saveur amère. 4. Extrait spiritueux, aromatique, amer; extrait aqueux aromatique, amer, salin. 5. Maladies cutanées et vénériennes, rhumatismes. 6. Les racines du *Houblon* sont succédanées de la *Salsepareille*. Tout le monde sait qu'on fait entrer les sommités du Houblon ou cônes des fleurs femelles dans la bière, pour la conserver, ralentir sa fermentation et l'empêcher d'aigrir par leur amertume. Dans le Nord, on mange les jeunes pousses en salade, cuites comme les asperges. On estime qu'elles sont bonnes dans les foiblesses d'estomac. On peut retirer des tiges du Houblon macérées dans l'eau, une filasse grossière, analogue à celle du Chanvre, avec laquelle on fabrique d'assez bonnes cordes.

Nutritive pour le Cheval, le Mouton, le Bœuf, le Cochon, la Chèvre.

En Europe, dans les terrains sablonneux, les haies. ⊙ Vern.

1222. ZANONIE, *ZANONIA*. † *Lam. Tab. Encyclop.* pl. 816.

* *FLEURS MALES.*

CAL. *Périanthe* à trois *feuillets*, ovales, ouverts, plus courts que la corolle.

COR. Monopétale, ouverte, à cinq *divisions* profondes, pointues, courbées, égales.

ÉTAM. Cinq *Filamens*, étalés, de la longueur du calice. *Anthères* simples.

* *FLEURS FEMELLES sur une plante distincte.*

CAL. *Périanthe* comme dans les fleurs mâles, assis sur l'ovaire.

COR. Comme dans les fleurs mâles.

PIST. *Ovaire* oblong, inférieur. Trois *Styles*, étalés, coniques, renversés, persistans. *Stigmates* frisés, divisés peu profondément en deux parties.

PÉR. *Baie* longue, très-grande, tronquée, amincie à la base, environnée vers le sommet d'une suture frisée, à trois loges.

SEM. Deux, oblongues, rondes, aplaties, placées au centre d'une écaille lancéolée.

FLEURS MALES : *Calice* à trois feuillets. *Corolle* à cinq divisions profondes.

FLEURS FEMELLES : *Calice* à trois feuillets. *Corolle* à cinq divisions profondes. Trois *Styles*. *Baie* inférieure, à trois loges renfermant chacune deux semences.

1. ZANONIE des Indes, *Z. Indica*, L. à pétioles tortueux, épais, luisans ; à feuilles ovales, aiguës ; à fleurs en grappes axillaires.

Rheed. Malab. 8, pag. 31 et 39, tab. 47, 48 et 49.

Au Malabar.

1223. FEUILLÉE, *FEVILLEA*. † *Lam. Tab. Encyclop.* pl. 815. NHANDIROBA. *Plum. Gen.* 20, tab. 27.

* *FLEURS MALES.*

CAL. *Périanthe* en cloche, d'un seul feuillet, à moitié divisé en cinq *segmens*, arrondis dans leur partie inférieure, ouverts dans leur partie supérieure.

COR. Monopétale, en roue. *Limbe* à moitié divisé en cinq *parties*, convexes, arrondies, à ombilic fermé par une *petite étoile* double, qui suit le mouvement du soleil, à rayons alternes plus longs.

ÉTAM. Cinq *Filamens*, en alêne, comprimés, recourbés, alternant avec les étamines.

* *FLEURS FEMELLES.*

CAL. *Périanthe* comme dans les fleurs mâles, mais rempli à sa base par l'ovaire.

COR. Comme dans les fleurs mâles : l'*étoile* de l'ombilic formée par cinq lames en cœur.

PIST. *Ovaire* inférieur. Cinq *Styles*, filiformes. *Stigmates* en cœur.

PÉR. *Baie* très-grande, charnue, à écorce dure, ovale, obtuse, à trois loges, environnée par le calice.

SEM. Comprimées, arrondies.

FLEURS MALES : *Calice* à cinq segmens peu profonds. *Corolle* à cinq divisions peu profondes. Cinq *Étamines*. *Nectaire* formé par cinq filamens alternes avec les étamines.

FLEURS FEMELLES : *Calice* à cinq segmens peu profonds. *Corolle* à cinq divisions peu profondes. *Baie* charnue, recouverte par une écorce dure, à trois loges renfermant chacune des semences comprimées, arrondies.

1. FEUILLÉE à trois lobes, *F. trilobata*, L. à feuilles lobées, ponctuées en dessous.

Cette plante est désignée dans le *Species* sous le nom de *Tri-*

cosante

cosanthe ponctué, *Trichosanthes punctata*, L. à feuilles découpées en cinq lobes obtus, glanduleux et ponctués en dessous.

Dans l'Inde Orientale. ♄

2. FEUILLÉE à feuilles en cœur, *F. cordifolia*, L. à feuilles en cœur, anguleuses.

Plum. Ic. tab. 209.

Dans l'Inde Orientale.

VI. HEXANDRIE.

1224. TAME, *TAMUS.* * TAMNUS. *Tournef. Inst.* 102, tab. 28. *Lam. Tab. Encyclop.* pl. 817.

* *FLEURS MALES.*

CAL. *Périanthe* à six *segmens* profonds, ovales, lancéolés, ouverts supérieurement.

COR. Nulle.

ÉTAM. Six *Filamens*, simples, plus courts que le calice. *Anthères* droites.

* *FLEURS FEMELLES.*

CAL. *Périanthe* d'un seul feuillet, en cloche, ouvert, supérieur, caduc-tardif, à six *segmens* profonds, lancéolés.

COR. Nulle.

Nectaire : point oblong, adhérent à la base de chaque segment du calice.

PIST. *Ovaire* ovale, oblong, grand, lisse, inférieur. *Style* comme cylindrique, de la longueur du calice. Trois *Stigmates*, renversés, échancrés, aigus.

PÉR. *Baie* ovale, à trois loges.

SEM. Deux, arrondies.

FLEURS MALES : *Calice* à six segmens profonds. *Corolle* nulle.

FLEURS FEMELLES : *Calice* à six segmens profonds. *Corolle* nulle. *Style* divisé peu profondément en trois parties. *Baie* inférieure, à trois loges renfermant chacune deux semences.

1. TAME commun, *T. communis*, L. à feuilles en cœur, très-entières ou sans divisions.

Bryonia lævis sive nigra, racemosa ; Bryone à feuilles lisses ou Bryone à baies noires, en grappe. *Bauh. Pin.* 297, n.° 4. *Matth.* 883, fig. 1. *Dod. Pempt.* 401, fig. 1. *Lob. Ic.* 1, pag. 625, fig. 1. *Lugd. Hist.* 1412, fig. 1. *Camer. Epit.* 988. *Bauh. Hist.* 2, pag. 147 et 148, fig. 1. *Bul. Paris.* tab. 575.

Bryonia lævis sive nigra baccifera; Bryone à feuilles lisses ou Bryone à baies noires. *Bauh. Pin.* 297, n.° 5.

A Montpellier, *Lyon*, *Paris*. ♃ Estivale.

2. TAME de Crète, *T. Cretica*, L. à feuilles à trois lobes.

Gérard regarde cette espèce comme une variété de la précédente.

En Provence. ♃

1225. SMILAX, *SMILAX*. * *Tournef. Inst.* 654, tab. 421. *Lam. Tab. Encyclop.* pl. 817.

* *FLEURS MALES.*

CAL. *Périanthe* en cloche, ouvert, à six *feuillets* oblongs, rapprochés à la base, renversés au sommet, très-ouverts.

COR. Nulle, (à moins qu'on ne prenne le calice pour corolle.)

ÉTAM. Six *Filamens*, simples. *Anthères* oblongues.

* *FLEURS FEMELLES.*

CAL. Comme dans les fleurs mâles.

COR. Nulle.

PIST. *Ovaire* ovale. Trois *Styles*, très-petits. *Stigmates* oblongs, renversés, duvetés.

PÉR. *Baie* arrondie, à trois loges.

SEM. Deux, arrondies.

FLEURS MALES : *Calice* à six feuillets. *Corolle* nulle.

FLEURS FEMELLES : *Calice* à six feuillets. *Corolle* nulle. Trois *Styles*. *Baie* à trois loges renfermant chacune deux semences.

* I. *SMILAX à tiges armées de piquans, anguleuses.*

1. SMILAX rude, *S. aspera*, L. à tige armée de piquans, anguleuse; à feuilles dentées, piquantes, en cœur, à neuf nervures.

Smilax aspera fructu rubente; Smilax rude à fruit rougeâtre. *Bauh. Pin.* 296, n.° 1. *Fusch. Hist.* 718. *Matth.* 838, f. 1. *Dod. Pempt.* 398, fig. 2. *Lob. Ic.* 1, pag. 617, f. 2. *Clus. Hist.* 1, pag. 112, fig. 2. *Lugd. Hist.* 1422, fig. 1. *Bauh. Hist.* 2, pag. 115, fig. 1. *Pluk.* tab. 110, fig. 3.

Cette espèce présente une variété.

Smilax aspera minus spinosa, fructu nigro; Smilax rude moins épineux, à fruit noir. *Bauh. Pin.* 296, n.° 2. *Lob. Ic.* 1, pag. 618, fig. 2. *Clus. Hist.* 1, pag. 113, fig. 1.

A Montpellier, *à Assas*, *en Provence*, *en Dauphiné*. ♃ Vern.

2. SMILAX élevé, *S. excelsa*, L. à tige armée de piquans, anguleuse; à feuilles sans piquans, en cœur, à neuf nervures.

Buxb. Cent. 1, pag. 18, tab. 27.
En Orient, en Syrie. ♄

3. SMILAX de Zeylan, *S. Zeylanica*, L. à tige armée de piquans, anguleuse; à feuilles sans piquans: celles de la tige en cœur; celles des rameaux ovales, oblongues.

Rumph. Amb. 5, pag. 457, tab. 161.
A Zeylan. ♄

4. SMILAX Salsepareille, *S. Salsaparilla*, L. à tige armée de piquans, anguleuse; à feuilles sans piquans, ovales, émoussées, terminées en pointe, à trois nervures.

Smilax aspera Peruviana, seu Salsaparilla; Smilax rude du Pérou, ou Salsepareille. *Bauh. Pin.* 296, n.° 4. *Matth.* 163, fig. 2; et 838, fig. 2. *Lob. Ic.* 1, pag. 618, fig. 1. *Lugd. Hist.* 1899, fig. 1. *Bauh. Hist.* 2, pag. 117, f. 1 et 2. *Pluk.* tab. 111, fig. 2.

1. *Sarsaparilla, Salsaparilla;* Sarsepareille, Salsepareille. 2. Racine. 3. Sans odeur; saveur visqueuse, un peu amère. 4. Extrait aqueux, salin, impur; extrait spiritueux balsamique, un peu âcre. 5. Cachexie, goutte, gâle, dartres, épaississemens lymphatiques, vérole ancienne, douleurs ostéocopes.

En Virginie, à la Chine, au Mexique, au Brésil. On ne connoît la Salsepareille en Europe que depuis la fin du seizième siècle; elle y fut apportée comme un excellent antivénérien. ♄

* II. *SMILAX à tiges armées de piquans, arrondies.*

5. SMILAX Squine, *S. China*, L. à tige armée de piquans, arrondie; à feuilles sans piquans, ovales, en cœur, à cinq nervures.

China radix; Squine. *Bauh. Pin.* 296, n.° 1. *Matth.* 163, fig. 1. *Lob. Ic.* 1, pag. 55, fig. 1. *Lugd. Hist.* 1824, fig. 1. *Bauh. Hist.* 2, pag. 120, fig. 1. *Pluk.* tab. 408, fig. 1.

1. *China, Cina, Chinæ radix;* Squine, Esquine. 2. Racine. 3. Un peu résineuse, d'un goût terreux et un peu astringent. 4. Extrait aqueux insipide; extrait spiritueux légèrement sapide et balsamique. 6. Employée comme la Salsepareille, mais plus foible.

A la Chine, en Perse, au Japon, en Amérique. Apportée en Europe vers 1538. ♄

6. SMILAX à feuilles rondes, *S. rotundifolia*, L. à tige armée de piquans, arrondie; à feuilles sans piquans, en cœur, terminés en pointe, le plus souvent à sept nervures.

Au Canada. ♄

O 2

7. SMILAX à feuilles de laurier, *S. laurifolia*, L. à tige armée de piquans, arrondie; à feuilles sans piquans, ovales, lancéolées, à trois nervures.

Pluk. tab. 110, fig. 4.

En Virginie, à la Caroline.

8. SMILAX tame, *S. tamnoïdes*, L. à tige armée de piquans, arrondie; à feuilles sans piquans, en cœur, oblongues, à sept nervures.

Pluk. tab. 110, fig. 6.

En Virginie, à la Caroline, en Pensylvanie.

9. SMILAX caduc, *S. caduca*, L. à tige armée de piquans, arrondie; à feuilles sans piquans, ovales, à trois nervures.

Au Canada. ♄

* III. *Smilax à tiges sans piquans, anguleuses.*

10. SMILAX bonne-nuit, *S. bona nox*, à tige sans piquans, anguleuse; à feuilles ciliées, piquantes.

Pluk. tab. 111, fig. 1.

Le synonyme de *G. Bauhin*, *Smilax aspera Indiæ Occidentalis*; Smilax rude de l'Inde Occidentale, *Pin.* 296, n.° 3, est rapporté par *Linné* au Smilax bonne-nuit, et à l'Ipomée bonne-nuit.

A la Caroline.

11. SMILAX herbacé, *S. herbacea*, L. à tige sans piquans, anguleuse; à feuilles sans piquans, ovales, à sept nervures.

Pluk. tab. 225, fig. 4.

En Virginie, au Mariland. ♃

* IV. *Smilax à tiges sans piquans, arrondies.*

12. SMILAX lancéolé, *S. lanceolata*, L. à tige sans piquans, arrondie; à feuilles sans piquans, lancéolées.

Catesb. Carol. 2, pag. et tab. 84.

En Virginie.

13. SMILAX Fausse-Squine, *S. Pseudo-China*, L. à tige sans piquans, arrondie; à feuilles sans piquans: celles de la tige en cœur: celle des rameaux ovales, oblongues, à cinq nervures.

Pluk. tab. 110, fig. 5. *Sloan. Jam.* tab. 143, fig. 1.

En Virginie, à la Jamaïque.

1226. RAJANIE, *RAJANIA*. † *Lam. Tab. Encyclop.* pl. 818. JAN-RAIA. *Plum. Gen.* 33, tab. 29.

* *Fleurs Males.*

CAL. *Périanthe* en cloche, à six *segmens* profonds, oblongs, pointus, plus ouverts dans leur partie supérieure.

COR. Nulle.

ÉTAM. Six *Filamens*, sétacés, plus courts que le calice. *Anthères* simples.

* *FLEURS FEMELLES.*

CAL. *Périanthe* d'un seul feuillet, en cloche, à six segmens profonds, assis sur l'ovaire, persistant, se flétrissant.

COR. Nulle.

PIST. *Ovaire* inférieur, comprimé, augmenté d'un côté par un rebord saillant. Trois *Styles*, de la longueur du calice. *Stigmates* obtus.

PÉR. *Fruit* arrondi, garni sur un côté d'une *aile* très-grande, obtuse, mais courbée de telle sorte qu'elle environne presque totalement le fruit.

SEM. Solitaires, arrondies.

FLEURS MALES : *Calice* à six segmens profonds. *Corolle* nulle.

FLEURS FEMELLES : *Calice* à six segmens profonds. *Corolle* nulle. *Styles* au nombre de trois. *Fruit* inférieur, arrondi, garni d'une aile très-grande.

1. RAJANIE en fer de hallebarde, *R. hastata*, L. à feuilles en cœur, en fer de hallebarde.
Plum. Amer. 84, tab. 98.
A Saint-Domingue.

2. RAJANIE en cœur, *R. cordata*, L. à feuilles en cœur, à sept nervures.
Plum. Ic. 155, fig. 1.
Dans l'Amérique Méridionale.

3. RAJANIE à cinq feuilles, *R. quinquefolia*, L. à feuilles cinq à cinq, ovales, oblongues.
Plum. Ic. 155, fig. 2.
Dans l'Amérique Méridionale.

1227. IGNAME, *DIOSCOREA.* * *Plum Gen.* 9, tab. 26. *Lam. Tab. Encyclop.* pl. 818.

* *FLEURS MALES.*

CAL. *Périanthe* d'un seul feuillet, en cloche, à six *segmens* profonds, lancéolés, ouverts supérieurement.

COR. Nulle (à moins qu'on ne prenne le calice pour corolle).

ÉTAM. Six *Filamens*, capillaires, très-courts. *Anthères* simples.

* *FLEURS FEMELLES.*

CAL. *Périanthe* comme dans les fleurs mâles.

COR. Nulle.

PIST. *Ovaire* très-petit, à trois côtés. Trois *Styles*, simples. *Stigmates* simples.

PÉR. *Capsule* grande, à trois angles, à trois loges, à trois battans.

SEM. Deux, comprimées, environnées par un grand bord membraneux.

FLEURS MALES : *Calice* à six segmens profonds. *Corolle* nulle.

FLEURS FEMELLES : *Calice* à six segmens profonds. *Corolle* nulle. *Styles* au nombre de trois. *Capsule* comprimée, à trois loges renfermant chacune deux semences membraneuses.

1. IGNAME à cinq feuilles, *D. pentaphylla*, L. à feuilles digitées.

Rheed. Malab. 7, pag. 67, tab. 35. *Rumph. Amb.* 5, tab. 127.
Dans l'Inde Orientale.

2. IGNAME à trois feuilles, *D. triphylla*, L. à feuilles trois à trois.

Rheed. Malab. 7, pag. 63, tab. 33. *Rhumph. Amb.* 5, tab. 128.
Au Malabar.

3. IGNAME piquante, *D. aculeata*, L. à feuilles en cœur; à tige bulbifère, armée de piquans.

Rheed. Malab. 7, pag. 71, tab. 37: *Rhumph. Amb.* 5, tab. 126.
Au Malabar.

4. IGNAME ailée, *D. alata*, L. à feuilles en cœur; à tige bulbifère, ailée.

Rheed. Malab. 7, pag. 71, tab. 38.
Dans l'Inde Orientale.

5. IGNAME bulbifère, *D. bulbifera*, L. à feuilles en cœur; à tige lisse, bulbifère.

Pluk. tab. 220, fig. 6. *Herm. Parad.* pag. et tab. 217.
Dans l'Inde Orientale.

6. IGNAME cultivée, *D. sativa*, L. à feuilles en cœur, alternes; à tige lisse, arrondie.

Hort. Cliffort. 459, tab. 28.
Dans l'Inde Orientale. ♃

7. IGNAME velue, *D. villosa*, L. à feuilles en cœur, alternes et opposées; à tige lisse.

Pluk. tab. 375, fig. 5.
En Virginie, à la Floride,

8. IGNAME à feuilles opposées, *D. oppositifolia*, L. à feuilles opposées, ovales, aiguës.

Rumph. Amb. 5, tab. 120, *Petiv.* tab. 31, fig. 6.

Dans l'Inde Orientale.

VII. OCTANDRIE.

1228. PEUPLIER, *POPULUS.* * *Tournef. Inst.* 592, tab. 363. *Lam. Tab. Encyclop.* pl. 819.

* *FLEURS MALES.*

CAL. *Chaton commun* oblong, comme cylindrique, formé par des *écailles*, oblongues, aplaties, déchirées sur les bords, lâches, placées en recouvrement les unes sur les autres, couvrant chacune une seule fleur.

COR. Nulle.

Nectaire d'un seul feuillet, inférieurement en toupie, tubulé, terminé supérieurement en limbe oblique, ovale.

ÉTAM. Huit *Filamens*, très-courts. *Anthères* grandes, à quatre côtés.

* *FLEURS FEMELLES.*

CAL. *Chaton* comme dans les fleurs mâles.

—— *Ecailles* comme dans les fleurs mâles.

COR. Nulle.

Nectaire comme dans les fleurs mâles.

PIST. *Ovaire* ovale, pointu. *Style* à peine visible. *Stigmate* divisé peu profondément en quatre parties.

PÉR. *Capsule* ovale, à deux loges, à deux battans renversés.

SEM. Nombreuses, ovales, emportées dans les airs à l'aide d'une *Aigrette* capillaire.

FLEURS MALES : *Chaton* formé par des écailles lacérées, dont chacune couvre une *Corolle* en toupie, oblique, entière, renfermant huit *Étamines.*

FLEURS FEMELLES : *Chaton* formé par des écailles lacérées, dont chacune couvre un *Stigmate* divisé peu profondémen en quatre parties. *Capsule* à deux loges renfermant chacune plusieurs semences aigrettées.

1. PEUPLIER blanc, *P. alba*, L. à feuilles arrondies, dentées, anguleuses, cotonneuses en dessous.

Populus alba majoribus foliis; Peuplier blanc à feuilles plus grandes. *Bauh. Pin.* 429, n.° 1. *Matth.* 129, fig. 1. *Dod. Pempt.* 835, fig. 1. *Lob. Ic.* 2, pag. 193, fig. 1. *Lugd.*

O 4

Hist. 86, fig. 1. *Camer. Epit.* 65. *Bauh. Hist.* 1, P. 2, pag. 160, fig. 1.

Cette espèce présente une variété.

Populus alba folio minore; Peuplier blanc à feuille plus petite. *Bauh. Hist.* 1, P. 2, pag. 160, fig. 2.

Nutritive pour le Cheval, le Mouton, la Chèvre.

En Europe dans les lieux aquatiques, et même dans les terrains secs. ♃ Vernale.

2. PEUPLIER Tremble, *P. Tremula*, L. à feuilles arrondies, dentées, anguleuses, lisses en dessus et en dessous.

Populus Tremula ; Peuplier Tremble. *Bauh. Pin.* 429, n.° 4. *Matth.* 130, fig. 1. *Dod. Pempt.* 836, fig. 2, *Lob. Ic.* 2, P. 194, fig. 2. *Lugd. Hist.* 87, fig. 1. *Camer. Epit.* 67. *Bauh. Hist.* 1, P. 2, pag. 163, fig. 1.

La structure particulière du pétiole qui est comprimé par les côtés, au lieu d'être arrondi comme dans presque toutes les feuilles, et qui dès-lors a moins de force, donne lieu à l'agitation sensible des feuilles, que le moindre courant d'air fait mouvoir ou trembler; d'où est venu à l'arbre le nom de *Tremble*.

Nutritive pour le Mouton, la Chèvre.

A Lyon, Grenoble, Paris. ♃ Vernale.

3. PEUPLIER noir, *P. nigra*, L. à feuilles delthoïdes, lisses, aiguës, à dents de scie.

Populus nigra ; Peuplier noir. *Bauh. Pin.* 429, n.° 3. *Matth.* 129, fig. 2. *Dod. Pempt.* 836, fig. 1. *Lob. Ic.* 2, p. 194, fig. 1. *Lugd. Hist.* 86, fig. 2. *Camer. Epit.* 66. *Bauh. Hist.* 1, P. 2, pag. 155, fig. 1.

1. *Populus, Populus nigra ;* Peuplier noir. 2. Bourgeons. 3. Résineux, odorans, balsamiques. 4. Une espèce de baume. 5. Diarrhée, dyssenterie, goutte, maladies de la peau, plaies, ulcères. 6. Les bourgeons de Peuplier sont le principal ingrédient de l'onguent *Populeum* qui est un excellent remède contre les hémorroïdes. L'écorce sert à apprêter les cuirs ; le duvet des chatons, à fabriquer du papier; le bois à faire des sommiers, des poutres et des planches. Les branches assez liantes servent à lier les haies.

Nutritive pour le Cheval, le Bœuf, le Mouton, la Chèvre.

En Europe dans les lieux humides. ♄ Vernale.

4. PEUPLIER Baumier, *P. balsamifera*, L. à feuilles ovales, à dents de scie, blanches en dessous ; à stipules résineuses.

Pluk. tab. 281, fig. 1, (mauvaise) ; et 228, fig. 2.

1. *Tacamahaca ;* Tacamahaca, Gomme Taquamaque. 2. Gomme 3. Odeur agréable et pénétrante, sur-tout lorsqu'on la brûle

4. Résine pure. 5. Douleurs en général, odontalgie, céphalalgie, hystéricie, vomissemens habituels, (extérieurement). L'analogie et des observations soignées, assurent à ce baume les mêmes vertus que l'expérience a démontrées dans les baumes les plus recherchés. 6. parfums.

Dans l'Amérique Septentrionale. ♄

5. PEUPLIER hétérophylle, *P. heterophylla*, L. à feuilles en cœur, velues dans leur premier développement.

Duham. Arb. 2, pag. 178, tab. 39, fig. 9.

En Virginie, à la Caroline. ♄

1229. RHODIOLE, *RHODIOLA.* * *Lam. Tab. Encyclop.* pl. 819.

* *FLEURS MALES.*

CAL. à quatre *segmens* profonds, concaves, droits, obtus, persistans.

COR. Quatre *Pétales*, oblongs, obtus, droits, ouverts, deux fois plus longs que le calice, caducs-tardifs.

Quatre *Nectaires*, droits, échancrés, plus courts que le Calice.

ÉTAM. Huit *Filamens*, en alène, plus longs que la corolle. *Anthères* simples.

PIST. Quatre *Ovaires*, oblongs, pointus. *Styles* et *Stigmates* irréguliers.

PÉR. Avortant.

SEM. . . .

* *FLEURS FEMELLES.*

CAL. *Périanthe* comme dans les fleurs mâles.

COR. Quatre *Pétales*, rudes, droits, obtus, égaux avec les segmens du calice, persistans.

Nectaire : comme dans les fleurs mâles.

PIST. Quatre *Ovaires*, oblongs, pointus, terminés par des *Styles* simples, droits. *Stigmates* obtus.

PÉR. Quatre *Capsules*, en cornet, s'ouvrant intérieurement.

SEM. Plusieurs, arrondies.

FLEURS MALES : *Calice* à quatre segmens profonds. *Corolle* à quatre pétales.

FLEURS FEMELLES : *Calice* à quatre segmens profonds. *Corolle* nulle. Quatre *Nectaires*. Quatre *Pistils*. Quatre *Capsules* renfermant chacune plusieurs semences.

1. RHODIOLE à odeur de rose, *R. rosea*, L. à feuilles à dents de scie; à fleurs en ombelles très-serrées.

Rhodia radix; Rhodiole. *Bauh. Pin.* 286. *Fusch. Hist.* 665. *Matth.* 724, fig. 1. *Dod. Pempt.* 347, fig. 2. *Lob. Ic.* 1, pag. 391, fig. 1. *Clus. Hist.* 2, pag. 65, fig. 1. *Lugd. Hist.* 982, fig. 1. *Camer. Epit.* 769. *Bauh. Hist.* 3, P. 2, pag. 683, fig. 1. *Flor. Dan.* tab. 183. *Icon. Pl. Medic.* tab. 180.

Le nombre des étamines et des pistils varie.

1. *Rhodia*, *Rhodia radix*; Rhodiole, Orpin rose, Orpin à odeur de rose. 2. Racine. 3. Styptique; racine *récente*: inodore; *sèche*: sentant la rose. 4. Arome, huile volatile, imitant celle de roses; extrait gommeo-résineux. 5. Dysenterie, fleurs blanches, hystéricie. 6. On applique la racine pilée sur le front pour guérir les maux de tête occasionnés par les coups de soleil.

Nutritive pour le Mouton, la Chèvre.

A la grande Chartreuse, sur les Alpes de Suisse. ♃ Estivale. *S.-Alp.*

VIII. ENNÉANDRIE.

1230. MERCURIALE, *MERCURIALIS.* * *Tournef. Inst.* 534, tab. 308. *Lam. Tab. Encyclop.* pl. 820.

* *Fleurs Males.*

Cal. *Périanthe* à trois *segmens* profonds, ovales, lancéolés, concaves, ouverts.

Cor. Nulle, (à moins qu'on ne prenne le calice pour corolle).

Étam. Neuf ou douze *Filamens*, capillaires, droits, de la longueur du calice. *Anthères* arrondies, didymes.

* *Fleurs Femelles.*

Cal. *Périanthe* comme dans les fleurs mâles.

Cor. Nulle.

Nectaires: deux pointes, en alêne, placées chacune sur chaque côté de l'ovaire, marquées par un sillon de l'ovaire.

Pist. *Ovaire* arrondi, comprimé, marqué des deux côtés sur le bord d'un sillon, hérissé. Deux *Styles*, renversés, en cornes, hérissés. *Stigmates* aigus, renversés.

Pér. *Capsule* arrondie, en forme de scrotum, didyme, à deux loges.

Sem. Solitaires, arrondies.

Fleurs males: *Calice* à trois segmens profonds. *Corolle* nulle. *Étamines* de neuf à douze. *Anthères* arrondies, didymes ou adossées deux à deux sur chaque filament.

Fleurs femelles: *Calice* à trois segmens profonds. *Corolle* nulle. Deux *Styles*. Deux coques réunies forment la *Capsule*, qui est à deux loges dont chacune renferme une seule semence.

1. MERCURIALE vivace, *M. perennis*, L. à tige très-simple; à feuilles rudes.

Mercurialis montana, testiculata; Mercuriale des montagnes, à fruits deux à deux. *Bauh. Pin.* 122, n.° 3 (la fleur femelle). *Matth.* 891, fig. 1. *Dod. Pempt.* 659, fig. 1, qui représente les fleurs mâle et femelle, de même que celle de *Lob. Ic.* 1, pag. 260, fig. 1. *Lugd. Hist.* 1628, fig. 1. *Bauh. Hist.* 2, pag. 979, fig. 2. *Moris. Hist.* sect. 5, tab. 34, fig. 3.

Mercurialis montana spicata; Mercuriale des montagnes à fleurs en épi. *Bauh. Pin.* 122, n.° 4 (la fleur mâle). *Matth.* 891, fig. 2. *Bauh. Hist.* 2, p. 979, fig. 1. *Moris. Hist.* sect. 5, tab. 34, fig. 4.

Cette plante dans les herbiers prend une couleur bleue.

Nutritive pour le Mouton, la Chèvre.

A Montpellier, Lyon, Grenoble, Paris. ♃ Vernale.

2. MERCURIALE ambiguë, *M. ambigua*, L. à tige rameuse, en croix; à feuilles un peu lisses; à fleurs en anneaux, mâles et femelles.

Linn. fil. déc. 1, pag. 15, tab. 8.

En Espagne.

3. MERCURIALE annuelle, *M. annua*, L. à tige rameuse, en croix; à feuilles lisses; à fleurs en épis.

Mercurialis testiculata sive mas, Dioscoridis et Plinii; Mercuriale à fruits deux à deux, ou Mercuriale mâle de Dioscoride et de Pline, (la fleur femelle). *Bauh. Pin.* 121, n.° 1. *Fusch. Hist.* 475. *Matth.* 890, fig. 1. *Dod. Pempt.* 658, f. 1. *Lob. Ic.* 1, pag. 259, fig. 1. *Lugd. Hist.* 1627, fig. 1. *Bauh. Hist.* 2, pag. 977, fig. 3.

Mercurialis spicata, sive fæmina Dioscoridis et Plinii; Mercuriale en épi, ou Mercuriale femelle de Dioscoride et de Pline. *Bauh. Pin.* 121, n.° 2, (la fleur mâle). *Fusch. Hist.* 476. *Matth. Hist.* 890, fig. 2. *Dod. Pempt.* 658, fig. 2. *Lob. Ic.* 1, pag. 259, fig. 2. *Lugd. Hist.* 1627, fig. 2. *Bauh. Hist.* 2, pag. 977, fig. 3.

1. *Mercurialis;* Mercuriale, Mercuriale ordinaire mâle ou femelle. 2. Plante entière. 3. Odeur forte, fétide : saveur amère, désagréable. 4. Suc savonneux, nauséabond. 5. Obstructions des viscères. Elle est placée au nombre des cinq *Plantes émollientes*. 6. Les Anciens qui la comptoient parmi

les plantes potagères, la mangeoient comme nous mangeons les épinards.

En Europe dans les champs, les vignes, les cours, les lieux à l'ombre. ☉ Estivale.

4. **MERCURIALE** cotonneuse, *M. tomentosa*, L. à tige comme ligneuse ; à feuilles cotonneuses.

Phyllon testiculatum ; Phylon à fruits deux à deux. *Bauh. Pin.* 122, n.° 1, (la fleur femelle). *Matth.* 634, f. 1. *Lob. Ic.* 1, pag. 258, fig. 3. *Clus. Hist.* 2, pag. 48, fig. 1. *Lugd. Hist.* 1197, fig. première intérieure, ou n.° 1, représentant un rameau. *Bauh. Hist.* 2, pag. 981, fig. 1.

Phyllon spicatum ; Phyllon en épi. *Bauh. Pin.* 122, n.° 2, (la fleur mâle). *Matth.* 634, fig. 2. *Dod. Pempt.* 660, f. 1, *Lob. Ic.* 1, pag. 258, fig. 2. *Clus. Hist.* 2, pag. 48, fig. 2. *Lugd. Hist.* 1197, fig. 2 et 3, présentant deux rameaux. *Bauh. Hist.* 2, pag. 981, fig. 2.

Cette plante est vivace, mais sa tige périt chaque année ; ainsi elle n'est pas vraiment ligneuse.

A Montpellier, en Provence. ♃ Vernale.

5. **MERCURIALE** d'Afrique. *M. Afra*, L. à tige couchée, herbacée ; à feuilles ovales, un peu cotonneuses ; à fleurs androgynes.

Au cap de Bonne-Espérance. ♃

1231. **MORÈNE**, *HYDROCHARIS*. * *Lam. Tab. Encyclop.* pl. 820.

* *FLEURS MALES.*

CAL. *Spathe* à trois fleurs, à deux feuillets, oblongs.

— *Périanthe propre* à trois *feuillets*, ovales, oblongs, concaves, membraneux sur les bords.

COR. Trois *Pétales*, arrondis, planes, grands.

ÉTAM. Neuf *Filamens*, en alêne, droits, disposés sur trois rangs dont l'intermédiaire produit de sa base intérieure un pied en alêne, semblable à un style, et placé au centre. Les deux autres rangs sont rapprochés à la base, de manière que les filamens intérieurs et extérieurs sont réunis. *Anthères* simples.

PIST. Rudiment de l'*Ovaire* au centre de la fleur.

* *FLEURS FEMELLES.*

CAL. *Spathe* nul, fleurs solitaires.

— *Périanthe* comme dans les fleurs mâles, supérieur.

COR. Comme dans les fleurs mâles.

PIST. *Ovaire* arrondi, inférieur. Six *Styles*, de la longueur du calice, comprimés, à deux divisions peu profondes, creusés en gouttière. *Stigmates* pointus, divisés peu profondément en deux parties.

PÉR. *Capsule* coriace, arrondie, à six loges.

SEM. Nombreuses, très-petites, arrondies.

FLEURS MALES : *Spathe* à deux feuillets. *Calice* à trois feuillets. *Corolle* à trois pétales. Trois *Filamens* intérieurs en forme de style.

FLEURS FEMELLES : *Spathe* nul. *Calice* à trois feuillets. *Corolle* à trois pétales. *Styles* au nombre de six. *Capsule* inférieure à six loges renfermant chacune plusieurs semences.

1. MORÈNE Grenouillette, *H. Morsus-ranæ*, L. à feuilles pétiolées, en forme de rein, lisses, luisantes, arrondies, flottantes sur l'eau.

Nymphæa alba, minima; Nénuphar à fleur blanche, très-petit. *Bauh. Pin.* 193, n.° 3. *Dod. Pempt.* 583, fig. 1 et 2. *Lob. Ic.* 1, pag. 596, f. 1. *Lugd. Hist.* 1010, f. 1.

Cette espèce présente une variété.

Nymphæa alba, minor; Nénuphar à fleur blanche, plus petit. *Bauh. Pin.* 193, n.° 2. *Lugd. Hist.* 1009, fig. 3.

A Montpellier, Lyon, Paris. ♃ Estivale.

IX. DÉCANDRIE.

1232. CARICA, *CARICA*. PAPAYA. *Tournef. Inst.* 659, tab. 441. *Lam. Tab. Encyclop.* pl. 821.

* *FLEURS MALES.*

CAL. A peine visible.

COR. Monopétale, en entonnoir. *Tube* grêle, très-long, rétréci insensiblement à la base. *Limbe* à cinq divisions profondes, lancéolées, linéaires, obtuses, roulées obliquement en spirale.

ÉTAM. Dix *Filamens*, insérés au sommet du tube de la corolle, dont cinq alternes inférieurs. *Anthères* oblongues.

* *FLEURS FEMELLES.*

CAL. *Périanthe* très-petit, à cinq dents, persistant.

COR. A cinq *Pétales*, lancéolés, linéaires, obtus aux deux extrémités, très-longs, droits au-delà de leur partie moyenne.

PIST. *Ovaire* ovale. *Style* à peine visible. Cinq *Stigmates*, oblongs, aplatis, étalés, élargis extérieurement, tronqués au sommet, crénelés.

PÉR. *Baie* très-grande, à cinq sillons, anguleuse, à une loge.

SEM. Nombreuses, ovales, sillonnées, enveloppées par une tunique.

FLEURS MALES : *Calice* à peine visible. *Corolle* en entonnoir, à cinq divisions profondes. *Filamens* insérés sur le sommet du tube de la corolle, alternativement plus courts.

FLEURS FEMELLES : *Calice* à cinq dents. *Corolle* à cinq pétales. *Stigmates* au nombre de cinq. *Capsule* à une seule loge, renfermant plusieurs semences.

1. CARICA Papaye, *C. Papaya*, L. à lobes des feuilles sinués.

Arbor Platani folio, fructu Peponis magnitudine, eduli; Arbre à feuille de Platane, à fruit de la grosseur d'une Pastèque, comestible. *Bauh. Pin.* 431, n.° 2. *Pluk.* tab. 278, f. 1.

Dans l'Inde Orientale. ♄

2. CARICA Posopose, *C. Posoposa*, L. à lobes des feuilles entiers.

Pluk. tab. 278, fig. 2? *Feuill. Per.* 3, pag. 52, tab. 39, fig. 1.

A Surinam. ♄

1233. KIGGELAIRE, *KIGGELARIA*. * *Lam. Tab. Encyclop.* pl. 821.

** FLEURS MALES.*

CAL. *Périanthe* d'un seul feuillet, concave, à cinq *segmens* profonds, lancéolés.

COR. Cinq *Pétales*, lancéolés, concaves, un peu plus longs que le calice, et formant avec lui un godet.

Nectaire : glandes à trois lobes obtus dont l'intermédiaire est plus grand, déprimées, colorées, adhérentes à l'onglet de chaque pétale.

ÉTAM. Dix *Filamens*, très-petits. *Anthères* oblongues, plus courtes que le calice, s'ouvrant au sommet par deux pores.

** FLEURS FEMELLES.*

CAL. Comme dans les fleurs mâles.

COR. Comme dans les fleurs mâles.

PIST. *Ovaire* arrondi. Cinq *Styles*, simples. *Stigmates* obtus.

PÉR. *Capsule* coriace, arrondie, rude, à une loge, à cinq battans.

SEM. Plusieurs, arrondies, anguleuses d'un côté, enveloppées par une tunique propre.

FLEURS MALES : *Calice* à cinq segmens profonds. *Corolle* à cinq pétales. *Nectaire* formé par des glandes à trois lobes obtus. *Anthères* s'ouvrant au sommet par deux pores.

FLEURS FEMELLES : *Calice* à cinq segmens profonds. *Corolle* à cinq pétales. *Styles* au nombre de cinq. *Capsule* à une seule loge, à cinq battans, renfermant plusieurs semences.

1. KIGGELAIRE d'Afrique, *K. Africana*, L. à feuilles alternes, lancéolées, pétiolées, lisses, à dents de scie aiguës.

Pluk. tab. 176, fig. 3. *Hort. Cliff.* 462, tab. 29.

En Ethiopie. ♄

1234. MOLLÉ, *SCHINUS.* * *Lam. Tab. Encyclop.* pl. 822. MOLLE. *Tournef. Inst.* 661.

** FLEURS MALES.*

CAL. *Périanthe* d'un seul feuillet, ouvert, aigu, à cinq segmens profonds.

COR. Cinq *Pétales*, ovales, ouverts, pétiolés.

ÉTAM. Dix *Filamens*, filiformes, de la longueur de la corolle, étalés. *Anthères* arrondies.

PIST. Rudiment de l'*ovaire* sans stigmate.

** FLEURS FEMELLES.*

CAL. *Périanthe* d'un seul feuillet, aigu, persistant, à cinq segmens profonds.

COR. Cinq *Pétales*, oblongs, ouverts, pétiolés.

PIST. *Ovaire* arrondi. *Style* nul. Trois *Stigmates*, ovales.

PÉR. *Baie* arrondie, à trois loges.

SEM. Solitaires, arrondies.

FLEURS MALES : *Calice* à cinq segmens profonds. *Corolle* à cinq pétales.

FLEURS FEMELLES : *Calice* à cinq segmens profonds. *Corolle* à cinq pétales. *Baie* arrondie, à trois loges.

1. MOLLÉ lentisque, *S. Molle*, L. à feuilles pinnées; à folioles à dents de scie : l'impaire très-longue; à pétioles égaux.

Lentiscus Peruviana; Lentisque du Pérou. *Bauh. Pin.* 399, n.° 2. *Lob. Ic.* 2, pag. 105, fig. 1. *Lugd. Hist.* 1787, f. 1. *Bauh. Hist.* 1, P. 1, pag. 534, et non pas 522 par erreur de chiffres, fig. 1.

Au Pérou. ♄

2. MOLLÉ Aréira, *S. Areira*, L. à feuilles pinnées; à folioles très-entières, égales; à pétioles égaux.

Feuill. Per. 3, pag. 43, tab. 30.

Au Brésil, au Pérou.

1235. REDOUL, *CORIARIA.* * *Lam. Tab. Encycop.* pl. 822.

* *FLEURS MALES.*

CAL. *Périanthe* très-court, à cinq *feuillets*, comme ovales, concaves.

COR. Cinq *Pétales*, réunis, semblables au calice.

ÉTAM. Dix *Filamens*, de la longueur de la corolle. *Anthères* oblongues, divisées peu profondément en deux parties.

* *FLEURS FEMELLES.*

CAL. *Périanthe* très-court, à cinq *feuillets*, comme ovales, concaves.

COR. Cinq *Pétales*, pointus, réunis, semblables au calice.

ÉTAM. Dix *Filamens*, très-courts : (cinq parmi les feuillets du calice : cinq parmi les pétales). *Anthères* stériles.

PIST. Cinq *Ovaires*, comprimés, réunis intérieurement. Cinq *Styles*, sétacés, longs. *Stigmates* simples.

PÉR. Nul. Cinq *Pétales*, charnus, ovales, lancéolés, à trois angles dont un tourné en dedans, couvrant les semences.

SEM. Cinq, en forme de rein.

FLEURS MALES : *Calice* à cinq feuillets. *Corolle* à cinq pétales réunis, semblables aux feuillets du calice. *Anthères* divisées profondément en deux parties.

FLEURS FEMELLES : *Calice* à cinq feuillets. *Corolle* à cinq pétales réunis, semblables aux feuillets du calice. Cinq *Styles*. Cinq *Semences* nidulées dans les pétales charnus.

1. REDOUL à feuilles de Myrte, *C. Myrtifolia*, L. à feuilles ovales, oblongues.

Rhus Myrtifolia, Monspeliaca ; Sumac à feuilles de Myrte, de Montpellier. *Bauh. Pin.* 414, n.° 3. *Lob. Ic.* 2, pag. 98, fig. 2. *Lugd. Hist* 110, fig. 1.

A Montpellier, en Provence. ♄ Vernale.

2. REDOUL à feuilles de Fragon, *C. Ruscifolia*, L. à feuilles en cœur, ovales, assises ou sans pétioles.

Feuill. Per. 3, pag. 17, tab. 12.

Au Pérou. ♄

X. DODÉCANDRIE.

1236. EUCLÉE, *EUCLEA.*

* *FLEURS MALES.*

CAL. A cinq dents.

COR. A cinq *Pétales*.

ÉTAM.

ÉTAM. Quinze.

* *FLEURS FEMELLES.*

CAL. Comme dans les fleurs mâles.

COR. Comme dans les fleurs mâles.

PIST. *Ovaire* supérieur. Deux *Styles*.

PÉR. *Baie* à deux loges.

OBS. Linné *ne s'est pas étendu davantage sur le caractère de ce genre.*

FLEURS MALES : *Calice* à cinq dents. *Corolle* à cinq pétales. Quinze *Etamines*.

FLEURS FEMELLES : *Calice* à cinq dents. *Corolle* à cinq pétales. *Ovaire* supérieur. Deux *Styles*. *Baie* à deux loges.

1. EUCLÉE à grappe, *E. racemosa*, L. à feuilles alternes, en ovale renversé, obtuses, très-entières, lisses, persistantes.

Burm. Afric. 4, tab. 84, fig. 2.

En Afrique. ♄

1237. CANNABINE, *DATISCA* * *Lam. Tab. Encyclop.* pl. 823.

* *FLEURS MALES.*

CAL. *Périanthe* à cinq *feuillets*, linéaires, aigus, égaux.

COR. Nulle.

ÉTAM. *Filamens* à peine visibles. Quinze *Anthères* environ, oblongues, obtuses, surpassant plusienrs fois le calice en longueur.

* *FLEURS FEMELLES.*

CAL. *Périanthe* à deux dents, (la troisième manquant,) droit, très-petit, supérieur, persistant.

COR. Nulle.

PIST. *Ovaire* oblong, inférieur, plus long que le calice. Trois *Styles*, courts, divisés peu profondément en deux parties. *Stigmates* simples, oblongs, velus, de la longueur de l'ovaire.

PÉR. *Capsule* oblongue, triangulaire, à une loge, à trois battans, à trois cornes.

SEM. Nombreuses, petites, adhérentes de trois côtés sur la longueur de la capsule.

FLEURS MALES : *Calice* à cinq feuillets. *Corolle* nulle. Quinze *Anthères* sans filamens, oblongues.

FLEURS FEMELLES : *Calice* à deux dents. *Corolle* nulle. Trois *Styles*. *Capsule* inférieure, triangulaire, à trois cornes, à une seule loge, renfermant plusieurs semences.

1. CANNABINE lisse, *D. cannabina*, L. à tige lisse.
Luteola herba folio cannabinæ; Gaude herbe à feuille de Chanvre. *Bauh. Pin.* 100, n.° 3. *Moris. Hist.* sect. 8, t. 25, fig. 4.
Luteola herba sterilis; Gaude herbe stérile. *Bauh. Pin.* 100, n.° 4.
Dans l'isle de Crète. ♃

2. CANNABINE hérissée, *C. hirta*, L. à tige hérissée.
En Pensylvanie.

1238. MÉNISPERME, *MENISPERMUM.* * *Lam. Tab. Encyclop.* pl. 824.

* *FLEURS MALES.*

CAL. *Périanthe* à deux *feuillets* linéaires, courts.

COR. Double.

— Quatre *Pétales extérieurs*, ovales, ouverts, égaux.

— Huit *Pétales intérieurs*, ovales, concaves, plus petits que les extérieurs, dont quatre disposés sur un rang intérieur.

ÉTAM. Seize *Filamens*, cylindriques, un peu plus longs que la corolle. *Anthères* terminales, très-courtes, à quatre lobes obtus.

* *FLEURS FEMELLES.*

CAL. Comme dans les fleurs mâles.

COR. Comme dans les fleurs mâles.

ÉTAM. Huit *Filamens*, semblables à ceux des fleurs mâles. *Anthères* transparentes, stériles.

PIST. Deux *Ovaires*, ovales, recourbés, réunis, portés sur un pédicule. *Styles* solitaires, très-courts, recourbés. *Stigmates* obtus, divisés peu profondément en deux parties.

PÉR. Deux *Baies*, arrondies, en forme de rein, à une loge.

SEM. Solitaires, grandes, en forme de rein.

OBS. Le caractère de ce genre a été fait sur le M. Canadense. *Que les Botanistes observent la fructification des autres espèces, auxquelles* Miller *et* Willich *donnent un calice à sept feuillets, une corolle à six pétales et six étamines.*

FLEURS MALES : *Corolle* à quatre pétales exterieurs, à huit intérieurs. Seize *Etamines.*

FLEURS FEMELLES : *Corolle* à quatre pétales extérieurs, à huit intérieurs. Huit *Filamens* semblables à ceux des fleurs mâles, supportant des *Anthères* stériles. Deux *Baies* renfermant chacune une seule semence.

1. **MÉNISPERME** du Canada, *M. Canadense*, L. à feuilles en bouclier, en cœur, arrondies, anguleuses.

Pluk. tab. 36, fig. 2.

En Virginie, en Sibérie. ♄

2. **MÉNISPERME** de Virginie, *M. Virginicum*, L. à feuilles en bouclier, en cœur, lobées.

Dill. Elth. tab. 178, fig. 219.

En Virginie, à la Caroline. ♄

3. **MÉNISPERME** de la Caroline, *M. Carolinum*, L. à feuilles en cœur, velues en dessous.

A la Caroline.

4. **MÉNISPERME** Coques du Levant, *M. Cocculus*, L. à feuilles en cœur, émoussées; à tige déchirée.

Cocculæ Officinarum; Coques des Boutiques. *Bauh. Pin.* 511, n.° 4. *Pluk.* tab. 13, fig. 2; et tab. 345, fig. 2.

1. *Coccus Indicus*, *Cocci Orientales*, *Baccæ piscatoriæ*; Coques du Levant. 2. Fruits ou Baies. 3. Saveur très-amère, très-inhérente, sans odeur. 5. Poux. 6. Les Baies enivrent le poisson, qui vient nager et quelquefois mourir sur l'eau. L'expérience apprend que ce poisson n'est pas mal-sain et peut impunément être mangé.

Au Malabar.

5. **MÉNISPERME** frisé, *M. crispum*, L. à feuilles en cœur, à tige quadrangulaire, frisée.

Rumph. Amb. 5, pag. 83, tab. 44, fig. 1.

Au Bengale. ♄

6. **MÉNISPERME** arrondi, *M. orbiculatum*, L. à feuilles arrondies, velues en dessous.

Pluk. tab. 384, fig. 6.

En Asie.

7. **MÉNISPERME** hérissé, *M. hirsutum*, L. à feuilles lancéolées, ovales, velues.

Pluk. tab. 384, fig. 7.

Dans l'Inde Orientale.

8. **MÉNISPERME** scorpionne, *M. myosotoïdes*, L. à feuilles linéaires, lancéolées, hérissées.

Pluk. tab. 384, fig. 3.

Dans l'Inde Orientale.

XI. POLYANDRIE.

1239. CLIFFORTE, *CLIFFORTIA.* * *Lam. Tab. Encyclop.* pl. 827.

** Fleurs Males.*

CAL. *Périanthe* à trois *feuillets*, ovales, aigus, coriaces, ouverts, caducs-tardifs.

COR. Nulle.

ÉTAM. Trente *Filamens* environ, capillaires, droits, de la longueur du calice. *Anthères* didymes, oblongues, obtuses, droites, comprimées.

** Fleurs Femelles.*

CAL. *Périanthe* droit, supérieur, égal, persistant, à trois *feuillets*, aigus, lancéolés.

COR. Nulle.

PIST. *Ovaire* oblong, inférieur. Deux *Styles*, filiformes, longs, plumeux. *Stigmates* simples.

PÉR. *Capsule* oblongue, légèrement arrondie, à deux loges, couronnée par le calice.

SEM. Solitaires, linéaires, légèrement arrondies.

FLEURS MALES : *Calice* à trois feuillets. *Corolle* nulle. Trente *Etamines* environ.

FLEURS FEMELLES : *Calice* supérieur, à trois feuillets. *Corolle* nulle. Deux *Styles*. *Capsule* à deux loges renfermant chacune une seule semence.

1. CLIFFORTE à feuilles de houx, *C. ilicifolia*, L. à feuilles comme en cœur, dentées.

Dill. Elth. tab. 31, fig. 35. *Hort. Cliff.* 463, tab. 30.

En Éthiopie. ♄

2. CLIFFORTE à feuilles de fragon, *C. ruscifolia*, L. à feuilles lancéolées, très-entières.

Pluk. tab. 297, fig. 2.

En Éthiopie. ♄

3. CLIFFORTE à feuilles de renouée, *C. polygonifolia*, L. à feuilles linéaires, velues.

Hort. Cliff. 501, tab. 32.

En Éthiopie. ♄

4. CLIFFORTE à trois feuilles, *C. trifoliata*, L. à feuilles trois à trois : l'intermédiaire à trois dents.

Pluk. tab. 319, fig. 4.

En Éthiopie. ♄

5. CLIFFORTE sarmonteuse, *C. sarmentosa*, L. à feuilles trois à trois, linéaires, velues.

Au cap de Bonne-Espérance. ♄

6. CLIFFORTE porte-cône, *C. strobilifera*, L. à feuilles trois à trois, linéaires, aiguës, lisses.

Pluk. tab. 275, fig. 2.

Au cap de Bonne-Espérance. ♄

XII. MONADELPHIE.

1240. GENEVRIER, *JUNIPERUS.* * *Tournef. Inst.* 588, tab. 361. *Lam. Tab. Encyclop.* pl. 829. CEDRUS. *Tournef. Inst.* 588, tab. 361.

** Fleurs Males.*

CAL. *Chaton* conique, formé par une rafle commune sur laquelle sont disposées sur trois rangs, trois fleurs opposées, et terminée par une dixième fleur : chaque fleur a pour base, une :

— *Ecaille* large, courte, couchée, attachée au pédicule de la colonne.

COR. Nulle.

ÉTAM. Trois *Filamens* (sur la fleur terminale), en alêne, réunis inférieurement en un corps, à peine visibles sur les fleurs latérales. Trois *Anthères*, distinctes sur la fleur terminale, mais adhérentes aux écailles du calice sur les fleurs latérales.

** Fleurs Femelles.*

CAL. *Périanthe* très-petit, à trois segmens profonds, persistant, adhérent à l'ovaire.

COR. Trois *Pétales*, persistans, roides, aigus.

PIST. *Ovaire* inférieur. Trois *Styles*, simples. *Stigmates* simples.

PÉR. *Baie* charnue, arrondie, garnie à la base de trois tubercules opposés, (formée par le calice qui s'est agrandi) et couronnée par un ombilic à trois dentelures qui formoient auparavant les pétales.

SEM. Trois *petits noyaux*, convexes d'un côté, anguleux de l'autre, oblongs.

FLEURS MALES : *Chaton* composé d'écailles, couvrant chacune trois étamines monadelphes ou réunies par leurs filamens en un seul corps. *Corolle* nulle.

FLEURS FEMELLES : *Calice* à trois segmens profonds. *Corolle* à trois pétales. Trois *Styles*. *Baie* ayant en dessous trois petits tubercules, renfermant trois semences.

1. **GENEVRIER** porte-encens, *J. thurifera*, L. à feuilles en recouvrement sur quatre rangs, aiguës.

En Espagne. ♄

2. **GENEVRIER** des Barbades, *J. Barbadensis*, L. toutes les feuilles en recouvrement sur quatre rangs : les jeunes ovales : les anciennes aiguës.

Pluk. tab. 197, fig. 4.

Dans l'Amérique Méridionale. ♄

3. **GENEVRIER** des Bermudes, *J. Bermudiana*, L. à feuilles inférieures trois à trois : les supérieures deux à deux, courant sur la tige, en alêne, étalées, aiguës.

Herm. Lugd. 345, tab. 347.

Dans l'Amérique Méridionale. ♄

4. **GENEVRIER** de la Chine, *J. Chinensis*, L. à feuilles courantes, en recouvrement, étalées, entassées : celles de la tige trois à trois : celles des rameaux quatre à quatre.

A la Chine.

5. **GENEVRIER** Sabine, *J. Sabina*, L. à feuilles opposées, droites, courant sur la tige, formant comme des chaînettes.

Sabina folio Cupressi; Sabine à feuille de Cyprès. *Bauh. Pin.* 487, n.° 2. *Fusch. Hist.* 150. *Matth.* 120, fig. 1. *Dod. Pempt.* 855, fig. 1. *Lob. Ic.* 2, pag. 219, fig. 2. *Lugd. Hist.* 182, fig. 2. *Bauh. Hist.* 1, P. 2, pag. 288, fig. 2.

Cette espèce présente une variété.

Sabina folio Tamarisci, Dioscoridis; Sabine à feuilles de Tamarisque, de Dioscoride. *Bauh. Pin.* 487, n.° 1. *Dod. Pempt.* 854, fig. 1. *Lob. Ic.* 2, pag. 219, fig. 1. *Lugd. Hist.* 182, fig. 1. *Bauh. Hist.* 1, P. 2, pag. 188, fig. 1.

1. *Sabina, Savina*; Sabine, Savinier. 2. Feuilles, Baies. 3. Odeur fétide, fatigante, forte; saveur désagréable, âcre, amère. 4. Huile volatile; extrait aqueux, peu odorant, amer, piquant; extrait spiritueux. 5. Règles supprimées, épaississemens cachectiques froids, vers, carie, ulcères sordides, fongosités de la dure-mère, gangrène, gâle, teigne; fièvres intermittentes, tierces, quartes; empâtement des viscères du bas-ventre. 6. Les maquignons Allemands s'en servent pour donner de l'ardeur à leurs chevaux. La *Sabine* est une plante très-active, dangereuse, qu'on a sagement défendu aux Pharmaciens et aux Herboristes de vendre à des personnes inconnues. Entre les mains des Médecins prudens, la Sabine devient un remède puissant.

A Montpellier, en Provence, en Espagne, en Sibérie. Cultivée dans les jardins. ♄

6. GENEVRIER de Virginie, *J. Virgiana*, L. à feuilles trois à trois, adhérentes à la base : les jeunes en recouvrement : les anciennes étalées.

Sloan. Jam. tab. 157, fig. 3.

En Virginie, à la Caroline. ♄

7. GENEVRIER commun, *J. communis*, L. à feuilles trois à trois, ouvertes, linéaires, piquantes, plus longues que la baie.

Juniperus vulgaris, fruticosa; Genevrier vulgaire, ligneux. *Bauh. Pin.* 488, n.° 1. *Fusch. Hist.* 78. *Matth.* 118, fig. 1. *Dod. Pempt.* 852, fig. 1. *Lob. Ic.* 2, pag. 222, fig. 2. *Lugd. Hist.* 67, fig. 1. *Bauh. Hist.* 1, P. 2, pag. 293, f. 1.

Cette espèce présente deux variétés.

1.° *Juniperus vulgaris arbor;* Genevrier vulgaire en arbre. *Bauh. Pin.* 488, n.° 2. *Matth.* 118, fig. 2. *Lugd. Hist.* 66, fig. 1.

2.° *Juniperus minor montana, folio latiore, fructu longiore;* Genevrier plus petit des montagnes, à feuille plus large, à fruit plus long. *Bauh. Pin.* 489, n.° 3. *Clus. Hist.* 1, pag. 38, fig. 2.

1. *Juniperus;* Genevrier, Genevrier ordinaire, Genèvre. 2. Bois, Baies, extrait résineux muqueux, résine, huile essentielle ou légère. 3. Odeur balsamique, nullement désagréable; saveur balsamique, à peine amère. 4. *Bois:* extrait aqueux, amer et salin, extrait spiritueux; *Baie:* huile essentielle, extraits aqueux et spiritueux en égale proportion. 5. Anorexie, diarrhée par atonie, leucophlegmatie, maladies chroniques dépendantes d'atonie, de foiblesse, de relâchement; hydropisie, maladies vénériennes invétérées. 6. Les Baies écrasées, humectées et fermentées, donnent un vin assez agréable; et par la distillation, une eau de vie très-forte. Les Ébénistes emploient le bois pour faire de petits meubles.

En Europe, dans les bois. ♄ Vernale.

8. GENEVRIER Faux-Cèdre, *J. Oxicedrus*, L. à feuilles trois à trois, ouvertes, piquantes, plus courtes que la baie.

Juniperus major, baccâ rufescente; Genevrier plus grand, à baie roussâtre. *Bauh. Pin.* 489, n.° 5. *Matth.* 122, fig. 2. *Dod. Pempt.* 853, fig. 1. *Lob. Ic.* 2, pag. 223, fig. 2. *Clus. Hist.* 1, pag. 39, fig. 1. *Lugd. Hist.* 38, fig. 1. *Bauh. Hist.* 1, P. 2, pag. 297, fig. 1.

A Montpellier, en Provence. ♄ Vernale.

9. GENEVRIER à feuilles de cyprès, *J. Phœnicea*, L. à feuilles trois à trois, ovales, convexes, obtuses, très-petites, en recouvrement, appliquées contre les rameaux.

Cedrus folio Cupressi, major, fructu flavescente; Cèdre à feuille de Cyprès, plus grand, à fruit jaunâtre. *Bauh. Pin.* 487, n.° 1. *Matth.* 123, fig. 1. *Dod. Pempt.* 853, fig. 2. *Lob. Ic.* 2, pag. 221. fig. 2. *Clus. Hist.* 1, pag. 38, fig. 1. *Lugd. Hist.* 1, pag. 38, fig. 1. *Bauh. Hist.* 1, P. 2, pag. 300, fig. 2. *Beller.* tab. 270.

A Montpellier, en Provence. ♄ Vernale.

10. GENEVRIER Oliban, *J. Licia*, L. à feuilles trois à trois, ovales, obtuses, en recouvrement de tous côtés.

Cedrus folio Cupressi, media, majoribus baccis; Cèdre à feuilles de Cyprès, moyen, à baies plus grandes. *Bauh. Pin.* 487, n.° 2. *Lob. Ic.* 2, pag. 221, fig. 1.

1. *Olibanum, Thus;* Oliban, Encens. 4. Extraits aqueux et spiritueux en quantité inégale. 6. Fumigations des temples; il entre dans quelques préparations officinales.

A Montpellier. ♄

1241. IF, *TAXUS.* * *Tournef. Inst.* 589, tab. 362. *Lam. Tab. Encyclop.* pl. 829.

* *FLEURS MALES.*

CAL. Nul, (à moins qu'on ne prenne pour calice un *Bourgeon* à quatre feuillets, semblable au calice).

COR. Nulle.

ETAM. *Filamens* nombreux, réunis inférieurement en colonne plus longue que le bourgeon. *Anthères* déprimées, obtuses sur les bords, divisées peu profondément en huit parties, s'ouvrant des deux côtés à la base (après l'émission de la poussière séminale), planes, en bouclier, remarquables par un bord à huit divisions peu profondes.

* *FLEURS FEMELLES.*

CAL. Comme dans les fleurs mâles.

COR. Nulle.

PIST. *Ovaire* ovale, pointu. *Style* nul. *Stigmate* obtus.

PÉR. *Baie* formée par un réceptacle alongé en prépuce globuleux, succulent, s'ouvrant au sommet, coloré, se flétrissant par la dessication, disparoissant.

SEM. Une seule, ovale, oblongue, saillante au sommet au-delà de la baie.

OBS. *Cette Baie, rigoureusement parlant, ne doit pas être appelée* Péricarpe. *Cette espèce de Baie est remarquable, et on n'en rencontreroit point de pareille, si celle du* Gaultheria *n'existoit pas.*

FLEURS MALES : *Calice* bourgeon semblable à un périanthe à quatre feuillets. *Corolle* nulle. *Étamines* nombreuses, réunies par leurs filamens. *Anthères* divisées peu profondément en huit parties, en bouclier.

FLEURS FEMELLES : *Calice* bourgeon semblable à un périanthe à quatre feuillets. *Corolle* nulle. *Style* nul. Une *Semence* nidulée dans le calice succulent.

1. IF à baie, *T. baccata*, L. à feuilles rapprochées.

Taxus; If. *Bauh. Pin.* 505. *Matth.* 773, fig. 1. *Dod. Pempt.* 859, fig. 1. *Lob. Ic.* 2, pag. 232, fig. 1. *Lugd. Hist.* 78, fig. 1. *Camer. Epit.* 840. *Bauh. Hist.* 1, P. 2, pag. 241, fig. 2 et 3. *Bul. Paris.* 577.

Nutritive pour le Mouton, la Chèvre; mortelle pour le Cheval.

A Paris. ♄ Vernale.

2. IF à noix, *T. nucifera*, L. à feuilles éloignées.

Kœmph. Amœn. 814 et 815.

Au Japon. ♄

4242. ÉPHÈDRE, *EPHEDRA*. * *Tournef. Inst.* 663. *Lam. Tab. Encyclop.* pl. 830.

* *FLEURS MALES.*

CAL. *Chaton* composé d'*écailles* en petit nombre, arrondies, concaves, de la longueur du périanthe, couvrant chacune une seule fleur.

—— *Périanthe propre* d'un seul feuillet, arrondi, enflé, petit, comprimé, à moitié divisé en deux segmens obtus.

COR. Nulle.

ÉTAM. Sept *Filamens*, réunis en colonne en alêne, divisée au sommet, plus longue que le calice. *Anthères* arrondies, tournées en dehors, dont *quatre* inférieures : les *trois autres* supérieures.

* *FLEURS FEMELLES.*

CAL. Cinq *Périanthes* placés l'un sur l'autre, à segmens alternes, à figure ovale : chaque périanthe d'un seul feuillet, comme ovale, à deux segmens profonds : les *périanthes extérieurs* plus petits.

COR. Nulle.

PIST. Deux *Ovaires*, ovales, de la grandeur du dernier périanthe sur lequel ils sont insérés. *Styles* simples, filiformes, courts. *Stigmates* simples.

PÉR. Nul. Toutes les *écailles du calice* épaissies, succulentes, forment une baie divisée.

SEM. Deux, ovales, aiguës, convexes d'un côté, applaties de l'autre, comprimées de tous côtés par le calice qui les recouvre.

FLEURS MALES : en *Chaton*. *Calice* à deux segmens peu profonds. *Corolle* nulle. Sept *Étamines*. Quatre *Anthères* inférieures : trois supérieures.

FLEURS FEMELLES : Cinq *Calices* réunis, chacun à deux segmens profonds. *Corolle* nulle. Deux *Pistils*. Deux *Semences* couvertes par le calice qui devient succulent ou se change en baie.

1. ÉPHÈDRE à chatons deux à deux, *E. distachia*, L. à péduncules opposés ; à chatons deux à deux.

Polygonum bacciferum maritimum, minus ; Renouée baccifère maritime, plus petite. *Bauh. Pin.* 15, n.° 3. *Matth.* 726, fig. 1. *Lob. Ic.* 1, pag. 796, fig. 1. *Clus Hist.* 1, pag. 92, fig. 2. *Lugd. Hist.* 1388, fig. 1. *Camer. Hort.* 171, fig. 46. *Bauh. Hist.* 1, P. 2, pag. 406, fig. 1. *Barrel.* tab. 731, fig. 2.

Polygonum bacciferum maritimum, majus, sive Uvâ maritima, major ; Renouée baccifère maritime, plus grande, ou Raisin de mer plus grand. *Bauh. Pin.* 15, n.° 2. *Dod. Pempt.* 75, f. 1. *Lob. Ic.* 1. pag. 796, fig. 2. *Clus. Hist.* 1, pag. 92, fig. 1. *Bauh. Hist.* 1, P. 2, pag. 407, fig. 1. *Barrel.* tab. 731, fig. 1 ; et 732, fig. 3 et 4.

A Montpellier, en Provence. ♄

2. ÉPHÈDRE à un chaton, *E. monostachia*, L. à plusieurs péduncules ; à chatons Solitaires.

Amm. Ruth. n.° 254, tab. 26.

En Sibérie.

1243. CISSAMPELOS, *CISSAMPELOS.* † *Lam. Tab. Encyclop.* pl. 830. CAAPEBA. *Plum. Gen.* 33, tab. 29.

* *FLEURS MALES.*

CAL. Nul, (à moins qu'on ne prenne la corolle pour calice).

COR. Quatre *Pétales*, ovales, planes, ouverts.

Nectaire : disque de la fleur membaneux, en roue.

ÉTAM. Quatre *Filamens*, très-petits, réunis. *Anthères* larges, planes.

* *FLEURS FEMELLES.*

CAL. Nul, (à moins qu'on ne prenne pour calice une bractée).

COR. Nulle.

Nectaire : bord latéral membraneux de l'ovaire, dilaté extérieurement.

PIST. *Ovaire* arrondi. Trois *Styles*. Trois *Stigmates*, droits, aigus.

PÉR. *Baie* arrondie, à une loge.

SEM. Solitaire, ridée, comme comprimée.

FLEURS MALES : *Calice* nul. *Corolle* à quatre pétales. *Nectaire* en roue. Quatre *Etamines* réunies par leurs filamens.

FLEURS FEMELLES : *Calice* et *Corolle* nuls. *Nectaire* formé par une marge membraneuse, dilatée extérieurement. Trois *Styles*. *Baie* renfermant une seule semence.

1. CISSAMPELOS Pareire, *C. Pareira*, L. à feuilles en bouclier, en cœur, échancrées.

Plum. Amer. 78, tab. 93, *Filic.* 1, tab. 183.

1. *Pareira brava*; Vigne sauvage. 2. Racine. 4. Extrait spiritueux, extrait gommeux en quantité inégale. 5. Dysurie, gonorrhée, obstructions, ictère, hydropysie. Cette racine fut apportée du Portugal en France par *Amelot*, en 1688, et depuis ce temps elle se trouve dans nos Pharmacies.

Dans l'Amérique Méridionale, au Brésil. ♃

2. CISSAMPELOS Caapèbe, *C. Caapeba*, L. à feuilles pétiolées à la base, entières.

Plum. Ic. tab. 67, fig. 2.

Dans l'Amérique Méridionale. ♃

3. CISSAMPELOS smilax, *C. smilacena*, L. à feuilles en cœur, aiguës, anguleuses.

Catesb. Carol. 1, pag. et tab. 51.

A la Caroline.

1244. NAPÉE, *NAPÆA*. * *Lam. Tab. Encyclop.* pl. 579.

* *FLEURS MALES.*

CAL. *Périanthe* en cloche, comme cylindrique, persistant, à cinq segmens peu profonds.

COR. Cinq *Pétales*, oblongs, concaves, ouverts, réunis par de longs onglets.

ÉTAM. Plusieurs *Filamens*, capillaires, d'une longueur médiocre, réunis en colonne. *Anthères* arrondies, comprimées.

PIST. *Ovaire* conique, petit. *Style* cylindrique, capillaire, divisé peu profondément en dix parties. *Stigmate* nul.

PÉR. Avortant.

* *FLEURS FEMELLES sur un individu distinct.*

CAL. Comme dans les fleurs mâles.

COR. Comme dans les fleurs mâles.

ÉTAM. *Filamens* comme dans les fleurs mâles, mais plus courts. *Anthères* petites.

PIST. *Ovaire* conique. *Style* comme dans les fleurs mâles, plus long que les etamines. *Stigmates* obtus.

PÉR. Dix *Capsules*, réunies en ovale, un peu pointues, sans arête.

SEM. Solitaires, en forme de rein.

FLEURS MALES : *Calice* à cinq segmens peu profonds. *Corolle* à cinq pétales. Plusieurs *Etamines* fertiles, monadelphes ou réunies par leurs filamens en un seul corps. Plusieurs *Styles* stériles.

FLEURS FEMELLES : *Calice* à cinq segmens peu profonds. *Corolle* à cinq pétales. Plusieurs *Etamines* stériles, monadelphes ou réunies par leurs filamens en un seul corps. Plusieurs *Styles*, plus longs que les étamines. Dix *Capsules* arrondies.

1. NAPÉE lisse, *N. lævis*, L. à péduncules nus, lisses ; à feuilles lobées, lisses.

Herm. Lugd. 22, tab. 23.

En Virginie. ♃

2. NAPÉE rude, *N. scabra* L. à péduncules anguleux, enveloppés par une collerette ; à feuilles palmées, rudes.

Ehr. Pict. 7, fig. 1 ; et 8, fig. 1.

En Virginie. ♃

1245. ADÈLE, *ADELIA.* † *Lam. Tab. Encyclop.* pl. 831.

* *FLEURS MALES.*

CAL. *Périanthe* d'un seul feuillet, à cinq *segmens* profonds, comme lancéolés, concaves.

COR. Nulle.

ÉTAM. *Filamens* nombreux, capillaires, de la longueur du calice, réunis à la base en cylindre. *Anthères* arrondies.

* *FLEURS FEMELLES.*

CAL. *Périanthe* à cinq *feuillets*, comme lancéolés, concaves, persistans.

COR. Nulle.

PIST. *Ovaire* arrondi. Trois *Styles*, courts, écartés. *Stigmates* déchirés.

PÉR. *Capsule* à trois coques, arrondie, à trois loges.

SEM. Solitaires, arrondies.

FLEURS MALES : *Calice* à cinq segmens profonds. *Corolle* nulle. Plusieurs *Étamines* monadelphes ou réunies par leurs filamens en un corps.

FLEURS FEMELLES : *Calice* à cinq segmens profonds. *Corolle* nulle. Trois *Styles* terminés par des stigmates déchirés. *Capsule* à trois coques.

1. ADÈLE Bernarde, *A. Bernardia*, L. à feuilles oblongues, cotonneuses, à dents de scie.

Dans l'Amérique Méridionale. ♄

2. ADÈLE ricinelle, *A. ricinella*, L. à feuilles en ovale renversé, très-entières.

A la Jamaïque. ♄

3. ADÈLE Acidaton, *A. Acidaton*, L. à rameaux tortueux; à bourgeons épineux.

A la Jamaïque.

XIII. SYNGÉNÉSIE.

1246. FRAGON, *RUSCUS.* * *Tournef. Inst.* 79, tab. 15. *Dill. Elth.* tab. 250 et 251. *Lam. Tab. Encyclop.* pl. 835.

* *FLEURS MALES.*

CAL. *Périanthe* droit, à six *feuillets*, ovales, ouverts, convexes, renversés sur le bord latéral.

COR. Nulle, (à moins qu'on ne prenne pour corolle les feuillets alternes du calice.)

Nectaire central, ovale, de la grandeur du calice, enflé, droit, perforé au sommet.

ÉTAM. *Filamens* nuls. Trois *Anthères*, étalées, insérées sur le sommet du nectaire, réunies à la base.

* *FLEURS FEMELLES.*

CAL. *Périanthe* comme dans les fleurs mâles.

COR. *Pétales* comme dans les fleurs mâles.

Nectaire comme dans les fleurs mâles.

PIST. *Ovaire* oblong, ovale, caché dans le nectaire. *Style* comme cylindrique, de la longueur du nectaire. *Stigmate* obtus, saillant à travers la gorge du nectaire.

PÉR. *Baie* arrondie, à trois loges.

SEM. Deux, arrondies.

OBS. Ce genre présente une espèce à fleurs hermaphrodites, dont le calice arrondi, a l'orifice divisé peu profondément en six parties.

Le R. racemosus, L. *a les fleurs hermaphrodites.*

Dans ce genre et ses congénères, tels sont les Smilax, Rajania, Tamus, etc. *toutes les semences mûrissent rarement; ordinairement une seule, en forme de croissant, étouffe les autres.*

FLEURS MALES : *Calice* à six feuillets. *Corolle* nulle. *Nectaire* central, ovale, perforé au sommet. Trois ou cinq *Étamines* réunies par les anthères.

FLEURS FEMELLES : *Calice* à six feuillets. *Corolle* nulle. *Nectaire* central, ovale, perforé au sommet. Un *Ovaire* surmonté d'un *Style*, se changeant en une baie à trois loges renfermant chacune deux semences.

1. **FRAGON** piquant, *R. aculeatus*, L. à feuilles portant la fleur en dessus ou sur sa surface supérieure, nues.

Ruscus ; Fragon. *Bauh. Pin.* 470. *Matth.* 840, fig. 1. *Dod. Pempt.* 744, fig. 1. *Lob. Ic.* 1, pag. 637, fig. 2. *Lugd. Hist.* 243, fig. 1. *Camer. Epit.* 935. *Bauh. Hist.* 1, P. 1, p. 579, fig. 1. *Moris. Hist.* sect. 13, tab. 5, fig. 1. *Barrel.* tab. 517. *Icon. Pl. Medic.* tab. 448.

1. *Ruscus* ; Houx frelon, petit Houx, Buis piquant. 2. Racine, Feuilles. Baies. 3. *Racine* : âcre, amère ; c'est une des *cinq racines apéritives majeures* ; les *feuilles* et les *baies* jouissent des mêmes qualités que les racines, mais dans un moindre degré. 5. Chlorose, suppression des menstrues avec atonie, hydropisie, leucophlegmatie, à la suite des fièvres intermittentes ; dartres, gâle. 6. Les semences roties comme le Café, fournissent une boisson très-agréable qui augmente le cours des urines. La plante peut servir à tanner les cuirs.

En Europe, dans les haies, les bois. ♄ Vernale.

2. **FRAGON** Laurier-Alexandrin, *R. hyppophyllum*, L. à feuilles portant la fleur en dessous ou sur la surface inférieure, nues.

Laurus Alexandrina, fructu folio insidente ; Laurier-Alexandrin, à fruit assis sur la feuille. *Bauh. Pin.* 305, n.° 2. *Lugd. Hist.* 208, fig. 1. *Columm. Ecphras.* 1, pag. 164, et 165, f. 1. *Bauh. Hist.* 1, P. 1, pag. 574, f. 1. *Moris. Hist.* sect. 13, tab. 5, fig. 3. *Barrel.* tab. 250.

Cette espèce présente une variété, gravée dans *Dillen Elth.* tab. 251, fig. 323.

En Italie. Cultivé dans les jardins. ♃

3. **FRAGON** hypoglosse, *R. hypoglossum*, L. à feuilles portant les fleurs en dessous ou sur la surface inférieure, pédunculées, et couvertes par une foliole lancéolée.

Laurus Alexandrina, fructu pediculo insidente ; Laurier-Alexandrin, à fruit porté sur un pédicule. *Bauh. Pin.* 304, n.° 1. *Fusch. Hist.* 238. *Matth.* 841, fig. 2. *Dod. Pempt.* 745, fig. 1. *Lob. Ic.* 1, pag. 638, fig. 1. *Clus. Hist.* 1, pag. 278, fig. 1. *Lugd. Hist.* 205, f. 1. *Columm. Ecphras.* 1, pag. 166 ; et 165, fig. 2. *Bauh. Hist.* 1, P. 1, pag. 575, fig. 1. *Moris. Hist.* sect. 13, tab. 5, fig. 1. *Barrel.* tab. 249. *Icon. Pl. Medic.* tab. 481.

1. *Uvularia*; Luettière. 2. Herbe. 3. Insipide, inodore, styptique. 5. Relâchement de la luette. 6. Inusitée.

En Italie, en Hongrie, sur les montagnes et dans les forêts. Cultivé dans les jardins. ♃

4. FRAGON androgyne, *R. androgynus*, L. à feuilles portant les fleurs sur leurs bords.

Dill. Elth. tab. 250, fig. 332.

Aux isles Canaries. ♄

5. FRAGON en grappe, *R. racemosus*, L. à fleurs en grappes, hermaphrodites, ou mâles et femelles, terminant les rameaux.

Moris. Hist. sect. 13, tab. 5, fig. 4.

Dans les Isles de l'Archipel. ♄

XIV. GYNANDRIE.

1247. CLUTIE, *CLUTIA.* * *Lam. Tab. Encyclop.* pl. 835.

* *FLEURS MALES.*

CAL. *Périanthe* de la grandeur de la corolle, à cinq *feuillets*, ovales, obtus, concaves, ouverts.

COR. Cinq *Pétales*, très-ouverts, en cœur. *Onglets* planes, plus courts que le calice.

Cinq *Nectaires extérieurs*, divisés profondément en trois parties, oblongs, étalés, de la longueur des onglets des pétales, disposés en rond parmi les pétales.

Cinq *Nectaires intérieurs*, placés parmi les nectaires extérieurs, semblables à une glande, petits, mellifères au sommet.

ÉTAM. Cinq *Filamens*, insérés sur le milieu du style, éloignés de la corolle, étalés horizontalement. *Anthères* arrondies, versatiles.

PIST. *Ovaire* nul. *Style* comme cylindrique, tronqué, très-long, portant les étamines dans sa partie intermédiaire.

* *FLEURS FEMELLES.*

CAL. *Périanthe* comme dans les fleurs mâles, persistant.

COR. *Pétales* comme dans les fleurs mâles, persistans.

Cinq *Nectaires extérieurs*, didymes, arrondis, ayant la grandeur et la situation de ceux des fleurs mâles.

Nectaires intérieurs, nuls.

PIST. *Ovaire* arrondi. Trois *Styles*, renversés, de la longueur de la corolle, divisés peu profondément en deux parties. *Stigmates* obtus.

PÉR. *Capsule* arrondie, à six sillons, rude, à trois loges.

SEM. Solitaires, arrondies, luisantes, garnies au sommet d'un appendice.

OBS. *Ce genre présente une espèce décandre et androgyne.*

FLEURS MALES : *Calice* à cinq feuillets. *Corolle* à cinq pétales.

FLEURS FEMELLES : *Calice* à cinq feuillets. *Corolle* à cinq pétales. Trois *Styles*. *Capsule* à trois loges renfermant chacune une seule semence.

1. CLUTIE alaterne, *C. alaternoïdes*, L. à feuilles presque sans pétioles, linéaires, lancéolées; à fleurs solitaires, droites.

Pluk. tab. 230, fig. 1. *Burm. Afric.* 116, tab. 43, fig. 1.

En Éthiopie. ♄

2. CLUTIE renouée, *C. polygonoïdes*, L. à feuilles lancéolées; à fleurs pendantes aux aisselles des feuilles, le plus souvent deux à deux.

Burm. Afric. 118, tab. 43, fig. 3. Ce synonyme est rapporté à cette espèce et à la précédente.

Au cap de Bonne-Espérance.

3. CLUTIE belle, *C. pulchella*, L. à feuilles ovales, très-entières; à fleurs latérales.

Commel. Hort. 1, pag. 177, tab. 91.

En Éthiopie. ♄

4. CLUTIE cotonneuse, *C. tomentosa*, L. à feuilles elliptiques; cotonneuses sur les deux surfaces.

Au cap de Bonne-Espérance. ♄

5. CLUTIE émoussée, *C. retusa*, L. à feuilles ovales, émoussées; à fleurs en grappes, aux aisselles des feuilles.

Rheed. Malab. 2, pag. 23, tab. 18, (mauvaise).

Dans l'Inde Orientale. ♄

6. CLUTIE Élutère, *C. Eluteria*, L. à feuilles en cœur, lancéolées.

Seb. Thes. 1, pag. 56, tab. 35, fig. 3.

Nous avons observé que le synonyme de *Plukenet*, *Ricinus dulcis, arborescens, Americanus, Populnea fronde argentea*, ou Ricin doux, en arbre, d'Amérique, à feuilles argentées de Peuplier, tab. 220, fig. 5, rapporté par *Linné* à cette espèce, a été appliqué par *Reichard* au *Croton Moluccanum*, L.

Dans l'Inde Orientale. ♄

7. CLUTIE à stipules, *C. stipularis*, L. à feuilles ovales, cotonneuses en dessous.

Dans l'Inde Orientale. ♄

CLASSE XXIII.

CLASSE XXIII.

POLYGAMIE.

I. MONOÉCIE.

Table Synoptique ou Caractères Artificiels Génériques.

1248. BANANIER, *MUSA*.	Hermaphrodite. *Calice* nul. *Cor.* à deux pétales. Six *Étamines* dont une seule fertile. Un *Pistil*. *Baie* inférieure.
	Mâle. *Cal.* nul. *Cor.* à deux pétales. Six *Étamines* dont cinq fertiles. Un *Pistil*. *Baie* avortante.
1252. HOUQUE, *HOLCUS*.	H. *Bâle calicinale* à une fleur. *Cor. Bâle* à deux valves. Trois *Étamines*. Deux *Styles*. Une *Semence*.
	M. *Bâle calicinale* à une fleur. *Cor. Bâle* à deux valves. Trois *Étamines*.
1253. RACLE, *CENCHRUS*.	H. *Collerette* laciniée. *Bâle calicinale* à deux fleurs. *Cor. Bâle* à deux valves. Trois *Étamines*. *Style* divisé peu profondément en deux parties. Une *Sem.*
	M. *Collerette* comme dans l'hermaphrodite. *Cor. Bâle* à deux valves. Trois *Étamines*.
1254. ISCHÈME, *ISCHÆMUM*.	H. *Bâle calicinale* à deux fleurs. *Cor. Bâle* à deux valves. Trois *Étamines*. Deux *Styles*. Une *Semence*.
	M. *Bâle calicinale* à deux fleurs. *Cor. Bâle* à deux valves. Trois *Étamines*.

1257. MANISURIS, *MANISURIS.* Hermaphrodite. *Bâle calicinale* à une fleur. *Cor.* à deux valves. Trois *Étamines*. *Style* divisé peu profondément en deux parties.

Mâle. *Bâle calicinale* à une fleur. *Cor.* à deux valves. Trois *Étamines*. Toutes les *Valves* du calice échancrées au sommet et sur les côtés.

1256. ÉGILOPE, *ÆGILOPS.* H. *Bâle calicinale* à trois fleurs. *Cor. Bâle* terminée par trois arêtes. Trois *Étamines*. Deux *Styles*. Une *Semence*.

M. *Bâle calicinale* à trois fleurs. *Cor. Bâle* terminée par trois arêtes. Trois *Étamines*.

1250. SPINIFEX, *SPINIFEX.* H. *Bâle calicinale* à deux fleurs. *Cor. Bâle* à deux valves. Trois *Étamines*. Deux *Styles*.

M. *Bâle calicinale* à deux fleurs. *Cor. Bâle* à deux valves. Trois *Étamines*. Toutes les *Valves* parallèles au calice.

1251. BARBON, *ANDROPOGON.* H. *Bâle calicinale* à une fleur. *Cor. Bâle* offrant une arête à sa base. Trois *Étamines*. Deux *Styles*. Une *Semence*.

M. *Bâle calicinale* à une fleur. *Cor. Bâle* offrant une arête à sa base. Trois *Étamines*.

1253. APLUDE, *APLUDA.* H. *Bâle calicinale* renfermant une fleur femelle assise, et deux fleurs mâles pédunculées.

F. *Cal.* nul. *Cor.* à deux valves. Un *Style*. Une *Semence*.

M. *Cal.* nul. *Cor.* à deux valves. Trois *Étamines*.

1258. VAILLANT, *VALANTIA*.	Hermaphrodite. *Cal.* nul. *Cor.* à quatre divisions profondes. Quatre *Étamines*. *Style* divisé peu profondément en deux parties. Une *Semence*.
	Mâle. *Cal.* nul. *Cor.* à trois ou quatre divisions profondes. Trois ou quatre *Étamines*.
1264. OPHIOXYLE, *OPHIOXYLON*.	H. *Cal.* à cinq segmens peu profonds. *Cor.* à cinq divisions peu profondes. Trois *Étamines*. Un *Pistil*.
	M. *Cal.* à deux segmens peu profonds. *Cor.* à cinq divisions peu profondes. Deux *Étamines*.
1267. MICOCOULIER, *CELTIS*.	H. *Cal.* à cinq segmens profonds. *Cor.* nulle. Cinq *Etamines*. Deux *Styles*. *Drupe* à une loge.
	M. *Cal.* à six segmens profonds. *Cor.* nulle. Six *Étamines*.
1249. VÉRATRE, *VERATRUM*.	H. *Cal.* nul. *Cor.* à six pétales. Six *Étamines*. Trois *Pistils*. Trois *Capsules*.
	M. *Cal.* nul. *Cor.* à six pétales. Six *Étamines*.
1265. FUSAN, *FUSANUS*.	H. *Cal.* à quatre segmens peu profonds. *Cor.* nulle. Quatre *Étamines*. *Ovaire* inférieur. Quatre *Stigmates*.
	H.M. *Cal.* *Cor.* *Étam.* *Pistil* comme dans les fleurs mâles. *Fruit* avortant.
1266. ÉRABLE, *ACER*.	H. *Cal.* à cinq segmens peu profonds. *Cor.* à cinq pétales. Huit *Étamines*. Deux *Styles*. *Caps.* ailée, à deux coques.
	M. *Cal.* à cinq segmens peu profonds. *Cor.* à cinq pétales. Huit *Étamines*.

1268. GOUANE, *GOUANIA*. Hermaphrodite. *Cal.* supérieur à cinq segmens peu profonds. *Cor.* nulle. Cinq *Étamines*. *Style* divisé peu profondément en trois parties. *Fruit* inférieur, à trois angles, divisible en trois parties.

Mâle. *Cal.* à cinq segmens peu profonds. *Cor.* nulle. Cinq *Étamines*.

1269. SOLANDRE, *SOLANDRA*. H. *Calice propre* nul. *Cor.* à six pétales. Six *Étamines*. Deux *Styles*. *Caps.* inférieure, à deux coques.

M. *Cal. propre* nul. *Cor.* à cinq pétales. Cinq *Étamines*.

1271. *SENSITIVE*, *MIMOSA*. H. *Cal.* à cinq dents. *Cor.* à cinq divisions peu profondes. De quatre à cent *Étamines*. Un *Pistil*. *Gousse* à plusieurs semences.

M. *Cal.* à cinq dents. *Cor.* à cinq divisions peu profondes. De quatre à cent *Etamines*.

1262. BRABEI, *BRABEJUM*. H. *Cal.* à *chaton* en écailles. *Cor.* à quatre divisions profondes. Quatre *Etamines*. *Style* divisé peu profondément en deux parties. *Drupe* à noyau charnu, globuleux.

M. *Cal.* à *chaton* en écailles. *Cor.* à quatre divisions profondes. Quatre *Etamines*. *Style* divisé peu profondément en deux parties, avortant.

1261. BADOMIER, *TERMINALIA*. H. *Cal.* à cinq segmens profonds. *Cor.* nulle. Dix *Étamines*. *Drupe* inférieure.

M. *Cal.* à cinq segmens profonds. *Cor.* nulle. Dix *Étamines*.

1263. CLUSIE, *CLUSIA*. Hermaphrodite. *Calice* à six feuillets. *Corolle* à quatre ou six pétales. *Anthères* agrégées. Quatre ou six *Stigmates*. Six *Caps*. à six loges, à plusieurs semences.

Mâle. *Cal*. à quatre ou six feuillets. *Cor*. à six pétales. Plusieurs *Étamines*.

1270. HERMAS, *HERMAS*. H. *Cal*. en *ombelle*. *Cor*. à cinq pétales. Cinq *Etamines* stériles.

M. *Cal*. en *ombelle*. *Cor*. à cinq pétales. Cinq *Étamines* fertiles. Deux *Styles*. Deux *Semences* inférieures, arrondies.

1259. PARIÉTAIRE; *PARIETARIA*. H. *Cal*. à quatre segmens peu profonds. *Cor*. nulle. Quatre *Etamines*. Un *Style*. Une *Semence*.

F. *Cal*. à quatre segmens peu profonds. *Cor*. nulle. Un *Style*. Une *Semence*.

1260. ARROCHE, *ATRIPLEX*. H. *Cal*. à cinq feuillets. *Cor*. nulle. Cinq *Étamines*. *Style* divisé peu profondément en deux parties. Une *Semence*.

F. *Cal*. à deux feuillets. *Cor*. nulle. *Style* divisé peu profondément en deux parties. Une *Semence*.

† *Æsculus*. † *Mammea*.

† *Jacquinia*. † *Euphorbia*.

† *Melothria*. † *Ilex*.

† *Guilandina*. † *Moringa*.

† *Fraxinus excelsior*.

† *Silene saxifraga*.

† *Cleome polygama*.

II. DIOÉCIE.

1280. GIN-SENG, *PANAX*. Hermaphrodite. *Ombelle*. *Calice* à cinq segmens peu profonds. *Corolle* à cinq pétales. Cinq *Étamines*. Deux *Styles*. *Baie* à deux semences.

Mâle. *Ombelle*. *Cal.* entier. *Cor.* à cinq pétales. Cinq *Etamines*.

1274. PLAQUEMINIER, *DIOSPYROS*. H. *Cal.* à quatre segmens peu profonds. *Cor.* à quatre divisions peu profondes. Huit *Etamines*. *Style* divisé peu profondément en quatre parties. *Baie* à huit semences.

M. *Cal.* à quatre segmens peu profonds. *Cor.* à quatre divisions peu profondes. Huit *Etamines*.

1281. CHRYSITE, *CHRYSITRYX*. H. *Cal. Bâle* à deux valves. *Cor.* à paillettes nombreuses. Plusieurs *Etamines* mêlées avec les paillettes. Un *Pistil*.

M. *Cal. Bâle* à deux valves. *Cor.* à paillettes nombreuses. Plusieurs *Etamines* mêlées avec les paillettes.

1277. STILBÉ, *STILBE*. H. *Cal. extérieur* à trois feuillets : *Cal. intérieur* à cinq dents, cartilagineux. *Cor.* à cinq divisions peu profondes. Quatre *Etamines*. Un *Style*. Une *Semence*.

M. *Cal. extérieur* à trois feuillets : *Cal. intérieur* nul. *Cor.* à cinq divisions peu profondes. Quatre *Etamines*.

1275. NYSSA, *NYSSA*. H. *Cal.* à cinq segmens profonds. *Cor.* nulle. Cinq *Etamines*. Un *Pistil*. *Drupe* inférieure.

M. *Cal.* à cinq segmens profonds. *Cor.* nulle. Dix *Etamines*.

1273. FRÈNE, *FRAXINUS.* Hermanprodite. *Calice* nul ou *Cal.* à quatre segmens profonds. *Corolle* nulle ou *Cor.* à quatre pétales. Deux *Etamines.* Un *Pistil.* Une *Semence.*

Femelle. *Calice* nul ou *Cal.* à quatre segmens profonds. *Cor.* nulle ou *Cor.* à quatre pétales. Un *Pistil.* Une *Semence.*

1276. ANTHOSPERME, *ANTHOSPERMUM.* A. M. *Cal.* à quatre segmens peu profonds. *Cor.* nulle. Quatre *Etamines.*

F. *Cal.* à quatre segmens peu profonds. *Cor.* nulle. Deux *Styles.* *Fruit inférieur.*

B. M. *Cal.* à quatre segmens peu profonds. *Cor.* nulle. Quatre *Etamines.*

1278. ARCTOPE, *ARCTOPUS.* A. M. *Ombelle. Cor.* à cinq pétales. Cinq *Etamines.*

H. *Ombelle. Cor.* à cinq pétales. Deux *Styles.* Une *Semence* à deux loges.

B. M. *Collerette* très-grande. *Cor.* à cinq pétales. Cinq *Etam.*

1272. GLEDITSCHE, *GLEDITSCHIA.* A. H. *Cal.* à quatre segmens peu profonds. *Cor.* à quatre pétales. Six *Etamines.* Un *Pistil.* *Gousse* très-grande.

F. *Cal.* à trois feuillets. *Cor.* à trois pétales. Six *Etamines.*

B. F. *Cal.* à cinq feuillets. *Cor.* à cinq pétales. Un *Pistil. Gousse.*

1279. PISONE, *PISONIA.* A. H. *Cal.* nul. *Cor.* à cinq divisions peu profondes. Six *Etamines.* Un *Pistil.* *Caps.* à cinq battans.

B. M. *Cal.* nul. *Cor.* à cinq divisions peu profondes. Six *Etamines.*

Femelle. *Cal.* nul. *Cor.* à cinq divisions peu profondes. Un *Pistil.* *Caps.* à cinq battans.

† *Ilex aquifolium.*

† *Rhamnus Alaternus.*

† *Anacardium Occidentale.*

III. TRIOÉCIE.

1282. CAROUBIER, *CERATONIA.* A. Hermaph. *Cal.* à cinq segmens profonds. *Cor.* nulle. Cinq *Étamines.* Un *Style.* *Gousse* coriace ou sèche comme du cuir, à plusieurs semences.

B. Mâle. *Cal.* à cinq segmens profonds. *Cor.* nulle. Cinq *Étam.*

Fem. *Cal.* le plus souvent à cinq dents. *Cor.* nulle. Un *Style.* *Gousse* sèche comme du cuir, à plusieurs semences.

1283. FIGUIER, *FICUS.* *Réceptacle commun* en toupie, charnu, renfermant toutes les parties de la fructification.

A. F. *Cal.* à cinq segmens profonds. *Cor.* nulle. Un *Pistil.* Une *Semence.*

B. M. *Cal.* à trois segmens profonds. *Cor.* nulle. Trois *Étam.*

C. M. et F. dans le même réceptacle commun, chaque partie de la fructification étant distincte.

POLYGAMIE.

CARACTÈRES des Plantes de cette Classe.

La POLYGAMIE a lieu, toutes les fois que dans la même espèce il se trouve, outre la Fleur hermaphrodite, une autre fleur d'un sexe différent, mâle ou femelle.

OBS. Il est nécessaire qu'il y ait toujours une Fleur hermaphrodite ; car celle qui constitue la Polygamie peut être mâle ou femelle.

La Fleur hermaphrodite est ordinairement privée de l'un ou de l'autre sexe, par conséquent elle devient nécessairement mâle ou femelle.

Les différens Ordres de la Polygamie *ont lieu ainsi qu'il suit :*

1.° *Dans la* Monoécie *par les* Hermaphrodites, *comme dans le Musa.*
par les Mâles, *comme dans les Veratrum ; Valantia, Ophioxylon, Celtis, Acer.*
par les Femelles, *comme dans les Parietaria, Atriplex.*

2.° *Dans la* Dioécie, *par les* Hermaphrodites.
par les Mâles, *comme dans les Chamærops ; Fraxinus, Diospyros, Nyssa, Panax, Arctopus.*
par les Femelles, *comme dans les Rhodiola, Rumex Alpinus, et quelques espèces de Gnaphalium.*

3.° *Dans la* Trioécie, *par les* Mâles *et les* Femelles, *comme dans les Ficus, Ceratonia.*

Comme on ne peut point établir de Trioécie ou de Polyécie, sans Polygamie, il seroit ridicule de former une classe distincte pour les Plantes de cet ordre.

On pourroit peut-être rapporter à la Polygamie plusieurs genres ; dont il faudra observer les fleurs ex vivo ; *tels sont :* Ilex : *Miller, Gérard ;* Æsculus : *Van-Royen ;* Laurus : *Miller ;* Rhamnus, Mammea, Calophyllum, Rhus : *Jacquin.*

POLYGAMIE.

I. MONOÉCIE.

1248. **BANANIER**, *MUSA.** *Lam. Tab. Encyclop.* pl. 836 et 837.

* *FLEURS HERMAPHRODITES FEMELLES vers la base du Spadice simple, séparées par des Spathes alternes.*

CAL. *Spathe* partiel ovale, oblong, aplati, concave, grand, renfermant plusieurs fleurs.

COR. Inégale en masque : le pétale formant la lèvre supérieure, et le nectaire la lèvre inférieure.

Pétale droit, en languette, tronqué, à cinq dents, réuni antérieurement à la base.

Nectaire d'un seul feuillet, en cœur, en nacelle, comprimé, pointu, étalé en dehors, plus court que le pétale, inséré dans l'intérieur du pétale.

ÉTAM. Six *Filamens*, en alène, dont *cinq* dans le pétale, droits, moitié plus courts que le pétale : le *sixième* dans le nectaire, étalé, deux fois plus long que les autres. *Anthère* du sixième filament linéaire, adhérente depuis le milieu jusqu'au sommet du filament : les *cinq autres filamens* sans anthères.

PIST. *Ovaire* au-dessous du réceptacle de la fleur, très-grand, à trois côtés obtus, très-long. *Style* comme cylindrique, droit, de la longueur du pétale. *Stigmate* en tête, arrondi, divisé peu profondément en six parties irrégulières.

PÉR. *Baie* charnue, couverte par un cuir, très-longue, à trois côtés irréguliers, divisée par la pulpe en trois parties sans cloisons, rétrécie aux deux extrémités, bossuée d'un côté.

SEM. . . . .

* *FLEURS HERMAPHRODITES MALES sur le même Spadice au-dessus des fleurs femelles, séparées par plusieurs Spathes alternes.*

CAL. *Spathe* comme dans les fleurs femelles.

COR. *Pétale* comme dans les fleurs femelles.

Nectaire comme dans les fleurs femelles.

ÉTAM. *Filamens* comme dans les fleurs femelles, mais tous égaux, droits. *Anthères* comme dans les fleurs femelles, mais seulement sur les cinq filamens placés dans le pétale, rarement sur le sixième.

PIST. *Ovaire* comme dans les fleurs femelles, mais plus petit. *Style* et *Stigmate* comme dans les fleurs femelles, mais plus petits et plus irréguliers.

PÉR. Avortant.

SEM. . . . .

OBS. M. troglodytarum, L. *a le Fruit à plusieurs semences.*

FLEURS HERMAPHRODITES FEMELLES : *Calice* en spathe. *Corolle* irrégulière, à deux pétales, dont l'un droit, en languette, à cinq dents : l'autre en cœur, plus court, formant un nectaire. Six *Étamines* dont cinq stériles. Un seul *Style. Ovaire* inférieur, avortant.

FLEURS HERMAPHRODITES MALES : *Calice*, *Corolle*, *Pistil*, comme dans les fleurs hermaphrodites femelles. Six *Étamines* dont une stérile. *Baie* oblongue, à trois faces, inférieure.

1. BANANIER du paradis, *M. paradisiaca*, L. à spadice penché; à fleurs mâles persistantes.

Palma humilis, longis latisque foliis; Palmier nain, à feuilles larges et longues. *Bauh. Pin.* 507, n.° 11. *Matth.* 190, f. 1 et 2. *Lob. Ic.* 2, pag. 236, fig. 1 et 2. *Lugd. Hist.* 1839, fig. 1 et 2. *Camer. Épit.* 127 et 128. *Bauh. Hist.* 1, P. 1, pag. 148, fig. 1 et 2.

Dans l'Inde Orientale. ♃

2. BANANIER des sages, *M. sapientum*, L. à spadice penché; à fleurs mâles caduques-tardives.

Musæ affinis altera; autre congénère du Bananier. *Bauh. Pin.* 508, n.° 13. *Trew. Ehret.* 4, tab. 21, 22 et 23.

Dans l'Inde Orientale. ♃

3. BANANIER des Troglodytes, *M. Troglodytarum*, L. à spadice droit; à spathes caducs-tardifs.

Rumph. Amb. 5, pag. 137, tab. 61.

Aux isles Moluques.

1249. VÉRATRE, *VERATRUM.* * *Tournef. Inst.* 272, tab. 145. *Lam. Tab. Encyclop.* pl. 843.

* *FLEURS HERMAPHRODITES.*

CAL. Nul, (à moins qu'on ne prenne la corolle pour calice.)

COR. Six *Pétales*, oblongs, lancéolés, amincis sur les bords, dentés à dents de scie, persistans.

ÉTAM. Six *Filamens*, en alène, déprimant les ovaires, plus étalés au sommet, moitié plus courts que la corolle. *Anthères* quadrangulaires.

PIST. Trois *Ovaires*, droits, oblongs, terminés par des *Styles* à peine visibles. *Stigmates* simples, étalés.

PÉR. Trois *Capsules*, oblongues, droites, comprimées, à une loge, à un battant, s'ouvrant intérieurement.

SEM. Plusieurs, oblongues, plus obtuses d'un côté, comprimées, membraneuses.

* *FLEURS MALES sur la même plante, au-dessous des fleurs femelles.*

CAL. Comme dans les fleurs hermaphrodites.

COR. Comme dans les fleurs hermaphrodites.

ÉTAM. Comme dans les fleurs hermaphrodites.

PIST. *Rudiment* irrégulier, avortant.

FLEURS HERMAPHRODITES : *Calice* nul. *Corolle* à six pétales. Six *Étamines*. Trois *Pistils*. Trois *Capsules* renfermant chacune plusieurs semences.

FLEURS MALES : *Calice* nul. *Corolle* à six pétales. Six *Étamines*. Un *Rudiment* de pistil.

1. VÉRATRE blanc, *V. album*, L. à fleurs en grappe décomposée ; à corolles droites.

Helleborus albus flore subviridi ; Hellébore blanc à fleur verdâtre. *Bauh. Pin.* 186, n.° 1. *Fusch. Hist.* 272. *Matth.* 843, fig. 1. *Dod. Pempt.* 383, fig. 1. *Lob. Ic.* 1, pag. 311, fig. 1. *Clus. Hist.* 1, pag. 274, fig. 1. *Lugd. Hist.* 1632, fig. 1? *Camer. Epit.* 939. *Bauh. Hist.* 3, P. 2, pag. 633 et 634, fig. 2. *Jacq. Aust.* tab. 335. *Icon. Pl. Medic.* tab. 295.

1. *Helleborus albus* ; Hellébore blanc. 2. Racine. 3. Acre, nauseuse. 4. Extrait aqueux, légèrement âcre ; extrait spiritueux, en quantité inégale. 5. Surdité, manie, épilepsie, fièvre quarte, gâle, poux, asthme. 6. Les bergers ignorans s'en servent pour guérir les brebis galeuses ; ils en font avec du beurre un onguent dont ils les frottent ; presque toutes enflent et périssent.

Sur les Alpes du Dauphiné, de Provence. ♃ Estivale. *S.-Alp.*

2. VÉRATRE noir, *V. nigrum*, L. à fleurs en grappe composée ; à corolles très-ouvertes.

Helleborus albus flore atro-rubente ; Hellébore blanc à fleur d'un noir-rougeâtre. *Bauh. Pin.* 186, n.° 2. *Lob. Ic.* 1, pag. 311, fig. 2. *Moris. Hist.* sect. 12, tab. 4, fig. 1. *Jacq. Aust.* tab. 336.

En Hongrie, en Sibérie. ♃

3. VÉRATRE jaune, *V. luteum*, L. à fleurs en grappe très-simple ; à feuilles assises ou sans pétioles.

En Virginie, au Canada.

1250. SPINIFEX, *SPINIFEX*. † *Lam. Tab. Encycl.* pl. 840.

* *FLEURS HERMAPHRODITES et MALES dans la même bâle du calice.*

CAL. *Bâle* à deux *Valves*, à deux fleurs parallèles à la râfle, oblongues, obtuses, roulées, plus courtes que la corolle : un fleuron hermaphrodite, un autre mâle.

COR. Des *Fleurs hermaphrodites* : *Bâle* à deux *Valves*, plus longues que le calice, lancéolées, sans arête, roulées en cornet : l'*intérieure* plus étroite.

Nectaire à deux *Valves*, linéaires, membraneuses, lâches, transparentes, plus courtes que la bâle.

Bâle des *Fleurs mâles* : comme dans les fleurs hermaphrodites.

ÉTAM. Des *Fleurs hermaphrodites* et des *Fleurs mâles* : trois *Filamens*, linéaires, d'une longueur médiocre. *Anthères* linéaires, saillantes.

PIST. Des *Fleurs hermaphrodites* : *Ovaire* oblong. Deux *Styles*, linéaires, d'une longueur médiocre. *Stigmates* simples.

PÉR. Nul. La *Corolle* qui ne change point, adhère à la semence.

SEM. Oblongue.

RÉC. Épi en éventail, à fleurons parallèles.

OBS. *Ce genre diffère du* Lolium *par les deux valves du calice ; et du* Triticum *par ses valves non transverses.*

FLEURS HERMAPHRODITES : *Calice* bâle à deux valves, parallèles à la râfle, renfermant deux fleurs. *Corolle* à deux valves, sans arêtes. Trois *Étamines*. Deux *Styles*.

FLEURS MALES : *Calice*, *Corolle*, *Étamines*, comme dans les fleurs hermaphrodites.

1. SPINIFEX roide, *S. squarrosus*, L. à feuilles roulées, roides, épineuses au sommet.

Moris. Hist. sect. 8, tab. 8, fig. 11 ?

Dans l'Inde Orientale. ♄

1251. BARBON, *ANDROPOGON*. † *Lam. Tab. Encyclop.* pl. 840.

* *FLEURS HERMAPHRODITES assises.*

CAL. *Bâle* à une fleur, à deux *Valves*, oblongues, obtuses, sans arête : l'*intérieure* plus étroite, plus grêle, entourée à la base par un duvet divisé profondément en deux parties.

COR. *Bâle* à deux *Valves*, plus grêles que le calice, plus petites. *Arête* s'élevant de la base de la valve la plus grande, longue, tortillée, recourbée.

ÉTAM. Trois *Filamens*, capillaires, de la longueur de la fleur. *Anthères* oblongues, bifurquées, versatiles.

PIST. *Ovaire* oblong. Deux *Styles*, capillaires, réunis. *Stigmates* velus.

PÉR. Nul. La *Bâle* de la *Corolle* et du *Calice* enveloppe et renferme la semence.

SEM. Une seule, solitaire, oblongue, couverte, armée par l'arête de la corolle.

* *FLEURS MALES pédunculées.*

CAL. Comme dans les fleurs hermaphrodites.

COR. Comme dans les fleurs hermaphrodites, mais sans arête.

ÉTAM. Comme dans les fleurs hermaphrodites.

FLEURS HERMAPHRODITES : *Calice* bâle à deux valves, renfermant une seule fleur. *Corolle* bâle à deux valves dont la plus grande est armée à sa base d'une arête. Trois *Étamines*. Deux *Styles*. Une *Semence*.

FLEURS MALES : *Calice*, *Corolle*, *Étamines*, comme dans les fleurs hermaphrodites.

1. BARBON filiforme, *A. caricosum*, L. à épi solitaire, en recouvrement; à semences hérissées; à arêtes nues, contournées.

Rumph. Amb. 5, pag. 17, tab. 7, fig. 2.

Dans l'Inde Orientale.

2. BARBON tordu, *A. contortum*, L. à épi solitaire; à fleurs inférieures sans arêtes.

Le synonyme de *Plukenet*, tab. 191, fig. 5, est cité pour cette espèce et pour l'*Agrostis Indica*, L.

Dans l'Inde Orientale.

3. BARBON étalé, *A. divaricatum*, L. à épi alongé; à fleurs laineuses, éloignées les unes des autres, étalées; à arête tortueuse, nue.

En Virginie.

4. BARBON paniculé, *A. gryllus*, L. à panicule dont les pédoncules très-simples portent trois fleurs dont l'hermaphrodite a une arête ciliée et laineuse à la base.

Barrel. tab. 18, fig. 2.

A Montpellier, en Dauphiné. ♃

5. BARBON penché, *A. nutans*, L. à panicule penché; à arêtes tortueuses, lisses; à bâles du calice hérissées.

En Virginie, à la Jamaïque.

6. BARBON à quatre valves, *A. quadrivalvis*, L. à panicule penché: à calice à quatre valves, renfermant trois fleurs dont l'hermaphrodite est à arête.

On ignore son climat natal. ⊙

7. **BARBON** timbale, *A. cymbarium*, L. à panicule épars; à bractées en timbale, renfermant trois fleurs; à arêtes placées transversalement.

Dans l'Inde Orientale.

8. **BARBON** couché, *A. prostratum*, L. à péduncules en ombelle portant cinq fleurs sans calices dont l'hermaphrodite est à arête.

Dans l'Inde Orientale.

9. **BARBON** queue de renard, *A. alopecuroïdes*, L. à panicule lâche; à râfle laineuse; à fleurs à arête tortueuse.

Sloan. Jam. tab. 70, fig. 1.

Dans l'Amérique Septentrionale.

10. **BARBON** à deux épis, *A. distachyum*, L. à épis deux à deux, terminant le chaume qui n'est point divisé.

Boccon. Sic. 20, tab. 20, fig. 1, A. *Gerard Flor. Galloprov.* pag. 106, tab. 3, fig. 2.

En Provence, à Naples. ♃

11. **BARBON** Schénanthe, *A. Schœnanthus*, L. à épis du panicule conjugués, ovales, oblongs, à râfle duvetée; à fleurs sans péduncules; à arête tortueuse.

Juncus odoratus sive aromaticus; Jonc odorant ou aromatique. *Bauh. Pin.* 11, n.° 1. *Lob. Icon.*, pag. 82, fig. 1 et 2. *Lugd. Hist.* 1885, fig. 1 et 2. *Moris. Hist.* sect. 8, tab. 9, fig. 25.

1. *Schœnanthus*, *Squinanthum*; Schénanthe, Jonc odorant. 2. Herbe. 3. Très-odorant. 5. Fongosités de la dure-mère. 6. Ses fleurs ou sommités entrent dans la composition de la Thériaque.

Dans l'Arabie, dans l'Inde Orientale.

12. **BARBON** de Virginie, *A. Virginicum*, L. à épis du panicule conjugués; à péduncules simples; à râfle laineuse; à fleurs sans arêtes; à fleur mâle se flétrissant.

Sloan. Jam. tab. 68, fig. 2.

Dans l'Amérique Méridionale.

13. **BARBON** à deux cornes, *A. bicorne*, L. à épis du panicule conjugués; à péduncules très-ramifiés; à râfle laineuse; à fleurs à arête promptement-caduque; à fleur mâle se flétrissant.

Sloan. Jam. tab. 15.

Au Brésil, à la Jamaïque.

14. **BARBON** hérissé, *A. hirtum*, L. à épis du panicule conjugués; à calices hérissés.

Festuca Junceo folio, spicâ geminâ; Festuque à feuille de

Jonc, à épis deux à deux. *Bauh. Pin.* 9, n.º 6. *Pluk.* tab. 92, fig. 1.

En Provence. ♃

15. BARBON insulaire, *A. insulare*, L. à panicule lâche, lisse; à fleurs deux à deux, sans arêtes; à pédicules dont un plus court ; à calices laineux.

Sloan. Jam. tab. 14, fig. 2.

A la Jamaïque.

16. BARBON barbu, *A. barbatum*, L. à épis digités; à calices persistans; à corolles ciliées.

Dans l'Inde Orientale.

17. BARBON Nard Indien, *A. Nardus*, L. à rameaux du panicule surdécomposés, prolifères.

Calamus odoratus Matthioli; Roseau odorant de Matthiole. *Bauh. Pin.* 17, n.º 3. *Lugd. Hist.* 1888, f. 1. *Camer Epit.* 30.

1. *Spica-Nardus*, *Spica Indica*, *Celtica*; Spica-Nard, Nard Indien, Nard celtique. 2. Racine. 3. Odeur aromatique, agréable; saveur âcre, amère. 4. Extraits aqueux et spiritueux en quantité inégale. 5. Foiblesse habituelle. 6. Le *Nard Indien* entre dans beaucoup de préparations officinales.

Dans l'Inde Orientale.

18. BARBON sans arête, *A. muticum*, L. à épis digités, le plus souvent trois à trois : les alternes assis, sans arêtes.

Au cap de Bonne-Espérance.

19. BARBON velu, *A. Ischæmum*, L. à plusieurs épis digités; à fleurs assises, à arêtes et sans arêtes; à pédicules laineux.

Gramen Dactylon angustifolium, spicis villosis; Gramen Dactyle à feuilles étroites, à épis velus. *Bauh. Pin.* 8, n.º 5. *Bauh. Hist.* 2, pag. 445, fig. 2. *Pluk.* tab. 190, f. 1. *Barrel.* tab. 753, fig. 2. *Jacq. Aust.* tab. 384.

A Montpellier, Lyon, Paris. ♃ Estivale.

20. BARBON en faisceau, *A. fasciculatum*, L. à plusieurs épis digités, un peu redressés, articulés, lisses; à fleurons à arêtes des deux côtés.

Moris. Hist. sect. 8, tab. 3, fig. 15. *Sloan. Jam.* tab. 69, f. 2.

Dans l'Inde Orientale.

21. BARBON polydactyle, *A. polydactylon*, L. à épis réunis en faisceau; à pétales extérieurs à arête : ceux de la fleur inférieure ciliés, barbus.

Sloan. Jam. tab. 65, fig. 2.

A la Jamaïque.

1252. HOUQUE, *HOLCUS*. * *Lam. Tab. Encyclop.* pl. 838.

* *FLEURS HERMAPHRODITES.*

CAL. *Bâle* le plus souvent à deux fleurs, roide, sans arête, à deux *Valves* : *l'extérieure* ovale, concave, grande, embrassant l'intérieure qui est oblongue et roulée sur les côtés.

COR. *Bâle* velue, délicate, plus courte que le calice, à deux *Valves* : *l'extérieure* souvent munie d'une *Arête* roide, et plus longue que le calice : *l'intérieure* sans arête, très-petite.

ÉTAM. Trois *Filamens*, capillaires. *Anthères* oblongues.

PIST. *Ovaire* en toupie. Deux *Styles*, capillaires. *Stigmates* en forme de pinceau.

PÉR. Nul. La *Corolle* adhère à la semence, la couvre et l'enveloppe.

SEM. Solitaire, ovale, couverte.

* *FLEURS MALES plus petites que les fleurs femelles.*

CAL. *Bâle* à deux *Valves*, ovales, lancéolées, roulées, sans arête, aiguës.

COR. Nulle, (à moins qu'on ne prenne le calice pour corolle.)

ÉTAM. Trois *Filamens*, capillaires. *Anthères* oblongues.

FLEURS HERMAPHRODITES : *Calice* bâle à deux valves, renfermant une ou deux fleurs. *Corolle* bâle à deux valves à arête. Trois *Étamines*. Deux *Styles*. Une *Semence*.

FLEURS MALES : *Calice* bâle à deux valves. *Corolle* nulle. Trois *Étamines*.

1. HOUQUE en épi, *H. spicatus*, L. à bâle sans arêtes, renfermant deux fleurs enveloppées par un pinceau formant une collerette; à épi ovale, oblong.

Panicum Indicum, spicâ obtusâ, cæruleâ; Panic des Indes, à épi obtus, bleuâtre. *Bauh. Pin.* 27, n.° 3. *Dod. Pempt.* 507, fig. 2. *Lob. Ic.* 1, pag. 43, f. 1. *Clus. Hist.* 2, p. 215, fig. 3. *Pluk.* tab. 32, fig. 4.

Dans l'Inde Orientale. ⊙

2. HOUQUE à deux couleurs, *H. bicolor*, L. à bâles lisses, noires; à semences arrondies, blanches, à arêtes.

Milium arundinaceum, subrotundo semine, Sorgho nominatum; Millet arundinacé, à semence arrondie, nommé Sorgho. *Bauh. Pin.* 26, n.° 4. *Matth.* 330, fig. 1. *Dod. Pempt.* 508, fig. 1. *Lob. Ic.* 1, pag. 41, fig. 1. *Lugd. Hist.* 410, fig. 1 et 2.

En Perse.

3. HOUQUE Sorgho, *H. Sorghum*, L. à bâles velues; à semences comprimées, à arêtes.

Bauh. Hist. 2, pag. 447 et 448, fig. 1.

Dans l'Inde Orientale. Cultivé dans les jardins. ☉

4. HOUQUE d'Alep, *H. Alepensis*, L. à bâles lisses; à fleurs hermaphrodites, sans arêtes : la fleur femelle à arête.

Pluk. tab. 32, fig. 1.

A Montpellier, en Syrie, en Mauritanie. ♃

5. HOUQUE saccharine, *H. saccharatus*, L. à bâles velues; toutes les semences à arêtes.

Rumph. Amb. 5, tab. 75.

Dans l'Inde Orientale. ♂

6. HOUQUE molle, *H. mollis*, L. à bâles renfermant deux fleurs, presque nues; la fleur hermaphrodite sans arête : la fleur mâle à barbe genouillée.

Gramen caninum, longius radicatum, majus et minus; Gramen canin, à racine plus longue, plus grand et plus petit. *Bauh. Pin.* 1, n.os 3 et 4.

En Europe, dans les prés. ♃ Vernale.

7. HOUQUE laineuse, *H. lanatus*, L. à bâles renfermant deux fleurs, velues : la fleur hermaphrodite sans arête : la fleur mâle à arête recourbée.

Gramen pratense panicalatum, molle; Gramen des prés paniculé, mou. *Bauh. Pin.* 2, n.° 1. *Prodr.* 5, n.° 10, f. 2. *Lugd. Hist.* 425, fig. 1. *Bauh. Hist.* 2, pag. 466, fig. 3. *Loës. Pruss.* 111, pag. 25.

En Europe, dans les bois. ♃ Vernale.

8. HOUQUE lâche, *H. laxus*, L. à bâles renfermant deux fleurs, lâches, sans arêtes, aiguës; à panicule filiforme, foible.

En Virginie, au Canada.

9. HOUQUE striée, *H. striatus*, L. à bâles renfermant deux fleurs, striées, sans arêtes, aiguës : à panicule entassé, oblong.

En Virginie, dans les marais.

10. HOUQUE odorante, *H. odoratus*, L. à bâles renfermant trois fleurs, sans arête, aiguës : la fleur hermaphrodite diandre ou à deux étamines.

Gramen paniculatum odoratum; Gramen paniculé odorant. *Bauh. Pin.* 3, n.° 2. *Prodr.* 7, n.° 13, fig. 1. *Bauh. Hist.* 2, pag. 478, fig. 1. *Loës. Prus.* 111, n.° 26.

A Montpellier, en Prusse. ♃

11. HOUQUE à larges feuilles, *H. latifolius*, L. à bâles renfermant trois fleurs : la première sans arête : les deux autres piquantes sur les marges; à feuilles comme ovales.

Dans l'Inde Orientale.

12. HOUQUE trouée, *H. pertusus*, L. à épis digités ; à bâles à valves trouées.

Dans l'Inde Orientale.

1253. APLUDE, *APLUDA.* † *Lam. Tab. Encyclop.* pl. 841.

CAL. *Bâle* commune, à deux *Valves*, rongée, renfermant un *Fleuron femelle* assis, et deux *Fleurons mâles* portés sur un pédicule commun.

* *FLEURS FEMELLES.*

CAL. Nul.

COR. *Bâle* à deux *Valves* : l'*extérieure* comme ovale, émoussée, enveloppée par l'intérieure qui est lancéolée.

PIST. *Ovaire* comme ovale. *Style* filiforme, de la longueur de la corolle, duveté. *Stigmate* simple.

PÉR. Nul. La *Bâle* adhère à la semence.

SEM. Une seule, oblongue.

* *Deux FLEURS MALES portées sur un pédicule de la longueur du calice.*

CAL. Nul.

COR. *Bâle* plus petite, à deux *Valves*, ovales, oblongues, dont une plus petite.

ÉTAM. Trois *Filamens*, capillaires. *Anthères* oblongues, à deux lobes.

Calice bâle commune à deux valves, renfermant un fleuron femelle assis, et des fleurons mâles péduncules.

FLEURS FEMELLES : *Calice* nul. *Corolle* à deux valves. Un seul *Style*. Une *Semence* couverte.

FLEURS MALES : *Calice* nul. *Corolle* à deux valves. Trois *Étamines*.

1. APLUDE sans arête, *A. mutica*, L. à feuilles lancéolées ; toutes les fleurs sans arêtes.

Dans l'Inde Orientale.

2. APLUDE à arête, *A. aristata*, L. à feuilles lancéolées ; à fleurs mâles sans arêtes : celle qui est assise à arête terminale.

Dans l'Inde Orientale.

3. APLUDE Zéugite, *A. Zeugites*, L. à feuilles ovales ; à fleurs mâles sans arêtes : celle qui est assise à arête terminale.

Brown. Jam. 341, tab. 4, fig. 3.

A la Jamaïque.

R 2

1254. ISCHÈME, *ISCHÆMUM.* † *Lam. Tab. Encyclop.* pl. 839.

CAL. *Bâle* à deux fleurs, roide, pointue, placée transversalement, à deux *Valves* pointues, lisses, droites; un *Fleuron mâle*: l'autre *femelle*.

COR. Deux *Bâles*, à deux *Valves* plus petites, plus aiguës, membraneuses.

ÉTAM. Trois *Filamens*, capillaires. *Anthères* oblongues.

PIST. Du *Fleuron Hermaphrodite*: *Ovaire* oblong. Deux *Styles*, capillaires. *Stigmates* épais, en plume.

PÉR. Nul. Le *Calice* et la *Corolle* qui ne changent point, renferment la semence.

SEM. Du *Fleuron Hermaphrodite*: oblongue, linéaire, convexe d'un côté.

FLEURS HERMAPHRODITES: *Calice* bâle renfermant deux fleurons. *Corolle* à deux valves. Trois *Etamines*. Deux *Styles*. Une *Semence*.

FLEURS MALES: *Calice* bâle renfermant deux fleurons. *Corolle* à deux valves. Trois *Etamines*.

1. ISCHÈME sans arête, *I. muticum*, L. à semences sans arêtes.
Rheed. Malab. 12, pag. 91, tab. 49.
Dans l'Inde Orientale. ♃

2. ISCHÈME à arêtes, *I. aristatum*, L. à semences à arêtes.
A la Chine. ♄

1255. RACLE, *CENCHRUS.* * *Lam. Tab. Encyclop.* pl. 838.
PANICASTRELLA. *Michel. Gen.* 36, tab. 31.

CAL. Plusieurs *Collerettes*, laciniées, hérissonnées, réunies en tête: chacune des collerettes assise, renferme trois calices et deux fleurons.

— *Périanthe*: *Bâle* à deux *Valves*, lancéolée, concave, pointue, à deux fleurons, plus courte que la corolle.

COR. Une mâle: l'autre hermaphrodite.

— *Propre*: chacune à deux *Valves*, lancéolées, pointues, concaves, sans arêtes: l'intérieure plus petite.

ÉTAM. Trois *Filamens* à chaque fleur, capillaires, de la longueur de la corollule. *Anthères* en fer de flèche.

PIST. *Ovaire* de l'*Hermaphrodite*: arrondi. *Style* filiforme, de la longueur des étamines. Deux *Stigmates*, oblongs, étalés, velus.

PÉR. Nul.

SEM. Arrondie.

OBS. *Ce genre présente une espèce dont toutes les fleurs sont hermaphrodites.*

Collerette laciniée, hérissonnée, renfermant deux fleurons. *Calice* bâle renfermant deux fleurons, dont un mâle, l'autre hermaphrodite.

FLEURS HERMAPHRODITES : *Corolle* bâle sans arêtes. Trois *Etamines*. Un *Style*.

FLEUS MALES : *Corolle* bâle sans arêtes. Trois *Etamines*.

1. RACLE à grappes, *C. racemosus*, L. à panicule en épi ; à bâles hérissées de soies ciliées.

Gramen caninum maritimum, spicâ echinatâ ; Gramen canin maritime, à épi hérissonné. *Bauh. Pin.* 2, n.° 10. *Prodr.* 2, n.° 3, f. 1. *Bauh. Hist.* 2, p. 467, fig. 2. *Bellev.* tab. 266. *Opusc.* tab. 1. *Moris. Hist.* sect. 8, tab. 1, f. 4. *Dal. Paris.* tab. 578.

A Montpellier, Lyon, Paris. ⊙ Estivale.

2. RACLE à crochets, *C. lappaceus*, L. à rameaux du panicule très-simples ; à corolles hérissées de poils tournés en arrière ; à calices à trois valves, renfermant deux fleurs.

Dans l'Inde Orientale.

3. RACLE tuberculeux, *C. muricatus*, L. à épi tuberculeux-hérissé ; à écailles variées, terminées en pointe.

Dans l'Inde Orientale.

4. RACLE en tête, *C. capitatus*, L. à épi ovale, simple.

Gramen spicâ subrotundâ, echinatâ, vel Gramen echinato capitulo ; Gramen à épi arrondi, hérissonné, ou Gramen à tête hérissonnée. *Bauh. Pin.* 7, n.° 1. *Prodr.* 16, n.° 48, fig. 2. *Colum. Ecphras.* 1, pag. 340 et 338, fig. 1. *Bauh. Hist.* 2, pag. 468, fig. 1 ? *Moris. Hist.* sect. 8, tab. 5, f. 1. *Barrel.* tab. 28, fig. 1.

A Montpellier, en Provence, en Dauphiné. ⊙ Vernale.

5. RACLE hérisonné, *C. echinatus*, L. à épi oblong, congloméré.

Pluk. tab. 92, fig. 3.

A la Jamaïque, à Curaçao. ⊙

6. RACLE tribule, *C. tribuloïdes*, L. à épi gloméré ; à bâles des fleurs femelles arrondies, armées de tubercules épineux, hérissées.

Sloan. Jam. tab. 65, fig. 1.

En Virginie. ⊙

7. RACLE cilié, *C. ciliaris*, L. à épis à collerettes sétacées, ciliées, renfermant quatre fleurs.

Au cap de Bonne-Espérance.

8. RACLE granulaire, *C. granularis*, L. à grappes deux à deux; à fruits arrondis, ridés, en réseau.

Dans l'Inde Orientale.

9. RACLE ligneux, *C. frutescens*, L. à fleurs en têtes latérales, assises; à feuilles piquantes; à tige ligneuse.

Alp. Exot. 105, tab. 104.

Dans l'Arménie. ♄

1256. ÉGILOPE, *ÆGILOPS.* * *Lam. Tab. Encyclop.* pl. 839.

* Deux *Fleurs Hermaphrodites latérales.*

CAL. *Bâle* à trois fleurs, très-grande, à deux *Valves*, ovales, tronquées, striées, à arêtes différentes.

COR. *Bâle* à deux *Valves* : l'*extérieure* ovale, terminée par deux ou trois arêtes : l'*intérieure* lancéolée, droite, sans arête, courbée longitudinalement sur les bords.

ÉTAM. Trois *Filamens*, capillaires. *Anthères* oblongues.

PIST. *Ovaire* en toupie. Deux *Styles*, renversés. *Stigmates* velus.

PÉR. Nul. La *Valve* intérieure de la corolle adhère à la semence, et ne s'ouvre point.

SEM. Oblongue.

* *Fleurons Males intermédiaires.*

CAL. Comme dans les fleurs Hermaphrodites, commun.

COR. Comme dans les fleurs Hermaphrodites.

ÉTAM. Comme dans les fleurs Hermaphrodites.

PIST. Semblable à celui des fleurs Hermaphrodites, mais avortant souvent.

FLEURS HERMAPHRODITES : *Calice* bâle cartilagineuse renfermant deux ou trois fleurs. *Corolle* bâle terminée par trois arêtes. Trois *Etamines*. Deux *Styles*. Une *Semence*.

FLEURS MALES : *Calice*, *Corolle*, *Etamines*, comme dans les fleurs hermaphrodites.

1. ÉGILOPE ovale, *Æ. ovata*, L. à épi fort court; à valves calicinales de tous les épillets ayant trois arêtes.

Festuca altera capitulis duris; autre Festuque à têtes dures. *Bauh. Pin.* 10, n.° 14. *Matth.* 834, f. 3. *Dod. Pempt.* 539, fig. 1. *Lob. Ic.* 1, pag. 34, fig. 1. *Lugd. Hist.* 406, fig. 2 et 3. *Camer. Epit.* 928. *Moris. Hist.* sect. 8, tab. 7, fig. 10.

A Montpellier, *en Provence*, *à Paris.* ☉ Vernale.

2. ÉGILOPE à queue, *Æ. caudata*, L. à épi grêle; à valves calicinales de tous les épillets ayant deux arêtes.

Dans l'isle de Crète.

3. ÉGILOPE alongée, *Æ. triuncialis*, L. à épi alongé; à valves calicinales des épillets inférieurs ayant deux arêtes.

Festuca altera capitulis duris, spicâ triunciali; autre Festuque à têtes dures, à épi alongé. *Bauh. Pin.* 10, à la suite du n.° 14, ligne 10. *Bul. Paris.* tab. 579.

A Montpellier, en Provence. ☉ Vernale.

4. ÉGILOPE roide, *Æ. squarrosa*, L. à épi en alêne, plus long que les arêtes.

Schreb. Gram. tab. 27, fig. 2.

En Orient.

5. ÉGILOPE recourbée, *Æ. incurva*, L. à épi en alêne, sans arête, lisse, recourbé; à calices renfermant une seule fleur.

Barrel. tab. 5 et 6.

Cette plante est désignée dans les Ouvrages nouveaux de Botanique sous le nom *Rottboella incurva.*

A Montpellier. ☉ Vernale.

6. ÉGILOPE élevée, *Æ. exaltata*, L. à épis filiformes, sans arêtes, formant un corymbe.

Au Malabar.

1257. MANISURIS, *MANISURIS.* † *Lam. Tab. Encyclop.* pl. 839.

* *FLEURS HERMAPHRODITES disposées en épi.*

CAL. *Bâle* à une fleur, à deux *Valves* : l'*extérieure* membraneuse, plane, arrondie, échancrée sur les côtés et au sommet, concave intérieurement au disque, appliquée contre celle qui lui est opposée : l'*intérieure* plus petite, ovale, concave, appliquée contre la rafle.

COR. *Bâle* à deux *Valves*, membraneuses, plus petites que le calice, renfermées dans le calice.

ÉTAM. Trois *Filamens ?*

PIST. *Ovaire* ovale. *Style* divisé peu profondément en deux parties. *Stigmates* simples.

PÉR. Nul. Le *Calice* qui ne change point, renferme les semences.

SEM. Ovale.

* *FLEURS MALES sur le même épi.*

CAL. *Bâle* à une fleur, légèrement arrondie, à deux *Valves* striées, parallèles, sèches et roides sur le côté du sommet.

COR. *Bâle* à deux *Valves*, renfermée dans le calice.

ÉTAM. Trois *Filamens*.

RÉC. *Epi* composé de fleurons *Hermaphrodites* en recouvrement ; à dos aplati : les fleurons *Mâles* à ventre rebondi, plus apparens.

FLEURS HERMAPHRODITES : *Calice* bâle à deux valves dont l'extérieure est échancrée sur les côtés et au sommet, renfermant une seule fleur. *Corolle* bâle à deux valves, membraneuses, plus petites que le calice. Trois *Etamines*. *Style* divisé peu profondément en deux parties.

FLEURS MALES : *Calice* à deux valves striées, parallèles, renfermant une seule fleur. *Corolle* bâle à deux valves. Trois *Etamines*.

1. MANISURIS queue de rat, *M. myurus*, L. à épis solitaires, latéraux, pédunculés, en recouvrement, terminant le chaume.

Dans l'Inde Orientale.

1258. VAILLANT, *VALANTIA*. * Michel. Gen. 13, tab. 7. Lam. Tab. Encyclop. pl. 843. CRUCIATA. Tournef. Inst. 115, tab. 39.

* *FLEURS HERMAPHRODITES solitaires.*

CAL. A peine visible, remplacé par l'ovaire.

COR. Monopétale, plane, à quatre *divisions* peu profondes, ovales, aiguës.

ÉTAM. Quatre *Filamens*, de la longueur de la corolle. *Anthères* petites.

PIST. *Ovaire* grand, inférieur. *Style* de la longueur des étamines, à moitié divisé en deux parties. *Stigmates* en tête.

PÉR. Coriace, comprimé, renversé.

SEM. Une seule, arrondie.

* *FLEURS MALES solitaires, accompagnant des deux côtés une fleur hermaphrodite.*

CAL. A peine visible, remplacé par l'ovaire.

COR. Monopétale, plane, à trois ou quatre *divisions* peu profondes, ovales, aiguës.

ÉTAM. Trois ou quatre *Filamens*, de la longueur de la corolle. *Anthères* petites.

PIST. *Ovaire* petit, inférieur. *Styles* et *Stigmates* irréguliers, à peine visibles.

PÉR. Avortant, mais un *Rudiment* grêle, oblong, adhère au côté de la fleur hermaphrodite.

SEM. Nulle.

OBS. V. muralis et Aparine, L. *Fleurs mâles à trois divisions peu profondes.*

V. articulata et cruciata, L. *Fleurs mâles à quatre divisions peu profondes.*

FLEURS HERMAPHRODITES : *Calice* nul. *Corolle* à quatre divisions profondes. Quatre *Etamines*. *Style* divisé peu profondément en deux parties. Une *Semence*.

FLEURS MALES : *Calice* nul. *Corolle* à trois ou quatre divisions profondes. *Etamines* au nombre de trois ou quatre. *Style* et *Stigmate* irréguliers.

1. VAILLANT des murailles, *V. muralis*, L. à fleurs mâles à trois divisions peu profondes, reposant sur l'ovaire lisse de la fleur hermaphrodite.

Rubeola echinata, saxatilis; Rubéole hérissonnée, des rochers. *Bauh. Pin.* 334, n.° 4. *Column. Ecphras.* 1, pag. 298 et 297, fig. 2. *Moris. Hist.* sect. 9, tab. 21, fig. 2. *Barrel.* tab. 541, fig. 2. *Michel. Gen.* 13, esp. 1, tab. 7.

A Montpellier, en Provence. ⊙

2. VAILLANT hérissé, *V. hispida*, L. à fleurs mâles à trois divisions peu profondes, reposant sur l'ovaire hérissé de la fleur hermaphrodite.

A Naples. ⊙

3. VAILLANT à capuchon, *V. cucullaria*, L. chaque fructification enveloppée par une bractée ovale, recourbée.

Buxb. Cent. 1, pag. 13, tab. 19, fig. 2.

En Cappadoce, en Arabie. ⊙

4. VAILLANT Grateron, *V. Aparine*, L. à fleurs mâles à trois divisions peu profondes, reposant sur le péduncule de la fleur hermaphrodite.

En Europe, dans les champs. ⊙ Estivale.

5. VAILLANT articulée, *V. articulata*, L. à fleurs mâles à quatre divisions peu profondes; à péduncules dichotomes ou à bras ouverts, sans feuilles; à feuilles en cœur.

En Égypte, en Syrie.

6. VAILLANT Croisette, *V. Cruciata*, L. à fleurs mâles à quatre divisions peu profondes; à péduncules accompagnés de deux feuilles.

Cruciata hirsuta; Croisette hérissée. *Bauh. Pin.* 335, n.° 1. *Dod. Pempt.* 357, fig. 2. *Lob. Ic.* 1, pag. 804, f. 2. *Bauh.*

Hist. 3, P. 2, pag. 717, fig. 1. *Pluk.* tab. 334, pl. 4. *Bot. Paris.* tab. 580.

A Montpellier, Lyon, Paris. ♃ Vernale.

7. VAILLANT lisse, *V. glabra*, L. à fleurs mâles à quatre divisions peu profondes ; à pédoncules dichotomes, sans feuilles ; à feuilles ovales, ciliées.

Cruciata glabra ; Croisette lisse. *Bauh. Pin.* 335, n.° 2. *Bauh. Hist.* 3, P. 2, pag. 717, fig. 2.

En Italie, en Autriche. ♃

8. VAILLANT à semences souterraines, *V. hypocarpia*, L. toutes les fleurs inférieures à quatre divisions peu profondes ; à pédoncules nus, portant une seule fleur.

A la Jamaïque.

1259. PARIÉTAIRE, *PARIETARIA.* * *Tournef. Inst.* 509, tab. 289. *Lam. Tab. Encyclop.* pl. 853.

* *Deux FLEURS HERMAPHRODITES renfermées dans une Collerette aplatie composée de six feuillets, dont deux opposés et extérieurs, plus grands.*

CAL. *Périanthe* d'un seul feuillet, plane, obtus, à quatre segmens peu profonds, de la grandeur de la collerette qui est tournée du côté extérieur.

COR. Nulle, (à moins qu'on ne prenne pour corolle le calice).

ÉTAM. Quatre *Filamens*, en alène, plus longs que le périanthe qui fleurit et qu'ils développent, persistans. *Anthères* didymes.

PIST. *Ovaire* ovale. *Style* filiforme, coloré. *Stigmate* en forme de pinceau, en tête.

PÉR. Nul. *Périanthe* alongé, plus grand, en cloche, à *orifice* fermé par la réunion de ses segmens.

SEM. Une seule, ovale.

* *Une FLEUR FEMELLE entre les deux fleurs hermaphrodites, dans la collerette.*

CAL. Comme dans les fleurs Hermaphrodites.

COR. Nulle.

PIST. Comme dans les fleurs Hermaphrodites.

PÉR. Nul. *Périanthe* grêle, enveloppant le fruit.

SEM. Comme dans les fleurs Hermaphrodites.

FLEURS HERMAPHRODITES : *Calice* à quatre segmens peu profonds. *Corolle* nulle. Quatre *Etamines*. Un *Style*. Une *Semence* supérieure, alongée.

FLEURS FEMELLES : *Calice* à quatre segmens peu profonds. *Corolle* nulle. Quatre *Etamines*. Un seul *Style*. Une *Semence* supérieure, alongée.

1. PARIÉTAIRE des Indes, *P. Indica*, L. à feuilles lancéolées ; à tige droite.

Dans l'Inde Orientale.

2. PARIÉTAIRE officinale, *P. officinalis*, L. à feuilles lancéolées, ovales ; à péduncules dichotomes ; à calices à deux feuillets.

Parietaria Officinarum et Dioscoridis ; Pariétaire des Boutiques et de Dioscoride. *Bauh. Pin.* 121, n.° 1. *Fusch. Hist.* 277. *Matth.* 781, fig. 1. *Dod. Pempt.* 102, fig. 1. *Lob. Ic.* 1, pag. 258, fig. 1. *Lugd. Hist.* 1241, fig. 1. *Camer. Epit.* 849. *Bauh. Hist.* 2, pag. 976, fig. 2. *Bul. Paris.* tab. 581. *Flor. Dan.* tab. 521. *Icon. Pl. Medic.* tab. 121.

Les étamines se développent avec une élasticité remarquable, lorsqu'on les touche.

1. *Parietaria* ; Pariétaire, Casse-pierre. 2. Herbe, Suc. 3. Aqueuse, insipide, nitreuse. 5. Inflammations, péripneumonie, fièvres synoque, inflammatoire (suc) ; dyssenterie, inflammations des reins et de la vessie, (herbe en fomentations et en lavemens). C'est une des *cinq Plantes émollientes.*

En Europe, sur les murailles humides. ♃ Estivale.

3. PARIÉTAIRE Judaïque, *P. Judaïca*, L. à feuilles ovales ; à tiges droites ; à calices renfermant trois fleurs ; à corolles des fleurs mâles alongées, cylindriques ; à fleur intermédiaire femelle, ovale.

Parietaria minor, Ocymi facie ; Pariétaire plus petite, ressemblant au Basilic. *Bauh. Pin.* 121, n.° 2. *Boccon. Sicul.* 47, tab. 24, fig. A, a.

A Lyon, Paris. ♃ Estivale.

4. PARIÉTAIRE du Portugal, *P. Lusitanica*, L. à feuilles ovales, obtuses ; à tiges filiformes, striées, lisses, couchées.

Boccon. Sicul. 47, tab. 24, fig. B, b.

En Portugal, en Espagne, à Naples. ☉

5. PARIÉTAIRE de Crète, *P. Cretica*, L. à feuilles comme ovales ; à collerettes des fruits divisées peu profondément en cinq parties, comprimées, dont les latérales sont plus grandes.

Dans l'isle de Crète.

6. PARIÉTAIRE à petites feuilles, *P. microphylla*, L. à feuilles opposées, très-entières, en ovale renversé, entremêlées avec de plus petites, ovales.

Sloan. Jam. tab. 93, fig. 2.

A la Jamaïque.

1260. ARROCHE, *ATRIPLEX.* * *Tournef. Inst.* 505, tab. 286. *Lam. Tab. Encyclop.* pl. 853.

* *FLEURS HERMAPHRODITES.*

CAL. *Périanthe* concave, persistant, à cinq *feuillets*, ovales, concaves, membraneux sur les bords.

COR. Nulle.

ÉTAM. Cinq *Filamens*, en alêne, opposés aux feuillets du calice et les surpassant en longueur. *Anthères* arrondies, didymes.

PIST. *Ovaire* arrondi. *Style* court, divisé profondément en deux parties. *Stigmates* renversés.

PÉR. Nul. Le *Calice* dont les segmens sont réunis, à cinq côtés, à cinq angles comprimés, caducs-tardifs, renferme la semence.

SEM. Une seule, arrondie, déprimée.

* *FLEURS FEMELLES sur la même plante.*

CAL. *Périanthe* à deux *feuillets*, planes, droits, ovales, aigus, grands, comprimés.

COR. Nulle.

PIST. *Ovaire* comprimé. *Style* divisé profondément en deux parties. *Stigmates* renversés, aigus.

PÉR. Nul. Les deux *feuillets* du calice, très-grands, en cœur; renferment la semence.

SEM. Une seule, arrondie, comprimée.

*OBS. L'*Atriplex *sans fleur femelle, seroit un* Chenopodium; *et un* Chenopodium *avec une fleur femelle, seroit un* Atriplex; *dès-lors il y a une grande affinité entre ces deux genres.*

FLEURS HERMAPHRODITES : *Calice* à cinq feuillets. *Corolle* nulle. Cinq *Etamines*. *Style* divisé profondément en deux parties. Une *Semence* comprimée.

FLEURS FEMELLES : *Calice* à deux feuillets. *Corolle* et *Etamines* nulles. Un *Style* divisé profondément en deux parties. Une *Semence* comprimée.

1. ARROCHE ligneuse, *A. halimus*, L. à tige ligneuse; à feuilles delthoïdes, entières.

Halimus latifolius sive fruticosus; Halime à larges feuilles ou ligneux. *Bauh. Pin.* 120, n.° 1. *Matth.* 145, fig. 2. *Dod. Pempt.* 771, fig. 2. *Lob. Ic.* 1, pag. 393, fig. 2. *Clus. Hist.* 1, pag. 53, f. 1. *Bauh. Hist.* 1, P. 2, pag. 227.

En Espagne, en Portugal. ♄

2. **ARROCHE** pourpier, *A. portulacoïdes*, L. à tige ligneuse ; à feuilles en ovale renversé.

Halimus sive Portulaca marina ; Halime ou Pourpier marin. *Bauh. Pin.* 120, n.° 4. *Matth.* 143, fig. 1. *Dod. Pempt.* 771, fig. 1. *Lob. Ic.* 1, pag. 392, f. 1. *Clus. Hist.* 1, pag. 54, f. 1. *Lugd. Hist.* 552, f. 1. *Bauh. Hist.* 1, P. 2, pag. 229, fig. 1.

Nutritive pour le Bœuf, le Mouton, la Chèvre.

A Montpellier, *en Provence.* ♄ Vernale.

3. **ARROCHE** glauque, *A. glauca*, L. à tige sous-ligneuse, couchée ; à feuilles ovales, assises ou sans pétioles, très-entières : les inférieures un peu dentées.

Barrel. tab. 733. *Dill. Elth.* tab. 40, fig. 46.

En Espagne, *à Naples.* ♄

4. **ARROCHE** rosée, *A. rosea*, L. à tige herbacée ; à feuilles blanchâtres, à dents de scie ; à fruits quadrangulaires, dentés.

Atriplex sylvestris, *fructu roseo*, *compresso*, Arroche sauvage, à fruit rose, comprimé. *Bauh. Pin.* 119, n.° 5.

En Allemagne, *dans le Palatinat.* ⊙

5. **ARROCHE** de Sibérie, *A. Sibirica*, L. à tige herbacée ; à feuilles delthoïdes, anguleuses ; à calices des fruits tuberculeux-hérissés extérieurement.

En Sibérie. ⊙

6. **ARROCHE** de Tartarie, *A. Tatarica*, L. à tige herbacée ; à feuilles delthoïdes, sinuées, dentées, ondulées, alternes.

En Tartarie. ⊙

7. **ARROCHE** des jardins. *A. hortensis*, L. à tige herbacée, droite ; à feuilles triangulaires.

Atriplex hortensis alba seu pallidè virens ; Arroche des jardins blanche ou d'un vert pâle. *Bauh. Pin.* 119, n.° 1. *Matth.* 361, fig. 1. *Lob. Ic.* 1, pag. 253, fig. 1. *Lugd. Hist.* 535, fig. 1. *Bauh. Hist.* 2, pag. 971, fig. 1.

Cette espèce présente une variété.

Atriplex hortensis rubra ; Arroche des jardins rouge. *Bauh. Pin.* 119, n.° 2. *Dod. Pempt.* 615, fig. 1. *Lob. Ic.* 1, p. 253, fig. 2. *Bauh. Hist.* 2, pag. 970, fig. 2.

1. *Atriplex sativa ;* Arroche, Bonne-Dame. 2. Herbes, Semences, Racine. 3. *Herbe :* aqueuse, oléracée, insipide. 4. Mucilage. 5. Diarrhées avec chaleur, spasme, ardeurs d'urine, coliques, (décoction intérieurement) ; phlegmons, hémorroïdes (décoction extérieurement).

A Montpellier, *Lyon*, *Paris*, *en Tartarie. Cultivée dans les jardins.* ⊙

8. **ARROCHE** laciniée, *A. laciniata*, L. à tige herbacée; à feuilles delthoïdes, dentées, argentées en dessous.

Atriplex maritima laciniata; Arroche maritime à feuilles laciniées. *Bauh. Pin.* 120, n.° 1, *Matth.* 363, fig. 2. *Dod. Pempt.* 615, fig. 4. *Lob. Ic.* 1, pag. 255, fig. 1. *Lugd. Hist.* 537, fig. 1. *Camer. Epit.* 244. *Bauh. Hist.* 2, pag. 974, fig. 1.

Nutritive pour le Bœuf.

A Montpellier, en Provence. ⊙

9. **ARROCHE** en fer de hallebarde, *A. hastata*, L. à tige herbacée: à feuillets des calices des fleurs femelles grands, delthoïdes, sinnés.

Moris. Hist. sect. 5, tab. 32, fig. 14.

Nutritive pour le Bœuf.

A Montpellier, Lyon, Paris. ⊙ Estivale.

10. **ARROCHE** étalée, *A. patula*, L. à tige herbacée, étalée; à feuilles presques delthoïdes, lancéolées; à calices des semences dentées sur le disque.

Atriplex angusto oblongo folio; Arroche à feuille étroite, oblongue. *Bauh. Pin.* 119, n.° 9. *Matth.* 362, fig. 2. *Dod. Pempt.* 615, fig. 3. *Lob. Ic.* 1, pag. 257, fig. 2. *Lugd. Hist.* 536, fig. 2. *Camer. Epit.* 241. *Bauh. Hist.* 2, pag. 973, fig. 3 et 4. *Bellev.* tab. 278. *Bul. Paris.* tab. 582.

Nutritive pour le Bœuf, le Mouton, le Cochon, la Chèvre.

A Montpellier, Lyon, Paris. ⊙ Estivale.

11. **ARROCHE** des rivages, *A. littoralis*; L. à tige herbacée, droite, dont toutes les feuilles sont linéaires, très-entières.

A Paris. ⊙ Estivale.

12. **ARROCHE** marine, *A. marina*, L. à tige herbacée, droite; à feuilles linéaires, à dents de scie.

Atriplex maritima, angustifolia; Arroche maritime, à feuilles étroites. *Bauh. Pin.* 120, n.° 3.

En Suède, en Angleterre. ⊙

13. **ARROCHE** pédunculée, *A. pedunculata*, L. à tige herbacée, étalée; à feuilles lancéolées, obtuses, entières; à calices des fleurs femelles pédunculées.

Pluk. tab. 36, fig. 1. *Flor. Dan.* tab. 304.

En Angleterre, en Danemarck, sur les bords de la mer. ⊙

1261. **BADOMIER**, *TERMINALIA*. *Lam. Tab. Encyclop.* pl. 848.

* *FLEURS MALES au sommet de la grappe.*

CAL. *Périanthe* d'un seul feuillet, en étoile, aigu, à fond hérissé, à cinq segmens peu profonds.

COR. Nulle.
ÉTAM. Dix *Filamens*, en alène, de la longueur du calice. *Anthères* arrondies : les intérieures divisées peu profondément en deux parties.

* *Une ou deux FLEURS HERMAPHRODITES à la base de la grappe.*

CAL. Comme dans les fleurs mâles.

COR. Nulle.

ÉTAM. Comme dans les fleurs mâles.

PIST. *Ovaire* inférieur, conique, en alène. *Style* simple, en alène. *Stigmate* un peu aigu.

PÉR. *Drupe* ovale, en timbale, à bord supérieur déprimé, marqué par deux sillons.

SEM. *Noix* ovale, oblongue, lisse, obtuse à la base.

FLEURS HERMAPHRODITES : *Calice* à cinq segmens profonds. *Corolle* nulle. Dix *Étamines*. Un seul *Style*. *Drupe* inférieure en forme de timbale.

FLEURS MALES : *Calice* à cinq segmens profonds. *Corolle* nulle. Dix *Étamines*.

1. BADOMIER Catappa. *T. Catappa*, L. à feuilles des rameaux entassées, pétiolées, étalées en ovale renversé ou presque en cœur, crénelées, cotonneuses en dessous.

Rheed. Mal. 4, tab. 5. *Rumph. Amb.* 1, pag. 174, tab. 68.

Dans l'Inde Orientale. ♄

1262. BRABEI, *BRABEJUM*. † *Lam. Tab. Encyclop.* pl. 847.

* *FLEURS MALES sur le même arbre.*

CAL. *Chaton* à écailles ovales, obtuses, à trois fleurs.

COR. en entonnoir, à quatre *divisions* profondes, oblongues.

ÉTAM. Quatre *Filamens*, insérés sur la gorge de la corolle, d'une longueur médiocre. Deux *Stigmates*, droits. *Anthères* oblongues, adhérentes au côté intérieur des filamens, excepté au sommet.

PIST. *Ovaire* nul. *Style* filiforme, d'une longueur médiocre. Deux *Stigmates*, droits.

* *FLEURS HERMAPHRODITES.*

CAL. Nul.

COR. Quatre *Pétales*, linéaires, obtus, droits inférieurement, formant un tube, roulés supérieurement, caducs-tardifs.

ÉTAM. Quatre *Filamens*, capillaires, insérés sur les onglets des pétales, à peine de la longueur de la corolle. *Anthères* petites, s'ouvrant sur les côtés.

PIST. *Ovaire* très-petit, velu. *Style* filiforme, de la longueur des étamines, en quelque sorte plus épais au sommet. *Stigmate* simple.

PÉR. *Drupe* sèche, arrondie, velue.

SEM. *Noix* arrondie.

FLEURS HERMAPHRODITES : *Chaton* formé par des écailles. *Corolle* à quatre divisions profondes, roulées en dessus. Quatre *Etamines*. Un *Pistil*. Deux *Stigmates*. *Drupe*.

FLEURS MALES : *Chaton* formé par des écailles couvrant chacune trois fleurs. *Corolle* à quatre ou cinq divisions profondes. Quatre où cinq *Etamines* insérées sur la gorge de la corolle. *Style* divisé peu profondément en deux parties, avortant.

1. BRABEI en étoile, *B. stellatifolium*. L. à feuilles en anneaux, sept à sept, pétiolées, lancéolées, un peu roides, un peu dentées, lisses en dessus, en réseaux en dessous; à pétioles droits, duvetés.

Pluk. tab. 265, fig. 3.

Au cap de Bonne-Espérance.

1263. CLUSIE, *CLUSIA*. † *Plum. Gen.* 20, tab. 10. *Lam. Tab. Encyclop.* pl. 852.

CAL. *Périanthe* à quatre, cinq ou six *feuillets* en recouvrement, concaves, persistans, dont les intérieurs sont graduellement plus petits.

COR. à quatre, cinq, six *Pétales* arrondis, ouverts, concaves, grands.

ÉTAM. Plusieurs *Filamens*, simples, plus courts que la corolle. *Anthères* simples, adhérentes sur le côté du sommet.

PIST. *Ovaire* ovale, oblong. *Style* nul. *Stigmate* en étoile, plane, obtus, persistant.

PÉR. *Capsule* ovale, sillonnée, à cinq loges, à battans s'ouvrant en rayons.

SEM. Nombreuses, ovales, couvertes par une pulpe, attachées à un réceptacle en colonne, anguleux.

OBS. *Le nombre dans les parties du fruit diffère de quatre à douze, proportion gardée dans le stigmate, les battans, les loges, etc. Quelques fleurs sont stériles par l'imperfection de l'organe mâle, d'autres par l'imperfection de l'organe femelle.*

Dans les fleurs femelles, le Nectaire est formé par la réunion des anthères, et renferme l'ovaire.

FLEURS MALES : *Calice* à quatre, cinq ou six feuillets opposés, placés en recouvrement les uns sur les autres.

Corolles

Corolles à quatre, cinq ou six pétales. *Étamines* nombreuses.

FLEURS FEMELLES : *Calice* et *Corolle* comme dans les fleurs mâles. *Nectaire* formé par les anthères réunies, renfermant l'ovaire. *Capsule* à cinq loges, à cinq battans, remplie de pulpe.

1. CLUSIE rosée, *C. rosea*, L. à feuilles sans nervures; à corolles à six pétales.

Pluk. tab. 157, fig. 2.

A la Caroline. ♄

2. CLUSIE blanche, *C. alba*, L. à feuilles sans nervures; à corolles à cinq pétales.

Jacq. Amer. 271, tab. 166.

Dans l'Amérique Méridionale. ♄

3. CLUSIE jaune, *C. flava*, L. à feuilles sans nervures; à corolles à quatre pétales.

Sloan. Jam. tab. 200, fig. 1. *Jacq. Amer.* 272, tab. 167.

A la Jamaïque. ♄

4. CLUSIE veinée, *C. venosa*, L. à feuilles veinées.

Plum. Ic. tab. 87, fig. 2.

Dans l'Amérique Méridionale. ♄

1264. OPHIOXYLE, *OPHIOXYLUM.* † *Lam. Tab. Encyclop.* pl. 842.

* *FLEURS HERMAPHRODITES.*

CAL. à cinq *segmens* peu profonds, aigus, droits, très-petits.

COR. *Monopétale*, en entonnoir. *Tube* long, filiforme, épaissi au milieu. *Limbe* très-ouvert, à cinq divisions profondes, sans nectaire.

ÉTAM. Cinq *Filamens*, très-courts, insérés sur le milieu du tube. *Anthères* pointues.

PIST. *Ovaire* arrondi. *Style* filiforme, de la longueur des étamines. *Stigmate* en tête.

PÉR. *Baie* didyme, à deux loges.

SEM. Solitaires, arrondies.

* *FLEURS MALES sur la même plante.*

CAL. Comme dans les fleurs Hermaphrodites.

COR. Monopétale, en entonnoir. *Tube* long. *Limbe* à cinq divisions peu profondes.

Nectaire dans l'orifice de la corolle, cylindrique, très-entier.

ÉTAM. Deux *Filamens*, très-courts. *Anthères* pointues, réunies dans le nectaire.

FLEURS HERMAPHRODITES : *Calice* à cinq segmens peu profonds. *Corolle* en entonnoir, à cinq divisions profondes. Cinq *Étamines*. Un *Pistil*.

FLEURS MALES : *Calice* à deux segmens peu profonds. *Corolle* en entonnoir, à cinq divisions peu profondes. *Nectaire* cylindrique. Deux *Étamines*.

1. OPHIOXYLE Bois de serpent, *O. serpentinum*, L. à feuilles trois à trois.

Clematis Indica, Persicæ foliis, fructu Periclymeni; Clematite des Indes, à feuilles de Pêcher, à fruit de Chèvre-feuille. *Bauh. Pin.* 301, n.° 3. *Burm. Zeyl.* 141, tab. 64.

1. *Serpentinum lignum*; Bois de serpent 2. Bois. 3. Amer. 5. Fièvres quartes, morsures venimeuses.

A Zeylan. ♄

1265. FUSAN, *FUSANUS*. *Lam. Tab. Encyclop.* pl. 842.

* *FLEURS HERMAPHRODITES.*

CAL. A quatre ou cinq segmens peu profonds.

COR. Nulle.

ÉTAM. Quatre.

PIST. *Ovaire* inférieur. Quatre *Stigmates*.

PÉR. *Drupe* à une loge.

* *FLEURS HERMAPHRODITES MALES.*

Calice, *Corolle*, *Étamines*, *Pistil*, comme dans les fleurs hermaphrodites.

PÉR. Fruit avortant. *Monoïque*.

FLEURS HERMAPHRODITES : *Calice* à quatre ou cinq segmens peu profonds. *Corolle* nulle. Quatre *Étamines*. *Ovaire* inférieur. Quatre *Stigmates*. *Drupe*.

FLEURS HERMAPHRODITES MALES : *Calice*, *Corolle*, *Etamines*, *Pistil* des fleurs hermaphrodites. *Fruit* avortant. *Monoïque*.

1. FUSAN comprimé, *F. compressus*, L. à collerette de trois feuillets.

On ignore son climat natal.

1266. ÉRABLE, *ACER*. * *Tournef. Inst.* 615, tab. 386. *Lam. Tab. Encyclop.* pl. 844.

* *FLEURS HERMAPHRODITES.*

CAL. *Périanthe* d'un seul feuillet, à cinq *segmens* peu profonds, aigus, colorés, persistans, aplatis et entiers à la base.

COR. Cinq *Pétales*, ovales, élargis extérieurement, obtus, ouverts, à peine plus grands que le calice.

ÉTAM. Huit *Filamens*, en alène, courts. *Anthères* simples. *Pollen* en forme de croix.

PIST. *Ovaire* comprimé, niđulé dans un *Réceptacle* convexe, perforé, grand. *Style* filiforme, devenant de jour en jour plus grand. Deux *Stigmates*, pointus, grêles, renversés.

PÉR. *Capsules* en nombre égal à celui des stigmates (deux ou trois), réunies à la base, arrondies, comprimées, terminées chacune par une aile membraneuse très-grande.

SEM. Solitaires, arrondies.

* *FLEURS MALES.*

CAL. Comme dans les fleurs hermaphrodites.

COR. Comme dans les fleurs hermaphrodites.

ÉTAM. Comme dans les fleurs hermaphrodites.

PIST. *Ovaire* nul. *Style* nul. *Stigmate* divisé peu profondément en deux parties.

OBS. *Dès que la fleur commence à s'ouvrir le* Stigmate *paroît, et le* Style *n'est visible que quelques jours après.*

A. Pseudo-Platanus, L. *Corolle à peine distincte du calice; cinq Etamines.*

A. rubrum, L. *Dioïque.*

Les fleurs Hermaphrodites sur la même ombelle, sont de deux espèces : les inférieures Hermaphrodites femelles, dont les anthères ne s'ouvrent point, mais dont le pistil se change en fruit : les supérieures Hermaphrodites mâles, dont les anthères répandent la poussière seminale, mais dont les pistils ne prennent point d'accroissement et tombent.

FLEURS HERMAPHRODITES : *Calice* à cinq segmens peu profonds. *Corolle* à cinq pétales. Huit *Etamines*. Un *Pistil*. Deux ou trois *Capsules* terminées par une aile membrabraneuse, très-grande, renfermant chacune une seule semence.

FLEURS MALES : *Calice* à cinq segmens peu profonds. *Corolle* à cinq pétales. Huit *Etamines*.

1. ÉRABLE toujours vert, *A. sempervirens*, L. à feuilles ovales, très-entières, toujours vertes.

En Orient. ♂

2. ÉRABLE de Tartarie, *A. Tataricum*, L. à feuilles en cœur, très-entières, à dents de scie; à lobes irréguliers; à fleurs en grappe.

En Tartarie. ♄

S 2

3. ÉRABLE Sycomore, *A. Pseudo-Platanus*, L. à feuilles à cinq lobes, inégalement dentées; à fleurs en grappes pendantes.

Acer montanum candidum; Érable des montagnes blanchâtre. *Bauh. Pin.* 430, n.° 1. *Dod. Pempt.* 840, fig. 1. *Lob. Ic.* 2, pag. 199, fig. 1. *Lugd. Hist.* 95, fig. 1. *Camer. Epit.* 63. *Bauh. Hist.* 1, P. 2, pag. 168, fig. 2.

En Europe, dans les bois. ♄ Vernale.

4. ÉRABLE rouge, *A. rubrum*, L. à feuilles à cinq lobes, un peu dentées, glauques en dessous; à pédoncules très-simples, agrégés.

Pluk. tab. 2, fig. 4. *Herm. Parad.* pag. et tab. 1.

En Virginie, en Pensylvanie. ♄

5. ÉRABLE saccharin, *A. saccharinum*, L. à feuilles divisées profondément en cinq lobes, palmées, aiguës, dentées, duvetées en dessous.

En Pensylvanie. ♄

6. ÉRABLE platanier, *A. platanoïdes*, L. à feuilles à cinq lobes, aiguës, lisses, à dents de scie aiguës; à fleurs en corymbe droit.

Acer montanum, tenuissimis et acutis foliis; Érable des montagnes, à feuilles très-menues et aiguës. *Bauh. Pin.* 431, fig. 3. *Pluk.* tab. 252, fig. 1. *Bul. Paris.* tab. 583.

En Europe dans les bois. ♄ Vernale.

7. ÉRABLE de Pensylvanie, *A. Pensylvanicum*, L. à feuilles à trois lobes, aiguës, un peu dentées; à fleurs en grappes.

En Pensylvanie. ♄

8. ÉRABLE commun, *A. campestre*, L. à feuilles lobées, obtuses, échancrées.

Acer campestre et minus; Érable champêtre et plus petit. *Bauh. Pin.* 431, n.° 4. *Dod. Pempt.* 840, fig. 2. *Lob. Ic.* 2, pag. 199, fig. 2. *Clus. Hist.* 1, pag. 10, fig. 1. *Lugd. Hist.* 95, et non pas 83 par erreur de chiffres, fig. 2. *Bauh. Hist.* 1, P. 2, pag. 166, fig. 1. *Bul. Paris.* tab. 584.

En Europe dans les bois. ♄ Vernale.

9. ÉRABLE de Montpellier: *A. Monspessulanum*; L. à feuilles à trois lobes, très-entières, lisses, annuelles.

Acer trifolium; Érable à trois feuilles. *Bauh. Pin.* 431, n.° 5. *Lugd. Hist.* 95, fig. 3. *Bauh. Hist.* 1, P. 2, pag. 167 et 168, fig. 1. *Pluk.* tab. 251, fig. 3.

A Montpellier, Lyon, Grenoble. ♄ Vernale.

10. ÉRABLE de Crète, *A. Creticum*, L. à feuilles à trois lobes, très-entières, duvetées, persistantes.

Alp. Exot. 9 et 8.

En Orient. ♄

11. ÉRABLE de Virginie, *A. Negundo*, L. à feuilles composées; à fleurs en grappes.

Pluk. tab. 123, fig. 4 et 5.

Nos Érables laissent échapper un suc doux, moins sucré que celui des Érables d'Amérique. On retire chaque année des Érables du Canada, douze à quinze millions pesant de sucre, dont on fait des confitures, etc. Deux cents pintes de suc d'Érable, produisent ordinairement dix livres de sucre. Cette liqueur au sortir de l'arbre, est claire, limpide, fraiche, sucrée.

En Virginie. ♄

1267. MICOCOULIER, *CELTIS.* * *Tournef. Inst.* 612, tab. 383. *Lam. Tab. Encyclop.* pl. 844.

* *FLEURS HERMAPHRODITES solitaires, placées supérieurement.*

CAL. *Périanthe* d'un seul feuillet, à cinq *segmens* profonds, ovales, ouverts, se flétrissant.

COR. Nulle.

ÉTAM. Cinq *Filamens*, très-courts, cachés d'abord par les anthères, s'alongeant après l'émission de la poussière séminale. *Anthères* oblongues, un peu épaisses, à quatre angles, à quatre sillons.

PIST. *Ovaire* ovale, pointu, de la longueur du calice. Deux *Styles*, étalés, courbés en différens sens, en alêne, duvetés des deux côtés, très-longs. *Stigmates* simples.

PÉR. *Drupe* arrondie, à une loge.

SEM. *Noix* arrondie.

* *FLEURS MALES sur la même plante, mais placées inférieurement.*

CAL. *Périanthe* à six segmens profonds, du reste comme dans les fleurs Hermaphrodites.

COR. Nulle.

ÉTAM. Six, du reste comme dans les fleurs Hermaphrodites.

FLEURS HERMAPHRODITES : *Calice* à cinq segmens profonds. *Corolle* nulle. Cinq *Étamines*. Deux *Styles*. *Drupe* renfermant une seule semence.

FLEURS MALES : *Calice* à six segmens profonds. *Corolle* nulle. Six *Étamines*.

1. MICOCOULIER Austral, *C. Australis*, L. à feuilles ovales, lancéolées.

Lotus fructu Cerasi; Lotier à fruit de Cerisier. *Bauh. Pin.* 447, n.° 1. *Matth.* 211, fig. 1. *Dod. Pempt.* 847, fig. 1. *Lob. Ic.* 2, pag. 186, fig. 2. *Lugd. Hist.* 347, f. 1. *Camer. Epit.* 155. *Bauh. Hist.* 1, P. 1, pag. 229, fig. 1.

Le bois du Micocoulier qui plie facilement sans se rompre, sert à faire des brancards de cabriolet, des cercles de cuve, des fourches. Son fruit qui est très-doux, se vend à Montpellier dans les marchés. On emploie les feuilles et les fleurs en décoction; on tire des fruits un suc qui est, dit-on, propre à arrêter les cours de ventre.

A Montpellier, *Lyon*, *Paris*. ♄ Vernale.

2. MICOCOULIER Occidental, *C. Occidentalis*, L. à feuilles taillées obliquement en ovale, à dents de scie, aiguës.

En Virginie, *en Pensylvanie*. ♄

3. MICOCOULIER Oriental, *C. Orientalis*, L. à feuilles taillées obliquement en cœur, à dents de scie, velues en dessous.

Pluk. tab. 221, fig. 4.

Dans l'Inde Orientale, *à Naples*. ♄

1268. GOUANE, *GOUANIA*. *Lam. Tab. Encyclop.* pl. 845.

* *FLEURS HERMAPHRODITES.*

CAL. *Périanthe* d'un seul feuillet, supérieur, en entonnoir, à cinq segmens peu profonds. *Tube* persistant, à *segmens* ovales, aigus, très-ouverts, caducs-tardifs.

COR. Nulle.

ÉTAM. Cinq *Filamens*, en alêne, de la longueur du calice, alternes avec les segmens du calice. *Anthères* arrondies, versatiles, enveloppées par une coiffe élastique, en capuchon.

PIST. *Ovaire* inférieur. *Style* en alêne, à moitié divisé en trois parties. *Stigmates* obtus.

PÉR. *Fruit* sec, à trois faces, divisible en trois semences.

SEM. Trois parties du *Fruit*, arrondies, à deux ailes, comme à trois faces.

* *FLEURS MALES sur la même plante.*

CAL. Comme dans les fleurs hermaphrodites.

COR. Comme dans les fleurs hermaphrodites.

ÉTAM. Comme dans les fleurs hermaphrodites.

PIST. *Ovaire* nul. *Style* comme dans les fleurs hermaphrodites. *Stigmates* irréguliers, (nuls).

FLEURS HERMAPHRODITES : *Calice* à cinq segmens peu profonds. *Corolle* nulle. Cinq *Anthères* couvertes par une coiffe. *Style* à moitié divisé en trois parties. *Fruit* inférieur, divisible en trois semences.

FLEURS MALES : *Calice*, *Corolle*, *Étamines*, *Style*, comme dans les fleurs hermaphrodites. *Ovaire* nul. *Stigmates* irréguliers.

1. GOUANE de Saint-Domingue, *G. Domingensis*, L. à feuilles lisses.

Pluk. tab. 162, fig. 3; et 201, fig. 4. *Jacq. Amer.* 264, tab. 179, fig. 40.

A Saint-Domingue, à la Jamaïque. ♄

1269. SOLANDRE, *SOLANDRA. Lam. Tab. Encyclop.* pl. 580.

* *FLEURS HERMAPHRODITES et FLEURS MALES sur la même ombelle.*

CAL. *Ombelle* simple : quatre *Fleurs Mâles* pédunculées au rayon : la cinquième *Hermaphrodite* assise au centre.

— *Collerette* de quatre *feuillets*, lancéolés, de la longueur de l'ombelle.

— *Périanthe propre* nul, remplacé par un *Réceptacle* supérieur, dilaté par chaque fleuron, aplati, arrondi, comme didyme.

COR. Des fleurs *Mâles* : cinq *Pétales*, ovales, égaux.

— Des fleurs *Hermaphrodites* : six *Pétales*, ovales, égaux.

ÉTAM. Des fleurs *Mâles* : cinq *Filamens*, en alêne, de la longueur des pétales. *Anthères* ovales, versatiles.

— Des fleurs *Hermaphrodites* : six *Filamens*, le reste comme dans les fleurs mâles.

PIST. Des fleurs *Hermaphrodites* : *Ovaire* oblong, comprimé, tronqué, inférieur. Deux *Styles*, en alêne, recourbés. *Stigmates* aigus.

PÉR. *Capsule* à deux coques, oblongue.

SEM. Solitaires.

FLEURS HERMAPHRODITES : *Calice propre* nul. *Corolle* à six pétales. Six *Étamines*. Deux *Styles*. *Capsule* inférieure, à deux coques.

FLEURS MALES : *Calice propre* nul. *Corolle* à cinq pétales. Cinq *Étamines*.

1. SOLANDRE du Cap, *S. Capensis*, L. à feuilles alternes, pétiolées, en forme de coin, en ovale renversé.

Au cap de Bonne-Espérance. ♃

1270. HERMAS, *HERMAS*. † Lam. Tab. Encyclop. pl. 851.

* *OMBELLE des FLEURS HERMAPHRODITES terminale.*

CAL. *Ombelle universelle* à plusieurs rayons, hémisphérique.

— *Ombelle partielle*, à plusieurs rayons : celui du centre florifère : les autres sans aucun fleuron.

— *Collerette universelle*, de plusieurs feuillets, lancéolée, courte, persistante.

— *Collerette partielle*, le plus souvent de deux feuillets, lancéolée, de la longueur de l'ombellule.

— *Périanthe propre*, irrégulier, à cinq dents.

COR. *Universelle* flosculeuse.

— *Propre*, à cinq *Pétales*, oblongs, ovales, droits, planes, entiers, égaux.

ÉTAM. Cinq *Filamens*, filiformes, plus courts que les pétales. *Anthères* stériles, oblongues.

PIST. *Ovaire* inférieur, comprimé, plus grand que la corolle. Deux *Styles*, filiformes, droits, plus longs que la corolle. *Stigmates* obtus.

PÉR. Nul. *Fruit* arrondi, échancré à la base, s'ouvrant par les angles.

SEM. Deux, en cœur, arrondies, comprimées, aplaties, à bordure, marquées par une seule strie longitudinale élevée.

* *OMBELLES des FLEURS MALES latérales, plus tardives, sur la même plante.*

CAL. *Ombelle universelle* comme dans les fleurs hermaphrodites.

— *Ombelle partielle*, à plusieurs rayons, tous florifères.

— *Collerette* comme dans les fleurs hermaphrodites.

— *Périanthe* presque nul.

COR. Comme dans les fleurs hermaphrodites.

ÉTAM. Cinq *Filamens*, filiformes, de la longueur de la corollule. *Anthères* remplies de poussière séminale, ovales, comme didymes.

FLEURS HERMAPHRODITES : *Ombelle* terminale, à *Collerette* universelle et partielle. *Ombellules* des rayons tronquées : celle du centre, florifère. *Corolle* à cinq pétales. Cinq *Étamines* stériles. Deux *Semences* arrondies.

FLEURS MALES : *Ombelles* latérales à *Collerette* universelle et partielle. *Ombellules* à plusieurs fleurs. *Corolle* à cinq pétales. Cinq *Étamines* fertiles.

1. HERMAS velu, *H. depauperata*, L. à tige ligneuse; à feuilles embrassant la tige, dentées, velues en dessous.

Burm. Afric. 196, tab. 71, fig. 2.

Cette plante est désignée dans le *Species* sous le nom de Buplèvre velu, *Bupleurum villosum*, L. à tige ligneuse; à feuilles embrassantes, dentées, velues en dessous.

Au cap de Bonne-Espérance. ♃

1271. SENSITIVE, *MIMOSA.* * *Tournef. Inst.* 605, tab. 375. *Lam. Tab. Encyclop.* pl. 846. ACACIA. *Tournef. Inst.* 605, t. 375. INGA. *Plum. Gen.* 13, tab. 19.

CAL. *Périanthe* d'un seul feuillet, à cinq dents, très-petit.

COR. Un seul *Pétale*, en entonnoir, petit, à moitié divisé en cinq segmens.

ÉTAM. Cinq *Filamens*, capillaires, très-longs. *Anthères* couchées.

PIST. *Ovaire* oblong. *Style* filiforme, plus court que les étamines. *Stigmate* tronqué.

PÉR. *Gousse* longue, à plusieurs cloisons transverses.

SEM. Plusieurs, arrondies, de forme différente.

OBS. *Plusieurs Fleurs mâles tombent; les autres Fleurs femelles ou hermaphrodites diffèrent selon les espèces.*

Mimosa, *Tournefort : Gousse articulée; Feuilles douées d'une espèce d'irritabilité.*

Acaciæ, *Tournefort : Gousse comme cylindrique; Feuilles ne se retirant point lorsqu'on les touche.*

Ingæ, *Plumier : Gousse charnue.*

Aucune partie de la fructification n'est constante dans ce genre.

Le Calice *est tantôt à cinq dents, tantôt à trois segmens peu profonds.*

La Corolle *est monopétale, à cinq pétales ou nulle.*

Les Étamines *nombreuses, dix, cinq, quatre, monadelphes, châtrées.*

Le Péricarpe *est une Gousse, charnue, membraneuse, ailée, articulée, à quatre battans.*

La figure des Semences *varie selon les espèces.*

FLEURS HERMAPHRODITES : *Calice* à cinq dents. *Corolle* à cinq divisions peu profondes. Cinq ou plusieurs *Étamines*. Un *Pistil*. *Gousse*.

FLEURS MALES : *Calice* à cinq dents. *Corolle* à cinq divisions peu profondes. Cinq, dix ou plusieurs *Étamines*.

* I. SENSITIVES *à feuilles simplement pinnées.*

1. SENSITIVE Inga, *M. Inga*, L. à tige sans piquans; à feuilles pinnées; à folioles cinq fois deux à deux; à pétiole échancré, articulé.

Sloan. Jam. tab. 183, fig. 1.

Dans l'Amérique Méridionale. ♄

2. SENSITIVE à feuilles de Hêtre, *M. fagifolia*, L. à tige sans piquans; à feuilles pinnées; à folioles deux fois deux à deux; à pétiole échancré.

Pluk. tab. 141, fig. 2. *Jacq. Amer.* 264, tab. 164.

Aux Barbades. ♄

3. SENSITIVE noueuse, *M. nodosa*, L. à tige sans piquans; à feuilles pinnées; à folioles deux fois deux à deux: les inférieures plus petites; à pétiole linéaire.

Pluk. tab. 211, fig. 5.

A Zeylan. ♄

* II. *Sensitives à feuilles pinnées; à folioles deux fois ou trois fois deux à deux.*

4. SENSITIVE à folioles bigéminées, *M. bigemina*, L. à tige sans piquans; à feuilles pinnées; à folioles deux fois deux à deux, aiguës.

Dans l'Inde Orientale. ♄

5. SENSITIVE ongle de chat, *M. unguis cati*, L. à tige épineuse; à feuilles pinnées; à folioles deux fois deux à deux, obtuses.

Pluk. tab. 1, fig. 6; et tab. 82, fig. 4.

A la Jamaïque, aux isles Caribes. ♄

6. SENSITIVE à folioles terginées, *M. tergemina*, L. à tige sans épines; à feuilles pinnées; à folioles trois fois deux à deux.

Jacq. Amer. 265, tab. 177, fig. 81.

Dans l'Amérique Méridionale. ♄

* III. *Sensitives à feuilles conjuguées et pinnées.*

7. SENSITIVE à larges feuilles, *M. latifolia*, L. à tige sans épines; à feuilles conjuguées; à folioles terminales opposées: les latérales alternes.

Plum. Spec. 17, tab. 9.

Dans l'Amérique Méridionale. ♄

8. SENSITIVE pourprée, *M. purpurea*, L. à tige épineuse; à feuilles conjuguées; à folioles pinnées; à pinnules intérieures plus petites.

Plum. Ic. tab. 10, fig. 1.

Dans l'Amérique Méridionale. ♄

9. SENSITIVE à réseau, *M. reticulata*; L. à tige à épines stipulaires; à feuilles conjuguées; à folioles six fois deux à deux; à pétioles terminés par une glande et un piquant.

Pluk. tab. 123, fig. 2.

Au cap de Bonne-Espérance. ♄

10. SENSITIVE vive, *M. viva*, L. à tige herbacée, sans épines; à feuilles conjuguées; à folioles pinnées: les partielles quatre fois deux à deux, arrondies.

Sloan. Jam. tab. 182, fig. 7.

A la Jamaïque, dans l'Amérique Méridionale. ♄

11. SENSITIVE roulée, *M. circinalis*, L. à tige armée de piquans; à feuilles conjuguées, pinnées; à pinnules égales; à stipules épineuses.

Catesb. Carol. 2, pag. et tab. 97.

Dans l'Amérique Méridionale. ♄

12. SENSITIVE cinéraire, *M. cineraria*, L. à tige épineuse; à feuilles conjuguées; à folioles pinnées; à pinnules égales; à épines recourbées.

Pluk. tab. 2, fig. 1.

Dans l'Inde Orientale. ♄

13. SENSITIVE chaste, *M. casta*, L. à tige épineuse; à feuilles conjuguées; à folioles pinnées: les partielles trois fois deux à deux, presque égales.

Commel. Hort. 1, pag. 55, tab. 28.

Dans l'Inde Orientale. ♄

14. SENSITIVE irritable, *M. sensitiva*, L. à tige épineuse; à feuilles conjuguées; à folioles pinnées: les partielles deux fois deux à deux: les intérieures très-petites.

Breyn. Cent. 31, tab. 16.

Au Brésil. ♄

15. SENSITIVE pudique, *M. pudica*, L. à tige armée de piquans; à feuilles comme digitées, pinnées; à tige hérissée de poils et de piquans.

Commel. Hort. 1, pag. 57, tab. 29.

Au Brésil. ♄

* IV. *SENSITIVES à feuilles deux fois pinnées.*

16. SENSITIVE Entada, *M. Entada*, L. à tige armée de piquans; à feuilles deux fois pinnées, terminées par une vrille; à folioles cinq fois deux à deux.

Jacq. Amer. 265, tab. 183.

Dans les deux Indes. ♄

17. SENSITIVE grimpante, *M. scandens*, L. à tige sans piquans; à feuilles conjuguées, terminées par une vrille; à folioles deux fois deux à deux.

Arbor siliquosa, Juglandis folio, Brasiliana, lobo longissimo, Acaciæ siliquæ instar distincto; Arbre du Brésil à fruit à silique, à feuille de Noyer, à lobe très long, ressemblant à la silique de l'Acacia. *Bauh. Pin.* 404, n.° 1. *Pluk.* tab. 211, fig. 6.

Aux Indes Orientales. ♄

18. SENSITIVE pleine, *M. plena*, L. à tige sans piquans; à feuilles deux fois pinnées; à fleurs en épis pentandres ou à cinq étamines: les inférieures pleines.

Mill. Dict. n.° 2; et *Ic.* tab. 190, fig. 2.

A Vera-Crux. ☉

19. SENSITIVE à verge, *M. virgata*, L. à tige sans piquans; à feuilles deux fois pinnées; à fleurs en épis, décandres ou à dix étamines: les inférieures mâles, stériles; à tige droite, anguleuse.

Pluk. tab. 307, fig. 4. *Jacq. Hort.* tab. 80.

Dans l'Inde Orientale. ♄

20. SENSITIVE ponctuée, *M. punctata*, L. à tige sans piquans; à feuilles deux fois pinnées; à épis droits; à fleurs décandres ou à dix étamines: les inférieures stériles.

Commel. Hort. 1, pag. 61, tab. 31.

Dans l'Amérique Méridionale. ♄

21. SENSITIVE Pernambucana, *M. Pernambucana*, L. à tige sans piquans, couchée; à feuilles deux fois pinnées; à fleurs en épis, pentandres ou à cinq étamines, inclinées: les inférieures stériles.

Pluk. tab. 307, fig. 3?

Dans l'Amérique Méridionale. ♄

22. SENSITIVE en arbre, *M. arborea*, L. à tige sans piquans; à feuilles deux fois pinnées; à folioles tournées du côté extérieur, aiguës; à tige en arbre.

Pluk. tab. 251, fig. 2. *Sloan. Jam.* tab. 182, fig. 1 et 2.

A la Jamaïque, aux Caribes. ♄

23. SENSITIVE Lebbeck, *M. Lebbeck*, L. à tige sans piquans; à feuilles deux fois pinnées; à folioles quatre fois deux à deux, ovales, oblongues; à fleurs monadelphes, réunies en faisceau; à tige en arbre.

En Égypte. ♄

24. SENSITIVE vague, *M. vaga*, L. à tige sans piquans; à feuilles deux fois pinnées; à folioles extérieures plus grandes, recourbées, duvetées.

Dans l'Inde Orientale. ♄

25. SENSITIVE à larges siliques, *M. latisiliqua*, L. à tige sans piquans; à feuilles deux fois pinnées: les partielles à folioles cinq fois deux à deux; à rameaux tortueux; à bourgeons arrondis.

Plum. Spec. 17. *Ic.* 6.

Dans l'Amérique Méridionale.

26. SENSITIVE à plusieurs épis, *M. polystachia*, L. à tige sans piquans; à feuilles deux fois pinnées: les partielles à folioles six fois deux à deux, oblongues.

Jacq. Amer. 265, tab. 183, fig. 93.

A la Martinique, dans les forêts. ♄

27. SENSITIVE tuberculeuse, *M. muricata*, L. à tige sans piquans, tuberculeuse-hérissée; à feuilles deux fois pinnées: les partielles à folioles cinq fois deuxà deux: les propres à folioles plusieurs fois deux à deux, obtuses.

Plum. Spec. 17. *Ic.* 11.

Dans l'Amérique Méridionale. ♄

28. SENSITIVE étrangère, *M. peregrina*, L. à tige sans piquans; à feuilles deux fois pinnées: les partielles à folioles seize fois deux à deux: les propres à folioles quarante fois deux à deux; à pétioles garnis à leur base d'une glande.

Dans l'Amérique Méridionale. ♄

29. SENSITIVE glauque, *M. glauca*, L. à tige sans piquans; à feuilles deux fois pinnées: les partielles à folioles six fois ou plusieurs fois deux à deux; une glande entre les folioles inférieures.

Catesb. Carol. 2, pag. et tab. 42.

Dans l'Amérique Méridionale. ♄

* V. *Sensitives à feuilles deux fois pinnées; à épines ou piquans deux à deux ou solitaires, mais non épars.*

30. SENSITIVE cendrée, *M. cinerea*, L. à épines solitaires; à feuilles deux fois pinnées; à fleurs en épis.

Pluk. tab. 121, fig. 5. *Burm. Zeyl.* 3, tab. 2.

Dans l'Inde Orientale. ♄

31. SENSITIVE porte-cornes, *M. cornigera*, L. à épines stipulaires, deux à deux, réunies; à feuilles deux fois pinnées.

Pluk. tab. 122, fig 1.

Au Mexique, à Cuba. ♄

32. SENSITIVE horrible, *M. horrida*, L. a épines stipulaires, de la longueur des feuilles; à feuilles deux fois pinnées: les pinnules partielles à folioles six fois deux à deux; à rameaux lisses.

Pluk. tab. 121, fig. 4.

Dans l'Inde Orientale. ♄

33. SENSITIVE tortueuse, *M. tortuosa*, L. à épines stipulaires; à feuilles deux fois pinnées; à folioles quatre fois deux à deux;

une glande entre les folioles inférieures; les partielles à folioles seize fois deux à deux; à fleurs en épis arrondis.

A la Jamaïque. ♄

34. SENSITIVE Cassie, *M. Farnesiana*, L. à épines stipulaires, distinctes; à feuilles deux fois pinnées: les partielles à folioles huit fois deux à deux; à fleurs en épis arrondis, assis ou sans péduncules généraux.

Barrel. tab. 1138.

Les fleurs jaunes sont très-odorantes.

A St-Domingue. Introduite dans les jardins d'Europe en 1611. ♄

35. SENSITIVE Acacia vrai, *M. Nilotica*, L. à épines stipulaires, étalées; à feuilles deux fois pinnées: les partielles extérieures, entremêlées de glandes; à fleurs en épis arrondis, péduncules.

Acacia foliis Scorpioides leguminosæ; Acacia à feuilles de Scorpioïde légumineuse. *Bauh. Pin.* 392, n.° 1. *Dod. Pempt.* 752, fig. 1. *Lob. Ic.* 2, pag. 95, fig. 1. *Lugd. Hist.* 161, fig. 1. *Bauh. Hist.* 1, P. 1, pag. 429, fig. 1. *Pluk.* tab. 123, fig. 1.

1. *Acacia vera: Succus; Arabicum gummi;* Acacia vrai: Acacia d'Égypte; gomme Arabique. 2. Gomme, suc épaissi. 3. *Suc:* agréable, austère; *gomme:* sans odeur et sans saveur. 5. *Suc:* hémoptysie, pertes utérines, chûtes du vagin, du rectum; *gomme:* scorbut, ophtalmie, suite de maladies vénériennes traitées par les mercuriaux; gâle, dartres, inflammations des voies urinaires. 6. Les peuples de l'Arabie déserte se nourrissent de cette gomme dans leurs voyages.

En Égypte, dans l'Arabie pêtrée. ♄

36. SENSITIVE paresseuse. *M. pigra*, L. à tige lisse, armée de piquans; à feuilles deux fois pinnées, armées de piquans opposés; une épine droite entre chaque foliole.

Commel. Hort. 1, pag. 59, tab. 30?

Dans l'Amérique Méridionale. ♄

37. SENSITIVE rude, *M. asperata*, L. à tige hérissée, armée de piquans; à feuilles deux fois pinnées, armées de piquans opposés; une épine droite entre chaque foliole.

Commel. Hort. 1, pag. 59, tab. 30.

A la Jamaïque, à Véra-Crux. ♄

38. SENSITIVE gomme du Sénégal, *M. Senegal*, L. à épines trois à trois: l'intermédiaire renversée; à feuilles deux fois pinnées; à fleurs en épis.

Alp. Ægypt. 2, pag. 6, tab. 3. *Pluk.* tab. 251, fig. 1.

1. *Senegal gummi*, *gummi Senegalense*; gomme du Sénégal. Tout le reste comme dans la Sensitive Acacia vrai.

Dans l'Arabie. ♄

39. SENSITIVE bleuâtre, *M. cæsia*, L. à tige armée de piquans; à feuilles deux fois pinnées; à folioles ovales, oblongues; à piquans obliques.

Pluk. tab. 330, fig. 1.

Dans l'Inde Orientale. ♄

40. SENSITIVE en plume, *M. pennata*, L. à tige armée de piquans; à feuilles deux fois pinnées; à folioles linéaires, aiguës; à panicule armé de piquans, terminé par des fleurs ramassées en têtes arrondies.

Burm. Zeyl. 2, tab. 1.

A Zeylan.

41. SENSITIVE Intsia, *M. Intsia*, L. à tige armée de piquans, anguleuse; à feuilles deux fois pinnées; à folioles recourbées; à stipules plus longues que les piquans.

Pluk. tab. 122, fig. 2.

Dans l'Inde Orientale. ♄

42. SENSITIVE à moitié épineuse, *M. semispinosa*, L. à tige armée de piquans; à feuilles deux fois pinnées; à articulations des tiges piquantes supérieurement.

Dans l'Amérique Septentrionale.

43. SENSITIVE à quatre battans, *M. quadrivalvis*, L. à tige armée de piquans, quadrangulaire; à feuilles deux fois pinnées; à piquans recourbés; à gousses à quatre battans.

Mill. Dict. n.° 6, ic. tab. 182, fig. 1.

A Véra-Crux. ♃

44. SENSITIVE à feuilles menues, *M. tenuifolia*, L. à tige armée de piquans; à feuilles deux fois pinnées: les partielles vingt fois deux à deux; à folioles plusieurs fois deux à deux.

A Zeylan. ♄

45. SENSITIVE caroubier, *M. ceratonia*, L. à tige armée de piquans; à feuilles deux fois pinnées; à folioles cinq fois deux à deux: les partielles à folioles trois fois deux à deux, à trois nervures.

Plum. Spec. 17, ic. 18.

Dans l'Amérique Méridionale. ♄

46. SENSITIVE à feuilles de tamarin, *M. tamarindifolia*, L. à tige armée de piquans; à feuilles deux fois pinnées; à folioles cinq fois deux à deux: les partielles à folioles dix fois deux à deux; à pétioles généraux sans piquans.

Plum. Spec. 17, ic. 7.
Dans l'Amérique Méridionale.

II. DIOÉCIE.

1272. GLÉDITSCHE, *GLEDITSCHIA. Lam. Tab. Encyclop.* pl. 857.

* *FLEURS MALES en chaton long, compact, cylindrique.*

CAL. *Périanthe propre* à trois *feuillets*, ouverts, petits, aigus.

COR. Trois *Pétales*, arrondis, assis, ouverts, en forme de calice.
Nectaire en toupie, par l'orifice duquel les autres parties de la fructification reçoivent de l'accroissement.

ÉTAM. Six *Filamens*, filiformes, plus longs que la corolle. *Anthères* versatiles, oblongues, comprimées, didymes.

* *FLEURS HERMAPHRODITES sur le même chaton avec les fleurs mâles, et le plus souvent terminales.*

CAL. *Périanthe* à quatre segmens peu profonds, comme dans les fleurs mâles.

COR. Quatre *Pétales* comme dans les fleurs mâles.
Nectaire comme dans les fleurs mâles.

ÉTAM. Comme dans les fleurs mâles.

PIST. Comme dans les fleurs femelles.

PÉR. Comme dans les fleurs femelles.

SEM. Comme dans les fleurs femelles.

* *FLEURS FEMELLES en chaton lâche, sur un arbre distinct.*

CAL. *Périanthe propre* comme dans les fleurs mâles, mais à cinq feuillets.

COR. Cinq *Pétales* longs, aigus, droits, ouverts.
Deux *Nectaires* courts, semblables aux filamens.

PIST. *Ovaire* large, comprimé, plus long que la corolle. *Style* court, renversé. *Stigmate* épais, de la longueur du style auquel il est adhérent, duveté supérieurement.

PÉR. *Gousse* très-grande, large, légèrement comprimée, à plusieurs cloisons transverses, à articulations remplies de pulpes.

SEM. Solitaires, arrondies, dures, luisantes.

FLEURS HERMAPHRODITES : *Calice* à quatre segmens peu profonds. *Corolle* à quatre pétales. Six *Étamines*. Un *Pistil*. *Gousse*.

FLEURS MALES : *Calice* à trois feuillets. *Corolle* à trois pétales. Six *Étamines*.

FLEURS

Fleurs femelles : *Calice* à cinq feuillets. *Corolle* à cinq pétales. Un *Pistil*. *Gousse*.

1. GLEDITSCHE à trois épines, *G. triacanthos*, L. à tige armée de trois épines axillaires.

Pluk. tab. 352, fig. 1.

En Virginie. ♄

2. GLEDITSCHE sans épines, *G. inermis*, L. à tige sans épines.

Pluk. tab. 123, fig. 3.

A Java. ♄

1273. FRÊNE, *FRAXINUS*. * *Tournef. Inst.* 577, tab. 343. *Lam. Tab. Encyclop.* pl. 858. *Michel. Gen.* 225, tab. 107. Ornus. *Michel. Gen.* 222, tab. 103.

* *Fleurs hermaphrodites.*

Cal. Nul ou *Périanthe* d'un seul feuillet, droit, aigu, petit, à quatre segmens profonds.

Cor. Nulle ou quatre *Pétales*, linéaires, longs, aigus, droits.

Étam. Deux *Filamens*, droits, beaucoup plus longs que la corolle. *Anthères* droites, oblongues, à quatre sillons.

Pist. *Ovaire* ovale, comprimé. *Style* comme cylindrique, droit. *Stigmate* épaissi, divisé peu profondément en deux parties.

Pér. Nul autre que la croûte de la semence.

Sem. Lancéolée, comprimée, membraneuse, à une loge.

* *Fleurs femelles.*

Cal. Comme dans les fleurs hermaphrodites.

Cor. Comme dans les fleurs hermaphrodites.

Pist. Comme dans les fleurs hermaphrodites.

Pér. Comme dans les fleurs hermaphrodites.

Sem. Comme dans les fleurs hermaphrodites.

Obs. *Dans le* F. ornus, L. *qui a un calice et une corolle, les fleurs sont toujours hermaphrodites, sans fleurs mâles.*

Dans le F. excelsior, L. *les fleurs femelles ont toujours des fleurs hermaphrodites entremêlées parmi elles ; et les fleurs hermaphrodites des fleurs femelles. Celles-ci sont dépourvues de corolle et de calice.*

Fleurs hermaphrodites : *Calice* nul ou à quatre segmens profonds. *Corolle* nulle ou à quatre pétales. Deux *Etamines*. Un *Pistil*. Une *Semence* lancéolée.

Fleurs femelles : *Calice*, *Corolle*, *Pistil*, *Semence*, comme dans les fleurs hermaphrodites.

1. FRÊNE ordinaire, *F. excelsior*, L. à feuilles pinnées; à folioles à dents de scie; à fleurs sans pétales.

Fraxinus excelsior; Frêne très-élevé. *Bauh. Pin.* 416, n.° 1. *Matth.* 128, fig. 1. *Dod. Pempt.* 833, fig. 1. *Lob. Ic.* 2, pag. 107, fig. 2. *Lugd. Hist.* 83, fig. 1. *Camer. Epit.* 64. *Bauh. Hist.* 1, P. 2, pag. 174, fig. 1.

1. *Fraxinus*; Frêne ordinaire. 2. Bois, Écorce, Feuilles, Semences. 3. *Ecorce, feuilles* : saveur un peu amère, âcre, piquante; *semences* : aromatiques. 5. Hémorragies, fièvres tierces, morsures des serpens. 6. L'écorce extérieure sert à la teinture en bleu.

En Europe. ♄ Vernale.

2. FRÊNE Orne, *F. Ornus*, L. à feuilles pinnées; à folioles à dents de scie; à fleurs pétalées.

Fraxinus humilior sive altera Theophrasti, minore et tenuiore folio; Frêne moins élevé ou autre Frêne de Théophraste, à feuille plus petite et plus menue. *Bauh. Pin.* 416, n.° 2. *Lugd. Hist.* 83, fig. 2. *Bauh. Hist.* 1, P. 1, pag. 177, fig. 1.

1. *Manna Calabrina, Ros Calabrinus*; Frêne-Orne, Frêne-noir, Manne de Calabre, Manne en larmes. 2. Suc épaissi, Manne. 3. Douceâtre, purgative. 4. Mucilage sucré. 5. Dans tous les cas où se trouvent réunis le besoin de purger et la crainte d'augmenter l'irritation, l'inflammation, etc. 6. Fermentée, elle donne un esprit ardent. Nutritive surtout en larmes. Nous devons aux Arabes la connoissance de la *Manne*, et son introduction dans nos Pharmacies.

En Sicile, en Calabre. ♄ Vernale.

3. FRÊNE d'Amérique, *F. Americana*, L. à feuilles pinnées; à folioles très-entières; à pétioles arrondis.

Catesb. Carol. 1, pag. et tab. 80.

A la Caroline, en Virginie. ♄

1274. PLAQUEMINIER, *DIOSPYROS.* * *Lam. Tab. Encyclop.* pl. 858. GUIAIACANA. *Tournef. Inst.* 600, tab. 371.

* *FLEURS HERMAPHRODITES FEMELLES.*

CAL. *Périanthe* d'un seul feuillet, grand, obtus, persistant, à quatre segmens peu profonds.

COR. Monopétale, en godet, plus grande, à quatre *divisions* peu profondes, aiguës, étalées.

ÉTAM. Huit *Filamens*, sétacés, courts, presque insérés sur le réceptacle. *Anthères* oblongues.

PIST. *Ovaire* arrondi. Un *Style*, persistant, plus long que les étas mines, à moitié divisé en quatre parties. *Stigmates* obtus, divisés peu profondément en deux parties.

PÉR. *Baie* arrondie, grande, à huit loges, insérée sur le calice très-grand, ouvert.

SEM. Solitaires, arrondies, comprimées, très-dures.

* *FLEURS MALES sur une plante distincte.*

CAL. *Périanthe* d'un seul feuillet, aigu, droit, petit, à quatre segmens peu profonds.

COR. Monopétale, en godet, coriace, à quatre côtés, à quatre *divisions* peu profondes, arrondies, roulées.

ÉTAM. Huit *Filamens*, très-courts, insérés sur le réceptacle. *Anthères* deux à deux, longues, aiguës : les intérieures plus courtes.

PIST. *Rudiment* de l'ovaire.

OBS. *Dans le* D. Virginica, L. *les fleurs mâles ont seize étamines dont huit inférieures.*

FLEURS HERMAPHRODITES FEMELLES : *Calice* à quatre segmens peu profonds. *Corolle* en godet, à quatre divisions peu profondes. Huit *Etamines*. *Style* divisé peu profondément en quatre parties. *Baie* à huit loges renfermant chacune une semence.

FLEURS MALES : *Calice*, *Corolle*, *Etamines* des fleurs hermaphrodites.

1. PLAQUEMINIER Lotier, *D. Lotus*, L. à surfaces des feuilles de deux couleurs.

Lotus Africana, latifolia; Lotier d'Afrique, à larges feuilles *Bauh. Pin.* 447, n.° 2. *Matth.* 212, fig. 1. *Lugd. Hist.* 349, fig. 2? *Bauh. Hist.* 1, P. 1, pag. 238, fig. 1. *Mill. Dict.* n.° 1. *Ic.* tab. 116.

Cette espèce présente une variété.

Lotus Africana angustifolia, sive fœmina; Lotier d'Afrique à feuilles étroites, ou Lotier femelle. *Bauh. Pin.* 447, n.° 3. *Matth.* 211, fig. 2. *Lugd. Hist.* 349, fig. 3.

A Montpellier, en Italie. ♄ Vernale.

2. PLAQUEMINIER de Virginie, *D. Virginiana*, L. à surfaces des feuilles d'une seule couleur.

Loti Africanæ similis Indica; arbre des Indes, ressemblant au Lotier d'Afrique. *Bauh. Pin.* 448, n.° 4. *Lugd. Hist.* 1750, fig. 1. *Pluk.* tab. 244, fig. 5.

Dans l'Amérique Septentrionale. ♄

1275. NYSSA, *NYSSA.* † *Lam. Tab. Encyclop.* pl. 851.

* *FLEURS MALES.*

CAL. *Périanthe* à cinq *segmens*, profonds, ouverts, à fond aplati.
COR. Nulle.
ÉTAM. Dix *Filamens*, en alêne, plus courts que le calice. *Anthères* didymes, de la longueur des filamens.

* *FLEURS HERMAPHRODITES.*

CAL. *Périanthe* comme dans les fleurs mâles, inséré sur l'ovaire.
COR. Nulle.
ÉTAM. Cinq *Filamens*, en alêne, droits. *Anthères* simples.
PIST. *Ovaire* ovale, inférieur. *Style* en alêne, recourbé, plus long que les étamines. *Stigmate* aigu.
PÉR. *Drupe*. . . . .
SEM. *Noix* ovale, aiguë, marquée par des sillons longitudinaux, anguleuse, irrégulière.

FLEURS HERMAPHRODITES : *Calice* à cinq segmens profonds. *Corolle* nulle. Cinq *Etamines*. Un *Pistil*. *Drupe* inférieure.

FLEURS MALES : *Calice* à cinq segmens profonds. *Corolle* nulle. Dix *Etamines*.

1. NYSSA aquatique, *N. aquatica*, L. à feuilles très-entières.
Pluk. tab. 172, fig. 6.
Dans l'Amérique Septentrionale, dans les lieux aquatiques. ♄

1276. ANTHOSPERME, *ANTHOSPERMUM.* *

* *FLEURS HERMAPHRODITES.*

CAL. *Périanthe* d'un seul feuillet, conique, divisé au-delà de son milieu en quatre *segmens* ovales, oblongs, roulés, obtus, légèrement colorés.
COR. Nulle, (à moins qu'on ne prenne le calice pour corolle).
ÉTAM. Quatre *Filamens*, capillaires, droits, de la longueur du calice, insérés sur le réceptacle. *Anthères* didymes, oblongues, à quatre côtés, obtuses, droites.

* FLEURS ANDROGYNES réunissant des fleurs mâles et des fleurs femelles.

* FLEURS MALES comme dans les fleurs hermaphrodites ci-dessus décrites.

* *FLEURS FEMELLES.*

CAL. Comme dans les fleurs hermaphrodites.
COR. Comme dans les fleurs hermaphrodites.

PIST. *Ovaire* inférieur, ovale, à quatre côtés. Deux *Styles*, recourbés. *Stigmates* simples.

PÉR. . . . . . .

SEM. . . . . . .

OBS. Je n'ai point vu le Fruit *des fleurs femelles.*

Voici le caractère donné par Pontedera :

Fleur monopétale, en entonnoir, insérée sur le calice dont l'orifice est légèrement incisé, et qui se change en Fruit *arrondi, anguleux, rempli de huit semences oblongues, et réunies deux à deux. Cet Auteur a-t-il pris le calice pour le fruit, et les anthères pour les semences, ou a-t-il vu le fruit? C'est ce que les Botanistes doivent examiner.*

FLEURS HERMAPHRODITES : *Calice* à quatre segmens peu profonds. *Corolle* nulle. Quatre *Étamines*. Deux *Pistils*. *Ovaire* inférieur.

FLEURS MALES et FEMELLES sur la même plante ou sur une plante distincte.

1. ANTHOSPERME d'Éthiopie, *A. Æthiopicum*, L. à feuilles lisses.

Pluk. tab. 183, fig. 1.

En Éthiopie. ♄

2. ANTHOSPERME cilié, *A. ciliare*, L. à feuilles ciliées sur la carène et sur les bords.

Pluk. tab. 244, fig. 5?

Au cap de Bonne-Espérance. ♄

1277. STILBÉ, *STILBE*. † *Lam. Tab. Encyclop.* pl. 856.

* *FLEURS HERMAPHRODITES.*

CAL. Double :

—— C. *extérieur*, *Périanthe* à trois *feuillets*, lancéolés, ouverts, pointus.

—— C. *intérieur*, *Périanthe* d'un seul feuillet, à cinq dents, cartilagineux, se durcissant.

COR. Monopétale, en entonnoir. *Tube* de la longueur du calice. *Limbe* à cinq divisions linéaires.

ÉTAM. Quatre *Filamens*, en alène, insérés sur la gorge, plus longs. *Anthères* en cœur, obtuses.

PIST. *Ovaire* supérieur, ovale. *Style* filiforme, de la longueur des étamines. *Stigmate* aigu.

PÉR. Nul. Le *Calice intérieur* caduc-tardif, qui se durcit, renferme la semence.

SEM. Une seule.

* *FLEURS MALES sur un individu distinct.*

CAL. *Extérieur* comme dans les fleurs hermaphrodites.

— *Intérieur* nul.

COR. Comme dans les fleurs hermaphrodites, mais le *Tube* est membraneux.

ÉTAM. Comme dans les fleurs hermaphrodites.

PÉR. Nul.

SEM. Nulle.

FLEURS HERMAPHRODITES : *Calice* double : l'extérieur à trois feuillets : l'intérieur à cinq dents cartilagineuses. *Corolle* en entonnoir, à cinq divisions peu profondes. Quatre *Etamines*. Une *Semence* nidulée dans le calice intérieur.

FLEURS MALES : *Calice* double : l'extérieur comme dans les fleurs hermaphrodites : l'intérieur nul. *Semence* nulle.

1. STILBÉ à feuilles de pin, *S. pinastra*, L. à fleurs en épis hérissés ; à feuilles six à six, linéaires.

Comm. Hort. 2, pag. 219, tab. 110.

Au cap de Bonne-Espérance. ♄

2. STILBÉ à feuilles de bruyère, *S. ericoïdes ;* L. à fleurs en épis lisses ; à feuilles quatre à quatre, laineuses.

Cette plante est désignée dans le *Species* sous le nom de Sélago à feuilles de bruyère, *Selago ericoïdes*, L. à fleurs en têtes terminales ; à feuilles quatre à quatre, comme en recouvrement.

Au cap de Bonne-Espérance. ♄

1278. ARCTOPE, *ARCTOPUS.* † *Lam. Tab. Encyclop.* pl. 855.

* *FLEURS MALES.*

CAL. *Ombelle universelle* longue, inégale.

— *Ombelle partielle*, plus courte, plus nombreuse.

— *Collerette universelle*, courte, à cinq feuillets.

— *Collerette partielle*, à cinq feuillets, de la longueur de l'ombellule.

— *Périanthe* très-petit, à cinq segmens profonds.

COR. *Universelle* uniforme.

— *Propre*, cinq *Pétales* entiers, oblongs.

ÉTAM. Cinq *Filamens*, sétacés, plus longs que la corolle. *Anthères* simples.

PIST. *Ovaire* nul. Deux *Styles*, sétacés, plus longs que les étamines. *Stigmates* simples.

PÉR. Avortant.

* *FLEURS FEMELLES sur une plante distincte.*

CAL. *Ombelle partielle* à fleurons assis.

—— *Collerette partielle* d'un seul feuillet, à quatre *segmens* profonds, ouverts, épineux sur les bords, très-grands, renfermant plusieurs fleurs.

COR. *Propres du disque* mâles, nombreuses, comme dans les fleurs mâles.

—— du *rayon* femelles, quatre ou cinq *Pétales*.

ÉTAM. du *disque* comme dans les fleurs mâles.

PIST. *Ovaire* en alêne, hérissé, sous le réceptacle du fleuron. Deux *Styles*, renversés, persistans. *Stigmates* simples.

PÉR. Nul. *Collerette* à épines réunies.

SEM. solitaires, en cœur, pointues, courbées en dehors, hérissées supérieurement, à deux loges, de la grandeur de la collerette.

FLEURS MALES : *Ombelle* composée. *Collerette* de cinq feuillets. *Corolle* à cinq pétales. Cinq *Etamines*. Deux *Pistils* avortans.

FLEURS ANDROGYNES : *Ombelle* simple. *Collerette* à quatre segmens profonds, épineuse, très-grande, renfermant plusieurs fleurons mâles au disque, et quatre fleurons mâles au rayon.

FLEURS MALES : *Corolle* à cinq pétales. Cinq *Etamines*.

FLEURS FEMELLES : *Corolle* à cinq pétales. Deux *Styles*. Une *Semence* à deux loges, inférieure.

1. ARCTOPE hérissonné, *A. echinatus*, L. à feuilles garnies en dessus d'épines en forme d'étoiles, hérissonnées ; à fleurs en ombelles.

Pluk. tab. 271, fig. 5. *Burm. Afric.* pag. et tab. 1.

En Éthiopie. ♃

1279. PISONE, *PISONIA.* * *Plum. Gen.* 7, tab. 11. *Lam. Tab. Encyclop.* pl. 861.

* *FLEURS HERMAPHRODITES.*

CAL. A peine visible.

COR. En cloche, à cinq *divisions* peu profondes, aiguës, ouvertes.

ÉTAM. Cinq ou six *Filamens*, en alêne. *Anthères* arrondies, didymes.

PIST. *Ovaire* oblong. *Style* court. *Stigmate* en forme de pinceau.

* *FLEURS FEMELLES.*

CAL. Comme dans les fleurs hermaphrodites.

COR. Comme dans les fleurs hermaphrodites.

PIST. *Ovaire* oblong. *Style* simple, cylindrique, plus long que la corolle, droit. *Stigmates* divisés peu profondément en deux parties.

PÉR. *Capsule* ovale, à une loge, à cinq angles, à cinq battans, ou *Baie*.

SEM. Une seule, lisse, oblongue.

FLEURS HERMAPHRODITES : *Calice* à peine visible. *Corolle* en cloche, à cinq divisions peu profondes. Cinq ou six *Etamines*. Un *Pistil*. *Capsule* à une seule loge, à cinq battans, renfermant une seule semence.

FLEURS MALES et FEMELLES sur la même plante et sur une autre plante.

1. PISONE piquante, *P. aculeata*, L. à épines axillaires, très-étalées.

Pluk. tab. 108, fig. 2. *Sloan. Jam.* tab. 167.

Dans l'Amérique Méridionale. ♄

2. PISONE sans piquans, *P. inermis*, L. à tige sans piquans.

Rheed. Mal. 7, pag. 33, tab. 17.

Dans l'Inde Orientale. ♄

3280. GIN-SENG, *PANAX*. * *Lam. Tab. Encyclop.* pl. 860.

* *FLEURS HERMAPHRODITES sur une plante distincte.*

CAL. *Ombelle* simple, égale, entassée.

—— *Collerette* de plusieurs feuillets, en alêne, très-petite, persistante.

—— *Périanthe propre*, très-petit, à cinq dents, persistant.

COR. *Universelle* uniforme.

—— *Propre*, cinq *Pétales*, oblongs, égaux, recourbés.

ÉTAM. Cinq *Filamens*, très-courts, promptement-caducs. *Anthères* simples.

PIST. *Ovaire* arrondi, inférieur. Deux *Styles*, petits, droits. *Stigmates* simples.

PÉR. *Baie* en cœur, à ombilic, à deux loges.

SEM. Solitaires, en cœur, aiguës, convexes, aplaties.

* *FLEURS MALES sur une plante distincte.*

CAL. *Ombelle* simple, arrondie, à plusieurs rayons, égaux, colorés.

— *Collerette* à *feuillets* en nombre égal à celui des rayons extérieurs, lancéolés, assis.

— *Périanthe* en toupie, très-entier, coloré.

COR. Cinq *Pétales*, oblongs, obtus, étroits, renversés, insérés sur le périanthe.

ETAM. Cinq *Filamens*, filiformes, plus longs, insérés sur le périanthe. *Anthères* simples.

FLEURS HERMAPHRODITES : *Ombelle* simple. *Collerette* à plusieurs feuillets. *Calice* supérieur, à cinq dents. *Corolle* à cinq pétales. Cinq *Etamines*. Deux *Styles*. *Baie* à deux loges renfermant chacune une semence.

FLEURS MALES : *Ombelle* simple. *Calice* très-entier. *Corolle* à cinq pétales. Cinq *Etamines*.

1. GIN-SENG à cinq feuilles, *P. quinquefolium*, L. à feuilles trois à trois et cinq à cinq.

Catesb. Carol. 3, pag. et tab. 16.

1. *Gin-seng* ; Gin-seng. 2. Racine. Les vertus de cette racine ne paroissent guère fondées que sur l'exagération superstitieuse des Chinois, et la cupidité des Hollandois. Hors d'usage.

A la Chine, au Japon, en Virginie, au Canada. ♃

2. GIN-SENG à trois feuilles, *P. trifolium*, L. à feuilles trois fois trois à trois.

Pluk. tab. 435, fig. 7.

En Virginie. ♃

3. GIN-SENG ligneux, *P. fruticosum*, L. à feuilles surdécomposées, dentées, ciliées; à tige ligneuse.

Rumph. Amb. 4, pag. 78, tab. 33.

Aux isles Ternates. ♄

1281. CHRYSITE, *CHRYSITRIX*. † *Lam. Tab. Encyclop.* pl. 842.

* *FLEURS HERMAPHRODITES.*

CAL. *Bâles* à deux *Valves*, en certain nombre, placées en recouvrement les unes sur les autres, ovales, oblongues, resserrées, cartilagineuses, persistantes.

COR. *Paillettes* très-nombreuses, réunies en faisceaux, sétacées, membraneuses, colorées, luisantes, plus longues que le calice, persistantes.

ÉTAM. *Filamens* solitaires entre chaque paillette, capillaires, de la longueur des paillettes. *Anthère* linéaire, adhérente sur chaque filament, excepté au sommet du filament.

PIST. *Ovaire* commun, oblong, obtus. *Style* filiforme, de la longueur des étamines. *Stigmate* simple.

PÉR. . . . .

SEM. . . . .

* *FLEURS MALES sur un individu distinct.*

CAL. Comme dans les fleurs hermaphrodites.

COR. Comme dans les fleurs hermaphrodites.

ÉTAM. Comme dans les fleurs hermaphrodites.

FLEURS HERMAPHRODITES : *Calice* bâle à deux valves. *Corolle* paillettes très-nombreuses, sétacées. *Filamens* solitaires entre chaque paillette. Un *Pistil.*

FLEURS MALES, comme dans les fleurs hermaphrodites. *Pistil* nul.

1. CHRYSITE du Cap, *C. Capensis*, L. à feuilles en lame d'épée, lisses; à hampe comprimée, membraneuse, terminée par un spathe à deux valves.

Au cap de Bonne-Espérance. ♃

III. TRIOÉCIE.

2282. CAROUBIER, *CERATONIA.* * *Lam. Tab. Encycl.* pl. 859. SILIQUA. *Tournef. Inst.* 578, tab. 344.

* *FLEURS MALES.*

CAL. *Périanthe* très-grand, à cinq segmens profonds.

COR. Nulle.

ÉTAM. Cinq *Filamens*, en alêne, très-longs, étalés. *Anthères* grandes, didymes.

* *FLEURS FEMELLES.*

CAL. *Périanthe* d'un seul feuillet, divisé par cinq tubercules.

COR. Nulle.

PIST. *Ovaire* nidulé dans le réceptacle charnu. *Style* long, filiforme. *Stigmate* en tête.

PÉR. *Gousse* très-grande, obtuse, comprimée, coriace, à plusieurs cloisons transverses, à étranglemens remplis de pulpe.

SEM. Solitaires, arrondies, comprimées, dures, luisantes.

* *FLEURS HERMAPHRODITES* sur un arbre distinct.

FLEURS HERMAPHRODITES : *Calice* à cinq segmens profonds. *Corolle* nulle. Cinq *Etamines*. *Style* filiforme. *Gousse* coriace, renfermant plusieurs semences.

FLEURS DIOÏQUES, mâles et femelles distincts.

1. CAROUBIER siliqueux, *C. siliqua*, L. à feuilles pinnées; à folioles arrondies, fermes, nerveuses et entières, presque assises, ordinairement au nombre de cinq.

Siliqua edulis; Caroubier comestible. *Bauh. Pin.* 402, n.° 1. *Matth.* 199, fig. 1. *Dod. Pempt.* 787, fig. 1. *Lob. Ic.* 2, pag. 104, fig. 1. *Lugd. Hist.* 112, fig. 1. *Alp. Ægypt.* 2, pag. 5, tab. 2. *Bauh. Hist.* 1, P. 2, pag. 413, fig. 1 et 2. *Icon. Pl. Medic.* tab. 59.

1. *Siliqua dulcis*; Carouge, Caroubier. 2. Fruit. 3. Doux, fade, mucilagineux, pectoral, adoucissant, laxatif. 4. Substance sucrée; extraits aqueux et spiritueux, en quantité inégale. 5. Céphalalgie, enrouement, toux, asthme, ophtalmie. 6. Les Égyptiens extraient de ce fruit une sorte de miel fort doux, qui sert de sucre aux Arabes: on l'emploie pour confire les Tamarins, Myrobolans et autres fruits. Anciennement en Égypte, on retiroit de ce fruit par la fermentation, une liqueur vineuse. Dans nos Départemens méridionaux, on le vend dans les marchés.

En Provence, en Italie, dans la Syrie, dans l'Archipel. ♄

*1283. FIGUIER, *FICUS*. * *Tournef. Inst.* 662, tab. 420. *Lam. Tab. Encyclop.* pl. 861.

Réceptacle commun en toupie, charnu, concave, réuni. Sa surface interne entièrement couverte de fleurons, dont les extérieurs ovales, plus rapprochés du bord du calice sont *mâles*, mais en petit nombre: les autres inférieurs *femelles* et nombreux.

* *Chaque* FLEUR MALE *portée sur un péduncule.*

CAL. *Périanthe propre*, à trois *segmens* profonds, lancéolés, droits, égaux.

COR. Nulle.

ÉTAM. Trois *Filamens*, sétacés, de la longueur du calice. *Anthères* didymes.

PIST. *Rudiment* promptement-caduc, tordu en dedans.

* *Chaque* FLEUR FEMELLE *portée sur un péduncule.*

CAL. *Périanthe propre* à cinq *segmens* profonds, lancéolés, pointus, droits, presque égaux.

COR. Nulle.

PIST. *Ovaire* ovale, de la grandeur du périanthe propre. *Style* en alêne, courbé, s'élevant de l'ovaire sur le côté du sommet. Deux *Stigmates*, pointus, renversés, dont un plus court.

PÉR. Nul. Le *Calice* oblique, plus grand, renferme la semence.

SEM. Une seule, arrondie, comprimée.

OBS. Caprificus, *renferme dans un calice commun seulement des fleurs mâles, sur une plante distincte.*

Erenosyce, *porte sur une plante distincte, des fleurs mâles composées et des fleurs femelles.*

Réceptacle commun en toupie, charnu, ne s'ouvrant point, renfermant des fleurs sur le même pied ou sur un autre pied.

FLEURS MALES : *Calice* à trois segmens profonds. *Corolle* nulle. Trois *Etamines.*

FLEURS FEMELLES : *Calice* à cinq segmens profonds. *Corolle* nulle. Un *Pistil.* Une *Semence.*

1. FIGUIER commun, *F. Carica*, L. à feuilles palmées.

Figus communis ; Figuier commun. *Bauh. Pin.* 457, n.° 1. *Fusch. Hist.* 755. *Matth.* 234, fig. 1. *Dod. Pempt.* 812. f. 1. *Lob. Ic.* 2, pag. 197, fig. 2. *Lugd. Hist.* 336, fig. 1. *Bauh. Hist.* 1, P. 1, pag. 128, fig. 1. *Icon. Pl. Medic.* tab. 479.

Cette espèce présente une variété.

Ficus humilis ; Figuier nain. *Bauh. Pin.* 457, n.° 2. *Matth.* 234, fig. 2. *Dod. Pempt.* 812, fig. 2. *Lob. Ic.* 2, p. 198, fig. 1. *Lugd. Hist.* 336, fig. 2. *Bauh. Hist.* 1, P. 1, p. 128, fig. 2.

Le Figuier offre plusieurs variétés relativement à la forme du fruit.

1. *Carica pinguis ;* Figues grosses. 2. Fruits nommés *Figues.* 3. Laiteuses, mucilagineuses, douces, sucrées. 4. Mucilage sucré, suc des feuilles et des fruits non mûrs, âcre, corrosif, contenant de la résine. 5. Toux, coqueluche, ardeurs de poitrine, dyssenterie, coliques avec irritation, phlegmon. 6. La Figue fraîche ou sèche est une bonne nourriture qui n'a causé d'indigestion que par la quantité ; on peut, en les faisant fermenter, en retirer une liqueur vineuse. Le bois qui est tendre et spongieux, sert aux Armuriers pour polir leurs ouvrages.

A Montpellier, en Provence. Cultivé dans toute l'Europe. ♄

2. FIGUIER Sycomore, *F. Sycomorus*, L. à feuilles en cœur, arrondies, très-entières, cotonneuses en dessous.

Ficus folio Mori, fructum in caudice ferens ; Figuier à feuille de Mûrier, portant le fruit sur le tronc. *Bauh. Pin.* 459, n.° 1. *Matth.* 232, fig. 1. *Dod. Pempt.* 811, fig. 1. *Lob. Ic.* 2, pag. 197, fig. 1. *Ludg. Hist.* 340, fig. 1. *Camer.*

Epit. 180. *Alp. Ægypt.* 2, pag. 12, tab. 5. *Bauh. Hist.* 1, P. 1, pag. 124, fig. 1 et 2.

En Egypte. ♄

3. **FIGUIER** à feuilles de nénuphar, *F. nymphæifolia*, L. à feuilles en cœur, arrondies, très-entières, lisses, terminées en pointe, glauques en dessous.

Dans l'Inde Orientale. ♄

4. **FIGUIER** religieux, *F. religiosa*, L. à feuilles en cœur, oblongues, très-entières, très-aiguës.

Pluk. tab. 178, fig 2.

Dans l'Inde Orientale. ♄

5. **FIGUIER** benjamin, *F. benjamina*, L. à feuilles ovales, aiguës, striées transversalement, lisses sur les bords.

Rheed. Malab. 1, pag. 45, tab. 26. *Rumph. Amb.* 3, P. 139, tab. 90.

Dans l'Inde Orientale. ♄

6. **FIGUIER** du Bengale, *F. Bengalensis*, L. à feuilles ovales, très-entières, obtuses; à tige poussant inférieurement des radicules.

Pluk. tab. 178, fig. 1.

Dans l'Inde Orientale. ♄

7. **FIGUIER** des Indes, *F. Indica*, L. à feuilles lancéolées, très-entières, pétiolées; à péduncules agrégés; à rameaux poussant des radicules.

Ficus Indica, foliis Mali cotonei similibus, fructu Ficubus simili, in God; Figuier des Indes, à feuilles de Coignassier, à fruit ressemblant à des Figues, dans le royaume de Goa. *Bauh. Pin.* 457, n.° 8. *Rheed. Malab.* 3, pag. 73, tab. 57.

Cette espèce présente une variété à feuilles lancéolées, très-entières.

Pluk. tab. 178, fig. 4. *Sloan. Jam.* tab. 223.

Dans l'Inde Orientale. ♄

8. **FIGUIER** à grappes, *F. racemosa*, L. à feuilles ovales, très-entières, aiguës, marquées profondément par des points; à tige en arbre.

Rheed. Malab. 1, pag. 43, tab. 25. *Rumph. Amb.* 3, p. 136, tab. 87 et 88.

Dans l'Inde Orientale. ♄

9. **FIGUIER** émoussé, *F. retusa*, L. à feuilles en ovale renversé, oblongues, très-obtuses; à rameaux anguleux; à fruits assis.

Dans l'Inde Orientale. ♄

10. **FIGUIER** *nain*, *F. pumila*, L. à feuilles oblongues, ovales, aiguës, très-entières, à réseau en dessous ; à tige articulée, rampante.

Rumph. Amb. 3, pag. 134, tab. 85.

A la Chine, au Japon. ♃

11. **FIGUIER** toxicaria, *F. toxicaria*. L. à feuilles en cœur, ovales, un peu dentées, cotonneuses en dessous.

A Sumatra. ♄

12. **FIGUIER** tacheté, *F. maculata*, L. à feuilles oblongues, aiguës, à dents de scie.

Plum. Spec. 21, ic. 131, fig. 1.

Dans l'Amérique Méridionale. ♄

CLASSE XXIV.

CRYPTOGAMIE.

I. FOUGÈRES.

Table Synoptique ou *Caractères Artificiels Génériques.*

* I. *Fructifications en épi.*

1284. PRÈLE, *EQUISETUM*. *Épi* épars, ou *Fructifications* isolées, en bouclier, à valves à leur base.

1285. CYCAS, *CYCAS*. Mâle. *Chaton* à écailles placées en recouvrement les unes sur les autres. *Poussière séminale* couvrant les écailles.

Femelle. *Spadice* en lame d'épée. *Drupe* à noyau ligneux.

1286. ZAMIE, *ZAMIA*. M. *Chaton* à écailles placées en recouvrement les unes sur les autres. *Poussière séminale* couvrant les écailles.

F. *Chaton* à écailles placées en recouvrement les unes sur les autres. Deux *Baies*.

1287. ONOCLÉE, *ONOCLEA*. *Épi* distique. *Fructifications* à cinq valves.

1288. OPHIOGLOSSE, *OPHIOGLOSSUM*. *Épi* articulé. *Fructifications* s'ouvrant horizontalement.

1289. OSMONDE, *OSMUNDA*. *Épi* ramifié. *Fructifications* à deux valves.

* II. *Fructifications sur la surface inférieure, ou sur le dos des feuilles.*

1290. ACROSTICH, *ACROSTICHUM*. *Fructifications* couvrant entièrement le dos des feuilles.

1296. POLYPODE, *POLYPODIUM.*	*Fructifications* formées par de petits paquets arrondis sur le dos des feuilles.
1293. HÉMIONITE, *HEMIONITIS.*	*Fructifications* en lignes, se croisant sur le disque.
1295. DORADILLE, *ASPLENIUM.*	*Fructifications* distribuées sur le disque en lignes presque parallèles, de différentes figures.
1292. BLECHNE, *BLECHNUM.*	*Fructifications* distribuées en lignes sur les côtés du disque.
1294. LONCHITE, *LONCHITIS.*	*Fructifications* en lignes qui suivent les sinus des feuilles.
1291. PTÉRIDE, *PTERIS.*	*Fructifications* comme en ourlet, placées sur le bord postérieur des feuilles.
1297. CAPILLAIRE, *ADIANTHUM.*	*Fructifications* sur le bord terminal et postérieur des feuilles, dont le sommet est replié en dessous et recouvre les paquets de la fructification.
1298. TRICHOMANE, *TRICHOMANES.*	*Fructifications* isolées, insérées sur la marge des feuilles.

* III. *Fructifications radicales ou placées dans les racines.*

1299. MARSILE, *MARSILEA.*	*Fructifications* à quatre capsules.
1300. PILULAIRE, *PILULARIA.*	*Fructifications* à quatre loges.
1301. ISOÈTE, *ISOETES.*	*Fructifications* à deux loges.

II. MOUSSES.

* I. *Sans coiffe.*

1302. LYCOPODE, *LYCOPODIUM.*	*Urne* à deux valves, assisse.
1303. PORELLE, *PORELLA.*	*Urne* parsemée de pores.

1304.

1304. SPHAGNE, *SPHAGNUM.* *Urne* lisse ou non ciliée sur les bords.

1305. PHASQUE, *PHASCUM.* *Urne* ciliée sur les bords.

* II. *Coiffées, diclines.*

1308. SPLACHNE, *SPLACHNUM.* *Urne* à apophyse très-grande.

1309. POLYTRICH, *POLYTRICHUM.* *Urne* à apophyse très-petite, échancrée.

1310. MNIE, *MNIUM.* *Urne* sans apophyse.

* III. *Coiffées, monoclines.*

1311. BRIE, *BRYUM.* *Urne* à péduncule terminal porté sur un tubercule.

1312. HYPNE, *HYPNUM.* *Urne* à péduncule latéral porté sur le périkèce.

1306. FONTINALE, *FONTINALIS.* *Urne* assise, enveloppée dans le périkèce imbriqué.

1307. BUXBAUME, *BUXBAUMIA.* *Urne* pédunculée, membraneuse sur un de ses côtés.

III. ALGUES.

* I. *Terrestres.*

1315. HÉPATIQUE, *MARCHANTIA.* *Fleur* à calice commun en rondache, les fleurs en dessous.

1313. JUNGERMANNE, *JUNGERMANNIA.* *Fleur* à calice simple, à quatre valves.

1314. TARGIONE, *TARGIONIA.* *Fleur* à calice à deux valves.

1318. ANTHOCÈRE, *ANTHOCEROS.* *Fleur* à calice tubulé. *Urne* en alène, à deux valves.

1316. BLASIE, *BLASIA.* *Fructification* cylindrique, tubulée.

1317. RICCIE, *RICCIA.* *Fructification* formée par de petits grains sur la surface des feuilles.

1319. LICHEN, *LICHEN*. *Fructification* en réceptacle lisse, brillant.

1324. BYSSUS, *BYSSUS*. *Substance* lanugineuse.

* II. *Aquatiques.*

1320. TREMELLE, *TREMELLA*. *Substance* gélatineuse.

1322. ULVE, *ULVA*. *Substance* membraneuse.

1321. FUCUS, *FUCUS*. *Substance* sèche comme du cuir.

1323. CONFERVE, *CONFERVA*. *Substance* chevelue.

IV. CHAMPIGNONS.

* I. *A Chapeau.*

1325. AGARIC, *AGARICUS*. *Chapeau* garni en dessous de lames.

1326. BOLET, *BOLETUS*. *Chapeau* marqué en dessous de pores.

1327. HYDNE, *HYDNUM*. *Chapeau* hérissé en dessous de pointes.

1328. MORILLE, *PHALLUS*. *Chapeau* lisse en dessous.

* II. *Sans Chapeau.*

1329. CLATHRE, *CLATHRUS*. *Champignon* en forme de grille.

1330. HELVELLE, *HELVELLA*. *Champignon* en forme de toupie.

1331. PÉZIZE, *PEZIZA*. *Champignon* en forme de cloche.

1332. CLAVAIRE, *CLAVARIA*. *Champignon* alongé.

1333. VESCE-DE-LOUP, *LYCOPERDON*. *Champignon* arrondi.

1334. MOISISSURE, *MUCOR*. *Champignon* à vésicules portées sur un pédicule.

CRYPTOGAMIE.

La CRYPTOGAMIE renferme les Plantes dont les fructifications ne sont pas visibles à l'œil nu, et dont la structure est absolument différente de celle des autres plantes.

Les ORDRES de cette Classe sont :

1.° Les FOUGÈRES nommées ordinairement *Dorsifères*, *Épiphyllospermes* ou *Capillaires*.

CALICE écaille née de la feuille, s'ouvrant d'un côté, sous laquelle se trouvent des globules péduncules.

Globule ceint d'un anneau élastique, qui s'ouvre avec force et répand la poussière séminale.

Comme nous n'avons aucune base pour classer ces plantes par la fructification, nous les avons divisées en Ordres d'après leur situation sous leurs opercules. Leur fructification étant encore peu connue, que ceux qui pourront voir vivantes les espèces de *Trichomanes*, les observent soigneusement !

2.° Nous avons divisé les *Mousses* d'après leurs urnes, *Coiffées* ou sans *Coiffes* sur la même plante ou sur une plante distincte, avec les fleurons femelles, agrégés ou solitaires, d'après les principes de *Dillen* qui a développé cette famille.

Les semences des Mousses sont de petits corps nus, sans cotylédons ou tuniques, puisqu'ils végètent de nouveau lorsqu'ils sont mouillés. *Voyez les Aménités Académiques*, tom. 2, pag. 284.

On devroit peut-être appeler *Capsules* les parties que nous avons nommées *Urnes*, et leur *Pollen* de vraies *semences* ; puisque nous observons dans la *Buxbaume* et autres plantes de cette famille, entre les opercules de vraies *Anthères* pollinifères pendantes d'un filament, s'ouvrant au sommet, lançant leur pollen sur les cils, comme sur des pistils.

3.° Les *Algues*, excepté celles qui ont été examinées par *Micheli*, sont encore peu connues relativement à leur fructification.

4.° Nous avons divisé les CHAMPIGNONS d'après la méthode de *Dillen*, préférablement à celle de *Micheli*, parce que celle du premier est sensible pour tout le monde, et celle du second ne peut être vue qu'avec des yeux de lynx ; cependant *Micheli* a fait un beau travail sur cette famille, ainsi que sur celle des *Mousses* et des *Algues*. On lui doit la découverte de leurs fructifications, telles qu'elles sont connues jusqu'à ce moment.

V 2

CRYPTOGAMIE.

I. FOUGÈRES.

1284. PRÊLE, *EQUISETUM.* * *Tournef. Inst.* 532, tab. 307. *Lam. Tab. Encyclop.* pl. 862.

FRUCTIFICATIONS réunies en épi ovale, oblong.

Chaque Fructification arrondie, s'ouvrant à la base par plusieurs valvules réunies au sommet aplati, en bouclier.

FRUCTIFICATIONS en épi terminal composé d'écailles en bouclier s'ouvrant à la base en plusieurs valves.

1. PRÊLE des forêts, *E. sylvaticum*, L. à tige en épis; à feuilles composées.

Equisetum sylvaticum tenuissimis setis ; Prêle des forêts à feuilles très-menues. *Bauh. Pin.* 16, n.° 7.

Nutritive pour la Chèvre.

A Montpellier, Lyon.

2. PRÊLE des champs, *E. arvense*, L. à tige portant l'épi, nue : la tige stérile, feuillée.

Equisetum arvense longioribus setis ; Prêle des champs à feuilles plus longues. *Bauh. Pin.* 16, n.° 9. *Fusch. Hist.* 323. *Dod. Pempt.* 73, fig. 2. *Lob. Ic.* 1, pag. 795, fig. 2.

1. *Equisetum ;* Prêle ou Queue de cheval des champs. 2. Toute la plante. 3. Styptique, sans saveur ni odeur. 5. Pissement de sang, hémorragies, angine aqueuse, gonorrhée benigne, écoulemens blancs, phthisie. 6. On dit qu'elle nuit aux vaches, qu'on en a vu mourir de la diarrhée et pisser le sang pour en avoir mangé. C'est un des fléaux de l'agriculture.

Nutritive pour la Chèvre.

En Europe dans les champs, les prés. ♃

3. PRÊLE des marais, *E. palustre*, L. à tige anguleuse; à feuilles simples.

Equisetum palustre brevioribus setis ; Prêle des marais à feuilles plus courtes. *Bauh. Pin.* 15, n.° 3. *Lob. Ic.* 1, pag. 795, fig. 1.

Cette espèce présente une variété.

Equisetum palustre minus, polystachion ; Prêle des marais plus petite, à plusieurs épis. *Bauh. Pin.* 16, n.° 5.

Elle fait pisser le sang aux vaches, et avorter les brebis.

Nutritive pour la Chèvre.

En Europe dans les prés marécageux. ♃

4. **PRÊLE** des fleuves, *E. fluviatile*, L. à tige striée; à feuilles quelquefois rameuses vers la base.

Equisetum palustre longioribus setis; Prêle des marais à feuilles plus longues. *Bauh. Pin.* 15, n.° 2. *Matth.* 725, fig. 1. *Dod. Pempt.* 73, fig. 1. *Lob. Ic.* 1, pag. 793, fig. 1. *Lugd. Hist.* 1069, fig. 1. *Bul. Paris.* tab. 585.

A Rome le peuple mangeoit les jeunes pousses de cette plante; on les mange encore en Toscane.

Nutritive pour le Cheval, le Cochon, la Chèvre, l'Oie.

En Europe sur les bords des fleuves, des lacs. ♃

5. **PRÊLE** limoneuse, *E. limosum*, L. à tige lisse, presque nue ou sans feuilles.

Rai. Angl. 3, pag. 131, tab. 5, fig. 2.

Haller regarde cette espèce comme une variété de la Prêle des marais.

Nutritive pour la Chèvre.

A Montpellier, Lyon, dans les marais fangeux. ♃

6. **PRÊLE** d'hiver, *E. hyemale*, L. à tige nue, rude, quelquefois rameuse vers la base.

Equisetum foliis nudum, non ramosum; Prêle sans feuilles, non rameuse. *Bauh. Pin.* 16, n.° 10. *Lugd. Hist.* 1071, f. 1.

Equisetum foliis nudum, ramosum; Prêle sans feuilles, rameuse. *Bauh. Pin.* 16, n.° 11. *Matth.* 725, f. 3. *Dod. Pempt.* 73, f. 3 et 4. *Lob. Ic.* 1, p. 794, f. 1 et 2. *Lugd. Hist.* 1071, f. 2.

Equisetum nudum minus, variegatum, Basilense; Prêle sans feuilles, plus petite, marquetée, de Basle. *Bauh. Pin.* 16, n.° 12.

La Prêle d'hiver a les cannelures des tiges si rudes, qu'elles servent pour polir les bois et les métaux, pour nettoyer les batteries de cuisine en étain ou en cuivre, et pour adoucir dans la dorure le blanc qui sert de couche à l'or.

Nutritive pour la Chèvre.

En Europe dans les lieux humides. ♃

7. **PRÊLE** gigantesque, *E. giganteum*, L. à tige en arbre, striée; à feuilles simples, roides.

Plum. Spec. 11, ic. 125, fig. 2.

Dans l'Amérique Méridionale.

1285. **CYCAS**, *CYCAS*. † *Lam. Tab. Encyclop.* pl. 891.

* *FLEURS MALES.*

CAL. *Spathe* nul. *Spadice* nul.

— *Chaton* en forme de cône, ovale, à écailles sèches et rudes.

Écailles en spatule, lisses, charnues, colorées, carénées en dessous, à aiguillon renversé, écarté.

COR. Nulle.

ÉTAM. *Filamens* nuls. *Anthères* nulles.

— *Pollen* répandu sur la page supérieure des écailles du chaton, assis, très-abondant, très-entassé, comme arrondi, à une loge, s'ouvrant longitudinalement d'un côté.

* FLEURS FEMELLES *sur un individu distinct.*

CAL. *Spathe* nul.

— *Spadice* très-simple, comprimé, à deux tranchans, long, pointu. *Périanthe* nul.

COR. nulle.

PIST. *Ovaires* solitaires, nidulés jusqu'au-delà de leur milieu dans les angles du spadice, éloignés, arrondis. *Style* cylindrique, très-court. *Stigmate* simple.

PÉR. *Drupe* ovale, à une loge.

SEM. *Noix* ligneuse, à une loge.

FLEURS MALES : chaton en forme de cône, formé par des écailles couvertes de toutes parts en dessous de poussière séminale.

FLEURS FEMELLES : *Spadice* en lame d'épée. *Ovaires* solitaires, nidulés dans les angles du spadice. Un seul *Style*. *Drupe* renfermant un noyau ligneux.

1. CYCAS roulé, *C. circinalis*, L. à feuilles pinnées, roulées; à folioles linéaires, planes.

   Rheed. Malab. 3, pag. 9, tab. 13 et 21. *Rhumph. Amb.* 1, pag. 86, tab. 22 et 23.

   1. *Sagu granula*; Sagou. 2. Moëlle intérieure de l'arbre, sorte de fécule. 3. Saveur douce. 4. Mucilage pur. 5. Phthisie, marasme, cachexies acrimonieuses. 6. Diète des personnes foibles; première nourriture des enfans. On peut en faire un bon pain : plus usité en Angleterre que par-tout ailleurs.

   Au Malabar, aux isles Moluques. Apporté en Europe par les Anglois au commencement du 17e siècle; introduit en France en 1740, et en Allemagne en 1744.

1086. ZAMIE, *ZAMIA*. *Lam. Tab. Encyclop.* pl. 892.

* *FLEURS MALES.*

CAL. *Spathe*.... *Spadice*....

— *Chaton* en forme de cône, oblong, à *écailles* en recouvrement, couvertes en dessous de pollen.

COR. Nulle.

ÉTAM. *Filamens* nuls. *Anthères* nulles.
— *Pollen* porté sur un pédicule, répandu sur les écailles du chaton.

* *FLEURS FEMELLES sur des spadices distincts (chatons) sur la même plante.*

CAL. *Spathe....* *Spadice* comme dans les fleurs mâles.
— *Chaton* en forme de cône, à écailles sur les deux bords.
— *Périanthe* en bouclier, porté sur un pédicule.
COR. Nulle.
PIST. Deux *Ovaires*, annexés au Périanthe. *Style....* *Stigmate....*
PÉR. *Baie* solitaire. (Deux *Baies* selon le *Syst. Veget.* pag. 775).
SEM. . . .

FLEURS MALES : chaton en forme de cône formé par des écailles couvertes en dessous de poussière séminale.

FLEURS FEMELLES : chaton en forme de cône à écailles sur les deux marges. *Baie* solitaire.

1. ZAMIE naine, *Z. pumila*, L. à feuilles pinnées; à folioles presque opposées, linéaires, obtuses.
Pluk. tab. 103, fig. 2; et 309, fig. 5. *Herm. Parad.* pag. et tab. 210.
Dans l'Amérique Méridionale.

1287. ONOCLÉE, *ONOCLEA.* † *Lam. Tab. Encyclop.* pl. 864.
FRUCTIFICATIONS disposées en épi ramifié, distique.
CAPS. arrondie, à une loge, à cinq battans, lancéolés, aigus.
SEM. Nombreuses, petites, en forme de sciure de bois, longues, velues.
RÉC. *Propre* des semences en colonne, droit, placé à la base de chaque battant.

FRUCTIFICATIONS en Épi distique ou en évantail, à cinq valves.

1. ONOCLÉE sensible, *O. sensibilis*, L. à feuilles pinnées; à fructifications quelquefois rameuses vers le sommet.
Moris. Hist. sect. 14, tab. 2, fig. 10. *Pluk.* tab. 404, fig. 2.
En Virginie. ♃

2. ONOCLÉE polypode, *O. polypodioïdes*, L. à feuilles deux fois pinnées; à fructifications à trois valves.
Au cap de Bonne-Espérance.

1288. OPHIOGLOSSE, *OPHIOGLOSSUM.* * *Tournef. Inst.* 548, tab. 325. *Lam. Tab. Encyclop.* pl. 864.

Capsule distique, à *Articulations* nombreuses, transverses, divisée en autant de loges qu'il y a d'articulations, s'ouvrant chacune transversalement lorsqu'elles sont mûres.

SEM. Nombreuses, très-petites, comme ovales.

FRUCTIFICATIONS en épi articulé, distique : chaque articulation s'ouvrant transversalement.

1. OPHIOGLOSSE Langue de serpent, *O. vulgatum*, L. à une feuille ovale.

Ophioglossum vulgatum; Ophioglosse vulgaire. *Bauh. Pin.* 354, n.° 1. *Fusch. Hist.* 577. *Matth.* 447, fig. 2. *Dod. Pempt.* 139, fig. 1. *Lob. Ic.* 1, pag. 808, fig. 2. *Lugd. Hist.* 1047, fig. 1. *Bauh. Hist.* 3, P. 2, pag. 708, fig. 2. *Moris. Hist.* sect. 14, tab. 5, fig. 1. *Barrel.* tab. 252, fig. 2. *Bul. Paris.* tab. 587. *Flor. Dan.* tab. 147. *Icon. Pl. Medic.* tab. 126.

Cette espèce présente une variété.

Ophioglossum minus, subrotundo folio; Ophioglosse plus petite, à feuille arrondie. *Bauh. Pin.* 354, n.° 3.

En Europe dans les prés. ♃ Vernale.

2. OPHIOGLOSSE du Portugal, *O. Lusitanicum*, L. à une feuille lancéolée.

Barrel. tab. 252, fig. 2.

En Portugal.

3. OPHIOGLOSSE à réseau, *O. reticulatum*, L. à une feuille en cœur.

Plum. Filic. 141, tab. 164.

Dans l'Amérique Méridiodale.

4. OPHIOGLOSSE palmée, *O. palmatum*, L. à une feuille palmée, portant un épi à sa base.

Plum. Filic. 139, tab. 163.

Dans l'Amérique Méridionale.

5. OPHIOGLOSSE pendante, *O. pendulum*, L. à feuilles linéaires, très-longues, sans divisions.

Rumph. Amb. 6, pag. 84, tab. 37, fig. 3.

Dans l'Inde Orientale. Parasite sur les arbres.

6. OPHIOGLOSSE grimpante, *O. scandens*, L. à tige tortueuse, arrondie ; à feuilles conjuguées ; à folioles pinnées, portant de chaque côté des épis.

Moris. Hist. sect. 14, tab. 3, fig. 15.

Dans l'Inde Orientale. ♄

7. OPHIOGLOSSE tortueuse, *O. flexuosum*, L. à tige tortueuse; anguleuse; à feuilles à deux folioles; à pinnules palmées, à trois divisions peu profondes.

Rheed. Malab. 12, pag. 6, tab. 32. *Rhumph. Amb.* 6. pag. 75. tab. 32.

Dans l'Inde Orientale. ♄

1289. OSMONDE; *OSMUNDA.* * *Tournef. Inst.* 547. tab. 324. *Lam. Tab. Encyclop.* pl. 865.

CAPSULES arrondies, distinctes, disposées en grappe, s'ouvrant horizontalement.

SEM. Nombreuses, très-petites, ovales.

FRUCTIFICATIONS en épi rameux : chaque partie de la fructification arrondie.

* I. *OSMONDES à hampes reposant sur la tige, à la base de la feuille.*

1. OSMONDE de Zeylan, *O. Zeylanica*, L. à hampe reposant sur la sige, solitaire; à feuilles en anneaux, lancéolées, très-entières ou sans divisions.

Rumph. Amb. 6, pag. 153, tab. 63, fig. 3.

A Zeylan, à Amboine.

2. OSMONDE Lunaire, *O. Lunaria*, L. à hampe reposant sur la tige, solitaire; à une feuille pinnée; à folioles en croissant.

Lunaria racemosa minor vel vulgaris; Lunaire à grappe plus petite ou vulgaire. *Bauh. Pin.* 354, n.° 1. *Fusch. Hist.* 482. *Matth.* 647, fig. 1. *Dod. Pempt.* 139, fig. 2. *Lob. Ic.* 1, pag. 807, fig. 2. *Clus. Hist.* 2, pag. 118, fig. 2. *Lugd. Hist.* 1313, fig. 2. *Camer. Epit.* 643. *Bauh. Hist.* 3, P. 2, pag. 710, fig. 1. *Moris. Hist.* sect. 14, tab. 5, fig. 1. *Barrel.* tab. 252, fig. 1. *Bul. Paris.* tab. 588. *Flor. Dan.* tab. 18, fig. 1. *Icon. Pl. Medic.* tab. 65.

Cette espèce présente deux variétés.

1.° *Lunaria racemosa, ramosa, major*; Lunaire à grappe, rameuse, plus grande. *Bauh. Pin.* 355, n.° 2. *Matth.* 647, fig. 2. *Camer. Epit.* 644.

2.° *Lunaria minor, rutaceo folio*; Lunaire plus petite à feuilles de Rue. *Bauh. Pin.* 355, n.° 4.

A Montpellier, Lyon, Grenoble. ♃ Vernale.

3. OSMONDE de Virginie, *O. Virginica*, L. à hampe reposant sur la tige, solitaire; à feuilles surdécomposées.

Plum. Filic. 136, tab. 159.

Dans l'Amérique Méridionale.

4. OSMONDE phyllitide, *O. phyllitides*, L. à hampes reposant sur la tige, deux à deux; à feuilles pinnées; à tige lisse.

Plum. Filic. 133, tab. 156.

Dans l'Amérique Méridionale.

5. OSMONDE hérissée, *O. hirta*, L. à hampes reposant sur la tige, deux à deux ; à feuilles pinnées ; à tige hérissée.
Plum. Filic. 114, tab. 157. *Amer.* 18, tab. 26.
A la Martinique.

6. OSMONDE velue, *O. hirsuta*, L. à hampes reposant sur la tige, deux à deux ; à feuilles deux fois pinnées, velues.
Plum. Filic. 165, tab. 8, fig. 16. *Sloan. Jam.* tab. 25, fig. 6.
Dans l'Amérique Méridionale.

7. OSMONDE à feuilles d'adianthe, *O. adianthifolia*, L. à hampes reposant sur la tige, deux à deux ; à feuilles surdécomposées.
Plum. Filic. 135, tab. 158. *Amer.* 29, tab. 43.
A la Jamaïque, à Saint-Domingue.

* II. *Osmondes à hampes nues, partant de la racine.*

8. OSMONDE verticillée, *O. verticillata*, L. à hampes partant de la racine ; à grappes en anneaux ; à feuilles surdécomposées.
Plum. Filic. 137, tab. 160.
Dans l'Amérique Méridionale.

9. OSMONDE langue de cerf, *O. cervina*, L. à hampe partant de la racine ; à feuilles pinnées ; à pinnules très-entières.
Plum. Filic. 132, tab. 154.
Dans l'Amérique Méridionale.

10. OSMONDE deux fois pinnée, *O. bipinnata*, L. à hampe partant de la racine ; à feuilles pinnées ; à pinnules pinnatifides.
Plum. Filic. 133, tab. 155.
Dans l'Amérique Méridionale.

11. OSMONDE à feuilles de fougère, *O. filiculifolia*, L. à hampe partant de la racine, paniculée ; à feuilles surdécomposées.
Plum. Filic. 138, tab. 161.
Dans l'Amérique Méridionale.

* III. *Osmondes à feuilles produisant au sommet la fructification.*

12. OSMONDE royale, *O. regalis*, L. à feuilles deux fois pinnées, produisant à leur sommet une espèce de grappe de fleurs.
Filix ramosa non dentata, florida ; Fougère rameuse non dentée, fleurie. *Bauh. Pin.* 357, n.° 3. *Trag.* 543. *Dod. Pempt.* 463, fig. 1 et 2. *Lob. Ic.* 1, pag. 813, fig. 1 et 2. *Lugd. Hist.* 1225, fig. 2. *Bauh. Hist.* 3, P. 2. pag. 736, fig. 1. *Moris. Hist.* sect. 14, tab. 4, fig. 1. *Pluk.* tab. 181, fig. 4. *Flor. Dan.* tab. 217.

La partie supérieure des feuilles se change quelquefois en fructifications.

A Montpellier, en Bresse, en Bourgogne, en Auvergne. ♃

13. OSMONDE de Clayton, *O. Claytoniana*, L. à feuilles pinnées; à pinnules pinnatifides, produisant à leur sommet des fructifications resserrées, deux à deux.

En Virginie.

* IV. *OSMONDES à feuilles stériles, et à feuilles portant la fructification.*

14. OSMONDE du Cap, *O. Capensis*, L. à feuilles pinnées; à pinnules en cœur, lancéolées, crénelées.

Au cap de Bonne-Espérance.

15. OSMONDE cannelle, *O. cinnamomea*, L. à feuilles pinnées; à pinnules pinnatifides; à hampes hérissées; à grappes opposées, composées.

Au Mariland.

16. OSMONDE à ailes d'autruche, *O. strutiopteris*, L. à feuilles pinnées; à pinnules pinnatifides; à hampe portant la fructification, distique ou en évantail.

Filix palustris altera subfusco pulvere hirsuta; autre Fougère de marais, hérissée d'une poussière brunâtre. *Bauh. Pin.* 358, n.° 2. *Flor. Dan.* tab. 169.

En Suisse, en Danemarck. ♃

17. OSMONDE des forêts, *O. spicant*, L. à feuilles lancéolées, pinnatifides; à pinnulles confluentes, parallèles, très-entières.

Lonchitis minor; Lonchite plus petite. *Bauh. Pin.* 359, n.° 2. *Trag.* 550. *Matth.* 661, fig. 2. *Dod. Pempt.* 469, fig. 1. *Lob. Ic.* 1, pag. 815, fig. 2. *Lugd. Hist.* 1216, fig. 1; et 1221, fig. 2. *Camer. Epit.* 665. *Bauh. Hist.* 3, P. 2. pag. 745, fig. 1 et 2. *Flor. Dan.* tab. 99.

Cette espèce présente des variétés dont les feuilles sont bifurquées, et les fructifications ramifiées.

A Montpellier, Lyon, Grenoble. ♃ Estivale.

18. OSMONDE frisée, *O. crispa*, L. à feuilles deux fois pinnées; à pinnules alternes, arrondies, découpées.

Adiantum foliis minutim in oblongum scissis; pediculo viridi; Adiante à feuilles finement découpées dans leur longueur, à pédicule vert. *Bauh. Pin.* 355, n.° 3. *Bauh. Hist.* 3, P. 1, pag. 743, fig. 1. *Moris. Hist.* sect. 14, tab. 5, fig. 25, *Pluk.* tab. 3, fig. 2. *Flor. Dan.* tab. 496.

Sur les Alpes du Dauphiné, au Mont-Pilat. ♃ Estivale. *Alp.*

1290. ACROSTICH, *ACROSTICUM*. * *Lam. Tab. Encyclop.* pl. 865. RUTA-MURARIA. *Tournef. Inst.* 541, tab. 317.

FRUCTIFICATIONS couvrant entièrement la page inférieure des feuilles.

FRUCTIFICATIONS couvrant entièrement le dos des feuilles.

* I. *ACROSTICHS à feuilles simples, sans divisions.*

1. ACROSTICH lancéolé, *A. lanceolatum*, L. à feuilles linéaires, lancéolées, aiguës; à drageon grimpant.
Rheed. Mal. 12, pag. 141, tab. 33.
Dans l'Inde Orientale.

2. ACROSTICH à feuilles de citron, *A. citrifolium*, L. à feuilles lancéolées, ovales, très-entières; à drageon grimpant.
Plum. Filic. 107, tab. 116.
Dans l'Amérique Méridionale.

3. ACROSTICH hétérophylle, *A. heterophyllum*, L. à feuilles très-entières, lisses, pétiolées : les stériles arrondies : celles qui portent la fructification, linéaires.
Petiv. Gaz. 3, tab. 53, fig. 12. *Amœn. Acad.* 1, pag. 268, tab. 12, fig. 2.
Au Malabar, à Zeylan, en Afrique.

4. ACROSTICH à crinière, *A. crinitum*, L. à feuilles ovales, obtuses, hérissées, formant en dessus une crinière.
Petiv. Filic. 145, tab. 13, fig. 14.
On ignore son climat natal.

5. ACROSTICH ponctué, *A. punctatum*, L. à feuilles en cœur, en languette, aiguës, très-entières, ponctuées en dessus.
A la Chine.

* II. *ACROSTICHS à feuilles simples, divisées.*

6. ACROSTICH Septentrional, *A. Septentrionale*, L. à feuilles nues, linéaires, laciniées.
Filicula saxatilis corniculata; petite Fougère des rochers, à feuilles divisées en forme de corne. *Bauh. Pin.* 358, n.° 5. *Lob. Ic.* 1, pag. 47, fig. 1. *Lugd. Hist.* 1226, fig. 1. *Bauh. Hist.* 3, P. 2, pag. 755, fig. 2. *Bul. Paris.* tab. 589. *Flor. Dan.* tab. 60.
A Montpellier, Lyon, Paris, etc. ♃

7. ACROSTICH en peigne, *A. pectinatum*, L. nu, très-simple; à épi ovale, ascendant, comprimé, tourné d'un seul côté.
Moris. Hist. sect. 8, tab. 9, fig. 30. *Pluk.* tab. 95, fig. 7.
En Éthiopie.

8. ACROSTICH dichotome, *A. dichotomum*, L. nu, dichotome; à épis ascendans, renversés, comprimés, tournés d'un seul côté.

Petiv. Gaz. tab. 70, fig. 12.

A la Chine.

9. ACROSTICH digité, *A. digitatum*, L. à tiges nues, à trois faces; à feuilles digitées, linéaires, très-entières, égales.

Amæn. Acad. 1, pag. 269, tab. 12, fig. 1.

A Zeylan.

10. ACROSTICH ferrugineux, *A. ferrugineum*, L. à feuilles pinnatifides; à pinnules linéaires, aiguës, étalées, très-entières, réunies; à tige lisse.

Pluk. tab. 89, fig. 9.

Dans l'Amérique Méridionale.

11. ACROSTICH polypode, *A. polipodioïdes*, L. à feuilles pinnatifides; à pinnules linéaires, obtuses, très-entières, ouvertes, réunies; à tige écailleuse.

Pluk. tab. 289, fig. 1.

Le synonyme de *Morison*, *Polypodium minus Virginianum*, *foliis brevibus, subtùs argenteis*; Polypode plus petit de Virginie, à feuilles courtes, argentées en dessous, *Hist.* 3, pag. 563, sect. 14, tab. 2, fig. 5, est rapporté deux fois par *Linné*: 1.° à cette espèce, 2.° à l'espèce 18.

En Virginie, à la Jamaïque. ♃

* III. *Acrostics à feuilles pinnées.*

12. ACROSTICH doré, *A. aureum*, L. à feuilles pinnées; à pinnules alternes, en forme de langue, très-entières, lisses.

Pluk. tab. 288, fig. 2.

A la Jamaïque, à Saint-Domingue.

13. ACROSTICH roux, *A. rufum*, L. à feuilles pinnées; à pinnules oblongues, ovales, très-entières, duvetées.

Sloan. Jam. tab. 45, fig. 1.

Dans l'Amérique Méridionale.

14. ACROSTICH à feuilles de sorbier, *A. sorbifolium*, L. à feuilles pinnées; à pinnules oblongues, ovales, entières, à dents de scie, aiguës; à tige écailleuse.

Pluk. tab. 286, fig. 3. *Sloan. Jam.* tab. 38.

A la Jamaïque, à Saint-Domingue.

15. ACROSTICH à aréoles, *A. areolatum*, L. à feuilles pinnées; à pinnules alternes, linéaires, à dents de scie au sommet.

En Virginie, au Mariland.

16. ACROSTICH à bordure, *A. marginatum*, L. à feuilles pinnées; à pinnules oblongues, très-entières, ondulées, aiguës; à tige nue.

Sloan. Jam. tab. 40.

A la Jamaïque.

17. ACROSTICH saint, *A. sanctum*, L. à feuilles pinnées; à pinnules linéaires, lancéolées, incisées, à dents de scie: les dentelures inférieures plus grandes.

Pluk. tab. 283, fig. 1. *Sloan. Jam.* tab. 49, fig. 2.

A la Jamaïque.

18. ACROSTICH argenté, *A. platyneuron*, L. à feuilles pinnées; à pinnules alternes, crénelées, assises, voûtées en arc vers le haut.

Pluk. tab. 289, fig. 2.

Nous avons observé que *Linné* a rapporté à cette espèce et à l'espèce 11, le synonyme de *Morison*, sect. 14, tab. 2, fig. 5.

En Virginie.

19. ACROSTICH à trois feuilles, *A. trifoliatum*, L. à feuilles pinnées: à pinnules trois à trois, lancéolées.

Sloan. Jam. tab. 45, fig. 2.

A la Jamaïque.

* IV. *Acrostichs à feuilles comme deux fois pinnées.*

20. ACROSTICH siliqueux, *A. siliquosum*, L. à feuilles pinnées; à pinnules alternes, pinnées vers le haut, linéaires: les inférieures divisées profondément en deux parties.

Pluk. tab. 215, fig. 3.

A Zeylan.

21. ACROSTICH pigamon, *A. thalictroïdes*, L. à feuilles pinnées; à pinnules alternes, pinnatifides des deux côtés; les stériles plus larges.

A Zeylan.

22. ACROSTICH de Maranta, *A. Marantæ*, L. à feuilles comme deux fois pinnées; à pinnules opposées, réunies par la base, très-hérissées en dessous, obtuses, dentées à la base.

Lonchitis folio Ceterach; Lonchite à feuilles de Cétérach. *Bauh. Pin.* 359, n.° 3. *Matth.* 661, f. 3. *Lob. Ic.* 1, p. 816, fig. 1. *Lugd. Hist.* 1221, fig. 1. *Camer. Epit.* 666.

Le synonyme de *Plukenet*, *Filicula crispa, lanugine hepatici coloris vestita*; petite Fougère frisée, couverte d'un duvet couleur de rouille, tab. 281, fig. 4, est rapporté deux fois par *Linné*, 1.° à cette espèce; 2.° à la Ptéride trichomanoïde, espèce 12.

A Thyn en Dauphiné. ♃

23. ACROSTICH d'Angleterre, *A. Ilvense*, L. à feuilles comme deux fois pinnées; à pinnules opposées, réunies par la base, obtuses, hérissées en dessous, très-entières à la base.

Lugd. Hist. 1221, fig. 3; et 1230, fig. 2. *Moris. Hist.* sect. 14, tab. 3, f. 23. *Pluk.* tab. 89, fig. 5.

En Suède, en Lapponie, en Angleterre. ♃

24. ACROSTICH couleur d'ébène, *A. ebeneum*, L. à feuilles pinnées; à pinnules assises, oblongues, sinuées: les supérieures très-courtes, très-entières.

Sloan. Jam. tab. 53, fig. 1.

A la Jamaïque.

25. ACROSTICH fourchu, *A. furcatum*, L. à tige dichotome; à feuilles pinnées; à pinnules parallèles, lancéolées, rapprochées, très-entières.

Plum. Amer. 13, tab. 20. *Filic.* 22, tab. 28.

A la Jamaïque.

* V. *ACROSTICHS à feuilles deux fois pinnées.*

26. ACROSTICH piquant, *A. aculeatum*, L. à feuilles surdécomposées; à pinnules divisées peu profondément en deux parties; à tiges armées de piquans.

Sloan. Jam. tab. 61.

A la Jamaïque.

27. ACROSTICH en croix, *A. cruciatum*, L. à feuilles deux fois pinnées; à pinnules opposées, lancéolées: les inférieures garnies d'appendices en forme de croix.

Plum. Filic. 26, tab. 38.

Dans l'Amérique Méridionale.

28. ACROSTICH d'Afrique, *A. Barbarum*, L. à feuilles deux fois pinnées; à pinnules opposées, lancéolées, obtuses, à dents de scie, assises, alternes.

Pluk. tab. 181, fig. 5.

En Afrique.

29. ACROSTICH de la Martinique, *A. calomelanos*, L. à feuilles deux fois pinnées; à folioles alternes, lancéolées, aiguës, pinnatifides.

Pluk. tab. 124, fig. 3. *Plum. Filic.* 30, tab. 40.

A la Martinique, au Brésil, à la Jamaïque.

1291. PTÉRIDE, *PTERIS.* * *Lam. Tab. Encyclop.* pl. 869.

FRUCTIFICATIONS disposées en lignes, ceignant le bord inférieur des feuilles.

FRUCTIFICATIONS en ourlet placé sur le bord postérieur des feuilles.

* I. *PTÉRIDES à feuilles très-simples.*

1. PTÉRIDE piloselle, *P. piloselloïdes*, L. à feuilles stériles en ovale renversé : celles qui portent les fructifications, lancéolées, plus longues ; à drageons rampans.
   Dans l'Inde Orientale.

2. PTÉRIDE lancéolée, *P. lanceolata*, L. à feuilles simples, lancéolées, presque anguleuses, lisses, portant les fructifications au sommet.
   Plum. Filic. 116; tab. 132.
   A Saint-Domingue.

3. PTÉRIDE à lignes, *P. lineata*, L. à feuilles simples, linéaires, très-entières, portant les fructifications dans leur longueur.
   Plum. Filic. 123, tab. 143.
   A Saint-Domingue.

4. PTÉRIDE à trois pointes, *P. tricuspidata*, L. à feuilles simples, linéaires, divisées peu profondément au sommet en trois parties.
   Plum. Filic. 121, tab. 140.
   A Saint-Domingue.

5. PTÉRIDE fourchue, *P. furcata*, L. à feuilles simples, dichotomes, hérissées en dessous; portant les fructifications au sommet.
   Plum. Filic. 122, tab. 141.
   Dans l'Amérique Méridionale.

6. PTÉRIDE à quatre feuilles, *P. quadrifoliata*, L. à quatre feuilles, arrondies, très-entières ; à drageons rampans.
   Pluk. tab. 401, fig. 5.
   Dans l'Amérique Méridionale.

* II. *PTÉRIDES à feuilles simplement pinnées ou composées.*

7. PTÉRIDE en arbre, *P. arborea*, L. à feuilles pinnées ; à folioles pinnatifides ; à tige en arbre, armée de piquans.
   On ignore son climat natal.

8. PTÉRIDE à grandes feuilles, *P. grandifolia*, L. à feuilles pinnées ; à pinnules opposées, ovales, linéaires, aiguës, très-entières.

Plum.

Plum. Filic. 88, tab. 106.

A Saint-Domingue, à la Martinique.

9. PTÉRIDE à longues feuilles, *P. longifolia*, L. à feuilles pinnées; à pinnules linéaires, un peu sinuées, en cœur à la base.

Pluk. tab. 402, fig. 1. *Plum. Filic.* 52, tab. 69.

A Saint-Domingue.

10. PTÉRIDE à rubans, *P. vittata*, L. à feuilles pinnées; à pinnules linéaires, droites, arrondies à la base.

Sloan. Jam. tab. 34.

A la Jamaïque, à la Chine.

11. PTÉRIDE à stipules, *P. stipularis*, L. à feuilles pinnées; à pinnules linéaires, assises; à stipules lancéolées.

Plum. Amer. 12, tab. 19. *Filic.* tab. 70.

Dans l'Amérique Méridionale.

12. PTÉRIDE trichomanoïde, *P. trichomanoïdes*, L. à feuilles pinnées; à pinnules comme ovales, obtuses, un peu sinuées, hérissées en dessous.

Nous avons observé que le synonyme de *Plukenet*, tab. 281, fig. 4, a été rapporté deux fois par *Linné*, 1.° à cette espèce; 2.° à l'Acrotisch de Maranta.

Dans l'Amérique Méridionale.

13. PTÉRIDE de Crète, *P. Cretica*, L. à feuilles pinnées; à pinnules opposées, lancéolées, à dents de scie, plus étroites à la base : les inférieures comme divisées en trois parties.

Hemionitis multifida; Hémionite à plusieurs divisions. *Bauh. Pin.* 354, n.° 4. *Lugd. Hist.* 1218. *Alp. Exot.* 67 et 66 *Moris. Hist.* sect. 14, tab. 1, fig. 16.

A Nice, à Naples, dans l'isle de Crète. ♃

* III. *PTÉRIDES à feuilles comme deux fois pinnées ou rameuses.*

14. PTÉRIDE à pied roide, *P. pedata*, L. à feuilles à cinq angles, trois à trois; à pinnules pinnatifides : les latérales divisées profondément en deux parties.

Pluk. tab. 286, fig. 5.

A la Jamaïque, à Saint-Domingue, en Sibérie. ♃

15. PTÉRIDE Fougère femelle, *P. aquilina*, L. à feuilles surdécomposées; à folioles pinnées; à pinnules lancéolées : les inférieures pinnatifides : les supérieures plus petites.

Filix ramosa major, pinnulis obtusis, non dentatis; Fougère ramifiée plus grande, à pinnules obtuses, non dentées. *Bauh. Pin.* 357, n.° 1. *Fusch. Hist.* 596. *Matth.* 886, fig. 2. *Dod*

Pempt. 462, fig. 2. *Lob. Ic.* 1, pag. 812, f. 2. *Lugd. Hist.* 1222, fig. 2. *Camer. Epit.* 992. *Bal. Paris.* tab. 390.

Les cendres de cette espèce fournissent une grande quantité d'alkali dont on fait avec l'huile d'excellent savon; la racine amère et glutineuse a été employée avec succès contre le ver solitaire et les empâtemens du bas-ventre.

En Europe, dans les bois. ♃

16. PTÉRIDE à queue, *P. caudata*, L. à feuilles surdécomposées; à pinnules linéaires: les inférieures pinnées et dentées à la base: les terminales très-longues.

Plum. Filic. 23, tab. 29. *Amer.* 14, tab. 22. *Sloan. Jam.* t. 63.

A Saint-Domingue, à la Jamaïque.

17. PTÉRIDE mutilée, *P. mutilata*, L. à feuilles décomposées; à folioles pinnées: les inférieures à moitié pinnatifides: les terminales très-alongées à la base.

Plum. Amer. 21, tab. 30. *Filic.* tab. 51.

A la Jamaïque, à Saint-Domingue.

18. PTÉRIDE pourpre-noirâtre, *P. atro-purpurea*, L. à feuilles décomposées, pinnées; à pinnules lancéolées: les terminales plus longues.

En Virginie.

19. PTÉRIDE à deux oreillettes, *P. biaurita*, L. à feuilles pinnées; à pinnules pinnatifides: l'inférieure divisée profondément en deux parties.

Pluk. tab. 401, fig. 1. *Plum. Amer.* 10, tab. 14. *Filic.* tab. 15.

A Saint-Domingue, à la Martinique, à la Jamaïque.

20. PTÉRIDE demi-pinnée, *P. semipinnata*, L. à feuilles comme deux fois pinnées; les folioles latérales et le lobe inférieur à moitié pinnatifides.

Osbeck Itin. tab. 3, fig. 1.

A la Chine.

1292. BLECHNE, *BLECHNUM.* † *Lam. Tab. Encyclop.* pl. 869.

FRUCTIFICATIONS distribuées en lignes parallèles rapprochées sur les côtés des feuilles.

FRUCTIFICATIONS distribuées sur deux lignes rapprochées, parallèles sur les côtés des feuilles.

1. BLECHNE d'Occident, *B. Occidentale*, L. à feuilles pinnées; à pinnules lancéolées, opposées, échancrées à la base.

Moris. Hist. sect. 14, tab. 2, f. 16. *Sloan. Jam.* tab. 44, f. 2.

Dans l'Amérique Méridionale.

2. BLECHNE d'Orient, *B. Orientale*, L. à feuilles pinnées; à pinnules linéaires, alternes.

A la Chine.

3. BLECHNE Austral, *B. Australe*, L. à feuilles pinnées; à pinnules presque assises, en cœur, lancéolées, très-entières; les inférieures opposées.

Au cap de Bonne-Espérance.

4. BLECHNE de Virginie, *B. Virginicum*, L. à feuilles pinnées; à pinnules divisées peu profondément en plusieurs parties.

En Virginie.

5. BLECHNE à radicules, *B. radicans*, L. à feuilles deux fois pinnées; à pinnules lancéolées, crénelées; à lignes des fructifications interrompues.

Pluk. tab. 179, fig. 2.

En Virginie, à Madère.

1293. HÉMIONITE, *HEMIONITIS.* † *Lam. Tab. Encyclop.* pl. 868.

FRUCTIFICATIONS disposées en lignes, se croisant, ou ramifiées.

FRUCTIFICATIONS en lignes se croisant sur le disque.

1. HÉMIONITE lancéolée, *H. lanceolata*, L. à feuilles lancéolées, très-entières.

Pluk. Filic. 122, tab. 6, fig. 4.

Dans l'Amérique Méridionale.

2. HÉMIONITE parasite, *H. parasitica*, L. à feuilles ovales, pointues; à drageons garnis de paillettes, rampans.

A la Jamaïque.

3. HÉMIONITE palmée, *H. palmata*, L. à feuilles palmées, hérissées.

Pluk. tab. 291, fig. 4. *Plum. Amer.* 23, tab. 33. *Filic.* tab. 151.

Dans l'Amérique Méridionale.

1294. LONCHITE, *LONCHITIS.* *

FRUCTIFICATIONS disposées en lignes en croissant, qui suivent les sinus inférieurs des feuilles.

FRUCTIFICATIONS en lignes qui suivent les sinus des feuilles.

1. LONCHITE hérissée, *L. hirsuta*, L. à feuilles pinnatifides, obtuses, très-entières; à drageons rameux, hérissés.

Plum. Filic. 18, tab. 20.

Dans l'Amérique Méridionale.

2. LONCHITE à oreillettes, *L. aurita*. L. à feuilles pinnées; à pinnules inférieures divisées profondément en deux parties; à drageons sans divisions, armés de piquans.

Plum. Filic. 14, tab. 17.

Dans l'Amérique Méridionale.

3. LONCHITE rampante, *L. repens*, L. à feuilles pinnées; à pinnules alternes, sinuées; à drageons rameux, armés de piquans.

Plum. Filic. 11, tab. 12.

Dans l'Amérique Méridionale.

4. LONCHITE à pied roide, *L. pedata*, L. à feuilles à pied roide; à pinnules pinnatifides, un peu dentées.

Brown. Jam. 89, tab. 1, fig. 1 et 2.

A la Jamaïque.

1293. DORADILLE, *ASPLENIUM.* * *Lam. Tab. Encyclop.* pl. 867. *Tournef. Inst.* 544, tab. 318. LINGUA CERVINA. *Tournef. Inst.* 544, tab. 319, 320 et 321. TRICHOMANES. *Tournef. Inst.* 539, tab. 315.

FRUCTIFICATIONS distribuées en lignes droites, placées sous le disque des feuilles.

FRUCTIFICATIONS distribuées en lignes éparses sur le dos des feuilles.

* I. *DORADILLES à feuilles simples.*

1. DORADILLE, rhizophylle, *A. rhizophyllum*, L. à feuilles en cœur, en lame d'épée, sans divisions, filiformes, poussant des radicules au sommet.

Moris. Hist. sect. 14, tab. 1, fig. 14. *Pluk.* tab. 105, fig. 3; et tab. 253, fig. 4. *Sloan. Jam.* tab. 26, fig. 1.

A la Jamaïque, en Virginie, au Canada, en Sibérie.

2. DORADILLE Hémionite, *A. Hemionitis*, L. à feuilles simples, en cœur, en fer de hallebarde, à cinq lobes, très-entières; à tiges lisses.

Hemionitis vulgaris; Hémionite vulgaire. *Bauh. Pin.* 353, n.° 1. *Matth.* 646, fig. 2. *Dod. Pempt.* 467, f. 3. *Lob. Ic.* 1, pag. 806, fig. 1. *Clus. Hist.* 2, pag. 214, fig. 1. *Lugd. Hist.* 1217, f. 1. *Camer. Epit.* 641. *Bauh. Hist.* 3, P. 2, p. 758, fig. 1. *Moris. Hist.* sect. 14, tab. 1, fig. 2.

En Italie, en Espagne. ♃

3. DORADILLE Scolopendre, *A. Scolopendrium*, L. à feuilles simples, en cœur, en forme de langue, très-entières; à pétioles hérissés, chargés de poils roussâtres.

Lingua cervina Officinarum; Langue de cerf des Boutiques. *Bauh. Pin.* 353, n.° 1. *Fusch. Hist.* 294. *Trag.* 549. *Matth.*

606, fig. 1. *Dod. Pempt.* 467, fig. 1. *Clus. Hist.* 2, p. 213, fig. 2. *Lugd. Hist.* 1219, fig. 1. *Camer. Epit.* 579. *Bauh. Hist.* 3, P. 2, pag. 756, fig. 1. *Moris. Hist.* sect. 14, t. 1, fig. 1. *Bul. Paris.* tab. 591. *Icon. Pl. Medic.* tab. 47.

Cette espèce présente plusieurs variétés.

1.° *Phyllitis crispa ;* Phyllite frisée. *Bauh. Hist.* 3, P. 2, pag. 757, fig. 3.

2.° *Lingua cervina multifido folio ;* Langue de cerf à feuille divisée. *Bauh. Pin.* 353, n.° 2. *Dod. Pempt.* 467, fig. 2. *Lob. Ic.* 1, pag. 805, fig. 2. *Clus. Hist.* 2, pag. 213, f. 3. *Lugd. Hist.* 1219, f. 2. *Bauh. Hist.* 3, P. 2, pag. 757, f. 2.

1. *Scolopendrium ;* Scolopendre. 2. Feuilles. 5. Histéricie, palpitations, rachitis, cachexie.

En Europe, dans les bois. ♃

4. **DORADILLE** nid, *A. nidus*, L. à feuilles simples, lancéolées, très-entières, lisses.

Moris. Hist. sect. 14, tab. 1, fig. 15.

Les feuilles forment une espèce d'ombelle, dans le centre de laquelle quelques oiseaux font leurs nids.

A Java, sur le sommet des arbres.

5. **DORADILLE** à dents de scie, *A. serratum*, L. à feuilles simples, lancéolées, à dents de scie, presque assises.

Plum. Amer. 27, tab. 39. *Filic.* tab. 124.

Dans l'Amérique Méridionale.

6. **DORADILLE** plantain, *A. plantaginum*, L. à feuilles simples, ovales, lancéolées, un peu crénelées; à pétiole à quatre côtés.

A la Jamaïque.

7. **DORADILLE** à deux feuilles, *A. bifolium*, L. à feuilles deux à deux, lancéolées, un peu sinuées, réunies.

Plum. Filic. 116, tab. 133.

Dans l'Amérique Méridionale.

* II. *DORADILLES à feuilles pinnatifides.*

8. **DORADILLE** Cétérach, *A. Ceterach*, L. à feuilles pinnatifides ; à lobes alternes, confluens, obtus.

Ceterach Officinarum ; Cétérach des Boutiques. *Bauh. Pin.* 354. *Trag.* 551. *Matth.* 646, fig. 1. *Dod. Pempt.* 468, f. 1. *Lob. Ic.* 1, pag. 807, fig. 1. *Lugd. Hist.* 1215, f. 1. *Camer. Epit.* 640. *Bauh. Hist.* 3, P. 2, pag. 749, fig. 1. *Moris. Hist.* sect. 14, tab. 2, fig. dernière. *Icon. Pl. Medic.* t. 311.

1. *Ceterach, Asplenium ;* Cétérach. Inusitée.

En Europe, sur les murs. ♃

9. **DORADILLE** à feuilles obtuses, *A. obtusifolium*, L. à feuilles comme pinnées; à pinnules obtuses, sinuées, alternes, courantes.

Petiv. Filic. 117, tab. 2, fig. 4.

Dans l'Amérique Méridionale.

* III. *DORADILLES à feuilles pinnées.*

10. **DORADILLE** nouense, *A. nodosum*, L. à feuilles pinnées; à pinnules opposées, lancéolées, très-entières.

Plum. Amer. 4, tab. 6. *Filic.* tab. 108. *Sloan. Jam.* t. 41, f. 1.

Dans l'Amérique Méridionale.

11. **DORADILLE** à feuilles de saule, *A. salicifolium*, L. à feuilles pinnées; à pinnules en faucille, lancéolées, crénelées, anguleuses à la base.

Plum. Amer. 18, tab. 27. *Filic.* tab. 60.

Aux Antilles.

12. **DORADILLE** trichomanoïde, *A. trichomanoïdes*, L. à feuilles pinnées; à pinnules arrondies, crénelées.

Trichomanes sive Polytrichum Officinarum; Trichomane ou Polytrich des Boutiques. *Bauh. Pin.* 356, n.° 1. *Fusch. Hist.* 796. *Matth.* 833, fig. 1. *Dod. Pempt.* 471, f. 1. *Lob. Ic.* 1, pag. 809, fig. 3. *Lugd. Hist.* 1211, fig. 1. *Camer. Epit.* 925. *Bauh. Hist.* 3, P. 2, pag. 734, la description seulement. *Moris. Hist.* sect. 14, tab. 3, fig. 10. *Bul. Paris.* tab. 592. *Flor. Dan.* tab. 119. *Icon. Pl. Med.* tab. 95.

Cette espèce présente une variété.

Trichomanes minus et tenerius; Trichomane plus petit et plus tendre. *Bauh. Pin.* 356, n.° 2.

En Europe, dans les bois, les prés. ♃

13. **DORADILLE** dentée, *A. dentatum*, L. à feuilles pinnées; à pinnules en forme de coin, obtuses, crénelées, échancrées.

Plum. Amer. 35, tab. 50; *Filic.* tab. 101.

Dans l'Amérique Méridionale.

14. **DORADILLE** marine, *A. marinum*, L. à feuilles pinnées; à pinnules en ovale renversé, à dents de scie, bossuées, obtuses en dessus, en forme de coin à la base.

Filicula maritima ex insulis Stœchadibus; petite Fougère maritime des isles Stéchades. *Bauh. Pin.* 358, n.° 3. *Lob. Ic.* 1, pag. 814, fig. 1. *Lugd. Hist.* 1226, fig. 2. *Moris. Hist.* sect. 14, tab. 3, fig. 25. *Pluk.* tab. 253, fig. 5.

En Angleterre.

15. **DORADILLE** à feuilles en couteau, *A. cultrifolium*, L. à feuilles pinnées; à pinnules en faucille, lancéolées, incisées, à dents de scie, anguleuses extérieurement à la base.

Plum. Filic. 45, tab. 59.

A la Martinique.

16. DORADILLE naine, *A. pygmæum*, L. à feuilles pinnées; à trois ou cinq pinnules arrondies.

A la Jamaïque.

17. DORADILLE porte-racine, *A. rhiziphorum*, L. à feuilles pinnées, poussant des radicules de leur sommet: à pinnules ovales, un peu sinuées, à oreillettes très-courtes: les plus petites éloignées, très-entières.

Sloan. Jam. tab. 29 et 30, fig. 1.

Dans l'Inde Occidentale.

18. DORADILLE à une fructification, *A. monanthemum*, L. à feuilles pinnées; à pinnules trapésiformes, obtuses, crénelées supérieurement; à fructifications sur une seule ligne.

Au cap de Bonne-Espérance.

19. DORADILLE Rue des murailles, *A. Ruta muraria*, L. à feuilles alternativement décomposées; à folioles en forme de coin, crénelées.

Ruta muraria; Rue des murailles. *Bauh. Pin.* 356. *Fusch. Hist.* 730, Trag. 530, fig. 2. *Matth.* 734, fig. 1. *Dod. Pempt.* 470, fig. 1, *Lob. Ic.* 1, pag. 811, fig. 1. *Lugd. Hist.* 1213, fig. 1. *Camer. Epit.* 785. *Bauh. Hist.* 3, P. 2, pag. 753, fig. 1. *Bul. Paris.* tab. 593. *Flor. Dan.* tab. 190. *Icon. Pl. Medic.* tab. 162.

En Europe sur les murailles. ♃

20. DORADILLE Capillaire noir, *A. Adiantum nigrum*, L. à feuilles comme trois fois pinnées; à folioles alternes; à pinnules lancéolées, découpées, à dents de scie.

Adiantum foliis longioribus, pulverulentis, pediculo nigro; Adiante à feuilles plus longues, pulvérulentes, à pédicule noir. *Bauh. Pin.* 355, n. 2. *Dod. Pempt.* 466, fig. 1. *Lob. Ic.* 1, pag. 810, fig. 2. *Flor. Dan.* tab. 250.

A Montpellier, Lyon, Grenoble. ♃

21. DORADILLE Trichomane rameux, *A. Trichomanes ramosum*, L. à feuilles deux fois pinnées; à pinnules en ovale renversé, crénelées; les folioles inférieures plus petites.

Trichomanes ramosum majus et minus; Trichomane rameux plus grand et plus petit. *Bauh. Pin.* 356, n. 3. *Bauh. Hist.* 3, P. 2, pag. 755, fig. 1.

En Angleterre.

22. DORADILLE à bordure, *A. marginatum*, L. à feuilles pinnées; à pinnules opposées, en cœur, lancéolées, comme à bordure, très-entières.

Petiv. Filic. 108, tab. 12, fig. 2.

Dans l'Amérique Méridionale.

23. DORADILLE écailleuse, *A. squamosum*, L. à feuilles pinnées ; à pinnules aiguës, découpées ; à tige écailleuse.

Petiv. Filic. 112, tab. 5, fig. 2.

Dans l'Amérique Méridionale.

24. DORADILLE striée, *A. striatum*, L. à feuilles pinnées ; à pinnules pinnatifides, obtuses, crénelées : la terminale aiguë.

Petiv. Filic. 113, 114, tab. 3, fig. 3 et 4.

Dans l'Amérique Méridionale.

25. DORADILLE rongée, *A. erosum*, L. à feuilles pinnées : à pinnules en trapèze alongé, striées, rongées, plus larges à la base.

Sloan. Jam. tab. 33, fig. 2.

Dans l'Inde Occidentale.

1296. POLYPODE, *POLYPODIUM.* * *Tournef. Inst.* 540, tab. 316. *Lam. Tab. Encyclop.* pl. 866. LONCHITIS. *Tournef. Inst.* 538, tab. 314. *Lam. Tab. Encyclop.* pl. 868.

FRUCTIFICATIONS distribuées en points arrondis sur la surface inférieure des feuilles.

FRUCTIFICATIONS formées par de petits paquets arrondis ; épars, ou en séries isolées, qui ressemblent à des points dispersés sur le dos des feuilles.

* I. *POLYPODES à feuilles sans divisions.*

1. POLYPODE lancéolé, *P. lanceolatum*, L. à feuilles lancéolées, très-entières, lisses ; à fructifications isolées ; à rejet nu.

Petiv. Filic. 8, tab. 6, fig. 2.

Dans l'Amérique Méridionale.

2. POLYPODE lycopode, *P. lycopodioïdes*, L. à feuilles lancéolées, très-entières, lisses ; à fructifications isolées ; à rejet écailleux, rampant.

Pluk. tab. 290, fig. 3.

Dans l'Amérique Méridionale, à la Martinique, à Saint-Domingue.

3. POLYPODE piloselle, *P. pilloselloïdes*, L. à feuilles lancéolées, très-entières, hérissées : les stériles ovales : les fertiles lancéolées ; à fructifications isolées.

Plum. Filic. 103, tab. 118.

Dans l'Amérique Méridionale.

4. POLYPODE hétérophylle, *P. heterophyllum*, L. à feuilles crénelées, lisses : les stériles arrondies, assises : les fertiles lancéolées; à fructifications isolées.
Plum. Filic. 105, tab. 120.
Dans l'Amérique Méridionale.

5. POLYPODE à feuilles épaisses, *P. crassifolium*, L. à feuilles lancéolées, lisses, très-entières; à fructifications transversales.
Petiv. Filic. 1, pag. 6, tab. 8.
Dans l'Amérique Méridionale.

6. POLOPODE phyllitide, *P. phyllitide*, L. à feuilles lancéolées; lisses, très-entières; à fructifications éparses.
Plum. Amer. 26, tab. 38.
Dans l'Amérique Méridionale.

7. POLYPODE chevelu, *P. comosum*, L. à feuilles lancéolées, lisses, divisées peu profondément au sommet en plusieurs parties; à fructifications éparses.
Plum. Filic. 115, tab. 131.
Dans l'Amérique Méridionale.

8. POLYPODE à trois fourches, *P. trifurcatum*, L. à feuilles lancéolées, lisses, un peu sinuées, divisées aux sommet en trois lobes.
Plum. Filic. 120, tab. 138.
Dans l'Amérique Méridionale.

* II. *Polypodes à feuilles pinnatifides; à lobes réunis.*

9. POLYPODE phymatode, *P. phymatodes*, L. à feuilles simples, divisées peu profondément en trois ou cinq lobes, lancéolées; à fructifications garnies de verrues.
Pluk. tab. 404, fig. 1 et 5.
Dans l'Inde Orientale.

10. POLYPODE frisé, *P. crispatum*, L. à feuilles pinnatifides, lisses; à lobes demi-arrondis, crénelés.
Petiv. Filic. tab. 13, fig. 12.
Dans l'Amérique Méridionale.

11. POLYPODE suspendu, *P. suspensum*, L. à feuilles pinnatifides, lisses; à lobes demi-ovales, aigus.
Plum. Filic. 67, tab. 87.
Dans l'Amérique Méridionale.

12. POLYPODE à feuilles de doradille, *P. aspleniifolium*, L. à feuilles pinnatifides, velues; à lobes demi-ovales, aigus.
Petiv. Filic. 26, tab. 7, fig. 16.

Cette espèce présente une variété à poils des feuilles roussâtres, décrite et gravée dans *Plumier Filic.* 68, tab. 88.

Dans l'Amérique Méridionale.

13. POLYPODE scolopendre, *P. scolopendrioïdes*, L. à feuilles pinnatifides; à lobes lancéolés, un peu obtus : les inférieurs éloignés.

Plum. Filic. tab. 91.

A la Jamaïque.

14. POLYPODE vulgaire, *P. vulgare*, L. à feuilles pinnatifides; à pinnules oblongues, obtuses, à peine dentées; à racine écailleuse.

Polypodium vulgare; Polypode vulgaire. *Bauh. Pin.* 359, n.° 1. *Fusch. Hist.* 588. *Trag.* 540. *Matth.* 887, fig. 1. *Dod. Pempt.* 464, fig. 1. *Lob. Ic.* 1, pag. 814, fig. 2. *Lugd. Hist.* 1229, fig. 1. *Moris. Hist.* sect. 14, tab. 2, fig. 1. *Barrel.* tab. 38, et 1110. *Bul. Paris.* tab. 594.

Cette espèce présente une variété.

Polypodium minus; Polypode plus petit. *Bauh. Pin.* 359, n.° 2. *Matth.* 887, fig. 2. *Dod. Pempt.* 464, fig. 2. *Lugd. Hist.* 1230, fig. 1.

1. *Polypodium;* Polypode ordinaire, Polypode de chêne des Anciens. 2. Racine. 3. Odeur nulle; saveur d'abord douce, ensuite amère. 4. Extrait gommeux; extrait résineux moins abondant. 5. Colique, goutte, rachitis, asthme pituiteux; maladies de la peau; dartres, toux, rhumes opiniâtres.

En Europe dans les fentes des rochers, des murailles, au pied des vieux arbres. ♃

15. POLYPODE de Virginie, *P. Virginicum*, L. à feuilles pinnatifides; à pinnules oblongues, à peine dentées, obtuses; à racine lisse.

Moris. Hist. sect. 14, tab. 2, fig. 3.

En Virginie.

16. POLYPODE otite, *P. otites*, L. à feuilles pinnatifides; à lobes lancéolés, alternes, obtus, éloignés les uns des autres.

Petiv. Filic. 32, tab. 1, fig. 16.

Dans l'Amérique Méridionale.

17. POLYPODE en peigne, *P. pectinatum*, L. à feuilles pinnées, lancéolées; à lobes rapprochés, en lame d'épée, parallèles, aigus, horizontaux; à racine nue.

Plum. Amer. 26, tab. 37.

A la Jamaïque.

18. **POLYPODE** à feuilles d'if, *P. taxifolium*, L. à feuilles pinnées; à lobes rapprochés, en lame d'épée, parallèles, aigus, ascendans; à racine hérissée.

Plum. Filic. 69, tab. 89.

Dans l'Amérique Méridionale.

19. **POLYPODE** à plumes d'autruche, *P. struthionis*, L. à feuilles pinnées; à folioles rapprochées, en lame d'épée, un peu sinuées, horizontales.

Plum. Filic. 60, tab. 78.

Dans l'Amérique Méridionale.

20. **POLYPODE** écailleux, *P. squamatum*, L. à feuilles pinnatifides, rudes; à pinnules lancéolées, éloignées les unes des autres, horizontales, très-entières.

Plum. Filic. 29, tab. 7, fig. 11.

Dans l'Amérique Méridionale.

21. **POLYPODE** à courroie, *P. loriceum*, L. à feuilles pinnatifides, lisses; à pinnules lancéolées, éloignées les unes des autres, horizontales, peu sinuées.

Petiv. Filic. 27, 28, tab. 7, fig. 10, 12.

Dans l'Amérique Méridionale.

22. **POLYPODE** ailé, *P. alatum*, L. à feuilles pinnatifides, lisses; à pinnules oblongues, éloignées les unes des autres, dentées.

Petiv. Filic. 37, tab. 7, fig. 13.

Dans l'Amérique Méridionale.

23. **POLYPODE** Anglois, *P. Cambricum*, L. à feuilles pinnatifides; à pinnules lancéolées, déchirées, pinnatifides, à dents de scie.

Moris. Hist. sect. 14, tab. 2, fig. 8. *Pluk.* tab. 30, fig. 1.

En Angleterre, à Montpellier.

24. **POLYPODE** doré, *P. aureum*, L. à feuilles pinnatifides, lisses; à pinnules oblongues, éloignées les unes des autres : les inférieures étalées : la terminale très-grande; à fructifications transversales.

Plum. Amer. 25, tab. 35. *Filic.* 59, tab. 76.

Dans l'Amérique Méridionale, au pied des vieux arbres.

25. **POLYPODE** à feuilles de chêne, *P. quercifolium*, L. à feuilles stériles assises, plus courtes, obtuses, sinuées : celles qui portent les fructifications, alternativement pinnées et lancéolées.

Polypodium exoticum folio Quercûs; Polypode étranger à feuille de Chêne. *Bauh. Pin.* 359, n.° 3. *Clus. Exot.* 88 et 89, fig. 1.

Dans l'Inde Orientale. ♃

* III. *POLYPODE à trois feuilles ; à pétioles portant trois folioles.*

26. POLYPODE à trois feuilles, *P. trifoliatum*, L. à feuilles trois à trois, sinuées, lobées : l'intermédiaire plus grande.

Pluk. tab. 291, fig. 3. *Sloan. Jam.* 85, tab. 42.

Aux isles Caribes.

* IV. *POLYPODES à feuilles pinnées.*

27. POLYPODE Lonchite, *P. Lonchitis*, L. à feuilles pinnées ; à pinnules en croissant, ciliées, finement dentées, très-rapprochées les unes des autres ; à pétioles en râpe.

Lonchitis aspera ; Lonchite rude. *Bauh. Pin.* 359, n.° 1. *Matth.* 661, fig. 1. *Lugd. Hist.* 1220, f. 1. *Camer. Epit.* 664. *Moris. Hist.* sect. 14, tab. 2, fig. 1. *Barrel.* tab. 1121. *Flor. Dan.* tab. 497.

A Montpellier, Lyon, Grenoble. ♃

28. POLYPODE très-élevé, *P. exaltatum*, L. à feuilles pinnées ; à pinnules en lame d'épée, entières, bossuées inférieurement en dedans et supérieurement en dehors.

Sloan. Jam. tab. 31.

Dans l'Amérique Méridionale.

29. POLYPODE à oreillettes, *P. auriculatum*, L. à feuilles pinnées ; à pinnules en faucille, lancéolées, à dents de scie, tronquées à la base ; à oreillettes dans leur partie supérieure.

Pluk. tab. 30, fig. 4. *Burm. Zeyl.* 98, tab. 44, fig. 2.

Dans l'Inde Orientale.

30. POLYPODE uni, *P. unitum*, L. à feuilles pinnées ; à pinnules en lame d'épée, à dents de scie ; à dentelures demi-ovales, nervenses.

Pluk. tab. 244, fig. 1 ; et 403, fig. 1. *Sloan. Jam.* tab. 48.

Dans l'Inde Orientale.

31. POLYPODE triangulaire, *P. triangulare*, L. à feuilles pinnées ; à pinnules triangulaires, dentées.

Petiv. Filic. 76, tab. 1, fig. 10.

Dans l'Amérique Méridionale.

32. POLYPODE à feuilles en cœur, *P. cordifolium*, L. à feuilles pinnées ; à pinnules en cœur, obtuses, très-entières, un peu sinuées.

Petiv. Filic. 75, tab. 1, fig. 11.

Dans l'Amérique Méridionale.

33. POLYPODE semblable, *P. simile*, L. à feuilles pinnées ; à pinnules lancéolées, très-entières, éloignées les unes des autres ;

les supérieures plus petites, parsemées de points disposés par séries.

Sloan. Jam. tab. 32.

Dans l'Amérique Méridionale.

34. POLYPODE dissemblable, *P. dissimile*, L. à feuilles pinnées; à pinnules lancéolées, un peu duvetées, confluentes : les inférieures distinctes, parsemées de points épars.

Pluk. tab. 288, fig. 1.

Dans l'Amérique Méridionale.

35. POLYPODE à réseau, *P. reticulatum*, L. à feuilles pinnées; à pinnules oblongues, très-entières; à nervures s'anastomosant; les points à angles droits, très-rapprochés.

Plum. Amer. 6, tab. 9.

Dans l'Amérique Méridionale.

36. POLYPODE à feuilles de ciguë, *P. cicutarium*, L. à feuilles trois à trois; à pinnules deux fois pinnées, laciniées à la base, incisées, à dents de scie, aiguës : les inférieures bossuées.

Pluk. tab. 284, fig. 1.

En Virginie, à la Jamaïque.

37. POLYPODE des fontaines, *P. fontanum*, L. à feuilles pinnées, lancéolées; à folioles arrondies, finement incisées; à pétioles lisses.

Filicula montana, minor; Filicule des montagnes, plus petite. *Bauh. Pin.* 358, n.° 2. *Lob. Ic.* 1, pag. 810, fig. 1, selon *Haller. Barrel.* tab. 432, fig. 1.

A Lyon, Grenoble. ♃

* V. *POLYPODES à feuilles comme deux fois pinnées, dont les folioles sont réunies à la base de manière à paroître plutôt demi-pinnées que réellement pinnées.*

38. POLYPODE Phégoptère *P. Phegopteris*, L. à feuilles comme deux fois pinnées; à folioles inférieures renversées, toutes réunies par paires, formant un quarré.

A Grenoble, au Mont-Pilat. ♃

39. POLYPODE renversé en arrière, *P. retroflexum*, L. à feuilles comme deux fois pinnées; à folioles inférieures renversées en arrière; à pinnules déchirées.

Petiv. Filic. 72, tab. 1, fig. 9.

Dans l'Amérique Méridionale.

40. POLYPODE odorant, *P. fragrans*, L. à feuilles comme deux fois pinnées, lancéolées; à folioles entassées; à lobes obtus, à dents de scie; à pétioles chargés de lames ou d'écailles.

A la grande Chartreuse, sur le Grand-Som. ♃

41. **POLYPODE** parasite, *P. parasiticum*, L. à feuilles à moitié deux fois pinnées, lancéolées; à lobes arrondis, très-entiers, striés.

Rheed. Mal. 12, pag. 35, tab. 17.

Dans l'Inde Orientale. Parasite sur les arbres.

42. **POLYPODE** varié, *P. varium*, L. à feuilles latérales deux fois pinnées : la foliole inférieure pinnatifide.

En Chine.

43. **POLYPODE** à crête, *P. cristatum*, L. à feuilles comme deux fois pinnées; à folioles ovales, oblongues; à pinnules un peu obtuses, finement dentées au sommet.

Pluk. tab. 181, fig. 2.

A Lyon, Grenoble, etc. ♃

44. **POLYPODE** Fougère mâle, *P. Filix mas*, L. à feuilles deux fois pinnées; à pinnules obtuses, crénelées; à pétioles chargés de lames ou d'écailles.

Filix (mas) non ramosa, dentata; Fougère (mâle) non rameuse, dentée. *Bauh. Pin.* 358, n.° 3. *Fusch. Hist.* 595. *Trag.* 546. *Matth.* 886, fig. 1. *Dod. Pempt.* 462, fig. 1. *Lob. Ic.* 1, pag. 812, fig. 1. *Lugd. Hist.* 1222, fig. 1; et 1227, fig. 1. *Camer. Epit.* 991. *Bauh. Hist.* 3, P. 2, pag. 737; et 738, fig. 1. *Icon. Pl. Medic.* tab. 497.

Cette plante offre une variété très-singulière, dont toutes les pinnules soit terminales soit latérales, présentent un grand nombre de bifurcations. *Plukenet*, tab. 284, fig. 3, est le seul auteur qui en ait donné la figure; il dit qu'elle lui avoit été envoyée : depuis ce temps, aucun Botaniste n'en a parlé. Nous avons retrouvé cette superbe variété à la grande Chartreuse, et nous en avons déposé un exemplaire dans l'Herbier que nous avions fait par ordre de feu *Ricard*, préfet du département de l'Isère, pour le Muséum de Grenoble.

a. Filix, Filix mas; Fougère mâle. 2. Racine. 3. Odeur nauséuse; saveur amère. 5. Obstructions des viscères, scorbut, rachitis, mélancolie, goutte, vieux ulcères, en cataplasme. 6. Dans des années de disette, on a fait du pain avec la racine moulue. Les cendres de Fougère qui fournissent une grande quantité d'alkali, servent pour les verreries, les lessives, et peuvent comme celles de genêt, être ordonnées à titre de diurétique dans l'ascite, l'œdème, etc. La poudre de la racine forme un tan excellent pour préparer les peaux de chèvre. Les feuilles peuvent servir de litière aux animaux. La racine de Fougère mâle, réunie à des purgatifs plus ou moins drastiques, forme le fameux remède de *Nouffer* contre le *tænia* ou ver solitaire. Sa veuve vendit son secret au Gouvernement François, qui le fit publier en 1775.

Nutritive pour la Chèvre, l'Oie.

En Europe, dans les bois. ♃

45. **POLYPODE** Fougère femelle, *P. Filix fœmina*, L. à feuilles deux fois pinnées; à pinnules lancéolées, pinnatifides, aiguës.

Moris. Hist. sect. 14, tab. 3, fig. 8. *Pluk.* tab. 180, fig. 4.

En Europe, dans les bois.

46. **POLYPODE** Thélyptère, *P. Thelypteris*, L. à feuilles deux fois pinnées; à pinnules pinnatifides, très-entières, toutes couvertes en dessous de poussière.

Lugd. Hist. 1225, fig. 1? *Bauh. Hist.* 3, P. 2, pag. 738, fig. 2. *Flor. Dan.* tab. 760.

A Montpellier, Lyon, Grenoble. ♃

47. **POLYPODE** à piquans, *P. aculeatum*, L. à feuilles deux fois pinnées; à pinnules en croissant, ciliées, dentées; à pétioles secs et roides, couverts d'écailles.

Filix aculeata, major; Fougère piquante, plus grande. *Bauh. Pin.* 358, n.° 1. *Pluk.* tab. 179, fig. 6; et 180, fig. 1.

A Montpelier, Lyon, Grenoble. ♃

48. **POLYPODE** Rhétique, *P. Rhæticum*, L. à feuilles deux fois pinnées; à folioles et pinnules éloignées les unes des autres, lancéolées; à dentelures aiguës.

Filicula montana major, sive Adiantum album, Filicis folio; Filicule des montagnes plus grande, ou Adiante blanc, à feuille de Fougère. *Bauh. Pin.* 358, n.° 1. *Dod. Pempt.* 465, fig. 1. *Lob. Ic.* 1, pag. 810, fig. 1. (*Haller* rapporte cette figure de *Lobel* au Polypode des fontaines). *Lugd. Hist.* 1227, f. 2. *Bauh. Hist.* 3, P. 2, pag. 740, f. 1. *Bul. Paris.* tab. 595.

A Montpellier, Lyon, Paris, etc. ♃

49. **POLYPODE** du Canada, *P. Noveboracense*, L. à feuilles deux fois pinnées; à pinnules oblongues, très-entières, parallèles; à pétioles lisses.

Au Canada.

50. **POLYPODE** duveté, *P. pubescens*, L. à feuilles deux fois pinnées, velues; à pinnules lancéolées, ovales, un peu incisées, aiguës: les extérieures confluentes.

A la Jamaïque.

51. **POLYPODE** marginal, *P. marginale*, L. à feuilles deux fois pinnées; à pinnules un peu sinuées à la base; à fructifications marginales.

Au Canada.

52. POLYPODE porte-bulbe, *P. bulbiferum*, L. à feuilles deux fois pinnées ; à folioles éloignées les unes des autres ; à pinnules oblongues, obtuses, à dents de scie, portant des bulbes en dessous.

Moris. Hist. sect. 14, tab. 3, fig. 10.

Au Canada.

53. POLYPODE fragile, *P. fragile*, L. à feuilles deux fois pinnées ; à folioles éloignées les unes des autres ; à pinnules arrondies, incisées.

Filix saxatilis non ramosa, nigris maculis punctata ; Fougère des rochers non rameuse, marquée de taches noires. *Bauh. Pin.* 358, n.° 3. *Clus. Hist.* 2, pag. 212, fig. 2. *Pluk.* tab. 180, fig. 5. *Barrel.* tab. 432, fig. 2 ? *Flor. Dan.* tab. 401.

Nutritive pour le Cheval, le Bœuf, la Chèvre.

A Montpellier, Lyon, Grenoble. ♃

54. POLYPODE des Caffres, *P. Caffrorum*, L. à feuilles deux fois pinnées ; à pinnules ovales, incisées, dentelées, garnies en dessous d'écailles, renversées sur les bords ; à fructifications marginales.

Au cap de Bonne-Espérance.

55. POLYPODE ptéride, *P. pteridioïdes*, L. à feuilles deux fois pinnées ; à pinnules ovales, comme lobées, obtuses, nues en dessous, renversées sur les bords ; à fructifications marginales.

En Provence ? ♃

56. POLYPODE royal, *P. regium*, L. à feuilles deux fois pinnées ; à folioles comme opposées ; à pinnules alternes, laciniées.

Vaill. Bot. 52, esp. 2, tab. 9, fig. 1.

A Grenoble. ♃

57. POLYPODE leptophylle, *P. ? leptophyllum*, L. à feuilles deux fois pinnées : les stériles très-courtes ; à pinnules en forme de coin, lobées.

Barrel. tab. 431. *Magn. Hort.* 5, tab. 1, fig. 2.

En Provence, en Espagne. ♃

58. POLYPODE ? Baromès, *P. ? Baromez*, L. à feuilles deux fois pinnées ; à pinnules pinnatifides, lancéolées, à dents de scie : les radicales laineuses.

A la Chine. ♄

* VI. *POLYPODES à épines ou piquans épars ou P. en arbre.*

59. POLYPODE en arbre, *P. arboreum*, L. à feuilles deux fois pinnées ; à folioles à dents de scie ; à tronc en arbre ; sans piquans.

Plum.

Plum. Filic. 1, tab. 1. *Amer.* 1, tab. 1 et 2.

Dans l'Amérique Méridionale. ♄

60. POLYPODE épineux, *P. spinosum*, L. à feuilles deux fois pinnées, à dents de scie; à tronc en arbre, armé de piquans.

Plum. Filic. 3, tab. 3. *Sloan. Jam.* tab. 56.

Dans l'Amérique Méridionale. ♄

61. POLYPODE horrible, *P. horridum*, L. à feuilles surdécomposées; à pinnules en demi-fer de flèche, réunies à la base, à dents de scie au sommet; à tronc armé de piquans.

Plum. Amer. 3, tab. 4.

Dans l'Amérique Méridionale.

62. POLYPODE pyramidal, *P. pyramidale*, L. à feuilles surdécomposées; à pinnules terminales lancéolées, très-longues, à dents de scie; à tronc armé de piquans à sa base.

Petiv. Filic. 40, tab. 4, fig. 2.

Dans l'Amérique Méridionale.

63. POLYPODE rude, *P. asperum*, L. à feuilles surdécomposées; à pinnules obtuses, à dents de scie au sommet: les terminales aiguës; à tronc en arbre, armé de piquans.

Petiv. Filic. 47, tab. 4, fig. 7.

Dans l'Amérique Méridionale.

64. POLYPODE tuberculeux, *P. muricatum*, L. à feuilles deux fois pinnées; à pinnules ovales, à dentelures épineuses.

Petiv. Filic. 53, tab. 1, fig. 6.

Dans l'Amérique Méridionale.

65. POLYPODE velu, *P. villosum*, L. à feuilles deux fois pinnées, hérissées; à pinnules oblongues, obtuses: les terminales aiguës.

Plum, Amer. 15, tab. 23. *Filic.* 21, tab. 27.

Dans l'Amérique Méridionale.

66. POLYPODE en sautoir, *P. decussatum*, L. à feuilles deux fois pinnées; à pinnules horizontales, très-entières, obtuses: les terminales lancéolées.

Petiv. Filic. 61 et 62, tab. 2, fig. 5 et 6.

Dans l'Inde Orientale.

* VII. *Polypodes à feuilles surdécomposées.*

67. POLYPODE Dryoptère, *P. Dryopteris*, L. à feuilles surdécomposées ou très-composées; à folioles trois à trois, deux fois pinnées.

Filix ramosa minor, pinnulis dentatis; Fougère rameuse plus petite, à pinnules dentées. *Bauh. Pin.* 358, n.° 4. *Clus. Hist.* 2, pag. 212, fig. 1. *Bauh. Hist.* 3, P. 2, pag. 747, fig. 1. *Flor. Dan.* tab. 759.

A Montpellier, Lyon, Grenoble. ♃

68. POLYPODE des cavernes, *P. speluncæ*, L. à feuilles surdécomposées ou très-composées, velues; à folioles lancéolées, pinnées; à pinnules opposées, pinnatifides.

Pluk. tab. 244, fig. 2.

Dans l'Inde Orientale.

1197. CAPILLAIRE, *ADIANTUM.* * *Tournef. Inst.* 543, t. 317. *Lam. Tab. Encycl.* pl. 870.

FRUCTIFICATIONS réunies en taches ovales sur le bord postérieur des feuilles dont le sommet est replié en dessous.

FRUCTIFICATIONS disposées sur le bord postérieur et terminal des feuilles dont le sommet est replié en dessous et recouvre les fructifications.

* I. *CAPILLAIRES à feuilles simples.*

1. CAPILLAIRE en forme de rein. *A. reniforme*, L. à feuilles en forme de rein, simples, pétiolées, portant plusieurs fructifications.

Pluk. tab. 287, fig. 5.

A Madère.

2. CAPILLAIRE des Philippines, *A. Philippense*, L. à feuilles en forme de rein, simples, alternes, pétiolées, lobées, portant plusieurs fructifications.

Petiv. Gaz. 8, tab. 4, fig. 4.

Aux Philippines.

* II. *CAPILLAIRES à feuilles composées.*

3. CAPILLAIRE radié, *A. radiatum*, L. à feuilles digitées; à folioles pinnées; à pinnules portant une seule fructification.

Moris. Hist. sect. 14, tab. 4, fig. 9. *Pluk.* tab. 253, fig. 3.

A la Jamaïque, à Saint-Domingue.

4. CAPILLAIRE à pied roide, *A. pedatum*, L. à feuilles à pied roide; à folioles pinnées; à pinnules portant les fructifications bossuées antérieurement, incisées.

Adiantum fruticosum Brasilianum; Adiante ligneux du Brésil. *Bauh. Pin.* 355, n.° 4. *Moris. Hist.* sect. 14, tab. 5, fig. 12. *Pluk.* tab. 124, fig. 2. *Cornut. Canad.* 7 et 6. *Barrel.* tab. 1206.

En Virginie, au Canada. ♃

5. CAPILLAIRE en fer de hallebarde, *A. lancea*, L. à feuilles pinnées; à pinnules opposées, oblongues : les terminales triangulaires, en fer de hallebarde.

Seb. Thes. 2, pag. 64, tab. 64, fig. 7 et 8.

A Surinam.

6. CAPILLAIRE à trois lobes, *A. trilobum*, L. à feuilles composées; à pinnules divisées profondément en trois parties, obtuses, incisées, portant plusieurs fructifications.

Petiv. Filic. 100, tab. 11, fig. 9.

Dans l'Amérique Méridionale.

7. CAPILLAIRE dentelé, *A. serrulatum*, L. à feuilles pinnées; à folioles obtuses, en ovale renversé, à dents de scie, portant une seule fructification.

Sloan. Jam. tab. 35, fig. 2.

A la Jamaïque.

8. CAPILLAIRE à queue, *A. caudatum*, L. à feuilles pinnées, en faucille, terminées au sommet par une queue.

Burm. Zeyl. 8, tab. 5, fig. 1.

Dans l'Inde Orientale.

* III. *Capillaires à feuilles décomposées.*

9. CAPILLAIRE en éventail, *A. flabellulatum*, L. à feuilles décomposées; à pinnules alternes, rhomboïdales, arrondies, portant plusieurs fructifications; à pétioles duvetés en dessus.

Pluk. tab. 4, fig. 3.

A la Chine.

10. CAPILLAIRE à trois feuilles, *A. trifoliatum*, L. à feuilles décomposées; à folioles alternes, trois à trois, linéaires, portant une seule fructification.

Petiv. Filic. 99, tab. 11, fig. 4.

Dans l'Amérique Méridionale.

11. CAPILLAIRE de la Chine, *A. Chusanum*, L. à feuilles décomposées; à pinnules alternativement pinnatifides; à lobes inégaux.

A la Chine.

12. CAPILLAIRE de Montpellier, *A. Capillus-Veneris*, L. à feuilles décomposées; à folioles alternes; à pinnules en forme de coin; à lobes portés sur des pédicules.

Adiantum foliis Coriandri; Adiante à feuilles de Coriandre. *Bauh. Pin.* 355, n.° 1. *Fusch. Hist.* 82. *Matth.* 832, fig. 1. *Dod. Pempt.* 469, fig. 2. *Lob. Ic.* 1, pag. 809, fig. 2.

Lugd. Hist. 1208, fig. 1. *Camer. Epit.* 924. *Bauh. Hist.* 3, P. 2, pag. 751 et 752, fig. 1. *Icon. Pl. Medic.* tab. 332.

1. *Adiantum*, *Capillus-Veneris*; Capillaire, Capillaire de Montpellier. 2. Feuilles. 3. Odeur foible, agréable; saveur douce, un peu amère. 5. Obstructions des viscères, toux. 6. On en prépare un sirop agréable qui sert à édulcorer les boissons de mauvais goût, à incorporer les poudres sèches dont on veut former des pilules, des opiates; avec le lait, il forme les bavaroises des cafés.

A Montpellier, sur les bords des fontaines, dans l'intérieur des puits; à Lyon, dans la grotte de Fontanières; à Grenoble, dans la grotte de l'Hermitage. ♃

13. CAPILLAIRE velu, *A. villosum*, L. à feuilles deux fois pinnées; à pinnules rhomboïdales, portant les fructifications antérieurement et en dessous; à pétiole velu.

Pluk. tab. 253, fig. 1.

A la Jamaïque.

14. CAPILLAIRE pulvérulent, *A. pulverulentum*, L. à feuilles deux fois pinnées; à pinnules ovales, tronquées antérieurement, portant une seule fructification; à pétiole hérissé.

Plum. Amer 32, tab. 47, *Filic.* tab. 55.

Dans l'Amérique Méridionale.

15. CAPILLAIRE à crète, *A. cristatum*, L. à feuilles deux fois pinnées; à folioles inférieures divisées profondément en deux parties; à pinnules en croissant, portant supérieurement plusieurs fructifications.

Plum. Amer. 31, tab. 46. *Filic.* 97. *Sloan. Jam.* tab. 55, fig. 1.

Dans l'Amérique Méridionale.

16. CAPILLAIRE tronqué, *A. truncatum*, L. à feuilles décomposées; à folioles pinnées; à pinnules alternes, en forme de coin, comme en faucille, tronquées, très-entières.

Burm. Ind. 255, tab. 66, fig. 4.

On ignore son climat natal.

* IV. *Capillaires à feuilles surdécomposées.*

17. CAPILLAIRE en massue, *A. clavatum*, L. à feuilles surdécomposées; à folioles alternes; à pinnules en forme de coin, très-entières, alternes, portant une seule fructification.

Plum. Filic. tab. 101, fig. B.

A Saint-Domingue.

18. CAPILLAIRE à piquans, *A. aculeatum*, L. à feuilles surdécomposées, à pinnules palmées, portant plusieurs fructifications; à pétioles armés de piquans.

Plum. Filic. 77, tab. 94. *Sloan. Jam.* tab. 61.

A la Jamaïque, à Saint-Domingue. ♄

19. CAPILLAIRE trapéziforme, *A. trapeziforme*, L. à feuilles surdécomposées; à folioles alternes; à pinnules rhomboïdales, incisées, portant les fructifications des deux côtés.

Pluk. tab. 254, fig. 1. *Sloan. Jam.* tab. 59.

Dans l'Amérique Méridionale.

20. CAPILLAIRE hexagone, *A. hexagonum*, L. à feuilles surdécomposées; à pinnules à six angles, échancrées, très-entières, portant une seule fructification.

Plum. Filic. 94, tab. 10, fig. 2.

Dans l'Amérique Méridionale.

21. CAPILLAIRE ptéroïde, *A. pteroïdes*, L. à feuilles surdécomposées; à pinnules ovales, entières, crénelées; à pétiole lisse.

Au cap de Bonne-Espérance.

22. CAPILLAIRE d'Éthiopie, *A. Æthiopicum*, L. à feuilles surdécomposées; à pinnules arrondies, très-entières, crénelées; à pétioles capillaires.

Pluk. tab. 253, fig. 2.

Au cap de Bonne-Espérance.

1298. TRICHOMANE, *TRICHOMANES.* † *Lam. Tab. Encyclop.* pl. 871.

CALICE en toupie, solitaire, droit, formé par le bord même des feuilles. *Style* sétacé, terminant la capsule.

FRUCTIFICATIONS isolées, terminées par un style sétacé, insérées sur la marge même de la feuille.

* I. *TRICHOMANES à feuilles simples.*

1. TRICHOMANE membraneux, *T. membranaceum*, L. à feuilles simples, oblongues, lacérées.

Pluk. tab. 285, fig. 3.

Dans l'Amérique Méridionale.

2. TRICHOMANE frisé, *T. crispum*, L. à feuilles pinnatifides, lancéolées; à pinnules parallèles, un peu dentées.

Plum. Filic. 67, tab. 86.

A la Martinique.

3. TRICHOMANE polypode, *T. polypodioïdes*, L. à feuilles lancéolées, pinnatifides, un peu sinuées; à fructifications isolées, terminales.

Dans l'Inde Orientale.

* II. *TRICHOMANES à feuilles composées.*

4. TRICHOMANE velu, *T. hirsutum*, L. à feuilles pinnées; à pinnules alternes, pinnatifides, velues.

Plum. Spec. 13. *Filic.* tab. 50, fig. B.

Dans l'Amérique Méridionale.

5. TRICHOMANE en ciboire, *T. pixidiferum*, L. à feuilles comme deux fois pinnées; à pinnules alternes, entassées, découpées en lobes linéaires.

Plum. Filic. 74, tab. 50.

Dans l'Amérique Méridionale, en Angleterre.

6. TRICHOMANE d'Angleterre, *T. Tunbrigense*, L. à feuilles pinnées; à pinnules oblongues, dichotomes ou à bras ouverts, courantes, dentées.

Pluk. tab. 3, fig. 5 et 6.

En Angleterre, en Italie, à Naples, à la Jamaïque.

7. TRICHOMANE capillaire, *T. adiantoïdes*, L. à feuilles pinnées; à pinnules en lame d'épée, aiguës, incisées, à dents de scie; les dentelures divisées peu profondément en deux parties.

Pluk. tab. 123, fig. 6. *Burm. Zeyl.* 97, tab. 43.

Dans l'Inde Orientale, en Afrique.

* III. *TRICHOMANES à feuilles surdécomposées.*

8. TRICHOMANE grimpant, *T. scandens*, L. à feuilles surdécomposées; à folioles alternes; à pinnules alternes, oblongues, à dents de scie.

Sloan. Jam. tab. 58.

Dans l'Amérique Méridionale.

9. TRICHOMANE de la Chine, *T. Chinense*, L. à feuilles surdécomposées; à folioles et pinnules alternes, lancéolées; à pinnules en forme de coin.

Pluk. tab. 4, fig. 1; et tab. 73, fig. 5.

A la Chine.

10. TRICHOMANE des Canaries, *T. Canariense*, L. à feuilles surdécomposées, divisées profondément en trois parties; à folioles alternes; à pinnules alternes, pinnatifides.

Pluk. tab. 291, fig. 2.

Cette plante présente une variété désignée dans le *Species* sous le nom de Polypode du Portugal, *Polypodium Lusitanicum*, L. à feuilles surdécomposées; à folioles alternes; à pinnules oblongues, pinnatifides dans leur longueur.

Magn. Hort. 79, tab. 10.

Aux isles Canaries, en Portugal.

11. TRICHOMANE capillacé, *T. capillaceum*, L. à feuilles surdécomposées; à pinnules filiformes, linéaires, portant une seule fructification.

Plum. Filic. 83, tab. 99.

Dans l'Amérique Méridionale.

1299. MARSILE, *MARSILEA.* * *Lam. Tab. Encyclop.* pl. 863. SALVINIA. *Michel. Gen.* 107, tab. 58. *Lam. Tab. Encyclop.* pl. 863.

* *FLEURS MALES nombreuses, assises sur les feuilles.*

CAL. Nul.

ÉTAM. *Filament* (ou *Réceptacle*) hémisphérique, convexe. Quatre *Anthères*, en alêne, contournées en spirale, droites, longues.

* *FLEURS FEMELLES.*

CAL. Nul.

PÉR. Arrondi, à quatre loges.

SEM. Nombreuses, nidulées, arrondies.

OBS. La Fructification femelle, arrondie, à quatre capsules, est placée sur la racine.

FLEURS MALES sur la feuille.

FRUCTIFICATIONS FEMELLES : arrondies, posées sur la racine, à quatre capsules.

1. MARSILE flottante, *M. natans*, L. à feuilles opposées, simples.

Lenticula palustris latifolia, punctata; Lenticule des marais à feuilles larges, ponctuées. *Bauh. Pin.* 362, n.° 5. *Prodr.* 153, fig. 1. *Matth.* 784, fig. 1. *Bauh. Hist.* 3, P. 2, pag. 785, fig. 2. *Michel. Gen.* 107, esp. 1, tab. 58.

A Montpellier, Lyon. ♃

2. MARSILE à quatre feuilles, *M. quadrifolia*, L. à feuilles quatre à quatre, très-entières.

Lenticula palustris quadrifolia; Lenticule des marais à quatre feuilles. *Bauh. Pin.* 362, n.° 4. *Matth.* 783, fig. 2. *Lugd. Hist.* 1014, fig. 1; et 1015, fig. 1. *Bauh. Hist.* 3, P. 2, pag. 785, fig. 1. *Moris. Hist.* sect. 15, tab. 4, fig. 5. *Mapp. Alsat.* pag. et tab. 166.

A Lyon, en Dauphiné, en Auvergne, en Alsace. ♃

3. MARSILE petite, *M. minuta*, L. à feuilles quatre à quatre, dentelées.

Burm. Ind. 237, tab. 62, fig. 3.

Dans l'Inde Orientale. ♃

2300. PILULAIRE, *PILULARIA*. * Lam. Tab. Encyclop. pl. 863.

* *FLEURS MALES distribuées en lignes semblables à une poussière, (sur les côtés des feuilles).*

* *FLEURS FEMELLES dans la racine.*

Globule à quatre loges, à plusieurs semences.

FLEURS MALES sur le côté des feuilles.

FRUCTIFICATIONS FEMELLES portées sur la racine, arrondies, à quatre loges.

1. PILULAIRE à globule, *P. globulifera*, L. à tige grêle, rampante; à feuilles très-menues, cylindriques, presque filiformes, naissant deux à deux ou trois à trois de chaque nœud de la tige; à globule sphérique, velu, porté par un pédicule très-court.

Pluk. tab. 48, fig. 1. *Vaill. Bot.* 159, esp. 1, tab. 15, fig. 6. *Dill. Musc.* tab. 79, fig. 1 et 2. *Bul. Paris.* tab. 596. *Flor. Dan.* tab. 223.

A Lyon, Paris.

2301. ISOÈTE, *ISOETES*. * Lam. Tab. Encyclop. pl. 861.

* *FLEURS MALES solitaires à la base des feuilles intérieures.*

CAL. *Écaille* en cœur, aiguë, assise.

COR. Nulle.

ÉTAM. *Filament* nul. *Anthère* arrondie, à une loge.

* *FLEURS FEMELLES solitaires à la base des feuilles extérieures sur la même plante.*

CAL. Comme dans les fleurs mâles.

COR. Nulle.

PIST. *Ovaire* ovale, dans la feuille. *Style* et *Stigmate* cachés.

PÉR. *Capsule* comme ovale, à deux loges, cachée à la base de la feuille.

SEM. Nombreuses.

FLEURS MALES à anthère dans la base des feuilles.

FRUCTIFICATIONS FEMELLES : *Capsule* à deux loges dans la base des feuilles.

1. ISOÈTE des lacs, *I. lacustris*, L. à feuilles en alêne, demi-cylindriques, articulées.

Dill. Musc. tab. 80, fig. 1 et 2. *Flor. Dan.* tab. 191.

A Montpellier, au bois de Grammont; en Bresse, dans les étangs. ♃

II. MOUSSES.

1302. LYCOPODE, *LYCOPODIUM.* * *Amœn. Acad.* 2, p. 295, tab. 3, fig. 4. *Dill. Musc.* tab. 58 et suiv. *Lam. Tab. Encyclop.* pl. 872. SELAGINOÏDES. *Dill. Musc.* tab. 68. LYCOPODIOÏDES. *Dill. Musc.* tab. 65 et suiv. SELAGO. *Dill. Musc.* tab. 56 et 57.

* *FLEURS MALES assises, dans les ailes des feuilles.*

CAL. *Coiffe* nulle.

URNE en forme de rein, à deux valves, assise.

* *FLEURS FEMELLES sur le même végétal.*

CAL. *Périanthe* à quatre feuillets.

PIST. Nul.

SEM. Plumule réunie au calice, à cotyledons.

Urne à deux valves, assise, sans opercule ni coiffe.

1. LYCOPODE à feuilles de lin, *L. linifolium*, L. à feuilles alternes, éloignées les unes des autres, lancéolées; à fleurs aux aisselles des feuilles.

Plum. Filic. 144, tab. 166, fig. C, B. *Dill. Musc.* tab. 57, fig. 5.

Dans l'Amérique Méridionale.

2. LYCOPODE nu, *L. nudum*, L. à feuilles comme nulles; à épis dichotomes; à fleurs éloignées les unes des autres.

Plum. Filic. 145, tab. 170, fig. A, A. *Dill. Musc.* pl. 64, fig. 12.

Dans l'Inde Orientale.

3. LYCOPODE Phlegmaria, *L. Phlegmaria*, L. à feuilles quatre à quatre, en anneau; à épis terminans, dichotomes ou à bras ouverts.

Dill. Musc. pl. 61, fig. 5.

Au Malabar, à Zeylan.

4. LYCOPODE à massue, *L. clavatum*, L. à feuilles éparses, terminées par un poil assez long; à épis arrondis, pédunculés, deux à deux à chaque extrémité des rameaux.

Muscus terrestris clavatus; Mousse terrestre à massue. *Bauh. Pin.* 360, n.° 10. *Trag.* 555. *Matth.* 65, fig. 2. *Dod. Pempt.* 472, fig. 2. *Lob. Ic.* 2, pag. 244, fig. 2. *Lugd. Hist.* 1324, fig. 1. *Camer. Epit.* 32. *Bauh. Hist.* 3, P. 2, pag. 766, fig. 1. *Moris. Hist.* sect. 15, tab, 5, f. 2. *Dill. Musc.* tab. 58, fig. 1. *Flor. Dan.* tab. 126. *Icon. Pl. Medic.* tab. 54.

1. *Muscus clavatus ;* Mousse terrestre, Lycopode commun à poils et rampant, Pied-de-loup. 2. Herbe, Poussière. 4. Extrait spiritueux. 5. Accouchement difficile, *Plica Polonica*, excoriation des petits enfans. 6. Les urnes de cette mousse répandent, lorsqu'elles sont mûres, une grande quantité de poussière jaunâtre qui s'enflamme facilement et qui a la propriété de fulminer. On l'emploie dans les feux d'artifice.

En Europe, sur les montagnes. ♃

5. LYCOPODE des rochers, *L. rupestre*, L. à feuilles éparses, terminées par un poil assez long ; à épis terminans, tétragones.

Dill. Musc. tab. 63, fig. 11.

En Virginie, au Canada, en Sibérie.

6. LYCOPODE cilié, *L. selaginoïdes*, L. à feuilles éparses, ciliées, lancéolées ; à épis solitaires, terminans, feuillés.

Dill. Musc. tab. 68, fig. 1. *Hall. Hist.* tab. 46, fig. 1.

A Lyon, en Auvergne, en Dauphiné.

7. LYCOPODE queue de renard, *L. alopecuroïdes*, L. à feuilles éparses, ciliées, linéaires ; à épis terminans, feuillés.

Dill. Musc. tab. 62, fig. 8.

En Virginie, au Canada.

8. LYCOPODE inondé, *L. inundatum*, L. à feuilles éparses, très-entières ; à épis terminans, feuillés.

Vaill. Bot. tab. 16, fig. 2. *Dill. Musc.* tab. 61, f. 7.

A Lyon, Grenoble, Paris. ♃

9. LYCOPODE Sélago, *L. Selago*, L. à feuilles éparses, sur huit rangs ; à tige dichotome ou à bras ouverts, droite, en faisceau ; à fleurs éparses.

Muscus erectus ramosus, saturatè viridis ; Mousse droite rameuse, verdâtre. *Bauh. Pin.* 360, n.° 1. *Dill. Musc.* t. 56, fig. 1.

1. *Muscus erectus ;* Mousse en forme de Sapin. 2. Herbe 3. Saveur foible ; odeur presque nulle. 5. hydropisie, poux.

A Lyon, en Dauphiné.

10. LYCOPODE obscur, *L. obscurum*, L. à feuilles éparses, courant sur la tige ; à rameaux rampans ; à drageons droits, dichotomes ou à bras ouverts.

Dill. Musc. tab. 57, fig. 4.

A Philadelphie.

11. LYCOPODE à feuilles de genevrier, *L. annotinum*, L. à feuilles éparses, sur cinq rangs, comme dentelées ; à drageons articulés, annuels ; à épis terminans, lisses, droits.

Moris. Hist. sect. 15, tab. 5, f. 3. *Pluk.* tab. 205, fig. 5. *Dill. Musc.* tab. 63, fig. 9. *Flor. Dan.* tab. 127.

A Lyon, Grenoble.

12. LYCOPODE penché, *L. cernuum*, L. à feuilles éparses, courbées; à tige très-rameuse; à épis penchés.

Moris. Hist. sect. 15, tab. 5, fig. 6. *Pluk.* tab. 47, fig. 9 et 341, fig. 3. *Dill. Musc.* tab. 63, f. 10. *Burm. Zeyl.* 144, tab. 66.

Dans l'Inde Orientale.

13. LYCOPODE Bryoptère, *L. Bryopteris*, L. à feuilles éparses, en recouvrement; à rameaux roulés à l'extrémité.

Dill. Musc. tab. 67, fig. 11.

Dans l'Inde Orientale.

14. LYCOPODE sanguinolent, *L. sanguinolentum*, L. à feuilles en recouvrement sur quatre rangs; à tiges rampantes, dichotomes; à épis assis, tétragones.

Au Kamtschatka.

15. LYCOPODE des Alpes, *L. Alpinum*, L. à feuilles en recouvrement sur quatre rangs, aiguës; à tiges droites, divisées peu profondément en deux parties; à épis assis, arrondis.

Dill. Musc. tab. 58, fig. 2.

Sur les Alpes du Dauphiné, en Auvergne.

16. LYCOPODE aplati, *L. complanatum*, L. à feuilles comme en recouvrement sur deux rangs et serrées contre les rameaux: celles du dessus isolées; à épis deux à deux, pédunculés.

Muscus clavatus, foliis Cupressi; Mousse à massue, à feuilles de Cyprès. *Bauh. Pin.* 360, n.° 11. *Trag.* 556. *Lugd. Hist.* 1324, fig. 2. *Bauh. Hist.* 3, P. 2, pag. 767, fig. 1. *Dill. Musc.* tab. 59, fig. 3.

L'herbe colore en jaune.

En Auvergne.

17. LYCOPODE de la Caroline, *L. Carolinianum*, L à feuilles disposées sur deux rangs, très-ouvertes: celles de dessus isolées; à tiges très-longues, portant un seul épi.

Dill. Musc. tab. 62, fig. 6.

A la Caroline.

18. LYCOPODE de Suisse, *L. Helveticum*, L. à feuilles disposées sur deux rangs, très-ouvertes: celles du dessus distiques; à épis deux à deux, pédunculés.

Muscus denticulatus, major; Mousse dentelée, plus grande. *Bauh. Pin.* 360, n.° 7. *Dod. Pempt.* 472, fig. 3. *Lob. Ic.* 2, pag. 243, fig. 2. *Lugd. Hist.* 1325, fig. 3. *Bauh. Hist.* 3, P. 2, pag. 765, fig. 2. *Dill. Musc.* tab. 65, fig. 2, B.

Sur les Alpes du Dauphiné.

19. **LYCOPODE** dentelé, *L. denticulatum*, L. à feuilles disposées sur deux rangs : les superficielles en recouvrement ; à drageons rampans ; à fleurs éparses.

Muscus denticulatus, minor ; Mousse dentelée, plus petite. *Bauh. Pin.* 360, n.° 8. *Dod Pempt.* 473, f. 1. *Lob. Ic.* 2, pag. 244, f. 1. *Clus. Hist.* 2, pag. 249, f. 2. *Lugd. Hist.* 1326, fig. 1. *Dill. Musc.* tab. 67, fig. 1, A.

En Espagne, en Portugal, à Naples.

20. **LYCOPODE** sans pied, *L. apodum*, L. à feuilles disposées sur deux rangs : les alternes plus petites ; à tige rampante ; à épis assis.

Dill. Musc. tab. 66, fig. 3.

A la Caroline, en Virginie, en Pensylvanie.

21. **LYCOPODE** en éventail, *L. flabellatum*, L. à feuilles disposées sur deux rangs : celles de dessous distiques ou en éventail ; à tige droite, arrondie.

Dill. Musc. tab. 65, fig. 5.

Dans l'Amérique Méridionale.

22. **LYCOPODE** en gouttière, *L. cannaliculatum*, L. à feuilles disposées sur deux rangs : celles de dessus distiques ou en éventail ; à tige droite, creusée en gouttière.

Pluk. tab. 453, f. 8. *Dill. Musc.* tab. 66, f. 6.

A Amboine.

23. **LYCOPODE** plumeux, *L. plumosum*, L. à feuilles disposées sur deux rangs, très-ouvertes : celles du dessus demi-ovales, ciliées ; à drageons un peu redressés ; à épis terminans, tétragones, assis.

Plum. Amer. 36, tab. 24. *Filic.* tab. 43. *Dill. Musc.* tab. 67, fig. 10.

Dans l'Inde Orientale.

24. **LYCOPODE** pied d'oiseau, *L. ornithopioïdes*, L. à feuilles disposées sur deux rangs, très-ouvertes : celles du dessus distiques ou en éventail ; à drageons rampans ; à épis assis.

Dill. Musc. tab. 67, fig. 1, B.

Dans l'Inde Orientale.

25. **LYCOPODE** roulé, *L. circinale*, L. à feuilles disposées sur deux rangs : celles du dessus deux à deux ; à rameaux roulés.

Pluk. tab. 100, f. 3. *Dill. Musc.* tab. 67, f. 11.

On ignore son climat natal.

1303. **PORELLE**, *PORELLA*. *Dill. Musc.* tab. 68.

* *FLEURS MALES assises.*

CAL. *Coiffe* nulle.

URNE oblongue, s'ouvrant par plusieurs pores latéraux, sans opercule.

RÉC. *Apophyse* nulle.

* *Les FLEURS FEMELLES ne sont pas connues.*

Urne à plusieurs loges, garnie de petits trous, sans opercule et sans *Coiffe.*

1. **PORELLE** pinnée, *P. pinnata*, L. à pinnules obtuses.
   Dill. Musc. tab. 68.
   En Pensylvanie.

1304. **SPHAGNE**, *SPHAGNUM*. *Dill. Musc.* tab. 32. *Lam. Tab. Encyclop.* pl. 872.

* *FLEURS MALES comme assises.*

CAL. *Coiffe* nulle.

COR. Nulle, remplacée par une membrane fugace entre l'urne et le réceptable.

URNE arrondie, à orifice très-entier, couverte par un *Opercule* obtus.

RÉCEP. *Apophyse* à bordure, irrégulière, sous l'urne.

* *Les FLEURS FEMELLES ne sont pas connues.*

Urne chargée d'un opercule dépourvu de *Coiffe* non ciliée sur les bords, assise ou presque assise, ovale ou globuleuse.

1. **SPHAGNE** des marais, *S. palustre*, L. à rameaux renversés.
   Vaill. Bot. pag. 139, esp. 24, tab. 23, f. 3. *Dill. Musc.* tab. 32, fig. 1. *Hedw.* vol. 1, tab. 1, fig. 9. *Ibid.* vol. 2, tab. 3, fig. 1.
   A Lyon, Grenoble, Paris.

2. **SPHAGNE** des Alpes, *S. Alpinum*, L. à tige un peu rameuse, droite.
   Dill. Musc. tab. 32, fig. 3.
   En Angleterre.

3. **SPHAGNE** des arbres, *S. arboreum*, L. à tige rameuse, rampante; à urnes latérales, tournées d'un seul côté.
   Vaill. Bot. pag. 129, esp. 5, tab. 27, fig. 17. *Dill. Musc.* tab. 32, fig. 6.
   En Angleterre.

1305. PHASQUE, *PHASCUM.* * *Lam. Tab. Encyclop.* pl. 873.

* *FLEURS MALES presque assises ou portées par un pédicule très-court.*

CAL. *Coiffe* petite.
URNE ovale, à orifice cilié, couverte par un *Opercule* pointu.
RÉCEP. *Apophyse* nulle.

* *Les FLEURS FEMELLES ne sont pas connues.*

OBS. Les P. acaulon et subulatum, L. *ont une Coiffe; dès-lors on les peut aisément placer parmi les* Bryum.

Urne chargée d'un opercule, ciliée sur ses bords. *Coiffe* très-petite.

1. PHASQUE pédunculé, *P. pédunculatum*, L. sans tige; à urne pédunculée.
   Dill. Musc. tab. 44, fig. 5.
   En Suisse, en Angleterre.

2. PHASQUE sans tige, *P. acaulon*, L. sans tige; à urne assise; à feuilles ovales, aiguës, ramassées en petite rosette.
   Dill. Musc. tab. 32, fig. 11. *Flor. Dan.* tab. 249, f. 3.
   A Lyon.

3. PHASQUE en alêne, *P. subulatum*, L. sans tige; à urne assise; à feuilles en alêne, sétacées, très-ouvertes.
   Vaill. Bot. pag. 128, esp. 2, tab. 29, fig. 4. *Dill. Musc.* tab. 32, fig. 10.
   A Lyon, Paris.

4. PHASQUE à tige, *P. caulescens*, L. à tige droite; à feuilles lancéolées, alternes.
   Dill. Musc. tab. 85, fig. 15.
   En Pensylvanie.

5. PHASQUE rampant, *P. repens*, L. à tige rampante; à urnes latérales, assises.
   Dill. Musc. tab. 85, fig. 16.
   En Angleterre.

1306. FONTINALE, *FONTINALIS. Dill. Musc.* tab. 33. *Lam. Tab. Encycop.* pl. 873.

* *FLEURS MALES presque assises.*

CAL. *Coiffe* lisse, conique, assise, renfermée dans le périkèce.
URNE oblongue, à orifice cilié, couverte par un *Opercule* pointu.
RÉCEP. *Apophyse* nulle.
PÉRIKÈCE en godet, en recouvrement, enveloppant l'urne.

* *Les* FLEURS FEMELLES *ne sont pas connues.*

Urne assise ou presque assise et axillaire, à opercule. *Coiffe* renfermée dans le périkèce ou amas de petites feuilles étroites, qui enveloppent le tubercule des soies.

1. FONTINALE incombustible, *F. antipyretica*, L. à feuilles compliquées, en carène, disposés sur trois rangs, aiguës; à urnes latérales.

Dill. Musc. tab. 33, fig. 1.

A Montpellier, Lyon, Grenoble.

2. FONTINALE mineure, *F. minor*, L. à feuilles ovales, concaves, aiguës, disposées sur trois rangs, deux à deux sur les gros rameaux; à urnes terminales.

Dill. Musc. tab. 33, fig. 2.

A Montpellier, Lyon, Grenoble, en Auvergne.

3. FONTINALE écailleuse, *F. squamosa*, L. à feuilles en recouvrement, en alène, lancéolées; à urnes latérales.

Dill. Musc. tab. 33, fig. 3.

A Montpellier, Lyon.

4. FONTINALE empennée, *F. pennata*, L. à feuilles disposées sur deux rangs en manière de plume, très-ouvertes; à urnes latérales.

Vaill. Bot. pag. 129, esp. 8, tab. 27, fig. 4. *Dill. Musc.* tab. 32, fig. 9. *Hall. Hist.* n.° 1797; tab. 46, fig. 2.

A Lyon, en Auvergne, à Paris.

1307. BUXBAUME, *BUXBAUMIA.* * *Amœn. Acad.* 5, p. 78, tab. 1. *Lam. Tab. Encyclop.* pl. 872.

* FLEURS MALES *pédunculées.*

CAL. *Coiffe* conique, promptement-caduque.

URNE ovale, bossuée d'un côté, membraneuse de l'autre, à orifice cilié, plissé, couverte par un *Opercule* conique, perforé à la base, du milieu duquel pend par un *Filament* grêle, une vraie urne, tronquée extérieurement, remplie de pollen.

RÉCEP. *Apophyse* nulle.

Urne ovale, chargée d'un opercule, bossuée d'un côté, membraneuse. *Coiffe* promptement-caduque. Un petit sac nidulé dans l'opercule, renfermant une poussière séminale.

1. BUXBAUME sans feuilles, *B. aphylla*, L. à péduncule rouge, portant une urne oblique, assise.

Dill. Musc. tab. 68, fig. 5. *Flor. Dan.* tab. 44.

A Lyon, en Auvergne.

1308. SPLACHNE, *SPLACHNUM.* * *Amœn. Acad.* 2, pag. 270. *Dill. Musc.* tab. 83, fig. 9. *Lam. Tab. Encyclop.* pl. 874.

* *FLEURS MALES pédunculées.*

CAL. *Coiffe* conique, lisse, promptement-caduque.

URNE cylindrique, à orifice s'ouvrant par huit dents renversées, sans anneau.

RÉCEP. *Apophyse* membraneuse, colorée, très-grande, sous l'urne.

* *FLEURS FEMELLES sur un végétal distinct.*

CAL. *Commun* en étoile, terminal, à plusieurs feuillets en alêne, en recouvrement, disposés de toutes parts en rayons.

PIST. Plusieurs, au centre, en faisceaux, courts, colorés.

Urne reposant sur une *Apophyse* colorée. *Coiffe* promptement-caduque. L'individu *Femelle* séparé, a les tiges terminées par des étoiles ou rosettes de feuilles.

1. SPLACHNE rouge, *S. rubrum*, L. à appendice de l'urne orbiculaire, hémisphérique.

Moris. Hist. sect. 15, tab. 7, fig. 10. *Dill. Musc.* tab. 83, fig. 9. *Linn. Amœn. Acad.* vol. 2, pag. 272, tab. 3, fig. 2.

En Norwége.

2. SPLACHNE jaune, *S. luteum*, L. à appendice de l'urne orbiculaire, aplati.

Linn. Am. Acad. vol. 2, pag. 277, tab. 3, fig. 1.

En Suède.

3. SPLACHNE ampoulé, *S. ampullaceum*, L. à appendice de l'urne boursouflé, en cône renversé.

Vaill. Bot. pag. 130, esp. 4, *a*, tab. 26, f. 4. *Dill. Musc.* tab. 44, f. 3. *Flor. Dan.* tab. 192. *Hedw. Fund. Musc.* vol. 2, tab. 7, fig. 33, 34.

A Lyon, Grenoble, Paris, etc.

4. SPLACHNE en forme de vase, *S. vasculosum*, L. à appendice de l'urne boursouflé, comme globuleux.

Flor. Dan. tab. 822. *Hedw. Fund. Musc.* vol. 2, tab. 15.

En Suède.

1309. POLYTRICH, *POLYTRICHUM.* * *Dill. Musc.* tab. 54 et 55. *Lam. Tab. Encyclop.* pl. 874.

* *FLEURS MALES pédunculées au sommet du végétal.*

CAL. *Coiffe* conique, velue, égale.

URNE

URNE oblongue, à orifice cilié, couvert par une membrane arrondie. *Opercule* conique.

RÉCEP. *Apophyse* à bordure, très-petite, placée sous l'urne.

PÉRINÈCE gaîne cylindrique, beaucoup plus courte que le pédoncule.

* *FLEURS FEMELLES sur un individu distinct.*

CAL. *Commun* ouvert en rosette en recouvrement, colorée.

PIST. Filiformes, articulés.

Urne chargée d'un opercule, reposant sur une apophyse très-petite. *Coiffe* velue. Les individus *Femelles* séparés, ont les tiges terminées par une étoile ou rosette de feuilles.

1. POLYTRICH commun, *P. commune*, L. à tige simple; à urne parallélipipède.

Polytrichum aureum, majus; Polytrich doré, plus grand. *Bauh. Pin.* 356, n.° 1. *Fusch. Hist.* 629, f. 1. *Dod. Pempt.* 475, f. 1, (intérieure). *Lugd. Hist* 1212, fig. 1, (grande). *Bauh. Hist.* 3, P. 2, pag. 760, fig. 1, (extérieure). *Vaill. Bot.* p. 131, tab. 23, f. 8. *Dill. Musc.* tab. 54, f. 1.

Cette espèce présente une variété.

Polytrichum aureum medium; Polytrich doré moyen. *Bauh. Pin.* 356, n.° 2. *Fusch.* 629, f. 2. *Dod. Pempt.* 475, f. 1, (extérieure). *Lugd. Hist.* 1212, f. 1. (petite et intérieure). *Bauh. Hist.* 3, P. 2, p. 760, f. 1, (intérieure). *Vaill. Bot.* 131, tab. 23, f. 6. *Flor. Dan.* tab. 295.

En Europe, dans les bois.

2. POLYTRICH des Alpes, *P. Alpinum*, L. à tige très-ramifiée; à pédoncules terminans.

Dill. Musc. tab. 55, f. 4. *Hall. Hist.* n.° 1800, tab. 46, f. 6. *Flor. Dan.* tab. 296.

A Lyon.

3. POLYTRICH à urne, *P. urnigerum*, L. à drageon très-ramifié; à soies latérales; à tête droite, pointue.

Vaill. Bot. 131, tab. 28, fig. 13. *Dill. Musc.* tab. 55, f. 5.

A Montpellier, Lyon.

1310. MNIE, *MNIUM.* * *Dill. Musc.* tab. 31. *Lam. Tab. Encycl.* pl. 875.

* *FLEURS MALES pédunculées.*

CAL. *Coiffe* oblongue, pointue, lisse.

URNE arrondie, à orifice cilié, en anneau, couvert par un *Opercule* comme conique.

RÉCEP. *Apophyse* nulle.

* *FLEURS FEMELLES le plus souvent sur un individu distinct.*

CAL. *Commun* en étoile, à feuillets disposés en rayons.

PIST. Plusieurs, entassés, au centre.

Urne chargée d'un opercule. *Coiffe* lisse. Les individus *Femelles* à globule nu, poudreux, éloigné.

1. MNIE transparent, *M. pellucidum*, L. à tige simple; à feuilles ovales.

Vaill. Bot. pag. 130, tab. 24, fig. 7. *Dill. Musc.* tab. 31, f. 2. *Hall. Hist.* n.° 1853, tab. 46, fig. 8. *Flor. Dan.* tab. 300. *Hedw. Fund. Musc.* vol. 2, tab. 7, fig. 32.

A Lyon, en Auvergne, à Paris.

2. MNIE androgyne, *M. androgynum*, L. à tige rameuse, androgyne.

Vaill. Bot. tab. 29, fig. 6. *Michel. Gen.* 108, tab. 59, fig. 8, H, K. *Dill. Musc.* tab. 31, fig. 1.

A Lyon, à Paris.

3. MNIE rameux, *M. ramosum*, L. à tige rameuse, droite; à péduncules des fleurs femelles axillaires.

Dill. Musc. tab. 31, fig. 4.

En Suisse.

4. MNIE des fontaines, *M. fontanum*, L. à tige simple, repliée aux nœuds.

Pluk. tab. 47, fig. 6. *Vaill. Bot.* tab. 24, fig. 10. *Mich. Gen.* tab. 59, fig. 4. *Dill. Musc.* tab. 44, fig. 2.

A Lyon, en Auvergne, à Paris.

5. MNIE des marais, *M. palustre*, L. à tige dichotome; à feuilles en alêne.

Vaill. Bot. tab. 24, fig. 1. *Dill. Musc.* tab. 31, fig. 3.

A Lyon, en Auvergne, à Paris.

6. MNIE hygromètre, *M. hygrometricum*, L. sans tige; à urne inclinée; à coiffe renversée, tétragone.

Vaill. Bot. tab. 26, fig. 16. *Dill. Musc.* tab. 52, fig. 75.

A Montpellier, Lyon, Paris, etc.

7. MNIE purpurin, *M. purpureum*, L. à tige dichotome; à pédicules droits, naissant aux aisselles des feuilles; à urnes droites; à feuilles en carêne.

Dill. Musc. tab. 49, fig. 51. *Hedw. Fund. Musc.* vol. 2, t. 4, fig. 17.

A Montpellier, Lyon, en Auvergne.

8. MNIE sétacé, *M. setaceum*, L. à urnes droites; à opercules filiformes, de la longueur des urnes.

La figure de *Dillen*, tab. 48, n.° 44, citée par *Linné* pour cette espèce, représente le *Bryum convolutum* de *Gmelin*.

A Lyon.

9. MNIE crépu, *M. cirrhatum*, L. à feuilles roulées, crépues par le dessèchement.

Dill. Musc. tab. 48, fig. 42. *Vaill. Paris.* tab. 24, f. 8. *Flor. Dan.* tab. 538, fig. 4.

A Montpellier, Lyon, en Auvergne, à Paris.

10. MNIE annuel, *M. annotinum*, L. à feuilles ovales, aiguës, transparentes; à péduncules partant presque de la racine; à urnes inclinées.

Dill. Musc. tab. 50, fig. 68.

A Lyon.

11. MNIE étoilé, *M. hornum*, L. à urnes inclinées; à péduncule courbé; à rejet ou drageon simple; à feuilles rudes en leurs bords.

Vaill. Bot. tab. 24, fig. 4 et 5. *Michel. Gen.* tab. 59, fig. 2. *Dill. Musc.* tab. 51, fig. 71.

A Lyon, en Auvergne, à Paris.

12. MNIE chevelu, *M. capillare*, L. à urnes pendantes; à feuilles ovales, terminées par une soie, en carêne; à péduncules très-longs.

Dill. Musc. tab. 50, fig. 67.

A Montpellier, Lyon.

13. MNIE cru, *M. crudum*, L. à urnes pendantes; à coiffe recourbée; à feuilles transparentes.

Dill. Musc. tab. 51, fig. 70.

En Auvergne.

14. MNIE pyriforme, *M. pyriforme*, L. à urnes pendantes, en toupie; à péduncule filiforme; à fleurs femelles terminées par une soie.

Dill. Musc. tab. 50, fig. 60.

A Lyon, en Auvergne.

15. MNIE polytrich, *M. polytrichoïdes*, L. à coiffe velue.

Vaill. Bot. tab. 26, fig. 15. *Dill. Musc.* tab. 55, fig. 6.

A Lyon, en Auvergne, à Paris.

16. MNIE à feuilles de serpolet, *M. serpillifolium*, L. à pédicules agrégés; à feuilles ouvertes, transparentes.

Cette espèce présente quatre variétés.

1.° Mnie ponctué, *M. punctatum.*

Vaill. Bot. tab. 26, fig. 5. *Dill. Musc.* tab. 53, fig. 81.

2.° Mnie en pointe, *M. cuspidatum.*

Vaill. Bot. tab. 26, fig. 18. *Dill. Musc.* tab. 53, fig. 79. *Hall. Hist.* tab. 45, fig. 5.

3.° Mnie prolifère, *M. proliferum.*

Muscus stellaris roseus; Mousse étoilée en rosette. *Bauh. Pin.* 361, n.° 12. *Dill. Musc.* tab. 52, fig. 77.

4.° Mnie ondulé, *M. undulatum.*

Vaill. Bot. tab. 24, fig. 3. *Michel. Gen.* tab. 59, fig. 5. *Dill. Musc.* tab. 52, fig. 76. *Hall. Hist.* tab. 45, fig. 4.

17. MNIE à trois faces, *M. triquetrum*, L. à tiges longues, de couleur de rouille; à feuilles ovales, lancéolées; à urnes ovales, pendantes.

Dill. Musc. tab. 51, fig. 72 et 73.

A Lyon, Grenoble, Paris, etc.

18. MNIE trichomane, *M. trichomanes*, L. à feuilles distiques ou sur deux rangs opposés, très-entières.

Dill. Musc. tab. 31, fig. 5.

Cette plante est désignée par *Gmelin* sous le nom de *Jungermannia scalaris.*

A Lyon.

19. MNIE fendu, *M. fissum*, L. à feuilles distiques ou sur deux rangs opposés, divisées peu profondément en deux parties.

Dill. Musc. tab. 31, fig. 6.

Cette plante est désignée par *Gmelin* sous le nom de *Jungermannia sphærocephala.*

A Lyon, en Auvergne.

20. MNIE jungermanne, *M. jungermannia*, L. à feuilles distiches ou sur deux rangs opposés; à pinnules à oreillettes en dessous.

Dill. Musc. tab. 69, fig. 1.

A Lyon, en Auvergne.

1311. BRI, *BRYUM.* * *Dill. Musc.* tab. 44 et suiv. *Lam. Tab. Encyclop.* pl. 873.

* *FLEURS MALES pédunculées au sommet des rejetons.*

CAL. *Coiffe* oblongue, pointue, oblique, lisse.

URNE arrondie ou un peu alongée, à orifice ciliée en anneau, couverte par un *Opercule* conique.

RÉCEPT. *Apophyse* nulle.

PERICHÈSE nul, remplacé par un *Tubercule* servant de base au pédoncule.

OBS. Ce genre présente des espèces à coiffe garnie de poils.

Urne chargée d'un opercule. *Coiffe* lisse. *Pédicule* de l'urne porté sur un tubercule.

* I. *Bris à urnes assises ou sans péduncules.*

1. BRI à fruit sessile, *B. apocarpum*, L. à urnes assises, terminales; à coiffe très-petite.

Vaill. Bot. tab. 27, fig. 15. *Dill. Musc.* tab. 32, fig. 4.

A Montpellier, à Lyon, en Auvergne, à Paris.

2. BRI strié, *B. striatum*, L. à urnes presque sans pédicules, éparses; à coiffes striées, velues en dessus.

Vaill. Bot. tab. 25, fig. 5 et 6. *Dill. Musc.* tab. 55, fig. 8. *Hedw. Musc. Frond.* vol. 2, tab. 36.

A Montpellier, Lyon, en Auvergne, à Paris.

* II. *Bris à urnes péduncules, droites.*

3. BRI pomiforme, *B. pomiforme*, L. à urnes droites, sphériques.

Vaill. Bot. tab. 24, fig. 9 et 12. *Dill. Musc.* tab. 44, fig. 1. *Hall. Hist.* tab. 46, fig. 7?

A Montpellier, Lyon, Paris, etc.

4. BRI pyriforme. *B. pyriforme*, L. à urnes droites, en ovale renversé; à coiffe en alêne; à rejets ou drageons simples; à feuilles ovales.

Moris. Hist. sect. 15, tab. 7, fig. 16. *Vaill. Bot.* tab. 29, f. 3. *Dill. Musc.* tab. 44, fig. 6.

A Montpellier, Lyon, Paris.

5. BRI éteignoir, *B. extinctorium*, L. à urne droite, oblongue, plus petite que la coiffe qui est lâche ou dilatée à la base.

Moris. Hist. sect. 15, tab. 7, fig. 12. *Vaill. Bot.* tab. 26, f. 1. *Dill. Musc.* tab. 45, fig. 8.

A Montpellier, Lyon, Paris.

6. BRI en alêne, *B. subulatum*, L. à urnes droites, en alêne; à rejets ou drageons simples.

Vaill. Bot. tab. 25, fig. 8. *Dill. Musc.* tab. 45, fig. 10.

A Montpellier, Lyon, Paris.

7. BRI rustique, *B. rurale*, L. à urnes comme droites; à feuilles recourbées, terminées par un poil.

Vaill. Bot. tab. 25, fig. 3. *Dill. Musc.* tab. 46, fig. 12. *Hedw. Eurd. Musc.* vol. 1, tab. 6, fig. 28 et 32.

A Montpellier, Lyon, Paris.

8. BRI des murs, *B. murale*, L. à urnes droites; à feuilles comme droites, terminées par un poil; à rejets ou drageons simples, en gazon.

Vaill. Bot. tab. 24, fig. 15. *Michel. Gen.* tab. 59, fig. 7. *Dill. Musc.* tab. 45, fig. 15.

A Montpellier, Lyon, Paris.

9. BRI à balai, *B. scoparium*, L. à urnes comme droites; à pédoncules agrégés; à feuilles tournées d'un seul côté, recourbées en faucille; à tige inclinée.

Moris. Hist. sect. 15, tab. 7, fig. 11 et 13. *Vaill. Bot.* t. 28, fig. 12. *Dill. Musc.* tab. 46, fig. 16. *Buxb. Cent.* 11, p. 8, t. 4, f. 1 et 4. *Hedw. Musc. Frond.* vol. 2, t. 8, f. 41 et 42.

A Lyon, Grenoble, Paris, etc.

10. BRI ondulé, *B. undulatum*, L. à urnes comme droites; à pédoncules presque solitaires; à feuilles lancéolées, en carène, ondulées, ouvertes, à dents de scie.

Vaill. Bot. tab. 26, fig. 17. *Dill. Musc.* tab. 46, f. 18. *Hedw. Musc. Frond.* vol. 1, p. 43, tab. 16 et 17, f. 6, 10 et 11.

A Lyon, en Auvergne, à Paris.

11. BRI glauque, *B. glaucum*, L. à urnes comme droites; à opercule voûté en arc; à feuilles droites, en recouvrement; à rejets ou drageons rameux.

Muscus saxatilis ericoïdes; Mousse des rochers à feuilles de Bruyère. *Bauh. Pin.* 362, n.° 8. *Vaill. Bot.* tab. 26, f. 13. *Dill. Musc.* tab. 46, fig. 20.

A Lyon, en Auvergne, à Paris, etc.

12. BRI blanchâtre, *B. albidum*, L. à urnes droites; à feuilles lingulées, un peu obtuses, ouvertes.

Dill. Musc. tab. 46, fig. 21. *Swarz. Obs. Bot.* tab. 11, f. 1.

Cette plante est désignée par *Gmelin* sous le nom de *Bryum octoblepharis.*

Dans l'isle de la Providence.

13. BRI transparent, *B. pellucidum*, L. à urnes comme droites; à feuilles aiguës, recourbées; à tiges hérissées.

Dill. Musc. tab. 46, fig. 23 et 24.

Cette plante est désignée par *Gmelin* sous le nom de *Mnium pellucidum.*

A Lyon.

14. BRI sans barbe, *B. imberbe*, L. à urnes droites, dilatées à leur orifice; à feuilles en carène.

Dill. Musc. tab. 48, fig. 46. *Hedw. Musc. Frond.* vol. 2, pag. 62, tab. 24.

En Suisse.

15. BRI à onglet, *B. unguiculatum*, L. à urnes droites, oblongues; à pédoncules axillaires; à feuilles droites, aiguës, en carène.

Dill. Musc. tab. 48, fig. 47. *Buxb. Cent.* 2, pag. 6, tab. 2, fig. 9. *Hedw. Frond. Musc.* vol. 2, pag. 92, tab. 24, f. 20.

A Lyon.

16. BRI à aiguilles, *B. aciculare*, L. à urnes droites ; à opercule en forme d'aiguille ; à feuilles droites, presque tournées d'un seul côté.

Dill. Musc. tab. 46, f. 25. *Hedw. Musc. Frond.* vol. 3, t. 33.

Cette plante est désignée par *Gmelin* sous le nom de *Mnium aciculare*.

A Lyon.

17. BRI entortillé, *B. flexuosum*, L. à urnes droites ; à feuilles sétacées ; à pédoncules tortueux.

Dill. Musc. tab. 47, fig. 33.

A Lyon.

18. BRI hétéromalle, *B. heteromallum*, L. à urnes droites ; à feuilles sétacées, tournées d'un seul côté.

Vaill. Bot. tab. 27, fig. 7. *Dill. Musc.* tab. 47, fig. 37. *Hedw. Musc. Frond.* vol. 1, pag. 68, tab. 26.

A Lyon, en Auvergne, à Paris.

19. BRI tortueux, *B. tortuosum*, L. à urnes droites ; à feuilles sétacées, sans poils, crispées par le dessèchement.

Dill. Musc. tab. 48, f. 40. *Hall. Hist.* n.° 1787, tab. 45, f. 2.

A Lyon.

20. BRI tronqué, *B. truncatulum*, L. à urnes droites, arrondies ; à opercules terminés par une pointe.

Vaill. Bot. tab. 26, fig. 2. *Dill. Musc.* tab. 45, fig. 7. *Hedw. Musc. Frond.* vol. 1, pag. 13, tab. 5.

A Lyon, en Auvergne, à Paris.

21. BRI verdoyant, *B. viridulum*, L. à urnes droites, ovales ; à feuilles lancéolées, aiguës, en recouvrement et ouvertes.

Dicks. Fasc. 1. *Pl. Crypt.* pag. 3, tab. 1, fig. 5.

A Lyon, en Auvergne.

22. BRI des marais, *B. paludosum*, L. sans tige ; à feuilles sétacées ; à urnes très-obtuses, ouvertes.

Dill. Musc. tab. 49, fig. 53.

A Lyon.

23. BRI hypnoïde, *B. hypnoïdes*, L. à urnes droites ; à rejets ou drageons redressés ; à rameaux latéraux, courts, fertiles.

Pluk. tab. 47, fig. 5. *Dill. Musc.* 47, fig. 32. *Hall. Hist.* tab. 46, fig. 4. *Hedw. Fund. Musc.* vol. 2, pag. 91, t. 8, fig. 43 et 44.

A Lyon, en Auvergne.

24. BRI verticillé, *B. verticillatum*, L. à urnes droites; à péduncules tordus par le dessèchement; à feuilles terminées par un poil; à rejets ou drageons redressés.

Dill. Musc. tab. 47, fig. 33.

A Lyon, en Auvergne.

25. BRI d'été, *B. æsticum*, L. à urnes droites, arrondies, axillaires; à feuilles en alène, éloignées les unes des autres.

Dill. Musc. tab. 47, fig. 36.

A Lyon, en Auvergne.

26. BRI de Celsius, *B. Celsii*, L. à urnes comme droites; à péduncules très-longs; à feuilles sétacées; à rejets ou drageons simples.

Dill. Musc. tab. 49, fig. 54.

A Upsal.

27. BRI doré, *B. trichodes*, L. à urnes comme droites; à orifice cilié, sans anneau; à péduncules très-longs.

Dill. Musc. tab. 49, fig. 58.

A Lyon.

28. BRI roide, *B. squarrosum*, L. à urnes obliques; à feuilles en recouvrement sur cinq rangs, recourbées; à tige couverte d'un duvet ferrugineux.

Buxb. Cent. 4, pag. 36, tab. 65, fig. 1.

En Suède.

* III. *Bris à urnes inclinées, pendantes.*

29. BRI argenté, *B. argenteum*, L. à urnes pendantes; à rejets ou drageons cylindriques, lisses, en recouvrement.

Vaill. Bot. tab. 26, fig. 3. *Dill. Musc.* tab. 50, fig. 62.

A Lyon, en Auvergne, à Paris.

30. BRI coussinet, *B. pulvinatum*, L. à urnes inclinées, arrondies; à péduncules recourbés; à feuilles terminées par un poil.

Vaill. Bot. tab. 29, fig. 2. *Dill. Musc.* tab. 50, fig. 65. *Hedw. Frond. Musc.* vol. 1, tab. 10, fig. 65.

A Lyon, en Auvergne, à Paris.

31. BRI en gazon, *B. cæspititium*, L. à urnes pendantes; à feuilles lancéolées, aiguës, terminées par une soie; à péduncules très-longs.

Vaill. Bot. tab 29, fig. 7. *Dill. Musc.* tab. 50, fig. 66.

A Lyon, en Auvergne, à Paris.

32. BRI incarnat, *B. carneum*, L. à urnes pendantes, arrondies; à feuilles aiguës, alternes.

Dill. Musc. tab. 50, fig. 69. *Hall. Hist.* tab. 45, fig. 6. *Buxb. Cent.* 2, pag. 5, tab. 2, fig. 5.

A Lyon.

33. BRI simple, *B. simplex*, L. à urnes inclinées, oblongues; à feuilles en alêne; à rejet ou drageon très-simple, portant au sommet et sur les côtés les péduncules.

Moris. Hist. sect. 15, tab. 7, fig. 19. *Buxb. Cent.* 4, tab. 65, fig. 2. *Hedw. Musc. Frond.* vol. 2, pag. 93, tab. 34.

Cette plante est désignée par *Gmelin* sous les noms de *Maium simplex* et de *Bryum rubrum.*

A Lyon, en Auvergne.

34. BRI des Alpes, *B. Alpinum*, L. à urnes pendantes, oblongues; à feuilles ovales, aiguës, en carène; à rejets ou drageons rameux; à péduncules axillaires.

Dill. Musc. tab. 50, fig. 64.

Au Mont-Pilat.

1312. HYPNE, *HYPNUM.* * *Dill. Musc.* tab. 34 et suiv. *Lam. Tab. Encyclop.* pl. 874.

* *FLEURS MALES pédunculées, sortant des ailes des feuilles sur les côtés du rejeton.*

CAL. *Coiffe* oblongue, oblique, lisse.

URNE un peu alongée, à orifice cilié, couverte par un *Opercule* pointu.

RÉCEPT. *Apophyse* nulle.

PERIKÈCE écailleux, produisant un péduncule sur les côtés des rejetons.

* *FLEURS FEMELLES sur le même végétal, sortant des ailes des feuilles.*

CAL. *Commun* nul.

PIST. Solitaires, sortant des ailes des feuilles. *Plumules* nues.

Urne chargée d'un opercule. *Coiffe* lisse. *Pédicules* des urnes latéraux, et enveloppés à leur base par un perikèce ou amas de petites feuilles.

* I. *HYPNES à feuilles pinnées.*

1. HYPNE en forme d'épine, *H. spiniforme*, L. à tige très-simple; à feuilles pinnées; à folioles ouvertes, en alêne; à péduncules partant de la racine.

Dill. Musc. tab. 43, f. 68. *Hedw. Musc. Frond.* vol. 3, t. 25.

A la Jamaïque.

2. **HYPNE** à feuilles d'If, *H. taxifolium*, L. à tige très-simple; à feuilles pinnées; à folioles lancéolées; à péduncules à la base de la tige.

Vaill. Bot. tab. 24, fig. 11. *Dill. Musc.* tab. 34, fig. 2. *Flor. Dan.* tab. 473, fig. 2.

A Montpellier, à Lyon, en Auvergne, à Paris, etc.

3. **HYPNE** denticulé, *H. denticulatum*, L. à tige simple; à feuilles pinnées, comme à deux rangs sur la tige; à péduncules à la base des tiges.

Vaill. Bot. tab. 29, fig. 8. *Dill. Musc.* tab. 34, fig. 5. *Moris. Hist.* sect. 15, tab. 6, fig. 36.

A Montpellier, à Lyon, en Auvergne, à Paris.

4. **HYPNE** bryoïde, *H. bryoïdes*, L. à tige très-simple; à feuilles pinnées; à folioles lancéolées; à péduncules terminant la tige.

Vaill. Bot. tab. 24, f. 13. *Dill. Musc.* tab. 34, fig. 1. *Buxb. Cent.* 1, pag. 44, tab. 64, fig. 3.

A Montpellier, à Lyon, en Auvergne, à Paris.

5. **HYPNE** acacia, *H. acacioïdes*, L. à tige rameuse; à feuilles pinnées; à péduncules terminant la tige.

Dill. Musc. tab. 34, f. 4.

Dans l'isle des Patagons.

6. **HYPNE** adianthe, *H. adianthoïdes*, L. à tige droite, rameuse; à feuilles pinnées; à péduncules naissant du milieu de la tige.

Vaill. Bot. tab. 28, fig. 5. *Dill. Musc.* tab. 34, fig. 3. *Buxb. Cent.* 2, pag. 3, tab. 1, fig. 4. *Hedw. Musc. Frond.* vol. 3, tab. 26.

A Montpellier, à Lyon, en Auvergne.

7. **HYPNE** aplati, *H. complanatum*, L. à tige rameuse; à feuilles pinnées; à folioles en recouvrement, aiguës, repliées, comprimées.

Dill. Musc. tab. 34, fig. 7. *Hedw. Musc. Fund.* vol. 2, p. 93, tab. 10, fig. 62 et 65.

A Montpellier, à Lyon, en Auvergne.

8. **HYPNE** pied d'oiseau, *H. ornithopodioïdes*, L. à tige rameuse; à feuilles pinnées; à folioles très-ouvertes, ovales, en carène, terminées en pointe.

Dill. Musc. tab. 34, fig. 9.

Dans l'isle des Patagons.

9. **HYPNE** des forêts, *H. sylvaticum*, L. à tige rameuse, couchée; à feuilles pinnées; à folioles aiguës; à péduncule naissant du milieu de la tige.

Dill. Musc. tab. 34, fig. 6.

En Angleterre.

* II. *HYPNES à dragеons ou rejets vagues et sans ordre.*

10. HYPNE luisant, *H. lucens*, L. à rejets rameux; à feuilles comme pinnées; à folioles ponctuées.

Dill. Musc. tab. 34, fig. 10. *Hedw. Musc. Fund.* vol. 1, tab. 1. fig. 4, 5 et 6.

A Montpellier, à Lyon, en Auvergne.

11. HYPNE ridé, *H. rugosum*, L. à rejets comme droits; à feuilles recourbées à la base, tournées d'un seul côté.

Dill. Musc. tab. 37, fig. 24.

A Lyon.

12. HYPNE ondulé, *H. undulatum*, L. à rejets rameux; à feuilles comme pinnées; à folioles repliées, ondulées.

Dill. Musc. tab. 36, fig. 11.

A Montpellier, à Lyon, en Auvergne.

13. HYPNE frisé, *H. crispum*, L. à rejets rameux; à feuilles comme pinnées; à folioles ondulées, planes,

Dill. Musc. tab. 36, fig. 12. *Hall. Hist.* n.° 1769, tab. 45, fig. 5.

A Montpellier, à Lyon, en Auvergne.

14. HYPNE à trois faces, *H. triquetrum*, L. à rejets recourbés; à feuilles ovales, recourbées, ouvertes.

Vaill. Bot. tab. 28, fig. 9. *Dill. Musc.* tab. 38, fig. 28. *Buxb. Cent.* 4, tab. 63, fig. 1. *Hedw. Musc. Fund.* vol. 1, tab. 7, fig. 37—46.

A Montpellier, à Lyon, en Auvergne, à Paris.

15. HYPNE fourgon, *H. rutabulum*, L. à rejets comme rampans; à feuilles ovales, terminées en pointe, en recouvrement.

Vaill. Bot. tab. 27, fig. 8; et tab. 23, fig. 2. *Dill. Musc.* tab. 38, fig. 29. *Hedw. Musc. Frond.* vol. 4, pag. 29, tab. 12.

A Montpellier, à Lyon, en Auvergne, à Paris.

* III. *HYPNES à rejets pinnés.*

16. HYPNE fougère, *H. filicinum*, L. à rejets pinnés; à rameaux éloignés les uns des autres; à folioles en recouvrement, aiguës, recourbées, tournées d'un seul côté.

Vaill. Bot. tab. 29, fig. 9. *Dill. Musc.* tab. 36, fig. 19, *Loes. Fl. Pruss.* pag. 167, ic. 43?

A Montpellier, à Lyon, en Auvergne, à Paris.

17. **HYPNE** prolifère, *H. proliferum*, L. à rejets prolifères, aplatis, pinnés; à péduncules agrégés.

Vaill. Bot. tab. 29, fig. 1. *Dill. Musc.* tab. 35, fig. 13. *Hedw. Musc. Frond.* vol. 2, pag. 94, tab. 4, fig. 13.

A Montpellier, à Lyon, en Auvergne, à Paris.

18. **HYPNE** délicat, *H. delicatulum*, L. à rejets comme prolifères, aplatis, pinnés; à péduncules agrégés.

Dill. Musc. tab. 83, fig. 6.

A Montpellier.

19. **HYPNE** des murs, *H. parietinum*, L. à rejets aplatis, pinnés, prolongés; à péduncules agrégés.

Vaill. Bot. tab. 28, fig. 1. *Dill. Musc.* tab. 35, fig. 14.

A Montpellier, à Lyon, en Auvergne, à Paris.

20. **HYPNE** alongé, *H. prælongum*, L. à rejets comme pinnés, couchés; à rameaux éloignés; à folioles ovales; à urnes inclinées.

Vaill. Bot. tab. 23, fig. 9. *Dill. Musc.* tab. 35, fig. 15. *Buxb. Cent.* 4, pag. 37, tab. 63, fig. 3. *Hedw. Musc. Frond.* vol. 4, pag. 76, tab. 29.

A Montpellier, à Lyon, en Auvergne, à Paris.

21. **HYPNE** crête, *H. crista castrensis*, L. à rejets pinnés; à rameaux rapprochés, recourbés au sommet.

Vail. Bot. tab. 27, fig. 14. *Dill. Musc.* tab. 36, fig. 20. *Hedw. Musc. Frond.* vol. 4, pag. 56, tab. 22.

A Montpellier, à Lyon, en Auvergne, en Dauphiné, à Paris.

22. **HYPNE** sapinet, *H. abietinum*, L. à rejets pinnés, arrondis, éloignés, inégaux.

Vaill. Bot. tab. 23, fig. 12; et tab. 29, fig. 12. *Dill. Musc.* tab. 35, fig. 17. *Hedw. Musc. Frond.* vol. 4, pag. 84, tab. 32.

A Montpellier, à Lyon, en Auvergne, à Paris.

23. **HYPNE** plumeux, *H. plumosum*, L. à rejets pinnés, rampans; à rameaux entassés; à feuilles en alène, en recouvrement; à urnes droites.

Dill. Musc. tab. 35, fig. 16. *Hedw. Musc. Frond.* vol. 4, pag. 37, tab. 15.

A Lyon.

* IV. *HYPNES à feuilles recourbées.*

24. **HYPNE** cyprès, *H. cupressiforme*, L. à rejets comme pinnés; à feuilles recourbées en faucille au sommet, en alène, tournées d'un seul côté.

Vaill. Bot. tab. 27, fig. 13. *Dill. Musc.* tab. 37, fig. 23. *Hedw. Musc. Frond.* vol. 4, pag. 59, tab. 23.

A Montpellier, à Lyon, en Dauphiné, à Paris.

25. HYPNE crochu, *H. aduncum*, L. à rejets un peu redressés, comme rameux ; à feuilles recourbées en faucille, en alêne, tournées d'un seul côté ; à rameaux recourbés.

Dill. Musc. tab. 37, fig. 26. *Hedw. Musc. Frond.* vol. 4, pag. 62, tab. 24.

A Montpelier, à Lyon.

26. HYPNE comprimé, *H. compressum*, L. à rejets pinnés, comprimés : à feuilles recourbées, aiguës ; à urnes comme droites, ovales.

Dill. Musc. tab. 36, fig. 22, B.

A Lyon.

27. HYPNE scorpion, *H. scorpioïdes*, L. à rameaux vagues, couchés, recourbés ; à feuilles recourbées, aiguës, tournées d'un seul côté.

Dill. Musc. tab. 37, fig. 25.

A la Grande-Chartreuse.

28. HYPNE sarmenteux, *H. viticulosum*, L. à rejets rampans ; à rameaux vagues, arrondis ; à feuilles recourbées, étalées ou écartées de la tige, pointues.

Pluk. tab. 47, fig. 4. *Vaill. Bot.* tab. 23, fig. 1. *Dill, Musc.* tab. 39, fig. 43. *Hedw. Musc. Fund.* vol. 1, tab. 3, fig. 11 ; ibid. vol. 2, tab. 8, fig. 49 et 50.

A Montpellier, à Lyon, en Auvergne, à Paris.

29. HYPNE rude, *H. squarrosum*, L. à rameaux vagues ; à feuilles lancéolées, repliées, carénées, recourbées en dehors sur cinq rangs.

Vaill. Bot. tab. 27, fig. 5. *Dill. Musc.* tab. 39, fig. 38.

A Montpellier, Lyon, Paris.

30. HYPNE des marais, *H. palustre*, L. à rejets rampans ; à rameaux droits, entassés ; à feuilles recourbées, ovales, tournées d'un seul côté ; à urnes ovales, droites.

Dill. Musc. tab. 37, fig. 27.

A Montpellier, Lyon.

31. HYPNE à courroie, *H. loreum*, L. à rejets rampans ; à rameaux vagues, droits ; à feuilles recourbées, tournées d'un seul côté ; à urnes arrondies.

Musco denticulato similis ; Mousse ressemblant à la Mousse dentelée. *Bauh. Pin.* 360, n.° 9. *Vaill. Bot.* tab. 25, fig. 2. *Dill. Musc.* tab. 39, fig. 40.

A Lyon, en Auvergne, à Paris.

* V. *HYPNES à rejets en arbrisseaux ou en faisceaux.*

32. HYPNE en arbre, *H. dendroïdes*, L. à rejets droits; à rameaux ramassés en faisceaux, terminant la tige, presque simples; à urnes droites.

Vaill. Bot. tab. 26, fig. 6. *Dill. Musc.* tab. 40, fig. 48.

Au Pont-de-Beauvoisin, en Auvergne, à Paris.

33. HYPNE queue de renard, *H. alopecurum*, L. à rejets droits; à rameaux ramassés en faisceaux, terminans la tige, sous-divisés; à urnes légèrement inclinées.

Vaill. Bot. tab. 23, fig. 5. *Dill. Musc.* tab. 41, fig. 49.

A Montpellier, Lyon, Grenoble, en Auvergne, à Paris.

* VI. *HYPNES à rejets arrondis.*

34. HYPNE court-pendu, *H. curtipendulum*, L. à rejets vagues, arrondis; à feuilles ovales, aiguës, ouvertes; à urnes inclinées.

Dill. Musc. tab. 43, fig. 69.

A Lyon.

35. HYPNE pur, *H. purum*, L. à rejets pinnés, épars, en alêne; à feuilles ovales, obtuses, réunies.

Vail. Bot. tab. 28, fig. 3. *Dill. Musc.* tab. 40, fig. 45.

A Montpellier, à Lyon, en Auvergne, à Paris.

36. HYPNE filiforme, *H. filifolium*, L. à rejets vagues, très-rameux; à rameaux filiformes; à urnes obliques.

Dill. Musc. tab. 42, fig. 62. *Hedw. Musc. Frond.* vol. 3, pag. 4, tab. 2.

A Lyon.

37. HYPNE vermiculé, *H. illecebrum*, L. à rejets et rameaux vagues, arrondis, un peu redressés, obtus.

Vaill. Bot. tab. 25, fig. 7. *Dill. Musc.* tab. 40, fig. 46.

A Montpellier, à Lyon, en Auvergne, à Paris.

38. HYPNE des rives, *H. riparium*, L. à rejets arrondis, rameux; à feuilles aiguës, ouvertes, éloignées entr'elles.

Dill. Musc. tab. 40, fig. 44, B. C. D. *Flor. Dan.* tab. 649, fig. 1. *Hedw. Musc. Frond.* vol. 4, pag. 7, tab. 3.

A Montpellier, Lyon.

39. HYPNE pointu, *H. cuspidatum*, L. à rejets vagues; à rameaux finissant en cônes formés par les feuilles aiguës, roulées.

Dill. Musc. tab. 39, fig. 34. *Buxb. Cent.* 2, pag. 6, tab. 3, fig. 1-4.

A Montpellier, Lyon.

* VII. *HYPNES à rameaux entassés.*

40. HYPNE soyeux, *H. sericeum*, L. à rejets rampans; à rameaux droits, entassés; à feuilles en alène; à urnes droites.

Vaill. Bot. tab. 27, fig. 3. *Dill. Musc.* tab. 42, fig. 59. *Buxb. Cent.* 4, pag. 34, tab. 62, fig. 1.

A Montpellier, à Lyon, en Auvergne, à Paris.

41. HYPNE velouté, *H. velutinum*, L. à rejets rampans; à rameaux entassés, droits; à feuilles en alène; à urnes légèrement inclinées.

Dill. Musc. tab. 42, fig. 61. *Hedw. Musc. Frond.* vol. 4, pag. 70, tab. 27. *Buxb. Cent.* 4, pag. 35, tab. 62, f. 2.

A Montpellier, à Lyon, en Auvergne.

42. HYPNE traînant, *H. serpens*, L. à rejets rampans; à rameaux filiformes; à feuilles très-petites, terminées par un poil.

Vaill. Bot. tab. 28, fig. 6, 7 et 8. *Dill. Musc.* tab. 42, fig. 64. *Buxb. Cent.* 4, pag. 36, tab. 63, fig. 2. *Hedw. Musc. Frond.* vol. 4. pag. 45, tab. 18.

A Montpellier, à Lyon, en Auvergne, à Paris.

43. HYPNE queue-d'écureuil, *H. sciuroïdes*, L. à rejets droits, rameux, recourbés.

Vaill. Bot. tab. 27, fig. 12. *Dill. Musc.* tab. 41, fig. 54.

A Montpellier, à Lyon, en Auvergne, à Paris.

44. HYPNE grêle, *H. gracile*, L. à rejets rampans; à rameaux ramassés en faisceaux, arrondis, comme droits; à urnes dro -, ovales.

Dill. Musc. tab. 41, fig. 55. *Flor. Dan.* tab. 649, fig. 2.

A Lyon.

45. HYPNE queue de rat, *H. mysuroïdes*, L. à rejets très-rameux; à rameaux en alène, arrondis, amincis aux deux extrémités.

Dill. Musc. tab. 41, fig. 51.

A Montpellier, à Lyon, en Auvergne.

46. HYPNE à massette, *H. clavellatum*, L. à tige rampante; à rameaux droits, très-entassés; à urnes recourbées; à opercules courbés.

Dill. Musc. tab. 85, fig. 17. *Pollic. Pl. Pal.* n.° 1055, fig. 10.

En Angleterre, dans le Palatinat.

47. HYPNE à feuilles de sabine, *H. julaceum*, L. à rameaux droits, arrondis, obtus, en recouvrement; à périkèce de la longueur des péduncules.

Dill. Musc. tab. 41, fig. 56. *Hedw. Musc. Frond.* vol. 4, pag. 51, tab. 20.

Dans l'Amérique Septentrionale.

III. ALGUES.

1313. JUNGERMANNE, *JUNGERMANIA.* * *Michel. Gen.* 6, tab. 5. *Lam. Tab. Encyclop.* pl. 875. MUSCOÏDES *Michel. Gen.* 9, tab. 6. LICHENASTRUM. *Dill. Musc.* tab. 69 et suiv.

* *FLEURS MALES portées sur un péduncule long, droit, sortant du calice.*

CAL. Périkèce tubuleux.

COR. Nulle.

ÉTAM. *Urne* ovale, s'ouvrant par quatre battans, étalés, égaux, persistans.

FLEURS FEMELLES assises, nues, le plus souvent sur la même plante.

CAL. Nul.

COR. Nulle.

SEM. Solitaires ou entassées, arrondies.

FLEURS MALES pédunculées, nues. *Anthère* sachet sphérique qui se fend jusqu'à la base en quatre valves ou parties disposées en croix.

FLEURS FEMELLES : sans péduncule, nues, à semences arrondies.

* I. *JUNGERMANNES à feuilles pinnées, tournées d'un seul côté.*

1. JUNGERMANNE asplénoïde, *J. asplenoïdes*, L. à feuilles simplement pinnées; à folioles ovales, dentelées, comme ciliées.

Vaill. Bot. tab. 19, fig. 7. *Michel. Gen.* tab. 5, fig. 1, 2 et 3. *Dill. Musc.* tab. 69, fig. 5 et 6.

A Montpellier, à Lyon, en Auvergne, à Paris, etc.

2. JUNGERMANNE sarmenteuse, *J. viticulosa*, L. à feuilles simplement pinnées; à folioles aplaties, nues, linéaires.

Michel. Gen. tab. 5, fig. 4. *Dill. Musc.* tab. 69, fig. 7.

A Montpellier, Lyon.

3. JUNGERMANNE à plusieurs fleurs, *J. polyanthos*, L. à feuilles simplement pinnées; à folioles très-entières, convexes, en recouvrement.

Michel.

Michel. Gen. tab. 5, fig. 5. *Dill. Musc.* tab. 70, fig. 9.

A Montpellier, Lyon.

4. JUNGERMANNE lancéolée, *J. lanceolata*, L. à feuilles simplement pinnées, portant au sommet les péduncules; à folioles lancéolées, très-entières.

Michel. Gen. tab. 5, fig. 6 et 7. *Dill. Musc.* tab. 70, fig. 10.

A Montpellier, à Lyon, en Auvergne.

5. JUNGERMANNE à deux dents, *J. bidentata*, L. à feuilles simplement pinnées, portant au sommet les péduncules; à folioles terminées par deux dents.

Michel. Gen. tab. 5, fig. 12 et 13. *Dill. Musc.* tab. 70, fig. 11.

A Montpellier, à Lyon, en Auvergne.

6. JUNGERMANNE à deux pointes, *J. bicuspidata*, L. à feuilles simplement pinnées, portant les péduncules au milieu; à folioles terminés par deux dents.

Michel. Gen. tab. 5, fig. 15. *Dill. Musc.* tab. 70, fig. 13.

A Montpellier, à Lyon, en Auvergne.

7. JUNGERMANNE à cinq dents, *J. quinquedentata*, L. à feuilles pinnées, rameuses, portant les péduncules au sommet; à folioles terminées par cinq dents.

Dill. Musc. tab. 71, fig. 23.

A Lyon.

* II. *JUNGERMANNES à feuilles pinnées; à folioles à oreillettes.*

8. JUNGERMANNE ondulée, *J. undulata*, L. à feuilles supérieurement deux fois pinnées, portant au sommet les péduncules; à folioles arrondies, très-entières, ondulées.

Vaill. Bot. tab. 19, fig. 6.

En Auvergne, à Paris.

9. JUNGERMANNE des bois, *J. nemorosa*, L. à feuilles supérieurement deux fois pinnées, portant au sommet les péduncules; à folioles ciliées.

Dill. Musc. tab. 71, fig. 18.

A Lyon.

10. JUNGERMANNE renversée, *J. resupinata*, L. à feuilles supérieurement deux fois pinnées, portant à la base les péduncules; à folioles un peu crénelées, arrondies, en recouvrement.

Dill. Musc. tab. 71, fig. 19.

A Lyon.

11. JUGERMANNE blanchâtre, *J. Albicans*, L. à feuilles supérieurement deux fois pinnées, portant au sommet les péduncules; à folioles linéaires, recourbées.

Dill. Musc. tab. 71, fig. 20.

A Lyon, en Auvergne.

12. JUNGERMANNE à trois lobes, *J. trilobata*, L. à feuilles deux fois pinnées en dessous; à folioles quadrangulaires, terminées par trois lobes irréguliers.

Michel. Gen. tab. 5, fig. 10. *Dill. Musc.* tab. 71, fig. 22.

En Suisse, en Suède.

13. JUNGERMANNE rampante, *J. reptans*, L. à feuilles deux fois pinnées en dessous, rampantes au sommet; à folioles terminées par quatre dents.

Dill. Musc. tab. 71, fig. 24.

A Lyon.

14. JUNGERMANNE sétacée, *J. multiflora*. L. à feuilles rameuses, rampantes; à folioles alternes, deux à deux, sétacées, égales.

Dill. Musc. tab. 69, fig. 4.

En Angleterre.

* III. *JUNGERMANNES à feuilles en recouvrement.*

15. JUNGERMANNE aplatie, *J. complanata*, L. à rejets rampans; à feuilles à oreillettes à la base, en recouvrement sur deux rangs; à rameaux égaux.

Vaill. Bot. tab. 19, fig. 9? *Michel. Gen.* tab. 5, fig. 21. *Dill. Musc.* tab. 72, fig. 26.

A Montpellier, Lyon, Grenoble, Paris.

16. JUNGERMANNE dilatée, *J. dilatata*, L. à rejets rampans; à feuilles à oreillettes à la base, en recouvrement sur deux rangs; à rameaux élargis au sommet.

Vaill. Bot. tab. 19, fig. 10. *Michel. Gen.* tab. 6, fig. 6. *Dill. Musc.* tab. 72, fig. 27.

A Montpellier, Lyon, Grenoble, Paris, etc.

17. JUNGERMANNE à feuilles de tamarisque, *J. tamariscifolia*, L. à feuilles en recouvrement sur deux rangs: les supérieures arrondies, convexes, obtuses, quatre fois plus grandes.

Michel. Gen. tab. 6, fig. 5. *Dill. Musc.* tab. 72, fig. 31.

A Montpellier, Lyon.

18. JUNGERMANNE à feuilles plates, *J. platiphylla*, L. à rejets couchés; à feuilles en recouvrement sur deux rangs, en cœur, aiguës.

Vaill. Bot. tab. 21, f. 17. *Michel. Gen.* tab. 6, fig. 4. *Dill. Musc.* tab. 72, f. 32 et 33.

A Montpellier, Lyon, Paris.

19. JUNGERMANNE ciliée, *J. ciliaris*, L. à rejets rampans ; à feuilles en recouvrement sur deux rangs, inférieurement ciliées et à oreillettes.

Vaill. Bot. tab. 26, f. 11. *Dill. Musc.* tab. 73, f. 35.

En Auvergne, en Dauphiné.

20. JUNGERMANNE variée, *J. varia*, L. à rejets presque droits ; à feuilles en recouvrement sur deux rangs, divisées profondément en deux parties.

Michel. Gen. tab. 5, f. 9. *Dill. Musc.* tab. 73, f. 36.

A Lyon, en Auvergne.

§ IV. *JUNGERMANNES à rejets en recouvrement de tous côtés ; à folioles éparses.*

21. JUNGERMANNE à chaton, *J. julacea*, L. à rejets arrondis ; à folioles en recouvrement de tous côtés ; à fleurs pédunculées.

Dill. Musc. tab. 73, fig. 38.

En Angleterre.

22. JUNGERMANNE des rochers, *J. rupestris*, L. à rejets arrondis ; à folioles en alêne, tournées d'un seul côté.

Dill. Musc. tab. 73, fig. 40.

En Auvergne.

23. JUNGERMANNE trichophylle, *J. trichophylla*, L. à rejets arrondis ; à folioles divisées peu profondément en plusieurs parties capillaires, égales.

Dill. Musc. tab. 73, fig. 37.

En Suède.

24. JUNGERMANNE des Alpes, *J. Alpina*, L. à rejets arrondis ; à folioles ovales, ouvertes ; à calices en recouvrement.

Dill. Musc. tab. 73, fig. 39.

En Angleterre.

* V. *JUNGERMANNES sans tiges ; à feuilles simples.*

25. JUNGERMANNE épiphylle, *J. epiphylla*, L. sans tige ; à péduncules partant du milieu de la feuille.

Lichen petræus, cauliculo calceato ; Lichen des pierres, à tige partant du milieu de la feuille. *Bauh. Pin.* 362, n.° 6. *Column. Ecphras.* 1, pag. 332 et 331, fig. 3. *Vaill. Bot.* tab. 19, fig. 4. *Michel. Gen.* tab. 4, f. 1. *Dill. Musc.* tab. 74, f. 41.

A Lyon.

26. JUNGERMANNE épaisse, *J. pinguis*, L. sans tige ; à feuilles oblongues, sinuées, épaisses.

Michel. Gen. tab. 4, f. 2. *Dill. Musc.* tab. 74, f. 42.

A Montpellier, Lyon.

27. JUNGERMANNE à plusieurs divisions, *J. multifida*, L. sans tige; à feuilles deux fois pinnatifides.

Dill. Musc. tab. 74, fig. 43.

A Lyon.

28. JUNGERMANNE fourchue, *J. furcata*, L. sans tige; à feuilles linéaires, rameuses, un peu obtuses, bifurquées aux extrémités.

Vaill. Bot. tab. 23, fig. 11; et tab. 19, fig. 3. *Michel. Gen.* tab. 4, fig. 4. *Dill. Musc.* tab. 74, fig. 45.

A Lyon, Paris.

29. JUNGERMANNE naine, *J. pusilla*, L. sans tige; à feuilles comme pinnatifides; à lobes en recouvrement; à périkèse plissé.

Dill. Musc. tab. 74, fig. 46.

En Suisse.

1314. TARGIONE, *TARGIONIA.* † *Michel. Gen.* 3, tab. 3. *Lam. Tab. Encyclop.* pl. 877.

CAL. Arrondi, à deux valves.

URNE assise, en cloche, au fond du calice.

***Calice* formé par deux valves, renfermant un globule.**

1. TARGIONE hypophylle, *T. hypophylla*, L. à tiges formées par des expansions membraneuses, en spatule, rampantes, petites, ponctuées en dessus, et chargées de quelques boutons sans pédicules.

Lichen petræus minimus, fructu Orobi; Lichen des pierres très-petit, à fruit d'Orobe. *Bauh. Pin.* 362, n.° 7. *Column. Ecphras.* 1, pag. 333 et 331, fig. 4. *Michel. Gen.* tab. 3, fig. 1. *Dill. Musc.* tab. 78, fig. 9.

A Montpellier, Lyon.

1315. HÉPATIQUE, *MARCHANTIA.* * *Michel. Gen.* 1, tab. 1. *Lam. Tab. Encyclop.* pl. 876. HEPATICA. *Michel. Gen.* 3, tab. 2. LUNULARIA. *Michel. Gen.* 4, tab. 4. LICHEN. *Dill. Musc.* tab. 75, 76 et 77.

* *FLEURS MALES portées sur un péduncule long, droit, sortant du calice.*

CAL. *Périanthe commun* en bouclier, à quatre, cinq ou dix *segmens* peu profonds, égaux, renversés sur les côtés, très-grand, couvert inférieurement d'un nombre de fleurs correspondant à celui des segmens.

COR. Monopétale, en toupie, droite, plus courte que le calice.

ÉTAM. Un seul *Filament*, plus long que la corolle, simple. *Urne* comme ovale, s'ouvrant au sommet en autant de divisions qu'il y a de segmens au calice commun. *Pollen* attaché à un filet.

* *FLEURS FEMELLES assises sur la même plante.*

CAL. *Périanthe* formé par un bord membraneux, droit, ouvert, entier, persistant, d'un seul feuillet.

COR. Nulle, (à moins qu'on ne prenne le calice pour corolle).

SEM. Plusieurs, arrondies, comprimées, nues, placées au fond du calice.

OBS. Marchantiæ, *Micheli : Calice des fleurs mâles commun aplati, divisé en huit ou dix segmens qui n'enveloppent point les fleurons.*

Hepaticæ, *Micheli : Calice des fleurs mâles commun aplati, conique, à cinq segmens peu profonds, réunis.*

Lunulariæ, *Micheli : Calice en forme de croix, à segmens enveloppant les fleurons.*

FLEURS MALES : *Calice* en bouclier ou plateau chargé en dessous de plusieurs globules à une loge. *Corolle* monopétale. *Anthères* divisées peu profondément en plusieurs parties.

FLEURS FEMELLES : *Calice* assis ou sans pédicules, en cloche, renfermant plusieurs semences.

1. HÉPATIQUE polymorphe, *M. polymorpha*, L. à calice commun en étoile à dix digitations ou segmens peu profonds.

Lichen petræus latifolius, seu Hepatica fontana ; Lichen des pierres à larges feuilles, ou Hépatique des fontaines. *Bauh. Pin.* 362, n.° 1. *Fusch. Hist.* 473. *Trag.* 523. *Matth.* 732, fig. 1. *Dod. Pempt.* 473, f. 2. *Lob. Ic.* 2, pag. 246, fig. 1. *Camer. Epit.* 782. *Michel. Gen.* tab. 1, fig. 1. *Dill. Musc.* tab. 76, fig. 6.

Cette espèce présente deux variétés :

1.° *Lichen petræus stellatus ;* Lichen des pierres étoilé. *Bauh. Pin.* 362, n.° 2. *Lob. Ic.* 2, pag. 246, fig. 2. *Michel. Gen.* tab. 1, fig. 4. *Dill. Musc.* tab. 77, fig. 7.

2.° *Lichen petræus umbellatus ;* Lichen des pierres ombellé. *Bauh. Pin.* 362, n.° 3. *Lob. Ic.* 2, pag. 246, fig. 3. *Michel. Gen.* tab. 1, fig. 5.

Cette plante est recommandée contre la jaunisse et l'empâtement des viscères ; elle a réussi dans les dépôts laiteux : on la donne en poudre et en décoction.

A Lyon, en Auvergne, en Dauphiné.

2. **HÉPATIQUE** chénopode, *M. chenopoda*, L. à calice commun palmé; à quatre digitations ou segmens peu profonds.

Plum. Filic. 143, tab. 142.

A la Martinique.

3. **HÉPATIQUE** croisette, *M. cruciata*, L. à calice commun à quatre digitations ou segmens profonds, tubulés.

Dill. Musc. tab. 75, f. 5. *Buxb. Cent.* 1, p. 40, tab. 61, f. 2.

A Lyon, en Auvergne.

4. **HÉPATIQUE** délicate, *M. tenella*, L. à calice commun hémisphérique, à marge radiée.

Dill. Musc. tab. 75, fig. 4.

En Virginie.

5. **HÉPATIQUE** hémisphérique, *M. hemisphærica*, L. à calice commun hémisphérique, à cinq digitations ou segmens peu profonds, sans périkèce.

Michel. Gen. tab. 2, fig. 2. *Dill. Musc.* tab. 75, fig. 2.

A Lyon, en Auvergne.

6. **HÉPATIQUE** conique, *M. conica*, L. à calice commun à cinq loges, comme ovale.

Lichen petræus, cauliculo pileolum sustinente; Lichen des pierres, à tige soutenant un petit chapeau. *Bauh. Pin.* 362, n.° 5. *Column. Ecphras.* 1, pag. 330 et 331, fig. 1. *Vaill. Bot.* tab. 33, fig. 8. *Michel. Gen.* tab. 2, fig. 2. *Dill. Musc.* tab. 75, fig. 1.

A Lyon, en Dauphiné, à Paris.

7. **HÉPATIQUE** androgyne, *M. androgyna*, L. à calice commun entier, hémisphérique.

Michel. Gen. tab. 2, fig. 3. *Dill. Musc.* tab. 75, fig. 3.

A Lyon.

1316. **BLASIE**, ***BLASIA***. * *Michel. Gen.* 14, tab. 7. *Lam. Tab. Encyclop.* pl. 877.

* *Fleurs Males?*

CAL. D'un seul feuillet, ovale à la base, cylindrique au milieu, dilaté au sommet, tronqué.

ÉTAM. Plusieurs grains, libres.

* *Fleurs Femelles?*

CAL. Comme nul.

PÉR. Arrondi, solitaire, caché dans les feuilles.

SEM. Quelques-unes, arrondies.

OBS. La fleur mâle doit-elle être appelée femelle, et vice versâ?

FLEURS MALES : *Calice* cylindrique, rempli de petits globules.

FLEURS FEMELLES : *Calice* nu. *Fruit* arrondi, nidulé dans les feuilles, renfermant plusieurs semences.

1. BLASIE naine, *B. pusilla*, L. à expansion membraneuse, divisée en lobes crénelés, arrondis, à nervures.

Michel. Gen. tab. 7, fig. 4. *Dill. Musc.* tab. 31, fig. 7.

A Lyon, au Mont-d'Or, en Auvergne.

1317. RICCIE, *RICCIA*. *Michel. Gen.* 106, tab. 57. *Lam. Tab. Encyclop.* pl. 877. LICHEN. *Dill. Musc.* tab. 78.

* *FLEURS MALES assises.*

CAL. Nul.

COR. Nulle.

ÉTAM. *Urne* en alêne, tronquée, assise, s'ouvrant au sommet.

* *FLEURS FEMELLES sur la même plante ou sur une autre plante.*

CAL. Comme nul.

PÉR. Arrondi, à une loge.

SEM. Plusieurs.

OBS. Schreber *a décrit le caractère de ce genre ainsi qu'il suit :*

CAL. Nul, (à moins qu'on ne prenne pour calice une cavité vésiculaire dans la substance même de la feuille.)

COR. Nulle.

ÉTAM. *Urne* cylindrique, assise, insérée sur l'ovaire.

PIST. *Ovaire* en toupie. *Style* filiforme, perforant l'urne.

PÉR. Sphérique, couronné par l'urne flétrie.

SEM. Hémisphériques, portées sur un pédicule.

Calice nul : à moins qu'on ne prenne pour tel une cavité vésiculaire nidulée dans la substance même de la feuille. *Corolle* nulle. *Anthère* cylindrique assise, disposée sur un *Ovaire* en toupie, traversée par un *Style* filiforme. *Péricarpe* sphérique, couronné par l'anthère qui se flétrit, renfermant plusieurs semences sphériques et pédiculées.

1. RICCIE cristalline, *R. cristallina*, L. à feuilles dont la surface est chargée de tubercules cristallins.

Vaill. Bot. tab. 19, fig. 2? *Michel. Gen.* tab. 57, fig. 3. *Dill. Musc.* tab. 78, fig. 12.

A Montpellier, à Lyon, en Auvergne, à Paris.

2. RICCIE très-petite, *R. minima*, L. à feuilles lisses, divisées profondément en deux parties aiguës.

Michel. Gen. tab. 57, fig. 6. *Dill. Musc.* tab. 78, fig. 11.
A Montpellier, à Lyon.

3. RICCIE glauque, *R. glauca*, L. à feuilles lisses, creusées en gouttière, divisées en deux lobes obtus.

Vaill. Bot. tab. 19, fig. 1. *Michel. Gen.* tab. 57, fig. 9. *Dill. Musc.* tab. 78, fig. 14?

A Montpellier, à Lyon, en Auvergne, à Paris.

4. RICCIE flottante, *R. fluitans*, L. à feuilles dichotomes, linéaires, filiformes.

Michel. Gen. tab. 4, fig. 6. *Dill. Musc.* tab. 74, fig. 47.

A Montpellier, Lyon, Grenoble.

5. RICCIE nageante, *R. natans*, L. à feuilles en cœur renversé, ciliées.

Dill. Musc. tab. 78, fig. 18.

En Angleterre, en Allemagne.

1318. ANTHOCÈRE, *ANTHOCEROS. Michel. Gen.* 10, t. 7. *Dill. Musc.* tab. 68. *Lam. Tab. Encyclop.* pl. 876.

* *FLEURS MALES assises.*

CAL. D'un seul feuillet, cylindrique, tronqué, entier.

COR. Nulle.

ÉTAM. *Filament* nul. Une seule urne, en alêne, très-longue, à deux valves. *Pollen* attaché au réceptacle libre, capillaire.

* *FLEURS FEMELLES assises, le plus souvent sur la même plante ou sur une plante distincte.*

CAL. D'un seul feuillet, ouvert, à six segmens profonds.

SEM. Trois environ, nues, arrondies, au fond du calice.

FLEURS MALES : *Calice* assis, cylindrique, entier. *Anthère* en alêne, très-longue, à deux valves.

FLEURS FEMELLES : *Calice* à six segmens profonds. Trois *Semences*.

1. ANTHOCÈRE ponctué, *A. punctatus*, L. à feuilles entières, sinuées, ponctuées.

Dill. Musc. tab. 68, fig. 1.

A Lyon, en Auvergne.

2. ANTHOCÈRE lisse, *A. lævis*, L. à feuilles entières, sinuées, lisses.

Michel. Gen. tab. 7, fig. 1. *Dill. Musc.* tab. 68, fig. 2.

En Auvergne.

β. ANTHOCÈRE à plusieurs divisions, *A. multifidus*, L. à feuilles deux fois pinnatifides ; à pinnules linéaires.

Dill. Musc. tab. 68, fig. 4.

En Allemagne.

1319 LICHEN, *LICHEN.* * *Tournef. Inst.* 548, tab. 325. *Michel. Gen.* 73, tab. 36 et suiv. *Lam. Tab. Encyclop.* pl. 878. LICHENOÏDES. *Dill. Musc.* tab. 18 et suiv. CORALLOÏDES. *Dill. Musc.* tab. 14 et suiv. USNEA. *Dill. Musc.* tab. 11, 12 et 13.

* *FLEURS MALES nombreuses, naissant sur un Réceptacle le plus souvent arrondi, très-grand, luisant, légèrement aplati, convexe ou concave, gluant.*

* *FLEURS FEMELLES et SEMENCES éparses comme une poussière sur la même plante, ou sur une autre plante.*

Les *Lichens* sont :

1.° Tuberculeux.
2.° En écussons.
3.° En recouvrement.
4.° Feuillés.
5.° Coriaces.
6.° Ombiliqués.
7.° En forme de vase.
8.° Ramifiés.
9.° Filamenteux.

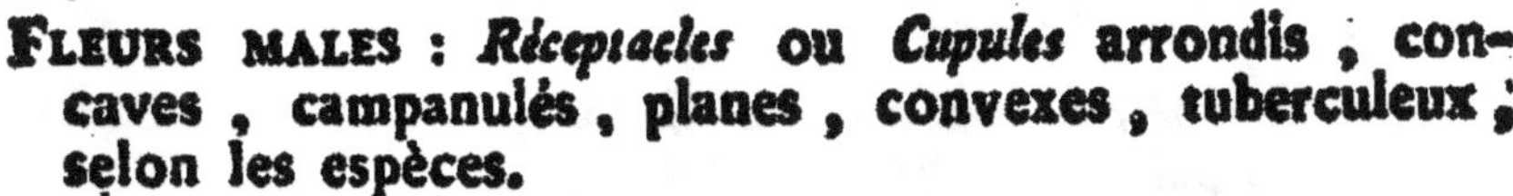
FLEURS MALES : *Réceptacles* ou *Cupules* arrondis, concaves, campanulés, planes, convexes, tuberculeux ; selon les espèces.

FLEURS FEMELLES : *Poussières* farineuses, éparses.

* I. *LICHENS à extensions crustacées ; à cupules lépreuses et tuberculeuses.*

1. LICHEN écrit, *L. scriptus*, L. lépreux, blanchâtre, traversé par des lignes noires, rameuses, imitant des caractères d'écriture ou des lettres hébraïques.

Michel. Gen. tab. 56, f. 3. *Dill. Musc.* tab. 18, f. 1. *Hoffm. Enum. Lich.* tab. 3, fig. 2, A.

A Montpellier, Lyon, en Auvergne.

2. LICHEN géographique, *L. geographicus*, L. lépreux jaunâtre ; à lignes noires, confluentes, représentant une carte de géographie.

Dill. Musc. tab. 18, fig. 5. *Hoffm. Enum. Lich.* tab. 3, f. 1. *Flor. Dan.* tab. 468, fig. 1 ? et tab. 472, fig. 3.

A Montpellier, Lyon, en Auvergne.

3. LICHEN noir-verdâtre, *L. atro-virens*, L. lépreux, vert, à tubercules noirs sur les marges.

Hoff. Pl. Lich. tab. 58, fig. 2.

A Lyon.

4. LICHEN byssus, *L. byssoïdes*, L. lépreux, farineux; à cupules arrondies, portées sur un pied.

Hoffm. Enum. Lich. tab. 8, fig. 2.

Cette espèce est désignée par *Gmelin* sous les noms de *Lichen byssoïdes et fungiformis*.

En Auvergne.

5. LICHEN couleur blanc de lait, *L. lacteus*, L. lépreux, blanc; à tubercules hémisphériques, d'une seule couleur.

Hoffm. Enum. Lich. tab. 4, fig. 6.

En Auvergne.

6. LICHEN des rochers, *L. rupicola*, L. lépreux blanc; à tubercules pâles, bordés de blanc.

Hoff. Enum. Lich. tab. 6, fig. 3; et *Pl. Lich.* tab. 22, figure 1-4.

En Auvergne.

7. LICHEN troué, *L. pertusus*, L. lépreux; à verrues marquetées, lisses, percées par un ou deux pores cylindriques.

Michel. Gen. tab. 56, fig. 2. *Dill. Musc.* tab. 18, f. 9. *Hoffm. Enum. Lich.* tab. 3, fig. 1.

A Lyon, en Auvergne.

8. LICHEN ridé, *L. rugosus*, L. lépreux, blanchâtre; à lignes simples; à points noirâtres, entassés.

Dill. Musc. tab. 18, fig. 2.

En Suède, en Carniole.

9. LICHEN sanguinaire, *L. sanguinarius*, L. lépreux, cendré, verdâtre; à tubercules noirs.

Hoff. Pl. Lich. tab. 41, fig. 1.

A Montpellier, Lyon, en Auvergne.

10. LICHEN brun-noirâtre, *L. fusco-ater*, L. lépreux, brunâtre; à tubercules noirs.

A Montpellier, en Auvergne.

11. LICHEN printanier, *L. vernalis*, L. lépreux, blanchâtre; à tubercules arrondis, ferrugineux.

Dicks. Crypt. Britt. 1, tab. 2, fig. 2.

En Suisse.

22. LICHEN calcaire, *L. calcareus*, L. lépreux, blanc; à tubercules noirs.

Dill. Musc. tab. 18, fig. 8. *Hoffm. Pl. Lich.* tab. 56, f. 2.

En Europe, sur les rochers calcaires qui sont indiqués par sa présence.

23. LICHEN cendré, *L. cinereus*, L. lépreux; à tubercules noirs, bordés de blanc.

Hoffm. Enum. Lich. tab. 14, fig. 3.

A Lyon, en Auvergne.

24. LICHEN blanc et noir, *L. atro-albus*, L. lépreux, noir; à tubercules noirs et blancs.

A Lyon, en Auvergne.

25. LICHEN au vent, *L. ventosus*, L. lépreux, jaune; à tubercules rouges.

Dill. Musc. tab. 18, fig. 14. *Hoffm. Pl. Lich.* tab. 27, fig. 2. *Flor. Dan.* tab. 712, f. 2. *Jacq. Misc.* 1, tab. 9, f. 1.

Cette espèce est désignée par *Gmelin* sous les noms de *Lichen ventosus*, *cruentus* et *flavescens*.

A Montpellier, Lyon, en Auvergne.

26. LICHEN du hêtre, *L. fagineus*, L. lépreux, blanc; à tubercules blancs, farineux.

Hoffm. Enum. Lich. tab. 2, fig. 4.

A Montpellier, Lyon, en Auvergne.

27. LICHEN du charme, *L. carpinus*, L. lépreux, cendré; à tubercules blanchâtres, ridés.

A Lyon, en Auvergne.

28. LICHEN corail, *L. corallinus*, L. lépreux, rameux, arrondi, en faisceau d'une égale hauteur, très-serré, blanc.

Jacq. Coll. 2, tab. 13, fig. 2. *Hoffm. Enum. Lich.* tab. 4, fig. 2.

Dans le Palatinat.

29. LICHEN des landes, *L. ericetorum*, L. lépreux, blanc; à tubercules incarnats.

Dill. Musc. tab. 14, f. 1. *Hoffm. Enum. Lich.* tab. 8, f. 3.

A Lyon, en Auvergne.

§ II. *LICHENS à extensions crustacées; à cupules en écussons.*

30. LICHEN fauve, *L. candelarius*, L. à croûte d'un jaune clair à écussons jaunes, fauves.

Dill. Musc. tab. 15, fig. 18, B? *Hoffm. Enum. Lich.* tab. 9, fig. 3.

Cette espèce est désignée par *Gmelin* sous les noms de *Lichen candelarius et flavicans*.

A Lyon, en Auvergne.

21. LICHEN glacé, *L. gelidus*, L. à croûte blanchâtre ; à écussons ridés, couleur de brique.

Flor. Dan. tab. 470, fig. 2.

A Montpellier.

22. LICHEN tartareux, *L. tartareus*, L. à croûte blanche-verdâtre ; à écussons jaunâtres : à marge blanche.

Dill. Musc. tab. 18, f. 13. *Jacq. Coll.* 4, tab. 8, f. 2. *Flor. Dan.* tab. 712, f. 1. *Hoffm. Enum. Lich.* tab. 7, f. 3.

Cette espèce est désignée par *Gmelin* sous les noms de *Lichen tartareus et androgynus*. Macéré dans l'urine, il fournit une teinture rouge ; en y ajoutant l'Alun, il teint la laine d'un violet-pourpre ; uni avec l'acide calibé, on en obtient le rose couleur de chair.

A Montpellier, Lyon.

23. LICHEN pâle, *L. palescens*, L. à croûte blanchâtre ; à écussons pâles.

Wulf. Ap. Jacq. Coll. 3, tab. 5 ; fig. 3.

En Auvergne.

24. LICHEN brunâtre, *L. subfuscus*, L. à croûte d'un blanc grisâtre ; à écussons noirs ; à bords élevés et crénelés dans leur jeunesse.

Dill. Musc. tab. 18, fig. 16. *Hoffm. Enum. Lich.* tab. 4, fig. 3, 4 et 5.

A Lyon, en Auvergne.

25. LICHEN Parelle, *L. Parellus*, L. à croûte blanche ; à boucliers concaves, obtus, pâles.

Dill. Musc. tab. 18, fig. 10. *Hoffm. Pl. Lich.* tab. 6, f. 2.

Ce *Lichen* fournit l'*Orseille* ou *Parelle d'Auvergne*. Macéré dans l'urine avec l'eau de chaux et les cendres gravelées, il acquiert une couleur bleue et se change en pulpe molle ; alors on l'exprime à travers un tamis, et on le moule en forme parallélipipède.

A Montpellier, Lyon.

26. LICHEN d'Upsal, *L. Upsaliensis*, L. à croûte d'un blanc grisâtre ; à folioles en alêne, striées.

Hoffm. Pl. Lich. tab. 21, f. 2. *Id. Enum. Lich.* tab. 7, fig. 1. *Dicks. Crypt. Britt.* tab. 2, fig. 7.

A Upsal.

* III. LICHENS *à extensions foliacées, serrées, en recouvrement.*

27. LICHEN centrifuge, *L. centrifugus*, L. en recouvrement; à folioles à plusieurs divisions peu profondes, irrégulières, lisses, blanches, centrifuges ou ramassées au centre de la rosette des feuilles; à écussons d'un rouge noirâtre.

Ce *Lichen* animé par une solution d'étain, donne une teinture tirant sur le jaune.

A Lyon, en Auvergne.

28. LICHEN Usnée, *L. saxatilis*, L. en recouvrement; à folioles sinuées, rudes, en lacunes; à écussons roussâtres.

Hoffm. Enum. Lich. tab. 15, f. 1; tab. 16, f. 1. *Jacq. Coll.* 4, tab. 20, f. 2. *Dill. Musc.* tab. 24, f. 83. *Michel. Gen.* t. 49, fig. 1.

Ce *Lichen* donne une teinture rouge; macéré dans l'urine et uni à l'acide calibé, il teint en olivâtre; avec le vitriol de mars, (sulfate de fer) sa teinture devient brune. C'est l'Usnée des crânes humains, dont la vertu anti-épileptique est chimérique.

A Montpellier, Lyon, en Auvergne.

29. LICHEN omphalode, *L. omphalodes*, L. en recouvrement; à folioles divisées peu profondément en plusieurs parties, lisses, obtuses, blanchâtres, chargées de points vagues, éminens.

Dill. Musc. tab. 24, f. 80. *Michel. Gen.* tab. 49, f. 2.

A Montpellier, Lyon, en Auvergne.

30. LICHEN olivâtre, *L. olivaceus*, L. en recouvrement; à folioles lobées, luisantes, olivâtres.

Vaill. Bot. tab. 20, fig. 8. *Michel. Gen.* tab. 51. *Dill. Musc.* tab. 24, fig. 78. *Hoffm. Enum. Lich.* tab. 13, fig. 3, 4 et 5.

Cette espèce est désignée par *Gmelin* sous les noms de *Lichen olivaceus et pullus.*

Ce *Lichen* avec la solution d'étain, donne une teinture rousse, rougeâtre; avec l'alun et le vitriol de Mars, (Sulfate de fer) une teinture cendrée, fauve-rougeâtre.

A Montpellier, Lyon, en Auvergne.

31. LICHEN fahle, *L. fahlunensis*, L. en recouvrement; à folioles linéaires, dichotomes, un peu aplaties, aiguës, noires; à écussons noirâtres.

Dill. Musc. tab. 24, fig. 81. *Hoffm. Pl. Lich.* tab. 36, fig. 2. *Ejusd. Enum. Lich.* tab. 17, fig. 2.

En Auvergne.

32. LICHEN de Suède, *L. stygius*, L. en recouvrement; à folioles palmées, recourbées, noirâtres.

Hoffm. Pl. Lich. tab. 25, f. 2. *Ejusd. Enum. Lich.* t. 14, f. 2.

En Suède.

33. LICHEN frisé, *L. crispus*, L. en recouvrement; à folioles lobées, tronquées, crénelées, d'un noir verdâtre; à écussons de la même couleur.

Dill. Musc. tab. 19, fig. 23.

A Montpellier, *Lyon.*

34. LICHEN à crête, *L. cristatus*, L. en recouvrement, denté, cilié; à écussons plus grands que les feuilles.

Dill. Musc. tab. 19, fig. 26.

A Montpellier, *Lyon.*

35. LICHEN des murs, *L. parietinus*, L. en recouvrement, en rosette, d'un jaune plus ou moins foncé; à folioles ondulées, lobées, comme frisées en leurs bords; à écussons de la même couleur ou un peu roussâtres.

Dill. Musc. tab. 24, fig. 76. *Hoffm. Enum. Lich.* tab. 18, f. 1.

Ce *Lichen* fournit de lui-même une teinture cendrée; avec le vitriol de Mars, (Sulfate de fer) une couleur d'ochre tirant sur l'incarnat. On a loué sa décoction dans la diarrhée, la jaunisse.

A Montpellier, *à Lyon*, *en Auvergne.*

36. LICHEN enflé, *L. physodes*, L. en recouvrement; à folioles découpées en lobes enflés, presque tubulés, et en forme de corne, d'un blanc cendré en dessus et noirâtre en dessous.

Michel. Gen. tab. 50, fig. 1 et 2. *Dill. Musc.* tab. 20, fig. 49, A, D. *Hoffm. Enum. Lich.* tab. 15, fig. 2. *Jacq. Coll.* 3, tab. 8. *Petiv. Gaz.* tab. 14, fig. 6.

Ce *Lichen* avec le Sel ammoniac (Muriate ammoniacal) et l'alun, donne une teinture grise, tirant un peu sur le jaune.

A Montpellier, *Lyon*, *en Auvergne.*

37. LICHEN étoilé, *L. stellaris*, L. en recouvrement; à folioles oblongues, laciniées, étroites, cendrées; à écussons noirs ou bruns.

Michel. Gen. tab. 43, fig. 2. *Dill. Musc.* tab. 24, fig. 70. *Hoffm. Enum. Lich.* tab. 13, fig. 1 et 2.

A Montpellier, *Lyon*, *en Auvergne.*

* IV. *LICHENS à extensions foliacées, lâches ou non en recouvrement.*

38. LICHEN doré, *L. chrysophthalmus*, L. feuillé, comme en recouvrement, linéaire, déchiré, cilié; à écussons élevés, radiés, fauves.

Dill. Musc. tab. 13, fig. 17. *Hoffm. Pl. Lich.* tab. 36, fig. 4; et tab. 31, fig. 1.

Cette espèce est désignée par *la Tourrette*, *Chlor. Lugd.* sous le nom de *Lichen aurantiacus.*

A Montpellier, *Lyon.*

39. LICHEN de Burgessius, *L. Burgessii*, L. feuillé, comme en recouvrement, frisé; à boucliers enfoncés; à marge des boucliers élevée, crépue, tuberculeuse.

Hoffm. Enum. Lich. tab. 21, fig. 1.

Cette espèce est désignée par *Gmelin* sous les noms de *Lichen Burgessii*, *et ornatus.*

On ignore son climat natal.

40. LICHEN cilié, *L. ciliaris*, L. feuillé; à divisions redressées, linéaires, ciliées; à écussons pédunculés, crénelés.

Tournef. tab. 325, fig. 5. *Vaill. Bot.* tab. 20, fig. 4. *Dill. Musc.* tab. 20, fig. 45. *Hoffm. Pl. Lich.* tab. 3, fig. 4. *Flor. Dan.* tab. 711. *Jacq. Coll.* 4, tab. 13, fig. 1.

A Montpellier, *Lyon*, *en Auvergne.*

41. LICHEN d'Islande, *L. Islandicus*, L. feuillé, ascendant, lacinié; à marges élevées, ciliées.

Michel. Gen. tab. 44, fig. 4. *Dill. Musc.* tab. 28, fig. 111. *Flor. Dan.* tab. 155 et 879. *Jacq. Coll.* 4, tab. 8, f. 1. *Hoffm. Pl. Lich.* tab. 9, fig. 1. *Buxb. Cent.* tab. 6, fig. 1-5.

1. *Muscus Islandicus*; Mousse d'Islande. 2. Odeur nulle; saveur amère. 4. Extrait aqueux un peu âcre; extrait spiritueux amer, âpre. 5. Phthisie, crachement de sang, empâtemens des viscères avec atonie, coqueluche, toux catarrale. 6. Les Islandois et autres peuples mêlent ce *Lichen* réduit en poudre, aux graines céréales pour la confection de leur pain; ils en engraissent leurs bestiaux. Après l'ébullition, la pâte devient nutritive. Ce *Lichen* fournit plusieurs teintures, jaune, fauve, brune, suivant les réactifs et les mordans que l'on emploie.

A Montpellier, *Lyon*, *en Auvergne.*

42. LICHEN de neige, *L. nivalis*, L. feuillé, ascendant, lacinié, frisé, lisse, à lacunes blanches; à marge élevée.

Dill. Musc. tab. 21, fig. 56, A. *Flor. Dan.* tab. 227.

On peut retirer de ce *Lichen* une pulpe violette. Il est blanc ou jaune.

En Auvergne, *en Dauphiné.*

43. LICHEN pulmonaire, *L. pulmonarius*, L. feuillé, lacinié, obtus, lisse; à lacunes en dessus; cotonneux en dessous.

Muscus pulmonarius; Mousse pulmonaire. *Bauh. Pin.* 361, n.° 7. *Fusch. Hist.* 637. *Matth.* 733, fig. 1. *Dod. Pempt.* 474, fig. 1. *Lob. Ic.* 2, pag. 248, fig. 1. *Lugd. Hist.* 1327, fig. 1. *Michel. Gen.* tab. 45. *Dill. Musc.* tab. 29, fig. 113. *Hoffm. Pl. Lich.* tab. 1, fig. 2.

1. *Pulmonaria arborea*; Pulmonaire de Chêne. 3. Odeur foible; saveur salée, un peu amère, un peu austère, nauséabonde. 4. Extrait aqueux, mucilagineux; extrait résineux d'une amertume désagréable. 5. Phthisie, crachement de sang, fleurs blanches, diarrhées, anorexie. 6. On le substitue au Houblon dans la confection de la bière; il fournit une teinture brune, rousse : c'est une plante excellente pour préparer les cuirs.

'A Montpellier, Lyon, en Auvergne.

44. LICHEN furfuracé, *L. furfuraceus*, L. feuillé, couché, furfuracé; à divisions aiguës; à lacunes noires en dessous.

Barrel. tab. 1277, fig. 3. *Michel. Gen.* tab. 38, fig. 1. *Dill. Musc.* tab. 21, fig. 52. *Buxb. Cent.* 2, tab. 7, fig. 1 et 2. *Hoffm. Pl. Lich.* tab. 9, fig. 2.

Ce *Lichen* fournit une teinture d'un vert d'olive.

'A Lyon, en Auvergne.

45. LICHEN à ampoules, *L. ampullaceus*, L. feuillé, un peu aplati, lobé, crénelé; à écussons arrondis, enflés.

Dill. Musc. tab. 24, fig. 82. *Wulf. Ap. Jacq. Coll.* 1, tab. 4, fig. 3, C. *Hoffm. Pl. Lich.* tab. 13, fig. 2.

En Angleterre.

46. LICHEN radié, *L. leucomelos*, L. feuillé, linéaire, rameux; à cils noirs; à écussons comme péduncules, radiés.

Dill. Musc. tab. 21, fig. 50. *Swartz. Obs. Bot.* tab. 2, fig. 3.

Dans l'Amérique Méridionale.

47. LICHEN farineux, *L. farinaceus*, L. feuillé, droit, comprimé, rameux; à verrues marginales farineuses.

Vaill. Bot. tab. 20, fig. 13 et 14. *Dill. Musc.* tab. 23, f. 63.

A Montpellier, Lyon, Grenoble.

48. LICHEN à gobelet, *L. calicaris*, L. feuillé, droit, linéaire, rameux; à lacunes latérales, convexes, aiguës.

Flor. Dan. tab. 959, fig. 2.

Ce *Lichen*, ainsi que bien d'autres, peut fournir une excellente poudre pour les cheveux.

'A Lyon, en Auvergne.

49. LICHEN

59. LICHEN du frêne, *L. fraxineus*, L. feuillé, droit, oblong, lisse, à lacunes; à divisions ou lanières lancéolées, obtuses, ridées; à écussons très-nombreux, comme pédunculés.

Moris. Hist. tab. 7, f. 3, 4, 5, 9, 14 et 19. *Tournef.* t. 325, fig. A, B. *Michel. Gen.* tab. 36, fig. 1. *Dill. Musc.* tab. 22, fig. 59. *Hoffm. Pl. Lich.* tab. 18, fig. 1 et 2.

Ce Lichen mâché teint la salive en vert; on peut en fabriquer des cartons; macéré avec le sel ammoniac, (Muriate ammoniacal) il donne une teinture d'un gris blanc.

A Lyon, en Auvergne.

60. LICHEN varec, *L. fuciformis*, L. feuillé, redressé, lisse, un peu cotonneux, rameux; à divisions lancéolées.

Fucus verrucosus tinctorius, Rocella; Varec verruqueux colorant, Rocelle. *Bauh. Pin.* 365, n.° 3.

Alga cornu cervi divisura; Algue ramifiée en corne de cerf. *Bauh. Pin.* 364, n.° 6. *Dill. Musc.* tab. 22, fig 61.

Dans l'Inde Orientale.

61. LICHEN du prunelier, *L. prunastris*, L. feuillé, redressé, à lacunes en dessous, blanc, cotonneux.

Vaill. Bot. tab. 20, fig. 7 et 11. *Michel. Gen.* tab. 36, fig. 3. *Dill. Musc.* tab. 21, fig. 55, A.

Les Turcs préparent leur pain avec l'eau dans laquelle ils ont fait bouillir ce *Lichen;* elle donne à la pâte une saveur qui leur plaît. Macéré dans l'eau avec du vitriol de Mars, (Sulfate de fer) il donne une teinture tirant sur le bai-brun; on peut en retirer une teinture rouge.

A Montpellier, Lyon, en Auvergne.

62. LICHEN du genevrier, *L. juniperinus*, L. feuillé, lacinié, frisé, fauve; à écussons livides.

Hoffm. Pl. Lich. tab. 7, fig. 2. *Ejusd. Enum. Lich.* tab. 22, fig. 1. *Flor. Dan.* tab. 1004.

Ce Lichen donne une teinture jaune.

A Lyon, en Auvergne.

63. LICHEN froncé, *L. caperatus*, L. d'un vert pâle, ridé; à marges ondulées.

Michel. Gen. tab. 48, fig. 1. *Dill. Musc.* tab. 25, fig 96, A. *Jacq. Coll.* 4, tab. 20, fig. 1. *Hoffm. Pl. Lich.* tab. 38, fig. 1; et tab. 39, fig. 1. *Ejusd. Enum. Lich.* tab. 19, f. 2; et tab. 20, fig. 2.

Ce *Lichen* avec le vitriol de Mars, (sulfate de fer,) fournit une belle teinture ferrugineuse, nuancée.

A Lyon.

54. LICHEN safrané, *L. crocatus*, L. feuillé; à marge couverte d'une poussière jaune.

Dill. Musc. tab. 84, f. 12. *Hoffm. Pl. Lich.* tab. 38, f. 1-3.

Dans l'Inde Orientale.

55. LICHEN glauque, *L. glaucus*, L. feuillé, comprimé, découpé en lobes lisses, cendré en dessus, noir en dessous; à marge frisée, farineuse.

Michel. Gen. tab. 50, fig. 1. *Hoffm. Enum. Lich.* tab. 20, fig. 1. *Flor. Dan.* tab. 598.

Ce *Lichen* avec le vitriol de Mars (Sulfate de fer) et l'alun, donne une teinture tirant sur le gris incarnat.

A Lyon.

56. LICHEN fasciculé, *L. fascicularis*, L. feuillé, gélatineux; chargé de tubercules en toupie, réunis en faisceaux, plus grands que les feuilles.

Dill. Musc. tab. 19, fig. 27. *Flor. Dan.* tab. 462, fig. 2.

En Allemagne, en Danemarck.

* V. *Lichens à extensions coriaces.*

57. LICHEN aquatique, *L. aquaticus*, L. coriace, rampant, divisé en lobes obtus; à écussons hémisphériques, très-grands.

Dill. Musc. tab. 20, fig. 44?

En Suède.

58. LICHEN renversé, *L. resupinatus*, L. coriace, rampant, divisé en lobes; à écussons sur la marge postérieure.

Michel. Gen. tab. 44, fig. 1 et 2. *Dill. Musc.* tab. 28, f. 105. *Jacq. Coll.* 4, tab. 12, fig. 1. *Flor. Dan.* tab. 764.

A Montpellier, Lyon, en Auvergne.

59. LICHEN veiné, *L. venosus*, L. coriace, rampant, ovale, plane, velu et veiné en dessous; à écussons sur la marge, aplatis, arrondis.

Michel. Gen. tab. 44, fig. 3 et 5. *Dill. Musc.* tab. 28, f. 109. *Hoffm. Pl. Lich.* tab. 6, fig. 2. *Flor. Dan.* tab. 1125.

A Montpellier, Lyon, en Auvergne.

60. LICHEN à aphtes, *L. aphtosus*, L. coriace, rampant, divisé en lobes obtus, planes, chargés de verrues éparses; à écussons relevés sur la marge.

Dill. Musc. tab. 28, fig. 106. *Hoffm. Pl. Lich.* tab. 6, fig. 1. *Jacq. Coll.* 4, tab. 17. *Flor. Dan.* tab. 767, fig. 1.

1. *Muscus cumatilis*; Lichen à aphtes. 5. Aphtes, vers. Ses propriétés contre les aphtes paroissent déduites de l'absurde doctrine des signatures.

A Lyon.

61. **LICHEN** Arctique, *L. Arcticus*, L. coriace, rampant, divisé en lobes obtus, planes, lisses, marqué en dessous de nervures velues.

Jacq. Misc. tab. 10, fig. 1.

Cette espèce est désignée par *Gmelin* sous les noms de *Lichen Arcticus* et *Antarcticus*.

En Suède, en Lapponie.

62. **LICHEN** canin, *L. caninus*, L. coriace, rampant, divisé en lobes obtus et planes, velu et veiné en dessous; à écussons relevés sur la marge.

Vaill. Bot. tab. 21, fig. 16. *Dill. Musc.* tab. 27, f. 102. *Flor. Dan.* tab. 767, fig. 2. *Jacq. Coll.* 4, tab. 14, fig. 1.

1. *Muscus caninus;* Lichen de chien. 3. Saveur désagréable. 4. Extrait aqueux doux et amer; extrait spiritueux amer, âcre. Sa vertu contre l'hydrophybie paroît douteuse.

Ce *Lichen* donne une teinture couleur d'ochre.

A Lyon, en Auvergne.

63. **LICHEN** des forêts, *L. sylvaticus*, L. coriace, rampant, lacinié, à lacunes; à boucliers relevés sur la marge.

Michel. Gen. tab. 43. *Dill. Musc.* tab. 27, f. 101. *Jacq. Coll.* 4, tab. 12, fig. 2. *Hoffm. Pl. Lich.* tab. 4, fig. 2.

A Lyon.

64. **LICHEN** horizontal, *L. horizontalis*, L. coriace, rampant, plane, sans nervures en dessous; à écussons sur la marge, horizontaux.

Michel. Gen. tab. 44, fig. 1 et 6. *Dill. Musc.* tab. 28, f. 104. *Jacq. Coll.* 4, tab. 16.

A Lyon.

65. **LICHEN** perlé, *L. perlatus*, L. coriace, rampant, divisé en lobes lisses, noirs en dessous; à écussons entiers, portés sur des pédicules.

Vaill. Bot. tab. 21, fig. 12. *Michel. Gen.* tab. 50, f. 1. *Dill. Musc.* tab. 20, fig. 39.

A Lyon.

66. **LICHEN** à pochette, *L. saccatus*, L. coriace, rampant, divisé en lobes arrondis; à boucliers comprimés, comme cachés dans des pochettes.

Michel. Gen. tab. 52, fig. 1. *Dill. Musc.* tab. 30, fig. 121. *Flor. Dan.* tab. 532, fig. 2.

Macéré dans l'urine avec le vitriol de Mars (Sulfate de fer) et l'alun, il donne une teinture d'un vert cendré.

A Lyon, Grenoble.

67. LICHEN rougeâtre, *L. croceus*, L. coriace, rampant, divisé en lobes arrondis, planes, velus et veinés en dessous, couleur de safran; à écussons épars, collés sur les feuilles.

Dill. Musc. tab. 30, fig. 120. *Hoffm. Pl. Lich.* tab. 41, fig. 2-4; et tab. 42, fig. 45. *Flor. Dan.* tab. 263. *Jacq. Coll.* 4, tab. 11, fig. 2 et 3.

A Montpellier, en Auvergne.

* VI. *LICHENS ombiliqués, comme couverts de suie.*

68. LICHEN fardé, *L. miniatus*, L. ombiliqué, bossué, ponctué, fauve en dessous.

Michel. Gen. tab. 54, ordre 36, fig. 1. *Dill. Musc.* tab. 30, fig. 127. *Hall. Hist.* n.° 1999, tab. 47, fig. 2.

Ce *Lichen* macéré dans une eau alumineuse, donne une teinture d'un gris verdâtre.

A Montpellier, Lyon, en Auvergne.

69. LICHEN très-hérissé, *L. velleus*, L. ombiliqué, très-hérissé en dessous; à écussons noirs.

Dill. Musc. tab. 82, fig. 5.

Les habitans du Canada pressés par la faim, mangent ce *Lichen* long-temps bouilli dans l'eau; plusieurs autres espèces peuvent fournir la même ressource.

A Montpellier, Lyon.

70. LICHEN à pustules, *L. pustulatus*, L. ombiliqué, chargé d'une poussière noirâtre; à lacunes en dessous; à écussons noirs, comme brûlés.

Vaill. Bot. tab. 20, fig. 9. *Michel. Gen.* tab. 47. *Dill. Musc.* tab. 30, fig. 131. *Flor. Dan.* tab. 597, fig. 2. *Hoffm. Pl. Lich.* tab. 28, fig. 1 et 2; et tab. 29, fig. 4.

Ce *Lichen* donne une teinture jaune; macéré dans l'urine avec la chaux, il donne une teinture tirant sur le rose.

A Montpellier, Lyon, en Auvergne.

71. LICHEN trompe, *L. proboscideus*, L. ombiliqué; à écussons en toupie, tronqués, droits, épars, perforés.

Dill. Musc. tab. 30, fig. 118. *Flor. Dan.* tab. 471, f. 3. *Hoffm. Pl. Lich.* tab. 2, fig. 1 et 2; et tab. 43, fig. 47. *Jacq. Misc.* tab. 9, fig. 3 et 5.

Cette espèce est désignée par *Gmelin* sous les noms de *Lichen mesentericus, Jacquini, et exasperatus.*

A Montpellier.

72. LICHEN brûlé, *L. deustus*, L. ombiliqué, lisse des deux côtés; à écussons noirs.

A Montpellier, Lyon, en Auvergne.

73. LICHEN à plusieurs feuilles, *L. polyphyllus*, L. ombiliqué; à plusieurs feuilles ou très-découpé, lisse des deux côtés, crénelé, d'un vert noirâtre.

Dill. Musc. tab. 30, fig. 129. *Jacq. Misc.* tab. 9, f. 4. *Hoffm. Pl. Lich.* tab. 59, fig. 2.

A Lyon, en Auvergne.

74. LICHEN à plusieurs racines, *L. polyrhizus*, L. ombiliqué; à plusieurs feuilles ou très-découpé, lisse des deux côtés; à plusieurs racines; à écussons pédiculés, velus et noirs en dessous.

Hoffm. Pl. Lich. tab. 2, fig. 3 et 4.

A Lyon, en Auvergne.

§ VII. *Lichens à cupules ou écussons en forme de vase ou d'entonnoir.*

75. LICHEN écarlate, *L. cocciferus*, L. en entonnoir, simple, très-entier, porté sur un pied cylindrique, chargé de tubercules d'un rouge vif.

Vaill. Bot. tab. 21, fig. 4? *Michel. Gen.* tab. 41, f. 3. *Dill. Musc.* tab. 14, fig. 7, A, M.

A Montpellier, Lyon, en Auvergne.

76. LICHEN corne d'abondance, *L. cornucopioïdes*, L. en entonnoir, simple, plus court que la feuille, chargé de tubercules d'un rouge vif.

Cette espèce paroît n'être qu'une variété du *Lichen pyxidatus prolifer, var.*

A Lyon, en Auvergne.

77. LICHEN pixide, *L. pixidatus*, L. en entonnoir, simple, crénelé, chargé de tubercules d'un brun roussâtre.

Vaill. Bot. tab. 21, fig. 5, 7 et 8. *Michel. Gen.* tab. 41, f. 1 et K. *Dill. Musc.* tab. 14, fig. 6, A, B, D, E, F, G et H.

Cette espèce est désignée par *Gmelin* sous les noms de *Lichen pyxidatus et simplex.*

Les entonnoirs sont prolifères ou chargés d'autres entonnoirs enfilés les uns dans les autres, comme entassés.

1. *Lichen pyxidatus, Muscus pyxidatus;* Lichen pyxide ou Boitier. 3. Odeur désagréable; saveur amère. 4. Extrait aqueux mucilagineux; extrait résineux amer. 5 Coqueluche, phthisie. 6. Ce *Lichen* donne une teinture d'un gris verdâtre.

A Lyon, Grenoble, en Auvergne.

78. LICHEN frangé, *L. fimbriatus*, L. en entonnoir, simple, dentelé, frangé sur les bords, porté sur un pied cylindrique.

Vaill. Bot. tab. 21, fig. 6. *Michel. Gen.* tab. 41, fig. 5. *Dill. Musc.* tab. 14, fig. 8, A, B, C.

A Lyon, Grenoble, en Auvergne.

79. LICHEN grêle, *L. gracilis*, L. en entonnoir, rameux, dentelé, filiforme.

Michel. Gen. tab. 41, fig. 3, 4 et 5. *Dill. Musc.* tab. 14, f. 13.

Ce *Lichen* macéré dans une eau alunée avec le vitriol de Mars, (Sulfate de fer) donne une teinture tirant sur le cendré.

A Lyon, en Auvergne.

80. LICHEN digité, *L. digitatus*, L. en entonnoir, très-rameux; à rameaux cylindriques; à calices entiers, noueux; à tubercules écarlates.

Dill. Musc. tab. 15, fig. 19.

A Lyon, en Auvergne.

81. LICHEN cornu, *L. cornutus*, L. en entonnoir, simple, renflé; à calices entiers.

Dill. Musc. tab. 15, f. 14, A–F. *Hoffm. Pl. Lich.* tab. 25, f. 1.

A Lyon, en Auvergne.

82. LICHEN difforme, *L. deformis*, L. en entonnoir, simple, renflé; à calices dentés.

Michel. Gen. tab. 41, fig. 1. *Dill. Musc.* tab. 15, f. 18. *Flor. Lapp.* tab. 11, fig. 5.

A Lyon, en Auvergne.

VIII. *LICHENS à ramifications imitant de petits buissons ou des arbrisseaux.*

83. LICHEN des rennes, *L. rangiferinus*, L. en arbrisseau, très-ramifié; à rameaux creux, blancs: les extérieurs inclinés.

Muscus coralloïdes seu cornutus, montanus; Mousse coralloïde ou cornue, des montagnes. *Bauh. Pin.* 361, n.° 3. *Michel. Gen.* tab. 40, fig. 1. *Dill. Musc.* tab. 16, f. 29 et 30.

Cette espèce présente une variété.

Muscus terrestris coralloïdes, erectus, cornibus rufescentibus; Mousse terrestre coralloïde, droite, à cornes roussâtres. *Bauh. Pin.* 361, n.° 2.

Ce *Lichen* fait la base de la nourriture des Rennes, *Cervus Tarandus*, L. macéré dans l'eau et mêlé avec de la paille hâchée, il sert à engraisser les Bœufs, les Chèvres et les Moutons. Macéré avec l'eau de vitriol de Mars, (Sulfate de fer) il donne une teinture couleur de rouille.

A Montpellier, Lyon, Grenoble, en Auvergne.

84. LICHEN d'un pouce, *L. uncialis*, L. en arbrisseau, perforé à rameaux très-courts, aigus.

Michel. Gen. tab. 40, fig. 2. *Dill. Musc.* tab. 16, f. 21 et 22.

Ce *Lichen* macéré quinze jours dans l'urine avec la chaux vive, se change en une pâte qui, par l'addition d'une solution d'étain et d'acide calibé, fournit une teinture d'un gris cendré.

A Lyon, en Auvergne.

85. LICHEN en alène, *L. subulatus*, L. en arbrisseau, comme dichotome; à rameaux simples, en alène.

Dill. Musc. tab. 16, fig. 26.

A Lyon, en Auvergne.

86. LICHEN à globules, *L. globiferus*, L. en arbrisseau, lisse, solide; à tubercules arrondis, caves, terminant les rameaux.

Michel. Gen. tab. 39, fig. 6. *Dill. Musc.* tab. 17, fig. 35.

A Lyon.

87. LICHEN pascal, *L. pascalis*, L. en arbrisseau, couvert de feuilles crustacées.

Dill. Musc. tab. 17, fig. 33. *Flor. Dan.* tab. 151. *Hoffm. Pl. Lich.* tab. 5, fig. 1.

Les Rennes se nourrissent de ce *Lichen*. Macéré dans une eau alunée, animée avec le vitriol de Mars, (Sulfate de fer) il fournit une teinture d'un vert cendré.

88. LICHEN fragile, *L. fragilis*, L. en arbrisseau, solide; à rameaux arrondis, obtus.

Dill. Musc. tab. 17, fig. 34. *Hoffm. Pl. Lich.* tab. 33, fig. 3. *Linn. Flor. Lapp.* tab. 11, fig. 4.

Cette espèce est désignée par *Gmelin* sous les noms de *Lichen fragilis, cæspitosus, et melanocarpus.* Ce dernier a été donné sous ce nom et figuré dans *Dillen*, mais il n'est qu'une variété du *Lichen fragilis.*

A Montpellier, à Lyon, en Auvergne.

89. LICHEN Rocelle, *L. Rocella*, L. en arbrisseau, solide, peu branchu, sans feuilles; à tubercules alternes.

Fucus marinus, Rocella Tinctorum; Varec maritime, Rocelle des Teinturiers. *Bauh. Pin.* 365, n.° 1. *Dill. Musc.* tab. 17, fig. 39.

Fucus capillaceus, Rocella; Varec capillacé, Rocelle. *Bauh. Pin.* 365, n.° 2.

Ce *Lichen* forme l'*Orseille des Canaries*, qu'on apporte pour le commerce des isles de l'Archipel. Macéré dans l'urine avec la chaux vive et les alkalis, on en prépare une pâte d'un bleu obscur foncé, qu'on appelle *Orseille en pâte.* Cette pâte qui a été très-anciennement connue, donne une teinture pourpre, violette, et suivant les réactifs, fauve-pourpre ; rouge-pourpre.

A Montpellier, en Provence.

* IX. LICHENS *filamenteux.*

90. LICHEN plissé, *L. plicatus*, L. filamenteux, pendant ; à rameaux entrelacés ; à écussons en rayons.

Muscus arboreus, Usnea Officinarum ; Mousse des arbres, ou Usnée des Boutiques. *Bauh. Pin.* 361, n.° 1. *Matth.* 65, fig. 1. *Dod. Pempt.* 471, fig. 2. *Lob. Ic.* 2, pag. 242, f. 1. *Lugd. Hist.* 1323, fig. 1. *Dill. Musc.* tab. 11, fig. 1.

1. *Muscus arboreus, Muscus quercinus ;* Mousse ou Lichen de chêne. 5. Coqueluche. 6. Ce *Lichen* donne un teinture verte ; traité avec la solution d'étain et l'alun, il teint en rouge-fauve.

A Lyon, en Auvergne.

91. LICHEN barbu, *L. barbatus*, L. filamenteux, pendant, comme articulé ; à rameaux ouverts.

Muscus capillaceus, longissimus ; Mousse capillacée, très-longue. *Bauh. Pin.* 361, n.° 2. *Dill. Musc.* tab. 12, fig. 6.

Ce *Lichen* est un astringent utile dans la diarrhée, les pertes blanches par atonie. Macéré avec la chaux et l'urine, il donne une teinture couleur d'ochre fauve.

A Lyon, en Auvergne.

92. LICHEN étalé, *L. divaricatus*, L. filamenteux, pendant, anguleux, articulé, intérieurement cotonneux ; à rameaux ouverts ; à écussons arrondis, assis.

Dill. Musc. tab. 12, fig. 5.

En Suisse, en Carniole.

93. LICHEN de la Martinique, *L. Usnea*, L. filamenteux, pendant, comprimé, rameux, lisse.

Dill. Musc. tab. 13, fig. 14 ; et tab. 84, fig. 10.

A la Martinique.

94. LICHEN à crinière, *L. jubatus*, L. filamenteux, pendant ; à aisselles comprimées.

Dill. Musc. tab. 12, fig. 7.

A Montpellier, Lyon, en Auvergne.

95. LICHEN laineux, *L. lanatus*, L. filamenteux, très-ramifié, couché, entrelacé, opaque.

Dill. Musc. tab. 13, fig. 8.

Cette espèce est désignée par *Gmelin* sous les noms de *Lichen lanatus et saxosus.*

A Lyon.

96. LICHEN duveté, *L. pubescens*, L. filamenteux, très-ramifié, couché, entrelacé, brillant.

Jacq. Misc. 2, tab. 10, fig. 5.

A Lyon.

97. LICHEN fil de fer, *L. chalybeiformis*, L. filamenteux, ramifié; à rameaux étalés, couchés, entrelacés, repliés çà et là.

Dill. Musc. tab. 13, fig. 10. *Flor. Dan.* tab. 262.

A Lyon.

98. LICHEN hérissé, *L. hirtus*, L. filamenteux, très-ramifié, droit, chargé de tubercules farineux, épars.

Dill. Musc. tab. 13, fig. 12. *Hoffm.* tab. 30, fig. 1, C.

Cette espèce paroît n'être qu'une variété du *Lichen floridus*, *L.*

A Lyon, en Auvergne.

99. LICHEN vulpin, *L. vulpinus*, L. filamenteux, très-ramifié, droit; à rameaux réunis en faisceaux, inégaux, anguleux.

Dill. Musc. tab. 13, fig. 16. *Flor. Dan.* tab. 226. *Jacq. Misc.* tab. 10, fig. 4.

Cette espèce est désignée par *Gmelin* sous les noms de *Lichen vulpinus et citricolorus.*

Ce *Lichen* fournit une teinture jaune.

A Montpellier, Lyon.

100. LICHEN articulé, *L. articulatus*, L. filamenteux, articulé; à rameaux très-grêles, ponctués.

Muscus arboreus nodosus; Mousse en arbre, noueuse. *Bauh. Pin.* 361, n.° 6. *Column. Ecphras.* 2, pag. 84 et 83, fig. 2. *Michel. Gen.* tab. 39, fig. 1. *Dill. Musc.* tab. 11, fig. 4.

A Montpellier, en Auvergne.

101. LICHEN fleuri, *L. floridus*, L. filamenteux, ramifié, droit; à écussons entourés de poils disposés en rayons.

Muscus arboreus cum orbiculis; Mousse des arbres ornée d'écussons. *Bauh. Pin.* 361, n.° 3. *Lugd. Hist.* 1325, fig. 2. *Michel. Gen.* tab. 39, f. 5. *Dill. Musc.* tab. 13, f. 13. *Hoffm. Pl. Lich.* tab. 30, fig. 2.

Cette espèce est désignée par *Gmelin* sous les noms de *Lichen floridus* et *cinchonæ.*

On s'est assuré par des observations exactes, que les *Lichen floridus et cinchonæ* n'étoient qu'une seule et même espèce. Le premier croit en Europe sur les Sapins, et le second au Pérou sur l'écorce du Quinquina, (*Cinchona officinalis*, L.)

A Lyon, Grenoble, en Auvergne.

1320. **TRÉMELLE**, *TREMELLA*. * *Dill. Musc.* tab. 10. *Lam. Tab. Encyclop.* pl. 881.

SUBSTANCE uniforme, transparente, membraneuse, gelatineuse, feuillée.

OBS. *Les* Tremelles *diffèrent des* Lichens *en ce qu'elles n'ont point de tubercules et de scutelles.*

FRUCTIFICATIONS à peine visibles, nidulées dans une substance gélatineuse.

1. **TRÉMELLE** du genevrier, *T. juniperina*, L. gélatineuse, assise, membraneuse, en forme d'oreille, jaune; à tubercules en dessous.

Michel. Gen. tab. 88, fig. 5.

A Lyon, en Auvergne.

2. **TRÉMELLE** Nostoc, *T. Nostoc*, L. gélatineuse, plissée, ondulée; à divisions frisées, grenelées.

Dill. Musc. tab. 10, fig. 14 et 15.

Le *Nostoc* s'enfle et s'étend lorsqu'il est imbibé d'eau; il s'affaisse, se contracte, et devient presque invisible lorsqu'il est sec.

A Montpellier, Lyon, Grenoble, en Auvergne.

3. **TRÉMELLE** lichen, *T. lichenoïdes*, L. gélatineuse, droite, plane; à marges découpées, frisées, ciliées.

Vaill. Bot. tab. 21, fig. 15.

A Lyon, en Auvergne.

4. **TRÉMELLE** verruqueuse, *T. verrucosa*, L. gélatineuse, tuberculeuse, solide, ridée.

Dill. Musc. tab. 10, fig. 16.

A Montpellier, en Auvergne.

5. **TRÉMELLE** difforme, *T. difformis*, L. gélatineuse, arrondie, sinuée, difforme.

Dans l'Océan.

6. **TRÉMELLE** hémisphérique, *T. hæmisphærica*, L. hémisphérique, éparse.

Dans l'Océan, sur les rochers.

7. **TRÉMELLE** pourprée, *T. purpurea*, L. presque gélatineuse, comme arrondie, assise, solitaire, lisse.

A Lyon, en Auvergne.

8. **TRÉMELLE** adhérente, *T. adnata*, L. arrondie, en recouvrement, livide.

Dans l'Océan, sur les rochers.

1321. VAREC, *FUCUS*. * *Lam. Tab. Encyclop.* pl. 880.

* *FLEURS MALES.*

Vésicules lisses, creuses, parsemées intérieurement de poils.

* *FLEURS FEMELLES.*

Vésicules lisses, remplies intérieurement d'une substance gélatineuse, parsemées de poils perforés remplis de semences.

SEM. Solitaires.

FLEURS MALES : vésicules velues en dedans.

FLEURS FEMELLES : vésicules remplies de substance gelatineuse, à surface parsemée de tubercules.

1. VAREC à grappe, *F. uvarius*, L. à tige filiforme, rameuse; à feuilles entassées, en grappe, ovales, en voûte.

Dans l'Océan Asiatique.

2. VAREC flottant, *F. natans*, L. à tige filiforme, rameuse; à feuilles lancéolées, à dents de scie; à fructifications arrondies, pédunculées.

Fucus folliculaceus, serrato folio; Varec à follicules, à feuille à dents de scie. *Bauh. Pin.* 365, n.° 10. *Lob. Ic.* 2, p. 256, fig. 2. *Lugd. Hist.* 1397, fig. 2.

A Montpellier.

3. VAREC grenu, *F. acinarius*, L. à tige filiforme, rameuse; à feuilles linéaires, très-entières; à fructifications arrondies, pédunculées.

Fucus folliculaceus, Linariæ folio; Varec à follicules, à feuille de Linaire. *Bauh. Pin.* 365, n.° 12. *Lob. Ic.* 2, pag. 256, fig. 1. *Lugd. Hist.* 1397, fig. 1.

En Provence.

4. VAREC lendier, *F. lendigerus*, L. à tige filiforme, rameuse; à feuilles lancéolées, à dents de scie; à fructifications en grappes; à silicules tuberculeuses.

A l'isle de l'Ascension.

5. VAREC en toupie, *F. turbinatus*, L. à tige filiforme, un peu rameuse; à fructifications en grappes; une vésicule en toupie adhérente à la feuille en cœur, crénelée.

Sloan. Jam. tab. 20, fig. 6.

A Montpellier.

6. VAREC à dents de scie, *F. serratus*, L. à expansions imitant des feuilles alongées, planes, dichotomes; à cotes ou nervures longitudinales, dentées et chargées de fructifications terminales, tuberculeuses.

Bellev. tab. 281.

A Montpellier.

7. VAREC entortillé, *F. volubilis*, L. à expansions imitant des feuilles alongées, roulées en spirale, perfoliées, un peu sinuées, dentées.

Boccon. Sicul. 70, tab. 38, fig. 11.

A Montpellier.

8. VAREC vésiculeux, *F. vesiculosus*, L. à expansions imitant des feuilles alongées, dichotomes, à côtes ou nervures longitudinales très-entières; à vésicules axillaires, deux à deux, chargées vers le sommet de tubercules.

Fucus maritimus vel Quercus maritima vesiculos habens; Varec maritime ou Chêne maritime à vessies. *Bauh. Pin.* 365, n.° 3. *Lob. Ic.* 2, pag. 255, fig. 1. *Clus. Hist.* 1, pag. 21, fig. 1. *Bellev.* tab. 282.

Cette espèce présente une variété.

Fucus maritimus vel Quercus maritima, foliorum extremis tumidis; Varec maritime ou Chêne maritime, à feuilles enflées vers le sommet. *Bauh. Pin.* 365, n.° 4.

A Montpellier, en Provence.

9. VAREC étalé, *F. divaricatus*, L. à expansions imitant des feuilles alongées, dichotomes, très-entières; à aisselles étalées, garnies de vésicules naissant deux à deux.

Moris. Hist. sect. 15, tab. 8, fig. 5.

En Angleterre, en Portugal.

10. VAREC enflé, *F. inflatus*, L. à expansions imitant des feuilles alongées, dichotomes, très-entières, ponctuées, ovales, lancéolées, divisées peu profondément au sommet en deux parties.

Dans l'Océan Atlantique.

11. VAREC céranoïde, *F. ceranoïdes*, L. à expansions imitant des feuilles alongées, dichotomes, très-entières, lancéolées, ponctuées; à fructifications chargées vers le sommet de tubercules divisés peu profondément en deux parties.

Moris. Hist. sect. 15, tab. 8, fig. 13.

A Montpellier, en Provence.

12. VAREC en spirale, *F. spiralis*, L. à expansions imitant des feuilles alongées, dichotomes, très-entières, ponctuées, linéaires, creusées inférieurement en gouttière; à fructifications deux à deux, garnies de tubercules.

Flor. Dan. tab. 286.

Dans l'Océan.

13. VAREC en gouttière, *F. canaliculatus*, L. à expansions imitant des feuilles alongées, dichotomes, très-entières, creusées en gouttière, linéaires; à fructifications chargées de tubercules, obtuses, et divisées profondément en deux parties.

A Montpellier.

14. VAREC distique, *F. distichus*, L. à expansions imitant des feuilles alongées, dichotomes, très-entières, linéaires; à fructifications chargées de tubercules terminés en pointes.

Dans l'Océan Septentrional.

15. VAREC noueux, *F. nodosus*, L. à expansions comprimées, dichotomes; à feuilles distiques, très-entières; à vésicules ovales, isolées, dilatées, assises au milieu des rameaux et plus larges qu'eux, ce qui les fait paroître noueux.

Dod. Pempt. 480, fig. 1. *Flor. Dan.* tab. 146.

A Montpellier, en Provence.

16. VAREC en poire, *F. pyriferus*, L. à tige filiforme, dichotome; à expansions membraneuses, en lame d'épée, isolées, à dents de scie: celles qui terminent les rameaux, portées sur des pétioles enflés, ressemblant à une poire.

Dans l'Océan.

17. VAREC siliqueux, *F. siliquosus*, L. à expansions comprimées, rameuses; à feuilles distiques, alternes, très-entières; à fructifications pédunculées, oblongues, terminées en pointe.

Fucus maritimus alter, tuberculis paucissimis; autre Varec maritime, à tubercules très-peu nombreux. *Bauh. Pin.* 365, n.° 2. *Dod. Pempt.* 480, fig. 2. *Flor. Dan.* tab. 106.

A Montpellier.

18. VAREC siliculeux, *F. siliculosus*, L. à expansions filiformes, comprimées; à feuilles alternes, un peu dentées; à fructifications arrondies, pédunculées, terminées en pointe.

A Montpellier.

19. VAREC alongé, *F. elongatus*, L. à expansions filiformes, comprimées, dichotomes, articulées, garnies de nœuds un peu enflés.

En Angleterre, en Espagne.

20. VAREC à courroie, *F. loreus*, L. à expansions filiformes, comprimées, dichotomes, garnies de tous côtés de tubercules élevés, irréguliers.

Flor. Dan. tab. 710.

En Danemarck.

21. VAREC fenouil, *F. fœniculaceus*, L. à expansions filiformes, très-ramifiées; à vesicules ovales, terminales, pédunculées,

terminées par des folioles divisées peu profondément en plusieurs parties, obtuses, portant au sommet les fructifications.

Fucus folliculaceus Fœniculi foliis brevioribus; Varec à follicules, à feuilles de Fenouil plus courtes. *Bauh. Pin.* 365, n.° 7.

Cette espèce présente une variété.

Fucus maritimus, foliis tumidis, barbatis; Varec maritime, à feuilles enflées, barbues. *Bauh. Pin.* 365, n.° 5.

A Montpellier.

22. VAREC à trois faces, *F. triqueter*, L. à expansions à deux tranchans, ramifiées: à feuilles pétiolées, dentelées, dans lesquelles sont nidulées des fructifications oblongues, à trois faces.

Au cap de Bonne-Espérance.

23. VAREC granulé, *F. granulatus*, L. à expansions filiformes, très-ramifiées; à rameaux aigus; à vésicules arrondies, nombreuses, toutes adhérentes aux feuilles et aux rameaux.

Flor. Dan. tab. 591.

Dans l'Ocean Indien.

24. VAREC auronne, *F. selaginoïdes*, L. à expansions filiformes, très-ramifiées; à rameaux dichotomes; à feuilles très-courtes, en alêne, alternes, portant leurs vésicules à la base.

Fucus folliculaceus foliis Abrotani; Varec à follicules, à feuilles d'Auronne. *Bauh. Pin.* 365, n.° 8. *Lob. Ic.* 2, pag. 254, fig. 1. *Barrel.* tab. 1290.

A Montpellier.

25. VAREC, à chaînettes, *F. concatenatus*, L. à expansions filiformes, très-ramifiées; à rameaux dichotomes; à vésicules en forme de collier, éloignées les unes des autres, adhérentes aux feuilles ou aux rameaux; à feuilles en alêne.

Dans l'Océan.

26. VAREC piquant, *F. aculeatus*, L. à expansions filiformes, comprimées, très-ramifiées, garnies sur leurs bords de dents en alêne, alternes, droites.

Flor. Dan. tab. 355.

Ce *Varec* présente une variété désignée dans le *Species* sous le nom de Varec muscoïde, *Fucus muscoïdes*, L.

En Norwége.

27. VAREC lycopode, *F. lycopodioïdes*, L. à expansions filiformes, arrondies, un peu ramifiées, toutes couvertes de soie.

Flor. Dan. tab. 357.

A Montpellier.

28. VAREC hérissé, *F. hirsutus*, L. à expansions filiformes, arrondies, dichotomes, toutes couvertes de poils très-courts.

En Angleterre.

29. VAREC opposé, *F. discors*, L. à expansions arrondies, armées de piquans émoussés: à feuilles distiques, comme pinnées, linéaires, lancéolées, à dents de scie.

On ignore son climat natal.

30. VAREC Tendo, *F. Tendo*, L. à expansions filiformes, simples, cartilagineuses, presque diaphanes.

Gramen sparteum setas equinas referens; Gramen sparte imitant des crins de cheval. *Bauh. Pin.* 5, n.° 10. *Pluk.* tab. 184, fig. 3.

A la Chine.

31. VAREC Fil, *F. Filum*, L. à expansions comme un fil fragile, opaques.

Alga nigro capillaceo folio; Algue à feuille noire, capillacée. *Bauh. Pin.* 364, n.° 2. *Amœn. Acad.* 4, pag. 259, tab. 3, fig. 2.

A Montpellier.

32. VAREC laineux, *F. lanosus*, L. à expansions capillacées, dichotomes, très-ramifiées, rudes.

En Islande.

33. VAREC en faisceau, *F. fastigiatus*, L. à expansions filiformes, dichotomes, très-ramifiées, obtuses, ramassées en faisceau, parallèles et d'une égale hauteur.

Flor. Dan. tab. 393.

A Montpellier.

34. VAREC fourchu, *F. furcellatus*, L. à expansions filiformes, dichotomes, très-ramifiées, aiguës.

Flor. Dan. tab. 499.

A Montpellier.

35. VAREC palmé, *F. palmatus*, L. à expansions palmées, planes.

Moris. Hist. sect. 15, tab. 8, fig. 1. *Gmel. Fuc.* 189, t. 26.

A Montpellier.

36. VAREC buccin, *F. buccinalis*, L. à tige fistuleuse; à expansions pinnées, palmées, coriaces; à folioles en lame d'épée, très-entières.

Arundo Indica fluitans; Roseau des Indes flottant. *Bauh. Pin.* 19, n.° 7.

Au cap de Bonne-Espérance.

37. VAREC digité, *F. digitatus*, L. à expansion palmée; à folioles en lame d'épée; à tige arrondie.

Fuscus arboreus polyschides, edulis; Varec en arbre polyschide, comestible. *Bauh. Pin.* 364, n.° 1. *Flor. Dan.* tab. 392.

Dans l'Océan Atlantique.

38. VAREC nourrissant, *F. esculentus*, L. à expansions simples, sans divisions, en lame d'épée; à tige tétragone, pinnée, parcourant longitudinalement la feuille.

Gmel. Fuc. 200, tab. 29, fig. 1.

Reichard rapporte deux fois, 1.° à cette espèce, 2.° à l'Ulve très-large, le synonyme de *G. Bauhin*, *Alga longissimo, lato tenuique folio*; Algue à feuille très-longue, large et mince, que *Linné* cite pour l'Ulve très-large.

Dans l'Océan Atlantique.

39. VAREC saccharin, *F. saccharinus*, L. à expansions comme simples, en lame d'épée; à tige arrondie, très-courte.

Fucus alatus sive phasnagoïdes; Varec ailé ou phasnagoïde. *Bauh. Pin.* 364, n.° 2. *Flor. Dan.* tab. 416.

Dans l'Océan Atlantique.

40. VAREC sanguin, *F. sanguineus*, L. à expansions membraneuses, ovales, oblongues, très-entières, pétiolées; à tige arrondie, rameuse.

Flor. Dan. tab. 349.

Dans l'Océan Atlantique.

41. VAREC cilié, *F. ciliatus*, L. à expansions membraneuses, lancéolées, prolifères, ciliées.

Flor. Dan. tab. 353.

A Montpellier.

42. VAREC frisé, *F. crispus*, L. à expansions comme membraneuses, dichotomes; à divisions dilatées, frisées.

Moris. Hist. sect. 15, tab. 8, fig. 6.

A Montpellier.

43. VAREC crépu, *F. crispatus*, L. à expansions membraneuses, comme linéaires, très-ramifiées, crépues, colorées.

Pluk. tab. 48, fig. 2.

On ignore son climat natal.

44. VAREC ailé, *F. alatus*, L. à expansions membraneuses, presque dichotomes, à nervures; à divisions alternes, courantes, divisées peu profondément en deux parties.

Flor. Dan, tab. 352.

A Montpellier.

45. VAREC denté, *F. dentatus*, L. à expansions membraneuses, sans nervures, alternativement pinnatifides; à sinus obtus; à divisions rongées au sommet.

Flor. Dan. tab. 354.

A Montpellier.

46. VAREC rougeâtre, *F. rubens*, L. à expansions membraneuses, oblongues, ondulées, sinuées; à tige arrondie, rameuse.

Mart. Cent. tab. 32.

Dans l'Océan.

47. VAREC veiné, *F. venosus*, L. à expansions imitant des feuilles alongées, parsemées de veines ramifiées, verruqueuses.

Au cap de Bonne-Espérance.

48. VAREC rubané, *F. vittatus*, L. à expansions membraneuses, divisées, en lame d'épée, dentées, frisées.

Flor. Dan. tab. 353.

En Danemarck.

49. VAREC à rameaux, *F. ramentaceus*, L. à expansions filiformes, simples, jetant des rameaux feuillés, linéaires, entassés d'un côté.

Flor. Dan. tab. 356.

Dans l'Océan Septentrional.

50. VAREC plumeux, *F. plumosus*, L. à expansions cartilagineuses, lancéolées, deux fois pinnées; à folioles plumeuses; à tige filiforme, comprimée, ramifiée.

Flor. Dan. tab. 350.

A Montpellier.

51. VAREC à feuilles d'auronne, *F. abrotanifolius*, L. à expansions filiformes, comprimées, deux fois pinnées; à folioles portant leurs vésicules au sommet, dilatées, terminées par des fructifications tuberculeuses d'un côté.

Au cap de Bonne-Espérance.

52. VAREC cartilagineux, *F. cartilagineus*, L. à expansions cartilagineuses, comprimées, surdécomposées et pinnées; à folioles linéaires.

Muscus maritimus tenuissimè dissectus, ruber; Mousse maritime très-finement découpée, rouge. *Bauh. Pin.* 363, n.° 4. *Lugd. Hist.* 1371, fig. 1?

A Montpellier.

53. VAREC gigantin, *F. gigantinus*, L. à expansions cartilagineuses, filiformes, comprimées, dichotomes; à fructifications

arrondies, pédunculées, terminales, garnies en dessous d'une pointe piquante plus longue que la semence.

On ignore son climat natal.

54. VAREC épineux, *F. spinosus*, L. à tige sans feuilles, cartilagineuse, ramifiée, à trois dentelures en anneau.

A Montpellier.

55. VAREC à semences arrondies, *F. spermophorus*, L. à extensions membraneuses, dichotomes, comprimées, capillacées; à fructifications pédunculées, latérales; à feuilles à plusieurs divisions peu profondes, linéaires.

On ignore son climat natal.

56. VAREC conferve, *F. confervoïdes*, L. à expansions membraneuses, linéaires, *comprimées*, *ramifiées*; à fructifications éparses, assises, arrondies.

Gmel. Fuc. 136, tab. 14, fig. 1.

Dans la mer d'Angleterre.

57. VAREC bruyère, *F. ericoïdes*, L. à expansions filiformes, très-ramifiées, hérissées.

Tamarisco similis maritima; Plante maritime ressemblant au Tamarisque. *Bauh. Pin.* 365, n.° 14. *Gmel. Fuc.* 128, tab. 11, fig. 2.

A Montpellier.

1322. ULVE, *ULVA.* * *Lam. Tab. Encyclop.* pl. 880. *Dill. Musci* tab. 8 et 9.

FRUCTIFICATIONS formées par une membrane vésiculaire, diaphane, sans feuilles.

FRUCTIFICATIONS répandues sur une membrane transparente.

1. ULVE plume-de-paon, *U. pavonina*, L. à expansions planes, en forme de rein, assises, à stries longitudinales et en travers, panachées de diverses couleurs.

Alga maritima Gallo-Pavonis plumas referens; Algue maritime imitant les plumes de Paon. *Bauh. Pin.* 364, n.° 9. *Ellis. Corall.* 88, pl. 33, fig. C.

Fungus auricularis; Champignon auriculé. *Bauh. Pin.* 368, n.° 11.

A Montpellier.

2. ULVE ombilicale, *U. umbilicalis*, L. à expansions planes, arrondies, assises, en bouclier, coriaces.

Fucus Umbilicus marinus dictus; Varec nommé Ombilic marin. *Bauh. Pin.* 364, n.° 3. *Dill. Musc.* tab. 8. fig. 3.

A Montpellier, en Provence.

3. ULVE intestinale, *U. intestinalis*, L. à expansions tubulées, simples.

Fucus cavus; Varec creux. *Bauh. Pin.* 364, n.° 5. *Dill. Musc.* tab. 9, fig. 7. *Bul. Paris.* tab. 616.

A Montpellier, en Provence.

4. ULVE vermisseau, *U. lumbricalis*, L. à expansions tubulées, interrompues par des étranglemens.

Au cap de Bonne-Espérance.

5. ULVE comprimée, *U. compressa*, L. à expansions tubulées, ramifiées, comprimées.

Dill. Musc. tab. 9, fig. 8.

6. ULVE ridée, *U. rugosa*, L. à expansions tubulées, rameuses, ridées.

En Carniole.

7. ULVE conferve, *U. confervoïdes*, L. à expansions filiformes; à articulations alternativement comprimées.

Dill. Musc. tab. 6, fig. 39.

Dans la mer d'Angleterre.

8. ULVE très-large, *U. latissima*, L. à expansions oblongues, planes, ondulées, membraneuses, vertes.

Alga longissimo, lato tenuique folio; Algue à feuille très-longue, large et mince. *Bauh. Pin.* 364, n.° 4.

Ce synonyme de *G. Bauhin* a été rapporté deux fois par *Reichard* : 1.° à cette espèce; 2.° au Varec nourrissant, espèce 38.

A Montpellier, en Provence.

9. ULVE laitue, *U. lactuca*, L. à expansions palmées, prolifères, membraneuses, inférieurement rétrécies.

Muscus marinus Lactucæ folio; Mousse marine à feuille de Laitue. *Bauh. Pin.* 364, n.° 1. *Matth.* 795, fig. 2. *Dod. Pempt.* 477, f. 2. *Lob. Ic.* 2, pag. 247, f. 1. *Bauh. Hist.* 3, pag. 801, fig. 1. *Dill. Musc.* tab. 8, fig. 1.

A Montpellier, en Provence.

10. ULVE à papilles, *U. papillosa*, L. à expansions lancéolées, en alêne, hérissées de tous côtés de papilles.

Gmel. Fuc. 111, tab. 6, fig. 4.

Dans la mer d'Éthiopie.

11. ULVE lancéolée, *U. lanceolata*, L. à expansions lancéolées, planes.

Dill. Musc. tab. 9, fig. 5.

Dans l'Océan.

12. ULVE en forme de labyrinthe, *U. labyrinthiformis*, L. à expansions en cellules imitant un labyrinthe, et à proéminences en forme de massue.

Dans l'Océan Indien.

13. ULVE chicoracée, *U. Linza*, L. à expansions alongées, très-ondulées, à bulles.

Muscus Lactucæ marinæ similis; Mousse ressemblant à la Laitue de mer. *Bauh. Pin.* 364, n.° 1. *Dill. Musc.* tab. 9, f. 6.

A Montpellier, en Provence.

14. ULVE en forme de prune, *U. pruniformis*, L. à expansions arrondies, isolées, succulentes en dedans.

Dans les lacs de Suède et de Russie.

15. ULVE granulée, *U. granulata*, L. à expansions sphériques, composées de vésicules agrégées.

Dill. Musc. tab. 10, fig. 17. *Flor. Dan.* tab. 705.

En Danemarck.

16. ULVE pois, *U. pisum*, L. à expansions arrondies, vertes, remplies d'une pulpe un peu visqueuse.

Flor. Dan. tab. 660, fig. 2.

En Danemarck.

1323. CONFERVE, *CONFERVA.* * *Dill. Musc.* tab. 2 et suiv. *Lam. Tab. Encyclop.* pl. 881.

FIBRES simples, uniformes, capillaires, filamenteuses.

OBS. Les fibres sont continues ou articulées.

Tubercules inégaux, adhérens à des fibres très-fines, capillaires, très-longues.

* I. *CONFERVES à filamens simples, égaux, sans être genouillés.*

1. CONFERVE des ruisseaux, *C. rivularis*, L. à filamens très-simples, égaux, très-longs.

Dill. Musc. tab. 2, fig. 2.

A Montpellier, Lyon, en Auvergne.

2. CONFERVE des fontaines, *C. fontinalis*, L. à filamens très-simples, égaux, plus courts que le doigt.

Michel. Gen. tab. 89, fig. 8 et 10. *Dill. Musc.* tab. 2, fig. 3. *Flor. Dan.* tab. 651, fig. 3.

A Lyon, en Auvergne.

* II. *CONFERVES à filamens ramifiées, égaux.*

3. CONFERVE à bulles, *C. bullosa*, L. à filamens égaux, ramifiés, renfermant des bulles d'air.

Alga bombycina; Algue soyeuse. *Bauh. Pin.* 363, n.° 10. *Loës. Pruss.* 173, n.° 55. *Dill. Musc.* tab. 3, fig. 11.

A Montpellier, Lyon, en Auvergne.

4. CONFERVE des canaux, *C. canalicularis*, L. à filamens égaux, plus ramifiés vers la base.

Alga in tubulis aquam fontanam ducentibus; Algue croissant dans les canaux des fontaines. *Bauh. Pin.* 364, n.° 4. *Dill. Musc.* tab. 4, fig. 15.

A Montpellier, Lyon, en Auvergne.

5. CONFERVE amphibie, *C. amphibia*, L. à filamens égaux, ramifiés, se changeant par le dessèchement en piquans.

Dill. Musc. tab. 4, fig. 17.

En Auvergne.

6. CONFERVE des rivages, *C. littoralis*, L. à filamens égaux, très-ramifiés, alongés, rudes au toucher.

Dill. Musc. tab. 4, fig. 19.

A Montpellier.

7. CONFERVE vert-de-gris, *C. æruginosa*, L. à filamens ramifiés, mous, plus courts que le doigt, très-verts.

Dill. Musc. tab. 4, fig. 20.

En Angleterre.

8. CONFERVE dichotome, *C. dichotoma*, L. à filamens égaux, dichotomes.

Dill. Musc. tab. 3, fig. 9.

En Angleterre.

9. CONFERVE à balai, *C. scoparia*, L. à filamens prolifères, réunis en faisceaux d'égale hauteur, hérissés.

Dill. Musc. tab. 4, fig. 23.

A Montpellier.

10. CONFERVE à grilles, *C. cancellata*, L. à filets ramifiés; à filamens alternativement plus courts; à digitations divisées profondément en plusieurs parties.

Dill. Musc. tab. 4, fig. 22.

Dans les mers d'Europe.

* III. *CONFERVES à filamens à anastomoses.*

11. CONFERVE à réseau, *C. reticulata*, L. à filamens formant des mailles de réseau par leur réunion.

Dill. Musc. tab. 4, fig. 14.

A Lyon, en Auvergne.

* IV. *CONFERVES à filamens noueux.*

12. CONFERVE fluviatile, *C. fluviatilis*, L. à filets très-simples, en forme de soie, redressés, garnis de nœuds épaissis, anguleux.

Vaill. Bot. tab. 4, fig. 5. *Dill. Musc.* tab. 7, fig. 48, A. *Bul. Paris.* tab. 618.

A Lyon, en Auvergne.

13. CONFERVE gélatineuse, *C. gelatinosa*, L. à filets ramifiés, en forme de collier; à articulations arrondies, gélatineuses.

Dill. Musc. tab. 7, fig. 42?

A Montpellier, en Auvergne.

* V. *CONFERVES à filamens genouillés.*

14. CONFERVE capillaire, *C. capillaris*, L. à filets genouillés, simples, garnis d'articulations alternativement comprimées.

Dill. Musc. tab. 5, fig. 25.

A Montpellier, en Auvergne.

15. CONFERVE coralline, *C. corallina*, L. à filets genouillés, dichotomes.

Dill. Musc. tab. 6, fig. 36.

A Montpellier.

16. CONFERVE à chaînettes, *C. catenata*, L. à filets genouillés, garnis d'articulations cylindriques.

Dill. Musc. tab. 5, fig. 27.

A Montpellier.

17. CONFERVE polymorphe, *C. polymorpha*, L. à filamens genouillés; à rameaux réunis en faisceaux.

Dill. Musc. tab. 6, fig. 35, B.

A Montpellier.

18. CONFERVE vagabonde, *C. vagabunda*, L. à filamens genouillés, tortueux; à rameaux et à ramifications plus courts que les filamens.

Dill. Musc. tab. 5, fig. 32, A.

Dans les mers d'Europe, où elle flotte ça et là au milieu des eaux.

19. CONFERVE glomérée, *C. glomerata*, L. à filamens genouillés; à ramifications plus courtes que les filamens, et divisées peu profondément en plusieurs parties.

Alga fontinalis trichodes; Algue des fontaines trichode. *Bauh. Pin.* 364, n. 3. *Dill. Musc.* tab. 5, f. 28 et 29. *Flor. Dan.* tab. 651, fig. 2.

En Auvergne.

20. **CONFERVE** des rochers, *C. rupestris*, L. à filamens genouillés, très-rameux, verts.

Pluk. tab. 182, f. 6. *Dill. Musc.* tab. 5, f. 29.

Dans les mers d'Europe.

21. **CONFERVE** égagropile, *C. ægagropila*, L. à filamens genouillés, très-rameux, très-entassés au centre et réunis en forme de boule.

A Montpellier.

1324. **BYSSE**, *BYSSUS.** *Dill. Musc.* tab. 1. *Michel. Gen.* 210, tab. 80 et 90. *Gledistch Fung.* 17, tab. 1. *Lam. Tab. Encyclop.* pl. 881. ASPERGILLUS. *Michel. Gen.* 212, tab. 91.

FIBRES simples, uniformes, laineuses ou pulverulentes.

Filets très-courts en duvet, ou une espèce de *Poussière* colorée.

* I. *BYSSES filamenteux.*

1. **BYSSE** septique, *B. septica*, L. à filets capillacés, très-mous, parallèles, très-fragiles, pâles.

Michel. Gen. tab. 89, f. 9; et tab. 90, f. 1. *Vaill. Bot.* tab. 1, fig. 1.

A Lyon, sur les parquets des rez-de-chaussée, où règne un air méphitique, qui comme un menstrue naturel, dissout et altère les bois les plus durs.

2. **BYSSE** fleur-d'eau, *B. flos-aquæ*, L. à filamens plumeux ou comme des barbes de plume, nageans.

Dill. Musc. tab. 2, fig. 1.

A Lyon, en Auvergne, en Bourgogne dans les eaux au commencement de l'été; il nage presque tout le jour, et s'enfonce un peu dans l'eau pendant la nuit.

3. **BYSSE** à grille, *B. cancellata*, L. à filets formant exactement de tous côtés par leur réunion, une espèce de grille.

En Auvergne.

4. **BYSSE** phosphore, *B. phosphorea*, L. laine violette, adhérente au bois.

Dill. Musc. tab. 1, fig. 6.

A Lyon, en Auvergne, sur les bois pourris.

5. **BYSSE** velouté, *B. velutina*, L. filamenteux; à filets verts, ramifiés, courts, imitant le velours.

Dill. Musc. tab. 1, f. 14. *Michel. Gen.* tab. 89, f. 5.

A Lyon, en Auvergne, en Bourgogne.

6. **BYSSE** doré, *B. aurea*, L. chevelu, poudreux ; à fructifications éparses ; à filamens simples et rameux.

Michel. Gen. tab. 89, fig. 2. *Dill. Musc.* tab. 1, fig. 16.

A Lyon, en Auvergne.

7. **BYSSE** des caves, *B. cryptarum*, L. chevelu, durable, cendré, tenace, adhérent aux pierres.

A Lyon, en Bourgogne.

* II. *BYSSES poudreux, en poussière.*

8. **BYSSE** noir, *B. antiquitatis*, L. poudreux, noir.

A Montpellier, Lyon, en Auvergne, sur les vieux murs.

9. **BYSSE** des rochers, *B. saxatilis*, L. poudreux, cendré, couvrant les rochers.

A Lyon, en Auvergne, sur les rochers.

10. **BYSSE** sanguin, *B. Jolithus*, L. poudreux, rouge, adhérent aux rochers.

Michel. Gen. tab. 89, fig. 3.

A Lyon, en Auvergne, sur les rochers.

11. **BYSSE** jaune, *B. candelaris*, L. poudreux jaune, adhérent aux bois.

Dill. Musc. tab. 1, fig. 4.

Ce *Bysse* bouilli avec l'urine, donne une teinture d'un jaune doré.

Dans les quatre parties du monde, sur les troncs des arbres, sur les vieux murs, sur les toits exposés à un vent humide.

12. **BYSSE** vert, *B. botryoïdes*, L. poudreux, vert.

Dill. Mus. tab. 1, fig. 5.

A Lyon, en Auvergne, sur les terrains humides.

13. **BYSSE** blanchâtre, *B. incana*, L. poudreux, blanchâtre, imitant une farine jetée au hasard, et formant ça et là de petites éminences.

Dill. Musc. tab. 1, fig. 3.

A Lyon, sur les terrains argilleux.

14. **BYSSE** laiteux, *B. lactea*, L. croûte poudreuse, très-blanche ; à tubercules sphériques.

Dill. Musc. tab. 1, fig. 2. *Hoffm. Enum. Lich.* tab. 1, fig. 3. *Flor. Dan.* tab. 840, fig. 4.

Cette espèce est désignée par *Gmelin* sous le nom de *Lichen albus*.

A Montpellier, Lyon, en Auvergne, sur les troncs des arbres et les mousses.

IV. CHAMPIGNONS.

1325. **AGARIC**, *AGARICUS*. * *Lam. Tab. Encyclop.* pl. 884. *Gledistch Fung.* 81, tab. 3.

CHAMPIGNON horizontal, garni en dessous de lames.

Obs. Agaricus, *Dillen : sans pétiole, et adhérent sur le bord latéral.*

Amanita, *Dillen : à pétiole, inséré sur le centre orbiculaire du chapeau.*

Les observations faites jusqu'à ce moment, prouvent que les Agaricus, *Dill. diffèrent des* Amanita, Boletus *et* Erinaceus, *Dill. non par l'espèce, mais seulement par leur lieu natal.*

Chapeau horizontal, garni en dessous de lames qui vont du centre à la circonférence.

* I. *CHAMPIGNONS pédiculés, (portés sur un pied ou pédicule;) à chapeau arrondi.*

1. AGARIC Chanterelle, *A. Chantarellus*, L. pédiculé; à lames rameuses, décurrentes.

Fungus minimus, flavescens, infundibuliformâ ; Champignon très-petit, jaunâtre, en entonnoir. *Bauh. Pin.* 373, n.° 18. *Clus. Hist.* 2, pag. 279, f. 1. *Bauh. Hist.* 3, P. 2, pag. 847, f. 3. *Vaill. Bot.* tab. 11, f. 9, 10, 11, 12, 13, 14 et 15. *Flor. Dan.* tab. 264.

Ce *Champignon* est un peu âcre, d'une saveur et d'une odeur assez agréables; on le mange impunément parce que la coction détruit son âcreté.

A Lyon, en Auvergne, à Paris.

2. ACARIC à cinq divisions, *A. quinquepartitus*, L. pédiculé; à chapeau jaunâtre, divisé profondément en cinq parties; à lames blanchâtres intérieurement, dentées et réunies.

A Lyon, en Auvergne.

3. AGARIC entier, *A. integer*, L. pédiculé; toutes les lames d'une grandeur égale.

Buxb. Cent. 4, pag. 12, tab. 19. *Schæff. Fung.* tab. 75.

A Lyon, en Auvergne.

4. AGARIC aux mouches, *A. muscarius*, L. pédiculé; à lames solitaires, à moitié; à pédicule coiffé, dilaté au sommet; à base ovale.

Clus. Hist. 2, pag. 280, f. 1. *Bauh. Hist.* 3, P. 2, pag. 841, f. 2. *Schæff. Fung.* tab. 204.

A Lyon en Auvergne.

5. AGARIC denté, *A. dentatus*, L. pédiculé ; à chapeau convexe ; à lames dentées à la base.

Schæff. Fung. tab. 301 et 302.

A Lyon, en Auvergne.

6. AGARIC délicieux, *A. deliciosus*, L. pédiculé ; à chapeau couleur de brique, donnant un suc d'un jaune safran.

Schæff. Fung. tab. 11.

Cette espèce est comestible.

A Lyon, en Auvergne.

7. AGARIC laiteux, *A. lactifluus*, L. pédiculé ; à chapeau aplati dont la chair contient un suc laiteux ; à lames rousses ; à pédicule long, succulent.

Schæff. Fung. tab. 5.

Cette espèce est un poison.

A Lyon, en Auvergne.

8. AGARIC poivré, *A. piperitus*, L. pédiculé ; à chapeau un peu aplati, laiteux ; à marge renversée ; à lames couleur de chair, pâle.

Fungus albus, acris ; Champignon blanc, âcre. *Bauh. Pin.* 371, n.° 27. *Bul. Paris.* tab. 620.

A Lyon, en Auvergne.

9. AGARIC champêtre, *A. campestris*, L. pédiculé ; à chapeau convexe ; à écailles blanches ; à lames rousses ou roses.

Flor. Dan. tab. 714.

Ce *Champignon* est le plus usité comme aliment. On peut le confire avec le sel et le vinaigre, et le conserver pour l'hiver. Il est connu sous le nom de *Mousseron* ou *Mouceron.*

A Lyon, en Auvergne.

10. AGARIC de George, *A. Georgii*, L. pédiculé ; à chapeau jaune, convexe ; à lames blanches.

Fungus orbicularis exalbidus, pratensis ; Champignon arrondi blanchâtre, des prés. *Bauh. Pin.* 370, n.° 4. *Clus. Hist.* 2, pag. 264, f. 2. *Bauh. Hist.* 3, P. 2, pag. 824, f. 2. *Schæff. Fung.* tab. 11, fig. 3.

A Lyon, en Auvergne.

11. AGARIC violet, *A. violaceus*, L. pédiculé ; à chapeau à crevasses ; à marge violette, duvetée ; à pédicule bleu, couvert d'une laine couleur de rouille.

Michel. Gen. tab. 74, fig. 1.

A Lyon, en Auvergne.

12. **AGARIC** orangé, *A. cinnamomeus*, L. pédiculé; à chapeau d'un jaune sale; à lames jaunes, rousses.

A Lyon, en Auvergne.

13. **AGARIC** gluant, *A. viscidus*, L. pédiculé; à chapeau gluant, d'un pourpre tirant sur le roux; à lames d'un pourpre roux; à pédicule court, gros, blanc.

A Lyon, en Auvergne.

14. **AGARIC** caballin, *A. equestris*, L. pédiculé; à chapeau pâle; à disque jaune, en étoiles; à lames couleur de soufre.

A Lyon, en Auvergne.

15. **AGARIC** mamelonné, *A. mammosus*, L. pédiculé; à chapeau convexe, pointu, gris; à lames convexes, grises, crénelées; à pédicule nu.

Buxb. Cent. 4, pag. 13, tab. 21, fig. 1.
En Auvergne.

16. **AGARIC** en bouclier, *A. clypeatus*, L. pédiculé; à chapeau hémisphérique, gluant, pointu; à lames blanches; à pédicule long, cylindrique, blanc.

Flor. Dan. tab. 772.

En Auvergne.

17. **AGARIC** éteignoir, *A. extinctorius*, L. pédiculé; à chapeau en cloche, blanchâtre, lacéré; à lames très-blanches; à pédicule comme bulbeux, en alêne, nu.

Buxb. Cent. 4, tab. 30, fig. 2.

A Lyon, en Auvergne, sur les fumiers.

18. **AGARIC** à crinière, *A. crinitus*, L. pédiculé; à chapeau en entonnoir, velu; à lames égales; à pédicule filiforme.

Plum. Filic. tab. 227, fig. B.

Dans l'Amérique Méridionale.

19. **AGARIC** des fumiers, *A. fimetarius*, L. pédiculé; à chapeau en cloche, lacéré; à lames noires, tortueuses sur les côtés; à pédicule fistuleux.

Michel. Gen. 181, tab. 80, fig. 3; et tab. 74, fig. 6.

A Lyon, en Auvergne, sur les fumiers.

20. **AGARIC** en cloche, *A. campanulatus*, L. pédiculé; à chapeau en cloche, strié, transparent; à lames ascendantes; à pédicule nu.

Vaill. Bot. tab. 12, fig. 1.

A Lyon, en Auvergne, dans les prés.

21. **AGARIC** séparé, *A. separatus*, L. pédiculé; à chapeau lisse, livide; à lames noirâtres, séparées; à pédicule bulbeux, coiffé.

En Auvergne, sur les fumiers.

22. AGARIC fragile, *A. fragilis*, L. pédiculé; à chapeau convexe, gluant, transparent; à lames jaunes; à pédicule nu.

Vaill. Bot. tab. 11, f. 16. *Bul. Paris.* tab. 622.

A Lyon, en Auvergne, dans les chemins.

23. AGARIC ombellifère, *A. umbelliferus*, L. pédiculé; à chapeau plissé, membraneux; à lames plus larges à la base; à pédicule long, capillaire, nu.

Michel. Gen. tab. 80, fig. 11.

A Lyon, en Auvergne.

24. AGARIC androsace, *A. androsaceus*, L. pédiculé; à chapeau blanc, plissé, membraneux; à pédicule noir.

Vaill. Bot. tab. 11, fig. 21.

A Lyon, en Auvergne.

25. AGARIC clou, *A. clavus*, L. pédiculé; à chapeau jaune, convexe, strié; à lame et pédicule blancs.

Vaill. Bot. tab. 11, fig. 19.

A Lyon, en Auvergne, dans les bois.

* II. *AGARICS parasites; à chapeau sans pédicule, formant la moitié d'un cercle.*

26. AGARIC de chêne, *A. quercinus*, L. sans pédicule; à lames cartilagineuses, entrelacées en labyrinthe.

Schœff. Fung. tab. 57.

On peut en préparer de l'amadou; il est aussi utile pour arrêter les hémorragies que le Bolet couleur de feu, ou Amadou.

A Lyon, en Auvergne.

27. AGARIC du bouleau, *A. betulinus*, L. sans pédicule; coriace, velu; à marge obtuse; à lames ramifiées, en anastomoses.

Flor. Dan. tab. 776, fig. 1.

A Lyon, en Auvergne.

28. AGARIC de l'aulne, *A. alneus*, L. sans pédicule; à lames poudreuses, divisées peu profondément en deux parties.

Weig. Obs. 41, tab. 2, fig. 6.

A Montpellier, Lyon, en Auvergne.

1326. BOLET, *BOLETUS*. * *Lam. Tab. Encyclop.* pl. 885. *Gledistch* 62, tab. 3. SUILLUS. *Michel. Gen.* 126, tab. 68 et 69. POLYPORUS. *Michel. Gen.* 129, tab. 70 et 71.

CHAMPIGNON horizontal, marqué en dessous de pores.

Chapeau horizontal, marqué en dessous de pores très-rapprochés.

* I. *Bolets parasites, sans pédicules.*

1. BOLET celluleux, *B. favus*, L. sans pédicule; à chapeau comme en coussinet, rude; à soies droites, rameuses; à pores anguleux, ouverts.

A la Chine.

2. BOLET liége, *B. suberosus*, L. sans pédicule; à chapeau en coussinet, coriace, convexe, velu, blanc; à pores difformes, ronds, tortueux.

A Lyon, en Auvergne, sur les bouleaux.

3. BOLET du bouleau, *B. fomentarius*, L. sans pédicule; à chapeau en coussinet inégal, obtus; à pores arrondis, égaux, glauques.

A Lyon, en Auvergne, sur les bouleaux.

4. BOLET Amadou, *B. igniarius*, L. sans pédicule; à chapeau en coussinet, lisse; à pores très-petits.

Fungus in caudicibus nascens, unguis equini figurâ; Champignon naissant sur les troncs d'arbres, ressemblant à un pied de cheval. *Bauh. Pin.* 372, n.° 3. *Bul. Paris.* tab. 626.

1. *Agaricus præparatus;* Agaric de chêne, Amadou. 2. Parenchyme. 3. Sans odeur et sans saveur. 5. Hémorragies par la section des vaisseaux. 6. Amadou. On peut, à l'exemple des Lapons, former des moxa avec ce Bolet.

A Lyon, en Auvergne, sur le Bouleau, le Chêne, le Hêtre.

5. BOLET sanguin, *B. sanguineus*, L. sans pédicule; à chapeau presque membraneux, rouge; à pores impalpables.

A Surinam.

6. BOLET de diverses couleurs, *B. versicolor*, L. sans pédicule; à chapeau marqué par des zones de différentes couleurs; à pores blancs.

Bul. Paris. tab. 627.

A Montpellier, Lyon, en Auvergne, sur les troncs d'arbres.

7. BOLET odorant, *B. suaveolens*, L. sans pédicule; à chapeau lisse en dessus, d'une odeur agréable.

A Lyon, en Auvergne, sur les troncs des vieux saules.

* II. *Bolets à pédicules.*

8. BOLET vivace, *B. perennis*, L. pédiculé, vivace; à chapeau aplati en dessus et en dessous.

Vaill. Bot. tab. 12, fig. 7.

A Lyon, en Auvergne, dans les bois, sur les troncs des arbres pourris et abattus.

9. **BOLET** gluant, *B. viscidus*, L. pédiculé; à chapeau en coussinet, jaune, gluant; à pores arrondis, convexes, distincts, livides; à pédicule lacéré.

A Lyon, en Auvergne, dans les bois.

10. **BOLET** jaune, *B. luteus*, L. pédiculé; à chapeau en coussinet, un peu gluant; à pores arrondis, convexes, très-jaunes; à pédicule blanc.

Bul. Paris. tab. 628.

A Montpellier, Lyon, en Auvergne, dans les bois.

11. **BOLET** pied de bœuf, *B. bovinus*, L. pédiculé; à chapeau en coussinet, lisse, fauve en dessus, verdâtre en dessous, à marge; à pores composés, aigus: les plus petits anguleux, plus courts.

Bul. Paris. tab. 629.

A Montpellier, Lyon, en Auvergne.

12. **BOLET** grenu, *B. granulatus*, L. pédiculé; à chapeau en coussinet, gluant; à pores arrondis, comme à angles tronqués, grenus.

A Lyon, en Auvergne, dans les bois.

13. **BOLET** un peu cotonneux, *B. subtomentosus*, L. pédiculé; à chapeau jaune, un peu cotonneux ou à duvet; à pores comme anguleux, difformes, fauves, planes; à pédicule jaune.

A Lyon, en Auvergne, dans les bois.

14. **BOLET** un peu écailleux, *B. subsquamosus*, L. pédiculé; à chapeau blanchâtre; à pores difformes, oblongs, tortueux, très-blancs.

En Auvergne, dans les bois.

1327. **HYDNE, *HYDNUM.*** * *Lam. Tab. Encyclop.* pl. 883. ERINACEUS. *Michel. Gen.* 132, tab. 72.

CHAMPIGNON horizontal hérissé en dessous de fibres en alène.

Chapeau horizontal hérissé en dessous de petites pointes ou papilles très-nombreuses.

1. **HYDNE** en recouvrement, *H. imbricatum*, L. pédiculé; à chapeau convexe; à écailles en recouvrement.

Michel. Gen. tab. 72, fig. 2.

A Lyon, en Auvergne, dans les bois.

2. **HYDNE** peu sinué, *H. repandum*, L. pédiculé; à chapeau convexe, lisse, contourné en sinuosités.

Michel. Gen. tab. 72, fig. 3.

A Montpellier, Lyon, en Auvergne, dans les bois.

3. **HYDNE** cotonneux, *H. tomentosum*, L. pédiculé; à chapeau plane, en entonnoir.

Flor. Dan. tab. 534, fig. 3.

A Lyon, en Auvergne, dans les bois.

4. **HYDNE** cure-oreille, *H. auriscalpium*, L. pédiculé; à chapeau à moitié.

Michel. Gen. tab. 72, fig. 8.

A Lyon, en Auvergne, dans les sapinières.

5. **HYDNE** parasite, *H. parasiticum*, L. sans pédicule; à chapeau voûté en arc, ridé, cotonneux.

Flor. Dan. tab. 465.

En Auvergne, sur les troncs des arbres.

1328. **MORILLE**, *PHALLUS.* * *Michel. Gen.* 201, tab. 83. *Lam. Tab. Encyclop.* pl. 885. BOLETUS. *Michel. Gen.* 203, t. 85. *Gledistch Fung.* 54, tab. 2. PHALLO-BOLETUS. *Michel. Gen.* 202, tab. 84.

CHAMPIGNON lisse en dessous, à réseau formé par des callosités en dessus.

Chapeau en réseau en dessus, lisse en dessous.

1. **MORILLE** comestible, *P. esculentus*, L. à chapeau ovale, crevassé; à pédicule nu, vidé.

Michel. Gen. tab. 25, fig. 2.

Ce *Champignon* assaisonné est un aliment d'une saveur agréable, mais il peut devenir funeste lorsqu'on le cueille après plusieurs jours de pluie, ou lorsqu'il commence à se ramollir par vétusté.

A Lyon, en Auvergne.

2. **MORILLE** fétide, *P. impudicus*, L. enveloppé dans une coiffe à pédicule; à chapeau celluleux.

Fungus fœtidus penis imaginem referens; Champignon fétide, imitant un membre viril. *Bauh. Pin.* 374, n.° 38. *Dod. Pempt.* 483, fig. 1. *Lob. Ic.* 2, pag. 275, f. 1. *Clus. Hist.* 2, pag. 286, fig. 2; et 295, fig. 1. *Lugd. Hist.* 1399, fig. 1 et 2. *Bauh. Hist.* 3, P. 2, pag. 843, fig. 3; et 845, fig. 1 et 2. *Barrel.* tab. 1264. *Michel. Gen.* 201, tab. 83. *Flor. Dan.* tab. 175.

A Lyon, en Auvergne, dans les bois.

1329. **CLATHRE**, *CLATHRUS. Michel. Gen.* 213, tab. 93. *Lam. Tab. Encyclop.* pl. 887. *Gledistch Fung.* 139, tab. 4.

CHAMPIGNON arrondi, formé par un corps réticulaire, en grille, creux, garni de tous côtés de ramifications réunies.

Chapeau arrondi, grillé ou percé à jours de toutes parts.

* I. *CLATHRE sans pédicule.*

1. CLATHRE en grille, *C. cancellatus*, L. sans pédicule, arrondi.
   Fungus rotundus cancellatus; Champignon arrondi, grillé ou percé à jour. *Bauh. Pin.* 375, n.° 43. *Lugd. Hist.* 1587, f. 2. *Column. Ecphras.* 1, pag. 337 et 336. *Bauh. Hist.* 3, P. 2, pag. 838, fig. 1. *Tournef. Inst.* 561, tab. 329, f. 6. *Michel. Gen.* 213, tab. 93. *Barrel.* tab. 1263 et 1265.

   A Montpellier.

* II. *CLATHRES à pédicules.*

2. CLATHRE dénudé, *C. denudatus*, L. pédiculé; à chapeau en tête alongée, enveloppé d'une coiffe.

   Michel. Gen. tab. 94, fig. 1.

   A Lyon, en Auvergne.

3. CLATHRE nu, *C. nudus*, L. pédiculé; à chapeau en tête alongée, naissant d'un axe longitudinal.

   Michel. Gen. tab. 94. *Bul. Paris.* tab. 631.

   A Lyon.

4. CLATHRE écorché, *C. recutitus*, L. pédiculé; à chapeau en tête arrondie; à glandes ovales.

   A Lyon, sur les troncs des arbres.

1330. HELVELLE, *HELVELLA*. * *Lam. Tab. Encyc.* pl. 885. FUNGOÏDASTER. *Michel. Gen.* 200, tab. 82. FUNGOÏDES. *Michel. Gen.* 204, tab. 86. *Vaill. Bot. Paris.* tab. XI, esp. 8. ELVELA. *Gledistch Fung.* 36, tab. 2.

CHAMPIGNON en toupie, lisse dessus et dessous.

Chapeau en toupie.

* I. *HELVELLE à pédicule.*

1. HELVELLE mitre, *H. mitra*, L. pédiculé; à chapeau difforme, lobé, plié en forme de mitre.

   Michel. Gen. tab. 86, fig. 7.

   A Montpellier, Lyon.

* II. *HELVELLE sans pédicule.*

2. HELVELLE du pin, *H. pinetti*, L. sans pédicule, aplati des deux côtés.

   A Lyon, sur le Pin, le Sapin.

1331. PEZIZE, *PEZIZA*. * *Lam. Tab. Encyclop.* pl. 886. *Gledistch* 136, tab. 4. CYATHOÏDES. *Michel. Gen.* 222, tab. 102. FUNGOÏDES. *Vaill. Bot. Paris.* tab. XI, esp. 4, 5, 6 et 7.

CHAMPIGNON

CHAMPIGNON en cloche, assis, à semences arrondies, convexes, aplaties.

OBS. *Les semences ne sont pas visibles dans toutes les espèces.*

Chapeau en cloche, sans pédicule.

1. PÉZIZE à lentille, *P. lentifera*, L. en cloche, renfermant des espèces de lentilles.

Vaill. Bot. tab. 11, fig. 5. *Michel. Gen.* tab. 102, fig. 1.

A Montpellier, Lyon.

2. PÉZIZE ponctuée, *P. punctata*, L. en toupie, tronquée; à disque ponctué.

Flor. Dan. tab. 288.

A Lyon.

3. PÉZIZE corne-d'abondance, *P. cornucopioïdes*, L. en entonnoir; à disque ouvert, sinué, ponctué.

Vaill. Bot. tab. 13, fig. 2 et 3. *Bul. Paris.* tab. 632. *Flor. Dan.* tab. 384.

A Montpellier, Lyon, Paris, dans les bois.

4. PÉZIZE en ciboire, *P. acetabulum*, L. en ciboire, garnie en dehors de nervures rameuses.

Vaill. Bot. tab. 13, fig. 1. *Michel. Gen.* tab. 86, fig. 1. *Bul. Paris.* tab. 633.

A Lyon, Paris.

5. PÉZIZE en gobelet, *P. cyathoïdes*, L. en gobelet; à marge obtuse, droite.

Raj. Angl. 3, pag. 479, tab. 24, fig. 4.

A Lyon.

6. PÉZIZE cupulaire, *P. cupularis*, L. arrondie, en cloche; à marge crénelée.

Vaill. Bot. tab. 11, fig. 1, 2 et 3.

A Lyon, Paris.

7. PÉZIZE en écusson, *P. scutellata*, L. aplatie; à marge convexe, velue.

Vaill. Bot. tab. 13, fig. 13.

A Montpellier, Lyon.

8. PÉZIZE en coquilles, *P. cochleata*, L. en toupie ou en coquille, un peu irrégulière, tendre, transparente, rousseâtre en dedans, blanchâtre et comme farineuse en dehors.

Vaill. Bot. tab. 11, fig. 8.

A Lyon, Paris, dans les bois.

9. PÉZIZE oreille, *P. auricula*, L. concave, ridée, contournée en forme d'oreille.

Fungus membranaceus, auriculam referens, vel Sambucinus; Champignon membraneux ressemblant à une oreille, ou Champignon du Sureau. *Bauh. Pin.* 372, n.° 1. *Clus. Hist.* 2, P. 2, pag. 276, fig. 1. *Michel. Gen.* tab. 66, fig. 1. *Icon. Pl. Medic.* tab. 500.

1. *Auricula Judæ;* Oreille de Judas. 5. Ophthalmie, inflammation, angine, en décoction, extérieurement. 6. Inusitée.

A Lyon, sur les arbres pourris.

1332. CLAVAIRE, *CLAVARIA.* * *Vaill. Bot. Paris.* tab. VII, fig. 3, 4 et 5. *Mich. Gen.* 208, tab. 87. *Lam. Tab. Encyclop.* pl. 888. *Gledistch Fung.* 26, tab. 1. CORALLOÏDES. *Tournef. Inst.* 564, tab. 332. *Mich. Gen.* 209, tab. 88. CORALLO-FUNGUS. *Vaill. Bot. Paris.* tab. VIII, fig. 4.

CHAMPIGNON lisse, oblong, à une surface.

Fongosités lisses, alongées, simples ou rameuses.

* I. *CLAVAIRES simples ou sans divisions.*

1. CLAVAIRE en pilon, *C. pistillaris*, L. très-simple, élargie et obtuse au sommet.

Michel. Gen. tab. 87, fig. 1. *Vaill. Bot.* tab. 7, fig. 5.

A Montpellier, Lyon, en Auvergne, dans les bois.

2. CLAVAIRE militaire, *C. militaris*, L. très-entière, en massue; à tête écailleuse ou chagrinée.

Vaill. Bot. tab. 7, fig. 4. *Flor. Dan.* tab. 657, fig. 1.

A Lyon, en Auvergne, dans les bois.

3. CLAVAIRE noire, *C. ophioglossoïdes*, L. très-entière, en massue, comprimée, obtuse.

Pluk. tab. 47, fig. 3. *Michel. Gen.* tab. 87, fig. 4. *Vaill. Bot.* tab. 7, fig. 3.

A Montpellier, Lyon, en Auvergne, dans les bois.

* II. *CLAVAIRES ramifiées.*

4. CLAVAIRE digitée, *C. digitata*, L. ramifiée, ligneuse; à rameaux réunis en faisceaux, noirs dans leur plus grande partie, blanchâtres au sommet.

Bul. Paris. tab. 634. *Flor. Dan.* tab. 405 et 540.

En Auvergne.

5. CLAVAIRE hypoxyle, *C. hypoxylon*, L. ramifiée, en corne, comprimée.

Pluk. tab. 184, fig. 4.

A Lyon, en Auvergne, dans les caves et sur les bois qui y pourrissent.

6. CLAVAIRE coralloïde, *C. coralloïdes*, L. molle, charnue, très-ramifiée; à rameaux inégaux.

Pluk. tab. 47, fig. 2. *Vaill. Bot.* tab. 8, fig. 4. *Barrel.* tab. 1259, 1260, 1261, 1262 et 1266. *Tournef. Inst.* tab. 332, fig. B.

Ce Champignon est comestible; on le regarde comme un des plus délicats : on le nomme vulgairement *Barbe de chèvre.*

A Montpellier, Lyon, en Auvergne, dans les bois.

7. CLAVAIRE en faisceau, *C. fastigiata*, L. à rameaux entassés, très-ramifiés, réunis en faisceaux et d'une égale hauteur, obtus, jaunes.

Raj. Angl. 3, pag. 479, tab. 24, fig. 5.

A Lyon, en Auvergne, dans les bois.

8. CLAVAIRE des mousses, *C. muscoïdes*, L. à rameaux ramifiés, aigus, inégaux, jaunes.

Flor. Dan. tab. 775, fig. 3.

A Lyon, en Auvergne, parmi les mousses.

1333. VESCE-DE-LOUP, *LYCOPERDON.* * *Tournef. Inst.* 563, tab. 331. *Lam. Tab. Encyclop.* pl. 887. TUBER. *Michel. Gen.* 221, tab. 102. *Lam. Tab. Encyclop.* pl. 887. *Gledistch Fung.* 142, tab. 5 et 6. *Vaill. Bot. Paris.* tab. XVI, esp. 4 – 10. LYCOPERDOÏDES. *Michel. Gen.* 219, tab. 98. LYCOPERDASTRUM. *Michel. Gen.* 219, tab. 99. GEASTER. *Michel. Gen.* 220, tab. 100. CARPOBOLUS. *Michel. Gen.* 221, tab. 101.

CHAMPIGNON arrondi, rempli de semences farineuses, impalpables, s'ouvrant au sommet.

Fongosité arrondie, remplie d'une poussière comme farineuse après son développement, s'ouvrant ordinairement vers le sommet.

* I. *VESCES-DE-LOUP solides, souterraines, sans racine.*

1. VESCE-DE-LOUP Truffe, *L. Tuber*, L. arrondie, solide, charnue, extérieurement noirâtre, comme chagrinée à sa surface, odorante, cachée sous terre, sans racine.

Tubera, Truffes. *Bauh. Pin.* 376, n.° 1. *Matth.* 414, fig. 1. *Dod. Pempt.* 486, fig. 2. *Lob. Ic.* 2, pag. 276, f. 1. *Lugd. Hist.* 1585, fig. 1. *Bauh. Hist.* 3, P. 2, pag. 849, fig. 1. *Michel. Gen.* tab. 102. *Bul. Paris.* tab. 636.

1. *Boletus cervinus;* Truffe. 3. Odeur forte. 4. Un peu d'huile très-limpide et très-odorante, esprit volatil urineux, sel volatil concret. 5. Stérilité. 6. La *Truffe* est un aliment très-agréable, véritable échauffant aphrodisiaque; mais elle

très-dangereuse lorsqu'elle est moisie; elle a causé dans cet état des vomissemens et des coliques atroces.

A Montpellier, Lyon, etc.; on la trouve sous terre.

2. VESCE-DE-LOUP des cerfs, *L. cervinum*, L. arrondie, un peu solide, se déchirant au sommet, farineuse dans le centre, sans racine.

Tubera cervina; Truffe des cerfs. *Bauh. Pin.* 376, n.° 2. *Lob. Ic.* 2, pag. 276, fig. 1. *Bauh. Hist.* 3, P. 2, pag. 851, fig. 1. *Michel. Gen.* tab. 99, fig. 4.

A Lyon.

* II. *VESCES-DE-LOUP pulvérulentes, enracinées sur terre.*

3. VESCE-DE-LOUP commune, *L. Bovista*, L. arrondie, cendrée, se déchirant au sommet, et lançant une poussière subtile.

Vaill. Bot. tab. 16, fig. 5 et 7; et tab. 12, fig. 15 et 16. *Bul. Paris.* tab. 637.

1. *Crepitus lupi;* Vesce-de-loup. 2. Toute la plante, sa poussière. 6. Astringent bon dans les hémorragies; on en peut préparer un bon amadou, utile pour dessécher les ulcères sanieux. La poussière est employée comme celle du *Lycopodium clavatum*, L.

A Montpellier, Lyon, Paris, en Auvergne, dans les prés.

4. VESCE-DE-LOUP orangée, *L. aurantiacum*, L. sphéroïde, ridée à la base, pédiculée, s'ouvrant par des déchirures échancrées.

Vaill. Bot. tab. 16, fig. 9 et 10.

Haller réunit cette espèce avec la précédente.

A Lyon, Paris.

5. VESCE-DE-LOUP étoilée, *L. stellatum*, L. à coiffe s'ouvrant peu profondément au sommet en plusieurs parties; à tête lisse qui en s'ouvrant forme une étoile.

Michel. Gen. tab. 100.

A Montpellier, Lyon, en Auvergne.

6. VESCE-DE-LOUP Carpobole, *L. Carpobolus*, L. à coiffe s'ouvrant peu profondément au sommet en plusieurs parties, renfermant un fruit arrondi formé par l'adhérence des semences.

Michel. Gen. tab. 101, fig. 2.

A Lyon.

7. VESCE-DE-LOUP radiée, *L. radiatum*, L. à disque hémisphérique; à rayon coloré.

A Lyon, sur les bois de Sapin pourris.

8. VESCE-DE-LOUP pédunculée. *L. pedunculatum*. L. à pédicule long, à tête arrondie, lisse; à orifice cylindrique, très-entier.

Tournef. Inst. tab. 331, fig. E. F.

A Lyon, en Auvergne, dans les bois.

9. VESCE-DE-LOUP à massue, *L. pistillare*, L. en massue; à pédicule tordu.

En Suède.

* III. *VESCES-DE-LOUP parasites, se changeant en farine.*

10. VESCE-DE-LOUP en grille. *L. cancellatum*, L. parasite; à verrue couleur de safran, terminée par une pustule blanche, s'ouvrant latéralement.

Flor. Dan. tab. 704. *Jacq. Aust.* tab. 12.

A Lyon, sur les feuilles du Poirier.

11. VESCE-DE-LOUP variolique. *L. variolosum*, L. parasite; à verrues assises, arrondies, abandonnant leur écorce extérieure, brunes, se durcissant, et renfermant une poussière noire.

Michel. Gen. tab. 95, fig. 2.

A Lyon.

12. VESCE-DE-LOUP tronquée, *L. truncatum*, L. parasite, arrondie, tronquée.

En Suisse, sur les Hêtres.

13. VESCE-DE-LOUP pisiforme, *L. pisiforme*, L. parasite, arrondie, rude; à orifice perforé.

Jacq. Miscell. Aust. vol. 1, tab. 7.

A Lyon, sur les troncs pourris du Hêtre.

14. VESCE-DE-LOUP pourpre, *L. epidendrum*, L. parasite, lisse, sphérique; à écorce et poussière pourpres.

Flor. Dan. tab. 720.

A Lyon, sur les vieux murs et les vieux bois.

15. VESCE-DE-LOUP fauve, *L. epiphyllum*, L. parasite; plusieurs argrégées ou réunies ensemble; à orifice se déchirant peu profondément en plusieurs parties; à poussière fauve.

A Lyon, sur le dos des feuilles du Tussilage vulgaire.

1334. MOISISSURE, *MUCOR.* * *Michel. Gen.* 215, tab. 95. *Lam. Tab. Encyclop.* pl. 890. *Gledistch Fung.* 158, tab. 6. MUCILAGO. *Michel. Gen.* 216, tab. 96. LYCOGALA. *Michel. Gen.* 215, tab. 95.

CHAMPIGNON à vésicules portées sur un pied, renfermant des semences nombreuses, attachées à des réceptacles en forme de croix.

FONGOSITÉS à vésicules ovales ou sphériques, cellulaires, poudreuses, communément pédiculées.

* I. *MOISISSURES durables.*

1. MOISISSURE à tête ronde, *M. sphærocephalus*, L. durable; à pédicule filiforme, noir; à tête arrondie, cendrée.
Hall. Hist. n.° 2161, tab. 48, fig. 3.
A Lyon, sur les bois, les murs, les pierres.

2. MOISISSURE lichen, *M. lichenoïdes*, L. durable; à pédicule en alêne, noir, à tête lenticulaire, cendrée.
Dill. Musc. tab. 14, fig. 3.
A Lyon, sur les écorces du Pin.

3. MOISISSURE velue, *M. Embolus*, L. durable; à soie noire, chargée de poils blancs ou roux.
A Lyon, sur les arbres pourris.

4. MOISISSURE fauve, *M. fulvus*, L. durable, pâle; à pédicule jaune.
A Lyon.

5. MOISISSURE furfuracée, *M. furfuraceus*, L. durable, verte; à pédicule filiforme; à tête arrondie.
A Lyon.

* II *MOISISSURES fugaces, passagères.*

6. MOISISSURE grisâtre, *M. Mucedo*, L. fugace; à pédicule sétacé, long; à capsule arrondie, cendrée.
Michel. Gen. tab. 95, fig. 1. *Bul. Paris.* tab. 639. *Flor. Dan.* tab. 467, fig. 4.
A Montpellier, Lyon.

7. MOISISSURE lépreuse, *M. leprosus*, L. fugace, sétacée; à semences radicales.
Michel. Gen. tab. 91, fig. 5.
A Lyon, dans les cavernes, en automne.

8. MOISISSURE glauque, *M. glaucus*, L. fugace; à pédicule à tête arrondie, composée de grains ramassés, de couleur de vert de mer.
Michel. Gen. tab. 91, fig. 1. *Bul. Paris.* tab. 640. *Flor. Dan.* tab. 777, fig. 2.
A Montpellier, Lyon, sur les fruits altérés.

9. MOISISSURE crustacée, *M. crustaceus*, L. fugace, pédiculée; à touffe de filets digités a leur sommet, à digitations chargées de globules disposés en épi.

Michel. Gen. tab. 91, fig. 3.

A Montpellier, Lyon, sur les fruits pourris.

10. MOISISSURE en gazon, *M. cœspitosus*, L. fugace; à pédicule ramifié; à épis digités et trois à trois.

Mich. Gen. tab. 91, fig. 3 et 4.

A Lyon, sur les feuilles pourries.

11. MOISISSURE verdâtre, *M. viridescens*, L. fugace, verte, grenue.

En Europe, sur les bois pourris.

12. MOISISSURE Érysiphe, *M. Erysiphe*, L. fugace, blanche; à têtes brunes, sans pédicules.

A Montpellier, sur les feuilles d'Orme, d'Érable, de Lamie, de Gremil.

13. MOISISSURE septique, *M. septicus*, L. fugace, onctueuse, jaune, très-rameuse, molle.

Flor. Dan. tab. 778.

A Lyon, sur les couches de fumier qui s'éteignent.

APPENDIX.

I. PALMIERS.

1335. PALMISTE, *CHAMŒROPS.* * *Lam. Tab. Encyclop.* pl. 900.

* *FLEURS HERMAPHRODITES.*

CAL. *Spathe* universel, comprimé, à deux segmens peu profonds.
—— *Spadice* rameux.
—— *Périanthe* propre, très-petit, à trois segmens profonds.

COR. Trois *Pétales*, ovales, coriaces, droits, aigus, courbés au sommet.

ÉTAM. Six *Filamens*, en alène, comprimés, légèrement réunis à la base. *Anthères* linéaires, didymes, adhérentes à la paroi intérieure des filamens.

PIST. Trois *Ovaires*, arrondis. Trois *Styles*, distincts, persistans. *Stigmates* aigus.

PÉR. Trois *Drupes*, arrondies, à une loge.

SEM. Solitaires, arrondies.

* *FLEURS MALES sur une plante distincte, fleurissant de la même manière.*

CAL. *Spathe* comme dans les fleurs hermaphrodites.
—— *Périanthe* comme dans les fleurs hermaphrodites.

COR. Comme dans les fleurs hermaphrodites.

ÉTAM. *Réceptacle* bossué, terminé par six *Filamens* non perforés, distincts.

PIST. Comme dans les fleurs hermaphrodites.

PÉR. Comme dans les fleurs hermaphrodites.

SEM. Comme dans les fleurs hermaphrodites.

FLEURS HERMAPHRODITES : *Calice* à trois segmens profonds. *Corolle* à trois pétales. Six *Étamines*. Trois *Pistils*. Trois *Drupes* renfermant chacune une seule semence.

FLEURS MALES DIOÏQUES : comme dans les fleurs hermaphrodites.

1. PALMISTE nain, *C. humilis*, L. à feuilles palmées, plissées; à pétioles épineux.

Palma minor; Palmier plus petit. *Bauh. Pin.* 506, n.° 2. *Matth.* 190, fig. 3. *Dod. Pempt.* 820, fig. 1. *Lob. Ic.* 2, pag. 235, fig. 1. *Lugd. Hist.* 369, fig. 1 et 2. *Camer. Epit.* 125. *Bauh. Hist.* 1, P. 1, pag. 370, fig. 1 et 2.

1336. RONDIER, *BORASSUS. Lam. Tab. Encyclop.* pl. 898.

* *FLEURS MALES*, Ampana.

CAL. *Spathe* universel, composé.

— *Spadice* à chaton, en recouvrement.

COR. Trois *Pétales*, ovales, concaves.

ÉTAM. Six *Filamens*, épaissis. *Anthères* épaissies, striées.

* *FLEURS FEMELLES*, Carim-pana, *sur une plante distincte.*

CAL. *Spathe* et *Spadice*, comme dans les fleurs mâles.

COR. Trois *Pétales* arrondis, petits, persistans.

PIST. *Ovaire* arrondi. Trois *Styles*, petits. *Stigmates* simples.

PÉR. *Baie* (*Drupe*) arrondie, obtuse, roide, à une loge.

SEM. Trois, comme ovales, comprimées, disctinctes, filamenteuses.

FLEURS MALES : *Calice* en spathe. *Corolle* à trois pétales.

FLEURS FEMELLES : *Calice* en spathe. *Corolle* à trois pétales. Trois *Styles*. *Drupe* renfermant trois semences.

♄. RONDIER en éventail, *B. flabelliformis*, L. à feuilles palmées, plissées, en capuchon ; à pétioles à dents de scie.

Rheed. Malab. 1, pag. 11, tab. 9. *Rumph. Amb.* 1, pag. 45, tab. 10.

Dans l'Indé Orientale.

1337. CORYPHE, *CORYPHA. Lam. Tab. Encyclop.* pl. 899.

CAL. *Spathe* universel, composé.

— *Spadice* rameux.

ÉTAM. Six *Filamens*, en alêne, plus longs que la corolle. *Anthères* adhérentes.

PIST. *Ovaire* arrondi. *Style* en alêne, court. *Stigmates* simples.

PÉR. *Baie* arrondie, grande, à une loge.

SEM. Une seule, osseuse, grande, arrondie.

OBS. *Browne décrit différemment son* Corypha, *ce qui fait douter s'il ne forme point un autre genre.*

CAL. *Spadice* simplement rameux, composée de spathes propres, placés en recouvrement les uns sur les autres.

— *Périanthe* nul.

COR. Nulle.

ÉTAM. Six *Filamens*, courts, naissans sur les côtés de l'ovaire. *Anthères* oblongues.

PIST. *Ovaire* arrondi, petit. *Style* simple, court. *Stigmate* en tête, comme en entonnoir.

PÉR. *Drupe* à une loge.

SEM. *Noix* à *arille* osseux.

. . . . *Calice* en spathe. *Corolle* à trois pétales. Six *Étamines*. Un *Pistil*.

. . . . *Calice* nul. *Corolle* nulle. *Drupe* renfermant une seule semence.

1. CORYPHE parasol, *C. umbraculifera*, L. à feuilles pinnées, palmées, plissées, entremêlées de fils.

Rheed. Mal. 3, pag. 1, tab. 1.... 12. *Rumph. Amb.* 1, p. 42, tab. 8.

Dans l'Inde Orientale.

1338. COCOTIER, *COCOS*. † *Lam. Tab. Encyclop.* pl. 894.

* *FLEURS MALES sur le même spadice avec les fleurs femelles.*

CAL. *Spathe* universel à une valve.

—— *Spadice* rameux.

—— *Périanthe* très-petit, à trois *segmens* profonds; comme à trois faces, concaves, colorés.

COR. Trois *Pétales*, ovales, aigus, ouverts.

ÉTAM. Six *Filamens*, simples, de la longueur de la corolle. *Anthères* en fer de flèche.

PIST. *Ovaire* à peine visible. Trois *Styles*, courts. *Stigmate* irrégulier.

PÉR. Avortant.

* *FLEURS FEMELLES sur le même spadice avec les fleurs mâles.*

CAL. *Spathe* commun avec les fleurs mâles, ainsi que le *Spadice*.

—— *Périanthe* à trois *segmens* profonds, arrondis, concaves, réunis, colorés, persistans.

COR. Trois *Pétales*, persistans, semblables au calice, mais un peu plus grands.

PIST. *Ovaire* ovale. *Style* nul. *Stigmate* à trois lobes.

PÉR. *Drupe coriace*, très-grande, arrondie, à trois angles irréguliers.

SEM. *Noix* très-grande, comme ovale, pointue, à trois loges, à trois battans, à trois côtés obtus, percée à la base par trois pores renfermant un *Noyau* creux.

FLEURS MALES : *Calice* à trois segmens profonds. *Corolle* à trois pétales. Six *Étamines*.

FLEURS FEMELLES : *Calice* à trois segmens profonds. *Corolle* à trois pétales. Trois *Stigmates*. *Drupe* coriace.

1. COCOTIER commun, *C. nucifera*, L. sans piquans; à feuilles pinnées; à folioles plissées, en lame d'épée.

Palma Indica, coccifera angulosa; Palmier des Indes, à fruits à cocos, anguleux. *Bauh. Pin.* 508, n.° 1. *Matth.* 224, fig. 1. *Lob.* 2, *Ic.* pag. 237, fig. 1 et 2. *Lugd. Hist.* 1761, f. 1. *Bauh. Hist.* 1, P. 1, pag. 375, f. 1. *Jacq. Amer.* 277, tab. 169. *Icon. Pl. Medic.* tab. 373.

Dans l'Inde Orientale.

2. COCOTIER de la Guinée, *C. Guineensis*, L. tout garni de piquans; à feuilles écartées; à racine rampante.

Palma Americana spinosa; Palmier d'Amérique épineux. *Bauh. Pin.* 507, n.° 7. *Lugd. Hist.* 1844, fig. 3. *Pluk.* tab. 103, fig. 1. *Jacq. Amer.* 279, tab. 171, fig. 1.

1339. DATTIER, *PHŒNIX.* † *Lam. Tab. Encyclop.* pl. 893.

* *FLEURS MALES.*

CAL. *Spathe* universel à une valve.

—— *Spadice* rameux.

—— *Périanthe* très-petit, persistant, à trois segmens profonds.

COR. Trois *Pétales*, concaves, ovales, un peu alongés.

ÉTAM. Trois *Filamens*, très-courts. *Anthères* linéaires, à quatre côtés, de la longueur de la corolle.

* *FLEURS FEMELLES sur une autre plante, ou sur le même spadice.*

CAL. Comme dans les fleurs mâles.

COR. Trois *Pétales* à autant de divisions extérieures et alternes très-petites.

PIST. *Ovaire* arrondi. *Style* en alêne, court. *Stigmate* aigu.

PÉR. *Baie*, (*Drupe*) ovale, à une loge.

SEM. Une seule, osseuse, comme ovale, marquée par un sillon longitudinal.

FLEURS MALES : *Calice* à trois segmens profonds. *Corolle* à trois pétales. Trois *Étamines*.

FLEURS FEMELLES : *Calice* à trois segmens profonds. *Corolle* à trois pétales. Un *Pistil*. *Drupe* ovale.

1. DATTIER commun, *P. dactylifera*, L. à feuilles pinnées; à folioles compliquées, en lame d'épée.

Palma major; Palmier plus grand. *Bauh. Pin.* 506, n.° 1. *Matth.* 189, fig. 1 et 2. *Dod. Pempt.* 819, f. 1 et 2. *Lob. Ic.* 2, pag. 234, fig. 1 et 2. *Lugd. Hist.* 362, f. 1; et 363, fig. 1. *Camer. Epit.* 124. *Bauh. Hist.* 1, P. 1, pag. 351, fig. 2.

Dans l'Inde Orientale.

1340. **ÉLAIS**, *ELAIS*. *Lam. Tab. Encyclop.* pl. 896.

* *FLEURS MALES.*

CAL. *Périanthe* à six *feuillets* concaves, droits.

COR. Monopétale, à six *divisions* profondes, droites, aiguës, de la longueur du calice.

ÉTAM. Six *Filamens*, en alêne, de la longueur de la corolle. *Anthères* oblongues, aiguës.

* *FLEURS FEMELLES.*

CAL. Comme dans les fleurs mâles.

COR. A six *Pétales*.

PIST. *Ovaire* ovale. *Style* un peu épais. Trois *Stigmates*; renversés.

PÉR. *Drupe* fibreuse, ovale, comme anguleuse, huileuse.

SEM. *Noix* ovale, comme à trois côtés, à trois trous, à une loge, à trois battans.

FLEURS MALES : *Calice* à six feuillets. *Corolle* à six divisions profondes. Six *Étamines*.

FLEURS FEMELLES : *Calice* à six feuillets. *Corolle* à six pétales. Trois *Stigmates*. *Drupe* fibreuse, renfermant une *Noix* à trois valves.

1. **ÉLAIS** de la Guinée, *E. Guinensis*, L. à feuilles pinnées; à pétioles dentés, épineux, divergens : les dents supérieures recourbées.

Jacq. Amer. 280, tab. 172.

En Guinée.

1341. **AREC**, *ARECA*. *Lam. Tab. Encyclop.* pl. 895.

* *FLEURS MALES.*

CAL. *Spathe* à deux valves.

—— *Spadice* rameux.

COR. Trois *Pétales*, pointus, roides.

ÉTAM. Neuf *Filamens*, dont trois extérieurs plus longs.

* *FLEURS FEMELLES sur le même spadice.*

CAL. *Spathe* commun avec les fleurs mâles.

COR. Trois *Pétales*, pointus, roides.

PIST. . . . . . .

PÉR. *Drupe* comme ovale, fibreuse, ceinte à la base par le calice en recouvrement.

SEM. Ovale.

FLEURS MALES : *Calice* en spathe. *Corolle* à trois pétales. Neuf *Étamines*.

FLEURS FEMELLES : *Calice* en spathe. *Corolle* à trois pétales. *Drupe* enveloppée à sa base par le calice en recouvrement.

1. AREC Cathécu. *A. Catheca*, L. à feuilles pinnées ; à folioles repliées ou deux fois plissées, opposées, mordues.

Palma cujus fructus sessilis Faufel dicitur ; Palmier dont le fruit assis est nommé Faufel. *Bauh. Pin.* 510, n.° 11. *Matth.* 227, fig. 1. *Lob. Ic.* 2, pag. 238, fig. 1. *Lugd. Hist.* 1767, fig. 1 ? *Pluk.* tab. 309, f. 4. *Icon. Pl. Medic.* tab. 287.

La fécule colore en rouge.

Dans l'Inde Orientale.

2. AREC oléracé, *A. oleracea*, L. à feuilles pinnées ; à folioles très-entières.

Jacq. Amer. 278, tab. 170.

Dans l'Amérique Méridionale.

1342. ÉLATÉ, *ELATE*. *Lam. Tab. Encyclop.* pl. 893.

* *FLEURS MALES.*

CAL. *Spathe* à deux valves.

—— *Spadice* rameux.

COR. Trois *Pétales* arrondis.

ÉTAM. Trois *Filamens*, simples. *Anthères* adhérentes.

* *FLEURS FEMELLES sur le même spadice avec les fleurs mâles.*

CAL. *Spathe* commun avec les fleurs mâles.

COR. Trois *Pétales*, arrondis, persistans.

PIST. *Ovaire* arrondi. *Style* en alène. *Stigmate* aigu.

PÉR. *Drupe* ovale, pointue.

SEM. *Noix* ovale, sillonnée.

FLEURS MALES : *Calice* en spathe. *Corolle* à trois pétales. Trois *Étamines*.

FLEURS FEMELLES : *Calice* en spathe. *Corolle* à trois pétales. Un *Pistil*. *Drupe* ovale, aiguë.

1. ÉLATÉ sauvage, *E. sylvestris*, L. à feuilles pinnées ; à folioles opposées.

Rheed. Malab. 3, pag. 15, tab. 22, 23, 24 et 25.

Dans l'Inde Orientale.

1343. CARYOTE, *CARYOTA*. *Lam. Tab. Encyclop.* pl. 897.

* *FLEURS MALES.*

CAL. *Spathe* universel, composé.

— *Spadice* rameux.

COR. Trois *Pétales*, lancéolés, concaves.

ÉTAM. Plusieurs *Filamens*, en quelque sorte plus longs que la corolle. *Anthères* linéaires.

* *FLEURS FEMELLES sur le même spadice avec les fleurs mâles.*

CAL. Commun avec les fleurs mâles.

COR. Trois *Pétales*, aigus, très-petits.

PIST. *Ovaire* arrondi. *Style* pointu. *Stigmate* simple.

PÉR. *Baie* arrondie, à une loge.

SEM. Deux, grandes, oblongues, arrondies d'un côté, aplaties de l'autre.

FLEURS MALES : *Calice* commun. *Corolle* à trois pétales. Plusieurs *Étamines*.

FLEURS FEMELLES : *Calice* commun. *Corolle* à trois pétales. Un seul *Pistil*. *Baie* renfermant deux semences.

1. CARYOTE brûlant, *C. urens*, L. à feuilles pinnées; à folioles en forme de coin, mordues obliquement.

Rheed. Mal. 1, pag. 15, tab. 11. *Rumph. Amb.* 1, pag. 64, tab. 14.

Dans l'Inde Orientale.

*** GYNKGO.

1. GINKGO à deux lobes, *G. biloba*, L. à feuilles alternes, pétiolées, en forme de coin, lisses, sans nervures, striées en dessous, arrondies à l'extrémité, à deux lobes rongés, obtus.

Au Japon. ♄

Fin du Système des Plantes.

ORDRES NATURELS
DE LINNÉ.

LINNÉ avoit publié un simple catalogue des Genres disposés suivant le plan d'une Méthode naturelle, telle qu'il l'avoit conçue. Ce catalogue consigné premièrement dans son *Philosophia botanica*, et en dernier lieu à la fin de son *Genera Plantarum*, se trouve développé dans l'Ouvrage intitulé : *Prælectiones in Ordines naturales Plantarum*. Dans le *Genera*, *Linné* s'étoit contenté de faire connoître par une courte préface les avantages et les difficultés de la méthode naturelle ; mais il n'avoit développé ni les principes qui doivent diriger le Botaniste dans la coordination de cette méthode, ni les définitions, ni les caractères de chaque Ordre naturel. Nous devons à un de ses disciples nommé *Gisèke*, le développement de ses dogmes relativement à la méthode naturelle, qu'il avoit exposé dans des leçons particulières données *ex professo* à quelques-uns de ses Élèves. Dans cet Ouvrage et dans ses préleçons sur les Ordres naturels, il a établi un dogme peu senti par ceux qui ont travaillé à la recherche de la méthode naturelle, savoir qu'il est impossible de trouver une clef pour coordonner cette méthode d'après aucune des parties de la fructification. En effet, il y a des *Malvacées*, à corolles monopétales et polypétales ; des *Ombellifères* dont les fleurs ne sont point disposées en ombelle ; des *Crucifères* sans corolle, d'autres qui ne sont point tétradynames ; des *Labiées* à corolles presque régulières ; plusieurs qui ne sont pas didynames ; des *Graminées* monoïques, polygames, à deux, à trois, à six étamines. Dans la famille des *Alsines*, des genres à trois, à quatre, à cinq, à sept étamines; des corolles à quatre et cinq pétales; et ce qui offre encore une plus grande aberration, des fleurs apétales comme les *Scléranthes*. *Linné* étoit donc persuadé comme *Haller* que l'Auteur de la Nature en projetant cette multitude innombrable de végétaux qui ornent la terre, n'avoit suivi aucun plan qui pût présenter une chaine; mais que le règne végétal disposé par les degrés de plus grande ressemblance, offre plutôt un réseau qu'une chaîne; que ce réseau conçu présente souvent des mailles d'une grandeur extraordinaire à côté d'autres mailles très-petites. Les Ordres naturels qui ont fourni jusqu'à ce jour un très-grand nombre d'espèces et de genres, comme les *Papilionacées*, les *Ombellifères*, les *Labiées*, les *Graminées*, les *Liliacées*, etc. nous présentent l'image des grandes mailles de notre réseau. Des genres isolés qui constituent seuls un ordre, et qui ne tiennent que par un très-petit nombre d'attributs, aux familles naturelles généralement reconnues comme les *Plantains*, donnent l'idée des petites mailles de notre réseau. Des genres très-nombreux en espèces, comme les *Becs-de-grue*, les *Euphorbes*, les *Protées*, les *Bruyères*, constituent les petites familles où les ressemblances par un grand nombre d'attributs sont si frappantes, qu'on a pu les sous-diviser en genres solidement établis. Plus on étudie le Règne végétal, plus on est convaincu que l'Auteur de la Nature, dans la formation des individus qui le constituent, semble avoir voulu se jouer de toutes les méthodes connues. Car, indépendamment de l'impossibilité reconnue de rédiger aucune méthode artificielle d'après une seule partie de la fructification employée pour constituer les classes sans rompre à chaque pas les affinités naturelles reconnues, il est aisé de se convaincre qu'en groupant les végétaux d'après l'ensemble de toutes les parties qui les constituent, il restera toujours un certain nombre de genres que l'on est obligé de laisser

flotter

flotter hors des cadres formés pour présenter des Familles ou des Ordres naturels. C'est ce que *Linné* a reconnu en terminant les Ordres Naturels par un assez grand nombre de Genres qu'il a dénommés *dubii Ordinis.*

OBSERVATIONS sur les Ordres naturels.

1. AU commencement des choses, le Créateur de l'Univers a formé le Végétal de deux substances, l'une médullaire, l'autre corticale. En modifiant ces deux principes, il en est résulté autant de modules primitifs, que nous trouvons d'Ordres naturels.

2. Le Tout-Puissant mélangeant entr'eux ces modules primitifs, il en est résulté autant de Genres dans les Ordres, que nous voyons de structures particulières dans les organes de la fructification.

3. La Nature influant sur ces Genres, il en est résulté autant d'Espèces qu'il en existe aujourd'hui.

4. Les accidens influant sur ces Espèces, il en résulte autant de variétés qu'on en peut observer aujourd'hui.

5. Ces quatre assertions sont établies par la loi générale du Créateur qui procède toujours du simple au composé.

Par la loi de la Nature, dans la génération des hybrides.

Par les observations de l'homme qui a vérifié les phénomènes.

6. Le Botaniste observera, autant qu'il lui sera possible, les lois suivantes :

Que l'Élève ramène les Variétés aux Espèces, puisque la connoissance des Espèces est le fondement de toute connoissance réelle.

Que le Botaniste ramène les Espèces aux Genres, afin de pouvoir saisir leurs rapports mutuels.

Que le Botaniste exercé tente de ramener les Genres aux Ordres Naturels qui constituent le complément de la Science des Végétaux.

Mais il est difficile d'établir ces Ordres, vû que plusieurs Genres sont encore inconnus.

Par exemple, qui est-ce qui peut lier le *Tamus* et le *Cactus*, si ce n'est la *Reaumuria?*

Qui est-ce qui peut rapprocher l'*Actæa* et la *Pæonia*, si ce n'est le *Cimifuga?*

9. Le grand nombre des Genres est un fardeau pour la mémoire qu'il faut alléger par le secours d'une méthode bien coordonnée.

Par la force de cette méthode, on peut parvenir à connoître, sans Professeur, une Plante qu'on veut déterminer.

Les Ordres Naturels ne sauroient constituer un Système, sans le secours d'une clef.

La Méthode artificielle est seule bonne pour le diagnostique des Plantes, puisque la clef de la Méthode Naturelle est en quelque sorte impossible.

10. Les Ordres Naturels sont très-utiles pour connoître les propriétés des Plantes.

Mais les Méthodes artificielles sont plus avantageuses pour déterminer les Plantes.

11. Que celui qui trace le plan des Genres Naturels, saisisse autant qu'il pourra ceux qui, étant liés entr'eux, peuvent constituer des Ordres Naturels.

Les Botanistes qui croient avoir trouvé la Méthode naturelle, n'en connoissant encore que quelques fragmens, et qui rejettent l'artificielle, peuvent être comparés à ces Architectes qui, ayant rasé une maison commode et surmontée de son toit, la remplacent par une autre plus magnifique, mais qu'ils ne peuvent jamais couvrir.

ÉNUMÉRATION des Ordres Naturels.

1. Palmiers, *Palmæ.*
2. Poivrées, *Piperitæ.*
3. Chaumes, *Calamariæ.*
4. Graminées, *Gramina.*
5. Tripétaloïdes, *Tripetaloideæ.*
6. Gladiées, *Ensatæ.*
7. Orchidées, *Orchideæ.*
8. Scitaminées, *Scitamineæ.*
9. Spathacées, *Spathaceæ.*
10. Coronaires, *Coronariæ.*
11. Sarmentacées, *Sarmentosæ.*
12. Oléracées, *Oleraceæ.*
13. Succulentes, *Succulentæ.*
14. Becs-de-grue, *Gruinales.*
15. Inondées, *Inundatæ.*
16. Calyciflores, *Calyciflora.*
17. Calycanthèmes, *Calycanthemæ.*
18. Bicornes, *Bicornes.*
19. Hespérides, *Hesperideæ.*
20. Rotacées, *Rotaceæ.*
21. Primevères, *Preciæ.*
22. Caryophyllées, *Caryophylleæ.*
23. Trihilées, *Trihilatæ.*
24. Corydales, *Corydales.*
25. Putaminées, *Putamineæ.*
26. Multisiliqueuses, *Multisiliquæ.*
27. Papaverines, *Rhœdeæ.*
28. Suspectes, *Luridæ.*
29. Campanulées, *Campanaceæ.*
30. Tordues, *Contortæ.*

31. Buissonnières, *Vepreculæ.*
32. Papillonacées, *Papilionaceæ.*
33. Lomentacées, *Lomentaceæ.*
34. Cucurbitacées, *Cucurbitaceæ.*
35. Quintefeuilles, *Senticosæ.*
36. Pomacées, *Pomaceæ.*
37. Columnifères, *Columniferæ.*
38. Tricoques, *Tricoccæ.*
39. Siliqueuses, *Siliquosæ.*
40. Personnées, *Personatæ.*
41. Aspérifeuilles, *Asperifoliæ.*
42. Verticillées, *Verticillatæ.*
43. Broussailles, *Dumosæ.*
44. Haies, *Sepiariæ.*
45. Ombellifères, *Umbellatæ.*
46. Hédéracées, *Hederaceæ.*
47. Étoilées, *Stellatæ.*
48. Agrégées, *Aggregatæ.*
49. Composées, *Compositæ.*
50. Amentacées, *Amentaceæ.*
51. Conifères, *Coniferæ.*
52. Réunies, *Coadunatæ.*
53. Rudes au toucher, *Scabridæ.*
54. Mélangées, *Miscellaneæ.*
55. Fougères, *Filices.*
56. Mousses, *Musci.*
57. Algues, *Algæ.*
58. Champignons, *Fungi.*

SOUS-DIVISIONS
DES
ORDRES NATURELS DE LINNÉ.

ORDRE I.
PALMIERS, *PALMÆ.*

Chamærops.
Borassus.
Corypha.
Cocos.
Phœnix.
Elaïs.
Areca.
Elate.
Caryota.

ORDRE II.
POIVRÉES, *PIPERITÆ.*

Zostera.
Arum.
Ambrosinia.
Calla.
Dracontium.
Pothos.
Orontium.
Acorus.
Piper.
Saururus.

ORDRE III.
CHAUMES, *CALAMARIÆ.*

Sparganium.
Typha.
Eriophorum.
Scirpus.
Carex.
Cyperus.
Schœnus.
Restio.
Gahnia.
Kyllingia.
Fuirena.

ORDRE IV.
GRAMINÉES, *GRAMINEÆ.*

Bobartia.
Lygeum.
Coix.
Zea.

Tripsacum.
Apluda.
Ægylops.
Ischæmum.
Triticum.
Secale.
Hordeum.
Elymus.
Lolium.
Nardus.
Anthoxanthum.
Dactylis.
Cenchrus.
Cynosurus.
Cinna.
Andropogon.
Saccharum.
Arundo.
Lagurus.
Stipa.
Aristida.
Avena.
Bromus.

Festuca.
Poa.
Briza.
Uniola.
Holcus.
Melica.
Aira.
Zizania.
Pharus.
Olyra.
Oryza.
Paspalum.
Phalaris.
Panicum.
Milium.
Agrostis.
Phleum.
Alopecurus.
Cornucopiæ.
Spinifex.
Manisuris.
Rottboellia.

ORDRE V.

TRIPÉTALES, *TRIPETALOIDEÆ.*

Calamus.
Flagellaria.
Aphyllanthes.
Juncus.

Triglochin.
Scheuchzeria.
Butomus.
Sagittaria.

ORDRE VI.

GLADIÉES, *ENSATÆ.*

Ferraria.
Sisyrhinchium.
Crocus.
Ixia.

Wachendorfia.
Antholyza.
Gladiolus.
Moræa.

Iris.
Xyris.
Eriocaulon.
Callisia.
Commelina.
Tradescantia.
Pontederia.

ORDRE VII.

ORCHIDÉES, *ORCHIDEÆ.*

Orchis.
Satyrium.
Serapias.
Ophrys.
Arethusa.
Cypripedium.
Limodorum.
Epidendrum.

ORDRE VIII.

SCITAMINÉES, *SCITAMINEÆ.*

Musa.
Heliconia.
Thalia.
Maranta.
Globba.
Costus.
Alpinia.
Amomum.
Curcuma.
Kœmpferia.
Canna.
Renealmia.

ORDRE IX.

SPATHACÉES, (à calice en spathe), *SPATHACEÆ.*

Allium.
Hæmanthus.
Amaryllis.
Pancratium.
Narcissus.
Galanthus.
Leucoium.
Crinum.
Bulbocodium.
Colchicum.
Gethyllis.
Tulbalgia.

ORDRE X.

CORONAIRES, (plantes à couronnes), *CORONARIÆ.*

Polyanthes.
Asphodelus.
Albuca.
Cyanella.
Ornithogalum.
Scilla.
Hyacinthus.
Aletris.
Aloë.
Yucca.

Agave.
Bromelia.
Tillandsia.
Burmannia.
Hypoxis.
Hemerocallis.
Anthericum.
Veratrum.
Melanthium.
Helonias.
Fritillaria.
Lilium.

ORDRE XI.

SARMENTACÉES, *SARMENTACEÆ*.

Gloriosa.
Erythronium.
Alstroëmeria.
Uvularia.
Convallaria.
Ruscus.
Asparagus.
Dracæna.
Medeola.
Trillium.
Paris.
Smilax.
Dioscorea.
Tamus.
Rajania.
Menispermum.
Cissampelos.
Aristolochia.
Asarum.
Cytinus.

ORDRE XII.

OLÉRACÉES ou POTAGÈRES, *HOLERACEÆ*.

a. Blitum.
Spinacia.
Atriplex.
Chenopodium.
Beta.
Salsola.
Anabasis.
Salicornia.
Basella.
Rivina.
b. Calligonum.
Petiveria.
Ceratocarpus.
Corispermum.
Callitriche.
c. Axyris.
d. Herniaria.
Achyranthes.
Illecebrum.
Celosia.
Amaranthus.
Iresine.
Gomphrena.
Phytolacca.
Polycnemum.
Camphorosma.
e. Begonia.
Rumex.
Rheum.
Atraphaxis.

Telephium.
Limeum.
Corrigiola.
Polygonum.
Coccoloba.
f. Nyssa.
Mimusops.
Rhizophora.
Bucida.
Anacardium.
g. Laurus.
Winterana.
Heistera.

ORDRE XIII.

SUCCULENTES, (plantes grasses), *SUCCULENTÆ.*

a. Cactus.
Mesembryanthemum.
Nymphæa.
Sarracenia.
Aizoon.
Tetragonia.
Galenia.
Tamarix.
Reaumuria.
Neurada.
b. Sempervivum.
Septas.
Penthorum.
Sedum.
Bergia.
Rhodiola.
Tillæa.
Crassula.
Cotyledon.
Suriana.
c. Nama.
Trianthema.
Sesuvium.
Portulaca.
Claytonia.
d. Adoxa.
Chrysosplenium.
Saxifraga.
Heuchera.
Mitella.
Tiarella.
Hydrangæa.

ORDRE XIV.

BECS-DE-GRUE, *GRUINALES.*

Linum.
Aldrovanda.
Drosera.
Roridula.
Sauvagesia.
Dionæa.
Oxalis.
Geranium.
Grielum.
Monsonia.
Guaiacum.
Quassia.
Zigophyllum.
Tribulus.
Fagonia.
Averrhoa.

ORDRE XV.

INONDÉES ou AQUATIQUES, *INUNDATÆ.*

a. Zannichellia.
Ruppia.
Potamogeton.
Myriophyllum.
Ceratophyllum.
Proserpinaca.
Elatine.
Hippuris.
Serpicula.
b. Chara.

ORDRE XVI.

CALYCIFLORES, (à calice formant la fleur), *CALYCIFLORÆ.*

Osyris.
Trophis.
Hippophaë.
Elæagnus.
Memecylon.

ORDRE XVII.

CALYCANTHÈMES, (à ovaire au-dessous du calice), *CALYCANTHEMÆ.*

Epilobium.
Œnothera.
Gaura.
Jussieua.
Ludwigia.
Isnardia.
Ammannia.
Grislea.
Mentzelia.
Loosa.
Glaux.
Peplis.
Frankenia.
Lythrum.
Melastoma.
Osbeckia.
Rhexia.

ORDRE XVIII.

BICORNES, (à anthères à deux cornes), *BICORNES.*

a. Kalmia.
Ledum.
Azalea.
Rhodera.
Rhododendrum.
Andromeda.
Epigæa.
Gaultheria.
Pyrola.
Erica.
Blæria.
Clethra.

Arbutus.
Vaccinium.
Royena.
Diospyros.
Myrsine.
b. Halesia.
Spathelia.
Styrax.
Citrus.
Garcinia.

ORDRE XIX.

HESPÉRIDES, (arbres d'agrément), *HESPERIDEÆ.*

a. Eugenia.
Psidium.
Myrtus.
Caryophyllus.
b. Philadelphus?

ORDRE XX.

ROTACÉES, (à corolles en roue), *ROTACEÆ.*

Trientalis.
Centunculus.
Anagallis.
Lysimachia.
Phlox.
Exacum.
Chlora.
Gentiana.
Swertia.
Chironia.
Sarothra.
b. Ascyrum.
Hypericum.
Cistus.

ORDRE XXI.

PRIMEVÈRES, *PRECIÆ.*

a. Primula.
Androsace.
Diapensia.
Aretia.
Dodecatheon.
Cortusa.
Soldanella.
Cyclamen.
b. Limosella.
c. Menyanthes?
Hottonia.
Samolus.

ORDRE XXII.

CARYOPHYLLÉES, (plantes analogues aux Œillets), *CARYOPHYLLEI.*

a. Dianthus.
Saponaria.
Gypsophila.
Velezia.
Drypis.
Silene.

Cucubalus.
Lychnis.
Agrostema.
b. Spergula.
Cerastium.
Arenaria.
Stellaria.
Alsine.
Holosteum.
Cherleria.
Sagina.
Moehringia.
Buffonia.
c. Scleranthus.
Polypremum.
d. Pharnaceum.
Glinus.
Mollugo.
Polycarpon.
Minuartia.
Queria.
Ortega.
Loeflingia.

ORDRE XXIII.

FRUITS A TROIS TACHES OU A TROIS AILES, *TRIHILATÆ.*

a. Melia.
Trichilia.
Guarea.
Turræa.
b. Malpighia.
Bannisteria.
Hiræa.
Triopteris.
Acer.
Æsculus.
c. Staphylea.
Sapindus.
Paulinia.
Cardiospermum.
Tropæolum.

ORDRE XXIV.

CORYDALES, (à corolles irrégulières), *CORYDALES.*

Melianthus.
Monniera.
Epimedium.
Hypecoum.
Fumaria.
Leontice.
Impatiens.
Utricularia.
Calceolaria ?
Pinguicula.

ORDRE XXV.

PUTAMINÉES, (à fruit à écorce), *PUTAMINEÆ.*

Cleome.
Cratæva.
Morisonia.
Capparis.
Crescentia.
Marcgravia.

ORDRE XXVI.

MULTISILIQUEUSES, (fruits à plusieurs siliques), *MULTISILIQUÆ.*

a. Poeonia.
Aquilegia.
Aconitum.
Delphinium.
b. Dictamnus.
Ruta.
Peganum.
c. Anemone.
Atragene.
Clematis.
Thalictrum.
Actæa.
Cimifuga.
d. Nigella.
Garidella.
Isopyrum.
Trollius.
Helleborus.
Caltha.
Ranunculus.
Myosurus.
Adonis.

ORDRE XXVII.

PAPAVÉRINES ou PAVOTS, *RHOEADEÆ.*

Bocconia.
Argemone.
Chelidonium.
Papaver.
Sanguinaria.
Podophyllum.

ORDRE XXVIII.

SUSPECTES, *LURIDÆ.*

Browallia.
Celsia.
Verbascum.
Digitalis.
Sesamum.
Pedalium.
Nicotiana.
Atropa.
Hyoscyamus.
Datura.
Physalis.
Capsicum.
Solanum.
Ellisia.
Strychnos.
Ignatia.
Lycium.
Cestrum.
Catesbæa.

ORDRE XXIX.

CAMPANULÉES ou CAMPANULES, *CAMPANACEÆ.*

Evolvulus.
Convolvulus.
Ipomæa.
Polemonium.
Campanula.
Canarina.
Roella.
Phyteuma.
Trachelium.
Jasione.
Lobelia.
Viola.
Parnassia.

ORDRE XXX.

COROLLES TORDUES, *CONTORTÆ.*

a. Tabernæmontana.
Cameraria.
Plumeria.
Echites.
Nerium.
Ceropegia.
Vinca.
Apocynum.
Asclepias.
Cynanchum.
Periploca.
Pergularia.
Stapelia.
b. Allamanda.
Macrocnemum.
Manettia.
Cinchona.
Portlandia.
Rondeletia.
Hillia.
c. Genipa.
Gardenia.
Mussænda.
Randia.
Carissa.
Pæderia.
Arduina.
Lycium.
Cestrum.
d. Rauwolfia.
Cerbera.

ORDRE XXXI.

BUISSONIÈRES, *VEPRECULÆ.*

Daïs.
Quisqualis.
Dirca.
Daphne.
Gnidia.
Lachnæa.
Passerina.
Struthiola.
Stellera.
Thesium.

ORDRE XXXII.

PAPILIONACÉES, *PAPILIONACEÆ.*

Medicago.
Trigonella.
Trifolium.
Lotus.
Anthyllis.
Crotalaria.
Ononis.
Clitoria.
Dolichos.
Phaseolus.
Glycine.
Abrus.
Pisum.
Lathyrus.
Orobus.
Vicia.
Ervum.
Cicer.
Coronilla.
Ornithopus.
Hippocrepis.
Scorpiurus.
Biserrula.
Astragalus.
Phaca.
Glycyrrhiza.
Hedysarum.
Indigofera.
Galega.
Æschynomene.
Arachis.
Lupinus.
Ebenus.
Psoralea.
Colutea.
Cytisus.
Ulex.
Spartium.
Genista.
Borbonia.
Liparia.
Aspalathus.
Robinia.
Sophora.
Piscidia.
Anagyris.
Erythrina.
Amorpha.
Pterocarpus.
Nissolia.
Geofræa.

ORDRE XXXIII.

LOMENTACÉES ou FAUSSES LÉGUMINEUSES, *LOMENTACEÆ.*

Polygala.
Cercis.
Bauhinia.
Hymenæa.
Ceratonia.
Mimosa.
Gleditschia.
Tamarindus.

Prosopis.	Parkinsonia.
Guilandina.	Adenanthera.
Poinciana.	Hæmatoxylon.
Cæsalpinia.	Cynometra.
Cassia.	

ORDRE XXXIV.

CUCURBITACÉES, *CUCURBITACEÆ.*

Gronovia.	Cucurbita.
Anguria.	Cucumis.
Elaterium.	Trichosanthes.
Sicyos.	Momordica.
Melothria.	Fevillea.
Bryonia.	Passiflora.

ORDRE XXXV.

QUINTE-FEUILLES, *SENTICOSÆ.*

Alchemilla.	Tormentilla.
Aphanes.	Potentilla.
Agrimonia.	Comarum.
Dryas.	Fragaria.
Geum.	Rubus.
Sibbaldia.	Rosa.

ORDRE XXXVI.

POMACÉES, (fruits à pomme), *POMACEÆ.*

a. Spiræa.	Pyrus.
Ribes.	*b.* Punica.
Sorbus.	*c.* Chrysobolanus.
Cratægus.	Prunus.
Mespilus.	Amygdalus.

ORDRE XXXVII.

COLUMNIFÈRES ou MALVACÉES, *COLUMNIFERÆ.*

Malva.	Malope.
Alcæa.	Melochia.
Althæa.	Malachra.
Lavatera.	Sida.

Napæa,

Napæa.	Mahernia.
Pentapetes.	Helicteres.
Bombax.	Ayenia.
Adansonia.	Buttneria.
Gossypium.	Theobroma.
Hibiscus.	Symplocos.
Urena.	Grewia.
Triumfetta.	Muntingia.
Heliocarpos.	Camellia.
Bixa.	Stewartia.
Corchorus.	Gordonia.
Antichoros.	Thea.
Waltheria.	Tillia.
Turnera.	Kiggellaria.
Hermannia.	

ORDRE XXXVIII.

TRICOQUES, (fruits à trois coques), *TRICOCCÆ*.

Cambogia.	Ricinus.
Dalechampia.	Hernandia.
Plukenetia.	Guettarda.
Euphorbia.	Sterculia.
Clutia.	Hippomane.
Andrachne.	Hura.
Phyllanthus.	Carica.
Xylophylla.	Cliffortia.
Adelia.	Mercurialis.
Croton.	Cneorum.
Thryallis.	Buxus.
Excoecaria.	Cometes.
Tragia.	Cicca.
Acalypha.	Nephelium.
Jatropha.	Agyneia.

ORDRE XXXIX.

SILIQUEUSES ou CRUCIFÈRES, *SILIQUOSÆ*.

Draba.	Lepidium.
Subularia.	Peltaria.

Clypeola.
Alyssum.
Iberis.
Cochlearia.
Thlaspi.
Biscutella.
Lunaria.
Ricotia.
Anastatica.
Vella.
Myagrum.
Bunias.
Raphanus.
Sinapis.
Brassica.
Turritis.
Arabis.
Cheiranthus.
Heliophila.
Hesperis.
Erysimum.
Sisymbrium.
Dentaria.
Cardamine.
Crambe.
Isatis.

ORDRE XL.

PERSONNÉES, *PERSONATÆ*.

Chelone.
Cymbaria.
Antirrhinum.
Dodartia.
Bartsia.
Rhinanthus.
Pedicularis.
Euphrasia.
Melampyrum.
Mimulus.
Lathræa.
Orobanche.
Hyobanche.
Obolaria.
Martynia.
Craniolaria.
Torenia.
Scrophularia.
Gesneria.
Schwalbea.
Duranta.
Columnea.
Besleria.
Brunfelsia.
Gerardia.
Ruellia.
Justicia.
Dianthera.
Barleria.
Stemodia.
Petræa.
Bignonia.
Cytarexylon.
Halleria.
Gmelina.
Bontia.
Avicennia.
Cornutia.
Premna.
Clerodendrum.
Volkameria.
Vitex.

Ovieda.
Capraria.
Gratiola.
Scoparia.
Veronica.
Pæderota.
Verbena.
Collinsonia.
Vandelia.
Manulea.

Phryma.
Tozzia.
Buchnera.
Erinus.
Lantana.
Acanthus.
Melaleuca ?
Lindernia.
Solandra.

ORDRE XLI.

ASPÉRIFEUILLES ou BORRAGINÉES, *ASPERIFOLIÆ.*

a. Symphytum.
Onosma.
Cerinthe.
Borrago.
Echium.
Lycopsis.
Asperugo.
Coldenia.
Pulmonaria.
Lithospermum.
Cynoglossum.

Anchusa.
Myosotis.
Heliotropium.
b. Tournefortia.
Messerschmidia.
Varronia.
Ehretia.
Cordia.
Patagonula.
c. Nolana.

ORDRE XLII.

VERTICILLÉES ou LABIÉES, *VERTICILLATÆ.*

Ziziphora.
Thymus.
Satureja.
Thymbra.
Melissa.
Clinopodium.
Origanum.
Hyssopus.
Lavandula.
Salvia.

Rosmarinus.
Ocymum.
Mentha.
Nepeta.
Dracocephalum.
Glechoma.
Sideritis.
Cunila.
Lycopus.
Amethystea.

Trichostema.
Teucrium.
Ajuga.
Horminum.
Melitis.
Monarda.
Lamium.
Galeopsis.
Betonica.
Stachys.
Ballota.
Marrubium.
Leonurus.
Phlomis.
Molucella.
Cleonia.
Prunella.
Scutellaria.
Prasium.

ORDRE XLIII.

BROUSSAILLES, *DUMOSÆ.*

a. Sideroxylon.
Rhamnus.
Phylica.
Cœanotus.
Chrysophyllum.
Achras.
Prinos.
Ilex.
Callicarpa.
Evonymus.
Celastrus.
Cassine.
Viburnum.
b. Sambucus.
c. Rhus.
Schinus.
Fagara.

ORDRE XLIV.

HAIES, *SEPIARIÆ.*

Nyctanthes.
Jasminum.
Ligustrum.
Phillyrea.
Olea.
Chionanthus.
Fraxinus.
Syringa.

ORDRE XLV.

OMBELLIFÈRES, *UMBELLATÆ.*

Eryngium.
Arctopus.
Hydrocotyle.
Sanicula.
Astrantia.
Echinophora.
Tordylium.
Daucus.
Artedia.
Caucalis.

Hasselquistia.
Cachrys.
Laserpitium.
Ferula.
Ligusticum.
Angelica.
Imperatoria.
Heracleum.
Pastinaca.
Thapsia.
Smyrnium.
Ægopodium.
Ammi.
Bubon.
Phellandrium.
Sison.
Sium.
Œnanthe.
Coriandrum.
Æthusa.
Cicuta.
Scandix.
Chærophyllum.
Seseli.
Anethum.
Carum.
Pimpinella.
Apium.
Cuminum.
Crithmum.
Bunium.
* Conium.
Selinum.
Athamanta.
Peucedanum.
Bupleurum.

ORDRE XLVI.

HÉDÉRACÉES ou GRIMPANTES, *HEDERACEÆ*.

Panax.
Aralia.
Zanthoxylon.
Hedera.
Vitis.
Cissus.

ORDRE XLVII.

ÉTOILÉES ou RUBIACÉES, *STELLATÆ*.

a. Phyllis.
Richardia.
Crucianella.
Spermacoce.
Sherardia.
Asperula.
Galium.
Valantia.
Anthospermum.
Hedyotis.
Knotia.
Lippia.
Diodia.
Rubia.
b. Ophiorrhiza.
Spigelia.
Houstonia.
Oldenlandia.

c. Coffaea.	Ixora.
Psychotria.	Pavetta.
Cornus.	

ORDRE XLVIII.

AGRÉGÉES, *AGREGATÆ.*

a. Statice.	Morina.
b. Diosma.	Boerrhaavia.
Brunia.	Circæa.
Protea.	d. Lonicera.
Globularia.	Chiococca.
Hebenstreitia.	Triosteum.
Selago.	Mitchella.
Cephalanthus.	Linnæa.
Dipsacus.	Morinda.
Scabiosa.	Conocarpus.
Knautia.	Loranthus.
Allionia.	Viscum.
c. Valeriana.	

ORDRE XLIX

COMPOSÉES, *COMPOSITÆ.*

A. En têtes, *Capitatæ.*

Gundelia.	Cynara.
Echinops.	Carlina.
Sphæranthus.	Gorteria.
Arctium.	Atractylis.
Serratula.	Carthamus.
Carduus.	Centaurea.
Cnicus.	Zoegea.
Onopordum.	Elephantopus.

B. Semi-flosculeuses, *Semiflosculosæ.*

Scolymus.	Hypochæris.
Cichorium.	Seriola.
Catananche.	Hyoseris.
Lapsana.	Andriala.

Crepis.
Hieracium.
Leontodum.
Prenanthes.
Chondrilla.
Lactuca.
Sonchus.
Picris.
Scorzonera.
Tragopogon.
Geropogon.

C. DISCOIDES ou EN DISQUE, *DISCOIDEÆ.*

Gnaphalium.
Xeranthemum.
Stæhelina.
Tanacetum.
Matricaria.
Carpesium.
Chrysanthemum.
Pteronia.
Baccharis.
Osmites.
Conyza.
Inula.
Erigeron.
Cineraria.
Tussilago.
Doronicum.
Arnica.
Senecio.
Solidago.
Chrysocoma.
Aster.
Leysera.
Santolina.
Anthemis.
Anacyclus.
Cotula.
Athanasia.
Achillea.
Cacalia.
Perdicium.
Bellis.
Ageratum.
Eupatorium.
Ethulia.
Kuhnia.
Bellium.
Corymbium.
Helenium.
Othonna.
Calendula.
Arctotis.
Osteospermum.

D. A FEUILLES OPPOSÉES, *OPPOSITIFOLIÆ.*

Spilanthus.
Bidens.
Verbesina.
Sigesbeckia.
Coreopsis.
Silphium.
Tetragonotheca.
Polymnia.
Helianthus.
Rudbeckia.
Milleria.
Buphthalmum.
Chrysogonum.
Melampodium.

Tridax.
Pectis.
Tagetes.
Zinnia.
Calea.
Amellus.
Eclipta.
Baltimora.
Hippia.
Œdera.
Clibadium.

E. A FRUITS A NOIX, *NUCAMENTACEÆ.*

Stoebe.
Tarchonanthus.
Artemisia.
Seriphium.
Eriocephalus.
Filago.
Micropus.
Iva.
Parthenium.
Ambrosia.
Xanthium.
Strumpfia.

ORDRE L.

AMENTACÉES, (fleurs à chatons), *AMENTACEÆ.*

Salix.
Populus.
Platanus.
Sloanea.
Fagus.
Juglans.
Quercus.
Corylus.
Carpinus.
Betula.
Myrica.
Pistacia.
Cynomorium.

ORDRE LI.

CONIFÈRES, (fruits en cônes), *CONIFERÆ.*

Pinus.
Cupressus.
Thuya.
Juniperus.
Taxus.
Ephedra.
Equisetum.

ORDRE LII.

A CAPSULES RÉUNIES, *COADUNATÆ.*

Xylopia.
Annona.
Uvaria.
Michelia.
Magnolia.
Liriodendrum.

ORDRE LIII.

RUDES AU TOUCHER, *SCABRIDÆ.*

Cecropia.
Ficus.
Dorstenia.
Parietaria.
Theligonum.
Urtica.
Morus.
Ulmus.
Celtis.
Bosæa.
Acnida.
Cannabis.
Humulus.
Forskohlea.

ORDRE LIV.

MÉLANGÉES, *MISCELLANEÆ.*

a. Reseda.
Datisca.
b. Poterium.
Sanguisorba.
c. Pistia.
Lemna.
d. Coriaria.
Empetrum.

ORDRE LV.

FOUGÈRES, *FILICES.*

a. Ophioglossum.
Osmunda.
Onoclea.
Trichomanes.
Adianthum.
Asplenium.
Pteris.
Blechnum.
Lonchitis.
Hemionitis.
Polypodium.
Acrostichum.
Marsilea.
Pilularia.
Isoetes.
b. Cycas.
Zamia.

ORDRE LVI.

MOUSSES, *MUSCI.*

Lycopodium.
Fontinalis.
Porella.
Sphagnum.
Phascum.
Mnium.
Splachnum.
Bryum.
Hypnum.
Buxbaumia.

ORDRE LVII.

ALGUES, *ALGÆ.*

Marchantia.	Riccia.
Jungermannia.	Tremella.
Anthoceros.	Ulva.
Targionia.	Fucus.
Lichen.	Conferva.
Blasia.	

ORDRE LVIII.

CHAMPIGNONS, *FUNGI.*

Agaricus.	Clavaria.
Boletus.	Peziza.
Hydnum.	Lycoperdon.
Phallus.	Byssus.
Clathrus.	Mucor.
Helvella.	

TABLEAU
DE LA
MÉTHODE NATURELLE
DE JUSSIEU.

LA Méthode de *Laurent-Antoine de Jussieu* est établie sur les rapports qui constituent les Familles Naturelles, considérés relativement 1.° à l'absence; 2.° à la présence; 3.° au nombre des cotyledons; 4.° à la présence ou absence de la corolle; 5.° à la forme de la corolle; 6.° à la réunion ou liberté des étamines. L'insertion des Étamines est médiate ou immédiate. Dans le premier cas, les Étamines sont insérées sur la corolle; dans le second, elles tiennent immédiatement au pistil, au calice ou à la corolle. L'insertion immédiate est absolue, lorsque la corolle n'existe pas (dans les apétales), ou simple dans les fleurs pétalées, lorsque la corolle ne porte pas les étamines.

Cet Auteur divise les Plantes, I.° en Acotyledones; II.° Monocotyledones; III.° Dicotyledones. Les Acotyledones renferment la *Cryptogamie* de *Linné*. Les Monocotyledones constituent trois Classes prises de l'insertion des Étamines A placées sous le pistil (*Hypogynes*), B insérées sur le calice (*Perigynes*), C portées sur le pistil (*Epigynes*). Les Dicotyledones, sont 1.° Apétales; 2.° Monopétales; 3.° Polypétales; 4.° Diclines irrégulières. Les Apétales forment trois Classes établies sur l'insertion des Étamines A portées sur le pistil (*Epygynes*), B insérées sur le calice (*Perigynes*), C placées sous le pistil (*Hypogynes*). Les Monopétales ont la corolle A placée sous le pistil (*Hypogyne*), B insérée sur le calice (*Perigyne*), C portée sur le pistil (*Epygine*), et les anthères * réunies, ** distinctes. Dans les Polypépétales, les Étamines sont A portées sur le pistil (*Epigynes*), B placées sous le pistil (*Hypogynes*), C insérées sur le calice (*Perigynes*). Dans les Diclines irrégulières, les Étamines sont idiogynes, c'est-à-dire séparées du pistil.

CLEF DE LA MÉTHODE NATURELLE de JUSSIEU.

						Classe
I.°	Acotylédones					1
II.°	Monocotylédones			A	Etamines placées sous le pistil. . (*Hypogynes.*)	2
				B	Etamines insérées sur le calice. . (*Périgynes.*)	3
				C	Etamines portées sur le pistil . . (*Epigynes.*)	4
III.°	Dicotylédones.	1°	Apétales.	A	Etamines portées sur le pistil . . (*Epigynes.*)	5
				B	Etamines insérées sur le calice. . (*Périgynes.*)	6
				C	Etamines placées sous le pistil. . (*Hypogynes.*)	7
		2°	Monopétales	A	Corolle placée sous le pistil. . (*Hypogyne.*)	8
				B	Corolle insérée sur le calice. . (*Périgyne.*)	9
				C	portée sur le pistil (*Epigyne.*) — * Anthères réunies.	10
					portée sur le pistil (*Epigyne.*) — ** Anthères distinctes.	11
		3°	Polypétales.	A	Etamines portées sur le pistil . . (*Epigynes.*)	12
				B	Etamines placées sous le pistil. . (*Hypogynes.*)	13
				C	Etamines insérées sur le calice. . (*Périgynes.*)	14
		4°	Diclines irrégulières		Etamines séparées du pistil . . (*Idiogynes.*)	15

TABLEAU DE LA MÉTHODE NATURELLE DE JUSSIEU.

PLANTES ACOTYLEDONES.

CLASSE PREMIÈRE.

ORDRE PREMIER.

Noms de Jussieu.	Noms de Linné.
CHAMPIGNONS, *Fungi.*	
I. *Semences dans l'intérieur du Champignon.*	
Tuber.	*Lycoperdum.*
Reticularia.	. . . . . .
Mucor.	
Trichia.	*Clathrus.*
Sphærocarpus.	. . . . . .
Lycoperdon.	
Nidularia.	. . . . . .
Hypoxylon.	. . . . . .
Variolaria.	. . . . . .
Clathrus.	
II. *Semences sur tous les points de la surface du Champignon.*	
Clavaria.	
Tremella.	
III. *Semences dans la partie supérieure du Champignon.*	
Peziza.	
Phallus.	
IV. *Semences dans la surface inférieure du Champignon.*	
Auricularia.	. . . . ;
Helvella.	
Hydnum.	
Fistulina	. . . . ;
Boletus.	
Agaricus.	

ORDRE II.

Noms de Jussieu.	Noms de Linné.
ALGUES, *Algæ.*	
I. *Fructification inconnue ou douteuse.*	
Fucus.	
Ulva.	
Conferva.	
Byssus.	
Conia.	*Byssus.*
Lepronchus.	*Lichen.*
Lepropinacia.	*Lichen.*
Geissodea.	*Lichen.*
Platyphyllum.	*Lichen.*
Dermatodea.	*Lichen.*
Capnia.	*Lichen.*

Noms de Jussieu.	*Noms de Linné.*
Scyphiphorus.	*Lichen.*
Thamnium.	*Lichen.*
Usnea.	*Lichen.*

ORDRE III.

HÉPATIQUES, *Hepaticæ.*

Blasia.
Riccia.
Anthoceros.
Targionia.
Jungermannia.
Marchantia.

ORDRE IV.

MOUSSES, *Musci.*

I. *Urne munie d'une coiffe.*

Buxbaumia.
Phascum.
Splachnum.
Bryum.
Fontinalis.
Hypnum.
Mnium.
Polytrichum.

II. *Urne dépourvue de coiffe.*

Sphagnum.
Lycopodium.

ORDRE V.

FOUGÈRES, *Filices.*

I. *Fructifications disposées en épi.*

Ophioglossum.

Noms de Jussieu.	*Noms de Linné.*
Osmunda.	

II. *Fructification située sur la surface inférieure du feuillage.*

Acrostichum.
Polypodium.
Asplenium.
Hemionitis.
Blechnum.
Lonchitis.
Pteris.
Myryotheca. . . . . .
Adianthum.
Cœnopteris. . . . . .
Dicksonia. . . . . .
Trichomanes.

III. *Fructification sur un spadix. Organes sexuels apparens ou séparés.*

Zamia.
Cycas.

IV. *Fructification située dans les aisselles des feuilles, ou près de la racine. Organes sexuels contenus dans le même involucre.*

Lemma.	*Marsilea.*

V. *Fructification peu connue. Plantes ayant de l'affinité avec les Fougères. Feuilles non roulées.*

Salvinia.	*Marsilea.*
Equisetum.	
Chara.	

PLANTES MONOCOTYLEDONES.

CLASSE DEUXIÈME.

ÉTAMINES HYPOGYNES.

Noms de Jussieu. *Noms de Linné.*

ORDRE I.

I. FLUVIALES, *Fluviales.*

Potamogeton.
Ruppia.
Zanichellia.
Zostera.

ORDRE II.

AROÏDES, *Aroïdeæ.*

I. *Spadix entouré d'un spathe.*

Arum.
Calla.
Dracontium.

II. *Spadix dépourvu de spathe.*

Acorus.

ORDRE III.

TYPHOÏDES, *Typhoïdeæ.*

Typha.
Sparganium.

ORDRE IV.

CYPEROÏDES, *Cyperoïdeæ.*

I. *Fleurs monoïques.*

Carex.

II. *Fleurs hermaphrodites.*

Schœnus.
Eriophorum.
Scirpus.

Noms de Jussieu. *Noms de Linné.*

Cyperus.

ORDRE V.

GRAMINÉES, *Gramineæ.*

I. *Deux Styles. Trois Étamines.*

Anthoxanthum.

II. *Deux Styles. Trois Étamines, Bâle renfermant une seule fleur.*

Noms de Jussieu	Noms de Linné
Crypsis.	*Anthoxanthum.*
Alopecurus.	
Phleum.	
Phalaris.	
Paspalum.	
Digitaria.	*Panicum.*
Milium.	
Agrostis.	
Stipa.	
Lagurus.	
Saccharum.	

III. *Deux Styles. Trois Étamines. Bâle renfermant une seule fleur polygame.*

Holcus.
Andropogon.

IV. *Deux Styles. Trois Étamines. Bâle renfermant deux ou trois fleurs polygames.*

Tripsacum.
Cenchrus
Ægylops.
Rottboellia.

Noms de Jussieu.	*Noms de Linné.*

V. *Deux Styles. Trois Étamines.*

Bâle renfermant deux ou trois fleurs Hermaphrodites.

Aira.
Melica.

VI. *Deux Styles. Trois Étamines.*

Bale renfermant plusieurs fleurs glomérées.

Dactylis.

VII. *Deux Styles. Trois Étamines.*

Bâle renfermant plusieurs fleurs en épi serré, ordinairement simple.

Cynosurus.
Lolium.
Elymus.
Hordeum.
Triticum.
Secale.

Noms de Jussieu.	*Noms de Linné.*

VIII. *Deux Styles. Trois Étamines.*

Bâle renfermant plusieurs fleurs éparses ou peu rapprochées ordinairement en panicule.

Bromus.
Festuca.
Poa.
Briza.
Avena.
Arundo.

IX. *Deux Styles. Six Étamines.*

Oryza.

X. *Un seul Style. Stigmate simple. Trois Étamines.*

Nardus.
Zea.

XI. *Un seul Style. Stigmate divisé. Trois Étamines.*

Coix.

CLASSE TROISIÈME.

PLANTES MONOCOTYLEDONES.

ÉTAMINES PÉRIGYNES.

ORDRE I.

PALMIERS, *Palmæ.*

I. *Fleurs Hermaphrodites.*

Calamus.
Licuala. . . . .
Corypha.

II. *Fleurs Polygames.*

Chamærops.

III. *Fleurs Monoïques.*

Areca.
Elate.
Cocos.
Caryota.
Nipa. . . . .
Sagus. . . . .

IV. *Fleurs Dioïques.*

Phœnix.
Elaïs.
Lontarus. *Borassus.*

ORDRE II.

ASPARAGOÏDES, *Asparagoïdeæ.*

Dracæna.
Asparagus.
Medeola.
Trillium.
Paris.

Noms de Jussieu.	Noms de Linné.
Paris.	
Convallaria.	

ORDRE III.

SMILACÉES, *Smilaceæ.*

I. *Ovaire libre.*

Ruscus.
Smilax.
Dioscorea.

II. *Ovaire adhérent.*

Tamus.
Rajania.

ORDRE IV.

JONCACÉES, *Juncaceæ.*

I. *Calice glumacé. Semences attachées confusément à l'angle interne des loges.*

Aphyllanthes.
Juncus.

II. *Calice semi-pétaloïde. Semences insérées aux parois des valves.*

Commelina.
Tradescantia.

III. *Calice pétaloïde. Semences insérées aux parois des valves.*

Narthecium.	*Anthericum.*
Veratrum.	
Colchicum.	

ORDRE V.

ALISMOÏDES, *Alismoïdeæ.*

I. *Fleurs ombellées ou verticillées.*

Butomus.	
Damasonium.	*Alisma.*
Alisma.	
Sagitaria.	

II. *Fleurs en épi.*

Scheuchzeria.
Triglochin.

Noms de Jussieu.	Noms de Linné.

ORDRE VI.

LILIACÉES, *Liliaceæ.*

I ASPHODELOÏDES, ASPHODELOIDEÆ. *Feuilles engainantes, presque toutes radicales. Calice divisé profondément en six parties. Étamines insérées à la base du calice. Un seul style. Stigmate simple.*

Anthericum.	
Phalangium.	*Anthericum.*
Asphodelus.	
Basilæa.	*Fritillaria.*
Phormium.	
Cyanella.	
Albuca.	
Scilla.	
Ornithogalum.	
Allium.	

II. SUPERBES, GLORIOSÆ. *Feuilles de la tige sessiles : feuilles radicales ordinairement sessiles, rarement engainantes. Calice divisé profondément en six parties. Fleurs souvent penchées. Style plus long que les étamines qui sont toujours insérées à la base du calice. Stigmate triple.*

Tulipa.	
Erythronium.	
Methonica.	*Gloriosa.*
Uvularia.	
Fritillaria.	
Imperialis.	*Fritillaria.*
Lilium.	
Yucca.	

III. ALOIDÉES, ALOIDEÆ. *Feuilles engainantes ordinairement toutes radicales. Calice divisé peu profondément en six parties. Un seul Style. Stigmate simple, ou divisé peu profondément en trois parties.*

Aloë.

Noms de Jussieu.	*Noms de Linné.*
Aletris.	
Hyacinthus.	
Bulbocodium.	
Hemerocallis.	
Agapanthus.	*Crinum.*

ORDRE VII.

NARCISSOÏDES, *Narcissoïdea.*

I. *Racine fibreuse.*

Bromelia.	
Pitcairnia.	. . . . . .
Furcræa.	*Agave.*
Agave.	

II. *Racine bulbeuse.*

Leucoïum.	
Galanthus.	
Hæmanthus.	
Eustephia.	. . . . . .
Amaryllis.	
Crinum.	
Narcissus.	
Pancratium.	

Noms de Jussieu.	*Noms de Linné.*
Gethyllis.	

III. *Genres rapprochés des Narcissoïdes.*

Hypoxis.	
Pontederia.	
Polyanthes.	
Astroëmeria.	

ORDRE VIII.

IRIDÉES, *Iridea.*

I. *Étamines à filamens réunis.*

Sisyrinchium.	
Tigridia.	*Ferraria.*
Ferraria.	

II. *Étamines à filamens distincts.*

Iris.	
Moræa.	
Ixia.	
Gladiolus.	
Crocus.	

CLASSE QUATRIÈME.

PLANTES MONOCOTYLEDONES.

ÉTAMINES ÉPIGYNES.

ORDRE I.

SCITAMINÉES, *Scitaminea.*

Musa.	
Strelitzia.	. . . . . .

ORDRE II.

DRYMYRRHIZÉES, *Drymyrrhizæ.*

Canna.	
Amomum.	
Costus.	.
Kæmpferia.	

ORDRE III.

ORCHIDÉES, *Orchidea.*

Orchis.	
Satyrium.	
Ophrys.	
Serapias.	
Limodorum.	
Cypripedium.	
Vanilla.	*Epidendrum.*

ORDRE IV.

HYDROCHARIDÉES, *Hydrocharidea.*

Stratiotes.	

Noms de Jussieu.	Noms de Linné.
Hydrocharis.	
Nymphæa.	
Nelumbium.	*Nymphæa.*

Genres ayant de l'affinité avec les Hydrocharidées.

Vallisneria.
Hippuris.

PLANTES DICOTYLEDONES.

CLASSE CINQUIÈME.

PLANTES DICOTYLEDONES APÉTALES.

ÉTAMINES ÉPIGYNES.

ORDRE I.

ASAROÏDES, *Asaroïdea.*

Aristolochia.
Asarum.
Cytinus.

CLASSE SIXIÈME.

PLANTES DICOTYLEDONES APÉTALES.

ÉTAMINES PÉRIGYNES.

ORDRE I.

ELÆAGNOÏDES, *Elæagnoïdeæ.*

Thesium.
Osyris.
Hippophae.
Elæagnus.
Nyssa.

ORDRE II.

DAPHNOÏDES, *Daphnoïdeæ.*

Dirca.
Lagetta. . . . .
Daphne.
Passerina.
Stellera.
Struthiola.
Lachnea.
Daïs.
Gnidia.

ORDRE III.

PROTÉOÏDES, *Proteoïdeæ.*

Protæa.
Bancksia. . . . . . .

ORDRE IV.

LAURINÉES, *Laurinæ.*

Laurus.

Genre ayant de l'affinité avec les Laurinées.

Myristica.

Noms de Jussieu. *Noms de Linné.*

ORDRE V.

POLYGONÉES, *Polygoneæ.*

Coccoloba.
Atraphraxis.
Polygonum.
Rumex.
Rheum.
Calligonum.
Kœnigia.

ORDRE VI.

CHÉNOPODÉES, *Chenopodeæ.*

I. *Fruit en baie.*

Phytolacca.
Rivinia.
Salvadora.
Bosæa.

Noms de Jussieu. *Noms de Linné.*

II. *Fruit à capsule.*

Petiveria.
Polycnemum.
Camphorosma.

III. *Semence recouverte par le calice.*
Cinq étamines.

Basella.
Salsola.
Spinacia.
Beta.
Chenopodium.
Atriplex.

IV. *Semence recouverte par le calice.*
Une ou deux étamines.

Blitum.
Salicornia.

V. *Semence nue.*

Corispermum.

CLASSE SEPTIÈME.

PLANTES DICOTYLEDONES APÈTALES.

ÉTAMINES HYPOGYNES.

ORDRE I.

AMARANTHOÏDES, *Amaranthoïdeæ.*

I. *Feuilles alternes, nues.*

Amaranthus.
Celosia.

II. *Feuilles opposées, nues.*

Iresine
Achyranthes.
Gomphrena.
Illecebrum.

III. *Feuilles opposées, garnies de stipules.*

Paronychia.
Herniaria.

ORDRE II.

PLANTAGINÉES, *Plantagineæ.*

Psyllium. *Plantago.*
Plantago.
Littorella.

ORDRE III.

NYCTAGYNÉES, *Nyctagineæ.*

Nyctago. *Mirabilis.*
Abronia. . . . .
Boerrhaavia.
Allionia.
Pisonia.

ORDRE IV.

PLOMBAGINÉES, *Plumbagineæ.*

Plumbago.
Statice.

CLASSE HUITIÈME.

PLANTES DICOTYLEDONES MONOPÉTALES.

COROLLE HYPOGYNE.

Noms de Jussieu. Noms de Linné.

ORDRE I.

PRIMULACÉES, *Primulaceæ.*

I. *Fleurs portées sur une tige.*

Centunculus.
Anagallis.
Lysimachia.
Hottonia.
Coris.
Trientalis.
Aretia.

II. *Fleurs portées sur une hampe, rarement solitaires, le plus souvent disposées en ombelle et munies d'un involucre composé de plusieurs feuilles. Feuilles radicales.*

Androsace.
Primula.
Cortusa.
Soldanella.
Dodecatheon.
Cyclamen.

ORDRE II.

OROBANCHOÏDES, *Orobanchoïdeæ.*

Hyobanche.
Obolaria.
Orobanche.
Lathræa.

ORDRE III.

RHINANTHOÏDES, *Rhinanthoïdeæ.*

I. *Deux, cinq ou huit étamines.*

Polygala.
Veronica.
Calceolaria.
Diandra.

II. *Étamines didynames, ou deux grandes et deux petites.*

Sibthorpia.
Castilea. . . . .
Euphrasia.
Pedicularis.
Rhinanthus.
Melampyrum.

ORDRE IV.

ACANTHOÏDES, *Acanthoïdeæ.*

I. *Quatre étamines didynames.*

Acanthus.
Barleria.
Ruellia.

II. *Deux étamines.*

Justicia.

ORDRE V.

LILIACÉES, *Liliaceæ.*

Nyctanthes.
Lilac. *Syringa.*
Fontanesia.
Fraxinus.

ORDRE VI.

JASMINÉES, *Jasmineæ.*

Chionanthus.
Olea.
Phillyrea.
Mogorium. *Nyctanthes.*

Noms de Jussieu. — *Noms de Linné.*

Jasminum.
Ligustrum.

ORDRE VII.

PYRÉNACÉES, *Pyrenaceæ.*

I. *Fleurs disposées en corymbe. Péricarpe charnu.*

Clerodendrum.
Ovieda.
Volkameria.
Ægiphila.
Callicarpa.
Vitex.
Cornutia.
Gmelina.

II. *Fleurs disposées en épi. Péricarpe charnu.*

Cythareoxylum.
Duranta.
Lantana.
Spielmannia.

III. *Fleurs en épi. Semences nues.*

Verbena.
Zapania.

IV. *Genres qui ont de l'affinité avec les Pyrénacées.*

Selago.
Hebenstreitia.

ORDRE VIII.

LABIÉES, *Labiatæ.*

I. *Deux Étamines fertiles, et deux stériles.*

Lycopus.
Amethystea.
Cunila.
Ziziphora.
Monarda.
Rosmarinus.
Salvia.
Collinsonia.

Noms de Jussieu. — *Noms de Linné.*

II. *Quatre Étamines fertiles. Corolle à lèvre inférieure seulement, la supérieure étant presque nulle.*

Bugula.
Teucrium.

III. *Quatre Étamines fertiles. Corolle à deux lèvres. Calice divisé peu profondément en cinq segmens.*

Satureia.
Hyssopus.
Nepeta.
Bystropogon. — *Nepeta. Ballota. Mentha.*
Perilla.
Hyptis.
Lavandula.
Sideritis.
Mentha.
Glechoma.
Lamium.
Galeopsis.
Betonica.
Stachys.
Ballota.
Marrubium.
Leonurus.
Phlomis.
Molucella.

IV. *Quatre Étamines fertiles. Corolle à deux lèvres. Calice à deux lèvres.*

Clinopodium.
Origanum.
Thymus.
Thymbra.
Melissa.
Dracocephalum.
Horminum.
Melittis.
Plectranthus.
Ocymum.
Trichostema.
Brunella. — *Prunella. Cleonia.*
Scutellaria.
Prasium.

Noms de Jussieu.	*Noms de Linné.*

ORDRE IX.

PERSONNÉES, *Personatæ.*

I. *Deux Étamines.*

Pæderota.
Utricularia.
Pinguicula.

II. *Étamines didynames. Capsule à une seule loge dans la maturité.*

Limosella.
Vandellia.
Lindernia.
Browallia.

III. *Étamines didynames. Capsule à deux loges.*

Noms de Jussieu.	*Noms de Linné.*
Erinus.	
Manulea.	
Buddleia.	
Scoparia.	
Capraria.	
Halleria.	
Scrophularia.	
Dodartia.	
Schwalbea.	
Linaria.	*Antirrhinum.*
Antirrhinum.	
Chelone.	
Digitalis.	
Gratiola.	
Torenia.	

ORDRE X.

SOLANÉES, *Solaneæ.*

I. *Fruit à capsule.*

Celsia.
Verbascum.
Hyoscyamus.
Nicotiana.
Datura.

II. *Fruit à baie.*

Noms de Jussieu.	*Noms de Linné.*
Mandragora.	*Atropa.*
Atropa.	
Nicandra.	*Atropa.*
Physalis.	
Solanum.	
Capsicum.	
Lycium.	

III. *Genres ayant de l'affinité avec les Solanées.*

Nolana.
Cestrum.
Rontia.
Brunsfelsia.
Crescentia.

ORDRE XI.

SEBESTENIERS, *Sebestenæ.*

I. *Fruit à capsule.*

Hydrophyllum.
Ellisia.

II. *Fruit à baie ou à drupe;*

Cordia.
Ehretia.
Varronia.
Tournefortia.
Messerschmidia.

ORDRE XII.

BORRAGINÉES, *Borragineæ.*

I. *Fruit formé par deux noix à deux loges, renfermant chacune deux semences.*

Cerinthe.

II. *Fruit formé par quatre noix, à une seule loge, renfermant une seule semence. Gorge de la corolle nue.*

Heliotropium.
Echium.
Lithospermum.
Pulmonaria.
Onosma.

Noms de Jussieu.	Noms de Linné.

III. *Fruit formé par quatre noix à une seule loge, renfermant une seule semence. Gorge de la corolle fermée par cinq écailles.*

Symphytum.
Lycopsis.
Myosotis.
Anchusa.
Borrago.
Asperugo.
Cynoglossum.

ORDRE XIII.

CONVOLVULACÉES, *Convolvulaceæ*

I. *Un seul Style. Stigmate simple ou divisé.*

Convolvulus.
Ipomæa.

II. *Plusieurs Styles. Stigmates simples.*

Evolvulus.
Cressa.

ORDRE XIV.

POLÉMONACÉES, *Polemonaceæ.*

I. *Stigmate simple.*

Loeselia.
Diapensia.

II. *Plusieurs stigmates.*

Noms de Jussieu.	Noms de Linné.
Phlox.	
Polæmonium.	
Cantua.	*Ipomæa.*
Cobæa.	

ORDRE XV.

BIGNONÉES, *Bignoneæ.*

I. *Fruit formé par une capsule à deux battans.*

Noms de Jussieu.	Noms de Linné.
Sesamum.	
Jacaranda.	*Bignonia.*
Catalpa.	*Bignonia.*
Tecoma.	*Bignonia.*
Bignonia.	

II. *Fruit coriace, ligneux, s'ouvrant au sommet.*

Tourretia.
Martynia.
Pedalium.

ORDRE XVI.

GENTIANÉES, *Gentianeæ.*

I. *Capsule simple, à une seule loge.*

Noms de Jussieu.	Noms de Linné.
Menyanthes.	
Nymphoïdes.	*Menyanthes.*
Gentiana.	
Sarothra.	
Swertia.	
Chlora.	

II. *Capsule simple, à deux loges.*

Exacum.
Lisianthus.
Chironia.

III. *Capsule didyme, à deux loges.*

Spigelia.

ORDRE XVII.

APOCINÉES, *Apocineæ.*

I. *Semences chauves.*

Vinca.
Tabernæmontana.
Cameraria.
Plumeria.

II. *Semences chevelues.*

Nerium.
Echites.
Ceropegia.
Pergularia.
Stapelia.
Periploca.
Apocynum.
Cynanchum.
Asclepias.

III. *Genres ayant de l'affinité avec les Apocinées.*

Rauwolfia.

Noms de Jussieu.	*Noms de Linné.*
Carissa.	
Gelseminum.	*Bignonia.*

ORDRE XVIII.

HILOSPERMES, *Hilospermæ.*

Jacquinia.
Sideroxylum.

Noms de Jussieu.	*Noms de Linné.*
Bassia.	
Imbricaria.	
Chrysophyllum.	
Achras.	

Genre ayant de l'affinité avec les Hilospermes.

Myrsine.

CLASSE NEUVIÈME.

PLANTES DICOTYLEDONES MONOPÉTALES.

COROLLE PÉRIGYNE.

ORDRE I.

ÉBENACÉES, *Ebenaceæ.*

I. *Étamines en nombre déterminé.*

Diospyros.
Royena.
Styrax.
Halesia.

II. *Étamines en nombre indéterminé.*

Camellia.
Hopea.

ORDRE II.

RHODORACÉES, *Rhodoraceæ.*

I. *Corole monopétale.*

Kalmia.
Rhododendrum.
Epigæa.
Azalea.

II. *Corolle presque polypétale.*

Rhodora. . . . .
Ledum.
Befaria.
Itea.

ORDRE III.

BICORNES, *Bicornes.*

I. *Ovaire libre.*

Blæria.
Erica.
Andromeda.
Arbutus.
Clethra.
Pyrola.
Gaultheria.

II. *Ovaire adhérent ou presque adhérent.*

Vaccinium.

Genre ayant de l'affinité avec les bicornes.

Empetrum.

ORDRE IV.

CAMPANULACÉES, *Campanulaceæ.*

I. *Anthères distinctes.*

Michauxia. . . . .
Canarina.
Campanula.
Trachelium.
Roelia.

Noms de Jussieu.	Noms de Linné.
Phyteuma.	
Scævola.	
Goudenia.	

II. *Anthères réunies.*

Noms de Jussieu.	Noms de Linné.
Lobelia.	
Jasione.	

CLASSE DIXIÈME.

PLANTES DICOTYLEDONES MONOPÉTALES.

COROLLE ÉPIGYNE. ANTHÉRES RÉUNIES.

ORDRE I.

CHICORACÉES, *Chicoraceæ.*

I. *Réceptacle nu. Semences sans aigrette.*

Rhagadiolus.	*Lapsana.*

II. *Réceptacle nu. Semences couronnées par une aigrette simple.*

Prenanthes.	
Chondrilla.	
Lactuca.	
Sonchus.	
Hieracium.	
Crepis.	
Drepania.	*Crepis.*
Hedypnoïs.	*Hyoseris.*
Arnoseris.	*Hyoseris.*
Hyoseris.	
Taraxacum.	*Leontodum.*

III. *Réceptacle nu. Semences couronnées par une aigrette plumeuse.*

Leontodum.	
Picris.	
Helmentia.	*Picris.*
Scorzonera.	
Tragopogon.	
Urospermum.	*Tragopogon.*

IV. *Réceptacle garni de paillettes ou poils. Aigrettes simples ou plumeuses.*

Geropogon.
Hypochæris.
Seriola.
Andryala.

V. *Réceptacle garni de paillettes. Aigrettes à arêtes ou nulles.*

Catananche.
Cichorium.
Scolymus.

ORDRE II.

CYNAROCÉPHALES, *Cynarocephalæ.*

I. *Cynarocéphales vraies. Écailles du calice épineuses.*

Atractylis.	
Cnicus.	
Carthamus.	
Carlina.	
Berardia.	. . . .
Cynara.	
Onopordum.	
Carduus.	
Cirsium.	
Arctium.	
Crocodilium.	*Centaurea.*
Calcitrapa.	*Centaurea.*
Seridia.	*Centaurea.*

II. *Cynarocéphales vraies. Écailles du calice sans épines.*

Jacæa.	*Centaurea.*
Cyanus.	*Centaurea.*
Zoegea.	
Rhaponticum.	*Centaurea.*
Centaurea.	

Noms de Jussieu.	*Noms de Linné.*
Serratula.	

III. *Cynarocéphales anomales. Calices renfermant une ou plusieurs fleurs agrégées.*

Gundelia.
Echinops.
Sphæranthus.

ORDRE III.

CORYMBIFÈRES, *Corymbiferæ.*

I. *Réceptacle nu. Semences couronnées par une aigrette. Fleurs flosculeuses.*

A. *Écailles du calice non luisantes.*

Cacalia.
Eupatorium.
Ageratum.
Conyza.
Baccharis.
Chrysocoma.

B. *Écailles du calice sèches et roides, ou membraneuses, luisantes.*

Noms de Jussieu.	*Noms de Linné.*
Elichrysum.	*Xeranthemum, Gnaphalium, Filago.*
Filago.	*Filago, Gnaphalium, Xeranthemum.*
Argyrocome.	*Gnaphalium, Xeranthemum.*
Antenaria.	*Gnaphalium, Filago.*

II. *Réceptacle garni de paillettes. Semences nues ou très-rarement presque nues. Fleurs flosculeuses. Écailles du calice souvent sèches et roides.*

Noms de Jussieu.	*Noms de Linné.*
Micropus.	
Evax.	*Filago.*
Gnaphalium.	*Athanasia.*
Xeranthemum.	
Athanasia.	
Santolina.	
Anacyclus.	

III. *Réceptacle garni de paillettes. Semences nues ou sans aigrettes. Fleurs radiées.*

Anthemis.
Achillea.
Eriocephalus.
Buphthalmum.
Encelia.
Milleria.
Sigesbeckia.
Polymnia.
Baltimora.
Eclipta.

IV. *Réceptacle garni de paillettes. Semences couronnées par des dents ou des arêtes. Fleurs presque toujours radiées.*

A. *Fleurs flosculeuses.*

Spilanthus.
Bidens.

B. *Fleurs radiées.*

Noms de Jussieu.	*Noms de Linné.*
Verbesina.	
Coreopsis.	
Sanvitalia.	. . . .
Zinnia.	
Silphium.	
Helianthus.	
Helenium.	
Rudbeckia.	
Galardia.	. . . .
Alcina.	. . . .
Agriphyllum.	. . . .

V. *Réceptacle garni de paillettes, rarement velu. Semences couronnées par une aigrette. Fleurs radiées.*

A. *Réceptacle velu.*

Arctotis.

B. *Réceptacle garni de paillettes.*

Noms de Jussieu.	*Noms de Linné.*
Ursinia.	*Arctotis.*
Tridax.	
Amellus.	

Noms de Jussieu.	*Noms de Linné.*
VI. *Réceptacle nu. Semences couronnées par une aigrette. Fleurs radiées. (Flosculeuses dans quelques espèces de* Senecio *et de* Tussilago.*)*	
Erigeron.	
Aster.	
Solidago.	
Inula.	
Pulicaria.	*Inula.*
Tussilago.	
Cineraria.	
Othonna.	
Tagetes.	
Pectis.	
Bellium.	
Doronicum.	
Arnica.	
Gorteria.	
VII. *Réceptacle nu. Semences nues ou sans aigrette. Fleurs radiées.*	
Osteospermum.	
Calendula.	
Madia.	
Chrysanthemum.	
Pyrethrum.	*Anthemis.*
Matricaria.	
Bellis.	
Cenia.	*Cotula.*
Lidbeckia.	*Cotula.*
VIII. *Réceptacle nu. Semences nues ou sans aigrettes. Fleurs flosculeuses.*	
Cotula.	
Grangea.	
Carpesium.	
Tanacetum.	
Balsamita.	*Tanacetum.*
Artemisia.	
IX. *Réceptacle velu. Semences nues ou sans aigrettes. Fleurs flosculeuses.*	
Absinthium.	*Artemisia.*
Tarchonanthus.	
X. *Corymbifères anomales. Anthères distinctes.*	
Iva.	
Parthenium.	

CLASSE ONZIÈME.

PLANTES DICOTYLEDONES MONOPÉTALES.

COROLLE ÉPIGYNE. ANTHÈRES DISTINCTES.

ORDRE I.

DIPSACÉES, *Dipsaceæ.*

I. *Fleurs agrégées.*

Morina.
Dipsacus.
Scabiosa.
Knautia.

II. *Fleurs distinctes. Genres ayant de l'affinité avec les* Dipsacées.

Valeriana.	
Fedia.	*Valeriana.*

ORDRE II.

RUBIACÉES, *Rubiaceæ.*

I. *Fruit formé par deux semences. Étamines presque toujours au nombre de quatre. Feuilles verticillées. Tige ordinairement herbacée.*

Sherardia.
Asperula.
Galium.
Crucianella.
Valantia.
Rubia.
Anthospermum.

Noms de Jussieu.	*Noms de Linné.*

II. *Fruit formé par deux semences ; quatre, rarement cinq ou six étamines. Feuilles presque toujours opposées et réunies par une gaîne ciliée ; tige ordinairement herbacée.*

Knotia.
Spermacoce.
Richardia.
Phyllis.

III. *Fruit formé par une capsule ou une baie à deux loges renfermant chacune plusieurs semences. Quatre étamines. Feuilles opposées. Tige herbacée ou ligneuse.*

Hediotis.
Oldenlandia.
Catesbæa.

IV. *Fruit formé par une capsule ou une baie à deux loges renfermant chacune plusieurs semences. Cinq étamines. Feuilles opposées. Tige souvent ligneuse.*

Randia.
Berthiera. . . . .
Mussænda.
Cinchona.
Rondeletia.
Genipa.
Gardenia.
Portlandia.

V. *Fruit formé par une capsule à deux loges renfermant chacune plusieurs semences. Six étamines. Feuilles opposées. Tige ligneuse.*

Goutarea. *Portlandia.*
Hillia.

VI. *Fruit formé par une drupe ou baie à deux loges renfermant chacune deux semences. Quatre étamines. Feuilles opposées. Tige ordinairement ligneuse.*

Chomelia. . . . .
Ixora. *Pavetta.*

Noms de Jussieu.	*Noms de Linné.*

Antirhea. . . . .

VII. *Fruit formé ordinairement par une baie à deux loges renfermant chacune deux semences. Cinq étamines. Feuilles opposées. Tige ligneuse.*

Chiococca.
Psychotria.
Coffea.
Pæderia.

VIII. *Fruit formé par une baie ou drupe à plusieurs loges renfermant chacune une seule semence. Quatre, cinq étamines ou plus. Feuilles opposées. Tige ordinairement ligneuse.*

Laugieria.
Erithalis.
Myonyma. . . . .
Pyrostria. . . . .
Vangueria. . . . .
Matthiola.
Guettarda.

IX. *Fruit formé par une baie à plusieurs loges renfermant chacune plusieurs semences. Cinq étamines ou plus. Feuilles ordinairement opposées. Arbrisseaux ou herbes.*

Hamelia.

X. *Fleurs quelquefois réunies, plus souvent agrégées sur un réceptacle commun. Feuilles opposées. Plantes ligneuses ou sous-ligneuses, rarement herbacées.*

Mitchella.
Morinda.
Cephalanthus.

XI. *Genre appartenant à la famille des Rubiacées. Fruit inconnu.*

Serissa. *Lycium.*

Noms de Jussieu.	*Noms de Linné.*

ORDRE III.

CAPRIFOLIACÉES, *Caprifoliaceæ.*

I. *Calice calyculé ou muni de bractées. Un seul style. Corolle monopétale.*

Linnæa.	
Triosteum.	
Symphoricarpos.	*Lonicera.*
Diervilla.	*Lonicera.*
Xilosteon.	*Lonicera.*
Caprifolium.	

II. *Calice calyculé ou muni de bractées. Un seul style. Corolle presque polypétale.*

Loranthus.

Noms de Jussieu.	*Noms de Linné.*

Viscum.
Rhizophora.

III. *Calice muni de bractées. Style nul. Trois stigmates. Corole monopétale.*

Viburnum.
Sambucus.

IV. *Calice simple. Un seul style. Corolle polypétale.*

Cornus.
Hedera.

CLASSE DOUZIÈME.

PLANTES DICOTYLEDONES POLYPÉTALES.

ÉTAMINES ÉPIGYNES.

ORDRE I.

ARALIACÉES, *Araliaceæ.*

Aralia.
Panax.

ORDRE II.

OMBELLIFÈRES, *Umbelliferæ.*

I. *Ombellifères vraies. Ombelles et ombellules ordinairement nues.*

Pimpinella.
Carum.
Apium.
Anethum.
Smyrnium.
Pastinaca.
Thapsia.

II. *Ombellifères vraies. Ombelles nues. Ombellules garnies d'une collerette.*

Seseli.	
Imperatoria.	
Chærophyllum.	
Myrrhis.	*Chærophyllum.* / *Scandix.*
Scandix.	
Coriandrum.	
Æthusa.	
Cicutaria.	*Cicuta.*
Phellandrium.	

III. *Ombellifères vraies. Ombelles et ombellules garnies d'une collerette.*

Œnanthe.
Cuminum.
Bubon.
Sium.
Angelica.
Ligusticum.
Laserpitium.
Heracleum.
Ferula.
Peucedanum.
Cachrys.

Noms de Jussieu.	*Noms de Linné.*	*Noms de Jussieu.*	*Noms de Linné.*
Crithmum.		Hasselquistia.	
Athamantha.		Artedia.	
Selinum.		Bupleurum.	
Cicuta.		Astrantia.	
Bunium.		Sanicula.	
Ammi.		IV. *Ombellifères anomales.*	
Daucus.		Eryngium.	
Caucalis.		Hydrocotyle.	
Tordylium.			

CLASSE TREIZIÈME.

PLANTES DICOTYLEDONES POLYPETALES.

ÉTAMINES HYPOGYNES.

ORDRE I.

RENONCULACÉES, *Ranunculaceæ.*

I. *Plusieurs ovaires. Capsules sans battans renfermant une seule semence.*

Clematis.
Atragene.
Thalictrum.
Anemone.
Adonis.
Ranunculus.
Ficaria. *Ranunculus.*
Myosurus.

II. *Plusieurs ovaires. Capsules s'ouvrant intérieurement et renfermant plusieurs semences. Pétales irréguliers.*

Trollius.
Helleborus.
Isopyrum.
Nigella.
Garidella.
Aquilegia.
Delphinium.
Aconitum.

III. *Plusieurs ovaires. Capsules s'ouvrant intérieurement et renfermant plusieurs semences. Pétales réguliers.*

Caltha.
Pæonia.
Zanthorhiza. . . . . . .
Cimifuga.

IV. *Ovaire simple. Baie à une seule loge renfermant plusieurs semences. Un seul placenta latéral.*

Actæa.
Podophyllum.

ORDRE II.

TULIPIFÈRES, *Tulipiferæ.*

Euryandra. . . . .
Drymis. . . . .
Illicium.
Magnolia.
Liriodendrum.

ORDRE III.

GLYPTOSPERMES, *Glyptospermiæ.*

Annona.
Uvaria.
Xylopia.

ORDRE IV.

MENISPERMOÏDES, *Menispermoïdeæ.*

I. *Fruit en forme de baie, à plusieurs loges et à plusieurs semences.*

Lardizabala. . . . . .

Noms de Jussieu.	*Noms de Linné.*

II. *Fruits à drupe, renfermant une seule semence; quelques-uns sujets à avorter.*

ORDRE V.

BERBERIDÉES, *Berberideæ.*

Berberis.
Leontice.
Epimedium.

Genre ayant de l'affinité avec les Berbériacées.

Hamamelis.

ORDRE VI.

PAPAVERACÉES, *Papaveraceæ.*

I. *Étamines en nombre indéterminé. Anthères adhérentes aux filamens.*

Noms de Jussieu	Noms de Linné
Sanguinaria.	
Argemone.	
Papaver.	
Glaucium.	*Chelidonium.*
Chelidonium.	
Bocconia.	

II. *Étamines en nombre déterminé.*

Hypecoum.
Fumaria.

ORDRE VII.

CRUCIFÈRES, *Cruciferæ.*

I. ERUCACÉES, *Erucaceæ. Style presque nul. Fruit siliqueux, à deux ou plusieurs loges, terminé par une languette.*

Noms de Jussieu	Noms de Linné
Raphanus.	
Raphanistrum.	*Raphanus.*
Sinapis.	
Brassica.	

II. CHERANTHOÏDES, *Cheiranthoïdeæ. Style presque nul. Fruit siliqueux, à deux loges, terminé par une pointe ordinairement très-courte.*

Noms de Jussieu	Noms de Linné
Arabis.	
Hesperis.	
Cheiranthus.	
Erysimum.	
Sisymbrium.	
Radicula.	*Sisymbrium.*
Cardamine.	
Dentaria.	

II. ALYSSOÏDES, *Alyssoïdeæ. Style apparent. Fruit siliculeux, à deux loges, rarement à une seule.*

Noms de Jussieu	Noms de Linné
Lunaria.	
Ricotia.	
Biscutella.	
Clypeola.	
Alyssum.	
Vesicaria.	*Alyssum.*
Draba.	
Cochlearia.	
Coronopus.	*Cochlearia.*
Iberis.	
Thlaspi.	
Capsella.	*Thlaspi.*
Nasturtium.	*Lepidium.*
Lepidium.	
Camelina.	*Myagrum.*
Anastatica.	
Vella.	

IV. MYAGROÏDES, *Myagroïdeæ. Style apparent ou presque nul. Fruit siliculeux, sans battans, à une ou à quatre loges renfermant chacune une seule semence.*

Noms de Jussieu	Noms de Linné
Myagrum.	
Rapistrum.	*Myagrum.*
Bunias.	*Anastatica.*
Erucago.	
Kakile.	*Bunias.*
Pugionium.	*Bunias.*
Crambe.	
Isatis.	

ORDRE VIII.

CAPPARIDÉES, *Capparideæ.*

Cleome.
Capparis.

Cratæva.

Noms de Jussieu.	*Noms de Linné.*
Cratæva.	
Morisonia.	

Genres ayant de l'affinité avec les Capparidées.

Reseda.	
Parnassia.	

ORDRE IX.

SAPONACÉES, *Saponaceæ.*

I. *Pétales doubles, ou munis à leurs onglets d'un appendice en forme de pétale.*

Cardiospermum.	
Paullinia.	
Sapindus.	
Koelreuteria.	*Sapindus.*

II. *Pétales simples.*

Ornitrophe.	. . . . . .
Euphoria.	. . . . . .
Melicocca.	

ORDRE X.

MALPIGHIACÉES, *Malpighiaceæ.*

I. *Étamines distinctes. Un ou deux stigmates.*

Hippocastanum.	*Æsculus.*
Pavia.	*Æsculus.*
Acer.	

II. *Étamines monadelphes. Trois stigmates.*

Banisteria.	
Hiptage.	. . . . . .
Triopteris.	
Malpighia.	

III. *Genre ayant de l'affinité avec les Malpighiacées.*

Erythroxylum.

ORDRE XI.

HYPERICOÏDES, *Hypericoideæ.*

Hypericum.

Noms de Jussieu.	*Noms de Linné.*

ORDRE XII.

GUTTIFÈRES, *Guttiferæ.*

I. *Style nul.*

Mangostana.	*Cambogia.*
Clusia.	
Grias.	

II. *Un seul style.*

Mammea.	
Mesua.	
Rheedia.	
Calophyllum.	

ORDRE XIII.

HESPÉRIDES, *Hesperideæ.*

I. *Fruit renfermant une seule semence. Feuilles non ponctuées.*

Ximenia.	
Heisteria.	

II. *Fruit mou renfermant plusieurs semences. Feuilles parsemées de points transparens.*

Murraja.	
Cookia.	. . . . . .
Citrus.	
Limonia.	

III. *Fruit à capsule renfermant plusieurs semenses. Feuilles non ponctuées.*

Thea.

ORDRE XIV.

MÉLIACÉES, *Meliaceæ.*

I. *Feuilles simples.*

Canella	*Winterania.*
Aitonia.	. . . . . .
Turræa.	

II. *Feuilles composées.*

Sandoricum.	. . . . . .

Noms de Jussieu.	*Noms de Linné.*
Melia.	
Aquilicia.	

III. *Genres ayant de l'affinité avec les Méliacées.*

Swietenia.
Cedrela.

ORDRE XV.

SARMENTACÉES, *Sarmentaceæ.*

Cissus.
Vitis.

ORDRE XVI.

GÉRANOÏDES, *Geranoïdeæ.*

Erodium.	*Geranium.*
Geranium.	
Pelargonium.	*Geranium.*
Monsonia.	

Genres ayant de l'affinité avec les Géranoïdes.

Tropæolum.	
Balsamina.	*Impatiens.*
Oxalis.	

ORDRE XVII.

MALVACÉES, *Malvaceæ.*

I. *Étamines en nombre indéterminé, réunies en un tube corollifère. Fruit formé par plusieurs capsules ramassées en tête.*

Palava.	*
Malope.	

II. *Étamines en nombre indéterminé, réunies en un tube corollifère. Fruit formé par plusieurs capsules verticillées, ou disposées orbiculairement.*

Malva.
Althæa.
Lavatera.
Malachra.

Noms de Jussieu.	*Noms de Linné.*
Pavonia.	*Hibiscus.*
Urena.	
Napæa.	
Sida.	

III. *Étamines en nombre indéterminé, réunies en un tube corollifère. Fruit simple, à plusieurs loges.*

Anoda.	*Sida.*
Solandra.	
Hibiscus.	
Malvaviscus.	*Hibiscus.*
Gossypium.	

IV. *Étamines en nombre déterminé, réunies en un tube corollifère. Fruit à plusieurs loges.*

Fugosia.	*

V. *Étamines en nombre déterminé ou indéterminé, toutes fertiles, et réunies à leur base en un godet sessile.*

Melochia.	
Ruizia.	
Mallachodendrum.	*
Gordonia.	
Hugonia.	
Bombax.	
Adansonia.	

VI. *Étamines presque toujours en nombre déterminé, réunies à leur base en un godet sessile, dont quelques-unes stériles mêlées parmi les fertiles.*

Velaga.	*Pentapetes.*
Theobroma.	
Abroma.	*Theobroma.*
Guazuma.	*Theobroma.*
Dombeya.	*
Pentapetes.	*
Assonia.	*
Byttneria.	

VII. *Étamines ordinairement en nombre déterminé et fertiles, réunies à leur base en un godet qui*

Noms de Jussieu.	Noms de Linné.

fait presque corps avec l'ovaire. Godes et ovaire portés sur le même pied.

Ayenia.
Kleinhovia.
Helicteres.
Sterculia.

ORDRE XVIII.

TILIACÉES, *Tiliaceæ.*

I. *Étamines en nombre déterminé et monadelphes.*

Waltheria.
Hermannia.
Mahernia.

II. *Étamines distinctes, presque toujours en nombre indéterminé. Fruit à plusieurs loges.*

Antichorus.	
Corchorus.	
Heliocarpos.	
Triumfetta.	
Sparmannia.	
Sloanea.	
Apeiba.	Sloanea.
Muntingia.	
Flacurtia.	. . . . . .
Stuartia.	. . . . . .
Grewia.	
Tilia.	

III. *Étamines en nombre indéterminé, distinctes. Fruit à une seule loge. Genre ayant de l'affinité avec les Tiliacées.*

Bixa.

ORDRE XIX.

CISTOÏDES, *Cistoïdeæ.*

Cistus.	
Helianthemum.	Cistus.

Genre ayant de l'affinité avec les Cistoïdes.

Viola.

Noms de Jussieu.	Noms de Linné.

ORDRE XX.

RUTACÉES, *Rutaceæ.*

I. *Feuilles munies de stipules, presque toujours opposées.*

Tribulus.
Fagonia.
Zigophyllum.
Guiacum.

II. *Feuilles alternes, dépourvues de stipules.*

Ruta.
Peganum.
Dictamnus.

Genres ayant de l'affinité avec les Rutacées.

Mellanthus.
Diosma.

ORDRE XXI.

CARYOPHYLLÉES, *Caryophilleæ.*

I. *Calice divisé profondément en cinq segmens. Trois étamines. Un seul ou le plus souvent trois styles.*

Ortegia.
Loeflingia.
Holosteum.
Polycarpon.
Mollugo.
Minuartia.
Queria.

II. *Calice divisé. Quatre étamines. Deux ou quatre styles.*

Buffonia.
Sagina.

III. *Calice divisé profondément en cinq segmens. Cinq ou huit étamines. Un ou quatre styles.*

Alsine.	
Hagea.	. . . . . .
Pharnaceum.	
Moerhingia.	

Noms de Jussieu.	*Noms de Linné.*
Elatine.	

IV. *Calice divisé profondément en cinq feuillets. Dix étamines. Trois ou cinq styles.*

Spergula.
Cerastium.
Cherleria.
Arenaria.
Stellaria.

V. *Calice tubulé. Dix étamines dont cinq alternes hypogynes, et cinq alternes ordinairement épipétales. Deux, trois ou cinq styles.*

Gypsophila.
Saponaria.

Noms de Jussieu.	*Noms de Linné.*
Dianthus.	
Silene.	
Cucubalus.	
Lychnis.	
Agrostema.	
Githago.	*Agrostema.*

VI. *Calice tubulé. Étamines de cinq à six. Deux ou trois styles.*

Velezia.
Drypis.

VII. *Genre ayant de l'affinité avec les Caryophyllées.*

Frankenia.
Linum.
Lechea.

CLASSE QUATORZIÈME.

PLANTES DICOTYLEDONES POLYPÉTALES.

ÉTAMINES PÉRIGYNES.

ORDRE I.

PORTULACÉES, *Portulaceæ.*

I. *Fruit à une seule loge.*

Portulaca.	
Talinum.	*Portulaca.*
Claytonia.	
Montia.	
Telephium.	
Corrigiola.	
Scleranthus.	

II. *Fruit à plusieurs loges.*

Trianthema.
Limeum.
Gisekia.

ORDRE II.

FICOÏDES, *Ficoïdeæ.*

I. *Ovaire libre.*

Reaumuria.
Sesuvium.
Aizoon.
Glinus.

II. *Ovaire adhérent.*

Mesembryanthemum.
Tetragonia.

ORDRE III.

SUCCULENTES, *Succulentæ.*

Tillæa.
Crassula.
Cotyledon.
Rhodiola.
Sedum.
Sempervivum.
Septas.

Genre ayant de l'affinité avec les Succulentes.

Penthorum.

Noms de Jussieu.	*Noms de Linné.*

ORDRE IV.

SAXIFRAGÉES, *Saxifrageæ.*

I. *Corolle polypétale. Plantes herbacées.*

Tiarella.
Mitella.
Heuchera.
Saxifraga.

II. *Corolle polypétale. Plantes ligneuses ou sous-ligneuses.*

Hydrangæa.
Hortensia. . . . . .
Weinmannia.
Cunonia.

III. *Genres ayant de l'affinité avec les Saxifragées. Corolles nulles. Plantes herbacées.*

Chrysosplenium.
Adoxa.

IV. *Genres tenant le milieu entre les Saxifragées et les Cactoïdes.*

Cercodia.	*Tetragonia.*
Ribes.	

ORDRE V.

CACTOÏDES, *Cactoïdeæ.*

Cactus.

ORDRE VI.

MELASTOMÉES, *Melastomeæ.*

I. *Ovaire adhérent ou demi-adhérent.*

Melastoma.
Osbeckia.

II. *Ovaire libre.*

Rexia.

ORDRE VII.

CALYCANTHÈMES, *Calycanthemæ.*

I. *Fleurs polypétales.*

Pemphis.	*Lythrum.*
Ginoria.	
Lawsonia.	
Lythrum.	
Acisanthera.	*Rhexia.*
Parsonsia.	*Lythrum.*
Cuphea.	*Lythrum.*

II. *Fleurs souvent apétales.*

Isnardia.
Amannia.
Glaux.
Peplis.

ORDRE VIII.

ÉPILOBIENNES, *Epilobianeæ.*

I. *Noix à une seule loge. Étamines en nombre égal à celui des pétales.*

Trapa.

II. *Capsules à plusieurs loges. Étamines en nombre égal à celui des pétales.*

Circæa.
Lopezia. . . . . . .
Ludwigia.

III. *Capsule à une ou plusieurs loges. Etamines en nombre double de celui des pétales.*

Jussiæa.
Œnothera.
Epilobium.
Gaura.

IV. *Genre ayant également de l'affinité avec les Epilobiennes et avec les Myrtoïdes.*

Fuchsia.

ORDRE IX.

MYRTOÏDES, *Myrtoïdeæ.*

I. *Fleurs solitaires, axillaires ou opposées sur des pédoncules multiflores. Feuilles ordinairement opposées et ponctuées.*

Alangium. . . . .
Eucalyptus. . . . .

Noms de Jussieu.	*Noms de Linné.*
Melaleuca.	
Metrosideros.	. . . .
Leptospermum.	. . . .
Fabricia.	. . . . .
Philadelphus.	
Psidium.	
Myrtus.	
Eugenia.	
Caryophyllus.	
Punica.	

II. *Fleurs disposées en grappes, et alternes sur un axe commun. Feuilles presque toujours alternes et non ponctuées.*

Lagerstromia.	*Mammea.*
Butonica.	*Eugenia.*

ORDRE X.

ROSACÉES, *Rosaceæ.*

I. POMMACÉES, *Pomaceæ. Ovaire simple, adhérent. Plusieurs styles. Pomme ombiliquée et couronnée par le limbe du calice, à plusieurs loges. Radicule inférieure. Arbres ou Arbrisseaux. Fleurs hermaphrodites complètes. Étamines en nombre indéterminé.*

Malus.	*Pyrus.*
Pyrus.	
Cydonia.	*Pyrus.*
Mespilus.	
Cratægus.	
Sorbus.	

II. ROSACÉES, *Rosaceæ. Ovaires en nombre indéterminé, recouverts par le calice en forme de godet et resserré à son orifice : chaque ovaire terminé par un seul style. Semences en nombre égal à celui des ovaires. Radicule supérieure. Arbrisseaux, fleurs hermaphrodites complètes. Étamines en nombre indéterminé.*

Rosa.

Noms de Jussieu.	*Noms de Linné.*

III. AGRIMONIÉES, *Agrimoniæ. Ovaires en nombre déterminé (rarement un seul), recouverts par le calice en forme de godet, et resserré à son orifice : chaque ovaire terminé par un seul style. Semences en nombre égal à celui des ovaires. Radicule supérieure. Plantes la plupart herbacées. Fleurs souvent apétales, quelquefois diclines. Étamines communément en nombre déterminé.*

Poterium.
Sanguisorba.
Ancistrum.
Agrimonia.
Neurada.
Cliffortia.
Aphanes.
Alchemilla.
Sibbaldia.

IV. DRYADÉES, *Dryadeæ. Ovaires en nombre indéterminé, portés sur un réceptacle commun : chaque ovaire terminé par un seul style. Semences en nombre égal à celui des ovaires, nues ou plus rarement en forme de baies. Radicule supérieure. Plantes la plupart herbacées. Fleurs hermaphrodites complètes. Étamines en nombre indéterminé.*

Tormentilla.
Potentilla.
Fragaria.
Comarum.
Geum.
Dryas.
Rubus.

V. ULMAIRES, *Ulmariæ. Ovaires en nombre déterminé : chaque ovaire terminé par un seul style. Capsules en nombre égal à celui des ovaires, renfermant une ou plusieurs semences. Radicule supérieure. Plantes ordinairement ligneuses. Fleurs*

Noms de Jussieu.	*Noms de Linné.*

presque toujours hermaphrodites et complètes. Étamines en nombre indéterminé.

Spiræa.

VI. AMYGDALÉES, *Amygdaleæ. Ovaire simple, libre, terminé par un seul style. Drupe renfermant un noyau à une ou deux semences. Membrane intérieure de la semence un peu renflée et légèrement charnue. Radicule supérieure. Arbres ou arbrisseaux. Fleurs hermaphrodites complètes. Étamines en nombre indéterminé.*

Chrysobalanus.	
Cerasus.	
Prunus.	
Armeniaca.	*Prunus.*
Amygdalus.	

VII. *Genre ayant de l'affinité avec les Rosacées.*

Calycanthus.

ORDRE XI.

LÉGUMINEUSES, *Leguminosæ.*

I. *Corolle régulière. Gousse à plusieurs loges renfermant chacune une seule semence, le plus souvent à deux battans. Cloisons transversales. Étamines distinctes. Arbres ou Arbrisseaux, rarement Herbes. Feuilles pinnées, sans foliole impaire.*

Mimosa.	
Gleditsia.	
Gymnocladus.	*Guilandina.*
Ceratonia.	
Tamarindus.	
Parkinsonia.	
Schotia.	*Guaiacum.*
Cassia.	

II. *Corolle régulière. Gousse à une seule loge, à deux battans (à trois dans le* Moringa *). Dix étamines distinctes. Arbres ou arbrisseaux. Feuilles ordinairement pinnées sans foliole impaire.*

Moringa.
Prosopis.
Cadia.
Hæmatoxylum.
Adenanthera.
Poinciana.
Cæsalpinia.
Guilandina.

III. *Corolle régulière ou presque régulière. Étamines distinctes ou seulement réunies à la base. Gousse à une seule loge, à deux battans. Arbres ou arbrisseaux. Feuilles pinnées sans foliole impaire, ou conjuguées ou presque simples.*

Cynometra. . . . .
Hymenæa.
Bauhinia.

IV. *Corolle irrégulière, papilionacée. Dix étamines distinctes ou rarement réunies à la base. Gousse à une seule loge, à deux battans. Arbres ou Arbrisseaux. Feuilles simples ou trois à trois, ou pinnées, avec une foliole impaire.*

Cercis.
Anagyris.
Sophora.

V. *Corolle irrégulière papilionacée. Dix étamines presque toujours diadelphes (rarement monadelphes). Gousse à une seule loge, à deux battans. Arbrisseaux ou Herbes. Feuilles simples, ou trois à trois, ou plus rarement digitées. Stipules libres ou adhérentes à la base du pétiole, quelquefois peu apparentes.*

Ulex.
Aspalathus.

Noms de Jussieu.	*Noms de Linné.*
Borbonia.	
Liparia.	
Spartium.	
Genista.	
Cytisus.	
Crotalaria.	
Lupinus.	
Ononis.	
Arachis.	
Anthyllis.	
Kuhnistera.	. . . . .
Dalea.	*Psoralea.*
Psoralea.	
Trifolium.	
Melilotus.	*Trifolium.*
Medicago.	
Trigonella.	
Lotus.	
Dolichos.	
Phaseolus.	
Erythrina.	
Clitoria.	
Glycine.	

VI. *Corolle irrégulière papilionacée. Dix étamines diadelphes (rarement monadelphes.) Gousse à une seule loge (à deux loges dans l'*Astragalus *et le* Bisserula*), à deux battans. Herbes ou Arbrisseaux, ou Arbres de moyenne grandeur. Feuilles pinnées avec une foliole impaire.*

Noms de Jussieu.	*Noms de Linné.*
Abrus.	
Amorpha.	
Piscidia.	
Robinia.	
Caragana.	*Robinia.*
Astragalus.	
Bisserula.	
Phaca.	
Colutea.	
Glycyrrhiza.	
Galega.	
Indigofera.	

VII. *Corolle irrégulière papilionacée. Dix étamines diadelphes. Gousse à une seule loge, à deux battans. Herbes. Feuilles pinnées ou conjuguées. Pétiole commun terminé par une vrille (par une foliole dans le* Cicer*). Stipules distinctes du pétiole.*

Noms de Jussieu.	*Noms de Linné.*
Lathyrus.	
Pisum.	
Orobus.	
Vicia.	
Faba.	*Vicia.*
Ervum.	
Cicer.	

VIII. *Corolle irrégulière papilionacée. Dix étamines diadelphes. Gousse articulée, chaque articulation renfermant une seule semence. Herbes ou Arbrisseaux, plus rarement Arbres. Feuilles simples ou trois à trois, ou plus souvent pinnées avec une foliole impaire. Stipules distinctes du pétiole.*

Noms de Jussieu.	*Noms de Linné.*
Scorpiurus.	
Ornithopus.	
Hippocrepis.	
Coronilla.	
Hedysarum.	
Æschynomene.	
Diphysa.	. . . .

IX. *Corolle irrégulière papilionacée. Étamines presque toujours au nombre de dix, et diadelphes. Fruit le plus souvent léguminenx, à une seule loge, renfermant ordinairement une seule semence et ne s'ouvrant point. Arbres ou Arbrisseaux. Feuilles communément pinnées avec une foliole impaire. Stipules distinctes du pétiole, caduques.*

Noms de Jussieu.	*Noms de Linné.*
Dalbergia.	. . . .
Geoffræa.	. . . .
Nissolia.	
Pterocarpus.	

Noms de Jussieu.	*Noms de Linné.*

X. *Corolle irrégulière (quelquefois nulle). Dix étamines distinctes. Gousse capsulaire à une seule loge, renfermant ordinairement une seule semence et ne s'ouvrant point. Arbres ou Arbrisseaux. Feuilles simples ou pinnées avec une foliole impaire. Stipules distinctes du pétiole, caduques.*

Copaïfera.
Myrospermum. . . . .

XI. *Genres ayant de l'affinité avec les Légumineuses.*

Securidaca.
Brownea.

ORDRE XII.

TÉRÉBINTACÉES, *Terebintaceæ.*

I. *Ovaire simple. Fruit à une seule loge, renfermant une seule semence.*

Cassuvium.	*Anacardium.*
Anacardium.	
Mangifera.	
Rhus.	

II. *Ovaire simple. Fruit à plusieurs loges.*

Cneorum.	
Rumphia.	
Comocladia.	
Amyris.	
Schinus.	
Terebinthus.	*Pistacia.*
Bursera.	
Toluifera.	
Spondias.	

III. *Plusieurs ovaires. Fruit formé par plusieurs capsules renfermant chacune une seule semence.*

Aylanthus. . . . .
Brucea.

Noms de Jussieu.	*Noms de Linné.*

IV. *Genres ayant de l'affinité avec les Térébintacées, et se rapprochant des Rhamnoïdes par l'embryon muni d'un périsperme charnu.*

Cnestis. . . . . . ;
Fagara.
Zantoxylum.
Ptelea.

V. *Genres ayant de l'affinité avec les Térébintacées. Embryon dépourvu de périsperme.*

Dodonæa.
Averrhoa.
Juglans.

ORDRE XIII.

RHAMNOÏDES, *Rhamnoïdeæ.*

I. *Etamines alternes avec les pétales. Fruit à capsule.*

Staphylea.
Evonymus.
Polycardia. . . . . .
Celastrus.

II. *Etamines alternes avec les pétales. Fruit mou, drupe ou baie. Pétales dilatés et réunis à leur base dans quelques genres.*

Myginda.
Elæodendrum. . . . . . ;
Cassine.
Ilex.
Prinos.

III. *Etamines opposées aux pétales. Fruit, Drupe.*

Rhamnus.	
Ziziphus.	*Rhamnus.*
Paliurus.	*Rhamnus.*

IV. *Etamines opposées aux pétales. Fruit formé de trois coques.*

Colletia. . . . . . .

Noms de Jussieu.	*Noms de Linné.*
Ceanothus.	
Phylica.	

V. *Genres ayant de l'affinité avec les Rhamnoïdes. Ovaire rarement libre.*

Noms de Jussieu.	*Noms de Linné.*
Brunia.	
Staavia.	*Brunia.*
Gouania.	
Plectronia.	
Aucuba.	

CLASSE QUINZIÈME.

PLANTES DICOTYLEDONES APÉTALES.

ÉTAMINES IDIOGYNES OU SÉPARÉES DU PISTIL.

ORDRE I.

TITHYMALOÏDES, *Tithymaloïdeæ.*

I. *Styles en nombre déterminé, ordinairement trois.*

Mercurialis.
Euphorbia.
Phyllanthus.
Kiggellaria.
Klutia.
Andrachne.
Agyneja.
Buxus.
Adelia.
Ricinus.
Jatropha.
Hevea. . . . .
Aleurithes. . . . .
Croton.
Acalypha.

II. *Un seul style.*

Tragia.
Stillingia.
Sapium. . . . . . .
Hippomane.
Hura.
Omphalea.
Plukenetia.
Dalechampia.

ORDRE II.

CUCURBITACÉES, *Cucurbitaceæ.*

I. *Un seul style. Fruit à une seule loge, renfermant une seule semence.*

Gronovia.
Sicyos.

II. *Un seul style. Fruit à une seule loge, renfermant plusieurs semences.*

Bryonia.
Elaterium.

III. *Un seul style. Fruit à plusieurs loges, renfermant plusieurs semences.*

Melothria.	
Luffa.	*Momordica.*
Momordica.	
Cucumis.	
Cucurbita.	
Trichosanthes.	
Ceratosanthes.	

IV. *Genres ayant de l'affinité avec les Cucurbitacées.*

Passiflora.

Noms de Jussieu.	*Noms de Linné.*
Murucaïa.	*Passiflora.*
Papaya.	*Carica.*

ORDRE III.

URTICÉES, *Urticeæ.*

I. *Fleurs renfermées dans une collerette commune composée de plusieurs feuilles.*

Ficus.
Ambora. . . . . .
Dorstenia.

II. *Fleurs portées sur un réceptacle commun multiflore, ramassées en tête et munies d'écailles qui tiennent lieu de collerette ou distinctes et éparses.*

Boehmeria.	*Caturus.*
Urtica.	
Forskoehlea.	
Parietaria.	
Pteranthus.	
Humulus.	
Cannabis.	
Ambrosia.	
Xanthium.	
Theligonum.	

III. *Genres tenant le milieu entre les Urticées et les Amentacées.*

Piper.	
Cecropia.	
Antocarpos.	
Morus.	
Broussonetia.	*Morus.*

ORDRE IV.

AMENTACÉES, *Amentaceæ.*

I. *Ovaire simple, libre. Fleurs hermaphrodites.*

Fothergilla.
Ulmus.
Celtis.

Noms de Jussieu.	*Noms de Linné.*

II. *Ovaire simple, libre. Fleurs dioïques.*

Salix.
Populus.
Myrica.

III. *Ovaire simple, libre. Fleurs monoïques.*

Comptonia.	*Liquidambar.*
Betula.	
Alnus.	*Betula.*
Corylus.	

IV. *Ovaire adhérent. Fleurs monoïques.*

Quercus.	
Carpinus.	
Castanea.	*Fagus.*
Fagus.	

V. *Plusieurs ovaires. Fleurs monoïques.*

Liquidambar.
Platanus.

ORDRE V.

CONIFÈRES, *Coniferæ.*

I. *Calice supportant les étamines.*

Ephedra.
Casuarina.
Taxus.

IV. *Calice nul. Écailles supportant les Étamines.*

Juniperus.	
Cupressus.	
Thuya.	
Abies.	*Pinus.*
Pinus.	

PLANTES D'ORDRES INDÉTERMINÉS.

APÉTALES HERMAPHRODITES ÉLEUTHÉROGYNES.

Cuscuta.
Coriaria.

Noms de Jussieu.	*Noms de Linné.*
APÉTALES DICLINES ÉLEUTHÉROGYNES.	
Cerathophyllum.	
Myriophyllum.	
Nayas.	
Callitriche.	
Lenticula.	*Lemma.*
Nepenthes.	
APÉTALES DICLINES SYMPHYTOGYNES.	
Datisca.	
MONOPÉTALES ÉLEUTHÉROGYNES.	
COROLLE IRRÉGULIÈRE.	
Tozzia.	
Globularia.	
MONOPÉTALES SYMPHYTOGYNES.	
Chloranthus.	
Samolus.	
POLYPÉTALES ÉLEUTHÉROGYNES.	
COROLLE RÉGULIÈRE.	
Asima.	
Commersonia.	
Monotrapa.	
Drosera.	
Dionæa.	
Aristotelia.	
Sarracenia.	
Tamarix.	
Nitraria.	
Turnera.	
POLYPÉTALES SYMPHYTOGYNES.	
Begonia.	

SYSTÈME DE LUDWIG,

Sur la régularité et l'irrégularité de la Corolle et le nombre des Pétales.

LUDWIG dans la seconde édition de ses *Definitiones Generum Plantarum*, divise les plantes par les Fleurs I.° Enveloppées. II.° Nues. Les premières sont 1.° Parfaites; 2.° Relatives. Les parfaites sont 1.° Pétalées; 2.° Apétales. Les pétalées sont A Monopétales, *a* simples, * régulières, ** irrégulières, *b* composées, * tubulées, ** lingulées, *** mixtes; B Dipétales; C Tripétales; D Tétrapétales, * régulières, ** irrégulières; E Pentapétales, * régulières, ** irrégulières, *** ombellées; F. Hexapétales; G Polypétales. Les Fleurs parfaites Apétales ne sont pas sous-divisées. Les Fleurs Relatives sont A Monophytes; B Diphytes. Les Fleurs Nues renferment la Cryptogamie de LINNÉ.

CLEF DU SYSTÈME

DE LUDWIG.

Les plantes ont des fleurs

- I.° Enveloppées.
  - 1° Parfaites.
    - 1° Pétalées.
      - A Monopétales.
        - a Simples. . .
          - * *Régulières.* 1
          - ** *Irrégulières.* 2
        - b Composées.
          - * *Tubulées.* 3
          - ** *Ligulées.* 4
          - *** *Mixtes.* 5
      - B Dipétales 6
      - C Tripétales 7
      - D Tétrapétales. . . . . .
        - * *Régulières.* 8
        - ** *Irrégulières.* 9
      - E Pentapétales. . . . . .
        - * *Régulières.* 10
        - ** *Irrégulières.* 11
        - *** *Ombellées.* 12
      - F Hexapétales. 13
      - G Polypétales 14
    - 2° Apétales 15
  - 2° Relatives
    - A Monophytes. 16
    - B Diphytes. 17
- II.° Nues 18

TABLEAU
DU SYSTÈME DE LUDWIG.

CLASSE I.

Plantes à Fleurs enveloppées, parfaites, pétalées, monopétales, simples, régulières.

A. DEUX ANTHÈRES.

I. UN PISTIL.

a. *Fruit à capsule.*

Noms de Ludwig.	*Noms de Linné.*	
1 Lilac.	22 *Syringa.*	

b. *Fruit à baie.*

2 Olea.	20	
3 Phillyrea.	19	
4 Chionanthus.	21	
5 Jasminum.	17	
6 Ligustrum.	18	

c. *Fruit inconnu.*

7 Eranthemum.	24	

B. TROIS ANTHÈRES.

II. UN PISTIL.

a. *Fruit nu.*

8 Boerrhaavia.	9	

b. *Fruit à capsule.*

9 Crocus.	61	
10 Bulbocodium.	61	*Crocus.*

c. *Fruit à baie.*

11 Cassyta.	548	
12 Comocladia.	53	

C. QUATRE ANTHÈRES.

I. UN PISTIL.

a. *Fruit nu.*

Noms de Ludwig.	*Noms de Linné.*	
13 Galium.	132	
14 Rubeola.	133	*Crucianella.*
15 Asperula.	128	
16 Spermacoce.	126	
17 Knoxia.	130	
18 Avicenia.	855	

b. *Fruit à capsule.*

1. *à une loge.*

19 Centunculus	151	
20 Scoparia.	149	

2. *à deux loges.*

21 Capraria.	827	
22 Sanguisorba.	152	
23 Buchnera.	833	
24 Budleia.	146	
25 Polypremum.	143	
26 Citharexylon.	818	
27 Hedyotis.	124	
28 Plantago.	148	
29 Exacum.	147	
30 Linnæa.	835	
31 Sibthorpia.	836	
32 Diodia.	129	

3. *à trois loges.*

33 Blæria.	145	

Noms de Ludwig.		Noms de Linné.	

4. *à quatre loges.*

34	Sarcocolla.	144	*Penaea.*

c. *Fruit à baie.*

35	Cissus.	153	
36	Pavetta.	138	
37	Catesbaea.	136	
38	Eriphia.	......	
39	Callicarpa.	141	
40	Lygistum.	......	
41	Mitchella.	140	
42	Rubia.	134	
43	Randia.	225	
44	Petesia.	......	
45	Coccocipsilum.	......	
46	Sicelium.	......	
47	Siphonanthus.	135	
48	Scurrula.	......	

II. DEUX PISTILS.

49	Cuscuta.	182	
50	Basella.	413	

III. QUATRE PISTILS.

51	Coldenia.	185	
52	Aquifolium.	184	*Ilex.*

D. CINQ ANTHÈRES.

I. UN PISTIL.

a. *Fruit nu.*

1. *Une semence.*

53	Seriphium.	1087	
54	Corymbium.	1089	
55	Mirabilis.	259	
56	Plumbago.	227	

2. *Deux semences.*

57	Borrago.	200	
58	Borraginoïdes.	......	
59	Buglossum.	194	*Anchusa*
60	Cynoglossum.	195	
61	Cerinthe.	198	
62	Symphytum.	197	
63	Lithospermum.	193	
64	Pulmonaria.	196	
65	Omphalodes.	195	*Cynoglossum.*
66	Heliotropium.	191	
67	Myosotis.	192	
68	Asperugo.	201	

b. *Fruit à capsule.*

1. *à une loge.*

69	Anagallis.	220	
70	Lysimachia.	219	
71	Bellonia.	242	
72	Samolus.	238	
73	Androsace.	209	
74	Aretia.	208	
75	Hottonia.	216	
76	Glaux.	314	
77	Cortusa.	211	
78	Cyclamen.	214	
79	Meadia.	213	*Dodecatheon.*
80	Hydrophyllum.	217	
81	Primula.	210	
82	Menyanthes.	215	
83	Soldanella.	212	
84	Theophrasta.	221	
85	Chomelia.	......	
86	Galax.	296	

2. *à deux loges.*

87	Pervinca.	322	*Vinca.*
88	Echites.	324	
89	Stramonium.	263	*Datura.*
90	Portlandia.	243	
91	Nicotiana.	265	
92	Myrsiphyllum.	......	
93	Lisianthus.	224	
94	Spigelia.	222	
95	Rondeletia.	240	
96	Quinquina.	245	*Cinchona.*
97	Chironia.	275	
98	Mitreola.	223	*Ophiorhiza.*
99	Roella.	235	

3. *à trois loges.*

100	Campanula.	234	

Noms de Ludwig.	Noms de Linné.	
101 Jasione.	1090	
102 Trachelium.	237	
103 Polæmonium.	233	
104 Diapensia.	207	
105 Convolvulus.	231	
106 Philyca.	285	
107 Lychnidea.	229	*Phlox.*

4. à quatre loges.

108 Symphoricarpos.	250	*Lonicera.*

5. à cinq loges.

109 Azalea.	226	
110 Cedrela.	297	

c. Fruit à baie.

111 Ahouai.	319	*Cerbera.*
112 Matthiola.	258	
113 Morinda.	252	
114 Collococcus.	......	
115 Rauwolfia.	316	
116 Coffea.	247	
117 Psychotrophum.	246	*Psychotria.*
118 Chiococca.	248	
119 Sebestena.	276	*Cordia.*
120 Tournefortia.	205	
121 Valdia.	850	*Ovieda.*
122 Alaternus.	284	*Rhamnus.*
123 Chrysophyllum.	282	
124 Sideroxylon.	283	
125 Mussænda.	257	
126 Buttneria.	288	
127 Alkekengi.	267	*Physalis.*
128 Physalodes.	266	*Atropa.*
129 Solanum.	268	
130 Capsicum.	269	
131 Mandragora.	266	*Atropa.*
132 Belladona.	266	*Atropa.*
133 Strychnos.	270	
134 Cestrum.	272	
135 Brunfelsia.	281	
136 Ophioxylum.	1264	
137 Genipa.	271	
138 Varronia.	279	
139 Ehretia.	278	

Noms de Ludwig.	Noms de Linné.	
140 Heureria.	......	
141 Myrsine.	289	
142 Erithalis.	255	
143 Patagonica.	277	*Patagonula.*

II. DEUX PISTILS.

a. Fruit nu.

144 Gomphrena.	343	

b. Fruit à capsule.

1. simple.

145 Cressa.	341	
146 Gentiana.	351	
147 Centaurium.	352	*Gentiana.*

2. double.

148 Apocynum.	332	
149 Asclepias.	333	
150 Cynanchum.	331	
151 Stapelia.	334	
152 Periploca.	330	
153 Nerium.	323	
154 Plumeria.	325	
155 Ceropegia.	328	
156 Tabernæmontana.	327	

III. TROIS PISTILS.

157 Viburnum.	400	
158 Opulus.	400	*Viburnum.*
159 Sambucus.	402	
160 Cassine.	401	

E. SIX ANTHÈRES.

I. UN PISTIL.

a. Fruit nu.

161 Richardia.	472	

b. Fruit à capsule.

1. à une loge.

162 Tillandsia.	428	

2. à trois loges.

163 Hypoxis.	450	
164 Aloë.	464	

	Noms de Ludwig.	Noms de Linné.	
165	Yucca.	463	
166	Narcissus.	436	
167	Pancratium.	437	
168	Crinum.	438	
169	Asphodelus.	454	
170	Cameraria.	326	
171	Hyacinthus.	461	
172	Muscari.	461	*Hyacinthus.*
173	Aletris.	462	
174	Polyanthes.	460	
175	Hæmanthus.	432	
176	Renealmia.	. . . . . .	

c. *Fruit à baie.*

177	Loranthus.	478	
178	Polygonatum.	459	*Convallaria.*
179	Convallaria.	459	
180	Prinos.	474	

II. TROIS PISTILS.

181	Colchicum.	492	

F. SEPT ANTHÈRES.

I. UN PISTIL.

182	Trientalis.	496	
183	Halesia.	651	

G. HUIT ANTHÈRES.

I. UN PISTIL.

a. *Fruit à capsule.*

184	Ericoïdes.	524	*Erica.*
185	Halimus.	. . . . . .	

b. *Fruit à baie.*

186	Thymelea.	526	*Daphne.*
187	Dirca.	527	
188	Laurus.	545	
189	Vaccinium.	523	
190	Guaicana.	1274	*Diospyros.*
191	Santalum.	169	

II. QUATRE PISTILS.

192	Moschatellina.	543	*Adoxa.*

	Noms de Ludwig.	Noms de Linné.	

H. NEUF ANTHÈRES.

I. UN PISTIL.

193	Volkameria.	851	

II. DEUX PISTILS.

194	Rheum.	549	

I. DIX ANTHÈRES.

I. UN PISTIL.

195	Trichogamia.	. . . . . .	
196	Kalmia.	590	
197	Erica.	593	*Andromeda.*
198	Epigæa.	594	
199	Gaultheria.	595	
200	Arbutus.	596	
201	Anacardium.	546	

II. DEUX PISTILS.

202	Royena.	603	

III. TROIS PISTILS.

203	Cotyledon.	628	
204	Oxys.	634	*Oxalis.*

K. DOUZE ANTHÈRES.

I. UN PISTIL.

205	Hillia.	479	

L. ANTHÈRES NOMBREUSES.

I. UN PISTIL.

a. *Filamens des étamines formant une gaine cylindrique.*

206	Zygia.	. . . . . .	
207	Malva.	906	
208	Alcæa.	905	
209	Althæa.	904	
210	Lavatera.	907	
211	Malacoïdes.	908	*Malope.*
212	Malvinda.	. . . . . .	
213	Abutilon.	902	*Sida.*
214	Napæa.	1244	
215	Gossypium.	910	
216	Ketmia.	921	*Hibiscus.*

Noms de Ludwig.	Noms de Linn.	
217 Urena.	909	
218 Stewartia.	912	
219 Pentapetes.	899	
220 Adansonia.	900	
221 Camellia.	914	
222 Malvaviscus.	911	*Hibiscus.*

b. Filamens des étamines distincts.

223 Mimosa.	1271	
224 Gethyllis.	644	
225 Styrax.	599	
226 Plinia.	676	
227 Melocactus.	668	*Cactus.*
228 Cereus.	. . . .	
229 Opuntia.	668	*Cactus.*
230 Pereskia.	668	*Cactus.*
231 Marcgravia.	696	

II. TROIS PISTILS.

232 Euphorbia.	665	

III. QUATRE OU PLUSIEURS PISTILS.

233 Ficoïdes.	684	*Mesembryanthemum.*

CLASSE II.

Plantes à Fleurs enveloppées, parfaites, pétalées, monopétales, simples, irrégulières.

A. UNE ANTHÈRE.

I. UN PISTIL.

234 Canna.	1
235 Curcuma.	6
236 Amomum.	2
237 Costus.	3
238 Maranta.	5
239 Alpinia.	4

B. DEUX ANTHÈRES.

I. UN PISTIL.

a. Fruit nu.

Noms de Ludwig.	Noms de Linn.	
240 Morina.	44	
241 Collinsonia.	43	
242 Salvia.	42	
243 Rosmarinus.	41	
244 Lycopus.	36	
245 Amethystea.	37	
246 Monarda.	40	
247 Ziziphora.	39	

b. Fruit à capsule.

248 Zingiber.	. . . .	
249 Pinguicula.	33	
250 Lentibularia.	34	*Utricularia.*
251 Gratiola.	30	
252 Veronica.	26	
253 Pæderota.	27	
254 Adhatoda.	28	*Justicia.*
255 Jungia.	29	*Dianthera.*
256 Monniera.	918	

C. TROIS ANTHÈRES.

I. UN PISTIL.

a. Fruit nu.

257 Valeriana.	48	
258 Valerianella.	48	*Valeriana.*

b. Fruit à capsule.

259 Gladiolus.	63
260 Antholyza.	64
261 Cunonia.	605
262 Iris.	65

c. Fruit inconnu.

263 Olax.	49

II. TROIS PISTILS.

264 Montia.	107

D. QUATRE ANTHÈRES.

I. UN PISTIL.

a. Fruit nu.

1. une semence.

265 Schwalbea.	802
266 Phryma.	796
267 Manettia.	171

	Noms de Ludwig.	Noms de Linné.	
	2. deux semences.		
268	Mesophærum.	. . . . . .	
	3. quatre semences.		
269	Teucrium.	764	
270	Bugula.	763	*Ajuga.*
271	Lamium.	774	
272	Galeopsis.	775	
273	Stachys.	777	
274	Prasium.	795	
275	Phlomis.	781	
276	Leonurus.	780	
277	Cardiaca.	780	*Leonurus.*
278	Orvala.	774	*Lamium.*
279	Dracocephalon.	787	*Dracocephalum.*
280	Moldavica.	787	*Dracocephalum.*
281	Brunella.	793	*Prunella.*
282	Cassida.	792	*Scutellaria.*
283	Betonica.	776	
284	Ballote.	778	*Ballota.*
285	Cataria.	768	*Nepeta.*
286	Cunila.	38	
287	Trichostema.	791	
288	Mentha.	771	
289	Pulegium.	771	*Mentha.*
290	Satureia.	765	
291	Thymus.	785	
292	Thymbra.	766	
293	Molucca.	782	*Molucella.*
294	Marrubium.	779	
295	Pseudo-Dictamnus.	779	*Marrubium.*
296	Melissa.	786	
297	Melittis.	789	
298	Clinopodium.	783	
299	Chamæclema.	773	*Glechoma.*
300	Lavandula.	769	
301	Origanum.	784	
302	Dictamnus.	. . . . . .	
303	Majorana.	784	*Origanum.*

	Noms de Ludwig.	Noms de Linné.	
304	Verbena.	33	
305	Horminum.	788	
306	Hyssopus.	767	
307	Ocimum.	790	
	b. Fruit à capsule.		
	1. à une loge.		
308	Craniolaria.	810	
309	Squamaria.	801	*Lathræa.*
310	Clandestina.	801	*Lathræa.*
311	Lippia.	844	
312	Barleria.	848	
313	Orobanche.	841	
314	Phelypæa.	. . . . . .	
315	Tozzia.	803	
316	Cymbaria.	809	
317	Ruellia.	847	
318	Hebenstreitia.	831	
319	Brovallia.	834	
320	Limosella.	837	
	2. à deux loges.		
321	Acanthus.	857	
322	Pedalium.	858	
323	Chelone.	806	
324	Pedicularis.	804	
325	Alectorolophus.	. . . . . .	
326	Elephas.	798	*Rhinanthus.*
327	Bartsia.	797	
328	Melampyrum.	800	
329	Odontites.	799	*Euphrasia.*
330	Euphrasia.	799	
331	Antirrhinum.	808	
332	Digitalis.	816	
333	Bignonia.	817	
334	Dodartia.	843	
335	Achimenes.	. . . . . .	
336	Mimulus.	846	
337	Scrophularia.	814	
338	Gerardia.	805	
339	Torenia.	812	
340	Obularia.	840	*Obolaria.*
341	Blechnum.	. . . . . .	
342	Gesneria.	807	
343	Ageratum.	832	*Erinus.*

Noms de Ludwig. *Noms de Linn.*

3. *à trois loges.*

344 Loëselia. 826

4. *à quatre loges.*

345 Martynia. 811
346 Sesamum. 845

c. *Fruit à baie.*

347 Vitex. 853
348 Besleria. 813
349 Clerodendrum. 852
350 Bontia. 854
351 Lantana. 824
352 Cornutia. 825
353 Gmelina. 821
354 Crescentia. 820
355 Ellisia. 218
356 Columnea. 856
357 Halleria. 819

d. *Fruit inconnu.*

358 Æginetia. . . . . . .

E. CINQ ANTHÈRES.

I. UN PISTIL.

a. *Fruit nu.*

359 Echium. 203
360 Lycopsis. 202

b. *Fruit à capsule.*

361 Coris. 260
362 Lobelia. 1091
363 Diervilla. 250 *Lonicera.*
364 Verbascum. 262
365 Hyoscyamus. 264
366 Rapunculus. 236 *Phyteuma.*

c. *Fruit à baie.*

367 Lonicera. 250
368 Caprifolium. 250 *Lonicera.*
369 Triosteospermum. 251 *Triosteum*

F. SIX ANTHÈRES.

I. UN PISTIL.

370 Aristolochia. 1112

Noms de Ludwig. *Noms de Linn.*

371 Pontederia. 431

G. SEPT ANTHÈRES.

I. UN PISTIL.

372 Cominia. . . . . . .

H. HUIT ANTHÈRES.

I. UN PISTIL.

373 Heisteria. 586
374 Stemodiacra. 639 *Stemodia*

I. DIX ANTHÈRES.

I. UN PISTIL.

375 Amorpha. 933

CLASSE III.

Plantes à Fleurs enveloppées, parfaites, pétalées, monopétales, composées, tubulées.

I. *Fleurons à quatre ou cinq étamines dont les filamens sont libres.*

376 Dipsacus. 120
377 Globularia. 118
378 Scabiosa. 121
379 Asterocephalus. 121 *Scabiosa*
380 Knautia. 122
381 Allionia. 123
382 Cephalanthus. 119
383 Parthenium. 1154
384 Protea. 117

II. *Fleurons à étamines dont les filamens forment par leur réunion une gaine cylindrique tubulée.*

A. *Réceptacle nu.*

a. *Semence nue.*

385 Leucodendron. 117 *Protea.*
386 Cotula. 1050
387 Tanacetum. 1024
388 Carpesium. 1028
389 Artemisia. 1025

	Noms de Ludwig.	Noms de Linné.	
390	Absinthium.	1025	*Artemisia.*
391	Filago.	1079	

b. *Semence couronnée.*

392	Hacub.	1083	*Gundelia.*
393	Struchium.	. . . . . .	
394	Sparganophorus.	. . . . . .	
395	Carelia.	1016	*Ageratum*
396	Eupatorium.	1015	
397	Kleinia.	1013	
398	Cacalia.	1032	
399	Tussilago.	1032	
400	Trixis.	. . . . . .	
401	Critonia.	. . . . . .	
402	Stoebe.	1086	
403	Gnaphalium.	1026	
404	Conyza.	1030	
405	Chrysocoma.	1019	
406	Elephantopus.	1081	
407	Echinopus.	1084	*Echinops*
408	Onopordon.	1006	

C. *Réceptacle garni de poils ou de paillettes.*

a. *Semence à aigrette.*

409	Carduus.	1004	
410	Serratula.	1003	
411	Stæhelina.	1018	
412	Cynara.	1007	
413	Cnicus.	1005	
414	Lappa.	1002	*Artium.*
415	Carthamus.	1010	
416	Atractylis.	1010	*Atractylis.*
417	Carlina.	1008	
418	Tarchonanthus.	1020	
419	Pterophorus.	. . . . . .	
420	Xeranthemum.	1027	

b. *Semence nue.*

421	Santolina.	1022	
422	Melampodium.	1072	
423	Polymnia.	1070	

	Noms de Ludwig.	Noms de Linné.	
424	Micropus.	1080	
425	Sphæranthus.	1083	

CLASSE IV.

Plantes à fleurs enveloppées, parfaites, pétalées, monopétales, composées, en languettes.

A. *Réceptacle nu.*

a. *Semence nue et couronnée.*

426	Lampsana.	998	*Lapsana.*
427	Hedypnoïs.	995	*Hyoseris.*
428	Zazintha.	998	*Lapsana.*
429	Hyoseris.	995	
430	Swertia.	. . . . . .	

b. *Semence couronnée.*

431	Tragopogon.	984	
432	Chondrilla.	989	
433	Picris.	986	
434	Helminthotheca.	. . . . . .	
435	Prenanthes.	990	
436	Hieracium.	992	
437	Crepis.	993	
438	Sonchus.	987	
439	Taraxacum.	991	*Leontodum.*
440	Lactuca.	988	
441	Scorzonera.	985	

B. *Réceptacle garni de poils ou de paillettes.*

a. *Semence nue.*

442	Scolymus.	1001	

b. *Semence couronnée.*

443	Andryala.	994	
444	Catananche.	999	
445	Cichorium.	1000	
446	Hypochæris.	997	

Noms de Ludwig.		Noms de Linné.	

CLASSE V.

Plantes à Fleurs enveloppées, parfaites, pétalées, monopétales, composées, mixtes.

A. Réceptacle nu.

a. Semence nue.

447	Bellis.	1042	
448	Calendula.	1073	
449	Matricaria.	1048	
450	Osteospermum.	1075	
451	Eriocephalus.	1078	
452	Milleria.	1067	
453	Gorteria.	1064	

b. Semence couronnée.

454	Tagetes.	1044	
455	Helenia.	1041	*Helenium*
456	Pectis.	1047	
457	Aster.	1034	
458	Enula.	1037	*Inula.*
459	Solidago.	1035	
460	Arnica.	1038	
461	Gerbera.	1038	*Arnica.*
462	Senecio.	1076	*Othona.*

B. Réceptacle garni de poils ou de paillettes.

a. Semence nue.

463	Tetragonotheca.	1070	
464	Chamæmelum.	1052	*Anthemis*
465	Achillea.	1053	

b. Semence couronnée.

466	Helianthus.	1060	
467	Rubbeckia.	1061	
468	Zinnia.	1046	
469	Buphthalmus.	1059	*Buphthalmum.*
470	Anemonospermos.	1074	*Arctotis.*
471	Chrysogonum.	1071	
472	Bidens.	1012	
473	Verbesina.	1058	
474	Sigesbeckia.	1057	
475	Coreopsis.	1062	
476	Tridax.	1054	
477	Amellus.	1057	
478	Acarna.	1009	*Atractylis.*
479	Centaurea.	1066	

CLASSE VI.

Plantes à Fleurs enveloppées, parfaites, pétalées, à deux pétales.

A. UNE ANTHÈRE.

I. DEUX PISTILS.

480	Corispermum.	12	
481	Stellaria.	13	*Corispermum.*

B. DEUX ANTHÈRES.

I. UN PISTIL.

482	Circea.	25	

C. SIX ANTHÈRES.

I. UN PISTIL.

483	Musa.	1248	

II. DEUX PISTILS.

484	Atraphaxis.	484	

CLASSE VII.

Plantes à Fleurs enveloppées, parfaites, pétalées, à trois pétales.

A. UNE ANTHÈRE.

I. UN PISTIL.

485	Kæmpferia.	7	

B. TROIS ANTHÈRES.

I. UN PISTIL.

486	Tamarindus.	50	

Noms de Ludwig. *Noms de Linné.*

487 Xyris. 70
488 Chamælea. 52 *Cneorum.*
489 Commelina. 68
490 Rumphia. 51

II. TROIS PISTILS.

491 Tillæa. 189
492 Lechea. 116

C. SIX ANTHÈRES.

I. UN PISTIL.

493 Ephemerum. 430 *Tradescantia.*
494 Burmannia. 429
495 Ananas. 427 *Bromelia.*
496 Corypha. 1337
497 Cocos. 1338

II. TROIS PISTILS.

498 Chamærops. 1335
499 Triglochim. 488
500 Trillium. 491

III. PLUSIEURS PISTILS.

501 Alisma. 495
502 Damasonium. 495 *Alisma.*

D. ANTHÈRES NOMBREUSES.

I. UN PISTIL.

503 Polygala. 921
504 Doliocarpus. . . . .

II. DEUX PISTILS.

505 Butomus. 550
506 Stratiotes. 744

III. PLUSIEURS PISTILS.

507 Hydrastis. 762

CLASSE VIII.

Plantes à Fleurs enveloppées, parfaites, pétalées, à quatre pétales, régulières.

A. DEUX ANTHÈRES.

I. DEUX PISTILS.

508 Buffonia. 180

Noms de Ludwig. *Noms de Linné.*

B. QUATRE ANTHÈRES.

I. UN PISTIL.

a. *Fruit à capsule.*

509 Pterota. 157 *Fagara.*
510 Dodonæa. 159 *Ptelea.*
511 Epimedium. 154
512 Trapa. 165
513 Brabeium. 1262
514 Oldenlandia. 162
515 Krameria. 172
516 Ludwigia. 161
517 Ammannia. 163

b. *Fruit en baie.*

518 Unifolium. 459 *Convallaria.*
519 Elemifera. . . . . . .
520 Cornus. 155
521 Tomex. . . . . . .

II. DEUX PISTILS.

522 Hamamelis. 181

III. QUATRE PISTILS.

523 Potamogeton. 186

C. SIX ANTHÈRES.

I. UN PISTIL.

524 Crambe. 889
525 Myagrum. 860
526 Clypeola. 870
527 Isatis. 888
528 Raphanistrum. 886 *Raphanus.*
529 Kakile. 887 *Bunias.*
530 Raphanus. 886
531 Brassica. 884
532 Eruca. 884 *Brassica.*
533 Sinapi. 885 *Sinapis.*
534 Erysimum. 878
535 Sisymbrium. 877
536 Hesperis. 881
537 Cheiranthus. 879
538 Turritis. 883

Noms de Ludwig.		Noms de Linné.	
539	Arabis.	882	
540	Cardamine.	876	
541	Dentaria.	875	
542	Lunaria.	873	
543	Thlaspi.	866	
544	Bursa.	866	*Thlaspi.*
545	Biscutella.	872	
546	Iberis.	868	
547	Nasturtium.	865	*Lepidium*
548	Lepidium.	865	
549	Coronopus.	867	*Cochlearia.*
550	Cochlearia.	867	
551	Anastatica.	862	
552	Vella.	861	
553	Draba.	864	
554	Alyssum.	869	
555	Erucago.	887	*Bunias.*

D. HUIT ANTHÈRES.

I. UN PISTIL.

a. *Fruit nu.*

556	Struthia.	528	*Gnidia.*
557	Combretum.	509	

b. *Fruit à capsule.*

558	Henna.	521	*Lawsonia.*
559	Osbeckia.	503	
560	Rhexia.	504	
561	Onagra.	505	*Œnothera.*
562	Gaura.	506	
563	Chamænerion.	507	*Epilobium.*
564	Ruta.	565	
565	Hypopitys.	583	*Monotropa.*

c. *Fruit à baie.*

566	Amyris.	516	
567	Melicoccus.	. . . . . .	
568	Oxycoccus.	523	*Vaccinium.*
569	Memecylon.	521	

d. *Fruit inconnu.*

570	Grislea.	510	
571	Allophyllus.	511	
572	Jambolifera.	513	

II. DEUX PISTILS.

573	Moehringia.	536	
574	Weinmannia.	535	

III. TROIS PISTILS.

575	Paullinia.	539	
576	Cardiospermum.	540	
577	Sapindus.	613	*Saponaria.*

IV. QUATRE PISTILS.

578	Elatine.	544	
579	Paris.	542	

E. ANTHÈRES NOMBREUSES.

I. UN PISTIL.

a. *Fruit à capsule.*

580	Caryophyllus.	727	
581	Papaver.	704	
582	Argemone.	705	
583	Mesua.	915	
584	Breynia.	699	*Capparis.*
585	Chelidonium.	703	
586	Glaucium.	703	*Chelidonium.*
587	Ascyrum.	992	

b. *Fruit à baie.*

588	Eugenia.	671	
589	Ponna.	716	*Calophyllum.*
590	Grias.	715	
591	Mammea.	713	
592	Christophoriana.	700	*Actæa.*
593	Capparis.	699	
594	Bocconia.	643	
595	Garcinia.	650	
596	Morisonia.	916	
597	Thamnia.	. . . . . .	

Noms de Ludwig. — *Noms de Linné.*

II. DEUX PISTILS.

598 Heliocarpos. 662
599 Curatella. 733

III. QUATRE PISTILS.

600 Syringa. 669 *Philadelphus.*
601 Cambogia. 706

IV. PLUSIEURS PISTILS.

602 Tormentilla. 691
603 Thalictrum. 755
604 Clematis. 754

CLASSE IX.

Plantes à Fleurs enveloppées, parfaites, pétalées, à quatre pétales, irrégulières.

A. QUATRE ANTHÈRES.

I. UN PISTIL.

605 Melianthus. 859

II. DEUX PISTILS.

606 Hypecoum. 183

B. CINQ ANTHÈRES.

I. UN PISTIL.

607 Balsamina. 1093 *Impatiens*

C. SIX ANTHÈRES.

I. UN PISTIL.

608 Cleome. 890
609 Fumaria. 920

D. DIX ANTHÈRES.

I. UN PISTIL.

A. *Tétrapétales.*

1. *Fruit à une loge.*

610 Onobrychis. 961 *Hedysarum.*

Noms de Ludwig. — *Noms de Linné.*

611 Ebenus. 938
612 Trifolium. 968
613 Melilotus. 968 *Trifolium.*
614 Fœnum-Græcum. 970 *Trigonella.*
615 Doryenium. 969 *Lotus.*
616 Anthyllis. 936
617 Amerimnon. . . . . . .
618 Achyronia. 931 *Aspalatus.*
619 Spartium. 930 *Genista.*
620 Cytisus. 951
621 Lens. 948 *Ervum.*
622 Cicer. 949
623 Ervum. 948
624 Astragaloïdes. 964 *Phaca.*
625 Arachnida. 937 *Arachis.*
626 Crotalaria. 934
627 Anonis. 935 *Ononis.*
628 Vicia. 947
629 Faba. 947 *Vicia.*
630 Pisum. 944
631 Lathyrus. 946
632 Orobus. 945
633 Lotus. 969
634 Phaseolus. 940
635 Dolichos. 941
636 Clitoria. 943
637 Lupinus. 939
638 Robinia. 958
639 Galega. 963
640 Indigofera. 962
641 Erythrina. 926
642 Ichthyometia. 927 *Piscidia.*
643 Æschynomene. 960
644 Coronilla. 956
645 Securidaca. 956 *Coronilla*
646 Scorpiurus. 959
647 Ornithopodium. 957 *Ornithopus.*
648 Hippocrepis. 958
649 Hedysarum. 961
650 Medicago. 971
651 Colutea. 954

Noms de Ludwig.	Noms de Linné.	

2. *Fruit à deux loges.*

652	Brya.	. . . . . .	
653	Astragalus.	965	
654	Pelecinus.	966	*Bisserrula.*
655	Apios.	942	*Glycine.*

β. *Pentapétales.*

1. *Fruit à une loge.*

656	Glycyrrhiza.	955	
657	Genista.	929	*Spartium.*
658	Ulex.	932	
659	Anagyris.	552	
660	Psoralia.	967	*Psoralea.*
661	Cracca.	947	*Vicia.*
662	Sophora.	551	
663	Borbonia.	928	
664	Stizolobium.	. . . . . .	
665	Zoophthalmum.	. . . . . .	
666	Galactia.	. . . . . .	

2. *Fruit à deux loges.*

667	Tragacantha.	965	*Astragalus.*

E. PLUSIEURS ANTHÈRES.

I. UN PISTIL.

668	Tapia.	654	*Cratava.*

CLASSE X.

Plantes à Fleurs enveloppées, parfaites, pétalées, à cinq pétales, régulières.

A. TROIS ANTHÈRES.

I. UN PISTIL.

669	Loëflingia.	58
670	Hirtella.	299

B. CINQ ANTHÈRES.

I. UN PISTIL.

a. *Fruit nu.*

671	Lagoecia.	306	
672	Brunia.	293	

b. *Fruit à capsule.*

673	Mangifera.	298	
674	Meropium.	. . . . . .	
675	Iron.	. . . . . .	
676	Celosia.	312	
677	Achyranthes.	311	
678	Parnassia.	415	
679	Telepium.	408	
680	Tamariscus.	405	*Tamarix.*
681	Gronovia.	302	
682	Itea.	295	
683	Waltheria.	692	
684	Cupania.	1182	
685	Claytonia.	309	
686	Watsonia.	288	*Buttneria.*
687	Ayenia.	1108	
688	Hermannia.	893	
689	Ceiba.	901	*Bombax.*

c. *Fruit à baie.*

690	Frangula.	484	*Rhamnus*
691	Ziziphus.	484	*Rhamnus*
692	Rhamnus.	484	
693	Celastrus.	290	
694	Vitis.	305	
695	Hedera.	304	
696	Evonymus.	291	

II. DEUX PISTILS.

697	Nama.	346	
698	Heuchera.	349	
699	Staphyllodendron.	404	*Staphylea.*
700	Aureliana.	710	*Bixa.*
701	Ribes.	301	

III. TROIS PISTILS.

702	Cotinus.	399	*Rhus.*
703	Rhus.	399	
704	Corrigiola.	409	
705	Turnera.	407	
706	Sarothra.	414	
707	Spathe.	. . . . . .	

Noms de Ludwig.	Noms de Linné.
708 Chloroxylon.	. . . . . .
709 Paliurus.	284 *Rhamnus.*
710 Maurocenia.	401 *Cassine.*
711 Granadilla.	1110 *Passiflora.*

IV. CINQ PISTILS.

712 Statice.	418
713 Limonium.	418 *Statice.*
714 Suriana.	632
715 Rorella.	421 *Drosera.*
716 Aldrovanda.	420
717 Melochia.	894
718 Diosma.	291
719 Linum.	419
720 Aralia.	417
721 Barreria.	. . . . . .

C. SIX ANTHÈRES.

I. UN PISTIL.

722 Franca.	481 *Frankenia.*

D. SEPT ANTHÈRES.

I. UN PISTIL.

723 Limeum.	499
724 Dracontium.	1120

E. HUIT ANTHÈRES.

I. UN PISTIL.

725 Bæckea.	532

II. DEUX PISTILS.

726 Acer.	1266

F. NEUF ANTHÈRES.

I. TROIS PISTILS.

727 Gardenia.	320

G. DIX ANTHÈRES.

I. UN PISTIL.

a. *Fruit nu.*

728 Bartramia.	. . . . . .

b. *Fruit à capsule.*

729 Connarus.	895
730 Jussieua.	585
731 Hæmatoxylum.	567
732 Cuphæa.	. . . . . .
733 Adenanthera.	572
734 Acisanthera.	. . . . . .
735 Barbillus.	. . . . . .
736 Trichilia.	573
737 Tribulus.	580
738 Fabago.	577 *Zigophyllum.*
739 Fagonia.	579
740 Ledum.	591
741 Guilandina.	560

c. *Fruit à baie.*

742 Cynometra.	562
743 Azedarach.	576 *Melia.*
744 Melastoma.	589

II. DEUX PISTILS.

745 Tunica.	614 *Dianthus.*
746 Saponaria.	613
747 Mitella.	610
748 Tiarella.	609
749 Oosterdyckia.	605 *Cunonia.*
750 Saxifraga.	608
751 Hydrangea.	604

III. TROIS PISTILS.

752 Banisteria.	622
753 Alsine.	411
754 Cerastium.	637
755 Cherleria.	619
756 Cucubalus.	615
757 Lychnis.	636
758 Drypis.	412
759 Erythroxylum.	625
760 Spondias.	627
761 Malpighia.	621

IV. QUATRE PISTILS.

762 Hugonia.	896
763 Averrhoa.	626

	Noms de Ludwig.	Noms de Linn.	

V. CINQ PISTILS.

764	Neurada.	640	
765	Phytolacca.	641	

H. ANTHÈRES NOMBREUSES.

I. UN PISTIL.

a. Fruit à capsule.

766	Tilia.	717	
767	Portulaca.	619	
768	Anacampseros.	629	*Sedum.*
769	Helianthemum.	728	*Cistus.*
770	Vateria.	722	
771	Mentzelia.	723	
772	Harmala.	656	*Peganum.*
773	Triumfetta.	655	
774	Corchorus.	730	
775	Sarracena.	708	*Sarracenia.*
776	Cistus.	728	
777	Clusia.	1263	

b. Fruit à baie.

778	Prunus.	675	
779	Amygdalus.	674	
780	Persica.	674	*Amygdalus.*
781	Chysobalanus.	677	
782	Micrócos.	......	
783	Elaiocarpos.	719	*Eleocarpus.*
784	Guaiacum.	561	
785	Muntingia.	707	
786	Ochna.	714	
787	Grewia.	1117	
788	Guaiana.	670	*Psidium.*
789	Winterana.	653	
790	Myrtus.	672	
791	Cacao.	972	*Theobroma.*
792	Citrus.	974	

II. DEUX PISTILS.

793	Agrimonia.	663	
794	Sorbus.	679	

III. TROIS PISTILS.

795	Hypericum.	981	
796	Androsæmum.	981	*Hypericum.*
797	Garidella.	620	

IV. QUATRE PISTILS.

798	Dalibarda.	......	
799	Reaumuria.	743	
800	Sedum.	629	
801	Penthorum.	630	
802	Nigella.	742	
803	Spiræa.	686	
804	Pyrus.	682	

V. PISTILS NOMBREUX.

805	Myosurus.	426	
806	Filipendula.	686	*Spiræa.*
807	Potentilla.	690	
808	Fagaria.	689	
809	Caryophyllata.	692	*Geum.*
810	Ranunculus.	717	
811	Populago.	761	*Caltha.*
812	Helleborus.	760	
813	Dillenia.	745	
814	Rubus.	688	
815	Rosa.	687	

CLASSE XI.

Plantes à Fleurs enveloppées, parfaites, pétalées, à cinq pétales, irrégulières.

A. UNE ANTHÈRE.

I. UN PISTIL.

816	Thalia.	8	

B. CINQ ANTHÈRES.

I. UN PISTIL.

817	Viola.	1092	

Noms de Ludwig.	Noms de Linné.

C. SEPT ANTHÈRES.

1. UN PISTIL.

818 Hippocastanum.	498 *Æsculus.*

D. HUIT ANTHÈRES.

1. UN PISTIL.

819 Acriviola.	502 *Tropæolum.*
820 Pavia.	498 *Æsculus.*

E. DIX ANTHÈRES.

1. UN PISTIL.

821 Geranium.	897
822 Cassia.	557
823 Poinciana.	558
824 Parkinsonia.	556
825 Bauhinia.	554
826 Siliquastrum.	553 *Cercis.*
827 Hymænea.	555
828 Clethra.	597
829 Fraxinella.	564 *Dictamnus.*
830 Pyrola.	598
831 Helicteres.	1114
832 Toluifera.	566

F. ANTHÈRES NOMBREUSES.

1. TROIS OU CINQ PISTILS.

833 Aconitum.	737

CLASSE XII.

Plantes à Fleurs enveloppées, parfaites, pétalées, à cinq pétales, ombellées.

Noms de Ludwig.	Noms de Linné.
834 Eryngium.	354
835 Phyllis.	353
836 Hydrocotyle.	355
837 Astrantia.	357
838 Pastinaca.	392
839 Anethum.	394
840 Podagraria.	398 *Ægopodium.*
841 Thapsia.	391
842 Imperatoria.	389
843 Angelica.	377
844 Ferula.	373
845 Tordylium.	361
846 Caucalis.	362
847 Selinum.	368
848 Sphondylium.	375 *Heracleum.*
849 Crithmum.	371
850 Artedia.	363
851 Peucedanum.	370
852 Fœniculum.	394 *Anethum.*
853 Cuminum.	381
854 Carum.	395
855 Pimpinella.	396
856 Scandix.	387
857 Myrrhis.	. . . . . .
858 Chærophyllum.	388
859 Seseli.	390
860 Meum.	385 *Æthusa.*
861 Œnanthe.	382
862 Sanicula.	356
863 Daucus.	364
864 Libanotis.	369 *Athamanta.*
865 Ligusticum.	376
866 Laserpitium.	374
867 Buplevrum.	378
868 Bunium.	366
869 Bubon.	380
870 Cachrys.	372
871 Smyrnium.	393
872 Coriandrum.	386
873 Cicuta.	367 *Conium.*
874 Æthusa.	385
875 Sium.	378
876 Sison.	379
877 Phellandrium.	383
878 Apium.	397
879 Visnaga.	364 *Daucus.*
880 Ammi.	365
881 Arctopus.	1278

Noms de Ludwig. Noms de Linn.

CLASSE XIII.

Plantes à Fleurs enveloppées, parfaites, pétalées, à six pétales.

A. DEUX ANTHÈRES.

I. UN PISTIL.

882 Orchis. 1094
883 Helleborine. 1097 *Serapias.*
884 Epipactis. 1095 *Satyrium.*
885 Ophrys. 1096
886 Calceolus. 1110 *Cypripedium.*
887 Limodorum. 1094
888 Arethusa. 1099
889 Vanilla. 1101 *Epidendrum.*

B. TROIS ANTHÈRES.

I. UN PISTIL.

890 Bermudiana. 1103 *Sisyrinchium.*
891 Ixia. 62
892 Wachendorfia. 67

C. SIX ANTHÈRES.

I. UN PISTIL.

a. *Fruit à capsule.*

1. *à une loge.*

893 Leontopetalon. 456 *Leontice.*
894 Parsonsia. . . . . . .

2. *à deux loges.*

895 Peplis. 482
896 Salicaria. 660 *Lythrum.*

3. *à trois loges.*

897 Ornithogalum. 451
898 Scilla. 452
899 Phalangium. 451 *Ornithogalum.*

Noms de Ludwig. Noms de Linn.

900 Hemerocallis. 467
901 Lilium. 443
902 Methonica. 446 *Gloriosa.*
903 Tulipa. 448
904 Uvularia. 445
905 Fritillaria. 444
906 Petilium. 444 *Fritillaria.*
907 Erythronium. 447
908 Leucoïum. 434
909 Galanthus. 433
910 Cyanella. 453
911 Amaryllis. 439
912 Allium. 442
913 Aphyllanthes. 441
914 Celsia. 440 *Bulbocodium.*

b. *Fruit à baie.*

915 Berberis. 476
916 Schmidelia. 533
917 Asparagus. 457

II. TROIS PISTILS.

918 Veratrum. 1249
919 Helonias. 493
920 Melanthium. 489
921 Medeola. 490
922 Menispermum. 1238

D. ANTHÈRES NOMBREUSES.

I. UN PISTIL.

923 Xylopricum. 1116 *Xylopia.*
924 Thea. 726
925 Blakaea. 647
926 Punica. 673
927 Lecythis. 720
928 Lagerstroemia. 725

II. TROIS PISTILS.

929 Reseda. 664
930 Delphinium. 736

III. PISTILS NOMBREUX.

931 Anemone. 752

Noms de Ludwig. — *Noms de Linné.*

932 Annona. 751
933 Uvaria. 750

CLASSE XIV.

Plantes à Fleurs enveloppées, parfaites, pétalées, à plusieurs pétales.

A. CINQ ANTHÈRES.

I. UN PISTIL.

934 Sauvagésia. 308
935 Hartogia. . . . . . .

B. HUIT ANTHÈRES.

I. UN PISTIL.

936 Mimusops. 512

C. PLUSIEURS ANTHÈRES.

I. UN PISTIL.

937 Podophyllum. 720
938 Sanguinaria. 701
939 Orleania. 710 *Bixa.*
940 Nymphæa. 709

II. DEUX PISTILS.

941 Pœonia. 732

III. CINQ PISTILS.

942 Aquilegia. 741
943 Glinus. 666

IV. PISTILS NOMBREUX.

944 Adonis. 756
945 Hepatica. 752 *Anemone.*
946 Atragene. 753
947 Liriodendrum. 747
948 Magnolia. 748
949 Illicium. 740
950 Michelia. 749

Noms de Ludwig. — *Noms de Linné.*

CLASSE XV.

Plantes à Fleurs enveloppées, parfaites, apétales.

A. UNE ANTHÈRE.

I. DEUX PISTILS.

951 Morocarpus. 14 *Blitum.*

B. TROIS ANTHÈRES.

I. UN PISTIL.

952 Ortegia. 57

II. TROIS PISTILS.

953 Proserpinaca. 108
954 Triplaris. 109
955 Minuartia. 114
956 Mollugo. 113

C. QUATRE ANTHÈRES.

I. UN PISTIL.

a. *Fruit nu.*

957 Parietaria. 1259
958 Alchimilla. 177 *Alchemilla.*
959 Cruzéta. 159 *Cruzita.*

b. *Fruit à capsule.*

960 Camphorata. 176 *Camphorosma.*
961 Dantia. 164 *Isnardia.*
962 Nepenthes. 1107
963 Elæagnus. 168

c. *Fruit à baie.*

964 Rivinia. 174
965 Salvadora. 175
966 Catonia. . . . . . .

D. CINQ ANTHÈRES.

I. UN PISTIL.

967 Thesium. 315

Noms de Ludwig.		Noms de Linn.	
968	Kali.	339	*Salsola.*
969	Conocarpus.	253	
970	Illecebrum.	313	

II. DEUX PISTILS.

971	Atriplex.	1260	
972	Chenopodium.	337	
973	Herniaria.	336	
974	Beta.	338	
975	Trianthema.	606	
976	Ulmus.	345	
977	Bosea.	344	
978	Celtis.	1267	

III. TROIS PISTILS.

979	Pharnaceum.	410	
980	Xanthoxylum.	1215	

E. SIX ANTHÈRES.

I. UN PISTIL.

981	Rotanga.	470	*Calamus.*
982	Orontium.	469	
983	Acorus.	468	
984	Ceratonia.	1282	

II. TROIS PISTILS.

985	Rumex.	485	
986	Juncus.	471	
987	Flagellaria.	486	

III. QUATRE PISTILS.

988	Petiveria.	486	
989	Saururus.	500	

F. HUIT ANTHÈRES.

I. UN PISTIL.

990	Lachnea.	531	
991	Passerina.	530	
992	Stellera.	529	

II. DEUX PISTILS.

993	Chrysosplenium.	607	
994	Galenia.	534	

III. TROIS PISTILS.

995	Polygonum.	537	
996	Fagopyrum.	537	*Polygonum.*
997	Guaibara.	538	*Coccoloba.*

G. DIX ANTHÈRES.

I. UN PISTIL.

998	Buceros.	602	*Bucida.*

II. DEUX PISTILS.

999	Scleranthus.	611	

III. TROIS PISTILS.

1000	Triopteris.	624	

H. DOUZE ANTHÈRES.

I. UN PISTIL.

1001	Asarum.	642	

I. ANTHÈRES NOMBREUSES.

I. UN PISTIL.

a. *Fruit à capsule.*

1002	Seguieria.	731	
1003	Sloanea.	711	
1004	Trewia.	712	

b. *Fruit à baie.*

1005	Dalea.	967	
1006	Suzygium.	672	*Myrtus.*
1007	Prockia.	729	
1008	Guidonia.	600	*Samyda.*
1009	Hypocistis.	1115	*Cytinus.*

c. *Fruit non dénommé.*

1010	Delima.	721	
1011	Chytraculia.	672	*Myrtus.*

II. DEUX PISTILS.

1012	Calligonum.	735	
1013	Sesuvium.	680	

Noms de Ludwig.	Noms de Linné.

III. TROIS PISTILS.

1014 Tetragonia. 683
1015 Tetracera. 738

IV. CINQ PISTILS.

1016 Aizoon. 685
1017 Shcrardia. ......

V. PISTILS NOMBREUX.

1018 Calycanthus. 695
1019 Arum. 1119
1020 Calla. 1121

Apétales graminées, et autres plantes qui ont de l'affinité avec elles.

I. *GRAMINÉES.*

A. UNE ANTHÈRE.

1021 Cinna. 15

B. DEUX ANTHÈRES.

I. UN PISTIL.

1022 Cladium. ......

II. DEUX PISTILS.

1023 Anthoxanthum. 46
1024 Paspalum. 81

C. TROIS ANTHÈRES.

I. UN PISTIL.

1025 Nardus. 75

II. DEUX PISTILS.

1026 Cornucopiæ. 78
1027 Bobartia. 77
1028 Saccharum. 79
1029 Aristida. 100
1030 Phalaris. 80
1031 Phleum. 83
1032 Alopecurus. 84
1033 Panicum. 82
1034 Milium. 85
1035 Agrostis. 86
1036 Lagurus. 98
1037 Stipa. 96
1038 Apluda. 1251 *Andropogon.*
1039 Melica. 88
1040 Dactylis. 92
1041 Aira. 87
1042 Secale. 103
1043 Triticum. 105
1044 Hordeum. 104
1045 Arundo. 99
1046 Avena. 97
1047 Bromus. 95
1048 Poa. 89
1049 Uniola. 91
1050 Cynosurus. 93
1051 Achyrodes. ......
1052 Festuca. 94
1053 Lolium. 101
1054 Briza. 90
1055 Elymus. 102

III. TROIS PISTILS.

1056 Eriocaulon. 106

D. SIX ANTHÈRES.

I. DEUX PISTILS.

1057 Oryza. 483

Plantes analogues aux Graminées.

A. DEUX ANTHÈRES.

1058 Mariscus. 71 *Schænus.*

B. TROIS ANTHÈRES.

I. UN PISTIL.

1059 Cyperus. 72
1060 Scirpus. 73

Noms de Ludwig.	*Noms de Linné.*

1061 Linagrostis. 74 *Eriophorum.*
1062 Schœnus. 71
1063 Cenchrus. 1255
1064 Lygeum. 76

II. DEUX PISTILS.

1065 Holcus. 1252
1066 Andropogon. 1251
1067 Ægylops. 1256

CLASSE XVI.

Plantes à Fleurs enveloppées, relatives, monophytes.

A. MONOPÉTALES.

I. UNE ANTHÈRE.

1068 Naïas. 1198

II. TROIS ANTHÈRES.

1069 Tragia. 1140
1070 Fevillea. 1223
1071 Trichosanthes. 1190

III. QUATRE ANTHÈRES.

1072 Sechium. . . . . . .

IV. CINQ ANTHÈRES.

1073 Momordica. 1191
1074 Elaterium. 1191 *Momordica.*
1075 Cucumis. 1193
1076 Cucurbita. 1192
1077 Bryonia. 1194
1078 Sicyos. 1195
1079 Ambrosia. 1153
1080 Xanthium. 1152

V. SEPT ANTHÈRES.

1081 Guettarda. 1161

Noms de Ludwig.	*Noms de Linné.*

B. TRIPÉTALES.

1082 Sagittaria. 1164

C. TÉTRAPÉTALES.

1083 Argythamnia. . . . . . .
1084 Plukenetia. 1178

D. PENTAPÉTALES.

1085 Andrachne. 1198
1086 Croton. 1181
1087 Manihot. 1183 *Jatropha.*

E. HEXAPÉTALES.

1088 Solandra. 1269

F. APÉTALES.

I. UNE ANTHÈRE.

1089 Cynomorium. 1126
1090 Axyris. 1138
1091 Ceratocarpus. 1125

II. DEUX ANTHÈRES.

1092 Omphalandria. 1139 *Omphalea.*

III. TROIS ANTHÈRES.

1093 Ficus. 1283
1094 Phyllanthus. 1142
1095 Carex. 1137
1096 Zeugites. . . . . . .
1097 Tripsacum. 1134
1098 Olyra. 1136
1099 Mays. 1133 *Zea.*
1100 Coix. 1135
1101 Sparganium. 1132
1102 Typha. 1131

IV. QUATRE ANTHÈRES.

1103 Urtica. 1149
1104 Cupressus. 1177
1105 Thuya. 1176

Noms de Ludwig.		Noms de Linné.	
1106	Viscum.	1209	
1107	Alnus.	1147	*Betula.*
1108	Betula.	1147	
1109	Morus.	1150	
1110	Buxus.	1148	
1111	Sapium.	......	

V. CINQ OU TROIS ANTHÈRES.

1112	Amaranthus.	1157	

VI. SIX ANTHÈRES.

1113	Pharus.	1160	

VII. ANTHÈRES NOMBREUSES.

1114	Abies.	1175	*Pinus.*
1115	Pinus.	1175	
1116	Myriophyllum.	1163	
1117	Cetarophyllum.	1162	
1118	Theligonum.	1166	
1119	Dalechampia.	1179	
1120	Carpinus.	1171	
1121	Quercus.	1168	
1122	Corylus.	1172	
1123	Juglans.	1169	
1124	Liquidambar.	1174	
1125	Fagus.	1170	
1126	Castanea.	1170	*Fagus.*
1127	Ricinus.	1184	
1128	Sterculia.	1185	
1129	Acalypha.	1180	
1130	Platanus.	1173	
1131	Zizania.	1124	
1132	Hura.	1189	
1133	Hippomane.	1186	

G. FLEURS NUES.

1134	Zannichellia.	1124	

CLASSE XVII.

Plantes à Fleurs enveloppées, relatives, diphytes.

A. MONOPÉTALES.

1135	Vallisneria.	1199	
1136	Ruscus.	1246	
1137	Pisonia.	1279	
1138	Zanonia.	1242	
1139	Papaya.	1232	*Carica.*
1140	Tamnus.	1224	*Tamus.*

B. TRIPÉTALES.

1141	Empetrum.	1202	
1142	Phœnix.	1393	
1143	Borassus.	1336	
1144	Areca.	1341	
1145	Caryota.	1343	
1146	Elate.	1342	
1147	Hydrocharis.	1231	

C. TÉTRAPÉTALES.

1148	Fraxinus.	1273	
1149	Trophis.	1207	
1150	Gleditschia.	1272	

D. PENTAPÉTALES.

1151	Iresine.	1217	
1152	Clutia.	1247	
1153	Kiggelaria.	1233	
1154	Coriaria.	1235	
1155	Gigalobium.	......	

E. HEXAPÉTALES.

1156	Smilax.	1225	

F. APÉTALES.

I. UNE ANTHÈRE.

1157	Cissampelos.	1243	

II. TROIS ANTHÈRES.

1158	Salix.	1201	
1159	Juniperus.	1240	
1160	Osyris.	1203	

III. QUATRE ANTHÈRES.

1161	Batis.	1208	
1162	Hippophaë.	1210	

Noms de Ludwig.		Noms de Linné.	
1163	Myrica.	1211	

IV. CINQ ANTHÈRES.

1164	Lupulus.	1221	
1165	Acnida.	1219	
1166	Cannabis.	1220	
1167	Datisca.	1237	
1168	Terebinthus.	1212	*Pistacia.*
1169	Lentiscus.	1212	*Pistacia.*
1170	Antidesma.	1216	

V. SIX ANTHÈRES.

1171	Dioscorea.	1227	
1172	Spinaçia.	1218	
1173	Raja.	1226	*Rajana.*

VI. SEPT, HUIT ANTHÈRES ET PLUS.

1174	Ephedra.	1242	
1175	Populus.	1228	
1176	Nyssa.	1275	
1177	Mercurialis.	1230	
1178	Bernardia.	. . . . . .	
1179	Cliffortia.	1239	
1180	Taxus.	1241	

CLASSE XVIII.

Plantes à Fleurs nues.

A. NUES.

1181	Salicornia.	10	
1182	Limnopeucę.	11	*Hippuris.*
1183	Chara.	1127	
1184	Piper.	47	
1185	Ornus.	1273	*Fraxinus.*
1186	Dorstenia.	166	
1187	Ruppia.	187	

B. FOUGÈRES.

1188	Acrostichum.	1290	
1189	Asplenium.	1295	
1190	Polypodium.	1296	

Noms de Ludwig.		Noms de Linné.	
1191	Blechnum.	1292	
1192	Adiantum.	1297	
1193	Pteris.	1291	
1194	Lonchitis.	1294	
1195	Hemionitis.	1293	
1196	Trichomanes.	1298	
1197	Osmunda.	1289	
1198	Onoclea.	1289	
1199	Ophioglossum.	1288	
1200	Equisetum.	1284	

C. MOUSSES.

1201	Conferva.	1323	
1202	Tremella.	1320	
1203	Usnea.	. . . . . .	
1204	Coralloïdes.	. . . . . .	
1205	Lichenoïdes.	1319	*Lichen.*
1206	Selago.	. . . . . .	
1207	Lyçopodium.	1302	
1208	Selaginoïdes.	. . . . . .	
1209	Lycopodioïdes.	1302	*Lycopodium.*
1210	Porella.	1303	
1211	Mnium.	1310	
1212	Sphagnum.	1304	
1213	Fontinalis.	1306	
1214	Hypnum.	1312	
1215	Bryum.	1311	
1216	Polytrichum.	1309	
1217	Splagnum.	1308	
1218	Anthoceros.	1318	
1219	Jungermannia.	1313	
1220	Marchantia.	1315	
1221	Targionia.	1314	
1222	Riççia.	1317	

D. CHAMPIGNONS.

1223	Amanita.	1325	*Agaricus.*
1224	Boletus.	1326	
1225	Hydna.	1327	*Hydnum.*
1226	Merulius.	. . . . . .	
1227	Phallus.	1328	
1228	Clathrus.	1329	

Noms de Ludwig.		Noms de Linné.	
1229	Stemonitis.	1329	*Clathrus.*
1230	Elvela.	1320	*Helvella.*
1231	Peziza.	1331	
1232	Lycoperdon.	1333	
1233	Tuber.	1333	*Lycoperdon.*
1234	Clavaria.	1332	
1235	Isaria.	......	
1236	Mucor.	1334	
1237	Byssus.	1324	

E. PLANTES DOUTEUSES.

1238	Lenticula.	1130	*Lemna.*
1239	Calamaria.	1201	*Isoëtes.*
1240	Subularia.	863	
1241	Pilularia.	1300	
1242	Marsilea.	1299	
1243	Sphærocarpos.	......	
1244	Lichen-agaricus	......	
1245	Cerastospermum	......	

F. SOUS-MARINES.

1246	Alga.	......	
1247	Fucus.	1321	
1248	Congolaria.	1321	*Fucus.*
1249	Acetabulum.	......	
1250	Auricula.	......	
1251	Sertularia.	......	
1252	Alcyonium.	......	
1253	Spongia.	......	
1254	Keratophylum.	......	
1255	Corallum.	......	
1256	Madrepora.	......	
1257	Lithofungus.	......	
1258	Tubipora.	......	
1259	Retepora.	......	

APPENDIX.

Plantes qui ne sont pas décrites assez rigoureusement pour pouvoir être ramenées aux Classes de ce Système.

Noms de Ludwig.		Noms de Linné.	
1260	Anthospermum.	1276	
1261	Argusia.	204	*Messerschmidia.*
1262	Petrea.	822	
1263	Rhizophora.	646	
1264	Molle.	1234	*Schinus.*
1265	Negundo.	1266	*Acer.*
1266	Begonia.	1165	
1267	Sapota.	673	*Achras.*
1268	Brossea.	261	
1269	Bucephalon.	......	
1270	Cæsalpina.	559	
1271	Duranta.	849	
1272	Rheedia.	698	
1273	Fuschsia.	518	
1274	Hernandia.	1141	
1275	Hippocratea.	60	
1276	Leontopetaloïdes	......	
1277	Ricinocarpodendron.	......	
1278	Myristica.	......	
1279	Ximenia.	517	
1280	Hypelate.	......	
1281	Simaruba.	......	
1282	Neante.	......	
1283	Sciodaphyllum.	......	
1284	Coilotapalus.	1200	*Cecropia.*
1285	Acidoton.	......	
1286	Adelia.	......	
1287	Crossopetalum.	150	*Rhacoma*
1288	Excoecaria.	1205	

FIN du Tome quatrième.

www.ingramcontent.com/pod-product-compliance
Lightning Source LLC
Chambersburg PA
CBHW060916220326
41599CB00020B/2984

* 9 7 8 2 0 1 2 7 4 7 2 3 4 *